水和废水无机及综合指标监测分析方法

中国环境监测总站　编

中国环境出版集团·北京

图书在版编目（CIP）数据

水和废水无机及综合指标监测分析方法/中国环境监测总站编. —北京：中国环境出版集团，2022.2（2024.4 重印）
ISBN 978-7-5111-5076-9

Ⅰ. ①水… Ⅱ. ①中… Ⅲ. ①水质监测—分析方法
②废水监测—分析方法 Ⅳ. ①X832.02

中国版本图书馆 CIP 数据核字（2022）第 035400 号

出 版 人	武德凯
责任编辑	孟亚莉
责任校对	任 丽
封面设计	彭 杉

出版发行　中国环境出版集团
　　　　　（100062　北京市东城区广渠门内大街 16 号）
　　　　　网　　　址：http://www.cesp.com.cn
　　　　　电子邮箱：bjgl@cesp.com.cn
　　　　　联系电话：010-67112765（编辑管理部）
　　　　　　　　　　010-67112735（第一分社）
　　　　　发行热线：010-67125803，010-67113405（传真）

印 　刷	北京中科印刷有限公司
经 　销	各地新华书店
版 　次	2022 年 2 月第 1 版
印 　次	2024 年 4 月第 2 次印刷
开 　本	787×1092　1/16
印 　张	29
字 　数	700 千字
定 　价	116.00 元

《水和废水无机及综合指标监测分析方法》

编 委 会

领导小组: 陈善荣　吴季友

主　　审: 刘廷良　肖建军

审　　核: 孙宗光　胡冠九　王　琳　胡笑妍

主　　编: 袁　懋　朱　余

副 主 编: 张付海　张霖琳　张　敏

第一章　感官性状和常规理化指标

负 责 人: 胡雅琴　戴　杰

编写人员: 于建钊　王　鑫　田丙正　赵　彬　朱　琳　孙　娟　徐　荣

第二章　无机阴离子和营养盐

负 责 人: 朱红霞　徐冬梅

编写人员: 朱　敏　方鹏飞　姚海军　汪丽婷　沈志群　刘琳娟　吕　清
　　　　　秦宏兵　王雅玲　杨　倩　梁　柱　周　慧　许建华

第三章　有机污染物综合指标

负 责 人: 薛荔栋　杨晓冉

编写人员: 朱　超　唐晓先　朱　琦　王琴敏

第四章　金属及其化合物

负 责 人: 唐晓菲　陈素兰

编写人员: 高连芬　陈晋东明　付友生　汪　琳　陈　波　王　霞
　　　　　段雪梅　巢文军　毛志瑛　杜　青　杨正标　吴丽娟　陆喜红
　　　　　任　兰

《水和废水无机及综合指标监测分析方法》

参加编写单位

中国环境监测总站

安徽省生态环境监测中心

江苏省环境监测中心

辽宁省生态环境监测中心

安徽省蚌埠生态环境监测中心

安徽省巢湖管理局湖泊生态环境研究院

安徽省巢湖管理局环境保护监测站

江苏省南京环境监测中心

江苏省苏州环境监测中心

江苏省常州环境监测中心

江苏省南通环境监测中心

前　言

《水和废水监测分析方法》一直以来是我国生态环境监测系统的主要指导用书，是生态环境监测科研、方法标准化与规范化成果的经验总结，对一线生态环境监测技术人员具有重要的指导意义。自《水和废水监测分析方法》（第四版增补版）出版至今已近二十年，生态环境监测工作内容和技术水平已发生较大变化。《"十四五"生态环境监测规划》对增强水生态环境监测、强化污染源和应急监测等内容提出了新的要求；同时，随着近年来科技水平大幅提高，监测装备、监测技术和监测标准不断得到充实和更新，生态环境监测研究工作也积累了丰富的经验。为深化地表水环境质量监测评价，更好地支撑"三水"统筹管理，由中国环境监测总站牵头，组织安徽、江苏、辽宁等省市级生态环境监测机构的几十位监测技术人员，重新编写《水和废水监测分析方法》（第四版增补版）中综合指标和无机污染物篇。

本书沿用《水和废水监测分析方法》（第四版增补版）章节编写体例，共由四章构成：第一章为感官性状和常规理化指标；第二章为无机阴离子和营养盐；第三章为有机污染物综合指标；第四章为金属及其化合物。相比《水和废水监测分析方法》（第四版增补版）综合指标和无机污染物篇，本书有以下特点：

1. 对涉及项目进行了重新分组归类，将无机阴离子和营养盐合并在一章；将溶解氧、悬浮物项目内容调整至第一章；将硼项目调整至第四章，并将原先包含于铬中的六价铬项目单独列出。

2. 新增项目如肉眼可见物、溶解性总固体、二氧化氯、全盐量、臭氧、消毒副产物中的无机卤氧酸盐、硅酸盐、锡、锶、钛、钨等。

3. 因矿化度无相关标准涉及，删除该项目内容。

4. 增加分析方法如碘化物的离子色谱法、氰化物的流动注射和连续流动分光光度法等；删除一些使用频率低、操作烦琐且环境友好性较差的方法，如硫化物的间接火焰原子吸收法、氰化物的催化快速法等。

本书沿用《水和废水监测分析方法》（第四版增补版）的分类方法，将监测分析方法分为三类：A 类方法为已经正式发布的国家或行业的标准方法（或与标准方法等效），编写内容与标准方法一致，部分方法根据实践经验补充了一些细节的操作注意事项；B 类方法为经过多家实验室验证的标准制修订在研项目，或经过国内较深入研究证明是较成熟的方法，应用比较广泛；C 类方法为国内仅少数单位研究与应用过，或直接从国外引用的方法，尚未经国内多家实验室验证，宜作为试用方法。

本书是对《水和废水监测分析方法》（第四版增补版）综合指标和无机污染物篇的增补完善，得到广大监测技术人员实际经验和科研成果的有力支撑。本书提供的监测分析方法供生态环境及其他有关部门、单位的监测人员、科研人员和相关人士参考。由于学识水平和实践经验有限，加之时间较紧，书中疏漏之处在所难免，恳请广大读者批评指正。

目　录

第一章　感官性状和常规理化指标

一、水温

水的物理化学性质与水温有密切关系。水中溶解性气体（如氧、二氧化碳等）的溶解度，水中微生物活动，非离子氨、盐度、pH 以及碳酸钙饱和度等都受水温变化的影响。

温度为现场监测项目之一，常用的测量仪器有水温计、深水温度计和颠倒温度计，水温计用于地表水、污水等浅层水温度的测量，深水温度计和颠倒温度计用于湖库等深层水温度的测量。此外，还有热敏电阻温度计等。

（一）温度计法（A）*

1. 方法的适用范围
本方法适用于地下水、地表水、海水以及废水水温的测定。

2. 方法原理
在水样采集现场，利用专门的水银温度计直接测量并读取水温。

3. 仪器和设备
（1）水温计：适用于测量水的表层温度，测量范围为–6～40℃，分度值为 0.2℃。

水银温度计安装在特制金属套管内，套管开有可供温度计读数的窗孔，套管上端有一提环，以供系住绳索，套管下端旋紧着一只有孔的盛水金属圆筒，水温计的球部应位于金属圆筒的中央。结构见图 1-1。

（2）深水温度计：适用于水深 40 m 以内的水温的测量，测量范围为–2～40℃，分度值为 0.2℃。

深水温度计结构与水温计相似。盛水圆筒较大，并有上、下活门，利用其放入水中和提升时的自动开启和关闭，使筒内装满所测温度的水样。结构见图 1-2。

4. 分析步骤
水温应在采样现场进行测定。

（1）测定表层水温。

将水温计投入水中至待测深度，感温 5 min 后，迅速上提并立即读数。从水温计离开水面至读数完毕不应超过 20 s。读数完毕后，应将筒内水倒净。

（2）测定水深在 40 m 以内的水温。

将深水温度计投入水中，与表层水温的测定步骤相同。

---

* 本方法与 GB/T 13195—1991 等效。

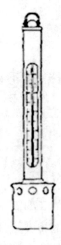

图 1-1　水温计

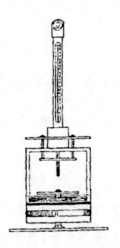

图 1-2　深水温度计

5．注意事项

（1）水温计和深水温度计应定期检定或校准。

（2）当现场气温高于 35℃或低于-30℃时，水温计在水中的停留时间要适当延长，以达到温度平衡。

（3）在冬季的东北地区读数应在 3 s 内完成，否则水温计表面会形成一层薄冰，影响读数的准确性。

（二）颠倒温度计法（A）*

1．方法的适用范围

本方法适用于地下水、地表水以及海水水温的测定。

2．方法原理

在水样采集现场，利用专门的水银温度计直接测量并读取水温。

3．仪器和设备

颠倒温度计（闭式）：适用于测量水深在 40 m 以上的各层水温，主温计测量范围为-2～32℃，分度值为 0.1℃；辅温计测量范围为-20～50℃，分度值为 0.5℃。

闭端（防压）式颠倒温度计由主温计和辅温计组装在厚壁玻璃套管内构成，套管两端完全封闭。主温计水银柱断裂应灵活，断点位置固定，复正温度计时，接受泡水银应全部回流，主、辅温计应固定牢靠，结构见图 1-3。

图 1-3　颠倒温度计

颠倒温度计需装在颠倒采水器上使用。

4．分析步骤

水温应在采样现场进行测定。

将安装有闭端式颠倒温度计的颠倒采水器投入水中至待测深度，感温 10 min 后，由"使锤"作用，打击采水器的"撞击开关"，使采水器完成颠倒动作。

---

* 本方法与 GB/T 13195—1991 等效。

感温时，温度计的贮泡向下，断点以上的水银柱高度取决于现场温度，当温度计颠倒时，水银在断点断开，分成上、下两部分，此时接受泡一端的水银柱示度即为所测温度。

上提采水器，立即读取主温计上的温度。

根据主、辅温计的读数，分别查主、辅温计的器差表（由温度计检定证中的检定值线性内插作成）得相应的校正值。

颠倒温度计的还原校正值（K）的计算公式如下：

$$K = \frac{(T-t)(T+V_0)}{n}\left(1 + \frac{T+V_0}{n}\right)$$

式中：T——主温计经器差校正后的读数；

   t——辅温计经器差校正后的读数；

   V_0——主温计自接受泡至刻度 0℃处的水银容积，以温度度数表示；

   $1/n$——水银与温度计玻璃的相对膨胀系数，n 通常取值 6 300。

主温计经器差校正后的读数（T）加还原校正值（K），即为实际水温。

5. 注意事项

颠倒温度计应定期检定或校准。

二、色度

纯水为无色透明。清洁水在水层浅时应为无色，深层为浅蓝绿色。天然水中存在腐殖质、泥土、浮游生物、铁和锰等金属离子时，均可使水体着色。

纺织、印染、造纸、食品、有机合成工业的废水中常含有大量的染料、生物色素和有色悬浮微粒等，因此，它们常常是使环境水体着色的主要污染源。有色废水常给人以不愉快感，排入环境后又使天然水着色，减弱水体的透光性，影响水生生物的生长。

水的颜色定义为"改变透射可见光光谱组成的光学性质"，可区分为"表观颜色"和"真实颜色"。

"真实颜色"是指去除浊度后水的颜色。测定真实颜色时，如水样浑浊，应放置澄清后，取上清液或用孔径 0.45 μm 的滤膜过滤，也可经离心后再测定。没有去除悬浮物的水所具有的颜色（包括溶解性物质及不溶解的悬浮物所产生的颜色）称为"表观颜色"，是指测定未经过滤或离心的原始水样的颜色。对于清洁水或浊度很低的水，这两种颜色相近。对着色很深的工业废水，其颜色主要是由于胶体和悬浮物所造成的，因此可根据需要来测定"真实颜色"和"表观颜色"。

（一）铂钴标准比色法（A）*

1. 方法的适用范围

本方法适用于清洁水、轻度污染并略带黄色调的水以及比较清洁的地表水、地下水和饮用水等。当样品和标准溶液的颜色色调不一致时，本方法不适用。

2. 方法原理

用氯铂酸钾和氯化钴配制颜色标准溶液，与被测样品进行目视比较，测定样品的颜色

---

* 本方法与 GB/T 11903—1989 等效。

强度即色度。

样品的色度用与之相当的色度标准溶液的度值表示。

水的色度单位是度，即在每升溶液中含有 2 mg 六水合氯化钴（Ⅱ）（相当于 0.5 mg 钴）和 1 mg 铂［以六氯铂（Ⅳ）酸的形式］时产生的颜色为 1 度。

注：色度标准单位导出的标准度有时称为"Hazen 标"或"Pt-Co 标"［《液体化学产品颜色测定法（Hazen 单位——铂-钴色号）》（GB 3143—82）］或毫克铂/升。

3．干扰和消除

样品浑浊会干扰测定，可放置澄清，亦可用离心法或用孔径为 0.45 μm 的滤膜过滤，以去除悬浮物。但不能用滤纸过滤，因为滤纸可吸附部分溶解于水的颜色。

4．仪器和设备

（1）具塞比色管：50 ml，规格一致，光学透明玻璃底部无阴影。

（2）pH 计：精度±0.1 pH 单位。

（3）容量瓶：250 ml。

5．试剂和材料

除非另有说明，否则分析时均使用符合国家标准的分析纯试剂，实验用水均为新制备的光学纯水或同等纯度以上的水。

（1）六氯铂（Ⅳ）酸钾（K_2PtCl_6）。

（2）六水合氯化钴（Ⅱ）（$CoCl_2 \cdot 6H_2O$）。

（3）盐酸：ρ（HCl）=1.19 g/ml。

（4）光学纯水：将 0.2 μm 滤膜在 100 ml 蒸馏水或去离子水中浸泡 1 h，用它过滤蒸馏水或去离子水，弃去最初的 250 ml。或者使用新制备的电阻率≥18 MΩ·cm（25℃）的超纯水。

（5）色度标准贮备液：相当于 500 度。

称取 1.245 g 六氯铂（Ⅳ）酸钾（相当于 500 mg 铂）及 1.000 g 六水合氯化钴（Ⅱ）（相当于 250 mg 钴）溶于约 500 ml 水中，加入 100 ml 盐酸并在 1 000 ml 的容量瓶内用水稀释至标线。将该溶液存放于密封的玻璃瓶中，置于暗处，温度不能超过 30℃，可至少稳定保存 180 d。

（6）色度标准溶液：在一组 250 ml 的容量瓶中，用移液管分别加入 2.50 ml、5.00 ml、7.50 ml、10.00 ml、12.50 ml、15.00 ml、17.50 ml、20.00 ml、25.00 ml、30.00 ml 和 35.00 ml 色度标准贮备液，并用水稀释至标线，即得到一组色度分别为 5 度、10 度、15 度、20 度、25 度、30 度、35 度、40 度、50 度、60 度和 70 度的色度标准溶液。将该溶液存放于严密盖好的玻璃瓶中，置于暗处，温度不能超过 30℃，可至少稳定保存 30 d。

6．样品

（1）样品采集和保存。

将样品采集在容积至少为 1 L 的玻璃瓶内，在采样后要尽早进行测定。如果必须贮存，则将样品贮于暗处。在有些情况下还要避免样品与空气接触，同时要避免温度的变化。

（2）试样的制备。

将样品倒入 250 ml（或更大）的量筒中，静置 15 min，取上层液体作为试样进行测定。

7．分析步骤

取一组具塞比色管用待测试样加至标线，置于白色表面（如白瓷板或白纸等）上，比色管与该表面应呈合适的角度，使光线被反射自具塞比色管底部向上通过液柱。垂直向下观察液柱，找出与试样色度最接近的标准溶液。

如色度≥70度，则用光学纯水将试样适当稀释后，使色度介于标准溶液范围之内再进行测定。

另取试样测定 pH。

8．结果计算和表示

（1）结果计算。

样品的色度按照下式计算。

$$A_0 = \frac{V_1}{V_0} \times A_1$$

式中：A_0——样品的色度，度；

　　　V_1——样品稀释后的体积，ml；

　　　V_0——样品稀释前的体积，ml；

　　　A_1——稀释样品色度的观察值，度。

（2）结果表示。

当测定结果在 0～40 度（不包括 40 度）时，准确到 5 度；测定结果在 40～70 度时，准确到 10 度。另外，在报告样品色度的同时报告 pH。

9．注意事项

（1）pH 对颜色有较大影响，在测定颜色时应同时测定 pH。

（2）所有与样品接触的玻璃器皿都要用盐酸或表面活性剂溶液加以清洗，最后用蒸馏水或去离子水洗净、沥干。

（3）可用重铬酸钾（$K_2Cr_2O_7$）代替六氯铂（Ⅳ）酸钾配制色度标准溶液：称取 0.043 7 g 重铬酸钾和 1.000 g 七水合硫酸钴（$CoSO_4 \cdot 7H_2O$）溶于 300 ml 水中，加入 0.5 ml 硫酸并在 500 ml 的容量瓶内用水稀释至标线，此溶液的色度为 500 度。不宜久存。

（4）如果样品中有泥土或其他分散很细的悬浮物，即使经过预处理也得不到透明水样时，则只测"表观颜色"。

（二）稀释倍数法（A）*

1．方法的适用范围
本方法适用于污染较严重的地表水和废水。

2．方法原理
将样品用光学纯水稀释至用目视比较与光学纯水相比刚好看不见颜色时的稀释倍数作为表达颜色的强度，单位为倍。

同时目视观察样品，检验颜色性质：颜色的深浅（无色、浅色或深色）、色调（红、橙、黄、绿、蓝和紫等）。如果可能，检验样品的透明度（透明、浑浊或不透明），用文字予以描述。

结果以稀释倍数值和文字描述相结合的方式表达。

---

* 本方法与 GB/T 11903—1989 等效。

3．干扰和消除

样品浑浊会干扰测定，可放置澄清，亦可用离心法或用孔径为 0.45 μm 的滤膜过滤以去除悬浮物。但不能用滤纸过滤，因为滤纸可吸附部分溶解于水的颜色。

4．仪器和设备

同本节（一）铂钴标准比色法。

5．试剂和材料

同本节（一）铂钴标准比色法。

6．样品

同本节（一）铂钴标准比色法。

7．分析步骤

分别取试样和光学纯水于具塞比色管中，加至标线，将具塞比色管放在白色表面上，具塞比色管与该表面应呈合适的角度，使光线被反射自具塞比色管底部向上通过液柱。垂直向下观察液柱，比较试样和光学纯水，描述试样呈现的色度和色调，如果可能，描述透明度。

将试样用光学纯水逐级稀释成不同倍数，分别置于具塞比色管并加至标线。将具塞比色管放在白色表面上，用上述相同的方法与光学纯水进行比较。将试样稀释至刚好与光学纯水无法区别为止，记下此时的稀释倍数值。

稀释的方法：试样的色度在 50 倍以上时，用移液管吸取样品于容量瓶中，用光学纯水稀释至标线，每次取大的稀释比，使稀释后色度在 50 倍之内。试样的色度在 50 倍以下时，取 25 ml 样品置于具塞比色管中，用光学纯水稀释至标线，每次稀释倍数为 2。

试样经稀释至色度很低时，应自具塞比色管倒至量筒适量试样并计量，然后用光学纯水稀释至标线，每次稀释倍数小于 2。记下各次稀释倍数值。

另取试样测定 pH。

8．结果计算和表示

（1）将逐级稀释的各次倍数相乘，所得之积取整数值，以此表达样品的色度。

（2）同时用文字描述样品的颜色深浅、色调，如果可能，描述透明度。

（3）在报告样品色度的同时，报告 pH。

9．注意事项

（1）pH 对颜色有较大影响，在测定颜色时应同时测定 pH。

（2）所用与样品接触的玻璃器皿都要用盐酸或表面活性剂溶液加以清洗，最后用蒸馏水或去离子水洗净、沥干。

（3）稀释倍数法和铂钴标准比色法一般没有可比性，两种方法应独立使用。

三、嗅和味（臭和味）

无臭无味的水虽不能保证不含污染物，但有利于使用者对水的信任。臭是检验原水和处理水质的必测项目之一。检验臭对评价水处理效果也有意义，并可作为追查污染源的一种手段。

人体嗅觉细胞受刺激产生臭的感受是化学刺激。嗅觉是由产臭物质的气态分子在鼻孔中的刺激所引起的。水中产生臭的一些有机物和无机物，主要是由于生活污水或工业废水污染、天然物质分解或微生物等生物活动的结果。某些物质只要存在痕量（10^{-10} 级）即可察觉。然而，很难鉴定产臭物质的组成。

（一）嗅气和尝味法（A）*

1．方法的适用范围
本方法适用于生活饮用水及其水源水中臭和味的测定。

2．方法原理
检验人员依靠自身的嗅觉和味觉，在水常温时或煮沸后稍冷时闻其臭，用适当的文字描述臭的特性，并按六个等级报告臭强度。

3．仪器和设备
（1）锥形瓶：250 ml。

（2）温度计：测量范围为 0～100℃。

（3）变阻电炉：1 000 W。

4．试剂和材料
无臭水：一般自来水通过颗粒活性炭即可制取无臭水。自来水含余氯时，用硫代硫酸钠溶液滴定至终点脱除；如深井自来水含矿物质过多，或 pH 过高（及过低），可改用蒸馏水来制取无臭水。将 12～40 目颗粒活性炭洗去粉末后，填装在内径 76 mm、高 460 mm 的玻璃管中，在碳粒顶部覆盖一层玻璃棉以防碳粒冲出。通过碳层水的流速为 100 ml/min。一旦发现碳粒脱臭失效，即予更换。如无活性炭，可将自来水煮沸，蒸去体积的 1/10，即可作为无臭水，但不可直接用市售蒸馏水作无臭水，因为它具有特殊气味，不能使用；有时去离子水也有气味。

5．样品
水样应采集在具磨口塞的玻璃瓶中，并在 6 h 内完成臭的检验。如需保存水样，则至少采集 500 ml 于玻璃瓶并充满，4℃以下冷藏，并确保冷藏时无外来气味进入水中。不能用塑料容器盛放水样。

6．分析步骤
（1）原水样的臭和味

量取 100 ml 水样置于 250 ml 锥形瓶内，振摇后从瓶口嗅水的气味，用适当文字描述，并按六个等级记录其强度。与此同时，取少量水样放入口中（此水样应对人体无害），不要咽下，品尝水的味道，予以描述，并按六个等级记录其强度。必要时，可用无臭水作对照。

（2）原水煮沸后的臭和味

将上述锥形瓶内水样加热至开始沸腾，立即取下锥形瓶，稍冷后按上法嗅气和尝味，用适当的文字加以描述，并按六个等级记录其强度。

7．结果计算和表示
（1）文字定性描述。

（2）臭和味的强度等级见表 1-1。

---

* 本方法与 GB/T 5750.4—2006 等效。

表 1-1 臭和味的强度等级

等级	强度	说明
0	无	无任何臭或味
1	微弱	一般饮用者甚难察觉,但嗅、味敏感者可以发觉
2	弱	一般饮用者刚能察觉
3	明显	已能明显察觉
4	强	已有很显著的臭或味
5	很强	有强烈的恶臭或异味

8.注意事项

(1)本法是粗略的检臭法。由于人的嗅觉感受程度不同,所得结果会有一定出入。

(2)睡眠质量、是否感冒等身体状况对检验结果也有影响,检验人员应尽量避免类似情况。

(3)水样存在余氯时,可在脱氯前、后各检验一次。可用新配的 3.5 g/L 五水合硫代硫酸钠($Na_2S_2O_3 \cdot 5H_2O$)溶液脱氯,1 ml 此溶液可除去 1 mg 的余氯。

(二)臭阈值法(B)

1.方法的适用范围

本方法适用于地表水、地下水、污水中臭的检验。

2.方法原理

用无臭水稀释水样,直至闻出最低可辨别臭气的浓度,表示臭的阈限。因检验人员的嗅觉灵敏性有差别,对某一水样并无绝对的嗅阈值。检验人员在过度工作中敏感性会减弱,甚至每天或一天之内也不一样。此外,各人对臭特征及产臭物浓度的反应也不相同。因此,确定检验臭阈值的人数视检测目的、费用和选定检臭人员等条件而定。一般情况下,至少应有 5 人,最好 10 人或更多,方可取得精密度较高的结果。可用邻甲酚或正丁醇测试检臭人员的嗅觉敏感程度。

3.仪器和设备

(1)具塞锥形瓶:500 ml。

(2)温度计:测量范围为 0～100℃。

(3)恒温水浴锅。

4.试剂和材料

同本节(一)文字描述法。

5.样品

同本节(一)文字描述法。

6.分析步骤

(1)吸取 2.8 ml、12 ml、50 ml 和 200 ml 水样分别放入 500 ml 锥形瓶中,各加无臭水使总体积为 200 ml,于水浴锅内加热至(60±1)℃。

(2)检验人员取出锥形瓶的时候,手上不能有异味,不要触及瓶颈。振荡锥形瓶 2～3 s,去塞后,闻其臭气,与无臭水对比,记录肯定闻出最低臭气的水样浓度。

(3)从上述粗测结果,依据肯定闻出最低臭气的水样体积,按表 1-2 配制适宜的水样稀释系列,各瓶编暗码,可插入两瓶或多瓶空白样,但不要放重复的稀释样。

表 1-2 水样不同臭强度的稀释情况及臭阈值

在粗测中肯定刚刚闻出臭气的最低水样							
200 ml		50 ml		12 ml		2.8 ml	
水样/ml	臭阈值	水样/ml	臭阈值	水样/ml	臭阈值	水样/ml	臭阈值
200	1	50	4	12	17	2.8	70
140	1.4	35	6	8.3	24	2.0	100
100	2	25	8	5.7	35	1.4	140
70	3	17	12	4.0	50	1.0	200

（4）将样瓶加热到（60±1）℃，从最低浓度开始，按同样方式闻样品的臭气。闻出臭气的水样记"＋"号，未闻出的记"－"号。

7．结果计算和表示

（1）用"臭阈值"表示结果。闻出臭气的最低浓度称为"臭阈浓度"，水样稀释到闻出臭气浓度的稀释倍数称为"臭阈值"。臭阈值按照下式计算。

$$臭阈值=\frac{A+B}{A}$$

式中：A——水样体积，ml。

B——无臭水体积，ml。

（2）按表 1-3 的方法记录闻出臭气的稀释样。例如，稀释后试样体积为 200 ml。该水样最低取用 25 ml 稀释到 200 ml 时，闻到臭气，其臭阈值为 8。必要时，可配中间稀释样。如 20 ml 水样稀释至 200 ml 时闻到臭气，则臭阈值为 10。

表 1-3 某水样稀释检测臭的结果

原水样体积/ml	12	0	17	25	0	35	50
反应	－	－	－	＋	－	＋	＋

（3）有时出现水样浓度低的为"＋"，而浓度高的反而为"－"，此时以开始连续出现"＋"的那个水样的稀释倍数作为臭阈值，在记录结果时以符号"⊕"表示。例如：

增加水样浓度 ⟶

闻臭气结果：－ － ＋ …… ＋ ＋ ＋ ＋
↓
臭阈值

由连续出现阴性至连续出现阳性，其中包括的水样越多，说明检验的精度越差。如果有数人参加检验，用几何平均值表示臭阈值。表 1-4 为某水样臭阈值数人测定结果。

表 1-4 某水样臭阈值数人测定结果

无臭水/ml	水样/ml	检验人员的反应				
		1	2	3	4	5
188	12	－	－	－	－	－
175	25	－	⊕	－	＋	⊕

无臭水/ml	水样/ml	检验人员的反应				
		1	2	3	4	5
200	0	−	−	−	−	−
150	50	⊕	+	−	−	+
200	0	−	−	−	−	−
100	100	+	+	⊕	⊕	+
0	200	+	+	+	+	+

根据表 1-4 的结果,各检验人员得到的臭阈值如表 1-5 所示。

表 1-5　各检验人员检测水样的臭阈值

检验人员	1	2	3	4	5
臭阈值	4	8	2	2	8

几何平均值等于 n 个数字积的 n 次方根:

$$4 \times 8 \times 2 \times 2 \times 8 = 1\,024$$

$$\sqrt[5]{1\,024} = 4 \text{(臭阈值)}$$

8. 注意事项

(1)如水样含余氯,应在脱氯前、后各检测一次。用新配制的五水合硫代硫酸钠(3.5 g $Na_2S_2O_3 \cdot 5H_2O$ 溶于 1 000 ml 水中,1 ml 此溶液可以除去 1 mg 余氯)脱氯。

(2)臭阈值随温度变化而变化,报告中必须注明检验时的水温。有时也可用 40℃ 作为检臭温度。

(3)全部仪器应该洗涤干净,用无臭水淋洗,无任何气味。

(4)通过初步测验后,选定检臭人员,虽不需要嗅觉特别灵敏的人,但嗅觉迟钝者不可入选。

(5)要求检臭人员必须避免外来气味的影响,如在检验前吃的食物,或用过香皂、香水、化妆品等。

(6)确保检验人员不因身体不适(如感冒、疲劳等)对测臭不合要求,避免连续检臭产生嗅觉疲倦,检测期间在无气味的房间中休息,保持在检臭实验室不分散注意力,不受气流及气味的干扰。

(7)先给以最稀的试样,逐渐升高浓度,以免闻了浓的试样后产生嗅觉疲倦。

四、肉眼可见物

直接观察法（A）*

1. 方法的适用范围

本方法适用于生活饮用水及其水源水中肉眼可见物的测定,亦可用于其他地下水中肉眼可见物的测定。

---

* 本方法参照 GB/T 5750.4—2006。

2. 分析步骤

将水样摇匀，在光线明亮处迎光直接观察，记录所观察到的肉眼可见物。

五、浊度

浊度是由于水中含有泥沙、黏土、有机物、无机物、浮游生物和微生物等悬浮物质所造成的光散射或吸收。天然水经过混凝、沉淀和过滤等处理，可使水变得清澈。

测定水样的浊度可用分光光度法、目视比浊法或浊度计法。

（一）分光光度法（A）*

1. 方法的适用范围

本方法适用于饮用水、地表水、地下水等，最低检测浊度为 3 度。

2. 方法原理

在适当温度下，硫酸肼与六次甲基四胺聚合，形成白色高分子聚合物，以此作为浊度标准液，在一定条件下与水样浊度相比较。

3. 干扰和消除

样品中应无碎屑和易沉降的颗粒，如所用器皿不清洁或水中有溶解的气泡和有色物质，会干扰测定。在 680 nm 波长下测定，天然水中存在淡黄色、淡绿色无干扰。

4. 仪器和设备

（1）具塞比色管：50 ml。

（2）分光光度计。

5. 试剂和材料

除非另有说明，否则分析时均使用符合国家标准的分析纯试剂，实验用水均为去离子水或同等纯度以上的水。

（1）硫酸肼（$N_2H_4 \cdot H_2SO_4$）。

（2）六次甲基四胺（$C_6H_{12}N_4$）。

（3）硫酸肼溶液：ρ（$N_2H_4 \cdot H_2SO_4$）=10.0 g/L。

称取 1.000 g 硫酸肼溶于水，定容至 100 ml。

（4）六次甲基四胺溶液：ρ（$C_6H_{12}N_4$）=100 g/L。

称取 10.00 g 六次甲基四胺溶于水，定容至 100 ml。

（5）浊度标准贮备液：浊度为 400 度。

吸取 5.00 ml 硫酸肼溶液和 5.00 ml 六次甲基四胺溶液于 100 ml 容量瓶中，混匀。于（25±3）℃下静置 24 h。冷却后用水稀释至标线，混匀。此浊度标准贮备液可保存 1 个月。

（6）无浊度水：将蒸馏水通过 0.2 μm 滤膜过滤，收集于用过滤水荡洗两次的烧瓶中。或者使用电阻率≥18 MΩ·cm（25℃）的超纯水。

6. 样品

样品应采集到具塞玻璃瓶中，取样后尽快测定。如需保存，可避光冷藏并于 24 h 内测定。测定前需将样品恢复至室温。

---

* 本方法与 GB/T 13200—1991 等效。

7. 分析步骤

（1）校准曲线的绘制。

吸取浊度标准贮备液 0.00 ml、0.50 ml、1.25 ml、2.50 ml、5.00 ml、10.00 ml 和 12.50 ml，置于 50 ml 的比色管中，加水至标线。摇匀后，即得浊度为 0 度、4 度、10 度、20 度、40 度、80 度和 100 度的标准系列。于 680 nm 波长，用 30 mm 比色皿测定吸光度，绘制校准曲线。

（2）样品的测定。

吸取 50.0 ml 摇匀后的样品（无气泡，如浊度超过 100 度可酌情少取，用无浊度水稀释至 50.0 ml）于 50 ml 比色管中，按绘制校准曲线步骤测定吸光度，由校准曲线查得水样浊度。

8. 结果计算和表示

（1）结果计算。

样品的浊度按照下式计算。

$$浊度 = \frac{A \times (B + C)}{C}$$

式中：A——稀释后水样的浊度，度；

B——稀释水体积，ml；

C——原水样体积，ml。

（2）结果表示。

不同浊度范围的测试结果表示按照表 1-6 的精度要求进行。

表 1-6　不同浊度范围测试结果的精度要求

浊度范围/度	精度/度
1～10	1
10～100	5
100～400	10
400～1 000	50
>1 000	100

注：1～10 表示[1，10)，其余同理。

9. 注意事项

（1）所有与样品接触的玻璃器皿必须清洁，可用盐酸或表面活性剂清洗。

（2）硫酸肼毒性较强，属致癌物质，取用时应注意。

（二）目视比浊法（A）*

1. 方法的适用范围

本方法适用于饮用水和水源水等低浊度的水，最低检测浊度为 1 度。

2. 方法原理

将水样与用硅藻土配制的浊度标准液进行比较，规定相当于 1 mg 一定粒度的硅藻土

---

* 本方法与 GB/T 13200—1991 等效。

（白陶土）在 1 000 ml 水中所产生的浊度为 1 度。

3．干扰和消除

样品中应无碎屑和易沉降的颗粒，如所用器皿不清洁，或水中有溶解的气泡和有色物质，会干扰测定。

4．仪器和设备

（1）具塞比色管：100 ml。

（2）具塞玻璃瓶：250 ml，无色，玻璃质量及直径均需一致。

5．试剂和材料

除非另有说明，否则分析时均使用符合国家标准的分析纯试剂，实验用水均为去离子水或同等纯度以上的水。

（1）硅藻土。

（2）氯化汞（$HgCl_2$）。

（3）浊度标准贮备液。

称取 10 g 通过 0.1 mm 筛孔（150 目）的硅藻土于研钵中，加入少许水调成糊状并研细，移至 1 000 ml 量筒中，加水至刻度线。充分搅匀后，静置 24 h。用虹吸法仔细将上层800 ml 悬浮液移至第二个 1 000 ml 量筒中，向其中加水至 1 000 ml，充分搅拌，静置 24 h。

虹吸出上层含较细颗粒的 800 ml 悬浮液，弃去。下部溶液加水稀释至 1 000 ml。充分搅拌后，贮于具塞玻璃瓶中，其中含硅藻土颗粒直径大约为 400 μm。

取 50.0 ml 上述悬浊液置于已恒重的蒸发皿中，在水浴上蒸干，于 105℃烘箱内烘 2 h，置干燥器冷却 30 min，称重。重复以上操作，即烘 1 h，冷却，称重，直至恒重。求出 1 ml悬浊液中含硅藻土的质量（mg）。

（4）浊度标准使用液Ⅰ：浊度为 250 度。

吸取含 250 mg 硅藻土的浊度标准贮备液，置于 1 000 ml 容量瓶中，加水至标线，摇匀。

（5）浊度标准使用液Ⅱ：浊度为 100 度。

吸取 100 ml 浊度标准使用液Ⅰ于 250 ml 容量瓶中，用水稀释至标线，摇匀。

注 1：氯化汞有剧毒，每升浊度标准溶液中加入 4.0 g 氯化汞，以防止细菌类生长。

注 2：浊度标准溶液亦可购买市售有证标准物质。

6．样品

同本节（一）分光光度法。

7．分析步骤

（1）浊度低于 10 度的样品。

分别吸取 0.0 ml、1.0 ml、2.0 ml、3.0 ml、4.0 ml、5.0 ml、6.0 ml、7.0 ml、8.0 ml、9.0 ml和 10.0 ml 浊度标准使用液Ⅱ于一组 100 ml 比色管中，加水稀释至刻度线，混匀，配制成浊度分别为 0.0 度、1.0 度、2.0 度、3.0 度、4.0 度、5.0 度、6.0 度、7.0 度、8.0 度、9.0 度和 10.0 度的标准液。

取 100 ml 摇匀样品置于 100 ml 比色管中，与上述标液进行比较。可在黑色底板上由上向下垂直观察，选出与样品产生相近视觉效果的标液，记下其浊度值。

（2）浊度为 10 度以上的样品。

分别吸取 0 ml、10 ml、20 ml、30 ml、40 ml、50 ml、60 ml、70 ml、80 ml、90 ml 和100 ml 浊度标准使用液Ⅰ于一组 250 ml 容量瓶中，加水稀释至标线，混匀，配制成浊度分

别为 0 度、10 度、20 度、30 度、40 度、50 度、60 度、70 度、80 度、90 度和 100 度的标准液，将其移入成套的 250 ml 具塞玻璃瓶中，每瓶加入 1 g 氯化汞，以防菌类生长。

取 250 ml 摇匀样品置于成套的 250 ml 具塞玻璃瓶中，瓶后放一块有黑线的白纸板作为判别标志。从瓶前向后观察，根据目标的清晰程度选出与样品产生相近视觉效果的标准液，记下其浊度值。

当样品的浊度超过 100 度时，需用无浊度水稀释后测定。

8. 结果计算和表示
样品浊度可直接读数。

9. 注意事项
（1）所有与样品接触的玻璃器皿必须清洁，可用盐酸或表面活性剂清洗。
（2）氯化汞为剧毒物质，取用时需注意。

（三）浊度计法（B）

1. 方法的适用范围
本方法适用于地表水、地下水、生活污水和工业废水中浊度的测定。

2. 方法原理
根据 ISO 7027 国际标准设计进行测量，利用一束红外线穿过含有待测样品的样品池，光源为具有 890 nm 波长的高发射强度的红外发光二极管，以确保使样品颜色引起的干扰达到最小。传感器处在与发射光线垂直的位置上，它用来测量由样品中悬浮颗粒散射引起的光量，微电脑处理器再将该数值转化为浊度值（透射浊度值和散射浊度值在数值上是一致的）。

3. 干扰和消除
（1）当出现漂浮物和沉淀物时，读数将不准确。
（2）气泡和振动将会破坏样品的表面，得出错误的结论。
（3）有划痕或沾污的比色皿都会影响测定结果。

4. 仪器和设备
浊度计，或含浊度测定功能的多参数水质现场快速分析仪。

5. 分析步骤
（1）按开关键将仪器打开，待自检完毕后，仪器进入测量状态。
（2）将搅拌均匀的水样倒入干净的比色皿内，在盖紧保护黑盖前允许有足够的时间让气泡逸出（不能将盖拧得过紧）。在比色皿插入测量池之前，先用无绒布将其擦干净，比色皿必须无指纹、油污、脏物，特别是光通过的区域（距比色皿底部大约 2 cm 处）必须洁净。
（3）将比色皿放入测量池内，检查保护黑盖上的凹口是否和槽相吻合，保护黑盖上的标志应与仪器上的箭头相对，按读数（或测量）键，大约 25 s 后浊度值就会显示出来。
（4）若数值在有效测定范围之内，可直接读出浊度值。
（5）若超过有效测定范围，需进行稀释。

6. 结果计算和表示
按以上步骤操作，读出浊度值，原始样品的浊度按照下式计算。

$$T = T_1 \times f$$

式中：T——样品的浊度值，度；

T_1——稀释后浊度值，度；

f——稀释倍数。

7．注意事项

（1）为了将比色皿引起的误差降到最低，在校准和测量过程中使用同一比色皿。

（2）将盛有 0 度标准溶液的比色皿插入测量槽，再按 CAL（校准）键，约 50 s 后，仪器校准完毕，即可开始测量。

（3）用待测水样将比色皿冲洗两次。这样可将仍保留在瓶内的残留液体和其他脏物去除。接着将待测水样沿着比色皿边缘缓慢倒入，以减少气泡产生。

（4）每次应以同样的力度拧紧比色皿盖。

（5）读完数后将废弃的样品倒掉，避免腐蚀比色皿。

（6）将样品收集在干净的玻璃或塑料瓶内，盖好并迅速进行分析。如果做不到，则应将样品贮存在阴凉室温下。

（7）为了获得有代表性的水样，取样前轻轻搅拌水样，使其均匀，禁止振荡（防止产生气泡和悬浮物沉淀）。

（8）每月用浊度有证标准溶液进行校准。

（9）实验用水为蒸馏水。其浊度应低于方法检出限，否则须经孔径≤0.45 μm 水相微孔滤膜过滤后使用。

六、透明度

透明度是指水样的澄清程度，洁净的水是透明的，当水中存在悬浮物和胶体时，透明度便降低。通常地下水的透明度较高，由于供水和环境条件的不同，其透明度可能不断变化。透明度与浊度相反，水中悬浮物越多，其透明度就越低。

（一）铅字法（B）

1．方法的适用范围
本方法适用于地表水和地下水透明度的测定。

2．方法原理

检验人员通过肉眼观察水样的澄清程度，清楚地看到放在透明度计底部的标准印刷符号时水柱的高度表示水的透明度，单位为厘米（cm）。本方法受检验人员的主观影响较大，照明等条件应尽可能一致，最好取多次或数人测定结果的平均值。

3．仪器和设备

（1）透明度计：一种长 33 cm、内径 2.5 cm 的玻璃筒，筒壁有以 cm 为单位的刻度，筒底有一磨光的玻璃片。筒与玻璃片之间有一个胶皮圈，用金属夹固定。距玻璃筒底部 1～2 cm 处有一根放水侧管（图 1-4）。

（2）标准印刷符号如图 1-5 所示。

4．分析步骤

（1）透明度计应在光线充足的实验室内，放在离直射阳光窗户约 1 m 的地点。

（2）将振荡均匀的水样立即倒入筒内至 30 cm 处。从筒口垂直向下观察，如不能清楚地看见印刷符号，缓慢地放出水样，直到刚好能辨认出符号为止。记录此时水柱高度，估计至 0.5 cm。

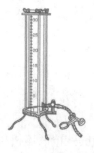

图 1-4　透明度计

图 1-5　透明度测定的印刷符号

5. 结果计算和表示

样品的透明度以水柱高度的厘米数表示。透明度超出 30 cm 的水样视为透明水样。

（二）塞氏盘法（B）

1. 方法的适用范围

本方法适用于地表水透明度的测定。

2. 方法原理

本方法是现场测定透明度的方法，以将一个白色圆盘沉入水中观察不能看见它时的深度来计。

3. 仪器和设备

透明度盘（又称塞氏圆盘）：以较厚的白铁片剪成直径 200 mm 的圆板，在板的一面从中心平分为四个部分，以黑白漆相间涂布。正中心开小孔，穿一铅丝，下面加一铅锤，上面系小绳，在绳上每 10 cm 处用有色丝线或漆做一个标记即成，如图 1-6 所示。

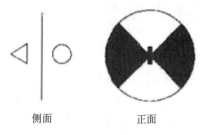

侧面　　　　　　　正面

图 1-6　透明度盘

4. 分析步骤

将透明度盘在船的背光处平放入水中，逐渐下沉，至不能看见盘面的白色时，记录绳上标记的刻度，即透明度数，以 cm 为单位。观察时需重复 2～3 次。

注：透明度盘使用时间较长后，白漆的颜色会逐渐变黄，必须重新涂漆。

七、pH

pH 是水中氢离子活度的负对数。

天然水的 pH 多在 6～9 的范围内，这也是我国污水排放标准中的 pH 控制范围。pH 是水化学中常用的和最重要的检验项目之一。由于 pH 受水温影响而变化，测定时应在规定的温度下进行或者校正温度；通常采用玻璃电极法和比色法测定 pH。比色法简便，但受色度、浊度、

16

胶体物质、氧化剂、还原剂及盐度的干扰。玻璃电极法基本上不受以上因素的干扰。

玻璃电极法（A）*

1. 方法的适用范围

本方法适用于地表水、地下水及废水 pH 的测定。

2. 方法原理

以玻璃电极为指示电极，饱和甘汞电极或银—氯化银电极为参比电极组成电池。在 25℃理想条件下，氢离子活度变化 10 倍，使电动势偏移 59.16 mV，根据电动势的变化测量出 pH。许多 pH 计上有温度补偿装置，用以校正温度对电极的影响，用于常规水样监测可准确和再现至 0.1 个 pH 单位。较精密的仪器可准确到 0.01 个 pH 单位。为了提高测定的准确度，校准仪器时选用标准缓冲溶液的 pH 应与水样的 pH 接近。

3. 干扰和消除

水的颜色、浊度、胶体物质、氧化剂、还原剂及较高含盐量均不干扰测定。但在 pH 小于 1 的强酸性溶液中，会有所谓的"酸误差"，可按酸度测定；pH 在 10 以上时，因有大量钠离子存在，会产生"钠差"，此时读数偏低，需选用特制的"低钠差"玻璃电极，或使用与水样的 pH 相近的标准缓冲溶液对仪器进行校正。

4. 仪器和设备

（1）各种型号的 pH 计或离子活度计。

（2）玻璃电极。

（3）甘汞电极或银—氯化银电极。

（4）磁力搅拌器。

（5）聚乙烯或聚四氟乙烯烧杯：50 ml。

5. 试剂和材料

（1）蒸馏水：配制标准溶液所用的蒸馏水的电导率应低于 2 μS/cm，临用前煮沸数分钟，赶除二氧化碳，冷却。取 50 ml 冷却的水，加 1 滴饱和氯化钾溶液，测量 pH，如 pH 在 6～7，即可用于配制各种标准缓冲溶液。

（2）标准缓冲液的配制：测量 pH 时，按水样呈酸性、中性和碱性三种可能，常配制以下 3 种标准溶液：

①pH 标准溶液 I：pH=4.008（25℃）。

称取 10.120 g 的邻苯二甲酸氢钾（$KHC_8H_4O_4$，在 110～130℃干燥 2～3 h），溶于水，于 1 000 ml 容量瓶中稀释至刻度。

②pH 标准溶液 II：pH=6.865（25℃）。

分别称取 3.388 g 磷酸二氢钾（KH_2PO_4，在 110～130℃干燥 2～3 h）和 3.533 g 磷酸氢二钠（Na_2HPO_4，在 110～130℃干燥 2～3 h），溶于水，于 1 000 ml 容量瓶中稀释至刻度。

③pH 标准溶液 III：pH=9.180（25℃）。

称取 3.800 g 四硼酸钠（$Na_2B_4O_7 \cdot 10H_2O$），将其与饱和溴化钠（或氯化钠加蔗糖）溶液共同放置在干燥器中室温平衡两昼夜，溶于水，于 1 000 ml 容量瓶中稀释至刻度。

当被测样品 pH 过高或过低时，应参考表 1-7 配制与其 pH 相近的标准溶液。

---

* 本方法与 GB/T 6920—86 等效。

表 1-7　pH 标准溶液的配制

标准物质	pH（25℃）	每 1 000 ml 水溶液中所含试剂的质量（25℃）
二水合四草酸钾	1.679	12.61 g $KH_3C_4O_8 \cdot 2H_2O$[①]
酒石酸氢钾（25℃饱和）	3.557	6.4 g $KHC_4H_4O_6$[②]
柠檬酸二氢钾	3.776	11.41 g $KH_2C_6H_5O_7$
邻苯二甲酸氢钾	4.008	10.12 g $KHC_8H_4O_4$
磷酸二氢钾+磷酸氢二钠	6.865	3.388 g KH_2PO_4+3.533 g Na_2HPO_4[③④]
磷酸二氢钾+磷酸氢二钠	7.413	1.179 g KH_2PO_4+4.302 g Na_2HPO_4[③④]
四硼酸钠	9.180	3.80 g $Na_2B_4O_7 \cdot 10H_2O$[④]
碳酸氢钠+碳酸钠	10.012	2.092 g $NaHCO_3$+2.64 g Na_2CO_3
氢氧化钙（25℃饱和）	12.454	1.50 g $Ca(OH)_2$[②]

注：①烘干温度不可超过60℃；②近似溶解度；③在 100～130℃烘干 2 h；④用新煮沸过并冷却的无二氧化碳水。

（3）标准溶液的保存。

①标准溶液要在聚乙烯瓶或硬质玻璃瓶中密闭保存。

②在室温条件下标准溶液一般以保存 1～2 个月为宜，当发现有浑浊、发霉或沉淀现象时，不能继续使用。

③将标准溶液在 4℃冰箱内存放，这样可以适当延长使用期限。用过的标准溶液不可再倒回原瓶中。

（4）标准溶液的 pH 随温度变化稍有差异。一些常用标准溶液的 pH（S）见表 1-8。

表 1-8　五种标准溶液的 pH（S）

温度/℃	A	B	C	D	E
0		4.003	6.984	7.534	9.464
5		3.999	6.951	7.500	9.395
10		3.998	6.923	7.472	9.332
15		3.999	6.900	7.448	9.276
20		4.002	6.881	7.429	9.225
25	3.557	4.008	6.865	7.413	9.180
30	3.552	4.015	6.853	7.400	9.139
35	3.549	4.024	6.844	7.389	9.102
38	3.548	4.030	6.840	7.384	9.081
40	3.547	4.035	6.838	7.380	9.068
45	3.547	4.047	6.834	7.373	9.038
50	3.549	4.060	6.833	7.367	9.011
55	3.554	4.075	6.834		8.985
60	3.560	4.091	6.836		8.962
70	3.580	4.126	6.845		8.921
80	3.609	4.164	6.859		8.885
90	3.650	4.205	6.877		8.850
95	3.674	4.227	6.886		8.833

注：A 为酒石酸氢钾（25℃饱和）；B 为 0.05 mol/L 邻苯二甲酸氢钾；C 为 0.025 mol/L 磷酸二氢钾+0.025 mol/L 磷酸氢二钠；D 为 0.008 695 mol/L 磷酸二氢钾+0.030 43 mol/L 磷酸氢二钠；E 为 0.01 mol/L 四硼酸钠。

6．样品

水样最好现场测定。否则，应在采样后将样品保持在 0～4℃，并在采样后 6 h 之内进行测定。

7．分析步骤

（1）仪器校准。

按照仪器使用说明书进行。将水样与标准溶液调到同一温度，记录测定温度，把仪器温度补偿旋钮调至该温度处。选用与水样 pH 相差不超过 2 个 pH 单位的标准溶液校准仪器。从第一个标准溶液中取出电极，彻底冲洗，并用滤纸边缘轻轻吸干。再浸入第二个标准溶液中（其 pH 约与前一个标准溶液相差 3 个 pH 单位），如测定值与第二个标准溶液 pH 之差大于 0.1，就要检查仪器、电极或标准溶液是否有问题。当三者均无异常情况时，方可测定水样。

（2）样品测定。

先用蒸馏水仔细冲洗两个电极，再用水样冲洗，然后将电极浸入水样中，小心搅拌或摇动使其均匀，待读数稳定后记录 pH。

8．注意事项

（1）玻璃电极在使用前应在蒸馏水中浸泡 24 h 以上。用毕应冲洗干净，浸泡在纯水中。盛水容器要防止灰尘落入和水分蒸发干涸。

（2）测定时，玻璃电极的球泡应全部浸入溶液中，使它稍高于甘汞电极的陶瓷芯端，以免搅拌时碰破。

（3）玻璃电极的内电极与球泡之间以及甘汞电极的内电极与陶瓷芯之间不能存在气泡，以防短路。

（4）甘汞电极的饱和氯化钾液面必须高于汞体，并应有适量氯化钾晶体存在，以保证氯化钾溶液的饱和。使用前必须先拔掉上孔胶塞。

（5）为防止空气中的二氧化碳溶入或水样中二氧化碳逸失，测定前不宜提前打开水样瓶塞。

（6）当玻璃电极表面受到污染时，需进行处理。如果系附着无机盐结垢，可用稀盐酸溶解；对于钙镁等难溶性结垢，可用 EDTA 二钠溶液溶解。沾有油污时，可用丙酮去除（但不能用无水乙醇）后再用纯水清洗干净。按上述方法处理的电极应在水中浸泡一昼夜再使用。

（7）注意电极的出厂日期，存放时间过长的电极性能将变劣。

（8）国产玻璃电极与饱和甘汞电极建立的零电位 pH 有两种规格，选择时应注意与 pH 计配套。

八、溶解氧

溶解在水中的分子态氧称为溶解氧。天然水的溶解氧含量取决于水体与大气中氧的平衡。溶解氧的饱和含量和空气中氧的分压、大气压力、水温有密切关系。清洁地表水溶解氧一般接近饱和，由于藻类的生长，溶解氧可能过饱和。水体受有机、无机还原性物质污染时，溶解氧降低。当大气中的氧来不及补充时，水中溶解氧逐渐降低，以至趋近于零，此时厌氧菌繁殖，水质恶化，会导致鱼虾死亡。

废水中溶解氧的含量取决于废水排出前的处理工艺过程，一般含量较低，差异很大。

鱼类死亡事故多是由于大量受纳污水，使水体中耗氧性物质增多导致其溶解氧含量降低，造成鱼类窒息。因此，溶解氧是评价水质的重要指标之一。

测定水中溶解氧常采用碘量法及其修正法、膜电极法和现场快速溶解氧仪法。清洁水可直接采用碘量法测定。水样有颜色或含有氧化性及还原性物质、藻类、悬浮物等会影响其测定。氧化性物质可使碘化物游离出碘，产生正干扰；某些还原性物质可把碘还原成碘化物，产生负干扰；有机物（如腐殖酸、丹宁酸、木质素等）可能被部分氧化产生负干扰。所以大部分受污染的地表水和工业废水，必须采用修正的碘量法或膜电极法测定。

（一）碘量法（A）[*]

1．方法的适用范围

碘量法是测定水中溶解氧的基准方法。在没有干扰的情况下，本方法适用于各种溶解氧浓度大于 0.2 mg/L 和小于氧的饱和浓度两倍（约 20 mg/L）的水样。

水样中亚硝酸盐氮含量高于 0.05 mg/L，二价铁低于 1 mg/L 时，采用叠氮化钠修正法，该法适用于多数污水及生化处理水；水样中二价铁高于 1 mg/L 时，采用高锰酸钾修正法；水样有色或有悬浮物时，采用明矾絮凝修正法；含有活性污泥悬浊物的水样，采用硫酸铜—氨基磺酸絮凝修正法。

2．方法原理

水样中加入硫酸锰和碱性碘化钾，水中溶解氧将低价锰氧化成高价锰，生成四价锰的氢氧化物棕色沉淀。加酸后，氢氧化物沉淀溶解并与碘离子反应释放出游离碘。以淀粉作指示剂，用硫代硫酸钠滴定释放出的碘，可计算溶解氧的含量。

3．干扰和消除

易氧化的有机物，如丹宁酸、腐殖酸和木质素等会对测定产生干扰。可氧化的硫的化合物，如硫化物硫脲，也如同易于消耗氧的呼吸系统那样产生干扰。当含有这类物质时，宜采用电化学探头法。

4．仪器和设备

溶解氧瓶：250～300 ml。

5．试剂和材料

除非另有说明，否则分析时均使用符合国家标准的分析纯化学试剂，实验用水为新制备的去离子水、蒸馏水或同等纯度以上的水。

（1）氢氧化钠（NaOH）。

（2）一水合硫酸锰（$MnSO_4 \cdot H_2O$）或四水合硫酸锰（$MnSO_4 \cdot 4H_2O$）。

（3）碘化钾（KI）或碘化钠（NaI）。

（4）可溶性淀粉 $[(C_6H_{10}O_5)_n]$。

（5）水杨酸（$C_7H_6O_3$）。

（6）氯化锌（$ZnCl_2$）。

（7）重铬酸钾（$K_2Cr_2O_7$）：优级纯，取适量重铬酸钾在 105℃烘箱中烘干至恒重。

（8）五水合硫代硫酸钠（$Na_2S_2O_3 \cdot 5H_2O$）。

（9）碳酸钠（Na_2CO_3）。

---

[*] 本方法与 GB 7489—87 等效。

（10）硫酸：ρ（H_2SO_4）=1.84 g/ml。

（11）硫酸溶液：1+5。

（12）硫酸锰溶液：称取 364 g 一水合硫酸锰或 480 g 四水合硫酸锰溶于水，稀释至 1 000 ml。此溶液加至酸化过的碘化钾溶液中，遇淀粉不得产生蓝色。

（13）碱性碘化钾溶液：称取 500 g 氢氧化钠溶解于 300～400 ml 水中，另称取 150 g 碘化钾（或 135 g 碘化钠）溶于 200 ml 水中，待氢氧化钠溶液冷却后，将两溶液合并，混匀，用水稀释至 1 000 ml。如有沉淀，则放置过夜后，倾出上清液，贮于棕色瓶中。用橡皮塞塞紧，避光保存。此溶液酸化后，遇淀粉不应呈蓝色。

（14）1%淀粉溶液：称取 1 g 可溶性淀粉，用少量水调成糊状，再用刚煮沸的水冲稀至 100 ml。冷却后，加入 0.1 g 水杨酸或 0.4 g 氯化锌防腐。

（15）重铬酸钾标准溶液：c（1/6 $K_2Cr_2O_7$）=0.025 0 mol/L。

称取烘至恒重的重铬酸钾基准试剂 1.225 8 g，溶于水，移入 1 000 ml 容量瓶中，用水稀释至标线，摇匀。

（16）硫代硫酸钠溶液：称取 3.2 g 硫代硫酸钠（$Na_2S_2O_3 \cdot 5H_2O$）溶于煮沸放冷的水中，加入 0.2 g 碳酸钠，用水稀释至 1 000 ml。贮于棕色瓶中，使用前用重铬酸钾标准溶液标定，标定方法如下：

于 250 ml 碘量瓶中加入 100 ml 水和 1 g 碘化钾，加入 10.00 ml 重铬酸钾标准溶液、5 ml（1+5）硫酸溶液，密塞，摇匀。于暗处静置 5 min 后，用硫代硫酸钠溶液滴定至溶液呈淡黄色，加入 1 ml 1%淀粉溶液，继续滴定至蓝色刚好褪去为止，记录用量。

$$c = \frac{10.00 \times 0.025\,0}{V}$$

式中：c——硫代硫酸钠溶液的浓度，mol/L；

　　　V——滴定时消耗硫代硫酸钠溶液的体积，ml；

　　　10.00——重铬酸钾标准溶液的体积，ml；

　　　0.0250——重铬酸钾标准溶液的浓度，mol/L。

6．样品

用碘量法测定水中溶解氧，水样常采集到溶解氧瓶中。采集水样时，要注意不使水样曝气或有气泡残存在采样瓶中。可用水样冲洗溶解氧瓶后，沿瓶壁直接倾注水样或用虹吸法将细管插入溶解氧瓶底部，注入水样至溢流出瓶容积的 1/3～1/2。

水样采集后，为防止溶解氧的变化，应在现场立即加固定剂于样品中，并存于冷暗处，同时记录水温和大气压力，在 24 h 之内完成分析测定。

7．分析步骤

（1）溶解氧的固定。

将移液管插入溶解氧瓶的液面下，缓慢加入 1 ml 硫酸锰溶液、2 ml 碱性碘化钾溶液，盖好瓶塞，颠倒混合数次，静置。待棕色沉淀物降至瓶内一半时，再颠倒混合一次，待沉淀物下降到瓶底。一般在取样现场固定。

（2）析出碘。

轻轻打开瓶塞，立即将移液管插入液面下，缓慢加入 2.0 ml（1+5）硫酸溶液。小心盖好瓶塞，避免带入空气泡，颠倒混合摇匀至沉淀物全部溶解为止，放置暗处 5 min。

（3）滴定。

移取 100.0 ml 上述溶液于 250 ml 锥形瓶中，用硫代硫酸钠溶液滴定至溶液呈淡黄色，加入 1 ml 1%淀粉溶液，继续滴定至蓝色刚好褪去为止，记录硫代硫酸钠溶液的用量。

8. 结果计算和表示

样品中溶解氧的质量浓度按照下式计算。

$$\rho = \frac{c \times V \times 8 \times 1\,000}{100}$$

式中：ρ——溶解氧的质量浓度，mg/L；

c——硫代硫酸钠溶液的浓度，mol/L；

V——滴定时消耗硫代硫酸钠溶液的体积，ml；

8——氧气摩尔质量的 1/4，g/mol；

100——水样体积，ml。

9. 精密度和准确度

经不同海拔高度的 4 个实验室于 20℃分析含饱和溶解氧 6.85～9.09 mg/L 的蒸馏水，单个实验室的相对标准偏差不超过 0.3%；分析含 4.73～11.4 mg/L 溶解氧的地表水，单个实验室的相对标准偏差不超过 0.5%。

10. 注意事项

（1）如果水样中含有氧化性物质（如游离氯大于 0.1 mg/L 时），应预先于水样中加入硫代硫酸钠去除。即用两个溶解氧瓶各取一瓶水样，在其中一瓶加入 5 ml（1+5）硫酸溶液和 1 g 碘化钾，摇匀，此时游离出碘。以淀粉作指示剂，用硫代硫酸钠溶液滴定至蓝色刚好褪去，记下用量（相当于去除游离氯的量）；另一瓶水样中加入同样量的硫代硫酸钠溶液，摇匀后，按操作步骤测定。

（2）如果水样呈强酸性或强碱性，可用氢氧化钠或硫酸溶液调至中性后测定。

A. 叠氮化钠修正法

1. 试剂和材料

①碱性碘化钾—叠氮化钠溶液：溶解 500 g 氢氧化钠于 300～400 ml 水中，溶解 150 g 碘化钾（或 135 g 碘化钠）于 200 ml 水中，溶解 10 g 叠氮化钠于 40 ml 水中。待氢氧化钠溶液冷却后，将上述三种溶液混合，加水稀释至 1 000 ml，贮于棕色瓶中。用橡皮塞塞紧，避光保存。

②40%氟化钾溶液：称取 40 g 氟化钾（$KF \cdot 2H_2O$）溶于水中，用水稀释至 100 ml，贮于聚乙烯瓶中。

③其他试剂同本节（一）碘量法。

2. 分析步骤

同本节（一）碘量法。仅将试剂碱性碘化钾溶液改为碱性碘化钾叠氮化钠溶液。如水样中含有 Fe^{3+} 干扰测定，则在水样采集后，将移液管插入液面下加入 1 ml 40%氟化钾溶液、1 ml 硫酸锰溶液和 2 ml 碱性碘化钾—叠氮化钠溶液，盖好瓶盖，混匀。

3. 结果计算和表示

同本节（一）碘量法。

4．精密度和准确度

经不同海拔高度的 4 家实验室于 20℃分析含饱和溶解氧 6.85～9.09 mg/L 的蒸馏水，单个实验室相对标准偏差小于 0.4%；分析 4.73～11.4 mg/L 溶解氧的地表水，单个实验室的相对标准偏差小于 1%。

5．注意事项

叠氮化钠是一种剧毒、易爆试剂，不能将碱性碘化钾—叠氮化钠溶液直接酸化，否则可能产生有毒的叠氮酸雾。

B．高锰酸钾修正法

1．试剂和材料

①0.63%高锰酸钾溶液：称取 6.3 g 高锰酸钾溶于水并稀释至 1 000 ml，贮于棕色瓶中。1 ml 此溶液能氧化 1 mg Fe^{2+}。

②2%草酸钾溶液：称取 2 g 草酸钾（$K_2C_2O_4 \cdot H_2O$）或 1.46 g 草酸钠（$Na_2C_2O_4$）溶于水并稀释至 100 ml。1 ml 的此溶液可还原大约 1.1 ml 高锰酸钾溶液。

③其他试剂同"A．叠氮化钠修正法"。

2．分析步骤

水样采集到溶解氧瓶后，用移液管于液面下加入 0.7 ml 硫酸、1 ml 0.63%高锰酸钾溶液、1 ml 40%氟化钾溶液，盖好瓶盖，颠倒混匀，放置 10 min。如紫红色褪尽，需再加入少许高锰酸钾溶液使 5 min 内紫红色不褪，然后用吸管于液面下加入 0.5 ml 2%草酸钾溶液，盖好瓶盖，颠倒混合几次，至紫红色于 2～10 min 内褪尽。如不褪，再加入 0.5 ml 草酸钾溶液，直至紫红色褪尽。以下步骤同"A．叠氮化钠修正法"。

3．结果计算和表示

样品中溶解氧的质量浓度按照下式计算。

$$\rho = \frac{V_1}{V_1 - R} \times \frac{c \times V \times 8 \times 1\,000}{100}$$

式中：ρ——样品中溶解氧的质量浓度，mg/L；

　　　V_1——溶解氧瓶容积，ml；

　　　R——加到溶解氧瓶内各种试剂的总量，ml；

　　　c——硫代硫酸钠溶液的浓度，mol/L；

　　　V——滴定时消耗硫代硫酸钠溶液的体积，ml。

4．精密度和准确度

4 家不同海拔高度的实验室分析 20℃时含饱和溶解氧 6.85～9.09 mg/L 的蒸馏水，单个实验室的相对标准偏差小于 0.4%；分析含溶解氧 4.73～11.4 mg/L 的地表水，单个实验室的相对标准偏差小于 0.9%。

5．注意事项

（1）加入草酸盐还原过量的高锰酸钾时，如草酸盐溶液过量 0.5 ml 以下，对测定无影响，如量多于 0.5 ml，会使结果偏低。

（2）当水样温度高于 10℃时，应在加入草酸盐溶液前加入 0.1 ml 稀释的硫酸锰溶液（取 1 ml 作为固定剂的硫酸锰溶液稀释至 100 ml），以加速草酸盐还原过量的高锰酸钾。

C．明矾絮凝修正法

1．试剂和材料

（1）10%硫酸铝钾溶液：称取 10 g 硫酸铝钾［$AlK(SO_4)_2 \cdot 12H_2O$］溶于水并稀释至 100 ml。

（2）浓氨水。

（3）其他试剂同"A．叠氮化钠修正法"。

2．分析步骤

于 1 000 ml 具塞细口瓶中，用虹吸法注满水样并溢出 1/3 左右。用吸管于液面下加入 100 ml 硫酸铝钾溶液，加入 1～2 ml 浓氨水，盖好瓶塞，颠倒混匀，放置 10 min。待沉淀物下沉后，将其上清液虹吸至溶解氧瓶内（防止水样中有气泡），选择适当的修正法进行测定。

D．硫酸铜—氨基磺酸絮凝修正法

1．试剂和材料

（1）硫酸铜—氨基磺酸抑制剂：溶解 32 g 氨基磺酸（NH_2SO_3H）于 475 ml 水中；溶解 50 g 硫酸铜（$CuSO_4 \cdot 5H_2O$）于 500 ml 水中，将两者混合，并加入 25 ml 冰乙酸，混匀。

（2）其他试剂同"A．叠氮化钠修正法"。

2．分析步骤

于 1 000 ml 具塞细口瓶中，用虹吸法注满水样并溢出 1/3 左右。用移液管于液面下加入 10 ml 抑制剂，盖好瓶塞，颠倒混匀，静置。等沉淀物下沉后，将其上清液虹吸至溶解氧瓶内（防止水样中有气泡），选择适当的修正法尽快测定。

（二）电化学探头法（A）*

1．方法的适用范围

本方法适用于地表水、地下水、污水和高盐水中溶解氧的测定。

本方法不仅可用于实验室内测定，还可用于现场测定和自动在线连续监测。

本方法可测定水中饱和百分率为 0～100% 的溶解氧，还可测量高于 100% 的过饱和溶解氧。

2．方法原理

溶解氧电化学探头是一个用选择性薄膜封闭的小室，室内有两个金属电极并充有电解质。氧和一定数量的其他气体及亲液物质可透过这层薄膜，但水和可溶性物质的离子几乎不能透过这层膜。将探头浸入水中进行溶解氧的测定时，由于电池作用或外加电压在两个电极间产生电位差，使金属离子在阳极进入溶液，同时氧气通过薄膜扩散在阴极获得电子被还原，产生的电流与穿过薄膜和电解质层的氧的传递速度成正比，即在一定的温度下，该电流与水中氧的分压（或浓度）成正比。

3．干扰和消除

（1）薄膜对气体的渗透性受温度变化的影响较大，可用数学方法对温度进行校正，也可在电路中安装热敏元件对温度变化进行自动补偿。

---

* 本方法与 HJ 506—2009 等效。

（2）若仪器在电路中未安装压力传感器不能对压力进行补偿时，仪器仅显示与气压有关的表观读数，当测定样品的气压与校准仪器时的气压不同时，应进行气压校正。

（3）若测定海水、港湾水等含盐量高的水，应根据含盐量对测量值进行修正。

4．仪器和设备

除非另有说明，否则分析时均使用符合国家 A 级标准的玻璃量器。

（1）溶解氧测量仪

①测量探头：原电池型（如铅/银）或极谱型（如银/金），探头上宜附有温度补偿装置。

②仪表：直接显示溶解氧的质量浓度或饱和百分率。

（2）磁力搅拌器。

（3）电导率仪：测量范围为 $2\sim100$ mS/cm。

（4）温度计：最小分度为 0.5℃。

（5）气压表：最小分度为 10 Pa。

（6）溶解氧瓶。

5．试剂和材料

除非另有说明，否则分析时均使用符合国家标准的分析纯化学试剂，实验用水为新制备的去离子水或蒸馏水。

（1）无水亚硫酸钠（Na_2SO_3）或七水合亚硫酸钠（$Na_2SO_3\cdot7H_2O$）。

（2）二价钴盐，如六水合氯化钴（Ⅱ）（$CoCl_2\cdot6H_2O$）。

（3）零点检查溶液：称取 0.25 g 亚硫酸钠和约 0.25 mg 二价钴盐，溶解于 250 ml 蒸馏水中。临用时现配。

（4）氮气：99.9%。

6．分析步骤

使用测量仪器时，应严格遵照仪器说明书的规定。

（1）校准。

①零点检查和调整：当测量的溶解氧质量浓度水平低于 1 mg/L（或 10% 饱和度）时，或者当更换溶解氧膜罩或内部的填充电解液时，需要进行零点检查和调整。若仪器具有零点补偿功能，则不必调整零点。

零点调整：将探头浸入零点检查溶液中，待反应稳定后读数，调整仪器到零点。

②接近饱和值的校准：在一定的温度下，向蒸馏水中曝气，使水中氧的含量达到饱和或接近饱和。在这个温度下保持 15 min，再用碘量法测定溶解氧的质量浓度。

③调整仪器：将探头浸没在瓶内，瓶中完全充满，按上述步骤制备并测定样品，让探头在搅拌的溶液中稳定一段时间（一般为 $2\sim3$ min）以后，调节仪器读数至样品已知的溶解氧质量浓度。

当仪器不能再校准，或仪器响应变得不稳定或较低时，应及时更换电解质或膜。

注 1：如果以往的经验已给出空气饱和样品需要的曝气时间和空气流速，可以查表 1-9 或表 1-11 来代替碘量法的测定。

注 2：有些仪器能够在水饱和空气中校准。

（2）测定。

将探头浸入样品，不能有空气泡截留在膜上，停留足够的时间，待探头温度与水温达到平衡，且数字显示稳定时读数。必要时，根据所用仪器的型号及对测量结果的要求，检验水温、气压或含盐量，并对测量结果进行校正。

探头上的薄膜接触样品时，样品要保持一定的流速，防止与膜接触的瞬间将该部位样品中的溶解氧耗尽，使读数发生波动。

对于流动样品（如河水）：应检查水样是否有足够的流速（不得小于 0.3 m/s），若水流速度低于 0.3 m/s，需在水样中往复移动探头，或者取分散样品进行测定。

对于分散样品：容器能密封以隔绝空气并带有搅拌器。将样品充满容器至溢出，密闭后进行测量。调整搅拌速度，使读数达到平衡后保持稳定，并且不得夹带空气。

7．结果计算和表示

（1）溶解氧的质量浓度。

样品中溶解氧的质量浓度以每升水中氧的毫克数表示。

①温度校正。当测量样品时的温度与仪器校准时的温度不同时，需要对仪器读数进行校正。

样品中溶解氧的质量浓度按照下式计算。

$$\rho = \rho' \times \frac{\rho_m}{\rho_c}$$

式中：ρ——样品中溶解氧的质量浓度，mg/L；

ρ'——溶解氧的表观质量浓度（仪器读数），mg/L；

ρ_m——测量温度下氧的溶解度，mg/L；

ρ_c——校准温度下氧的溶解度，mg/L。

例如：校准温度为 25℃时，氧的溶解度为 8.26 mg/L（表 1-9）；

测量温度为 10℃时，氧的溶解度为 11.29 mg/L（表 1-9）；

测量时仪器的读数为 7.0 mg/L；

10℃时实测溶解氧的质量浓度：$\rho = 7.0 \times 11.29 / 8.26 = 9.6$ mg/L。

上式中 ρ_m 值和 ρ_c 值可以由表 1-9 和表 1-11 查得，也可以根据本小节附录 A 中溶解氧与大气压力和水温的函数关系公式计算而得。

注：有些仪器能自动进行温度补偿。

②气压校正。当气压为 p 时，样品中溶解氧的质量浓度按照下式计算。

$$\rho = \rho_s' \times \frac{p - p_w}{101.325 - p_w}$$

式中：ρ——温度为 t、大气压力为 p（kPa）时样品中溶解氧的质量浓度，mg/L；

ρ_s'——仪器默认大气压力为 101.325 kPa、温度为 t 时仪器的读数，mg/L；

p_w——温度为 t 时饱和水蒸气的压力，kPa。

注：有些仪器能自动进行压力补偿。

③盐度修正。氧在水中的溶解度随着含盐量的增加而减少，当水中含盐量大于等于 3 g/kg 时，需要对仪器读数按下式进行修正。

$$\rho = \rho_s'' - \Delta\rho_s \times w \times \frac{\rho_s''}{\rho_s}$$

式中：ρ——p 大气压下和温度为 t 时盐度修正后溶解氧的质量浓度，mg/L；

$\Delta\rho_s$——气压为 101.325 kPa、温度为 t 时水中溶解氧的修正因子，（mg/L）/（g/kg），见表 1-9；

w——水中含盐量，g/kg；

ρ_s——p 大气压下和温度为 t 时样品中氧的溶解度，mg/L，见表 1-11；

ρ_s''——p 大气压下和温度为 t 时盐度修正前仪器的读数，mg/L；

$\dfrac{\rho_s''}{\rho_s}$——p 大气压下和温度为 t 时样品中溶解氧的饱和率。

水中的含盐量可以用电导率值估算（表 1-10）。使用电导率仪法测量水样的电导率，如果测定时水样的温度不是 20℃，应换算成 20℃时的电导率，测得结果以 mS/cm 表示。用表 1-10 提供的数据，估计水中的含盐量到最接近的整数（w），代入上式中，计算盐度修正后水中溶解氧的质量浓度。

（2）以饱和百分率表示的溶解氧含量。

样品中溶解氧的饱和百分率按照下式计算。

$$S = \frac{\rho_s''}{\rho_s} \times 100\%$$

式中：S——样品中溶解氧的饱和百分率，%；

ρ_s''——在 p 大气压和温度为 t 时样品中溶解氧的质量浓度实测值，mg/L；

ρ_s——在 p 大气压和温度为 t 时样品中氧的溶解度理论值（表 1-11），mg/L。

8．注意事项

（1）水中存在的一些气体和蒸汽，如氯、二氧化硫、硫化氢、胺、氨、二氧化碳、溴和碘等物质，会通过膜扩散影响被测电流而干扰测定。水样中的其他物质如溶剂、油类、硫化物、碳酸盐和藻类等物质可能堵塞薄膜，引起薄膜损坏和电极腐蚀，影响被测电流而干扰测定。

（2）新仪器投入使用前、更换电极或电解液以后，应检查仪器的线性，一般每隔两个月进行一次线性检查。

检查方法：通过测定一系列不同浓度蒸馏水样品中溶解氧的浓度来检查仪器的线性。向 3～4 个 250 ml 完全充满蒸馏水的细口瓶中缓缓通入氮气，去除水中氧气，用探头时刻测量剩余的溶解氧含量，直到获得所需溶解氧的近似质量浓度，然后立刻停止通氮气，用碘量法测定水中准确的溶解氧质量浓度。

若探头法测定的溶解氧浓度值与碘量法在显著性水平为 5%时无显著性差异，则认为探头的响应呈线性。否则，应查找偏离线性的原因。

（3）电极的维护和再生。

①电极的维护。电极和膜片的清洗：若膜片和电极上有污染物，则会引起测量误差，一般 1～2 周清洗一次。清洗时要小心，将电极和膜片放入清水中涮洗，注意不要损坏膜片。任何时候都不得用手触摸膜的活性表面。

经常使用的电极建议存放在有蒸馏水的容器中，以保持膜片的湿润。干燥的膜片在使用前应该用蒸馏水湿润活化。

②电极的再生。当电极的线性不合格时，就需要对电极进行再生。电极的再生约一年一次。

电极的再生包括更换溶解氧膜罩、电解液和清洗电极。

每隔一定时间或当膜被损坏和污染时，需要更换溶解氧膜罩并补充新的填充电解液。如果膜未被损坏和污染，建议两个月更换一次填充电解液。

更换电解质和膜之后，或当膜干燥时，都要使膜湿润，只有在读数稳定后，才能进行校准，仪器达到稳定所需要的时间取决于电解质中溶解氧消耗所需要的时间。

（4）其他。

将探头浸入样品中时，应保证没有空气泡截留在膜上。

样品接触探头的膜时，应保持一定的流速，以防止与膜接触的瞬间将该部位样品中的溶解氧耗尽而出现错误的读数。应保证样品的流速不致使读数发生波动，详细可参照仪器制造厂家的说明。

附录 A 水中氧的溶解度与温度、大气压和盐分的关系

水中氧的溶解度在给定的大气压下随温度变化；同样，在给定的温度条件下随大气压变化。另外，氧的溶解度随着盐分的增加而减少。

1. 氧在水中的溶解度与水温和含盐量的函数关系

（1）温度的影响。

表 1-9 给出了标准大气压（101.325 kPa）下，在水蒸气饱和的、含氧体积分数为 20.94% 的空气存在时，纯水中氧的溶解度 ρ_s，以每升纯水中氧的毫克数表示。

表 1-9 氧的溶解度与水温和含盐量的函数关系

温度/℃	在标准大气压（101.325 kPa）下氧的溶解度[ρ_s]/（mg/L）	水中含盐量每增加 1 g/kg 时溶解氧的修正值 [$\Delta\rho_s$]/[（mg/L）/（g/kg）]	温度/℃	在标准大气压（101.325 kPa）下氧的溶解度[ρ_s]/（mg/L）	水中含盐量每增加 1 g/kg 时溶解氧的修正值 [$\Delta\rho_s$]/[（mg/L）/（g/kg）]
0	14.62	0.087 5	21	8.91	0.046 4
1	14.22	0.084 3	22	8.74	0.045 3
2	13.83	0.081 8	23	8.58	0.044 3
3	13.46	0.078 9	24	8.42	0.043 2
4	13.11	0.076 0	25	8.26	0.042 1
5	12.77	0.073 9	26	8.11	0.040 7
6	12.45	0.071 4	27	7.97	0.040 0
7	12.14	0.069 3	28	7.83	0.038 9
8	11.84	0.067 1	29	7.69	0.038 2
9	11.56	0.065 0	30	7.56	0.037 1
10	11.29	0.063 2	31	7.43	
11	11.03	0.061 4	32	7.30	
12	10.78	0.059 3	33	7.18	
13	10.54	0.058 2	34	7.07	
14	10.31	0.056 1	35	6.95	
15	10.08	0.054 5	36	6.84	
16	9.87	0.053 2	37	6.73	
17	9.66	0.051 4	38	6.63	
18	9.47	0.050 0	39	6.53	
19	9.28	0.048 9	40	6.43	
20	9.09	0.047 5	—	—	—

（2）含盐量的影响。

水中氧的溶解度随着含盐量的增加而减少，总盐量在 35 g/kg 以下时，二者呈线性关系。

表 1-10 给出了水温为 t（0～39℃，间隔为 1℃）、水中含盐量（以 NaCl 计）每变化 1 g/kg 时，水中溶解氧的修正因子 $\Delta\rho_s$。该修正因子适用于海水或港湾水，使用上述修正值能给盐水中的溶解氧计算结果带来大约 1% 的误差。

表 1-10 提供了 20℃时测定的电导率（mS/cm）和含盐量（以 NaCl 计）之间的函数关系。

表 1-10　电导率与含盐量的函数关系

电导率/ （mS/cm）	水中含盐量/ （g/kg）	电导率/ （mS/cm）	水中含盐量/ （g/kg）	电导率/ （mS/cm）	水中含盐量/ （g/kg）
5	3	20	13	35	25
6	4	21	14	36	25
7	4	22	15	37	26
8	5	23	15	38	27
9	6	24	16	39	28
10	6	25	17	40	29
11	7	26	18	42	30
12	8	27	18	44	32
13	8	28	19	46	33
14	9	29	20	48	35
15	10	30	21	50	37
16	10	31	22	52	38
17	11	32	22	54	40
18	12	33	23	—	—
19	13	34	24	—	—

2. 溶解氧与大气压力和水温的函数关系

气压为 p 时，水中氧的溶解度可按照下式计算。

$$\rho_s' = \rho_s \times \frac{p - p_w}{101.325 - p_w}$$

式中：ρ_s'——温度为 t、大气压力为 p（kPa）时，样品中氧的溶解度，mg/L；

ρ_s——温度为 t、大气压力为 101.325 kPa 时，样品中溶解氧的理论质量浓度，mg/L，由表 1-9 可查得；

p_w——温度为 t 时饱和水蒸气的压力，kPa。

表 1-11 给出了大气压范围在 50.5～110.5 kPa（间隔为 5 kPa）、温度范围在 0～40℃（间隔为 1℃）时样品中氧的溶解度 ρ_s'，用每升溶解氧的毫克数表示。间隔更小的数据可由上述公式导出，也可以用内插法推算。

表 1-11　不同大气压和水温条件下氧的溶解度　　　　　　　　　单位：mg/L

温度/℃	p_w/kPa	大气压/kPa												
		50.5	55.5	60.5	65.5	70.5	75.5	80.5	85.5	90.5	95.5	100.5	105.5	110.5
0	0.61	7.24	7.97	8.69	9.42	10.15	10.87	11.60	12.32	13.05	13.77	14.50	15.23	15.95
1	0.66	7.04	7.75	8.45	9.16	9.87	10.57	11.28	11.98	12.69	13.40	14.10	14.81	15.52
2	0.71	6.84	7.53	8.22	8.91	9.59	10.28	10.97	11.65	12.34	13.03	13.72	14.40	15.09
3	0.76	6.66	7.33	8.00	8.67	9.33	10.00	10.67	11.34	12.01	12.68	13.35	14.02	14.69
4	0.81	6.48	7.13	7.79	8.44	9.09	9.74	10.39	11.05	11.70	12.35	13.00	13.65	14.31
5	0.87	6.31	6.94	7.58	8.22	8.85	9.49	10.12	10.76	11.39	12.03	12.67	13.30	13.94
6	0.93	6.15	6.77	7.39	8.01	8.63	9.25	9.87	10.49	11.11	11.73	12.35	12.97	13.59
7	1.00	5.99	6.59	7.20	7.80	8.41	9.02	9.62	10.23	10.83	11.44	12.04	12.65	13.25
8	1.07	5.84	6.43	7.02	7.61	8.02	8.79	9.38	9.97	10.56	11.15	11.74	12.33	12.92
9	1.15	5.69	6.27	6.85	7.43	8.00	8.58	9.16	9.73	10.31	10.89	11.46	12.04	12.62
10	1.23	5.56	6.12	6.69	7.25	7.81	8.38	8.94	9.51	10.07	10.63	11.20	11.76	12.32
11	1.31	5.42	5.98	6.53	7.08	7.63	8.18	8.73	9.28	9.84	10.39	10.94	11.49	12.04
12	1.40	5.30	5.84	6.38	6.92	7.45	7.99	8.53	9.07	9.61	10.15	10.69	11.23	11.77
13	1.49	5.17	5.70	6.23	6.76	7.29	7.81	8.34	8.87	9.40	9.93	10.45	10.98	11.51
14	1.60	5.06	5.57	6.09	6.61	7.12	7.64	8.16	8.67	9.19	9.71	10.22	10.74	11.26
15	1.71	4.94	5.44	5.95	6.45	6.96	7.47	7.97	8.48	8.98	9.49	10.00	10.50	11.01
16	1.81	4.83	5.33	5.82	6.32	6.81	7.31	7.80	8.30	8.80	9.29	9.79	10.28	10.78
17	1.93	4.72	5.21	5.69	6.18	6.66	7.15	7.64	8.12	8.61	9.09	9.58	10.07	10.55
18	2.07	4.62	5.10	5.57	6.05	6.53	7.01	7.48	7.96	8.44	8.91	9.39	9.87	10.35
19	2.20	4.52	4.99	5.46	5.93	6.39	6.86	7.33	7.80	8.27	8.73	9.20	9.67	10.14
20	2.81	4.42	4.88	5.34	5.80	6.26	6.72	7.18	7.64	8.10	8.56	9.01	9.47	9.93
21	2.99	4.33	4.78	5.23	5.68	6.13	6.58	7.03	7.48	7.93	8.38	8.84	9.29	9.74
22	3.17	4.24	4.68	5.12	5.57	6.01	6.45	6.90	7.34	7.78	8.22	8.67	9.11	9.55
23	3.36	4.15	4.59	5.02	5.46	5.90	6.33	6.77	7.20	7.64	8.07	8.51	8.94	9.38
24	3.56	4.07	4.50	4.92	5.35	5.78	6.21	6.64	7.06	7.49	7.92	8.35	8.78	9.21
25	3.77	3.98	4.40	4.82	5.25	5.67	6.09	6.51	6.93	7.35	7.77	8.19	8.61	9.03
26	4.00	3.90	4.32	4.73	5.14	5.56	5.97	6.39	6.80	7.21	6.63	8.04	8.46	8.87
27	4.24	3.83	4.23	4.64	5.05	5.46	5.86	6.27	6.68	7.09	7.50	7.90	8.31	8.72
28	4.49	3.75	4.15	4.55	4.95	5.36	5.76	6.16	6.56	6.96	7.36	7.76	8.17	8.57
29	4.76	3.67	4.07	4.46	4.86	5.25	5.65	6.04	6.44	6.83	7.23	7.62	8.02	8.41
30	5.02	3.60	3.99	4.38	4.77	5.16	5.55	5.94	6.33	6.72	7.11	7.50	7.89	8.27
31	5.32	3.53	3.91	4.30	4.68	5.06	5.45	5.83	6.22	6.60	6.98	7.37	7.75	8.13
32	5.62	3.46	3.83	4.21	4.59	4.97	5.35	5.73	6.10	6.48	6.86	7.24	7.62	7.99
33	5.94	3.39	3.76	4.14	4.51	4.88	5.25	5.63	6.00	6.37	6.75	7.12	7.49	7.86
34	6.28	3.33	3.70	4.06	4.43	4.80	5.17	5.54	5.90	6.27	6.64	7.01	7.38	7.75
35	6.62	3.26	3.62	3.99	4.35	4.71	5.07	5.44	5.80	6.16	6.53	6.89	7.25	7.62
36	6.98	3.20	3.55	3.91	4.27	4.63	4.99	5.35	5.71	6.06	6.42	6.78	7.14	7.50
37	2.81	3.13	3.49	3.84	4.19	4.55	4.90	5.26	5.61	5.96	6.32	6.67	7.03	7.38
38	2.99	3.07	3.42	3.77	4.12	4.47	4.82	5.17	5.52	5.87	6.22	6.57	6.92	7.27
39	3.17	3.01	3.36	3.70	4.05	4.40	4.74	5.09	5.43	5.78	6.13	6.47	6.82	7.17
40	7.37	2.95	3.29	.3.64	3.98	4.32	4.66	5.00	5.35	5.69	6.03	6.37	6.72	7.06

3. 大气压力与海拔高度的函数关系

作为高度函数的平均大气压用以下公式计算。

$$\lg p_h = \lg 101.325 - \frac{h}{18\,400}$$

式中：p_h——海拔高度为 h 时的平均大气压，kPa；

h——海拔高度，m。

表 1-12 给出了平均大气压与海拔高度的对应值（海拔高度间隔为 100 m）。

表 1-12　平均大气压与海拔高度的对应值

海拔高度/m	平均大气压/kPa	海拔高度/m	平均大气压/kPa
0	101.3	2 800	71.4
100	100.1	2 900	70.5
200	98.8	3 000	69.6
300	97.6	3 100	68.7
400	96.4	3 200	67.9
500	95.2	3 300	67.0
600	94.0	3 400	66.2
700	92.8	3 500	65.4
800	91.7	3 600	64.6
900	90.5	3 700	64.6
1 000	89.4	3 800	63.0
1 100	88.3	3 900	62.2
1 200	87.2	4 000	61.4
1 300	86.1	4 100	60.7
1 400	85.0	4 200	59.9
1 500	84.0	4 300	59.2
1 600	82.9	4 400	58.4
1 700	81.9	4 500	57.7
1 800	80.9	4 600	57.0
1 900	79.9	4 700	56.3
2 000	78.9	4 800	55.6
2 100	77.9	4 900	54.9
2 200	76.9	5 000	54.2
2 300	76.0	5 100	53.5
2 400	75.0	5 200	52.9
2 500	74.1	5 300	52.2
2 600	73.2	5 400	51.6
2 700	72.3	5 500	50.9

（三）光学传感器法（B）

1. 方法的适用范围

本方法适用于地表水、地下水、污水和含盐水中溶解氧的测定。

本方法适用于溶解氧的现场测定和自动在线连续监测，也可用于实验室内测定。

根据所采用测量探头的不同类型，可测定溶解氧的质量浓度（mg/L）、溶解氧的饱和百分率（%溶解氧）或二者皆可测定。本方法可测定水中饱和百分率为 0～100% 的溶解氧，大多数仪器还可测量大于 100% 的过饱和溶解氧。当氧分压高于空气时，则可能发生过饱和，特别是在藻类生长旺盛的情况下，过饱和度甚至可达 200% 以上。

本方法是测定色度高及浑浊水的优选方法之一。某些样品含铁以及能与碘作用的物质，这些物质会干扰碘量法的测定，此时可选择光学传感器法快速测定。

本方法测量的水样溶解氧质量浓度检出限可达 0.1 mg/L。

2．方法原理

本方法是基于荧光猝熄的传感器测定水中溶解氧的光学方法。测量荧光寿命或荧光相移的光学传感器通常由三部分构成：一个传感器帽（前端具有荧光材料或荧光染料）、一个激发光源（如发光二极管 LED）和一个光电探测器。从光源发出的脉冲光或调制光激发荧光材料，由于氧分子带有能量，导致有氧存在时发生猝熄效应。光电探测器将此发光信号转换为电信号，从而记录相移或荧光寿命（荧光物质受激发后回到基态所需要的时间）并最终用于定量溶解氧的浓度。大多数光学传感器还使用第二个发光二极管作为内部标准（或者参比光），与传感器产生的荧光进行比对。

3．干扰和消除

（1）温度变化对溶解氧的浓度影响较大。其一是光学传感器探头膜片的猝熄过程与温度的变化有关，因此，探头的基始信号必须用内置的温度传感器来进行温度补偿，先进的仪器可自动完成温度补偿功能；其二是水中氧的溶解度随温度的变化而变化。

（2）为了计算与大气接触样品的溶解氧饱和百分率，必须考虑到大气压力的影响，可手动计算或通过带有自动补偿装置的压力传感器来进行自动补偿。

（3）盐度会对测量产生显著的影响。因此，在测定海水、入海口河水等含盐水时，应根据含盐量对测量值进行修正。

4．仪器和设备

除非另有说明，否则分析时均使用符合国家 A 级标准的玻璃量器。

（1）溶解氧测量仪。

①测量探头：激发光的波长和发光材料/荧光染料受激发产生的荧光波长需不同。

②仪表：直接显示溶解氧的质量浓度或饱和百分率。

（2）温度计：最小分度至少为 0.5℃，通常温度传感器集成在仪器上。

（3）气压表：最小分度为 0.1 kPa，通常气压表集成在仪器上。

5．试剂和材料

除非另有说明，否则分析时均使用符合国家标准的分析纯化学试剂，实验用水为新制备的去离子水、蒸馏水或同等纯度以上的水。

（1）无水亚硫酸钠（Na_2SO_3）或七水合亚硫酸钠（$Na_2SO_3 \cdot 7H_2O$）。

（2）二价钴盐，如六水合氯化钴（Ⅱ）（$CoCl_2 \cdot 6H_2O$）。

（3）抗坏血酸（$C_6H_8O_6$）。

（4）氢氧化钠溶液：c（NaOH）=1 mol/L。

称取 4.0 g 氢氧化钠，溶于适量水中，并稀释至 100 ml。

（5）氮气（N₂）：纯度≥99.9%。

（6）零点检查溶液。

①亚硫酸钠溶液：ρ（Na₂SO₃）≥1 g/L。

称取不少于 1 g 亚硫酸钠溶解于 1 L 蒸馏水中，临用时现配。此外，可加入约 1 mg 钴（Ⅱ）盐溶于以上溶液，增加反应速率。

②碱性抗坏血酸溶液：ρ（C₆H₈O₆）=18 g/L。

称取 2 g 抗坏血酸，同时量取 25 ml 1 mol/L 的 NaOH 溶液共同溶于 85 ml 水中，慢慢搅拌使其溶解，静置 3 min 后使用。

③仪器使用说明书中规定的其他适用于零点检查的溶液。

6．样品

（1）一般采样。

一般情况下，溶解氧的浓度应当直接在待测水体中现场测量。如果在水体中直接测量较为困难或不太可能，测量也可在气密连接的流通装置内进行，或者在适合作为离散样本的采样之后立即进行。需要注意的是，任何离散采样过程均会导致更高的测量不确定度。在使用采样瓶进行取样的过程中，应尽量减少氧气摄入或溶解氧逸出。样品转移过程中应避免任何扰动，即保持平流。

（2）浸入采样。

将采样容器小心缓慢地浸入水体中（如地表水）采集水样。

（3）龙头取样。

将惰性取样管连接到龙头上，检查气密性，然后将取样管向下插入采样容器的底部，并让水溢流出至少 3 倍采样容器体积的水量。在避免湍流的情况下，测量溶解氧浓度之前，应将采样容器充满水样，避免出现气泡。

（4）水泵取样。

水泵取样只能选择水驱动式的潜水泵，而根据空气置换原理工作的泵不适用。使用取样管从采样容器的底部开始充水，通过溢流排出水，并让水溢流出至少 3 倍采样容器体积的水量。在样品转移的过程中，应尽量避免样品瓶的颠倒摇晃。

7．分析步骤

使用测量仪器时，应严格遵照仪器说明书的规定。

（1）校准。

一般情况下应按照以下步骤依次进行，但同时应参照仪器的使用说明书。日常应注意检查空气饱和度的情况，并且在环境条件（温度和压力）改变的情况下进行校准。

①零点检查和调整。在必要的情况下，需对仪器进行零点检查和调整。将探头浸入零点检查溶液中，待读数稳定后调整仪器到零点。

注1：水溶性钴（Ⅱ）盐对人类和水生生物有毒，需谨慎处理。

注2：不含钴（Ⅱ）盐的零点检查溶液的反应时间为 20 min，加有钴（Ⅱ）盐的零点检查溶液的反应时间为 5 min，碱性抗坏血酸的零点检查溶液的反应时间为 30 min。

注3：零点检查和调整也可以使用纯氮气进行。

注4：探头达到稳定的响应通常需要几分钟的时间，但不同的探头其响应速率也可能不同，需参照仪器使用说明书进行严格操作。

②饱和校准。根据仪器的使用说明进行校准，或者可以在水蒸气饱和的空气中进行简单而有效的校准。

当仪器不能再校准，或仪器响应不稳定、缓慢时，应及时更换探头的传感器帽。

（2）测定。

将测量探头浸入样品中，使传感器帽和温度传感器与样品完全接触，待探头温度与样品温度达到平衡且仪器示值稳定后读数。若仪器要求样品需保持一定的流速，可将探头在水样中轻轻搅拌。测量的同时记录样品温度、盐度和大气压力等影响因素。

注5：溶解氧浓度取决于样品温度、盐度和大气压力等因素（表1-9～表1-12）。

注6：大多数仪器具有温度补偿装置。在%溶解氧模式中，大部分仪器还会自动根据大气压力来修正最终读数。如果所使用的仪器没有自动补偿或校正的功能，则需要根据温度和压力来手动计算结果。

8. 结果计算和表示

（1）溶解氧的质量浓度。

样品中溶解氧的质量浓度以每升水中氧的毫克数（mg/L）表示，结果保留至小数点后一位。

（2）以饱和百分率表示的溶解氧含量。

大多数仪器具有自动计算的功能，也可按照下式来计算水中溶解氧的饱和百分率。

$$S = \frac{\rho_s''}{\rho_s} \times 100\%$$

式中：S——水中溶解氧的饱和百分率，%；

ρ_s''——p 大气压和温度为 t 时水中溶解氧的质量浓度实测值，mg/L；

ρ_s——p 大气压和温度为 t 时水中氧的溶解度理论值（表1-11），mg/L。

9. 注意事项

（1）若测量高于100%的过饱和水，需要注意在样品的处理和测量过程中防止溶解氧逸出。同样，若测量饱和度低于100%的水样，则需要防止环境中的氧进入样品。

（2）测量仪器应处于仪器使用说明书所述的适当状态，如传感器帽应当完好无损，小划痕则大多无关紧要；在必要的时候需对测量仪器进行校准（参照仪器的使用说明）。

（3）测量时要确保样品有足够的流速通过传感器帽，可以通过水体的自然流动、移动传感器以及搅拌（如磁力搅拌器）等方式来实现，既要保证样品的均匀性，也不致使仪器读数发生大的波动，从而实现快速读数。

（4）测量时要避免任何气泡的形成，气泡会影响仪器的测定结果。

（5）测量探头要注意维护和保养，具体可参照仪器的使用说明。

九、悬浮物

许多江河由于水土流失使水中悬浮物大量增加。地表水中存在悬浮物会使水体浑浊，降低透明度，影响水生生物的呼吸和代谢，甚至造成鱼类窒息死亡。当悬浮物过多时，还可能造成河道阻塞。造纸、皮革、冲渣、选矿、湿法粉碎和喷淋除尘等工业操作中产生大量含无机、有机的悬浮物废水。因此，在水和废水处理中，测定悬浮物具有特定意义。

重量法（A） *

1．方法的适用范围

本方法适用于地表水、地下水、污水中悬浮物的测定。

2．方法原理

水中的悬浮物是指水样通过孔径为 0.45 μm 的滤膜，截留在滤膜上并于 103～105℃烘干至恒重的固体物质。

3．仪器和设备

（1）全玻璃或有机玻璃微孔滤膜过滤器。

（2）混合纤维滤膜（CN-CA 滤膜）：孔径 0.45 μm，直径 45～60 mm。

（3）吸滤瓶、真空泵。

（4）无齿扁嘴镊子。

（5）称量瓶：内径 30～50 mm。

（6）分析天平：感量≤0.1 mg。

（7）电热恒温干燥箱。

4．试剂和材料

蒸馏水或同等纯度及以上的水。

5．样品

使用聚乙烯瓶或硬质玻璃瓶单独采样，要用洗涤剂洗净，再依次用自来水和蒸馏水冲洗干净。在采样之前，再用即将采集的水样清洗 3 次。然后，采集具有代表性的水样 500～1 000 ml，盖严瓶塞。采集的水样应尽快分析测定。如需放置，应贮存在 4℃冷藏箱中，但最长不得超过 7 d。

注：不能加入任何保护剂，以免破坏物质在固、液间的分配平衡。

6．分析步骤

（1）滤膜准备。

用无齿扁嘴镊子夹取微孔滤膜放于事先恒重的称量瓶里，移入烘箱中于 103～105℃烘干 0.5 h 后取出，置于干燥器内冷却至室温，称其重量。反复烘干、冷却、称量，直至两次称量的重量差≤0.2 mg。将恒重的微孔滤膜正确放在滤膜过滤器的滤膜托盘上，加盖配套的漏斗，并用夹子固定好。以蒸馏水润湿滤膜，并不断吸滤。

（2）样品测定。

量取充分混合均匀的试样 100 ml，抽吸过滤。使水分全部通过滤膜。再以每次 10 ml 蒸馏水连续洗涤 3 次，继续吸滤以除去痕量水分。停止吸滤后，仔细取出载有悬浮物的滤膜放在原恒重的称量瓶里，移入电热恒温干燥箱中于 103～105℃下烘干 1 h 后移入干燥器中，使冷却到室温，称其重量。反复烘干、冷却、称量，直至两次称量的重量差≤0.4 mg 为止。

7．结果计算和表示

样品中悬浮物的质量浓度按照下式计算。

---

* 本方法与 GB 11901—89 等效。

$$\rho = \frac{(A-B) \times 10^6}{V}$$

式中：ρ——样品中悬浮物的质量浓度，mg/L；

　　　A——（悬浮物+滤膜+称量瓶）重量，g；

　　　B——（滤膜+称量瓶）重量，g；

　　　V——试样体积，ml。

8. 注意事项

（1）漂浮或浸没的不均匀固体物质不属于悬浮物质，应从水样中除去。

（2）贮存水样时不能加入任何保护剂，以防破坏物质在固、液间的分配平衡。

（3）滤膜上截留过多的悬浮物可能夹带过多的水分，除延长干燥时间外，还可能造成过滤困难，遇此情况，可酌情少取试样。滤膜上悬浮物过少，则会增大称量误差，影响测定精度，必要时可增大试样体积。一般以 5～100 mg 悬浮物量作为量取试样体积的适用范围。

十、溶解性总固体

重量法（A）*

1. 方法的适用范围

本方法适用于生活饮用水及其水源水中溶解性总固体的测定，亦可用于其他地下水溶解性总固体的测定。

2. 方法原理

溶解性总固体为水样经过滤器过滤后，在一定温度下烘干所得的固体残渣，包括不易挥发的可溶性盐类、有机物及能通过过滤器的不溶性微粒等。

烘干温度和时间对结果有重要影响。由于有机物挥发，吸着水、结晶水的变化和气体逸失等会造成减重，也会由于氧化而增重。

通常烘干温度有两种选择，（105±3）℃下烘干残渣，保留结晶水和部分吸着水。重碳酸盐将转为碳酸盐，有机物的挥发逸失较少。但 105℃不易赶净吸着水，所以达到恒重较慢。而采用（180±3）℃的烘干温度，残渣的吸着水可全部除去，可能存在某些结晶水，有机物会有挥发逸失，但不能完全分解。重碳酸盐均转为碳酸盐，部分碳酸盐可能分解为氧化物及碱式盐。某些氯化物和硝酸盐可能损失。

3. 干扰和消除

当水样的溶解性总固体中含有较多氯化钙、硝酸钙、氯化镁、硝酸镁时，由于这些化合物具有强烈的吸湿性，会使称量不能恒定质量。此时可在水样中加入适量的碳酸钠溶液而得到改进。

4. 仪器和设备

（1）分析天平：感量≤0.1 mg。

（2）水浴锅。

（3）电恒温干燥箱。

---

* 本方法与 GB/T 5750.4—2006 等效。

（4）瓷蒸发皿：100 ml。

（5）干燥器：用硅胶作干燥剂。

（6）中速定量滤纸或滤膜（孔径 0.45 μm）及相应过滤器。

5．试剂和材料

（1）碳酸钠（Na_2CO_3）：分析纯。

（2）碳酸钠溶液：$\rho(Na_2CO_3)$ =10 g/L。

称取 10 g 无水碳酸钠，溶于纯水中，稀释至 1 000 ml。

6．分析步骤

（1）（105±3）℃烘干的溶解性总固体。

①将蒸发皿洗净，置于（105±3）℃烘箱内 30 min。取出后放置干燥器内冷却 30 min。

②在分析天平上称量，再次烘烤、称量，直至恒重（两次称量相差不超过 0.4 mg）。

③将水样上清液用过滤器过滤。用无分度吸管吸取过滤水样 100 ml 于蒸发皿中，如水样的溶解性总固体过少，可增加水样体积。

④将蒸发皿置于水浴上蒸干（水浴液面不要接触皿底）。将蒸发皿移入（105±3）℃烘箱内，1 h 后取出。干燥器内冷却 30 min，称量。

⑤将称过质量的蒸发皿再次放入（105±3）℃烘箱内 30 min，在干燥器内冷却 30 min，称量至恒重。

（2）（180±3）℃烘干的溶解性总固体。

①将蒸发皿在（180±3）℃烘干并称量至恒重。

②吸取 100 ml 水样于蒸发皿中，精确加入 25.0 ml 碳酸钠溶液于蒸发皿内，混匀。同时做一个只加 25.0 ml 碳酸钠溶液的空白。计算水样结果时应减去碳酸钠空白的质量。

7．结果计算和表示

样品中溶解性总固体的质量浓度按照下式计算。

$$\rho = \frac{(A-B) \times 10^6}{V}$$

式中：ρ——样品中溶解性总固体的质量浓度，mg/L；

　　A——蒸发皿的质量+溶解性总固体的质量，g；

　　B——蒸发皿的质量，g；

　　V——水样体积，ml。

8．精密度和准确度

279 个实验室测定溶解性总固体为 170.5 mg/L 的合成水样，105℃烘干，测定的相对标准偏差为 4.9%，相对误差为 2.0%；204 个实验室测定同一合成水样，180℃烘干测定的相对标准偏差为 5.4%，相对误差为 0.4%。

十一、电导率

电导率是以数字表示溶液传导电流的能力。纯水电导率很小，当水中含无机酸、碱或盐时，电导率增加。电导率常用于间接推测水中离子成分的总浓度。水溶液的电导率取决于离子的性质和浓度、溶液的温度和黏度等。

电导率的标准单位是 S/m（西门子/米），一般实际使用单位为 μS/cm。

单位间的互换为：

$$1\,mS/m = 0.01\,mS/cm = 10\,\mu S/cm$$

新蒸馏水电导率为 0.5～2 μS/cm，存放一段时间后，由于空气中的二氧化碳或氨的溶入，电导率可上升至 2～4 μS/cm；饮用水电导率在 5～1 500 μS/cm；海水电导率大约为 30 000 μS/cm；清洁河水电导率约为 100 μS/cm。电导率随温度变化而变化，温度每升高 1℃，电导率增加约 2%，通常规定 25℃为测定电导率的标准温度。

电导率的测定方法是电导率仪法，电导率仪有实验室内使用的仪器和现场测试仪器两种。

电极法（A）[*]

1. 方法的适用范围

本方法适用于生活饮用水及其水源水中电导率的测定，亦可用于其他地表水、地下水及大气降水中电导率的测定。

2. 方法原理

在电解质的溶液里，离子在电场的作用下移动，具有导电作用。在相同温度下测定水样的电导（G），它与水样的电阻（R）呈倒数关系，按照下式计算：

$$G = \frac{1}{R}$$

在一定条件下，水样的电导随着离子含量的增加而升高，而电阻则降低。因此，电导率（K）就是电流通过单位面积（A）为 1 cm^2、距离（L）为 1 cm 的两铂黑电极的电导能力，按照下式计算：

$$K = G \times \frac{L}{A}$$

即电导率（K）为给定的电导池常数（C）与水样电阻（R_s）的比值，按照下式计算：

$$K = C \times G_s = \frac{C}{R_s} \times 10^6$$

只要测定出水样的 R_s（Ω）或水样的 G_s（μS），K 即可得出。

电导率的表示单位为 μS/cm，1 μS=10^{-6} S。

3. 干扰和消除

（1）样品中含有粗大悬浮物质、油和脂等干扰测定，可先测水样，再测校准溶液，以了解干扰情况。若有干扰，应经过滤或萃取除去。

（2）水中溶解的电解质特性、浓度和水温与电导率的测定有着密切关系。因此，严格控制实验条件和电导仪电极的选择及安装可直接影响测量电导率的精密度和准确度。

4. 仪器和设备

（1）电导仪或电导率仪。

（2）恒温水浴。

5. 试剂和材料

（1）氯化钾（KCl）：优级纯。

---

[*] 本方法与 GB/T 5750.4—2006 和 GB 13580.3—92 等效。

（2）氯化钾标准溶液：c（KCl）=0.010 00 mol/L。

称取 0.745 6 g 在 110℃烘干至恒重的氯化钾，溶于新煮沸放冷的蒸馏水中（电导率小于 1 μS/cm），移入 1 000 ml 容量瓶中，用水稀释到标线，摇匀。此溶液 25℃时的电导率为 1 413 μS/cm。溶液应贮存在塑料瓶中。

6．样品

样品采集后应尽快分析，如果不能在采样后及时进行分析，样品应贮存于聚乙烯瓶中，并满瓶封存，于 4℃冷暗处保存，在 24 h 内完成测定，测定前应加温至 25℃。不得加保存剂。

7．分析步骤

（1）将氯化钾标准溶液注入 4 支试管。再把水样注入 2 支试管中。把 6 支试管同时放入（25±0.1）℃恒温水浴中，加热 30 min，使管内溶液温度达到 25℃。

（2）用其中 3 管氯化钾溶液依次冲洗电导电极和电导池。然后将第 4 管氯化钾溶液倒入电导池中，插入电导电极测量氯化钾的电导（G_{KCl}）或电阻（R_{KCl}）。

（3）用一管水样充分冲洗电极，测量另一管水样的电导（G_s）或电阻（R_s）。

（4）依次测量其他水样。如测定过程中温度变化<0.2℃，氯化钾标准溶液电导或电阻就不必再次测定。但在不同批（日）测量时，应重做氯化钾溶液电导或电阻的测量。

8．结果计算和表示

（1）电导池常数（C）等于氯化钾标准溶液的电导率（1 413 μS/cm）除以测得的氯化钾标准溶液的电导（G_{KCl}）。测定时温度应为（25±0.1）℃，则

$$C=1\ 413/G_{KCl}$$

（2）水样在（25±0.1）℃时，电导率（K）等于电导池常数（C）乘以测得水样的电导，或除以在（25±0.1）℃时测得水样的电阻。

电导率（K）以 μS/cm 表示，按照下式计算。

$$K = C \times G_s = \frac{C}{R_s} \times 10^6$$

9．精密度和准确度

21 个天然水样测定结果与理论值比较，平均相对误差为 4.2%～9.9%，相对标准偏差为 3.7%～8.1%。

10．注意事项

（1）水的电导率与电解质浓度呈正比，具有线性关系。水中多数无机盐是以离子状态存在的，是电的良好导体，但是有机物不离解或离解极微弱，导电很微弱，因此用电导率是不能反映这类污染因素的。

（2）如使用已知电导池常数的电导池，不需测定电导池常数，可调节好仪器直接测定，但要经常用标准氯化钾溶液校准仪器。

十二、氧化还原电位

对于一个水体来说，往往存在多种氧化还原电对，构成复杂的氧化还原体系。而其氧化还原电位是多种氧化物质与还原物质发生氧化还原反应的综合结果。氧化还原电位虽不能作为某种氧化物质与还原物质浓度的指标，但能帮助我们了解水体可能存在什么样的氧化物质或还原物质及其存在量，是水体综合性指标之一。

电位测定法（B）

1．方法的适用范围

本方法适用于地表水、地下水等天然水体的氧化还原电位测定。

2．方法原理

用贵金属（如铂）作指示电极、饱和甘汞电极作参比电极，测定相对于甘汞电极的氧化还原电位值，然后再换算成相对于标准氢电极的氧化还原电位值作为测量结果。

对于只有一个氧化还原电对的体系，其氧化还原反应可表示为

$$\text{Red} \rightleftharpoons \text{O}_x + n\text{e}$$

$$\quad\quad \text{还原态} \quad\quad \text{氧化态} \quad \text{电子}$$

该体系的氧化还原电位可用能斯特方程式表示：

$$E = E_0 + \frac{RT}{nF} \ln \frac{[\text{O}_x]}{[\text{Red}]}$$

式中：E_0——标准氧化还原电位；

$\quad\quad n$——参加反应的电子数；

$\quad\quad R$——气体常数；

$\quad\quad T$——绝对温度，K；

$\quad\quad F$——法拉第常数。

由能斯特方程式可知，该体系的氧化还原电位 E 和以下因素有关：

（1）氧化还原电对的性质（E_0）；

（2）氧化态物质和还原态物质的浓度；

（3）参加反应的电子数（n）；

（4）体系的温度；

（5）若该氧化还原反应涉及 H^+ 或 OH^-，则氧化还原电位还和体系的酸碱度有关。

3．仪器和设备

（1）电位计或通用酸度计：精度±0.1 mV。

（2）铂电极和饱和甘汞电极（或者 ORP 复合电极）。

（3）温度计：精度±0.5℃。

（4）广口瓶：1 000 ml。

4．试剂和材料

除非另有说明，否则分析时均使用符合国家标准的分析纯化学试剂，实验用水为新制备的去离子水、蒸馏水或同等纯度以上的水。

（1）邻苯二甲酸氢钾（$KHC_8H_4O_4$）。

（2）磷酸二氢钾（KH_2PO_4）。

（3）磷酸氢二钠（Na_2HPO_4）。

（4）六水合硫酸亚铁铵 [$Fe(NH_4)_2(SO_4)_2 \cdot 6H_2O$]。

（5）十二水合硫酸高铁铵 [$FeNH_4(SO_4)_2 \cdot 12H_2O$]。

（6）对苯二酚（$C_6H_6O_2$，又称氢醌）。

（7）硝酸：优级纯，ρ（HNO$_3$）=1.42 g/ml。

（8）硫酸：优级纯，ρ（H$_2$SO$_4$）=1.84 g/ml。

（9）硝酸溶液：1+1。

（10）硫酸溶液：3+97。

（11）邻苯二甲酸氢钾缓冲液：pH=4.00（25℃）。

溶解 10.12 g 邻苯二甲酸氢钾于水中，稀释至 1 000 ml。

（12）磷酸盐缓冲液：pH=6.86（25℃）。

溶解 3.39 g 磷酸二氢钾和 3.55 g 磷酸氢二钠于水中，稀释至 1 000 ml。

（13）氧化还原标准溶液：以下两种标准溶液可任选一种。

①硫酸亚铁铵—硫酸高铁铵标准溶液：称取 39.21 g 六水合硫酸亚铁铵和 48.22 g 十二水合硫酸高铁铵溶解于适量纯水中，缓缓加入 56.2 ml 硫酸，用纯水定容至 1 000 ml，贮于玻璃或聚乙烯瓶中。此溶液在 25℃时的氧化还原电位为+430 mV。

②对苯二酚溶液：称两份 10 g 对苯二酚分别加入 1 000 ml pH 为 4.00 及 1 000 ml pH 为 6.86 的缓冲液中，混匀。应有部分固体对苯二酚存在，以保证对苯二酚溶液的饱和状态。所得两种缓冲溶液在不同温度下的电位见表 1-13。

表 1-13　缓冲溶液在不同温度下的电位

缓冲液 pH	4.00			6.86		
温度/℃	20	25	35	20	25	30
电位/mV	223	218	213	47	41	34

5．样品

水样的氧化还原电位必须在现场进行测定。

6．分析步骤

（1）铂电极的检验和净化：以铂电极为指示电极，连接仪器正极，以饱和甘汞电极为参比电极，连接仪器负极，进行零点检验和校准。插入具有固定电位的氧化还原标准溶液中，其电位值应与标准值相符（即硫酸亚铁铵—硫酸高铁铵标准溶液在 25℃时为+430 mV）；pH 为 4.00 的缓冲溶液，25℃时为+218 mV，如实测结果与标准电位的差大于±5 mV，则铂电极需要净化。净化时，可选择下列方法：

①用（1+1）硝酸溶液清洗：将电极置入（1+1）硝酸溶液中，缓缓加热至近沸，保持近沸状态 5 min 后放置冷却，并将铂电极取出用纯水洗净。

②将电极置入（3+97）硫酸溶液中，饱和甘汞电极与 1.5 V 干电池的阴极相接，电池阳极与铂电极相接，保持 5～8 min，取出用水洗净。

③净化后电极重新用氧化还原标准溶液检验，直至合格为止。用水洗净备用。

（2）取洁净的 1 000 ml 棕色广口瓶一个，用橡皮塞塞紧瓶口，其塞钻有 5 孔，分别插入铂电极、甘汞电极、温度计及两支玻璃管（一支玻璃管供进水，另一支供出水）。

（3）将现场采集的水样放入塑料桶内立即盖紧，桶盖上开两个小孔，其中一个孔插入橡皮管，用虹吸法将水样不断送入测量用的广口瓶中，在水流动的情况下，按仪器使用规则测量电位。

注：亦可使用 ORP 复合电极直接测定水样的氧化还原电位。

7. 结果计算和表示

样品的氧化还原电位按照下式计算。

$$E_h = E_0 + E_r$$

式中：E_h——样品的氧化还原电位（相对于氢标准电极），mV；

E_0——由铂电极—饱和甘汞电极测得的氧化还原电位，mV；

E_r——t（测定时的水样温度）时饱和甘汞电极相对于氢标准电极的电位，mV，其值随温度变化而变化，在不同温度下饱和甘汞电极的电极电位见表1-14。

表 1-14 不同温度下饱和甘汞电极的电极电位

温度/℃	电极电位/mV	温度/℃	电极电位/mV	温度/℃	电极电位/mV	温度/℃	电极电位/mV
0	+260.1	13	+251.6	26	+243.1	39	+234.7
1	+259.4	14	+251.0	27	+242.5	40	+234.0
2	+258.8	15	+250.3	28	+241.8	41	+233.4
3	+258.1	16	+249.7	29	+241.2	42	+232.7
4	+257.5	17	+249.0	30	+240.5	43	+232.1
5	+256.8	18	+248.3	31	+239.9	44	+231.4
6	+256.2	19	+247.7	32	+239.3	45	+230.8
7	+255.5	20	+247.1	33	+238.6	46	+230.1
8	+254.9	21	+246.4	34	+237.9	47	+229.5
9	+254.2	22	+245.8	35	+237.3	48	+228.8
10	+253.6	23	+245.1	36	+236.6	49	+228.3
11	+252.9	24	+244.5	37	+236.0	50	+227.5
12	+252.3	25	+243.8	38	+235.3	—	—

8. 注意事项

（1）铂电极可用铂片或铂丝电极，铂片电极响应速度快。电极清洗后，不得用手或异物触摸，以免沾污。

（2）测完一个样品后，必须用纯水充分冲洗电极。测试时，待数值稳定后再读数。

（3）电极表面必须保持清洁光亮。

（4）测定应尽可能在采样现场进行，并注意防止空气侵入影响测定。

十三、酸度

地表水中，由于溶入 CO_2 或由于机械、选矿、电镀、农药、印染、化工等行业排放的含酸废水的进入，会使水体的 pH 降低。酸的腐蚀性会破坏鱼类及其他水生生物和农作物的正常生存条件，造成鱼类及农作物等死亡。含酸废水可腐蚀管道，破坏建筑物。

因此，酸度是衡量水体变化的一项重要指标。

（一）酸碱指示剂滴定法（B）

1. 方法的适用范围

本方法适用于地下水、地表水和污水中酸度的测定。

2．方法原理

在水中，由于溶质的解离或水解（无机酸类，硫酸亚铁和硫酸铝等）而产生的氢离子，与碱标准溶液作用至一定 pH 所消耗的量，定为酸度。酸度数值的大小随所用指示剂指示终点 pH 的不同而异，滴定终点的 pH 有两种规定，即 8.3 和 3.7。用氢氧化钠溶液滴定到 pH 为 8.3（以酚酞作指示剂）的酸度，称为"酚酞酸度"，又称总酸度，它包括强酸和弱酸。用氧氧化钠溶液滴定到 pH 为 3.7（以甲基橙为指示剂）的酸度，称为"甲基橙酸度"，代表一些较强的酸。

3．干扰和消除

（1）对酸度产生影响的溶解气体（如 CO_2、H_2S、NH_3），在取样、保存或滴定时，都可能增加或损失。因此，在打开试样容器后，要迅速滴定到终点，防止干扰气体溶入试样。为了防止 CO_2 等溶解气体的损失，在采样后，应避免剧烈摇动，并要尽快分析，否则要在低温下保存。

（2）含有三价铁和二价铁、锰、铝等可氧化或易水解的离子时，在常温滴定时的反应速率很慢，且生成沉淀，导致终点时指示剂褪色。遇此情况，应在加热后进行滴定。

（3）水样中的游离氯会使甲基橙指示剂褪色，可在滴定前加入少量 0.1 mol/L 硫代硫酸钠溶液去除。

（4）对有色或浑浊的水样，可用无二氧化碳水稀释后滴定，或选用电位滴定法（pH 指示终点值仍为 8.3 和 3.7），其操作步骤按所用仪器说明进行。

4．仪器和设备

（1）碱式滴定管：25 ml 和 50 ml。

（2）锥形瓶：250 ml。

5．试剂和材料

除非另有说明，否则分析时均使用符合国家标准的分析纯化学试剂，实验用水为新制备的去离子水、蒸馏水或同等纯度以上的水。

（1）氢氧化钠（NaOH）。

（2）邻苯二甲酸氢钾（$KHC_8H_4O_4$）：基准试剂，105～110℃干燥 2 h 至恒重。

（3）五水合硫代硫酸钠（$Na_2S_2O_3 \cdot 5H_2O$）。

（4）95%乙醇（C_6H_5OH）。

（5）无二氧化碳水：用于制备标准溶液及稀释用的蒸馏水或去离子水，临用前煮沸 15 min，冷却至室温。

（6）氢氧化钠标准溶液Ⅰ：c（NaOH）≈0.1 mol/L。

称取 60 g 氢氧化钠溶于 50 ml 水中，转入 150 ml 的聚乙烯瓶中，冷却后，用装有碱石灰管的橡皮塞塞紧，静置 24 h 以上。吸取上层清液约 7.5 ml 置于 1 000 ml 容量瓶中，用无二氧化碳水稀释至标线，摇匀，移入聚乙烯瓶中保存。按下述方法进行标定：

准确称取 0.500 0 g 邻苯二甲酸氢钾置于 250 ml 锥形瓶中，加无二氧化碳水 100 ml 使之溶解，加入 4 滴酚酞指示剂，用待标定的氢氧化钠标准溶液滴定至浅红色为终点。同时用无二氧化碳水做空白滴定，氢氧化钠标准溶液浓度按照下式进行计算。

$$c = \frac{m \times 1\,000}{(V_1 - V_0) \times 204.22}$$

式中：c——氢氧化钠标准溶液Ⅰ的浓度，mol/L；

   m——所称取的邻苯二甲酸氢钾的质量，g；

   V_0——滴定空白时，所耗氢氧化钠标准溶液的体积，ml；

   V_1——滴定邻苯二甲酸氢钾时，所耗氢氧化钠标准溶液的体积，ml；

   204.22——邻苯二甲酸氢钾的摩尔质量，g/mol。

（7）氢氧化钠标准溶液Ⅱ：$c(NaOH)=0.020\ 0$ mol/L。

吸取一定体积已标定过的 0.1 mol/L 氢氧化钠标准溶液Ⅰ，用无二氧化碳水稀释至 0.020 0 mol/L。贮于聚乙烯瓶中保存。

（8）硫代硫酸钠标准溶液：$c(Na_2S_2O_3)=0.1$ mol/L。

称取 2.5 g 五水合硫代硫酸钠溶于水中，用无二氧化碳水稀释至 100 ml。

（9）酚酞指示剂：称取 0.5 g 酚酞，溶于 50 ml 95%乙醇中，用水稀释至 100 ml。

（10）甲基橙指示剂：称取 0.05 g 甲基橙，溶于 100 ml 水中。

6. 样品

采集的水样用聚乙烯瓶或硅硼玻璃瓶贮存，并要使水样充满不留空间，盖紧瓶盖。若为废水样品，则接触空气易引起微生物活动，容易减少或增加二氧化碳及其他气体，最好在 1 d 之内分析完毕。对生物活动明显的水样，应在 6 h 内分析完。

7. 分析步骤

（1）取适量水样置于 250 ml 锥形瓶中，用无二氧化碳水稀释至 100 ml，瓶下放一白瓷板。向锥形瓶中加入 2 滴甲基橙指示剂，用氢氧化钠标准溶液Ⅱ滴定至溶液由橙红色变为橘黄色为终点，记录氢氧化钠标准溶液用量（V_1）。

（2）另取一份水样于 250 ml 锥形瓶中，用无二氧化碳水稀释至 100 ml，加入 4 滴酚酞指示剂，用氢氧化钠标准溶液Ⅱ滴定至溶液刚变为浅红色为终点，记录用量（V_2）。

如水样中含硫酸铁、硫酸铝，加酚酞后加热煮沸 2 min，趁热滴至红色。

8. 结果计算和表示

样品的酸度按照下式计算。

$$甲基橙酸度（CaCO_3，mg/L）=\frac{c \times V_1 \times 50.05 \times 1\ 000}{V}$$

$$酚酞酸度（总酸度\ CaCO_3，mg/L）=\frac{c \times V_2 \times 50.05 \times 1\ 000}{V}$$

式中：c——氢氧化钠标准溶液Ⅱ的浓度，mol/L；

   V_1——用甲基橙作滴定指示剂时，消耗氢氧化钠标准溶液Ⅱ的体积，ml；

   V_2——用酚酞作滴定指示剂时，消耗氢氧化钠标准溶液Ⅱ的体积，ml；

   V——水样体积，ml；

   50.05——碳酸钙（1/2 $CaCO_3$）摩尔质量，g/mol。

9. 注意事项

（1）水样取用体积参考滴定时所耗氢氧化钠标准溶液用量，在 10～25 ml 为宜。

（2）采集的样品用聚乙烯瓶或硅硼玻璃瓶贮存，并要使水样充满不留空间，盖紧瓶盖。对生物活动明显的水样，应在 6 h 内分析完。

（二）电位滴定法（B）

1．方法的适用范围

本方法适用于地表水、地下水和污水中酸度的测定。

当水样色度较深，用本节（一）酸碱指示剂滴定法测定难以观察终点时，可使用本方法。

取 50 ml 水样，本方法可测定 10～1 000 mg/L 的酸度（以碳酸钙计）。

2．方法原理

电位滴定法测定水的酸度，是以玻璃电极为指示电极，甘汞电极为参比电极，用氢氧化钠标准溶液作滴定剂，在 pH 计、电位滴定仪或离子计上指示反应的终点。用滴定（微分）曲线法或直接滴定法，确定氢氧化钠溶液的消耗量，从而计算试样的酸度。

3．干扰和消除

脂肪酸盐、油状物质、悬浮物或沉淀物能覆盖于玻璃电极表面，致使反应迟缓，可采用减缓滴定速度和延长响应时间及充分搅拌溶液等方法来消除其影响。

温度对电极本身的输出电位和溶液的 pH 有影响，可采用温度自动补偿装置，否则滴定温度应保持在（25±2）℃。

4．仪器和设备

（1）pH 计、电位滴定仪或离子计（具温度自动补偿装置）。

（2）玻璃电极。

（3）甘汞电极。

（4）电磁搅拌器和用聚四氟乙烯包裹的搅拌子。

（5）滴定管：10 ml、25 ml、50 ml。

（6）高型烧杯：100 ml、200 ml、250 ml。

5．试剂和材料

（1）氢氧化钠标准溶液Ⅰ：c（NaOH）≈0.1 mol/L。同本节（一）酸碱指示剂滴定法。

（2）氢氧化钠标准溶液Ⅱ：c（NaOH）=0.020 0 mol/L。同本节（一）酸碱指示剂滴定法。

（3）无二氧化碳水：同本节（一）酸碱指示剂滴定法。

（4）30%过氧化氢。

6．样品

同本节（一）酸碱指示剂滴定法。

7．分析步骤

按使用说明书准备好仪器和电极，电极用 pH 标准缓冲溶液进行校准。

（1）滴定（微分）曲线法

取适量水样于适当的烧杯中，加入一定量（75 ml 左右）的无二氧化碳水，将烧杯放在电磁搅拌器上，插入电极，开动搅拌器，用氢氧化钠标准溶液Ⅱ以每次 0.5 ml 或更少的增量滴加入试样中。待 pH 读数稳定后，记录所加的滴定剂用量和相应的 pH，再继续按以上增量和搅拌速度进行滴定，直至 pH 达到 9 为止。以观测到的 pH 及其所对应的滴定剂用量（ml），绘制出滴定（微分）曲线。从曲线上可以查出欲测 pH 所对应的氢氧化钠标准溶液Ⅱ的用量（ml）。

（2）直接滴定法

吸取适量水样于适当的烧杯中，按步骤（1）滴定至 pH 为 3.7±0.05 时，记下氢氧化钠标准溶液Ⅱ的用量（V_0）。接近终点时，滴定速度要慢，加入滴定剂的用量要少于 0.5 ml（最好是逐滴加入），并要充分搅拌，至 pH 稳定后，再记下读数。

将步骤（2）滴定至 pH 为 3.7±0.05 的溶液，加入 5 滴过氧化氢，加热煮沸 2～4 min，冷却至室温后，再按步骤（1）和步骤（2）进行滴定至 pH 为 8.3，记录氢氧化钠标准溶液Ⅱ的用量（V_1）。

8. 结果计算和表示
同本节（一）酸碱指示剂滴定法。

9. 注意事项
滴定时搅拌速度不宜太快，以免产生气泡附在电极表面，影响测定结果。

十四、碱度（总碱度、碳酸盐和重碳酸盐）

水的碱度是指水中所含能与强酸定量作用的物质总量。

水中碱度的来源较多，地表水的碱度基本上与碳酸盐、重碳酸盐及氢氧化物含量相关，总碱度可近似当作这些成分浓度的总和。当水中含有硼酸盐、磷酸盐或硅酸盐等时，总碱度的测定值也包含它们所起的作用。废水及其他复杂体系的水体中，还含有有机碱类、金属水解性盐类等，均为碱度组成部分。在这些情况下，碱度就成为一种水的综合性指标，代表能被强酸滴定物质的总和。

碱度的测定值因使用的指示剂终点 pH 不同而有很大的差异，只有当试样中的化学组成已知时，才能解释为具体的物质。对于天然水和未被污染的地表水，可直接以酸滴定至 pH 为 8.3 时消耗的量为酚酞碱度。以酸滴定至 pH 为 4.4～4.5 时消耗的量为甲基橙碱度。通过计算，可求出相应的碳酸盐、重碳酸盐和氢氧根离子的含量；废水、污水由于组分复杂，这种计算无实际意义，往往需要根据水中物质的组分确定其与酸作用达到终点时的 pH。

碱度指标常用于评价水体的缓冲能力及金属在其中的溶解性和毒性，是对水和废水处理过程控制的判断性指标。若碱度是由过量的碱金属盐类所形成的，则碱度又是确定这种水是否适宜于灌溉的重要依据。

用标准酸滴定水中碱度是各种方法的基础。有两种常用的方法，即酸碱指示剂滴定法和电位滴定法。电位滴定法根据电位滴定曲线在终点时的突跃，确定特定 pH 下的碱度，它不受水样浊度、色度的影响，适用范围较广。用指示剂判断滴定终点的方法简便快速，适用于控制性试验及例行分析。两种方法均可根据需要和条件选用。

（一）酸碱指示剂滴定法（B）

1. 方法的适用范围
本方法适用于不含有本小节"3.干扰和消除"中提到的干扰物质的水样碱度测定。曾取地表水水样 15 个进行测定，浓度范围在 14.0～88.50 mg/L 时，相对标准偏差为 0.1%～1.4%，加标回收率为 96%～102%。

2. 方法原理
水样用标准酸溶液滴定至规定的 pH，其终点可由加入的酸碱指示剂在该 pH 时颜色的变化来判断。

当滴定至酚酞指示剂由红色变为无色时，溶液 pH 即为 8.3，指示水中氢氧根离子（OH⁻）

已被中和，碳酸盐（CO_3^{2-}）均被转为重碳酸盐（HCO_3^-），反应如下：

$$OH^- + H^+ \longrightarrow H_2O$$
$$CO_3^{2-} + H^+ \longrightarrow HCO_3^-$$

当滴定至甲基橙指示剂由橘黄色变成橘红色时，溶液的 pH 为 4.4～4.5，指示水中的重碳酸盐（包括原有的和由碳酸盐转化成的）已被中和，反应如下：

$$HCO_3^- + H^+ \longrightarrow H_2O + CO_2 \uparrow$$

根据上述两个终点到达时所消耗的盐酸标准滴定溶液的量，可以计算出水中碳酸盐、重碳酸盐及总碱度。

上述计算方法不适用于污水及复杂体系中碳酸盐和重碳酸盐的计算。

3．干扰和消除

水样浑浊、有色均干扰测定，遇此情况，可用电位滴定法测定。能使指示剂褪色的氧化还原性物质也干扰测定。如水样中余氯可破坏指示剂（含余氯时，可加入 1～2 滴 0.1 mol/L 硫代硫酸钠溶液消除）。

4．仪器和设备

（1）酸式滴定管：25 ml。

（2）锥形瓶：250 ml。

5．试剂和材料

除非另有说明，否则分析时均使用符合国家标准的分析纯化学试剂，实验用水为新制备的去离子水、蒸馏水或同等纯度以上的水。

（1）碳酸钠（Na_2CO_3）：基准试剂，优级纯，250℃干燥 4 h 至恒重。

（2）盐酸：ρ（HCl）=1.19 g/ml，优级纯。

（3）95%乙醇（C_6H_5OH）。

（4）无二氧化碳水：用于制备标准溶液及稀释用的蒸馏水或去离子水，临用前煮沸 15 min，冷却至室温。pH 应大于 6.0，电导率应小于 2 μS/cm。

（5）酚酞指示剂：称取 0.5 g 酚酞溶于 50 ml 95%乙醇中，用水稀释至 100 ml。

（6）甲基橙指示剂：称取 0.05 g 甲基橙溶于 100 ml 蒸馏水中。

（7）碳酸钠标准溶液：c（$1/2\ Na_2CO_3$）=0.025 0 mol/L。

称取 1.324 9 g 碳酸钠溶于少量无二氧化碳水中，移入 1 000 ml 容量瓶中，用水稀释至标线，摇匀。贮于聚乙烯瓶中，保存时间不要超过 7 d。

（8）盐酸标准溶液：c（HCl）≈0.025 0 mol/L。

用分度吸管吸取 2.1 ml 盐酸，并用蒸馏水稀释至 1 000 ml，此溶液浓度约为 0.025 mol/L；其准确浓度按下法标定：

用无分度吸管吸取 25.00 ml 碳酸钠标准溶液于 250 ml 锥形瓶中，加无二氧化碳水稀释至约 100 ml，加入 3 滴甲基橙指示液，用盐酸标准溶液滴定至由橘黄色刚变成橘红色，记录盐酸标准溶液用量。

盐酸标准溶液的浓度按照下式计算。

$$c = \frac{25.00 \times 0.025\ 0}{V}$$

式中：c——盐酸标准溶液浓度，mol/L；

V——盐酸标准溶液用量，ml。

6. 样品

样品采集后应在 4℃保存，分析前不应打开瓶塞，不能过滤、稀释或浓缩。样品应于采集后的当天进行分析，特别是当样品中含有可水解盐类或含有可氧化态阳离子时，应及时分析。

7. 分析步骤

（1）分取 100 ml 水样于 250 ml 锥形瓶中，加入 4 滴酚酞指示剂，摇匀。当溶液呈红色时，用盐酸标准溶液滴定至刚刚褪至无色，记录盐酸标准溶液用量。若加酚酞指示剂后溶液无色，则不需用盐酸标准溶液滴定，并接着进行（2）项操作。

（2）向上述锥形瓶中加入 3 滴甲基橙指示剂，摇匀。继续用盐酸标准溶液滴定至溶液由橘黄色刚刚变为橘红色为止。记录盐酸标准溶液用量。

8. 结果计算和表示

对于多数天然水样，碱性化合物在水中所产生的碱度有五种情形。以酚酞作指示剂时，滴定至颜色变化所消耗盐酸标准溶液的量为（P），以甲基橙作指示剂时盐酸标准溶液用量为（M），则盐酸标准溶液总消耗量为 $T=M+P$。

第一种情形，$P=T$ 或 $M=0$ 时：

P 代表全部氢氧化物及碳酸盐的一半，由于 $M=0$，表示不含有碳酸盐，亦不含重碳酸盐。因此，$P=T=$氢氧化物。

第二种情形，$P>1/2\ T$ 时：

说明 $M>0$，有碳酸盐存在，且碳酸盐$=2M=2（T-P）$，而且由于 $P>M$，说明尚有氢氧化物存在，氢氧化物$=T-2（T-P）=2P-T$。

第三种情形，$P=1/2\ T$，即 $P=M$ 时：

M 代表碳酸盐的一半，说明水中仅有碳酸盐。碳酸盐$=2P=2M=T$。

第四种情形，$P<1/2\ T$ 时：

此时，$M>P$，因此 M 除代表由碳酸盐生成的重碳酸盐外，尚有水中原有的重碳酸盐。碳酸盐$=2P$，重碳酸盐$=T-2P$。

第五种情形，$P=0$ 时：

此时，水中只有重碳酸盐存在。重碳酸盐$=T=M$。

以上五种情形的碱度示于表 1-15 中。

按表 1-15 所列公式计算各种情况下总碱度、碳酸盐、重碳酸盐的含量。

表 1-15　碱度的组成

滴定的结果	氢氧化物（OH$^-$）	碳酸盐（CO$_3^{2-}$）	重碳酸盐（HCO$_3^-$）
$P=T$	P	0	0
$P>1/2\ T$	$2P-T$	$2T-P$	0
$P=1/2\ T$	0	$2P$	0
$P<1/2\ T$	0	$2P$	$T-2P$
$P=0$	0	0	T

（1）总碱度（以 CaO 计，mg/L）$= \dfrac{c \times (P+M) \times 28.04}{V} \times 1\,000$

总碱度（以 $CaCO_3$ 计，mg/L）$= \dfrac{c \times (P+M) \times 50.05}{V} \times 1\,000$

式中：c——盐酸标准溶液的浓度，mol/L；

28.04——氧化钙（1/2 CaO）摩尔质量，g/mol；

50.05——碳酸钙（1/2 $CaCO_3$）摩尔质量，g/mol。

（2）当 $P=T$ 时，$M=0$

碳酸盐（CO_3^{2-}）$=0$

重碳酸盐（HCO_3^-）$=0$

（3）当 $P > 1/2\,T$ 时：

碳酸盐碱度（以 CaO 计，mg/L）$= \dfrac{c \times (T-P) \times 28.04}{V} \times 1\,000$

碳酸盐碱度（以 $CaCO_3$ 计，mg/L）$= \dfrac{c \times (T-P) \times 50.05}{V} \times 1\,000$

碳酸盐碱度（1/2 CO_3^{2-}，mol/L）$= \dfrac{c \times (T-P)}{V} \times 1\,000$

重碳酸盐（HCO_3^-）$=0$

（4）当 $P = 1/2\,T$ 时，$P=M$

碳酸盐碱度（以 CaO 计，mg/L）$= \dfrac{c \times P \times 28.04}{V} \times 1\,000$

碳酸盐碱度（以 $CaCO_3$ 计，mg/L）$= \dfrac{c \times P \times 50.05}{V} \times 1\,000$

碳酸盐碱度（1/2 CO_3^{2-}，mol/L）$= \dfrac{c \times P}{V} \times 1\,000$

重碳酸盐（HCO_3^-）$=0$

（5）当 $P < 1/2\,T$ 时：

碳酸盐碱度（以 CaO 计，mg/L）$= \dfrac{c \times P \times 28.04}{V} \times 1\,000$

碳酸盐碱度（以 $CaCO_3$ 计，mg/L）$= \dfrac{c \times P \times 50.05}{V} \times 1\,000$

碳酸盐碱度（1/2 CO_3^{2-}，mol/L）$= \dfrac{c \times P}{V} \times 1\,000$

重碳酸盐碱度（以 CaO 计，mg/L）$= \dfrac{c \times (T-2P) \times 28.04}{V} \times 1\,000$

重碳酸盐碱度（以 $CaCO_3$ 计，mg/L）$= \dfrac{c \times (T-2P) \times 50.05}{V} \times 1\,000$

重碳酸盐碱度（HCO_3^-，mol/L）$= \dfrac{c \times (T-2P)}{V} \times 1\,000$

（6）当 $P=0$ 时：

碳酸盐（CO_3^{2-}）=0

$$重碳酸盐碱度（以 CaO 计，mg/L）= \frac{c \times M \times 28.04}{V} \times 1000$$

$$重碳酸盐碱度（以 CaCO_3 计，mg/L）= \frac{c \times M \times 50.05}{V} \times 1000$$

$$重碳酸盐碱度（HCO_3^-，mol/L）= \frac{c \times M}{V} \times 1000$$

9．精密度和准确度

取地表水水样 15 个进行测定，浓度范围在 14.0～88.5 mg/L 时，相对标准偏差为 0.1%～1.4%，加标回收率为 96.0%～102%。

5 家实验室对人工配制的统一标样进行方法验证的结果如下：在 HCO_3^- 含量为 43.5 mg/L 时，总碱度的室内相对标准偏差为 0.7%，室间相对标准偏差为 1.46%，相对误差为 0.8%，加标回收率为 99.6%±7.5%。

10．注意事项

（1）若水样中含有游离二氧化碳，则不存在碳酸盐，可直接以甲基橙作指示剂进行滴定。

（2）当水样中总碱度小于 20 mg/L 时，可改用 0.01 mol/L 盐酸标准溶液滴定，或改用 10 ml 容量的微量滴定管，以提高测定精度。

（二）电位滴定法（B）

1．方法的适用范围

本方法适用于饮用水、地表水、污水碱度的测定。

2．方法原理

测定水样的碱度，以玻璃电极为指示电极，甘汞电极为参比电极，用酸标准溶液滴定，其终点通过 pH 计或电位滴定仪指示。

以 pH=8.3 表示水样中氢氧化物被中和及碳酸盐转为重碳酸盐时的终点，与酚酞指示剂刚刚褪色时的 pH 相当。以 pH=4.4～4.5 表示水中重碳酸盐（包括原有重碳酸盐和由碳酸盐转成的重碳酸盐）被中和的终点，与甲基橙刚刚变为橘红色的 pH 相当。

电位滴定法可以绘制成滴定时 pH 对酸标准滴定液用量的滴定曲线，然后计算出相应组分的含量或直接滴定到指定的终点。

3．干扰和消除

脂肪酸盐、油状物质、悬浮固体或沉淀物能覆盖于玻璃电极表面致使响应迟缓。但由于这些物质可能参与酸碱反应，因此不能用过滤的方法除去。为消除其干扰，可采用减慢滴定剂加入速度或延长滴定间歇时间，并充分搅拌至反应达到平衡后再增加滴定剂的办法。搅拌应采用磁力搅拌器或机械法，不能通气搅拌。

4．仪器和设备

（1）pH 计、电位滴定仪或离子活度计：能读至 0.05 pH 单位，最好有自动温度补偿装置。

（2）玻璃电极。

（3）甘汞电极。

（4）磁力搅拌器。

（5）滴定管：10 ml、25 ml 及 50 ml。

（6）高型烧杯：100 ml、200 ml 及 250 ml。

5．试剂和材料

（1）无二氧化碳水：同本节（一）酸碱指示剂滴定法。

（2）碳酸钠标准溶液：$c(1/2Na_2CO_3)=0.025\,0$ mol/L，同本节（一）酸碱指示剂滴定法。

（3）盐酸标准溶液：$c(HCl)\approx0.025\,0$ mol/L，同本节（一）酸碱指示剂滴定法。

盐酸标准溶液的准确浓度亦可按照下述方法来进行标定：

①按使用说明书准备好仪器和电极，并用 pH 标准缓冲溶液进行校准。

②用无分度吸管吸取 25.00 ml 碳酸钠标准溶液置于 200 ml 高型烧杯中，加入 75 ml 无二氧化碳水，将烧杯放在电磁搅拌器上，插入电极连续搅拌，用盐酸标准溶液滴定。当滴定至 pH 为 4.4～4.5 时，记录所耗盐酸标准溶液的用量（V）。

盐酸标准溶液的浓度按照下式计算。

$$c=\frac{25.00\times0.025\,0}{V}$$

式中：c——盐酸标准溶液的浓度，mol/L；

V——盐酸标准溶液的用量，ml。

6．样品

同本节（一）酸碱指示剂滴定法。

7．分析步骤

（1）分取 100 ml 水样置于 200 ml 高型烧杯中，用盐酸标准溶液滴定，滴定方法同盐酸标准溶液的标定。当滴定到 pH 为 8.3 时，到达第一个终点，即酚酞指示的终点，记录盐酸标准溶液消耗量。

（2）继续用盐酸标准溶液滴定至 pH 为 4.4～4.5 时，达到第二个终点，即甲基橙指示的终点，记录盐酸标准溶液用量。

8．结果计算和表示

同本节（一）酸碱指示剂滴定法。

9．精密度和准确度

5 家实验室对人工配制的统一标样进行方法验证的结果：在 HCO_3^- 含量为 43.50 mg/L 时，总碱度的室内相对标准偏差为 1.0%，室间相对标准偏差为 1.3%，相对误差为 0.9%，加标回收率为 100%±9.8%。根据对 15 个地表水水样的测定，浓度范围在 28～139 mg/L（以 CaO 计）时，相对标准偏差为 0～0.8%，加标回收率为 97.4%～100%。

10．注意事项

（1）对于低碱度的水样，可选用 10 ml 微量滴定管以提高测定精度。对于高碱度的水样，可改用 0.05 mol/L 标准溶液，用量超过 25 ml 时，可改用 0.1 mol/L 盐酸标准溶液滴定。

（2）对于复杂水样，可制成盐酸标准液滴定用量对 pH 的滴定曲线。有时可能在曲线上看不出明显的突跃点，这可能是由于盐类水解反应较慢，不易达到电极反应平衡所致。不同组分的反应速度各异，为此，应放慢滴定速度，采用较长的时间间隔，以便达到平衡时使突跃点明显可辨。

（3）对于工业废水或含复杂组分的水，可以 pH 为 3.7 指示总碱度的滴定终点。

十五、二氧化碳

（一）游离二氧化碳　酚酞指示剂滴定法（B）

二氧化碳（CO_2）在水中主要以溶解气体分子的形式存在，但也有很少一部分与水作用生成碳酸，通常将二者的总和称为游离二氧化碳（$CO_2+H_2CO_3$）。地表水中的二氧化碳主要来源是水和底质中有机物的分解，以及水生物的呼吸作用，亦可从空气中吸收。因此其含量的测定，可间接指示出水体遭受有机物污染的程度。

地表水中游离二氧化碳的含量一般小于 10 mg/L，当含量超过 40 mg/L 时，表明水体污染已影响到鱼类的生长。一般地下水中游离二氧化碳的含量多为 15～40 mg/L，某些矿泉水中含量较高。

测定二氧化碳有两种常用的方法，即酚酞指示剂滴定法和电位滴定法。电位滴定法不受水样浊度、色度的影响，适用性较广。用酚酞指示剂滴定法简便快速，适用于现场试验、控制和例行检验工作。

1. 方法的适用范围

本方法适用于地表水、地下水、饮用水的测定，不适用于含有酸性工矿废水和酸再生阳离子树脂交换器的出水的测定。

2. 方法原理

由于游离二氧化碳能定量地与氢氧化钠发生如下反应：

$$CO_2+NaOH \longrightarrow NaHCO_3$$

$$H_2CO_3+NaOH \longrightarrow NaHCO_3+H_2O$$

当其到达终点时，溶液的 pH 约为 8.3，故可选用酚酞作指示剂。根据氢氧化钠的标准溶液消耗量，可计算出游离二氧化碳的含量。

3. 干扰和消除

水样浑浊、有色均干扰测定，可改用电位滴定法测定。如水样的矿化度高于 1 000 mg/L，亚铁离子或铝离子含量超过 10 mg/L 时，会对测定产生干扰，可于滴定前加入 1 ml 50%酒石酸钾钠溶液，以消除干扰。铬、铜、胺类、氨、硼酸盐、亚硝酸盐、磷酸盐、硅酸盐、硫化物和无机酸类及强酸弱碱盐类均会影响测定。

4. 仪器和设备

（1）碱式滴定管：25 ml，滴定管需按图 1-7 进行装置。

（2）无分度吸管：100 ml。为了在量取水样时不损失游离二氧化碳，可将量取水样吸管的下端与插入水样瓶中的虹吸管相连接（图 1-8），量取水样时，先自吸管上端吸气。待水样灌满吸管，且从上端溢出约 100 ml 时取下吸管，并同时用手指按住吸管上端，待吸管中水样到达刻度处，立刻将水注入锥形瓶中。

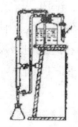

图 1-7　隔绝 CO_2 的滴定管装置

100 ml 移液管

图 1-8　隔绝 CO_2 的移液管装置

（3）锥形瓶：250 ml。

5．试剂和材料

除非另有说明，否则分析时均使用符合国家标准的分析纯化学试剂，实验用水为新制备的无二氧化碳水。

（1）氢氧化钠（NaOH）。

（2）碳酸氢钠（$NaHCO_3$）。

（3）酒石酸钾钠（$KNaC_4H_4O_6$）。

（4）邻苯二甲酸氢钾（$KHC_8H_4O_4$）：基准试剂，优级纯，105～110℃烘至恒重。

（5）95%乙醇（C_6H_5OH）。

（6）盐酸：ρ（HCl）=1.19 g/ml。

（7）盐酸溶液：c（HCl）=0.1 mol/L。

量取 8.28 ml 浓盐酸，用水稀释定容至 1 L。

（8）无二氧化碳水：用于制备标准溶液及稀释用水。用蒸馏水或去离子水，临用前煮沸 15 min，冷却至室温。pH 应大于 6.0，电导率应小于 2 μS/cm。

（9）酚酞指示剂：ρ=10 g/L。

称取 1 g 酚酞，溶于 100 ml 95%的乙醇中，然后用 0.1 mol/L 氢氧化钠溶液滴至出现淡红色为止。

（10）碳酸氢钠溶液：c（$NaHCO_3$）=0.1 mol/L。

称取 8.401 g 碳酸氢钠溶于少量水中，移入 1 000 ml 容量瓶内，用水稀释至标线。使用时可吸取 10 ml 上述溶液，加入酚酞指示剂 4 滴，摇匀，作为滴定时比较终点颜色用，即为终点标准比色液。

（11）中性酒石酸钾钠溶液：称取 50 g 酒石酸钾钠溶于 100 ml 水中，加入酚酞指示剂 3 滴，用 0.1 mol/L 盐酸溶液滴至溶液红色刚刚消失为止。

（12）氢氧化钠标准溶液：c（NaOH）≈0.01 mol/L。

称取 60 g 氢氧化钠，溶于 50 ml 水中，冷却后移入聚乙烯细口瓶中，盖紧瓶盖静置 4 d 以上，而后吸取上层澄清液 1.4 ml，用水稀释至 1 000 ml，此溶液浓度约为 0.01 mol/L。其精确浓度可用邻苯二甲酸氢钾标定，标定方法如下：

精确称取邻苯二甲酸氢钾三份，每份为 0.100 0 g，分别置于 250 ml 锥形瓶中，加入 100 ml 水，稍加温使之溶解。然后加入 4 滴酚酞指示剂，用氢氧化钠标准溶液滴定至淡红色不褪为止。记下氢氧化钠标准溶液的用量。

氢氧化钠标准溶液浓度按照下式计算。

$$c=\frac{m\times1\,000}{V\times204.22}$$

式中：c——氢氧化钠标准溶液的浓度，mol/L；

　　　V——滴定时氢氧化钠标准溶液的用量，ml；

　　　m——邻苯二甲酸氢钾的质量，g；

　　　204.22——邻苯二甲酸氢钾的摩尔质量，g/mol。

6．样品

应尽量避免水样与空气接触，用虹吸法采样，样品测定尽可能在采样现场进行，特别是当样品中含有可水解盐类或含有可氧化态阳离子时，应即时分析。如果现场测定困难，则应取满瓶水样，并在低于取样时的温度下妥善保存，分析前不应打开瓶塞，不能过滤、稀释或浓缩，并尽快测定。

7. 分析步骤

按图 1-8 用虹吸法移取水样 100 ml，注入 250 ml 的锥形瓶中，加入 4 滴酚酞指示剂。用连接在滴定管上的橡皮塞将锥形瓶塞好（图 1-7），小心振荡均匀，如果产生红色，则说明水样中不含 CO_2。

当水样不生成红色，即迅速向滴定管中加入氢氧化钠标准溶液进行滴定，同时小心振荡直至生成淡红色（与终点标准比色液颜色一致即为滴定终点）。记录氢氧化钠标准溶液用量。

8. 结果计算和表示

样品中游离二氧化碳的质量浓度按照下式计算。

$$\rho = \frac{c \times V_1 \times 44.01 \times 1\,000}{V}$$

式中：ρ——样品中游离二氧化碳的质量浓度，mg/L；

c——氢氧化钠标准溶液的浓度，mol/L；

V_1——氢氧化钠标准溶液的用量，ml；

V——滴定时所取水样的体积，ml；

44.01——二氧化碳的摩尔质量，g/moL。

9. 精密度和准确度

本方法用于河水、自来水、水库水、湖水、矿泉水、瓶装矿泉水等 17 种水样的分析，测得其浓度范围：含游离二氧化碳 2.73～2 028 mg/L，室内标准偏差为 0.06～8.39 mg/L，相对标准偏差为 0.1%～9.8%。

10. 注意事项

（1）被测水样不宜过滤，移取和滴定时，尽量避免与空气接触，操作尽量快速以免引起误差。

（2）根据水中游离二氧化碳的含量，选用不同浓度的氢氧化钠标准溶液。若游离二氧化碳含量小于 10 mg/L，宜用 0.01 mol/L 氢氧化钠标准溶液；若大于 10 mg/L，应采用 0.05 mol/L 氢氧化钠标准溶液。

（3）如果水样在滴定中发现有浑浊现象，说明水的硬度较大，或含大量铝离子、铁离子。可另取水样于滴定前加入 1 ml 中性酒石酸钾钠溶液以消除干扰。

（二）侵蚀性二氧化碳　甲基橙指示剂滴定法（B）

天然水中游离的二氧化碳，可与岩石中的碳酸盐建立下列的平衡关系：

$$CaCO_3 + CO_2 + H_2O \rightleftharpoons Ca(HCO_3)_2$$

$$MgCO_3 + CO_2 + H_2O \rightleftharpoons Mg(HCO_3)_2$$

如果水中游离的二氧化碳的含量大于上式的平衡，就会溶解碳酸盐，使平衡向右移动。这部分能与碳酸盐起反应的二氧化碳，称为侵蚀性二氧化碳。

侵蚀性二氧化碳对水中建筑物具有侵蚀破坏作用，当侵蚀二氧化碳与氧共存时，对金属（铁）具有强烈的侵蚀作用。因此，对水体进行侵蚀二氧化碳的测定有着重要的实用意义。

测定侵蚀性二氧化碳有两种方法，即酸滴定法和电位滴定法。电位滴定法不受余氯干扰，不受水样的浊度、色度干扰，通用性较广。

1．方法的适用范围

本方法适用于地表水、地下水、饮用水中侵蚀性二氧化碳的测定。

2．方法原理

水中侵蚀性二氧化碳能与碳酸钙（$CaCO_3$）作用，析出相当量的碳酸氢根离子，其反应如下：

$$CaCO_3 + CO_2 + H_2O \longrightarrow Ca(HCO_3)_2$$

由此，可在水样中加入碳酸钙粉末放置 5 d，待水样中侵蚀性二氧化碳完全与其作用之后，以甲基橙为指示剂，用盐酸标准溶液滴定，其反应如下：

$$Ca(HCO_3)_2 + 2HCl \longrightarrow CaCl_2 + 2H_2CO_3$$

根据滴定到达终点时盐酸标准滴定液的消耗量，减去用同一盐酸标准溶液滴定采样当天水样（未加碳酸钙粉末）的消耗量，即可求出水样中侵蚀性二氧化碳的含量。

3．干扰和消除

水样中的色度、浊度过高会干扰测定，可改用电位滴定法测定。如水样中有余氯存在并破坏指示剂时，可加入 0.1 mol/L 硫代硫酸钠溶液 1～2 滴，以消除干扰。

4．仪器和设备

（1）酸式滴定管：25 ml。

（2）具塞水样瓶（玻璃或聚乙烯塑料瓶）：500 ml。

（3）锥形瓶：250 ml。

5．试剂和材料

除非另有说明，否则分析时均使用符合国家标准的分析纯化学试剂，实验用水为新制备的无二氧化碳水。

（1）碳酸钙（$CaCO_3$）。

（2）碳酸钠（Na_2CO_3）：基准试剂，优级纯，180℃烘干 2 h 至恒重。

（3）无二氧化碳水：用于制备标准溶液及稀释用水。用蒸馏水或去离子水，临用前煮沸 15 min，冷却至室温。pH 应大于 6.0，电导率应小于 2 μS/cm。

（4）0.05%甲基橙指示剂：称取甲基橙 0.05 g 溶于 100 ml 水中。

（5）盐酸：ρ（HCl）=1.19 g/ml。

（6）盐酸标准溶液Ⅰ：c（HCl）≈0.1 mol/L。

量取 9 ml 盐酸，注入 1 000 ml 容量瓶内，用水稀释至刻度。此溶液约为 0.1 mol/L。用下述方法进行标定：

准确称取三份碳酸钠，每份约 0.10～0.15 g（称准至 0.000 1 g）。分别置于 250 ml 锥形瓶中，加入 100 ml 水，加 3 滴 1%甲基橙指示剂，用盐酸标准溶液Ⅰ滴至溶液出现淡橘红色为止，记录其用量。

标定同时做空白滴定，并在滴定碳酸钠时所消耗的盐酸用量中扣除。

盐酸标准溶液Ⅰ的浓度按照下式计算。

$$c_1 = \frac{m \times 1000}{V \times 52.995}$$

式中：c_1——盐酸标准溶液 I 的浓度，mol/L；

     V——盐酸标准溶液的用量，ml；

     m——碳酸钠的质量，g；

     52.995——碳酸钠（$1/2\ Na_2CO_3$）的摩尔质量，g/mol。

（7）盐酸标准溶液 II：$c(HCl) \approx 0.025$ mol/L，将盐酸标准溶液 I 稀释 4 倍即得。

6. 样品

用虹吸法取样，将吸管插入采样瓶底，取满瓶水样直至瓶口溢流，妥善保存，避免与空气接触，勿使瓶中产生气泡。同时在现场另采集一份水样，加入碳酸钙粉末约 3 g。

7. 分析步骤

在取样的当天吸取 100 ml 水样于 250 ml 锥形瓶中，加入甲基橙指示剂 3 滴，用盐酸标准溶液 II 滴至溶液由黄色变为淡橘红色为止，记录其用量（V_1）。

用虹吸法采样于 500 ml 具塞水样瓶中（吸管插入采样瓶底），直至瓶口溢流为止。加入碳酸钙粉末约 3 g，小心盖紧瓶盖，勿使瓶中产生气泡。此操作应在采样现场进行。

将加入碳酸钙粉末的水样放置 5 d，每天振荡水样 2～3 次。

5 d 后，将经过上述加碳酸钙粉末处理后的水样，用慢速滤纸过滤，弃去最初几十毫升滤液。然后吸取 100 ml 滤液于 250 ml 锥形瓶中，加入甲基橙指示剂 3 滴，用盐酸标准溶液 II 滴定至溶液由橘黄色变为淡橘红色为止，记录其用量（V_2）。

8. 结果计算和表示

样品中侵蚀性二氧化碳的质量浓度按照下式计算。

$$\rho = \frac{c_2 \times (V_2 - V_1) \times 22.00}{V} \times 1000$$

式中：ρ——样品中侵蚀性二氧化碳的质量浓度，mg/L；

     c_2——盐酸标准溶液 II 的浓度，mol/L；

     V_1——当天（未加碳酸钙粉末时）滴定时所消耗的盐酸标准溶液 II 的用量，ml；

     V_2——5 d 后（加过碳酸钙粉末）滴定时所消耗的盐酸标准溶液 II 的用量，ml；

     V——水样体积，ml；

     22.00——侵蚀二氧化碳（$1/2\ CO_2$）的摩尔质量，g/mol。

9. 精密度和准确度

本方法用于河水、自来水、水库水、湖水、矿泉水、瓶装矿泉水等 17 种水样的分析，测得其浓度范围：含侵蚀性 CO_2 0～86.68 mg/L，室内标准偏差为 0～0.923 mg/L，相对标准偏差为 0～15.1%。

10. 注意事项

（1）若水样总碱度小于 0.2 mmol/L，应使用 10 ml 微量滴定管滴定。

（2）若测定结果中 $V_2 = V_1$ 或 $V_2 < V_1$，则说明水中不含侵蚀性二氧化碳。

（3）应在打开水样瓶后立即进行滴定，滴定时避免强烈的摇动，以防止气体溶入。

（4）含有机物较高的水体在放置的 5 d 中易被微生物分解，与溶解氧作用生成二氧化碳，使结果偏高。此时可采取降低温度，振荡 6 h 的方法来消除影响。

（5）过滤水样时要特别小心，勿使碳酸钙粉末漏入滤液中。

十六、二氧化氯

（一）碘量法（A）*

1．方法的适用范围

本方法适用于使用亚漂工艺的纺织染整工业排放废水中二氧化氯和亚氯酸盐的测定。

当取样量为 150 ml 时，二氧化氯的方法检出限为 0.09 mg/L，测定下限为 0.36 mg/L；亚氯酸盐（以亚氯酸根计）的方法检出限为 0.08 mg/L，测定下限为 0.32 mg/L。

2．方法原理

二氧化氯和亚氯酸根在不同 pH 条件下，能氧化碘离子而析出碘。同一个样品，在中性条件下，用硫代硫酸钠溶液滴定二氧化氯与碘离子反应转化为亚氯酸盐时析出的碘，再调节样品 pH 为 1～3，用硫代硫酸钠溶液滴定亚氯酸盐与碘离子反应时析出的碘，通过连续滴定来测定二氧化氯和亚氯酸根含量。反应式如下：

$$2ClO_2 + 2I^- \longrightarrow 2ClO_2^- + I_2$$
$$HClO_2 + 3H^+ + 4I^- \longrightarrow 2I_2 + Cl^- + 2H_2O$$

3．干扰和消除

（1）当存在其他含氧氯化物以及能与 I_2 和 I^- 发生氧化、还原反应的物质时，会产生干扰。

（2）色度对滴定终点会产生干扰。水样有色度时，应取相同水样作为滴定终点判断的参比样品。

4．仪器和设备

除非另有说明，否则分析时均使用符合国家标准的 A 级玻璃量器。

（1）碘量瓶：250 ml。

（2）棕色酸式滴定管：50.00 ml。

5．试剂和材料

除非另有说明，否则分析时均使用符合国家标准的分析纯化学试剂，实验用水为新制备的去离子水、蒸馏水或同等纯度以上的水。

（1）碘化钾（KI）：晶体。

（2）硫酸：ρ（H_2SO_4）=1.84 g/ml。

（3）碘酸钾（KIO_3）：优级纯。使用前，应于 105～110℃烘 2 h，置于干燥器内冷却至室温，备用。

（4）氢氧化钠（NaOH）。

（5）二水合磷酸二氢钾（$KH_2PO_4 \cdot 2H_2O$）。

（6）二水合磷酸氢二钠（$Na_2HPO_4 \cdot 2H_2O$）。

（7）五水合硫代硫酸钠（$Na_2S_2O_3 \cdot 5H_2O$）。

（8）无水碳酸钠（Na_2CO_3）。

（9）可溶性淀粉[$(C_6H_{10}O_5)_n$]。

（10）水杨酸（$C_7H_6O_3$）。

---

* 本方法与 HJ 551—2016 等效。

（11）氯化锌（$ZnCl_2$）。

（12）硫酸溶液：1+1。

（13）氢氧化钠溶液：c（NaOH）=0.1 mol/L。

称取 4 g 氢氧化钠溶于少量水中，稀释至 1 000 ml。

（14）缓冲溶液：pH=7。

称取 34.0 g 二水合磷酸二氢钾和 35.5 g 二水合磷酸氢二钠于烧杯中，加水溶解后，稀释至 1 000 ml。

（15）0.5%淀粉溶液：ρ=5 g/L。

称取 0.5 g 可溶性淀粉，用少量水调成糊状，加入 100 ml 沸水，搅匀，沉淀静置过夜。将上清液转入烧杯中，加入 0.125 g 水杨酸和 0.4 g 氯化锌防腐，贮存于试剂瓶中。

（16）碘酸钾标准溶液：c（1/6 KIO_3）=0.050 0 mol/L。

称取 1.783 5 g（精确至 0.000 1 g）碘酸钾，用水溶解并定容至 1 000 ml 容量瓶，摇匀。贮存于棕色玻璃试剂瓶中，避光保存。

（17）硫代硫酸钠标准溶液：c（$Na_2S_2O_3$）≈0.05 mol/L。

称取 12.5 g 五水合硫代硫酸钠和 0.1 g 无水碳酸钠，用新煮沸并冷却至室温的水溶解后，定容至 1 000 ml，摇匀。贮存于棕色玻璃试剂瓶中，避光保存。

使用前用碘酸钾标准溶液标定：于 250 ml 碘量瓶中，加入 80 ml 水、1 g 碘化钾、10.00 ml 碘酸钾标准溶液，摇匀，再加入 2 ml（1+1）硫酸溶液，立即加塞密闭并摇匀，于暗处静置 6 min。用待标定的硫代硫酸钠标准溶液滴定至溶液呈淡黄色时，加入 1 ml 0.5%淀粉溶液，继续用待标定的硫代硫酸钠标准溶液滴定至蓝色刚好消失为终点，记录硫代硫酸钠标准溶液的滴定体积。硫代硫酸钠标准溶液的物质的量浓度按照下式计算。

$$c=\frac{10.00\times0.050\ 0}{V}$$

式中：c——硫代硫酸钠标准溶液的物质的量浓度，mol/L；

V——滴定碘酸钾标准溶液消耗硫代硫酸钠标准溶液的体积，ml；

10.00——碘酸钾标准溶液的使用量，ml；

0.050 0——碘酸钾标准溶液的浓度，mol/L。

（18）硫代硫酸钠标准使用液。

移取 10.00 ml 已标定的硫代硫酸钠标准溶液于 100 ml 棕色容量瓶中，用新煮沸并冷却至室温的水稀释定容至标线。临用现配。

6. 样品

二氧化氯在水中不稳定，易挥发和被还原性物质分解。用硬质玻璃瓶或聚乙烯瓶采集样品，水样应充满采样瓶，勿留空间和气泡，避免受热、光照和剧烈震动。

样品不易运输和保存，应在采样后 30 min 内进行分析。

7. 分析步骤

量取 150 ml 水样至 250 ml 碘量瓶中，用氢氧化钠溶液调节 pH 至近中性，加入 5 ml 缓冲溶液和 1 g 碘化钾，立即加塞密闭并摇匀，用硫代硫酸钠标准使用液滴定至溶液呈淡黄色，加入 1 ml 0.5%淀粉溶液，继续用硫代硫酸钠标准使用液滴定至蓝色刚好消失为终点，记录硫代硫酸钠标准使用液的滴定体积（V_1）。加入 3 ml 硫酸溶液调节 pH 至 1～3，使溶液呈蓝色或深褐色，继续用硫代硫酸钠标准使用液滴定至蓝色或深褐色刚好消失为终点，记录两次滴定消耗硫代硫酸钠标准使用液的总体积（V_2）。

注1：可根据废水中二氧化氯和亚氯酸盐的含量，酌量减少取样体积，并用水稀释至 150 ml。

注2：应在避免阳光直射的环境条件下进行实验。

注3：实验过程中，应保持样品密闭，将样品取出后应立即测定，以免二氧化氯从样品中释放损失。

8．结果计算和表示

（1）结果计算。

①样品中二氧化氯的质量浓度按照下式计算。

$$\rho=\frac{V_1 \times c}{V} \times 67.45 \times 1\,000$$

式中：ρ——样品中二氧化氯的质量浓度，mg/L；

V——取样体积，ml；

c——硫代硫酸钠标准使用液的浓度，mol/L；

V_1——滴定消耗硫代硫酸钠标准使用液的体积，ml；

67.45——二氧化氯的摩尔质量，g/mol。

②样品中亚氯酸盐的质量浓度按照下式计算。

$$\rho=\frac{(V_2 - 4V_1) \times c}{V} \times \frac{1}{4} \times 67.45 \times 1\,000$$

式中：ρ——样品中亚氯酸盐的质量浓度，mg/L；

V_2——两次滴定消耗硫代硫酸钠标准使用液的总体积，ml；

c、V_1、V 同水样中二氧化氯的质量浓度结果计算公式。

（2）结果表示。

当测定结果大于或等于 1 mg/L 时，保留三位有效数字；当测定结果小于 1 mg/L 时，保留小数点后两位。

9．精密度和准确度

①二氧化氯

6 家实验室对含二氧化氯浓度分别为 1.55 mg/L、2.52 mg/L、5.43 mg/L 的统一样品进行了测定，实验室内相对标准偏差为 1.1%～16.0%，实验室间相对标准偏差为 5.9%～12.0%。

②亚氯酸盐

6 家实验室对含亚氯酸盐（以亚氯酸根计）浓度分别为 14.4 mg/L、12.7 mg/L、17.1 mg/L 的统一样品进行了测定，实验室内相对标准偏差为 0.6%～3.7%，实验室间相对标准偏差为 1.1%～1.8%。

10．质量保证和质量控制

每批样品应至少测定 10%的平行双样。当样品数量少于 10 个时，应至少测定一个平行双样。平行双样的相对偏差应≤20%。

11．注意事项

二氧化氯有腐蚀性，采集高浓度废水时，须注意防护，避免废水与皮肤接触，并在上风向采样。

（二）N,N-二乙基对苯二胺（DPD）分光光度法（A）[*]

1. 方法的适用范围

本方法适用于生活饮用水中二氧化氯的测定。

本方法要求水样的总有效氯（Cl_2）不高于 5 mg/L，高于此值时，样品必须稀释。

本方法测定范围为 0.025～9.5 mg/L，最低检测质量浓度为 0.025 mg/L。

2. 方法原理

甘氨酸将水中的游离氯转化为氯化氨基乙酸而不干扰二氧化氯的测定。水中的二氧化氯与 DPD 反应呈红色，用硫酸亚铁铵标准溶液滴定。加入磷酸盐缓冲盐会使水样保持中性，在此条件下，二氧化氯只能被还原为 ClO_2^-，由硫酸亚铁铵溶液用量可计算水样中二氧化氯的质量浓度。

3. 干扰和消除

氧化态锰和铬酸盐可使 DPD 产生颜色，导致测定结果偏高，可向水样中加入亚砷酸钠或硫代乙酰胺校正；由于滴定液进入的铁离子可活化亚氯酸盐而干扰滴定终点，可加入乙二胺四乙酸二钠盐抑制。

4. 仪器和设备

（1）锥形瓶：250 ml。

（2）酸式滴定管：50 ml。

5. 试剂和材料

除非另有说明，否则分析时均使用符合国家标准的分析纯化学试剂，实验用纯水为无需二氧化氯量的蒸馏水。即取蒸馏水每升加入 2 mg 二氧化氯（或含 5 mg 游离氯的氯水）放置 1 d，用 N,N-二乙基对苯二胺分光光度法检查尚有余氯反应。将此蒸馏水让日光照射或煮沸，检查无余氯后使用。

（1）重铬酸钾（$K_2Cr_2O_7$）：基准试剂，优级纯，105℃烘干 2 h 至恒重。

（2）二苯胺磺酸钡[$(C_6H_5NHC_6H_4\text{-}SO_3)_2Ba$]。

（3）硫酸亚铁铵[$(NH_4)_2Fe(SO_4)_2$]。

（4）无水磷酸氢二钠（Na_2HPO_4）。

（5）无水磷酸二氢钾（KH_2PO_4）。

（6）二水合乙二胺四乙酸二钠（$C_{10}H_{14}N_2O_8Na_2 \cdot 2H_2O$）

（7）乙二胺四乙酸二钠（EDTA-2Na）。

（8）氯化汞（$HgCl_2$）。

（9）DPD 草酸盐[$(C_2H_5)_2NC_6H_4NH_2(COOH)_2$]。

（10）DPD 五水硫酸盐[$(C_2H_5)_2NC_6H_4NH_2 \cdot H_2SO_4 \cdot 5H_2O$]。

（11）甘氨酸（$C_2H_5O_2N$）。

（12）亚砷酸钠（$NaAsO_2$）。

（13）硫代乙酰胺（CH_2CSNH_2）。

（14）磷酸：ρ（H_3PO_4）=1.69 g/ml。

（15）硫酸：ρ（H_2SO_4）=1.84 g/ml，优级纯。

---

[*] 本方法与 GB/T 5750.11—2006 等效。

（16）硫酸溶液：1+3。

（17）硫酸溶液：1+5。

（18）重铬酸钾标准溶液：c（1/6 $K_2Cr_2O_7$）=0.100 0 mol/L。

称取干燥的基准重铬酸钾 4.904 g 溶于蒸馏水中，定容至 1 000 ml，贮存于磨口玻璃瓶中。

（19）二苯胺磺酸钡溶液：ρ [($C_6H_5NHC_6H_4$-SO_3)$_2$Ba]=1 g/L。

称取 0.1 g 二苯胺磺酸钡溶于 100 ml 蒸馏水中。

（20）硫酸亚铁铵标准溶液：c[(NH_4)$_2$Fe(SO_4)$_2$]≈0.003 mol/L。

称取硫酸亚铁铵 1.176 g 溶于含 1 ml（1+3）硫酸溶液的蒸馏水中，用新煮沸放冷的蒸馏水稀释至 1 000 ml，用重铬酸钾标准溶液按下述方法标定浓度，此溶液可保存 1 个月。

硫酸亚铁铵标准溶液的滴定：吸取 100 ml 硫酸亚铁铵标准溶液，加入 10 ml（1+5）硫酸溶液、5 ml 磷酸和 2 ml 二苯胺磺酸钡溶液，用重铬酸钾标准溶液滴定至紫色持续 30 s 不褪。

硫酸亚铁铵标准溶液的浓度按照下式计算。

$$c=\frac{c_1 \times V_1}{V_2}$$

式中：c——硫酸亚铁铵标准溶液的浓度，mol/L；

c_1——重铬酸钾标准溶液的浓度，mol/L；

V_1——滴定硫酸亚铁铵标准溶液消耗的重铬酸钾标准溶液的体积，ml；

V_2——硫酸亚铁铵标准溶液的体积，ml。

（21）磷酸盐缓冲溶液：称取 24 g 无水磷酸氢二钠和 46 g 无水磷酸二氢钾溶于蒸馏水中，另在 100 ml 蒸馏水中溶解 800 mg 二水合乙二胺四乙酸二钠，合并两种溶液，加蒸馏水至 1 000 ml，另加 20 mg 氯化汞防止溶液长霉。

（22）N,N-二乙基对苯二胺（DPD）指示剂溶液：称取 1 g DPD 草酸盐或 1.5 g DPD 五水硫酸盐溶于含 8 ml（1+3）硫酸溶液和 200 mg EDTA 二钠的无氯蒸馏水中，并用无氯蒸馏水稀释至 1 000 ml，储于具玻璃塞的棕色玻璃瓶中，置于暗处。如发现溶液褪色，应即弃去。定期检查溶液空白，当其在 515 nm 处吸光度大于 0.002/cm 时，应立即弃去。

（23）甘氨酸溶液：ρ（$C_2H_5O_2N$）=100 g/L。

称取 10 g 甘氨酸溶于 100 ml 蒸馏水中。

（24）亚砷酸钠溶液：ρ（$NaAsO_2$）=5 g/L。

称取 5.0 g 亚砷酸钠溶于 1 000 ml 蒸馏水中。

（25）硫代乙酰胺溶液：ρ（CH_2CSNH_2）=2.5 g/L。

称取 250 mg 硫代乙酰胺溶于 100 ml 蒸馏水中。

6. 分析步骤

在一个 250 ml 锥形瓶中加入 5 ml 磷酸盐缓冲溶液和 0.5 ml 亚砷酸钠溶液（或 0.5 ml 硫代乙酰胺溶液），加入 100 ml 水样混匀。

向上述锥形瓶中加入 DPD 指示剂溶液 5 ml，混匀，用硫酸亚铁铵标准溶液滴定至红色消失，记录滴定读数（V_1）。

另取一个 250 ml 锥形瓶，加入 100 ml 水样和 2 ml 甘氨酸溶液，混匀。

再取一个 250 ml 锥形瓶，加入磷酸盐缓冲液 5 ml 和 DPD 指示剂溶液 5 ml，混匀，加入 EDTA 二钠约 200 mg。

将经过甘氨酸处理的水样加入混合溶液中，混匀，用硫酸亚铁铵标准溶液快速滴定至红色消失，记录滴定液读数（V_2）。

7. 结果计算和表示

样品中二氧化氯的质量浓度按照下式计算。

$$\rho = \frac{c \times (V_2 - V_1) \times 67.45}{V} \times 1\,000$$

式中：ρ——样品中二氧化氯的质量浓度，mg/L；

c——硫酸亚铁铵标准溶液的浓度，mol/L；

V_2——水样滴定时消耗硫酸亚铁铵标准溶液的体积，ml；

V_1——水样中氧化态锰和铬酸盐消耗硫酸亚铁铵标准溶液的体积，ml；

V——水样体积，ml；

67.45——二氧化氯的当量摩尔质量，g/mol。

8. 注意事项

$HgCl_2$、DPD 草酸盐、亚砷酸钠均有剧毒，硫代乙酰胺疑为致癌物，因此配制溶液的时候应小心。

（三）甲酚红分光光度法（A）*

1. 方法的适用范围

本方法适用于生活饮用水中二氧化氯的测定。

本方法最低检测质量为 0.5 μg，若取 25 ml 水样测定，则最低检测质量浓度为 0.02 mg/L。

2. 方法原理

在 pH 为 3 时，二氧化氯与甲酚红发生氧化还原反应，剩余的甲酚红在碱性条件下显紫红色，于 573 nm 波长下比色定量。

3. 仪器和设备

（1）具塞比色管：25 ml。

（2）分光光度计。

4. 试剂和材料

除非另有说明，否则分析时均使用符合国家标准的分析纯化学试剂，实验用纯水为无需二氧化氯量的蒸馏水。即取蒸馏水每升加入 2 mg 二氧化氯（或含 5 mg 游离氯的氯水）放置 1 d，用二乙基对苯二胺法检查尚有余氯反应。将此蒸馏水让日光照射或煮沸，检查无余氯后使用。

（1）硫代硫酸钠标准溶液：c（$Na_2S_2O_3$）=0.1 mol/L。

（2）碘标准溶液：c（1/2 I_2）=0.100 0 mol/L。

（3）0.5%淀粉溶液：ρ =5 g/L。

（4）甲基橙指示剂溶液。

（5）盐酸溶液：1+23。

（6）硫酸溶液：1+1。

---

* 本方法与 GB/T 5750.11—2006 等效。

（7）柠檬酸盐缓冲液：pH=3。

取 19.2 g/L 柠檬酸溶液 46.5 ml 与 29.4 g/L 柠檬酸钠溶液 3.5 ml，混合后用纯水稀释至 100 ml，用柠檬酸溶液调 pH 至 3。

（8）甲酚红溶液：称取 0.1 g 甲酚红，用 20 ml 无水乙醇溶解后加纯水至 100 ml 成贮备液。取 1 ml 用纯水稀释为 50 ml 后使用。

（9）氢氧化钠溶液：ρ（NaOH）=50 g/L。

（10）二氧化氯标准贮备溶液：取 250 ml 曝气瓶 4 个串联，于第一个和第二个瓶中依次加入 50 ml 和 100 ml 亚氯酸钠饱和溶液，在第三个和第四个瓶中各加入 100 ml 纯水，连接好后向第一个瓶中加入（1+1）硫酸溶液至呈酸性（产生黄橙色气体），用 500 ml/min 的流量抽气，将二氧化氯吸收于纯水中。当第四个瓶中的纯水吸收液中黄色较深时停止抽气，取第四个瓶中的标准溶液贮于棕色瓶内，并于冰箱内保存。

按以下方法准确测定二氧化氯标准贮备溶液的浓度。

①向 250 ml 碘量瓶内加入 100 ml 无需氯量纯水、1 g 碘化钾及 5 ml 冰乙酸，摇动碘量瓶，让碘化钾溶完。加入 10.00 ml 二氧化氯标准溶液，在暗处放置 5 min。用 0.100 0 mol/L 硫代硫酸钠标准溶液滴定至溶液呈淡黄色时，加入 1 ml 0.5%淀粉溶液，继续滴定至终点。

②空白滴定：向碘量瓶内按测定二氧化氯步骤加入相同量的试剂（仅不加二氧化氯），如果加入 0.5%淀粉溶液后溶液显蓝色，则用硫代硫酸钠标准溶液滴定至蓝色消失，记录用量。如果加入 0.5%淀粉溶液后不显蓝色，则加入 0.100 0 mol 碘标准溶液 1.00 ml 使溶液呈蓝色，再用硫代硫酸钠标准溶液滴定至终点，记录用量。在计算二氧化氯浓度时，应减去空白。如果加有碘标准溶液，则应加入空白（此时空白值为 1 ml 碘标准溶液相当的硫酸钠标准溶液的体积减去滴定的体积）。

二氧化氯标准贮备溶液的质量浓度按照下式计算。

$$\rho = \frac{c \times (V_1 - V_0) \times 13.49}{V_2}$$

式中：ρ——二氧化氯标准贮备溶液的质量浓度，mg/ml；

　　　V_1——滴定二氧化氯所用硫代硫酸钠标准溶液的体积，ml；

　　　V_0——滴定空白所用硫代硫酸钠标准溶液的体积，ml；

　　　c——硫代硫酸钠标准溶液的浓度，mol/L；

　　　V_2——二氧化氯体积，ml；

　　　13.49——与 1.00 ml 硫代硫酸钠标准溶液[c（Na$_2$S$_2$O$_3$）=0.100 0 mol/L]相当的二氧化氯的质量，mg。

（11）二氧化氯标准使用液：取二氧化氯标准贮备溶液用纯水稀释为每 1 ml 含 5 μg 二氧化氯。

5. 分析步骤

量取 100 ml 水样于 250 ml 锥形瓶中，加两滴甲基橙指示剂溶液，用盐酸溶液滴定至浅橙红色，记录用量。

取 25 ml 水样于比色管中，根据上一个步骤中盐酸的用量加入盐酸（一般地表水须增加 2 滴）。取 25 ml 比色管 7 支，分别加入二氧化氯标准使用液 0.00 ml、0.10 ml、0.25 ml、0.50 ml、0.75 ml、1.00 ml 和 1.25 ml，加纯水至标线。再各加 1 滴盐酸溶液。向样品及标准管中各加 0.5 ml 缓冲液摇匀。再各加 0.5 ml 甲基红溶液，摇匀后室温放置 10 min。各加

8 g/L 氧氧化钠溶液 1 ml，摇匀。

于 573 nm 波长，用 5 cm 比色皿，以纯水作参比，调透光率为 40%，测定水样和标准的吸光度。以吸光度为纵坐标，以二氧化氯质量为横坐标，绘制校准曲线，从校准曲线上查出样品管中二氧化氯的质量。

6. 结果计算和表示

样品中二氧化氯的质量浓度按照下式计算。

$$\rho = \frac{m}{V}$$

式中：ρ——样品中二氧化氯的质量浓度，g/L；

　　　m——从校准曲线上查得的二氧化氯质量，mg；

　　　V——水样体积，ml。

7. 精密度和准确度

4 家实验室向天然水中加入 0.05 mg/L、0.10 mg/L、0.20 mg/L 二氧化氯，测定 5 份。回收率为 88.5%～106%，平均为 95.4%；相对标准偏差为 9.3%。

（四）现场测定法（A）[*]

1. 方法的适用范围

本方法适用于经二氧化氯消毒后的生活饮用水中二氧化氯质量浓度低于 5.5 mg/L 的水样直接测定。超出此范围，水样稀释后会造成水中 ClO_2^- 损失。

本方法的最低检测质量浓度为 0.01 mg/L。

2. 方法原理

水中二氧化氯与 N,N-二乙基对苯二胺（DPD）反应产生粉色，其中二氧化氯中 20% 的氯转化成亚氯酸盐，显色反应与水中二氧化氯含量成正比。于 528 nm 波长下比色定量。甘氨酸将水中的氯离子转化为氯化氨基乙酸而不干扰二氧化氯的测定。

3. 干扰和消除

（1）当水样中碱度大于 250 mg/L（以 $CaCO_3$ 计）或酸度大于 150 mg/L（以 $CaCO_3$ 计）时可以抑制颜色生成或使生成的颜色立即褪色，用 0.5 mol/L 硫酸标准溶液或 1 mol/L 氢氧化钠标准溶液将水样中和至 pH 为 6～7，测定结果要进行体积校正。

（2）二氧化氯浓度较高时，一氯胺将干扰测定，试剂加入后 1 min 内 3.0 mg/L 的一氯胺将引起 0.1 mol/L 值的增加。

（3）氧化态的锰和铬干扰测定结果，于 25 ml 水样中加入 3 滴 30 g/L 碘化钾反应 1 min 或通过加入 3 滴 5 g/L 亚砷酸钠去除锰和铬的干扰。各种金属通过与甘氨酸反应也会干扰测定结果，可以通过多加甘氨酸去除此干扰。

（4）溴、氯、碘、臭氧、有机胺和过氧化物干扰测定的结果。

4. 仪器和设备

（1）分光光度计或单项比色计。

（2）比色杯：10 ml。

（3）烧杯：50 ml。

---

[*] 本方法与 GB/T 5750.11—2006 等效。

5. 试剂和材料

（1）DPD 试剂或含 DPD 试剂的安瓿瓶。

（2）甘氨酸溶液：ρ =100 g/L。

6. 分析步骤

（1）将待测样品倒入 10 ml 比色杯中，作为空白对照，将此比色杯置于比色池中，盖上器具盖，按下仪器的"ZERO"键，此时显示 0.00。

（2）取水样 10 ml 于 10 ml 比色杯中，立刻加入 4 滴甘氨酸试剂，摇匀。加入 1 包 DPD 试剂，轻摇 20 s，静置 30 s 使不溶物沉于底部。或于 50 ml 烧杯中取 40 ml 水样，加入 16 滴甘氨酸试剂，摇匀。将含有 DPD 试剂的安瓿瓶倒置于待测水样的烧杯中（毛细管部分朝下），用力将毛细管部分折断。此时水将充满安瓿瓶，待水完全充满以后，快速将安瓿瓶颠倒数次混匀，擦去安瓿瓶外部的液体及手印，静置 30 s 使不溶物沉于底部。操作见图 1-9。

图 1-9 二氧化氯现场测定简图

（3）将装有液体的比色杯或安瓿瓶放置于比色池中，盖上器具盖，按下仪器的"READ"键，仪器将显示测定水样中二氧化氯的质量浓度（以 mg/L 为单位）。

7. 精密度和准确度

5 家实验室分别对含二氧化氯低、中、高三种不同质量浓度的水样进行了精密度实验，低浓度（0.1 mg/L）精密度测定结果平均相对标准偏差（RSD）为 0.1%；中浓度（1.3 mg/L）精密度测定结果平均相对标准偏差（RSD）为 1.1%；高浓度（3.7 mg/L）精密度测定结果平均相对标准偏差（RSD）为 2.0%。

8. 注意事项

（1）要严格掌握反应时间，样品静置后的比色测定应在 1 min 内完成。

（2）二氧化氯在水中的稳定性很差，故最好在现场取样后立即测定。

十七、全盐量

全盐量是水体化学成分分析的重要指标。水中全盐量是指易溶于水的盐类含量总和，主要包括钙、镁、钠、钾所形成的硫酸盐、盐酸盐和碳酸盐的含量总和。环境中的盐分循环主要以水循环为载体，而水循环贯穿生命和生产活动的各个环节，因此，一旦水中盐量过度，将给生态环境以及人类的生命健康、生产活动造成危害。目前，高盐水主要来源于工业生产、生活用水和食品加工、盐化工、皮革制造及热电厂等多种行业。准确检测水中全盐量，对于保护人类的身体健康和防治生活用水污染具有十分重要的意义。

重量法（A）[*]

1. 方法的适用范围

本方法适用于农田灌溉用水、地下水和城市污水中全盐量的测定。

---

[*] 本方法与 HJ/T 51—1999 等效。

当取 100.0 ml 水样测定时，本方法的检测下限为 10 mg/L。

2．方法原理

水中全盐量是指可通过孔径 0.45 μm 的滤膜或滤器，并于（105±2）℃条件下烘干至恒重的残渣重量（如有机物过多，应采用过氧化氢处理）。

3．仪器和设备

（1）有机微孔滤膜：孔径 0.45 μm。

（2）微孔滤膜过滤器。

（3）真空泵。

（4）瓷蒸发皿：125 ml。

（5）干燥器：用硅胶作干燥剂。

（6）水浴或蒸汽浴。

（7）电热恒温干燥箱。

（8）分析天平：感量≤0.1 mg。

4．试剂和材料

（1）实验用水：电导率≤0.5 μS/cm。

（2）30%过氧化氢（H_2O_2）。

（3）过氧化氢溶液：1+1（V/V）。

5．样品

样品采集在玻璃瓶或塑料瓶中，采集代表性水样 500 ml。

6．分析步骤

（1）蒸发皿恒重。

将蒸发皿洗净，放在（105±2）℃烘箱中烘 2 h，取出，放在干燥器内冷却后称量。反复烘干、冷却、称量，直至恒重（两次称量的重量差≤0.5 mg），放入干燥器中备用。

（2）水样过滤。

水样上清液经 0.45 μm 的有机微孔滤膜过滤后，弃去初滤液 10～15 ml，滤液用干燥洁净的玻璃器皿接取。

（3）蒸干。

移取过滤后水样 100.0 ml 于瓷蒸发皿内，放在蒸汽浴上蒸干。若水中全盐量大于 2 000 mg/L，可酌情减少取样体积，用水稀释至 100 ml。

（4）有机物处理。

如果蒸干残渣有色，待蒸发皿稍冷后，滴加（1+1）过氧化氢溶液数滴，慢慢旋转蒸发皿至气泡消失，再置于蒸汽浴上蒸干，反复处理数次，直至残渣变白或颜色稳定不变为止。

（5）烘干和称量。

将蒸干的蒸发皿放入（105±2）℃烘箱内，按步骤（1）操作至恒重。

7．结果计算和表示

样品中全盐量的质量浓度按照下式计算。

$$\rho = \frac{m - m_0}{V} \times 10^6$$

式中：ρ——样品中全盐量的质量浓度，mg/L；

m——蒸发皿及残渣的总质量，g；

m_0——蒸发皿的质量，g；

V——水样体积，ml。

8. 精密度和准确度

5 家实验室测定全盐量分别用 255 mg/L 和 684 mg/L 统一水样。实验室内相对标准偏差分别为 2.6% 和 1.6%。实验室间相对标准偏差分别为 3.7% 和 2.2%。加标回收率范围分别为 91.0%～102% 和 88.1%～98.1%。

9. 注意事项

当水样中含有大量钙、镁、氯化物时，水样蒸干后易吸水，从而使测定结果偏高，可采用减少取样量或快速称重的方法减少影响。

十八、臭氧

臭氧的分子结构呈三角形。在常温、常态、常压下，较低浓度的臭氧是无色气体，当浓度达到 15% 时，呈现出淡蓝色。臭氧不溶于液态氧、四氯化碳等，可溶于水，且在水中的溶解度较氧大。在 0℃ 且处于标准大气压时，1 体积水可溶解 0.494 体积臭氧。在常温常压下臭氧在水中的溶解度比氧约高 13 倍，比空气高 25 倍。但臭氧水溶液的稳定性受水中所含杂质的影响较大，特别是有金属离子存在时，臭氧可迅速分解为氧，在纯水中分解较慢。

臭氧属于有害气体，浓度为 $6.25×10^{-6}$ mol/L（0.3 mg/L）时，对眼、鼻、喉有刺激的感觉；浓度在 $6.25×10^{-5}$～$6.25×10^{-4}$ mol/L（3～30 mg/L）时，出现头疼及呼吸器官局部麻痹等症状；浓度在 $3.125×10^{-4}$～$1.25×10^{-3}$ mol/L（15～60 mg/L）时，对人体有危害。其毒性还和接触时间有关，如长期接触 $1.748×10^{-7}$ mol/L（4 ppm）的臭氧会引起永久性心脏障碍，但接触 20 ppm 以下的臭氧不超过 2 h，对人体无永久性危害。因此，臭氧浓度的允许值定为 $4.46×10^{-9}$ mol/L（0.1 ppm）8 h。由于臭氧的臭味很浓，浓度为 $4.46×10^{-9}$ mol/L（0.1 ppm）时，人们就能感觉到。

水中的臭氧主要来源于果蔬保鲜、食物防霉、餐具净化、饮用水净化等过程。

(一) 碘量法 (A)*

1. 方法的适用范围

本方法适用于经臭氧消毒后生活饮用水中残留臭氧的测定。

2. 方法原理

臭氧能从碘化钾溶液中释放出游离碘，再用硫代硫酸钠标准溶液滴定，计算出水样中臭氧含量。

3. 仪器和设备

（1）洗气瓶和吸收瓶：1 L 和 500 ml，进气支管的末端配有中等孔隙度的玻璃砂芯滤板。

（2）纯氮气或纯空气气源：0.2～1.0 L/min。

（3）玻璃管或不锈钢管。

4. 试剂和材料

除非另有说明，否则分析时均使用符合国家标准的分析纯化学试剂，实验用水为新制

---

* 本方法与 GB/T 5750.11—2006 等效。

备的去离子水、蒸馏水或同等纯度以上的水。

（1）碘（I_2）。

（2）碘化钾（KI）。

（3）五水合硫代硫酸钠（$Na_2S_2O_3 \cdot 5H_2O$）。

（4）无水碳酸钠（Na_2CO_3）。

（5）重铬酸钾（$K_2Cr_2O_7$）：基准试剂，优级纯，105℃烘干 2 h 至恒重。

（6）可溶性淀粉 $[(C_6H_{10}O_5)_n]$。

（7）硫酸：ρ（H_2SO_4）=1.84 g/ml。

（8）盐酸：ρ（HCl）=1.19 g/ml。

（9）硫酸溶液：1+35。

（10）盐酸溶液：1+1。

（11）0.5%淀粉溶液：ρ=5 g/L。

称取 0.5 g 可溶性淀粉，用少量水调成糊状，再用刚煮沸的水稀释至 100 ml。

（12）碘化钾溶液：ρ（KI）=20 g/L。

溶解 20 g 不含游离碘、碘酸盐和还原性物质的碘化钾于 1 L 新煮沸并冷却的纯水中，贮于棕色瓶中。

（13）碘标准溶液：c（I_2）=0.050 0 mol/L。

称取 12.70 g 碘于 500 ml 烧杯中，加入 40 g 碘化钾，加适量水溶解后，转移至 1 000 ml 棕色容量瓶中，稀释至标线，摇匀。

（14）碘标准使用液：c（I_2）=0.005 0 mol/L。

取碘标准溶液临用前准确稀释为 0.005 0 mol/L。

（15）重铬酸钾标准溶液：c（1/6 $K_2Cr_2O_7$）=0.100 0 mol/L。

称取 105℃烘干 2 h 的基准或优级纯重铬酸钾 4.903 0 g 溶于水中，转移至 1 000 ml 容量瓶中，稀释至标线，摇匀。

（16）硫代硫酸钠标准溶液：c（$Na_2S_2O_3$）≈0.1 mol/L。

称取 24.5 g 五水合硫代硫酸钠（$Na_2S_2O_3 \cdot 5H_2O$）和 0.2 g 无水碳酸钠（Na_2CO_3）溶于水中，稀释至 1 000 ml，其精确浓度的标定方法如下：

于 250 ml 碘量瓶内，加入 1 g 碘化钾及 50 ml 水，加入重铬酸钾标准溶液 15.00 ml，加入（1+1）盐酸溶液 5 ml，密塞混匀。置暗处静置 5 min，用待标定的硫代硫酸钠溶液滴定至溶液呈淡黄色时，加入 1 ml 0.5%淀粉溶液，继续滴定至蓝色刚好消失，记录标准溶液用量，同时做空白滴定。

硫代硫酸钠标准溶液的浓度按照下式计算。

$$c = \frac{15.00}{(V_1 - V_2)} \times 0.100\ 0$$

式中：c——硫代硫酸钠标准溶液的浓度，mol/L；

V_1——滴定重铬酸钾标准溶液时硫代硫酸钠标准溶液的用量，ml；

V_2——滴定空白溶液时硫代硫酸钠标准溶液的用量，ml；

0.100 0——重铬酸钾标准溶液的浓度，mol/L。

（17）硫代硫酸钠标准使用液：c（$Na_2S_2O_3$）=0.005 0 mol/L。

将硫代硫酸钠标准溶液临用前稀释为 0.005 0 mol/L，每 1 ml 相当于 120 μg 臭氧。

5．样品

用 1 L 洗气瓶，在进气支管的出口端配有玻璃砂芯滤板，采集水样 800 ml。

6．分析步骤

（1）臭氧吸收：将纯氮气或纯空气由洗气瓶底部的玻砂滤板通入水样中，洗气瓶与另一只含有 400 ml 碘化钾溶液的吸收瓶相串联，通气至少 5 min，通气流量保持在 0.5～1.0 L/min，供水中所有的臭氧都被驱出并吸收在碘化钾中。

（2）滴定：将吸收臭氧的碘化钾溶液移至 1 L 的碘量瓶中，并用适量的纯水冲洗吸收瓶，洗液合并在碘量瓶中。加入 20 ml（1+35）硫酸溶液，使 pH 降低到 2.0 以下。用硫代硫酸钠标准使用液滴定至淡黄色时，再加入 4 ml 0.5%淀粉溶液，使溶液变为蓝色，再迅速滴定到终点。

（3）空白试验：取 400 ml 碘化钾溶液，加 20 ml（1+35）硫酸溶液和 4 ml 0.5%淀粉溶液，进行下列一种空白滴定（空白值可能是正值，也可能是负值）：

如出现蓝色，用硫代硫酸钠标准使用液滴定至蓝色刚消失。

如不出现蓝色，用碘标准使用液滴定至蓝色刚出现。

7．结果计算和表示

样品中臭氧的质量浓度按照下式计算。

$$\rho = \frac{(V_1 - V_2) \times c \times 24 \times 1\,000}{V}$$

式中：ρ——样品中臭氧的质量浓度，mg/L；

V_1——水样滴定时所用硫代硫酸钠标准使用液的体积，ml；

V_2——空白滴定时所用硫代硫酸钠使用标准溶液或碘标准使用液的体积，ml；

c——硫代硫酸钠标准使用液的浓度，mol/L；

24——与 1 ml 硫代硫酸钠溶液[c（$Na_2S_2O_3$）=1 mol/L]相当的臭氧的质量，mg；

V——水样体积，ml。

8．精密度和准确度

单个实验室向水中分别注入 4 mg/L 和 5 mg/L 臭氧，测定 11 次，剩余臭氧平均值分别为 0.339 mg/L 和 0.424 mg/L，标准偏差分别为 0.018 mg 和 0.025 mg，相对标准偏差分别为 5.3%和 5.9%。

9．注意事项

水中剩余臭氧很不稳定，因此要在取样后立即测定。在低温和低 pH 时，剩余臭氧的稳定性相对较高。

（二）靛蓝分光光度法（A）*

1．方法的适用范围

本方法适用于经臭氧消毒后生活饮用水中残留臭氧的测定。

本方法的最低检测质量浓度为 0.01 μg/L。

2．方法原理

在酸性条件下，臭氧可迅速氧化靛蓝，使之褪色，吸光率的下降与臭氧浓度的增加呈线性。

---

* 本方法与 GB/T 5750.11—2006 等效。

3．干扰和消除

（1）过氧化氢和有机过氧化物可以使靛蓝缓慢褪色。若加入靛蓝后 6 h 内测定臭氧即可预防过氧化氢的干扰。有机过氧化物可能反应更快。三价铁不会产生干扰。二价锰也不会产生干扰，但会被臭氧氧化，而氧化后的产物会使靛蓝褪色。通过设立对照（事先选择性地去掉臭氧）来消除这些干扰。否则 0.1 mg/L 被氧化的锰即可产生 0.08 mg/L 臭氧的相当的反应。氯会产生干扰，低浓度的氯（＜0.1 mg/L）可被丙二酸掩盖。溴被还原成溴离子，可引起干扰[1 mol 的次溴酸（HBrO）相当于 0.4 mol 臭氧]。若 HBrO 或氯的浓度超过 0.1 mg/L，则不适合用该方法来精确检测臭氧。

（2）若存在低浓度的氯（＜0.1 mg/L），可分别在两个容量瓶中加入 1 ml 的丙二酸去除氯的干扰，然后再加入样品并定容。尽快测量吸光度，最好在 60 min 内（Br^-、Br_2、HBrO 仅能被丙二酸部分去除）。

（3）若存在锰，则预先将样品经过氨基乙酸处理，破坏掉臭氧。将 0.1 ml 的氨基乙酸溶液加入 100 ml 的容量瓶（作为空白），另取一个加入 10 ml 的靛蓝溶液Ⅱ（作为样品）。用吸管吸取相同体积的样品加入上述容量瓶中。调整剂量，以至于样品瓶中的褪色反应可肉眼观察又不完全漂白（最大体积 80 ml）。在加入靛蓝前，确定空白瓶中的氨基乙酸和样品混合液的 pH 不低于 6，因为臭氧和氨基乙酸在低 pH 下反应非常缓慢。盖好塞子，仔细混匀。加入样品 30～60 s 后，加入 10 ml 的靛蓝溶液Ⅱ到空白瓶中，向两个瓶中加入不含臭氧的水定容至刻度，充分混匀。然后在大致相同的时间里（30～60 min 内）测定吸光度（若超过这个时间，则残留的锰氧化物会缓慢氧化靛蓝使之褪色，空白和样品的吸光度的漂移将产生变化）。空白瓶中的吸光度的减少由锰氧化物引起，而样品中的吸光度则是由臭氧和锰氧化物共同作用引起。

4．仪器和设备

（1）分光光度计。

（2）容量瓶：100 ml。

5．试剂和材料

除非另有说明，否则分析时均使用符合国家标准的分析纯化学试剂，实验用水为新制备的去离子水、蒸馏水或同等纯度以上的水。

（1）三磺酸钾靛蓝（$C_{16}H_7K_3N_2O_{11}S_3$）：纯度为 80%～85%。

（2）磷酸：ρ（H_3PO_4）=1.69 g/ml。

（3）磷酸二氢钠（NaH_2PO_4）。

（4）丙二酸（$C_3H_4O_4$）。

（5）氨基乙酸（$C_2H_5NO_2$）。

（6）靛蓝贮备液：$\rho \approx 0.77$ g/L。

于 1 L 的容量瓶中加入约 200 ml 蒸馏水和 1 ml 磷酸，摇匀，加入 0.77 g 三磺酸钾靛蓝，加蒸馏水至刻度。贮备液避光可保存 120 d。

注 1：新制备的靛蓝贮备液经 1∶100 稀释后的稀释液在 600 nm 的吸光度是（0.200±0.010）/cm，当吸光度降至 0.160/cm 时，弃掉。

（7）靛蓝溶液Ⅰ：在 1 000 ml 的容量瓶中加入 20 ml 靛蓝贮备液、10 g 磷酸二氢钠、7 ml 磷酸，加水稀释至刻度。

注 2：当吸光度降至原来的 80%时，需重新配制溶液。

（8）靛蓝溶液Ⅱ：除需加入靛蓝贮备液 100 ml 外，配制过程如靛蓝溶液Ⅰ。

（9）丙二酸溶液：ρ（$C_3H_4O_4$）≈50 g/L。

取 5 g 丙二酸溶于水中，定容至 100 ml。

（10）氨基乙酸溶液：ρ（$C_2H_5NO_2$）≈70 g/L。

取 7 g 氨基乙酸溶于 100 ml 蒸馏水中。

6. 样品

臭氧在水中稳定性很差（10～15 min 即可衰减一半，40 min 后浓度几乎衰减为零），故最好现场取样立即测定。而且对于臭氧浓度高于 0.60 mg/L 的水样，水样稀释后会造成水中臭氧损失。

样品与靛蓝反应越快越好，因为残留物会很快分解掉。在收集样品的过程中，要避免因气体处理而损失。不要将样品放置在烧瓶的底部。加入样品后，持续摇晃，使得溶液完全反应。

7. 分析步骤

（1）臭氧质量浓度为 0.01～0.1 mg/L 范围的测定。

于两个 100 ml 的容量瓶中分别加入 10 ml 靛蓝溶液Ⅰ，其中一个加入样品 90 ml，而另一个加入蒸馏水 90 ml 作为空白对照，于 600 nm 波长下，用 5 cm 比色杯测定两个溶液的吸光度。

（2）臭氧质量浓度为 0.05～0.5 mg/L 范围的测定。

将步骤（1）中的 10 ml 靛蓝溶液Ⅰ换成 10 ml 靛蓝溶液Ⅱ，其他步骤相同。

8. 结果计算和表示

样品中残留臭氧的质量浓度按照下式计算。

$$\rho = \frac{100 \times \Delta A}{f \times b \times V}$$

式中：ρ——样品中残留臭氧的质量浓度，mg/L；

ΔA——样品和空白吸光度之差；

b——比色皿的厚度，cm；

V——样品的体积，ml（一般是 90 ml）；

f——取 0.42，以灵敏度因子 20 000/cm 为基础，即每升水中 1 mol 的臭氧引起的吸光度（600 nm）的变化，由碘滴定法获得。

9. 精密度和准确度

3 家实验室对臭氧质量浓度为 0.05～0.5 mg/L 的水样进行了精密度的测定，测定结果相对标准偏差（RSD）在 0.8%～4.7%。

10. 注意事项

比色测定应在 4 h 内完成。

（三）靛蓝现场测定法（A）*

1. 方法的适用范围

本方法适用于经臭氧消毒后的生活饮用水中臭氧质量浓度为 0.01～0.75 mg/L 的水样直接

---

* 本方法与 GB/T 5750.11—2006 等效。

测定，超出此范围的水样稀释后会造成水中臭氧损失。

本方法的最低检测质量浓度为 0.01 mg/L。

2．方法原理

在 pH 为 2.5 的条件下，水中臭氧与靛蓝试剂发生蓝色褪色反应，于 600 nm 波长下可以定量测定。

3．干扰和消除

氯会对结果产生干扰，含靛蓝试剂的安瓿瓶中含抑制干扰的试剂，可以消除氯的干扰。

4．仪器和设备

（1）分光光度计。

（2）烧杯：50 ml。

5．试剂和材料

含靛蓝试剂的安瓿瓶。

6．分析步骤

（1）于 50 ml 烧杯中取 40 ml 水样，另一个烧杯取至少 40 ml 空白样（不含臭氧的蒸馏水），用含有靛蓝试剂的安瓿瓶分别倒置于空白样和待测水样的烧杯中（毛细管部分朝下），用力将毛细管部分折断，此时水将充满安瓿瓶，待水完全充满后，快速将安瓿瓶颠倒数次混匀，擦去安瓿瓶外部的液体及手印（图 1-10）。

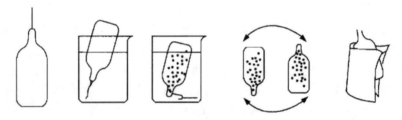

图 1-10　臭氧现场测定简图

（2）将空白对照的安瓿瓶置于比色池中（空白样应为蓝色），盖上器具盖，按下仪器的"ZERO"键，此时显示 0.00。

（3）再将装有样品的安瓿瓶放置于比色池中，盖上器具盖，按下仪器的"READ"键，仪器将显示测定水样中臭氧的质量浓度（以 mg/L 为单位）。

7．精密度和准确度

5 家实验室对臭氧质量浓度为 0.05～0.5 mg/L 的水样进行了精密度的测定，测定结果相对标准偏差（RSD）在 5.5%～11.0%。

8．注意事项

臭氧在水中稳定性很差（10～15 min 即可衰减一半，40 min 后浓度几乎衰减为零）。故最好现场取样立即测定。

第二章 无机阴离子和营养盐

一、硫化物

水中硫化物包括溶解性的 H_2S、HS^-、S^{2-}，存在于悬浮物中的可溶性硫化物、酸可溶性金属硫化物以及未电离的有机、无机类硫化物。硫化氢易从水中逸散于空气，产生臭味，且毒性很大，它可与人体内细胞色素、氧化酶及该类物质中的二硫键（—S—S—）作用，影响细胞氧化过程，造成细胞组织缺氧，危及人的生命。硫化氢除自身能腐蚀金属外，还可被污水中的微生物氧化成硫酸，进而腐蚀下水道等。因此，硫化物是水体污染的一项重要指标（清洁水中，硫化氢的嗅阈值为 0.035 μg/L）。

地下水（特别是温泉水）及生活污水中通常含有硫化物，其中一部分是在厌氧条件下，由于细菌的作用，使硫酸盐还原或由含硫有机物的分解而产生的。某些工矿企业，如焦化、造气、选矿、造纸、印染和制革等工业废水亦含有硫化物。

通常测定水体中的硫化物是指水和废水中溶解性的无机硫化物和酸溶性金属硫化物。测定硫化物的方法，除亚甲蓝分光光度法和碘量法以及离子选择电极法外，还有气相分子吸收光谱法及流动注射分析法。当水样中硫化物含量小于 1 mg/L 时，采用对氨基二甲基苯胺分光光度法（即亚甲蓝分光光度法），或气相分子吸收光谱法。大于 1 mg/L 时可采用碘量法。虽然离子选择电极法测量范围较广，但电极易受损和老化。气相分子吸收光谱法和流动注射分析法使用仪器分析，方法简便，检出限低，在分析大批量样品时具有明显的优势。

（一）水样的预处理

由于还原性物质，如硫代硫酸盐、亚硫酸盐和各种固体的、溶解的有机物都能与碘反应，并能阻止亚甲蓝和硫离子的显色反应而干扰测定；悬浮物、色度等也会对硫化物的测定产生干扰。若水样中存在上述这些干扰物，且该水样用碘量法或亚甲蓝分光光度法测定硫化物时，必须根据不同情况，按下述方法进行水样的预处理。

1. 乙酸锌沉淀—过滤法

当水样中只含有少量硫代硫酸盐、亚硫酸盐等干扰物质时，可将现场采集并已固定的水样用中速定量滤纸或玻璃纤维滤膜进行过滤，然后按含量高低选择适当方法，经预处理后测定沉淀中的硫化物。

2. 酸化—吹气—吸收法

若水样中存在悬浮物或浑浊度高、色度深时，可将现场采集固定后的水样加入一定量的磷酸，使水样中的硫化锌转变为硫化氢气体，利用载气将硫化氢吹出，用乙酸锌乙酸钠溶液或2%氢氧化钠溶液吸收，再进行测定。

3. 过滤—酸化—吹气分离法

若水样污染严重，不仅含有不溶性物质及影响测定的还原性物质，并且浊度和色度都高，宜用此法。即将现场采集且固定的水样用中速定量滤纸或玻璃纤维滤膜过滤后，按酸化—吹气吸收法进行预处理。

预处理操作是测定硫化物的一个关键性步骤，应注意既消除干扰的影响，又不致造成硫化物的损失。

具体的酸化吹气—吸收预处理方法将在以下的方法中作详细叙述。

（二）碘量法（A）[*]

1. 方法的适用范围

本方法适用于水和废水中硫化物的测定。

当水样体积为 200 ml，用 0.01 mol/L 硫代硫酸钠溶液滴定时，可用于含硫化物 0.4 mg/L 以上的水和废水测定。

2. 方法原理

硫化物在酸性条件下，与过量的碘作用，剩余的碘用硫代硫酸钠溶液滴定。由硫代硫酸钠溶液所消耗的量，间接求出硫化物的含量。

3. 干扰和消除

水样中含有的硫代硫酸盐、亚硫酸盐等能与碘反应的还原性物质产生正干扰，悬浮物、色度、浊度及部分重金属离子也干扰测定。硫化物含量为 2.00 mg/L 时，样品中干扰物的最高容许含量分别为 $S_2O_3^{2-}$ 30 mg/L、NO_2^- 2 mg/L、SCN^- 80 mg/L、Cu^{2+} 2 mg/L、Pb^{2+} 5 mg/L 和 Hg^{2+} 1 mg/L；经酸化—吹气—吸收法预处理后，悬浮物、色度、浊度亦不干扰测定，但 SO_3^{2-} 分离不完全会产生干扰。采用硫化锌沉淀过滤分离 SO_3^{2-}，可有效消除 30 mg/L SO_3^{2-} 的干扰。

4. 仪器和设备

（1）碘量法测定硫化物的吹气装置（图 2-1）：一体化酸化吹气机。

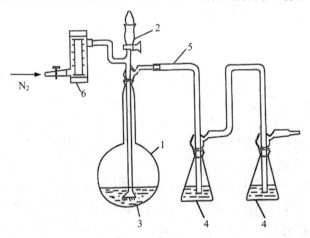

1—500 ml 圆底反应瓶；2—加酸漏斗；3—多孔砂芯片；

4—150 ml 锥形吸收瓶，亦用作碘量瓶，直接用于碘量法滴定；5—玻璃连接管，各接口均为标准玻璃磨口；6—流量计。

图 2-1 碘量法测定硫化物的吹气装置

---

[*] 本方法与 HJ/T 60—2000 等效。

（2）恒温水浴锅：0～100℃。

（3）碘量瓶：150 ml 或 250 ml。

（4）棕色滴定管：25 ml 或 50 ml。

5. 试剂和材料

除非另有说明，否则分析时均使用符合国家标准的分析纯试剂。实验用水均为除氧水，于去离子水中通入纯氮气至饱和，以除去水中的溶解氧。

（1）盐酸：ρ（HCl）=1.19 g/ml。

（2）磷酸：ρ（H_3PO_4）=1.69 g/ml。

（3）乙酸：ρ（CH_3COOH）=1.05 g/ml。

（4）载气：高纯氮，纯度不低于 99.99%。

（5）盐酸溶液：1+1。

（6）磷酸溶液：1+1。

（7）乙酸溶液：1+1。

（8）氢氧化钠（NaOH）。

（9）乙酸锌[$Zn(CH_3COO)_2 \cdot 2H_2O$]。

（10）重铬酸钾（$K_2Cr_2O_7$）：基准或优级纯。

（11）可溶性淀粉。

（12）氢氧化钠溶液：c（NaOH）=1 mol/L。

称取 40 g 氢氧化钠溶于 500 ml 水中，冷却至室温，稀释至 1 000 ml。

（13）乙酸锌溶液：c[$Zn(CH_3COO)_2$]=1 mol/L。

称取 220 g 乙酸锌，溶于水并稀释至 1 000 ml，若浑浊需过滤后使用。

（14）重铬酸钾标准溶液：c（1/6 $K_2Cr_2O_7$）=0.100 0 mol/L。

称取 4.903 0 g 重铬酸钾（105℃烘干 2 h）溶解于水，移入 1 000 ml 容量瓶中，用水稀释至标线，摇匀。

（15）1%淀粉指示液：称取 1 g 可溶性淀粉，用少量水调成糊状，缓慢加入沸水至 100 ml，继续煮沸至溶液澄清，冷却后贮存于试剂瓶中，临用现配。

（16）碘化钾（KI）。

（17）碘（I_2）。

（18）五水合硫代硫酸钠（$Na_2S_2O_3 \cdot 5H_2O$）。

（19）无水碳酸钠（Na_2CO_3）。

（20）硫代硫酸钠标准溶液：c（$Na_2S_2O_3$）≈0.1 mol/L。

①配制：称取 24.5 g 五水合硫代硫酸钠和 0.2 g 无水碳酸钠溶于水中，稀释定容至 1 000 ml 棕色容量瓶。

②标定：于 250 ml 碘量瓶内，加入 1 g 碘化钾及 50 ml 水，加入重铬酸钾标准溶液 15.00 ml，加入（1+1）盐酸溶液 5 ml，密塞混匀。置暗处静置 5 min，当用待标定的硫代硫酸钠溶液滴定至溶液呈淡黄色时，加入 1 ml 淀粉指示液，继续滴定至蓝色刚好消失，记录标准溶液用量，同时做空白滴定。

硫代硫酸钠标准溶液的浓度按照下式计算。

$$c = \frac{15.00}{V_1 - V_2} \times 0.100\ 0$$

式中：c——硫代硫酸钠标准溶液的浓度，mol/L；

V_1——滴定重铬酸钾标准溶液时硫代硫酸钠标准溶液用量，ml；

V_2——滴定空白溶液时硫代硫酸钠标准溶液用量，ml；

0.100 0——重铬酸钾标准溶液的浓度，mol/L。

（21）硫代硫酸钠标准滴定液：$c(Na_2S_2O_3) \approx 0.01$ mol/L。

移取 10.00 ml 上述刚标定过的硫代硫酸钠标准溶液于 100 ml 棕色容量瓶中，用水稀释至标线，摇匀，使用时配制。

（22）碘标准贮备溶液：$c(1/2\ I_2) = 0.1$ mol/L。

称取 12.70 g 碘于 500 ml 烧杯中，加入 40 g 碘化钾，加适量水溶解后，移入 1 000 ml 棕色容量瓶中，稀释至标线，摇匀。

（23）碘标准溶液：$c(1/2\ I_2) = 0.01$ mol/L。

移取 10.00 ml 碘标准贮备溶液于 100 ml 棕色容量瓶中，用水稀释至标线，摇匀，使用前配制。

6．样品

（1）样品采集和保存。

采样时，先在采样瓶中加入一定量的乙酸锌溶液，再加水样，然后滴加适量的氢氧化钠溶液，使呈碱性并生成硫化锌沉淀。通常情况下，每 100 ml 水样加 1 mol/L 乙酸锌溶液 0.3 ml 和 1 mol/L 氢氧化钠溶液 0.6 ml，使水样的 pH 在 10～12。遇碱性水样时，应先小心滴加（1+1）乙酸溶液调至中性，再如上操作。硫化物含量高时，可酌情多加固定剂，直至沉淀完全。水样充满后立即密塞保存，注意不留气泡，然后倒转，充分混匀，固定硫化物。样品采集后应立即分析，否则应在 4℃避光保存，尽快分析。

（2）试样的制备。

①按图 2-1 连接好酸化—吹气—吸收装置，通载气检查各部位气密性。

②分别加 2.5 ml 乙酸锌溶液于两个吸收瓶中，用水稀释至 50 ml。

③取 200 ml 现场已固定并混匀的水样于反应瓶中，放入恒温水浴锅内，装好导气管、加酸漏斗和吸收瓶。开启气源，以 400 ml/min 的流速连续吹氮气 5 min，驱除装置内空气，关闭气源。

④向加酸漏斗加入（1+1）磷酸溶液 20 ml，待磷酸溶液全部流入反应瓶后，迅速关闭活塞。

⑤开启气源，水浴温度控制在 60～70℃，以 75～100 ml/min 的流速吹气 20 min，以 300 ml/min 流速吹气 10 min，再以 400 ml/min 流速吹气 5 min，驱除最后残留在装置中的硫化氢气体。关闭气源，按下述试样的测定操作步骤分别测定两个吸收瓶中硫化物的含量。

（3）空白试样的制备。

以水代替水样，加入与测定水样时相同体积的试剂，按上述步骤进行空白试验。

7．分析步骤

于制备试样两个吸收瓶中加入 0.01 mol/L 碘标准溶液 10.00 ml；再加（1+1）盐酸溶液 5 ml，密塞混匀。在暗处放置 10 min，用 0.01 mol/L 硫代硫酸钠标准溶液滴定至溶液呈淡黄色时，加入 1 ml 淀粉指示液，继续滴定至蓝色刚好消失为止。

8．结果计算和表示

（1）结果计算。

①预处理两级吸收的硫化物的质量浓度分别按照下式计算。

$$\rho_i = \frac{c \times (V_0 - V_i) \times 16.03 \times 1\,000}{V}(i = 1, 2)$$

式中：ρ_i——硫化物的质量浓度，mg/L；

　　　　c——硫代硫酸钠标准溶液的浓度，mol/L；

　　　　V_0——空白试验中硫代硫酸钠标准溶液用量，ml；

　　　　V_i——滴定两级吸收硫化物含量时，硫代硫酸钠标准溶液用量，ml；

　　　　V——试样体积，ml；

　　　　16.03——硫离子（$1/2\ S^{2-}$）摩尔质量，g/mol。

②样品中硫化物的质量浓度按照下式计算。

$$\rho = \rho_1 + \rho_2$$

式中：ρ——样品中硫化物的质量浓度，mg/L；

　　　　ρ_1——一级吸收硫化物的质量浓度，mg/L；

　　　　ρ_2——二级吸收硫化物的质量浓度，mg/L。

（2）结果表示。

当测定结果小于 10.0 mg/L 时，保留至小数点后一位；当测定结果大于等于 10.0 mg/L 时，保留三位有效数字。

9．精密度和准确度

4 家实验室对含硫（S^{2-}）12.5 mg/L 的统一样品进行测定，其重复性相对标准偏差为 3.2%，再现性相对标准偏差为 3.9%，加标回收率为 92.4%～96.6%。

10．注意事项

（1）由于硫离子很容易被氧化且易从水样中逸出，因此在采集时应防止曝气。

（2）上述吹气速度仅供参考，必要时可通过硫化物标准溶液的回收率测定，以确定合适的吹气速度。

（3）若水样 SO_3^{2-} 浓度较高，需将现场采集且已固定的水样用中速定量滤纸过滤，并将硫化物沉淀连同滤纸转入反应瓶中，用玻璃棒捣碎，加水 200 ml，转入预处理装置进行处理。

（4）加入碘标准溶液后溶液为无色，说明硫化物含量较高，应补加适量碘标准溶液，使呈淡黄色为止。空白试验亦应加入相同量的碘标准溶液。

（三）对氨基二甲基苯胺分光光度法（亚甲蓝法）（A）[*]

1．方法的适用范围

本方法适用于地表水、地下水、生活污水和工业废水中硫化物的测定。

试样体积为 100 ml，使用光程为 10 mm 的比色皿时，方法的检出限为 0.005 mg/L，测定上限为 0.700 mg/L。对硫化物含量较高的水样，可适当减少取样量或将样品稀释后测定。

---

* 本方法与 GB/T 16489—1996 等效。

2．方法原理

样品经酸化后，硫化物转化为硫化氢，用氮气将硫化氢吹出，转移到盛有乙酸锌—乙酸钠溶液的吸收显色管中，与 N,N-二甲基对苯二胺和硫酸铁铵反应生成蓝色的络合物亚甲基蓝，在 665 nm 波长处测定。

3．干扰和消除

主要干扰物为 SO_3^{2-}、$S_2O_3^{2-}$、SCN^-、NO_2^-、CN^- 和部分重金属离子，硫化物含量为 0.500 mg/L 时，样品中干扰物质的最高允许含量分别为 SO_3^{2-} 20 mg/L、$S_2O_3^{2-}$ 240 mg/L、SCN^- 400 mg/L、NO_2^- 65 mg/L、NO_3^- 200 mg/L、I^- 400 mg/L、CN^- 5 mg/L、Cu^{2+} 2 mg/L、Pb^{2+} 25 mg/L 和 Hg^{2+} 4 mg/L。

4．仪器和设备

（1）分光光度计。

（2）比色管：100 ml。

（3）碘量瓶：250 ml。

（4）容量瓶：200 ml、250 ml、500 ml、1 000 ml。

5．试剂和材料

除非另有说明，否则分析时均使用符合国家标准的分析纯试剂。

（1）去离子除氧水：将蒸馏水通过离子交换柱制得去离子水，通入氮气至饱和（以 200～300 ml/min 的速度通氮气约 20 min），以除去水中溶解氧。制得的去离子除氧水应立即盖严，并存放于玻璃瓶内。

（2）硫酸：ρ（H_2SO_4）=1.84 g/ml。

（3）磷酸：ρ（H_3PO_4）=1.69 g/ml。

（4）硫酸铁铵溶液：ρ=125 g/L。

取 25.0 g 硫酸高铁铵[$NH_4Fe(SO_4)_2 \cdot 12H_2O$]溶解于含有 5 ml 硫酸的水中，用水稀释至 250 ml。溶液如出现不溶物或浑浊，应过滤后使用。

（5）对氨基二甲基苯胺溶液：ρ=2 g/L。

称取 2.0 g 对氨基二甲基苯胺盐酸盐[$NH_2C_6H_4N(CH_3)_2 \cdot 2HCl$]溶于 200 ml 水中，缓缓加入 200 ml 硫酸，冷却后，用水稀释至 1 000 ml。此溶液室温下贮存于密闭的棕色瓶内，可稳定三个月。

（6）硫酸溶液：1+5。

（7）硫代硫酸钠标准溶液：c（$Na_2S_2O_3$）≈0.1 mol/L。

配制和标定同本节（二）碘量法。

（8）氢氧化钠溶液：ρ（NaOH）=40 g/L。

称取 4 g 氢氧化钠，溶于 100 ml 水中，摇匀。

（9）磷酸溶液：1+1。

（10）抗氧化剂溶液：称取 2 g 抗坏血酸（$C_6H_8O_6$）、0.1 g 乙二胺四乙酸二钠（EDTA-2Na，$C_{10}H_{14}O_8N_2Na_2 \cdot 2H_2O$）和 0.5 g 氢氧化钠溶于 100 ml 水中，摇匀并贮存于棕色瓶内。本溶液应在使用当天配制。

（11）乙酸锌—乙酸钠溶液：称取 25 g 乙酸锌[$Zn(CH_3COO)_2 \cdot 2H_2O$]和 6.25 g 乙酸钠（$CH_3COONa \cdot 3H_2O$）溶于 500 ml 水中，混匀。

（12）碘标准溶液：c（$1/2\ I_2$）=0.1 mol/L。

称取 12.7 g 碘于 250 ml 烧杯中，加入 40 g 碘化钾，加少量水溶解后，转入 1 000 ml 棕色容量瓶中，用水稀释至标线，摇匀。

（13）1%淀粉指示液：配制同本节（二）碘量法。

（14）硫化钠标准溶液：取一定量结晶硫化钠（$Na_2S \cdot 9H_2O$）置于布氏漏斗中，用水淋洗除去表面杂质，用干滤纸吸去水分后，称取 7.5 g 溶于少量水中，移入 1 000 ml 棕色容量瓶中，用水稀释至标线，摇匀备测。

标定：在 250 ml 碘量瓶中，加入 10 ml 乙酸锌—乙酸钠溶液、10.00 ml 待标定的硫化钠标准溶液及 20.00 ml 碘标准溶液，用水稀释至 60 ml，加入 5 ml（1+5）硫酸溶液，密塞摇匀。在暗处放置 5 min，用标定过的硫代硫酸钠标准溶液滴定至溶液呈淡黄色时，加入 1 ml 淀粉指示液，继续滴定至蓝色刚好消失为止，记录硫代硫酸钠标准溶液用量。

同时以 10 ml 水代替硫化钠标准溶液，做空白试验。

硫化钠标准溶液中硫的质量浓度按照下式计算。

$$\rho = \frac{(V_0 - V_1) \times c \times 16.03}{10.00}$$

式中：ρ——硫化钠标准溶液中硫的质量浓度，g/L；

V_1——滴定硫化钠溶液时，硫代硫酸钠标准溶液用量，ml；

V_0——空白滴定时硫代硫酸钠标准溶液用量，ml；

c——硫代硫酸钠标准溶液的浓度，mol/L；

16.03——1/2 S^{2-}的摩尔质量，g/mol。

（15）硫化钠标准使用液的配制：以新配制的氢氧化钠溶液调节去离子除氧水 pH 在 10～12 后，取约 400 ml 水于 500 ml 棕色容量瓶内，加 1～2 ml 乙酸锌—乙酸钠溶液，混匀。吸取一定量刚标定过的硫化钠标准溶液，移入上述棕色瓶，注意边振荡边成滴状加入，然后加已调 pH 在 10～12 的水稀释至标线，充分摇匀，使之成均匀的含硫离子（S^{2-}）质量浓度为 10.00 μg/ml 的硫化锌混悬液。本标准使用液在室温下保存可稳定半年。每次使用时，应在充分摇匀后取用。也可购买市售硫化物标准溶液稀释后使用。

6. 样品

（1）样品采集和保存。

由于硫离子很容易被氧化，硫化氢易从水样中逸出，因此在采样时应防止曝气，并加适量的氢氧化钠溶液和乙酸锌—乙酸钠溶液，使水样呈碱性并形成硫化锌沉淀。采样时应先加乙酸锌—乙酸钠溶液，再加水样。通常氢氧化钠溶液的加入量为每升中性水样加 1 ml，乙酸锌—乙酸钠溶液的加入量为每升水样加 2 ml，硫化物含量较高时应酌情多加直至沉淀完全。水样应充满瓶，瓶塞下不留空气。现场采集并固定的水样应贮存在棕色瓶内，保存时间为一周。

（2）试样的制备。

①沉淀分离法。对于无色透明不含悬浮物的清洁水样，采用沉淀分离法测定。

取一定体积现场采集并固定的水样于分液漏斗中（样品应确保硫化物沉淀完全，取样时应充分摇匀），静置，待沉淀与溶液分层后将沉淀部分放入 100 ml 具塞比色管中。

②酸化—吹气—吸收法。对于含悬浮物、浑浊度较高、有色、不透明的水样，采用酸化—吹气—吸收法测定。

按图 2-2 连接酸化—吹气—吸收装置，通氮气检查装置的气密性后，关闭气源。取 20 ml

乙酸锌—乙酸钠溶液，从侧向玻璃接口处加入吸收显色管。取一定体积、采样现场已固定并混匀的水样，加 5 ml 抗氧化剂溶液。取出加酸通氮管，将水样移入反应瓶内，加水至总体积约 200 ml。重装加酸通氮管，接通氮气，以 200～300 ml/min 的速度预吹气 2～3 min 后，关闭气源。关闭加酸通氮管活塞，取出顶部接管，向加酸通氮管内加 10 ml（1+1）磷酸溶液后，重接顶部接管。缓慢旋开加酸通氮管活塞，接通氮气，以 300 ml/min 的速度连续吹气 30 min。吹气速度和吹气时间的改变均会影响测定结果，必要时可通过测定硫化物标准使用液的回收率进行检验。取下吸收显色管，关闭气源，以少量水冲洗吸收显色管各接口。

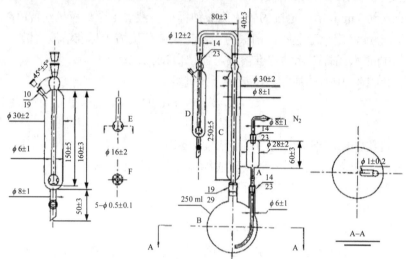

A—加酸通氮管；B—反应瓶；C—直型冷凝管；D—吸收显色管；E—吸收显色内管；F—五孔小球。

图 2-2　酸化—吹气—吸收装置

7. 分析步骤

（1）校准曲线的建立。

取 9 支 100 ml 具塞比色管，各加 20 ml 乙酸锌—乙酸钠溶液，分别取 0.00 ml、0.50 ml、1.00 ml、2.00 ml、3.00 ml、4.00 ml、5.00 ml、6.00 ml 和 7.00 ml 的硫化钠标准使用液移入各比色管中，加水至约 60 ml，沿比色管壁缓慢加入 10 ml 对氨基二甲基苯胺溶液，密塞。缓慢颠倒一次，加 1 ml 硫酸铁铵溶液，立即密塞，充分摇匀。10 min 后，用水稀释至标线，混匀。用 10 mm 比色皿，以水为参比，在 665 nm 处测量吸光度，并作空白校正。以测定的各标准溶液扣除空白试验的吸光度为纵坐标，对应的标准溶液中硫离子的含量（μg）为横坐标建立校准曲线。

（2）试样的测定。

将预处理后的吸收液或硫化物沉淀转移至 100 ml 比色管中，加水至 60 ml。以下操作同校准曲线的建立，并以水代替水样，按相同操作步骤，进行空白试验，以此对水样作空白校正。测得的吸光度值扣除空白试验的吸光度后，在校准曲线上查出硫化物的含量。

8. 结果计算和表示

（1）结果计算。

样品中硫化物（以 S^{2-} 计）的质量浓度按照下式计算。

$$\rho = \frac{m}{V}$$

式中：ρ——样品中硫化物（以 S^{2-} 计）的质量浓度，mg/L；

$\quad\quad$ m——从校准曲线上查出的硫化物含量，μg；

$\quad\quad$ V——水样体积，ml。

（2）结果表示。

当测定结果小于 0.100 mg/L 时，保留至小数点后三位；当测定结果大于等于 0.100 mg/L 时，保留三位有效数字。

9. 精密度和准确度

10 家实验室对硫化物含量为 0.148～0.600 mg/L 的统一样品进行测定，重复性相对标准偏差为 0.6%～2.3%。9 家实验室分别对硫化物含量范围为 0.017～0.171 mg/L 的地表水（河水）和工业（石油、化工）废水进行加标回收试验，当加标量为 0.100～0.500 mg/L 时，硫化物测定的回收率为 92.0%～103%。

（四）气相分子吸收光谱法（A）[*]

1. 方法的适用范围

本方法适用于地表水、地下水、海水、饮用水、生活污水及工业废水中硫化物的测定。

使用 202.6 nm 波长，本方法的检出限为 0.005 mg/L，测定下限为 0.020 mg/L，测定上限为 10 mg/L；在 228.8 nm 波长处，测定上限为 500 mg/L。

2. 方法原理

在 5%～10%磷酸介质中将硫化物瞬间转变成 H_2S，用空气将该气体载入气相分子吸收光谱仪的吸光管中，在 202.6 nm 等波长处测得的吸光度与硫化物的浓度遵守朗伯—比耳定律。

3. 干扰和消除

本方法主要干扰成分有 SO_3^{2-}、$S_2O_3^{2-}$ 及产生吸收的挥发性有机物气体。水样中 SO_3^{2-}、$S_2O_3^{2-}$ 分别大于硫化物含量 5 倍和 20 倍时，加入 H_2O_2 将其氧化成 SO_4^{2-}，干扰可消除；若同时含有较高 I^-、SCN^- 或水样含有产生吸收的有机物时，可用沉淀分离法消除影响。

4. 仪器和设备

（1）气相分子吸收光谱仪。

（2）锌空心阴极灯。

（3）可调定量加液器：500 ml 无色玻璃瓶，加液量 0～10 ml，用硅胶软管连接定量加液器嘴与反应瓶盖的进液管。

（4）气液分离装置（图 2-3）：清洗瓶 1 及样品吹气反应瓶 3 为容积 50 ml 标准磨口玻璃瓶；干燥管 4 中装入无水高氯酸镁。将各部分用 PVC 软管连接于气相分子吸收光谱仪。气相分子吸收光谱仪的收集器中装入乙酸铅棉。

---

* 本方法与 HJ/T 200—2005 等效。

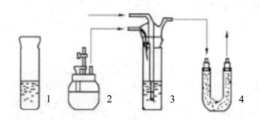

1—清洗瓶；2—定量加液器；3—样品吹气反应瓶；4—干燥管。

图 2-3　气液分离装置示意图

（5）混合纤维素滤膜：Φ35 mm，孔径 3 μm。

（6）聚碳酸酯减压过滤器：Φ35 mm。

（7）水流减压抽滤泵及抽滤瓶。

（8）医用不锈钢长柄镊子。

（9）具塞比色管：50 ml。

5. 试剂和材料

除非另有说明，否则分析时均使用符合国家标准的分析纯试剂。实验用水除配制硫化物标准用水外，均为电导率≤1 μS/cm 的去离子水。

（1）碱性除氧去离子水。

将去离子水，加盖表面皿煮沸约 20 min，冷却后，调至 pH 在 8～9。密塞，保存于聚乙烯瓶中。

（2）硫酸：ρ（H_2SO_4）=1.84 g/ml。

（3）磷酸：ρ（H_3PO_4）=1.69 g/ml。

（4）硫酸溶液：c（H_2SO_4）=3 mol/L。

取 16.3 ml 硫酸沿壁缓慢加入已装约 50 ml 水的烧杯中，并用玻璃棒不停搅拌，待冷却后加水稀释至 100 ml。

（5）磷酸溶液：1+9。

（6）30%过氧化氢。

（7）氢氧化钠溶液：c（NaOH）=1 mol/L。

称取 4 g 氢氧化钠溶解于水，稀释至 100 ml，摇匀。

（8）无水高氯酸镁[Mg(ClO$_4$)$_2$]：8～10 目颗粒。

（9）碘化钾（KI）。

（10）1%淀粉溶液：ρ=10 g/L。

（11）乙酸锌：c[Zn(Ac)$_2$]=1 mol/L。

称取 220 g 乙酸锌[Zn(Ac)$_2$·H$_2$O]溶于水，稀释至 1 000 ml，摇匀。

（12）"乙酸锌[Zn(Ac)$_2$]+乙酸钠（NaAc）"固定液。

称取 50 g Zn(Ac)$_2$·2H$_2$O 及 12.5 g NaAc·3H$_2$O 溶于 1 000 ml 水中，摇匀。

（13）"乙酸锌[Zn(Ac)$_2$]+乙酸钠（NaAc）"混合洗液。

该洗液中含 1% Zn(Ac)$_2$·H$_2$O 及 0.3% NaAc·3H$_2$O 的水溶液。

（14）碳酸锌（ZnCO$_3$）絮凝剂。

配制 3% Zn(NO$_3$)$_2$·6H$_2$O 和 1.5% Na$_2$CO$_3$ 水溶液，分别保存，用时以等体积混合。

（15）乙酸铅[Pb(Ac)$_2$]棉。

将脱脂棉浸泡在 10% Pb(Ac)$_2$·3H$_2$O 溶液中 10 min，取出晾干备用。

（16）重铬酸钾标准溶液：c（1/6 K$_2$Cr$_2$O$_7$）=0.050 0 mol/L。

准确称取 105～110℃烘干 2 h 的基准或优级纯重铬酸钾 2.453 g 溶解于水，移入 1 000 ml 容量瓶中，用水稀释至标线，摇匀。

（17）硫代硫酸钠标准溶液：c（Na$_2$S$_2$O$_3$）≈0.05 mol/L。

称取 12.4 g 硫代硫酸钠（Na$_2$S$_2$O$_3$·5H$_2$O）溶解于新煮沸 3～5 min 并冷却至室温的水中，稀释至 1 000 ml，放置 5～7 d 后标定其准确浓度。

标定方法：于 250 ml 碘量瓶内，加入 1 g 碘化钾及 50 ml 水，加入重铬酸钾标准溶液 10.00 ml 和 3 mol/L 硫酸溶液 5 ml，密塞混匀。置暗处静置 5 min，用待标定的硫代硫酸钠溶液滴定至溶液呈淡黄色时，加入 1%淀粉溶液 1 ml，继续滴定至蓝色刚好消失，记录标准溶液的用量，同时做空白滴定。

硫代硫酸钠标准溶液的浓度按照下式计算。

$$c = \frac{0.050\,0 \times 10.00}{V_1 - V_2}$$

式中：c——硫代硫酸钠标准溶液的浓度，mol/L；

$\quad\quad V_1$——滴定重铬酸钾标准溶液时，硫代硫酸钠标准溶液用量，ml；

$\quad\quad V_2$——滴定空白时硫代硫酸钠标准溶液用量，ml。

（18）碘标准溶液：c（1/2 I$_2$）＝0.05 mol/L。

准确称取 6.400 g 碘于 250 ml 烧杯中，加入 20 g 碘化钾及少量水溶解后，移入 1 000 ml 棕色容量瓶中，用水稀释至标线，摇匀，置阴凉避光处保存。

（19）硫化钠标准原液。

取 1～2 g 结晶硫化钠（Na$_2$S·9H$_2$O）置于布氏漏斗或小烧杯中，用水淋洗，除去表面杂质，用干滤纸吸去水分后，称取 0.7 g 溶于少量水中，移入 100 ml 棕色容量瓶中，用水稀释至标线，摇匀。该原液标定使用完毕后，应当舍弃。

标定方法：在 250 ml 碘量瓶中，加入 l mol/L 乙酸锌溶液 10 ml、待标定的硫化钠溶液 10.00 ml 及 0.1 mol/L 碘标准溶液 20.00 ml，用水稀释至 60 ml，加入 3 mol/L 硫酸溶液 5 ml，密塞摇匀。在暗处放置 5 min，用硫代硫酸钠标准溶液滴定至溶液呈淡黄色时，加入 1 ml 1%淀粉溶液，继续滴定至蓝色刚好消失为止，记录标准溶液用量。同时以 10 ml 水代替硫化钠溶液，做空白滴定。

硫化钠标准原液中硫的质量浓度按照下式计算。

$$\rho = \frac{(V_0 - V_1) \times c \times 16.03}{10.00}$$

式中：ρ——硫化钠标准原液中硫的质量浓度，g/L；

$\quad\quad V_1$——滴定硫化钠标准原液时，硫代硫酸钠标准溶液用量，ml；

$\quad\quad V_0$——空白滴定时硫代硫酸钠标准溶液用量，ml；

$\quad\quad c$——硫代硫酸钠标准溶液的浓度，mol/L；

$\quad\quad 16.03$——1/2 S^{2-} 的摩尔质量，g/mol。

（20）硫化物标准使用液：ρ（Na$_2$S）=5.00 mg/L。

准确吸取一定量刚配制并经标定的标准原液，边摇边滴加含有 5 ml "乙酸锌+乙酸钠"

固定液和 800 ml 碱性除氧去离子水于 1 000 ml 棕色容量瓶中,用碱性除氧去离子水稀释至刻度摇匀后,立即分取部分溶液于棕色试剂瓶中,作为日常使用的标准溶液。标准使用液常温下保存于暗处,可使用 180 d。

6. 样品

水样采集在棕色玻璃瓶中,在现场及时固定,并防止曝气。采样前先向采样瓶中加入每升水为 3~5 ml 的"乙酸锌+乙酸钠"固定液,注入水样后,用氢氧化钠溶液调至弱碱性。硫化物含量高时,酌情多加一些固定液,直至硫化物完全沉淀。水样应充满采样瓶,使瓶内无气泡,并立即密塞,运输途中要避免阳光直射。采集的水样在 4℃冰箱保存,并在 24 h 内测定。

7. 分析步骤

(1) 参考工作条件。

空心阴极灯电流: 3~5 mA;载气(空气)流量: 0.5 L/min;工作波长: 202.6 nm;光能量: 100%~117%;测量方式:峰高或峰面积。

(2) 测量系统的净化。

每次测定之前,将反应瓶盖插入装有约 5 ml 水的清洗瓶中,通入载气,净化测量系统,调整仪器零点。测定后,水洗反应瓶盖和砂芯。

(3) 校准曲线的建立。

逐个吸取 0.00 ml、0.50 ml、1.00 ml、2.00 ml、3.00 ml 和 4.00 ml 硫化物标准使用液于样品反应瓶中,加水至 5 ml,将反应瓶盖与样品反应瓶密闭,用定量加液器加入 5 ml(1+9)磷酸溶液,通入载气,依次测定各标准溶液吸光度,以吸光度与相对应的硫化物的量(μg)建立校准曲线。

(4) 水样的测定。

对大多数水样,取样 5 ml(硫含量≤20 μg)于样品反应瓶中,以下操作同校准曲线的建立。

对含有产生吸收的有机物气体等特别复杂的个别水样,取适量(含硫量≤200 μg)于比色管中,加入 2~10 ml 絮凝剂,加水至标线,摇匀,吸取 10 ml 于滤膜中央抽滤,用"乙酸锌[Zn(Ac)₂]+乙酸钠(NaAc)"混合洗液洗涤沉淀 5~8 次。用镊子将滤膜放入样品反应瓶下部,无沉淀的一面贴住瓶壁,加入 2 滴过氧化氢,密闭反应瓶盖,用定量加液器加入 10 ml(1+9)磷酸溶液后,竖着旋摇反应瓶 1~2 min,沉淀溶解后,通入载气,测定吸光度。

测定水样前,测定空白样,进行空白校正。

8. 结果计算和表示

(1) 结果计算。

样品中硫化物(以 S^{2-} 计)的质量浓度按照下式计算。

$$\rho = \frac{m - m_0}{V}$$

式中: ρ——样品中硫化物(以 S^{2-} 计)的质量浓度,mg/L;

m——根据校准曲线计算出的水样中硫化物的质量,μg;

m_0——根据校准曲线计算出的空白量,μg;

V——取样体积,ml。

（2）结果表示。

当测定结果小于 0.100 mg/L 时，保留至小数点后三位；当测定结果大于等于 0.100 mg/L 时，保留三位有效数字。

9. 精密度和准确度

（1）精密度。

6 家实验室对硫化物含量为（1.97±0.09）mg/L 的统一标样进行测定，重复性相对标准偏差为 1.7%，再现性相对标准偏差为 2.4%；对含 2.42～7.53 mg/L 的地表水、海水、生活污水和工业（化工、印染、制药、造纸）废水的实际样品进行测定（$n=6$），相对标准偏差为 1.4%～3.3%。

（2）准确度。

6 家实验室测定（1.97±0.09）mg/L 的统一标样，测得平均值为 1.98 mg/L，相对误差为 0.5%；对硫化物含量为 0.24～12.87 μg 的地表水、海水、生活污水和工业（化工、印染、造纸）废水的实际样品进行加标回收试验，当加标量为 0.50～10.00 μg 时，加标回收率在 92.0%～104%。

10. 注意事项

（1）测定硫化物的吸光管、干燥管和输送硫化氢的聚氯乙烯管一定要和测定亚硝酸盐氮、硝酸盐氮、汞等项目的分开使用。

（2）硫化锌沉淀用磷酸溶解需要时间，特别是室温低于 25℃时，时间需要 2 min 以上。某些硫化物标样加有稳定剂，溶解时间要更长一些，否则结果将偏低。

（3）长时间测定，吸光管及反应气输送管等会残留少量的硫化物，使空白增高，吸光度不稳定。当空白吸光度大于 0.000 5 时，要用盐酸浸泡吸光管及输送管等，并用水洗净，干燥备用。

（五）流动注射—亚甲基蓝分光光度法（A）*

1. 方法的适用范围

本方法适用于地表水、地下水、生活污水和工业废水中硫化物的测定。

当检测光程为 10 mm 时，本方法的检出限为 0.004 mg/L（以 S^{2-} 计），测定范围为 0.016～2.00 mg/L（以 S^{2-} 计）。

2. 方法原理

（1）流动注射分析仪工作原理。

在封闭的管路中，将一定体积的试样注入连续流动的载液中，试样与试剂在化学反应模块中按特定的顺序和比例混合、反应，在非完全反应的条件下，进入流动检测池进行光度检测。

（2）化学反应原理。

在酸性介质下，样品通过（65±2）℃在线加热释放的硫化氢气体被氢氧化钠溶液吸收。吸收液中硫离子与对氨基二甲苯胺和三氯化铁反应生成亚甲基蓝，于 660 nm 波长处测量吸光度。具体工作流程见图 2-4。

---

* 本方法与 HJ 824—2017 等效。

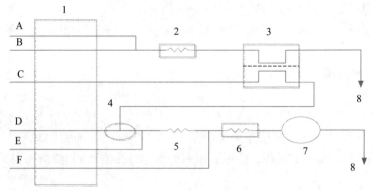

1—蠕动泵；2—加热块（65℃）；3—扩散池（液体和气体）；4—注入阀；5—反应环；6—加热块（30℃）；

7—检测池（10 mm，660 nm）；8—废液；A—样品；B—磷酸（1+10）溶液；C、D—0.025 mol/L 氢氧化钠溶液；

E—对氨基二甲基苯胺溶液；F—三氯化铁溶液。

图 2-4　流动注射—分光光度法测定硫化物参考工作流程图

3．干扰和消除

本方法的主要干扰物为 SO_3^{2-}、$S_2O_3^{2-}$、SCN^-、NO_2^-、CN^-、Cu^{2+}、Pb^{2+}、Hg^{2+}。硫化物含量为 0.5 mg/L 时，样品中干扰物质的最高允许含量分别为 SO_3^{2-} 20 mg/L、$S_2O_3^{2-}$ 240 mg/L、SCN^- 400 mg/L、NO_2^- 65 mg/L、NO_3^- 200 mg/L、I^- 400 mg/L、CN^- 5 mg/L、Cu^{2+} 2 mg/L、Pb^{2+} 25 mg/L 和 Hg^{2+} 4 mg/L。

4．仪器和设备

（1）流动注射仪：自动进样器、化学反应模块（预处理通道、注入泵、反应通道及流通检测池）、蠕动泵、数据处理系统。

（2）超声波仪：频率为 40 kHz。

（3）分析天平：精度为 0.1 mg。

5．试剂和材料

除非另有说明，否则分析时均使用符合国家标准的分析纯试剂。实验用水为新制备的去离子水或蒸馏水。除标准溶液外，其他溶液和实验用水均用氢气或超声除气。

（1）盐酸：ρ（HCl）=1.19 g/ml，优级纯。

（2）磷酸：ρ（H_3PO_4）=1.69 g/ml，优级纯。

（3）硫酸：ρ（H_2SO_4）=1.84 g/ml，优级纯。

（4）氢氧化钠（NaOH）：优级纯。

（5）硫酸溶液：1+5。

（6）盐酸溶液Ⅰ：c（HCl）=3 mol/L。

在 600 ml 左右的水中，缓慢加入 248 ml 盐酸，用水稀释至 1 000 ml，混匀。

（7）盐酸溶液Ⅱ：c（HCl）=0.20 mol/L。

在 700 ml 左右的水中，缓慢加入 16.5 ml 盐酸，用水稀释至 1 000 ml，混匀。

（8）磷酸溶液：1+10。

（9）氢氧化钠溶液Ⅰ：c（NaOH）=15 mol/L。

称取 60.0 g 氢氧化钠溶于适量水中，溶解后移至 100 ml 容量瓶中，用水定容至标线，混匀。

（10）氢氧化钠溶液Ⅱ：c（NaOH）=1 mol/L。

称取 4.0 g 氢氧化钠溶于适量水中，溶解后移至 100 ml 容量瓶中，用水定容至标线，混匀。

（11）氢氧化钠溶液Ⅲ：c（NaOH）=0.025 mol/L。

称取 1.0 g 氢氧化钠溶于适量水中，溶解后移至 1 000 ml 容量瓶中，用水定容至标线，混匀。

（12）三氯化铁溶液：称取 6.65 g 六水合三氯化铁（$FeCl_3 \cdot 6H_2O$）溶于适量盐酸溶液Ⅰ中，溶解后移至 500 ml 容量瓶中，用盐酸溶液Ⅰ定容至标线，混匀。

（13）对氨基二甲基苯胺溶液：称取 0.50 g 对氨基二甲基苯胺[$(CH_3)_2NC_6H_4NH_2 \cdot 2HCl$]溶于适量盐酸溶液Ⅰ中，溶解后移至 500 ml 容量瓶中，用盐酸溶液Ⅰ定容至标线，混匀。如果该溶液颜色变暗，应重新配制。

（14）重铬酸钾标准溶液：c（1/6 $K_2Cr_2O_7$）=0.100 0 mol/L。

取 2.451 5 g 重铬酸钾（$K_2Cr_2O_7$，基准或优级纯，105℃烘干 2 h）溶于适量水中，溶解后移至 500 ml 容量瓶，用水定容至标线，混匀。

（15）碘标准溶液：c（1/2 I_2）=0.1 mol/L。

称取 6.35 g 碘（I_2）于 250 ml 烧杯中，加入 20 g 碘化钾（KI）和适量水，溶解后移至 500 ml 棕色容量瓶中，用水定容至标线，混匀。

（16）硫代硫酸钠标准溶液：c（1/2 $Na_2S_2O_3$）≈0.1 mol/L。

配制和标定同本节（二）碘量法。

（17）乙酸锌—乙酸钠溶液。

称取 25 g 乙酸锌（$ZnAc_2 \cdot 2H_2O$）和 6.25 g 乙酸钠（$NaAc \cdot 3H_2O$）溶于 500 ml 水中，混匀。

（18）硫化钠标准贮备液：ρ（S^{2-}）≈100 mg/L。

称取 0.375 g 硫化钠（$Na_2S \cdot 9H_2O$）溶于适量氢氧化钠溶液Ⅱ中，移至 500 ml 棕色容量瓶中，用氢氧化钠溶液Ⅱ定容至标线，混匀。该溶液贮存于棕色容量瓶中，标定后使用。或购买有证标准溶液。

标定方法：于 250 ml 碘量瓶中，加入 10 ml 乙酸锌—乙酸钠溶液、10.00 ml 待标定的硫化钠标准贮备液及 20.00 ml 碘标准溶液，加入 20 ml 水，再加 5 ml（1+5）硫酸溶液，立即密塞摇匀。在暗处放置 5 min 后，用硫代硫酸钠标准溶液滴定至呈淡黄色，加入 1 ml 1%淀粉溶液，继续滴定至蓝色刚好消失为终点，记录硫代硫酸钠标准溶液用量。同时，以 10.00 ml 水代替硫化钠标准溶液做空白试验。

硫化钠标准溶液的质量浓度按照下式计算。

$$\rho = \frac{(V_0 - V_1) \times c \times 16.03 \times 1\,000}{10.00}$$

式中：ρ——硫化钠标准溶液的质量浓度，mg/L；

　　　V_0——空白滴定时硫代硫酸钠标准溶液用量，ml；

　　　V_1——滴定硫化钠标准溶液时，硫代硫酸钠标准溶液用量，ml；

　　　c——硫代硫酸钠标准溶液的浓度，mol/L；

　　　16.03——1/2 S^{2-}的摩尔质量，g/mol。

（19）硫化钠标准使用液：$\rho(S^{2-})$=10.0 mg/L。

用氢氧化钠溶液Ⅱ调节水 pH 在 10～12 后，取 150 ml 于 200 ml 棕色容量瓶中，加入 1～2 ml 乙酸锌—乙酸钠溶液，混匀。量取一定量刚标定过的硫化钠标准贮备液边振荡边滴入上述棕色容量瓶中，再用已调 pH 在 10～12 的水稀释至标线，充分摇匀。此溶液存放在棕色瓶中室温下可保存 180 d。每次使用前应充分摇匀。

（20）1%淀粉溶液：ρ=10 g/L。

称取 1 g 可溶性淀粉，用少量水调成糊状，缓慢加入沸水至 100 ml，冷却后贮存于试剂瓶中，临用现配。

（21）氮气（或氩气）：纯度≥99.99%。

6. 样品

按照《地表水和污水监测技术规范》（HJ/T 91—2002）和《地下水环境监测技术规范》（HJ 164—2020）的相关规定进行水样的采集。采样前向样品瓶中加入氢氧化钠溶液和抗坏血酸，每升水样中加入 5 ml 氢氧化钠溶液Ⅰ和 4 g 抗坏血酸使样品 pH≥11。样品应尽快分析，常温避光保存不超过 24 h。

注：当采用不带在线蒸馏的方法模块进行分析时，样品的保存方法和预处理参照《水质 硫化物的测定 亚甲基蓝分光光度法》（GB/T 16489—1996）中的规定进行。

7. 分析步骤

（1）仪器的调试与校准。

按照仪器说明书安装分析系统、调试仪器，设定工作参数。按仪器规定的顺序开机后，以纯水代替所有试剂，检查整个分析流路的密闭性及液体流动的顺畅性。待基线稳定后（约 20 min），系统开始泵入试剂，等基线再次稳定后进行测定。

（2）校准曲线的建立。

分别量取适量的硫化钠标准使用液于一组容量瓶中，用氢氧化钠溶液Ⅲ稀释至标线并混匀，制备 6 个浓度点的标准系列，硫化物质量浓度（以 S 计）分别为 0.00 mg/L、0.10 mg/L、0.20 mg/L、0.50 mg/L、1.00 mg/L 和 2.00 mg/L。

量取约 10 ml 标准系列溶液分别置于样品杯中，从低浓度到高浓度依次取样分析，得到不同浓度硫化物的信号值（峰面积）。以信号值（峰面积）为纵坐标，对应的硫化物质量浓度（以 S 计，mg/L）为横坐标，建立校准曲线。

（3）样品测定。

量取约 10 ml 待测样品，按照与建立校准曲线相同的测定条件进行测定，记录信号值（峰面积）。如果浓度高于校准曲线最高点，要用氢氧化钠溶液Ⅲ对样品进行适当稀释。

（4）空白试验。

用 10 ml 水代替样品，按照与样品相同的步骤进行测定，记录信号值（峰面积）。

8. 结果计算和表示

（1）结果计算。

样品中硫化物（以 S^{2-} 计）的质量浓度按照下式计算。

$$\rho = \frac{y-a}{b} \times f$$

式中：ρ——样品中硫化物（以 S^{2-} 计）的质量浓度，mg/L；

y——测定信号值（峰面积）；

a——校准曲线方程的截距;

b——校准曲线方程的斜率;

f——稀释倍数。

（2）结果表示。

当测定结果小于 1.00 mg/L 时,保留至小数点后三位;当测定结果大于或等于 1.00 mg/L 时,保留三位有效数字。

9. 精密度和准确度

6 家实验室分别对硫化物质量浓度为 0.200 mg/L、1.00 mg/L、1.80 mg/L 的统一样品进行了测定,实验室内相对标准偏差分别为 1.9%~3.4%、1.0%~5.0%、0.3%~5.0%,实验室间相对标准偏差分别为 1.0%、1.0%、0.5%。

6 家实验室分别对硫化物质量浓度为（0.317±0.026）mg/L、（0.713±0.062）mg/L 的有证标准物质进行了测定,相对误差分别为-6.5%~-5.4%、-1.9%~-1.3%。

6 家实验室分别对硫化物质量浓度为 0.001~0.003 mg/L、0.068~1.59 mg/L、0.143~1.29 mg/L 的地表水、工业废水等实际样品进行了加标分析测定,加标回收率分别为 91.4%~105%、87.1%~97.4%、88.8%~98.6%。

10. 质量保证和质量控制

（1）空白试验。

每批样品至少测定 2 个实验室空白,空白值不得超过方法检出限。否则应查明原因,重新分析直至合格之后才能测定样品。

（2）有效性检查。

每批样品分析均应建立校准曲线,校准曲线的相关系数（γ）≥0.995。

每分析 10 个样品需用一个校准曲线的中间浓度标准溶液进行标准核查,其测定结果与校准曲线中该点浓度的相对误差应≤10%,否则应重新建立校准曲线。

（3）全程序空白。

每批样品至少测定 1 个全程序空白,空白值不得超过方法定量下限。否则应查明原因,重新分析直至合格之后才能测定样品。

（4）精密度控制。

每批样品应至少测定 10% 的平行双样,当样品数量少于 10 个时,应至少测定一个平行双样,两次平行测定结果的相对偏差应≤±20%。

（5）准确度控制。

每批样品应至少测定 10% 的加标样品,当样品数量少于 10 个时,应至少测定一个加标样品,加标回收率应在 70%~120%。

必要时,每批样品至少分析一个有证标准物质或实验室自行配制的质控样,有证标准物质测定结果应在其给出的不确定范围内,实验室自行配制的质控样测试结果应控制在 90%~110%。应注意实验室自行配制的质控样与国家有证标准物质的比对。

11. 注意事项

（1）对氨基二甲基苯胺试剂开封后应尽量贮存在干燥器中。若固体粉末颜色变为深黄色,则应停止使用。

（2）如果在分析过程中连续出现毛刺峰,应更换脱气管;如果出现双峰或肩形峰,应更换扩散池的膜。

（3）有明显颗粒物或沉淀的样品应用超声仪超声粉碎后进样。

二、氰化物

警告：氰化物和吡啶属于剧毒物质，操作时应按规定要求佩戴防护器具，避免接触皮肤和衣服；检测后的残渣残液应做妥善的安全处理。

氰化物对人体的毒性主要是与高铁细胞色素氧化酶结合，使其失去传递氧的作用，引起组织缺氧窒息。

水中氰化物可分为简单氰化物和络合氰化物两种。简单氰化物包括碱金属（钠、钾、铵）的盐类（碱金属氰化物）和其他金属的盐类（金属氰化物）。在碱金属氰化物的水溶液中，氰基以 CN^- 和 HCN 分子的形式存在，二者之比取决于 pH。在大多数天然水体中，HCN 占优势。在简单的金属氰化物的溶液中，氰基也可能以稳定度不等的各种金属氰化物的络合阴离子的形式存在。

络合氰化物有多种分子式，碱金属—金属氰化物通常用 $A_yM(CN)_x$ 来表示。其中 A 代表碱金属，M 代表重金属（低价和高价铁离子、镉、铜、镍、锌、银、钴或其他），y 代表金属原子的数目，x 代表氰基的数目。每个溶解的碱金属—金属络合氰化物，最初离解都产生一个络合阴离子，即 $M(CN)_x^{y-}$ 根。其离解程度要由几个因素而定，同时释放出 CN^-，最后形成 HCN。

HCN 分子对水生生物有很大毒性。锌氰、镉氰络合物在非常稀的溶液中几乎全部离解，这种溶液在天然水体正常的 pH 下，对鱼类有剧毒。虽然络合离子比 HCN 的毒性要小很多，然而，含有铜氰和银氰络合阴离子的稀溶液对鱼类的剧毒性主要是由未离解离子的毒性造成的。铁氰络合离子非常稳定，没有明显的毒性。但是在稀溶液中，经阳光直接照射，容易发生迅速的光解作用，产生有毒的 HCN。

在使用碱性氯化法处理含氰化物的工业废水时，可产生氯化氰（CNCl），它是一种溶解度有限但毒性很大的气体，其毒性超过同等浓度的氰化物。在碱性时，CNCl 水解为氰酸盐离子（CNO^-），其毒性不大。但经过酸化，CNO^- 分解为氨，分子氨和金属—氨络合物的毒性都很大。

硫代氰酸盐（CNS^-）本身对水生生物没有多大毒性。但经氯化会产生有毒的 CNCl，因而需要事先测定 CNS^-。

氰化物的主要污染源是小金矿的开采、冶炼，电镀，有机化工，选矿，炼焦，造气，化肥等工业排放的废水。氰化物可能以 HCN、CN^- 和络合氰离子的形式存在于水中。由于小金矿的不规范化管理，我国时有发生 NaCN 泄漏污染事故。

（一）水样的预处理

氰化物样品在蒸馏条件不同的情况下可作为总氰化物和易释放氰化物分别加以制备。

1. 方法原理

（1）总氰化物：向水样中加入磷酸和 EDTA 二钠，在 pH<2 的条件下，加热蒸馏，利用金属离子与 EDTA 络合能力比与氰离子络合能力强的特点，使络合氰化物离解出氰离子，并以氰化氢形式被蒸馏出，用氢氧化钠溶液吸收。

（2）易释放氰化物：向水样中加入酒石酸和硝酸锌，在 pH=4 的条件下，加热蒸馏，全部简单氰化物和部分络合氰化物（如锌氰络合物）以氰化氢形式被蒸馏出，用氢氧化钠溶液吸收。

2．干扰和消除

（1）若样品中存在活性氯等氧化剂，在蒸馏时氰化物会被分解，使结果偏低。可量取两份体积相同的样品，向其中一份样品投加碘化钾—淀粉试纸1～3片，加硫酸（1+5）酸化，用12.6 g/L的亚硫酸钠溶液滴定至碘化钾—淀粉试纸由蓝色变至无色，记下用量。另一份样品不加试纸和硫酸，仅加上述同量的亚硫酸钠溶液。此操作应在采样现场进行，然后按本小节5中样品的制备步骤操作。

（2）若样品中含有大量亚硝酸根离子，可加入适量的氨基磺酸使之分解。通常每毫克亚硝酸根离子需要加2.5 mg氨基磺酸，然后按本小节5中样品的制备步骤操作。

（3）若样品中含有少量硫化物（S^{2-}<1 mg/L），可在蒸馏前加入2 ml 0.02 mol/L硝酸银溶液。当样品中含有大量硫化物时，应先加碳酸镉或碳酸铅固体粉末，除去硫化物后，再加氢氧化钠固定。否则，在碱性条件下，氰离子和硫离子将作用形成硫氰酸离子而干扰测定。可将200 ml试样加足量的碳酸镉或碳酸铅固体粉末，经检验无硫化物存在后过滤，沉淀物用氢氧化钠溶液Ⅰ洗涤，合并滤液和洗涤液，然后按本小节5中样品的制备步骤操作。

注1：可取1滴水样或样品，放在乙酸铅试纸上，若变黑色（硫化铅），说明有硫化物存在。

（4）少量油类对测定无影响，中性油或酸性油大于40 mg/L时干扰测定，可加入水样体积的20%的量的正己烷，在中性条件下短时间萃取，分离出正己烷相后，水相用于蒸馏测定。

3．仪器和设备

（1）可调电炉：功率≥600 W。

（2）全玻璃蒸馏器：500 ml。

（3）量筒：250 ml。

仪器装置如图2-5所示。

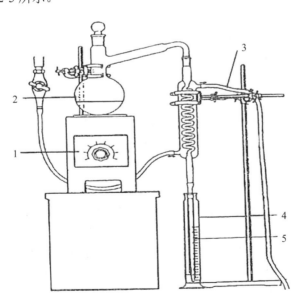

1—可调电炉；2—蒸馏瓶；3—冷凝水出水口；4—接收瓶；5—馏出液导管。

图2-5　氰化物蒸馏装置

4．试剂和材料

除非另有说明，否则分析时均使用符合国家标准的分析纯试剂，实验用水为新制备的不含氰化物和活性氯的蒸馏水或去离子水。

（1）氨基磺酸（NH$_2$SO$_2$OH）。

（2）磷酸：ρ（H$_3$PO$_4$）=1.69 g/ml。

（3）硫酸：ρ（H$_2$SO$_4$）=1.84 g/ml。

（4）氢氧化钠溶液Ⅰ：ρ（NaOH）=10 g/L。

称取10 g氢氧化钠溶于水中，稀释至1 000 ml，摇匀，贮于聚乙烯塑料容器中。

（5）氢氧化钠溶液Ⅱ：ρ（NaOH）=40 g/L。

称取40 g氢氧化钠溶于水中，稀释至1 000 ml，摇匀，贮于聚乙烯塑料容器中。

（6）EDTA二钠（EDTA-2Na）溶液：ρ（C$_{10}$H$_{14}$N$_2$O$_8$Na$_2$·2H$_2$O）=100 g/L。

称取10.0 g EDTA二钠溶于水中，稀释至100 ml，摇匀。

（7）酒石酸溶液：ρ（C$_4$H$_6$O$_6$）=150 g/L。

称取15.0 g酒石酸（C$_4$H$_6$O$_6$）溶于水中，稀释至100 ml，摇匀。

（8）硝酸锌溶液：ρ[Zn(NO$_3$)$_2$·6H$_2$O]=100 g/L。

称取10.0 g硝酸锌溶于水中，稀释至100 ml，摇匀。

（9）亚硫酸钠溶液：ρ（Na$_2$SO$_3$）=12.6 g/L。

称取1.26 g亚硫酸钠溶于水中，稀释至100 ml，摇匀。

（10）硝酸银溶液：c（AgNO$_3$）=0.02 mol/L。

称取3.4 g硝酸银溶于水中，稀释至1 000 ml，摇匀，贮于棕色试剂瓶中。

（11）硫酸溶液：1+5。

（12）乙酸铅试纸。

称取5 g乙酸铅[Pb(C$_2$H$_3$O$_2$)$_2$·3H$_2$O]溶于水中，稀释至100 ml。将滤纸条浸入上述溶液中，1 h后取出晾干，贮于广口瓶中，密塞保存。

（13）碘化钾—淀粉试纸。

称取1.5 g可溶性淀粉，用少量水搅成糊状，加入200 ml沸水，混匀，放冷。加入0.5 g碘化钾（KI）和0.5 g碳酸钠（Na$_2$CO$_3$），用水稀释至250 ml，将滤纸条浸渍后，取出晾干，贮于棕色瓶中，密塞保存。

（14）甲基橙指示剂：ρ（C$_{14}$H$_{14}$N$_3$NaO$_3$S）=0.5 g/L。

称取0.05 g甲基橙指示剂溶于水中，稀释至100 ml，摇匀。其pH为3.2～4.4。

5．样品

（1）样品的采集和保存

①采集的水样需贮存于用无氰水清洗并干燥后的聚乙烯塑料瓶或硬质玻璃瓶中。现场采样时需用所采水样淋洗3次后采集水样500 ml。样品采集后必须立即加氢氧化钠固定，一般每升水样加0.5 g氢氧化钠。当水样酸度高时，应多加氢氧化钠，使样品的pH>12。

②采集的样品应及时进行测定。如果不能及时测定样品，必须将样品在4℃以下冷藏，并在采样后24 h内分析样品。

（2）试样的制备

①参照图2-5，将蒸馏装置连接。用量筒量取200 ml样品，移入蒸馏瓶中（若氰化物浓度高，可少取样品，加水稀释至200 ml），加数粒玻璃珠。

②向接收瓶内加入 10 ml 氢氧化钠溶液Ⅰ，作为吸收液。当样品中存在亚硫酸钠和碳酸钠时，可用氢氧化钠溶液Ⅱ作为吸收液。

③馏出液导管上端接冷凝管的出口，下端插入接收瓶的吸收液中，检查连接部位，使其严密。蒸馏时，馏出液导管下端要插入吸收液液面下，使吸收完全。

如在试样制备过程中，蒸馏或吸收装置发生漏气现象，氰化氢挥发，将使氰化物分析产生误差且污染实验室环境，对人体产生伤害，所以在蒸馏过程中一定要时刻检查蒸馏装置的严密性并使吸收完全。

④总氰化物样品的制备步骤

取 EDTA 二钠溶液 10 ml 加入蒸馏瓶内。再迅速加入 10 ml 磷酸，当样品碱度大时，可适当多加磷酸，使 pH<2，立即盖好瓶塞，打开冷凝水，打开可调电炉，由低挡逐渐升高，馏出液以 2～4 ml/min 的速度进行加热蒸馏。接收瓶内试样体积接近 100 ml 时，停止蒸馏，用少量水冲洗馏出液导管，取出接收瓶，用水稀释至标线，此碱性试样"A"待测。

⑤易释放氰化物样品的制备步骤

将 10 ml 硝酸锌溶液加入蒸馏瓶内，加入 7～8 滴甲基橙指示剂，再迅速加入 5 ml 酒石酸溶液，立即盖好瓶塞，使瓶内溶液保持红色。打开冷凝水，打开可调电炉，由低挡逐渐升高，馏出液以 2～4 ml/min 的速度进行加热蒸馏。接收瓶内试样体积接近 100 ml 时，停止蒸馏，用少量水冲洗馏出液导管，取出接收瓶，用水稀释至标线，此碱性试样 A 待测。

注2：蒸馏时需使用可调电炉，不能使用电热套。

（3）空白试样的制备。

用实验用水代替样品，按试样的制备步骤①②③④或①②③⑤操作，得到空白试样 B 待测。

（二）硝酸银滴定法（A）*

1．方法的适用范围

本方法适用于受污染的地表水、生活污水和工业废水。

本方法检出限为 0.3 mg/L，测定下限为 1.0 mg/L，测定上限为 100 mg/L。

2．方法原理

经蒸馏得到的碱性馏出液 A，用硝酸银标准溶液滴定，氰离子与硝酸银作用形成可溶性的银氰络合离子[$Ag(CN)_2$]⁻，过量的银离子与试银灵指示液反应，溶液由黄色变为橙红色。

3．仪器和设备

（1）棕色酸式滴定管：10 ml。

（2）锥形瓶：250 ml。

4．试剂和材料

除非另有说明，否则分析时均使用符合国家标准的分析纯化学试剂，实验用水为新制备的不含氰化物和活性氯的蒸馏水或去离子水。

（1）氯化钠（NaCl）：基准试剂，使用前置瓷坩埚内，经 500～600℃灼烧至无爆烈声后，在干燥器内冷却。

---

* 本方法与 HJ 484—2009 等效。

（2）硝酸银（$AgNO_3$）。

（3）试银灵指示液：称取 0.02 g 试银灵（对二甲氨基亚苄基罗丹宁）溶于丙酮中，并稀释至 100 ml。贮存于棕色瓶并放于暗处可稳定 30 d。

（4）铬酸钾指示剂：称取 10.0 g 铬酸钾（K_2CrO_4）溶于少量水中，滴加硝酸银标准溶液至产生橙红色沉淀为止，放置过夜后，过滤，用水稀释至 100 ml。

（5）氯化钠标准溶液：$c(NaCl)$ =0.010 0 mol/L。

称取 0.584 4 g 氯化钠溶于水中，稀释定容至 1 000 ml，摇匀。

（6）硝酸银标准溶液：$c(AgNO_3) \approx 0.01$ mol/L。

称取 1.699 g 硝酸银溶于水中，稀释至 1 000 ml，摇匀，贮于棕色试剂瓶中，待标定后使用。

硝酸银标准溶液的标定：吸取氯化钠标准溶液 10.00 ml 于锥形瓶中，加入 50 ml 水。另取 60 ml 实验用水做空白试验。向溶液中加入 3～5 滴铬酸钾指示剂，将上述待标定的硝酸银标准溶液加入棕色酸式滴定管中，在不断旋摇下，滴定直至氯化钠标准溶液由黄色变成浅砖红色为止，记下读数（V）。同样滴定空白溶液，记下读数（V_0）。

硝酸银标准溶液的浓度按照下式计算。

$$c_1 = \frac{c \times 10.00}{V - V_0}$$

式中：c_1——硝酸银标准溶液的浓度，mol/L；

c——氯化钠标准溶液的浓度，mol/L；

V——滴定氯化钠标准溶液时硝酸银溶液的用量，ml；

V_0——滴定空白溶液时硝酸银溶液的用量，ml。

5．分析步骤

（1）试样的测定。

取 100 ml 试样 A（如试样中氰化物浓度高，可少取试样，用水稀释至 100 ml）于锥形瓶中。加入 0.2 ml 试银灵指示液，摇匀。在不断旋摇下，用硝酸银标准溶液滴定至溶液由黄色变为橙红色为止，记下读数（V_a）。

注：用硝酸银标准溶液滴定试样前，应以 pH 试纸试验试样的 pH。必要时应加氢氧化钠溶液调节至 pH＞11。

（2）空白试验。

另取 100 ml 空白试样 B 于锥形瓶中，按照与试样相同的步骤进行测定，记下读数（V_0）。

6．结果计算和表示

（1）结果计算。

样品中氰化物（以 CN^- 计）的质量浓度按照下式计算。

$$\rho = \frac{c \times (V_a - V_0) \times 52.04 \times \frac{V_1}{V_2} \times 1\,000}{V}$$

式中：ρ——样品中氰化物（以 CN^- 计）的质量浓度，mg/L；

c——硝酸银标准溶液的浓度，mol/L；

V_a——测定试样时硝酸银标准溶液的用量，ml；

V_0——空白试验时硝酸银标准溶液的用量，ml；

V——样品体积，ml；

V_1——馏出液 A 的定容体积，ml；

V_2——滴定时所取馏出液 A 的体积，ml；

52.04——氰离子（2CN⁻）的摩尔质量，g/mol。

（2）结果表示。

当测定结果小于 10.0 mg/L 时，保留至小数点后一位；当测定结果大于等于 10.0 mg/L 时，保留三位有效数字。

7．精密度和准确度

16 家实验室测定氰化物质量浓度 4.60 mg/L 水样的相对标准偏差为 5.0%，0.32 mg/L 水样的相对标准偏差为 19.0%。

（三）异烟酸—吡唑啉酮分光光度法（A）*

1．方法的适用范围

本方法适用于饮用水、地表水、生活污水和工业废水中氰化物的测定。

本方法检出限为 0.004 mg/L，测定下限为 0.016 mg/L，测定上限为 0.25 mg/L。

2．方法原理

在中性条件下，样品中的氰化物与氯胺 T 反应生成氯化氰，再与异烟酸作用，经水解后生成戊烯二醛，最后与吡唑啉酮缩合生成蓝色染料，在波长 638 nm 处测量吸光度。

3．仪器和设备

（1）分光光度计。

（2）恒温水浴装置：控温精度±1℃。

（3）具塞比色管：25 ml。

（4）锥形瓶：250 ml。

4．试剂和材料

除非另有说明，否则分析时均使用符合国家标准的分析纯试剂。实验用水为新制备的不含氰化物和活性氯的蒸馏水或去离子水。

（1）氢氧化钠溶液Ⅰ：ρ（NaOH）=1 g/L。

称取 1 g 氢氧化钠溶于水中，稀释至 1 000 ml，摇匀，贮于聚乙烯塑料容器中。

（2）氢氧化钠溶液Ⅱ：ρ（NaOH）=10 g/L。

称取 10 g 氢氧化钠溶于水中，稀释至 1 000 ml，摇匀，贮于聚乙烯塑料容器中。

（3）氢氧化钠溶液Ⅲ：ρ（NaOH）=20 g/L。

称取 20 g 氢氧化钠溶于水中，稀释至 1 000 ml，摇匀，贮于聚乙烯塑料容器中。

（4）磷酸盐缓冲溶液：pH=7。

称取 34.0 g 无水磷酸二氢钾（KH_2PO_4）和 35.5 g 无水磷酸氢二钠（Na_2HPO_4）溶于水，稀释至 1 000 ml，摇匀。

（5）氯胺 T 溶液：ρ=10 g/L。

称取 1.0 g 氯胺 T（$C_7H_7ClNNaO_2S\cdot 3H_2O$）溶于水，稀释至 100 ml，摇匀，贮于棕色

---

* 本方法与 HJ 484—2009 等效。

瓶中，用时现配。

注1：若氯胺T结块，不易溶解，可致显色无法进行，必要时需用碘量法测定有效氯浓度。氯胺T固体试剂应注意保管条件，以免迅速分解失效，勿受潮，最好冷藏。

（6）异烟酸—吡唑啉酮溶液。

①异烟酸溶液：称取 1.5 g 异烟酸（$C_6H_5NO_2$）溶于 25 ml 氢氧化钠溶液 Ⅲ，加水稀释至 100 ml。

②吡唑啉酮溶液：称取 0.25 g 吡唑啉酮（3-甲基-1-苯基-5-吡唑啉酮，$C_{10}H_{10}ON_2$）溶于 20 ml N,N-二甲基甲酰胺$[HCON(CH_3)_2]$。

③异烟酸—吡唑啉酮溶液：将吡唑啉酮溶液和异烟酸溶液按体积 1∶5 混合，用时现配。

注2：异烟酸配成溶液后如呈现明显淡黄色，使空白值增高，可过滤。为降低试剂空白值，实验中以选用无色的 N,N-二甲基甲酰胺为宜。

（7）硝酸银标准溶液：$c(AgNO_3) \approx 0.01$ mol/L。

配制方法同本节（二）硝酸银滴定法。

（8）氰化钾（KCN）标准贮备液。

①氰化钾标准贮备液的配制（或购买市售有证标准物质）和标定：称取 0.25 g 氰化钾（注意：**KCN 剧毒！避免吸入和直接接触**），用适量氢氧化钠溶液 Ⅰ 溶解并转移至 100 ml 棕色容量瓶中，用氢氧化钠溶液 Ⅰ 稀释至标线，摇匀，避光贮存于棕色瓶中，4℃以下冷藏至少可稳定 60 d。本溶液氰离子（CN^-）的质量浓度约为 1 g/L，临用前用硝酸银标准溶液标定其准确浓度。

标定方法：吸取 10.00 ml 氰化钾标准贮备液于锥形瓶中，加入 50 ml 水和 1 ml 氢氧化钠溶液 Ⅲ，加入 0.2 ml 试银灵指示剂，用硝酸银标准溶液滴定至溶液由黄色刚变为橙红色为止，记录硝酸标准溶液用量（V_1）。同时另取 10.00 ml 实验用水做空白试验，记录硝酸银标准溶液用量（V_0）。

氰化物标准贮备液的质量浓度按照下式计算。

$$\rho_1 = \frac{c \times (V_1 - V_0) \times 52.04}{10.00}$$

式中：ρ_1——氰化物标准贮备液的质量浓度，g/L；

$\quad$ c——硝酸银标准溶液的浓度，mol/L；

$\quad$ V_1——滴定氰化钾标准贮备液时硝酸银标准溶液的用量，ml；

$\quad$ V_0——滴定空白试验时硝酸银标准溶液的用量，ml；

$\quad$ 52.04——氰离子（$2CN^-$）的摩尔质量，g/mol；

$\quad$ 10.00——氰化钾标准贮备液的体积，ml。

②氰化钾标准中间液：$\rho(CN^-) = 10.00$ mg/L。

先按下式计算出配制 500 ml 氰化钾标准中间液所需氰化钾标准贮备液的体积（V）：

$$V = \frac{10.00 \times 500}{\rho_1 \times 1\,000}$$

式中：V——吸取氰化钾标准贮备液的体积，ml；

$\quad$ ρ_1——氰化物标准贮备液的质量浓度，g/L；

$\quad$ 10.00——氰化钾标准中间液的质量浓度，mg/L；

$\quad$ 500——氰化钾标准中间液的体积，ml。

准确吸取 V 氰化钾标准贮备液于 500 ml 棕色容量瓶中，用氢氧化钠溶液 I 稀释至标线，摇匀，避光，用时现配。

③氰化钾标准使用液：ρ（CN⁻）=1.00 mg/L。

临用前，吸取 10.00 ml 氰化钾标准中间液于 100 ml 棕色容量瓶中，用氢氧化钠溶液 I 稀释至标线，摇匀，避光，用时现配。

（9）试银灵指示剂。

配制方法同本节（二）硝酸银滴定法。

5．分析步骤

（1）校准曲线的建立。

①取 8 支 25 ml 具塞比色管，分别加入氰化钾标准使用液 0.00 ml、0.20 ml、0.50 ml、1.00 ml、2.00 ml、3.00 ml、4.00 ml 和 5.00 ml，各加氢氧化钠溶液 I 至 10 ml，氰化物含量依次为 0.00 µg、0.20 µg、0.50 µg、1.00 µg、2.00 µg、3.00 µg、4.00 µg 和 5.00 µg。

②向各管中加入 5.0 ml 磷酸盐缓冲溶液，混匀，迅速加入 0.2 ml 氯胺 T 溶液，立即盖塞子，混匀，放置 3～5 min。

注 3：当氰化物以 HCN 形式存在时易挥发，因此，加入缓冲溶液后，每一步骤操作都要迅速，并随时盖紧塞子。

③向管中加入 5.0 ml 异烟酸—吡唑啉酮溶液，混匀。加水稀释至标线，摇匀。在 25～35℃的水浴中放置 40 min，立即比色。

④在 638 nm 波长下，用 10 mm 比色皿，以水作参比，测定吸光度，以氰化物的含量为横坐标，扣除试剂空白的吸光度为纵坐标，以最小二乘法建立校准曲线。

（2）试样的测定。

吸取 10.00 ml 试样 A 于具塞比色管中，按校准曲线的建立步骤②至④进行。从校准曲线上计算出相应的氰化物的含量。

注 4：当用较高浓度的氢氧化钠溶液作为吸收液时，加缓冲溶液前应以酚酞为指示剂，滴加盐酸溶液至红色褪去。同时需要注意建立校准曲线时，和水样保持相同的氢氧化钠浓度。

（3）空白试验。

另取 10.00 ml 空白试样 B 于具塞比色管中，按校准曲线的建立步骤②至④进行。

6．结果计算和表示

（1）结果计算。

样品中氰化物（以 CN⁻计）的质量浓度按照下式计算。

$$\rho = \frac{A - A_0 - a}{b} \times \frac{V_1}{V_2 \times V}$$

式中：ρ——样品中氰化物（以 CN⁻计）的质量浓度，mg/L；

　　　A——试样的吸光度；

　　　A_0——试剂空白的吸光度；

　　　a——校准曲线的截距；

　　　b——校准曲线的斜率；

　　　V——预蒸馏的取样体积，ml；

　　　V_1——馏出液（试样 A）的总体积，ml；

　　　V_2——测定时所取试样 A 的体积，ml。

（2）结果表示。

当测定结果小于 0.100 mg/L 时，保留至小数点后三位；当测定结果大于等于 0.100 mg/L 时，保留三位有效数字。

7．精密度和准确度

6 家实验室测定氰化物质量浓度 0.022～0.032 mg/L 实际水样的相对标准偏差为 7.4%，6 家实验室测定氰化物质量浓度 0.206～0.236 mg/L 实际水样的相对标准偏差为 1.8%。

实际水样加标回收率为 92.0%～97.0%。

（四）异烟酸—巴比妥酸分光光度法（A）*

1．方法的适用范围

本方法适用于地表水、生活污水和工业废水中氰化物的测定。

本方法检出限为 0.001 mg/L，测定下限为 0.004 mg/L，测定上限为 0.45 mg/L。

2．方法原理

在弱酸性条件下，水样中氰化物与氯胺 T 作用生成氯化氰，然后与异烟酸反应，经水解而成戊烯二醛，最后再与巴比妥酸作用生成一种紫蓝色化合物，在波长 600 nm 处测定吸光度。

3．仪器和设备

（1）分光光度计。

（2）恒温水浴装置：控温精度±1℃。

（3）具塞比色管：25 ml。

4．试剂和材料

除非另有说明，否则分析时均使用符合国家标准的分析纯试剂，实验用水为新制备的不含氰化物和活性氯的蒸馏水或去离子水。

（1）氢氧化钠溶液Ⅰ：ρ（NaOH）=1 g/L。

配制方法同本节（三）异烟酸—吡唑啉酮分光光度法。

（2）氢氧化钠溶液Ⅱ：ρ（NaOH）=15 g/L。

称取 15 g 氢氧化钠溶于水中，稀释至 1 000 ml，摇匀，贮于聚乙烯塑料容器中。

（3）氯胺 T 溶液：ρ=10 g/L。

配制方法同本节（三）异烟酸—吡唑啉酮分光光度法。

（4）磷酸二氢钾溶液：pH=4.0。

称取 136.1 g 无水磷酸二氢钾（KH_2PO_4）溶于水，稀释至 1 000 ml，加入 2.00 ml 冰乙酸，摇匀。

（5）异烟酸—巴比妥酸显色剂：称取 2.50 g 异烟酸（$C_6H_5NO_2$）和 1.25 g 巴比妥酸（$C_4H_4N_2O_3$）溶于氢氧化钠溶液Ⅱ中，稀释至 100 ml，用时现配。

（6）氰化钾（KCN）标准溶液。

配制方法同本节（三）异烟酸—吡唑啉酮分光光度法。

---

* 本方法与 HJ 484—2009 等效。

5．分析步骤

（1）校准曲线的建立。

①取 8 支 25 ml 具塞比色管，分别加入氰化钾标准使用液 0.00 ml、0.20 ml、0.50 ml、1.00 ml、2.00 ml、3.00 ml、4.00 ml 和 5.00 ml，各加氢氧化钠溶液 I 至 10 ml，氰化物含量依次为 0.00 μg、0.20 μg、0.50 μg、1.00 μg、2.00 μg、3.00 μg、4.00 μg 和 5.00 μg。

②各管加入 5 ml 磷酸二氢钾溶液，混匀，迅速加入 0.30 ml 氯胺 T 溶液，立即盖塞子，混匀，放置 1~2 min。

注：当氰化物以 HCN 形式存在时易挥发，因此，加入缓冲溶液后，每一步骤操作都要迅速，并随时盖紧塞子。

③各管加入 6.0 ml 异烟酸—巴比妥酸显色剂，用水稀释至标线，盖塞混匀。于 25℃ 显色 15 min（15℃ 显色 25 min，30℃ 显色 10 min）。

④在 600 nm 波长下，用 10 mm 比色皿，以水作参比，测定吸光度，以氰化物含量为横坐标，扣除试剂空白的吸光度为纵坐标，以最小二乘法建立校准曲线。

（2）试样的测定。

吸取 10.00 ml 试样 A 于具塞比色管中，按校准曲线建立步骤②至④进行。

从校准曲线上计算出相应的氰化物含量。

（3）空白试验。

另取 10.00 ml 空白试样 B 于具塞比色管中，按校准曲线的建立步骤②至④进行。

6．结果计算和表示

（1）结果计算。

样品中氰化物（以 CN^- 计）的质量浓度按照下式计算。

$$\rho = \frac{A - A_0 - a}{b} \times \frac{V_1}{V_2 \times V}$$

式中：ρ——样品中氰化物（以 CN^- 计）的质量浓度，mg/L；

A——试样的吸光度；

A_0——试剂空白的吸光度；

a——校准曲线的截距；

b——校准曲线的斜率；

V——预蒸馏的取样体积，ml；

V_1——馏出液（试样 A）的总体积，ml；

V_2——测定时所取试样 A 的体积，ml。

（2）结果表示。

当测定结果小于 0.100 mg/L 时，保留至小数点后三位；当测定结果大于等于 0.100 mg/L 时，保留三位有效数字。

7．精密度和准确度

8 家实验室测定（0.188±0.015）mg/L 的氰化物标准样品，平均结果是 0.188 mg/L，实验室内相对标准偏差为 0.6%，实验室间相对标准偏差为 4.2%。

实际水样加标回收率为 93.4%~103%。

（五）吡啶—巴比妥酸分光光度法（A）[*]

1. 方法的适用范围

本方法适用于地表水、生活污水和工业废水中的氰化物的测定。

本方法检出限为 0.002 mg/L，测定下限为 0.008 mg/L，测定上限为 0.45 mg/L。

2. 方法原理

在中性条件下，氰离子和氯胺 T 的活性氯反应生成氯化氰，氯化氰与吡啶反应生成戊烯二醛，戊烯二醛与两个巴比妥酸分子缩合生成红紫色化合物，在波长 580 nm 处测量吸光度。

3. 仪器和设备

（1）分光光度计。

（2）恒温水浴装置：控温精度±1℃。

（3）具塞比色管：25 ml。

4. 试剂和材料

除非另有说明，否则分析时均使用符合国家标准的分析纯化学试剂，实验用水为新制备的不含氰化物和活性氯的蒸馏水或去离子水。

（1）盐酸：ρ（HCl）=1.19 g/ml。

（2）氢氧化钠溶液：ρ（NaOH）=1 g/L。

配制方法同本节（三）异烟酸—吡唑啉酮分光光度法。

（3）盐酸溶液Ⅰ：1+3。

（4）盐酸溶液Ⅱ：c（HCl）=0.5 mol/L。

量取 45 ml 盐酸缓慢注入水中，放冷后，稀释至 1 000 ml。

（5）氯胺 T 溶液：ρ=10 g/L。

配制方法同本节（三）异烟酸—吡唑啉酮分光光度法。

（6）吡啶-巴比妥酸溶液。

称取 0.18 g 巴比妥酸（$C_4H_4N_2O_3$），加入 3 ml 吡啶（C_5H_5N）及 10 ml 盐酸溶液Ⅰ，待溶解后，稀释至 100 ml，摇匀，贮于棕色瓶中，用时现配。

注 1：本溶液若有不溶物可过滤，存于暗处可稳定 1 d，存放于冰箱内可稳定 7 d。吡啶有毒，此操作必须在通风橱内进行。

（7）磷酸盐缓冲溶液：pH=7。

配制方法同本节（三）异烟酸—吡唑啉酮分光光度法。

（8）氰化钾（KCN）标准溶液。

配制方法同本节（三）异烟酸—吡唑啉酮分光光度法。

（9）酚酞指示剂：ρ=1 g/L。

称取 0.10 g 酚酞指示剂（$C_{20}H_{14}O_4$）溶于 95%乙醇中，稀释至 100 ml，摇匀，pH 在 8.0～10.0。

---

[*] 本方法与 HJ 484—2009 等效。

5．分析步骤

（1）校准曲线的建立。

①取 8 支 25 ml 具塞比色管，分别加入氰化钾标准使用液 0.00 ml、0.20 ml、0.50 ml、1.00 ml、2.00 ml、3.00 ml、4.00 ml 和 5.00 ml，各加氢氧化钠溶液Ⅰ至 10 ml，氰化物含量依次为 0.00 μg、0.20 μg、0.50 μg、1.00 μg、2.00 μg、3.00 μg、4.00 μg 和 5.00 μg。

②向各管中加入 1 滴酚酞指示剂，用盐酸溶液Ⅱ调节溶液红色刚消失为止。

③向各管中加入 5.0 ml 磷酸盐缓冲溶液，混匀，迅速加入 0.20 ml 氯胺 T 溶液，立即盖塞子，混匀，放置 3～5 min。

注 2：当氰化物以 HCN 形式存在时易挥发，因此，加入缓冲溶液后，每一步骤操作都要迅速，并随时盖紧塞子。

④向各管中加入 5.0 ml 吡啶—巴比妥酸溶液，加水稀释至标线，混匀。在 40℃的水浴装置中放置 20 min，取出冷却至室温后立即比色。

⑤在 580 nm 波长下，用 10 mm 比色皿，以水作参比，测定吸光度，以氰化物含量为横坐标，扣除试剂空白的吸光度为纵坐标，以最小二乘法建立校准曲线。

（2）试样的测定。

吸取 10.00 ml 试样 A 于具塞比色管中，按校准曲线建立步骤②至⑤进行。

从校准曲线上计算出相应的氰化物含量。

（3）空白试验。

另取 10.00 ml 空白试样 B 于具塞比色管中，按校准曲线建立步骤②至⑤进行。

6．结果计算和表示

（1）结果计算。

样品中氰化物（以 CN⁻计）的质量浓度按照下式计算。

$$\rho = \frac{A - A_0 - a}{b} \times \frac{V_1}{V_2 \times V}$$

式中：ρ——样品中氰化物（以 CN⁻计）的质量浓度，mg/L；

A——试样的吸光度；

A_0——试剂空白的吸光度；

a——校准曲线的截距；

b——校准曲线的斜率；

V——预蒸馏的取样体积，ml；

V_1——馏出液（试样 A）的总体积，ml；

V_2——测定时所取试样 A 的体积，ml。

（2）结果表示。

当测定结果小于 0.100 mg/L 时，保留至小数点后三位；当测定结果大于等于 0.100 mg/L 时，保留三位有效数字。

7．精密度和准确度

实验室间测定氰化物质量浓度 0.020～0.025 mg/L 实际水样的相对标准偏差为 4.9%，实验室间测定氰化物质量浓度 0.148～0.153 mg/L 实际水样的相对标准偏差为 1.5%。实验室间测定 0.040 mg/L 氰化物标准样品，相对标准偏差为 1.2%，相对误差为 0.3%。

（六）流动注射—分光光度法（A）*

1. 方法的适用范围

本方法适用于地表水、地下水、生活污水和工业废水中氰化物的测定。

当检测光程为 10 mm 时，异烟酸—巴比妥酸法测定水中氰化物的检出限为 0.001 mg/L，测定范围在 0.004～0.100 mg/L；吡啶—巴比妥酸法测定水中氰化物的检出限为 0.002 mg/L，测定范围在 0.008～0.500 mg/L。

2. 方法原理

（1）流动注射仪工作原理。

在封闭的管路中，将一定体积的试样注入连续流动的载液中，试样与试剂在化学反应模块中按特定的顺序和比例混合、反应，在非完全反应的条件下，进入流动检测池进行光度检测。

（2）化学反应原理。

①异烟酸—巴比妥酸法。在酸性条件下，样品经 140℃高温高压水解及紫外消解，释放出的氰化氢气体被氢氧化钠溶液吸收。吸收液中的氰化物与氯胺 T 反应生成氯化氰，然后与异烟酸反应水解生成戊烯二醛，再与巴比妥酸作用生成有色物质，于 600 nm 波长处测量吸光度。具体工作流程见图 2-6。

②吡啶—巴比妥酸法。在酸性条件下，样品经 140℃高温高压水解及紫外消解，释放出的氰化氢气体被氢氧化钠溶液吸收。在中性条件下，吸收液中的氰化物与氯胺 T 反应生成氯化氰，再与吡啶反应生成戊烯二醛，最后与巴比妥酸缩合生成红紫色染料，于 570 nm 波长处测量吸光度。具体工作流程见图 2-6。

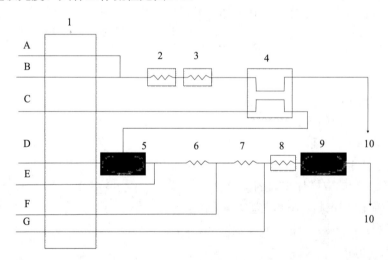

1—蠕动泵；2—加热块（140℃）；3—UV 灯紫外消解；4—扩散池（水和水蒸气）；5—注入阀；

6、7—反应环；8—比色加热块（60℃）；9—检测器（10 mm，600 nm 或 570 nm）；10—废液；

A—样品；B—0.67 mol/L 磷酸溶液；C、D—0.025 mol/L 氢氧化钠溶液；E—磷酸盐缓冲溶液；

F—氯胺 T 溶液；G—吡啶—巴比妥酸溶液或异烟酸—巴比妥酸溶液。

图 2-6　流动注射—分光光度法测定氰化物工作流程图

---

* 本方法与 HJ 823—2017 等效。

3．干扰和消除

样品中硫化物、活性氯、亚硝酸盐等干扰氰化物的测定，同本节（一）水样的预处理。

4．仪器和设备

（1）流动注射仪：自动进样器、化学反应模块（预处理通道、注入泵、反应通道及流通检测池）、蠕动泵、数据处理系统。

（2）超声波仪。

（3）分析天平：精度为 0.1 mg。

5．试剂和材料

除非另有说明，否则分析时均使用符合国家标准的分析纯试剂，实验用水为新制备的去离子水或蒸馏水。实验所用试剂和水均需用氮气或超声除气，具体方法：使用 140 kPa 的氮气通过氮除气管 1 min 除气，或使用超声波振荡 15～30 min 除气。

（1）磷酸：ρ（H_3PO_4）=1.69 g/ml。

（2）盐酸：ρ（HCl）=1.19 g/ml。

（3）氢氧化钠（NaOH）：优级纯。

（4）磷酸溶液：c（H_3PO_4）=0.67 mol/L。

在 700 ml 左右水中，缓慢加入 45 ml 磷酸，用水稀释至 1 000 ml，混匀。

（5）氢氧化钠溶液：c（NaOH）=0.025 mol/L。

称取 1.0 g 氢氧化钠溶于适量水中，溶解后移至 1 000 ml 容量瓶中，加水至标线，混匀。该溶液移至塑料容器中保存。

（6）酒石酸溶液：ρ（$C_4H_6O_6$）=150 g/L。

称取 150 g 酒石酸溶于适量水中，溶解后加水至 1 000 ml，摇匀。

（7）硝酸锌溶液：ρ[$Zn(NO_3)_2 \cdot 6H_2O$]=100 g/L。

称取 100 g 硝酸锌溶于适量水中，溶解后加水至 1 000 ml，摇匀。

（8）磷酸盐缓冲液：pH=4.24。

称取 95.0 g 无水磷酸二氢钾（KH_2PO_4）溶于 800 ml 水中（磁力搅拌 2 h 左右可完全溶解），溶解后加水定容至 1 L。若有沉淀形成，可过滤或弃去不用。该溶液可保存 30 d。

（9）氯胺 T 溶液 I：ρ（$C_7H_7ClNNaO_2S \cdot 3H_2O$）=6 g/L。

称取 3.0 g 氯胺 T 溶于 500 ml 水中，混匀。临用时现配。

（10）氯胺 T 溶液 II：ρ（$C_7H_7ClNNaO_2S \cdot 3H_2O$）=2 g/L。

称取 1.0 g 氯胺 T 溶于 500 ml 水中，混匀。临用时现配。

（11）吡啶—巴比妥酸溶液。

称取 7.5 g 巴比妥酸（$C_4H_4N_2O_3$）于 500 ml 烧杯中，加入 50 ml 水，边搅拌边加入 37.5 ml 吡啶（C_5H_5N），再加入 7.5 ml 盐酸及 412 ml 水，直到巴比妥酸完全溶解。存放于冰箱中可稳定 7 d。

（12）异烟酸—巴比妥酸溶液。

在 700 ml 水中加入 12 g 氢氧化钠，边搅拌边加入 12 g 巴比妥酸（$C_4H_4N_2O_3$）和 12 g 异烟酸（$C_6H_5NO_2$），溶解后加水定容至 1 000 ml。若有沉淀可过滤后使用。该溶液可保存 7 d。

（13）氯化钠标准溶液：c（NaCl）=0.010 0 mol/L。

称取 0.292 2 g 氯化钠（优级纯，在 600℃下干燥 1 h，干燥器内冷却）溶于适量水中，溶解后移至 500 ml 容量瓶中，加水定容至标线，混匀。

（14）硝酸银标准溶液：c（AgNO$_3$）≈0.01 mol/L。

配制方法同本节（二）硝酸银滴定法。

（15）氰化物标准贮备液。

配制方法同本节（三）异烟酸—吡唑啉酮分光光度法。

（16）氰化物标准使用液：ρ（CN$^-$）=500 μg/L。

量取适量的氰化物标准贮备液，用 0.025 mol/L 氢氧化钠溶液逐级稀释制备。

（17）试银灵指示液。

配制方法同本节（二）硝酸银滴定法。

（18）铬酸钾指示液。

配制方法同本节（二）硝酸银滴定法。

（19）氦气：纯度≥99.99%。

6. 样品

（1）样品采集和保存。

按照《地表水和污水监测技术规范》（HJ/T 91—2002）和《地下水环境监测技术规范》（HJ 164—2020）的相关规定进行水样的采集。样品应采集在密闭的塑料样品瓶中。样品采集后，应立即加入氢氧化钠调节 pH 在 12～12.5。采集的样品应及时进行测定，如不能及时测定，应将样品贮存于 4℃以下，并在采样后 24 h 内进行测定。

注 1：有明显颗粒物的样品应用超声仪超声粉碎后进样。

（2）试样的制备。

测定总氰化物，采用不带在线蒸馏的方法模块进行分析时，预处理操作同本节（一）水样的预处理；测定易释放氰化物，预处理操作同本节（一）水样的预处理。

7. 分析步骤

（1）校准曲线的配制。

①异烟酸—巴比妥酸法。于一组容量瓶中分别量取适量的氰化物标准使用液，用 0.025 mol/L 的氢氧化钠溶液稀释至标线并混匀，制备 6 个浓度点的标准系列，氰化物（以 CN$^-$计）质量浓度分别为 0.00 μg/L、2.00 μg/L、5.00 μg/L、10.0 μg/L、50.0 μg/L 和 100.0 μg/L。

②吡啶—巴比妥酸法。于一组容量瓶中分别量取适量的氰化物标准使用液，用 0.025 mol/L 的氢氧化钠溶液稀释至标线并混匀，制备 6 个浓度点的标准系列，氰化物（以 CN$^-$计）质量浓度分别为 0.00 μg/L、5.00 μg/L、50.0 μg/L、125.0 μg/L、250.0 μg/L 和 500.0 μg/L。

（2）仪器的调试与校准。

安装分析系统，按照仪器说明书给出的最佳工作参数进行仪器调试。仪器开机待加热器达到规定温度后，所有管路泵入水，检查整个分析流路的密闭性及液体流动的顺畅性。约 30 min 后，系统加热均衡，开始泵入试剂，等基线走稳后，开始校准和测定。

（3）校准曲线的建立。

量取约 10 ml 标准系列溶液分别置于样品杯中，从低浓度到高浓度依次取样分析，得到不同浓度氰化物的信号值（峰面积）。以信号值（峰面积）为纵坐标，对应的氰化物质量浓度（以 CN$^-$计，μg/L）为横坐标，建立校准曲线。

（4）试样的测定。

按照与建立校准曲线相同的测定条件，量取约 10 ml 待测样品进行测定，记录信号值（峰面积）。如果浓度高于校准曲线最高点，要用 0.025 mol/L 的氢氧化钠溶液对样品进行稀释。

注2：由于待测物毒性较强，待测样品进样体积应根据仪器分析所需适当量取。

（5）空白试验。

用 10 ml 水代替样品，按照与试样的测定相同步骤进行空白试验，记录信号值（峰面积）。

8．结果计算和表示

（1）结果计算。

样品中氰化物（以 CN^- 计，mg/L）的质量浓度按照下式计算。

$$\rho = \rho_1 \times f \times 10^{-3}$$

式中：ρ——样品中氰化物（以 CN^- 计，mg/L）的质量浓度，mg/L；

ρ_1——由校准曲线查得的氰化物质量浓度，μg/L；

f——样品稀释倍数。

（2）结果表示。

当测定结果小于 0.100 mg/L 时，保留至小数点后三位；当测定结果大于等于 0.100 mg/L 时，保留三位有效数字。

9．精密度和准确度

（1）精密度。

异烟酸—巴比妥酸法：1 家实验室对氰化物质量浓度为 0.010 mg/L、0.050 mg/L、0.090 mg/L 的统一样品进行了测定，相对标准偏差分别为 3.9%、2.8%、2.2%。

吡啶—巴比妥酸法：6 家实验室分别对氰化物质量浓度为 0.050 mg/L、0.100 mg/L、0.450 mg/L 的统一样品进行了测定，实验室内相对标准偏差分别为 1.8%～6.1%、0.3%～5.0%、0.1%～3.2%，实验室间相对标准偏差分别为 5.3%、1.7%、2.7%。

（2）准确度。

异烟酸—巴比妥酸法：2 家实验室对质量浓度为（0.126±0.011）mg/L 的有证标准物质进行了测定，相对误差为 0.6%～6.0%；对质量浓度为（65.6±5.8）μg/L 的有证标准物质进行了测定，相对误差为 3.8%～7.8%。2 家实验室对地表水及工业废水等实际样品进行加标分析测定，其加标回收率为 70.8%～94.1%。

吡啶—巴比妥酸法：3 家实验室对质量浓度为（0.504±0.039）mg/L、（65.6±5.8）μg/L、（0.126±0.011）mg/L 的 3 种有证标准物质进行了测定，相对误差分别为－1.3%～6.2%、0.2%～5.2%、－3.4%～7.1%。6 家实验室分别对地表水及工业废水进行了加标分析测定，加标回收率范围为 79.0%～107%。

10．质控措施

（1）每批样品分析均须建立校准曲线，校准曲线的相关系数（r）≥0.995。

（2）每批样品应至少做一个全程序空白，测定空白值不得超过方法检出限。否则应查明原因，重新分析直至合格之后才能测定样品。

（3）每分析 10 个样品，应分析一个校准曲线的中间点浓度标准溶液，其测定结果与最近一次初始校准曲线该点浓度的相对偏差应≤10%。

（4）每批样品应至少测定 10%的室内平行双样，当样品数少于 10 个时，应至少测定一个平行双样。两次平行测定结果的相对偏差应≤20%。

（5）每批样品应至少测定 10%的加标回收样品，样品数少于 10 个时，应至少测定一个加标样品。加标回收率范围应在 70%～120%。

（6）分析有证标准物质或实验室自行配制的质控样时，有证标准物质测定结果应在其给出的不确定范围内，实验室自行配制的质控样测试结果应控制在 90%～110%。应注意实验室自行配制的质控样与国家有证标准物质的比对。

11．注意事项

（1）因流动注射分析仪流路管径较细，不适用于测定含悬浮颗粒物较多或颗粒直径大于 250 μm 的样品。

（2）应注意管路系统的保养，经常清洗管路；每次实验前都应检查泵管是否磨损，并及时更换已损坏的泵管。

（3）每次样品分析结束后，要让分离膜充分干燥。

（4）氯胺 T 易氧化，开封后应尽量贮存在干燥器中。此试剂开盖 180 d 后，建议不再使用。

（5）巴比妥酸试剂开盖 1 年后，建议不再使用。

（6）异烟酸—巴比妥酸试剂配制后 3～5 d 将逐步产生沉淀，沉淀进入管路将形成结晶堵塞管路，实验时应注意该试剂的状态，如沉淀过多，应及时更换。

（7）应在废液收集瓶中加入氢氧化钠，使得 pH≥11（一般每升废液中加入约 7 g 氢氧化钠），以防止气态 HCN 逸出。应定期摇动废液瓶，以防在瓶中形成浓度梯度。

（8）当样品浓度超过校准曲线最高点时，应做适当的稀释。当两个高浓度样品间出现干扰时，要加测空白样品，测定空白值不得超过方法检出限。否则应查明原因，重新分析直至合格之后才能测定下一个样品。

三、硫酸盐

硫酸盐在自然界分布广泛，天然水中硫酸盐的浓度可从每升几毫克至数千毫克。地表水和地下水中的硫酸盐主要来源于岩石土壤中矿物组分的风化和淋溶，金属硫化物氧化也会使硫酸盐含量增大。

水中少量硫酸盐对人体健康无影响，但超过 250 mg/L 时有致泻作用，饮用水中硫酸盐的含量不应超过 250 mg/L。

测定硫酸盐的方法各具特色，硫酸钡重量法是一种经典方法，准确度高，但操作较繁琐。铬酸钡分光光度法适于清洁环境水样的分析，精密度和准确度均好。离子色谱法可同时测定清洁水样中包括 SO_4^{2-} 在内的多种阴离子。

（一）离子色谱法（A）*

1．方法的适用范围

本方法适用于地表水、地下水、工业废水和生活污水中 8 种可溶性无机阴离子（F^-、Cl^-、NO_2^-、Br^-、NO_3^-、PO_4^{3-}、SO_3^{2-}、SO_4^{2-}）的测定。

当进样量为 25 μl 时，本方法 8 种可溶性无机阴离子的方法检出限和测定下限见表 2-1。

---

* 本方法与 HJ 84—2016 等效。

表 2-1　方法检出限和测定下限　　　　　　　　　　　　　　　　单位：mg/L

离子名称	F⁻	Cl⁻	NO₂⁻	Br⁻	NO₃⁻	PO₄³⁻	SO₃²⁻	SO₄²⁻
方法检出限	0.006	0.007	0.02	0.02	0.02	0.06	0.05	0.02
测定下限	0.024	0.028	0.08	0.08	0.08	0.24	0.20	0.08

2．方法原理

水质样品中的阴离子经阴离子色谱柱交换分离，抑制型电导检测器检测，根据保留时间定性，峰高或峰面积定量。

3．干扰和消除

（1）样品中的某些疏水性化合物可能会影响色谱分离效果及色谱柱的使用寿命，可采用 RP 柱或 C₁₈ 柱处理消除或减少其影响。

（2）样品中的重金属和过渡金属会影响色谱柱的使用寿命，可采用 H 型或 Na 型强酸性阳离子交换柱处理减少其影响。

（3）对保留时间相近的 2 种阴离子，当其浓度相差较大而影响低浓度离子的测定时，可通过稀释、调节流速、改变碳酸钠和碳酸氢钠浓度比例，或选用氢氧根淋洗等方式消除和减少干扰。

（4）当选用碳酸钠和碳酸氢钠淋洗液，水负峰干扰 F⁻ 的测定时，可在样品与标准溶液中分别加入适量相同浓度和等体积的淋洗液，以减小水负峰对 F⁻ 的干扰。

4．仪器和设备

（1）离子色谱仪：由离子色谱仪、操作软件及所需附件组成的分析系统。

① 色谱柱：阴离子分离柱（聚二乙烯基苯/乙基乙烯苯/聚乙烯醇等高聚物基质，具有烷基季铵或烷醇季铵功能团、亲水性、高容量色谱柱）和阴离子保护柱。一次进样可测定本方法规定的 8 种阴离子，峰的分离度不低于 1.5。

② 阴离子抑制器。

③ 电导检测器。

（2）抽气过滤装置：配有孔径≤0.45 μm 的醋酸纤维或聚乙烯滤膜。

（3）一次性水系微孔滤膜针筒过滤器：孔径 0.45 μm。

（4）一次性注射器：1～10 ml。

（5）预处理柱：聚苯乙烯-二乙烯基苯为基质的 RP 柱或硅胶为基质键合 C₁₈ 柱（去除疏水性化合物），H 型或 Na 型强酸性阳离子交换柱（去除重金属和过渡金属离子）等类型。

5．试剂和材料

除非另有说明，否则分析时均使用符合国家标准的分析纯试剂。实验用水为电阻率≥18 MΩ·cm（25℃），并经过 0.45 μm 微孔滤膜过滤的去离子水。

（1）氟化钠（NaF）：优级纯，使用前应于（105±5）℃干燥 2 h 后，置于干燥器中保存。

（2）氯化钠（NaCl）：优级纯，使用前应于（105±5）℃干燥 2 h 后，置于干燥器中保存。

（3）溴化钾（KBr）：优级纯，使用前应于（105±5）℃干燥 2 h 后，置于干燥器中保存。

（4）亚硝酸钠（NaNO₂）：优级纯，使用前应置于干燥器中平衡 24 h。

（5）硝酸钾（KNO₃）：优级纯，使用前应于（105±5）℃干燥 2 h 后，置于干燥器中保存。

（6）磷酸二氢钾（KH₂PO₄）：优级纯，使用前应于（105±5）℃干燥 2 h 后，置于干燥器中保存。

（7）亚硫酸钠（Na₂SO₃）：优级纯，使用前应置于干燥器中平衡 24 h。

（8）甲醛（CH₂O）：37%～40%。

（9）无水硫酸钠（Na₂SO₄）：优级纯，使用前应于（105±5）℃干燥 2 h 后，置于干燥器中保存。

（10）碳酸钠（Na₂CO₃）：使用前应于（105±5）℃干燥 2 h 后，置于干燥器中保存。

（11）碳酸氢钠（NaHCO₃）：使用前应置于干燥器中平衡 24 h。

（12）氢氧化钠（NaOH）：优级纯。

（13）氟离子标准贮备液：ρ（F⁻）=1 000 mg/L。

准确称取 2.210 0 g 氟化钠溶于适量水中，移入 1 000 ml 容量瓶，用水稀释定容至标线，混匀。转移至聚乙烯瓶中，于 4℃以下冷藏、避光和密封可保存 6 个月。亦可购买市售有证标准物质。

（14）氯离子标准贮备液：ρ（Cl⁻）=1 000 mg/L。

准确称取 1.648 5 g 氯化钠溶于适量水中，转入 1 000 ml 容量瓶，用水稀释定容至标线，混匀。转移至聚乙烯瓶中，于 4℃以下冷藏、避光和密封可保存 6 个月。亦可购买市售有证标准物质。

（15）溴离子标准贮备液：ρ（Br⁻）=1 000 mg/L。

准确称取 1.489 4 g 溴化钾溶于适量水中，转入 1 000 ml 容量瓶，用水稀释定容至标线，混匀。转移至聚乙烯瓶中，于 4℃以下冷藏、避光和密封可保存 6 个月。亦可购买市售有证标准物质。

（16）亚硝酸根标准贮备液：ρ（NO₂⁻）=1 000 mg/L。

准确称取 1.499 7 g 亚硝酸钠溶于适量水中，转入 1 000 ml 容量瓶，用水稀释定容至标线，混匀。转移至聚乙烯瓶中，于 4℃以下冷藏、避光和密封可保存 1 个月。亦可购买市售有证标准物质。

（17）硝酸根标准贮备液：ρ（NO₃⁻）=1 000 mg/L。

准确称取 1.630 4 g 硝酸钾溶于适量水中，转入 1 000 ml 容量瓶，用水稀释定容至标线，混匀。转移至聚乙烯瓶中，于 4℃以下冷藏、避光和密封可保存 6 个月。亦可购买市售有证标准物质。

（18）磷酸根标准贮备液：ρ（PO₄³⁻）=1 000 mg/L。

准确称取 1.433 0 g 磷酸二氢钾溶于适量水中，转入 1 000 ml 容量瓶，用水稀释定容至标线，混匀。转移至聚乙烯瓶中，于 4℃以下冷藏、避光和密封可保存 1 个月。亦可购买市售有证标准物质。

（19）亚硫酸根标准贮备液：ρ（SO₃²⁻）=1 000 mg/L。

准确称取 1.574 3 g 亚硫酸钠溶于适量水中，转入 1 000 ml 容量瓶，加入 37%～40%甲醛 1 ml 进行固定（为防止 SO₃²⁻氧化），用水稀释定容至标线，混匀。转移至聚乙烯瓶中，于 4℃以下冷藏、避光和密封可保存 1 个月。

（20）硫酸根标准贮备液：ρ（SO₄²⁻）=1 000 mg/L。

准确称取 1.478 7 g 无水硫酸钠溶于适量水中，转入 1 000 ml 容量瓶，用水稀释定容至标线，混匀。转移至聚乙烯瓶中，于 4℃以下冷藏、避光和密封可保存 6 个月。亦可购买市售有证标准物质。

（21）混合标准使用液。

分别移取 10.0 ml 氟离子标准贮备液、200.0 ml 氯离子标准贮备液、10.0 ml 溴离子标准贮备液、10.0 ml 亚硝酸根标准贮备液、100.0 ml 硝酸根标准贮备液、50.0 ml 磷酸根标准贮备液、50.0 ml 亚硫酸根标准贮备液和 200.0 ml 硫酸根标准贮备液于 1 000 ml 容量瓶中，用水稀释定容至标线，混匀。配制成含有 10 mg/L 的 F^-、200 mg/L 的 Cl^-、10 mg/L 的 Br^-、10 mg/L 的 NO_2^-、100 mg/L 的 NO_3^-、50 mg/L 的 PO_4^{3-}、50 mg/L 的 SO_3^{2-} 和 200 mg/L 的 SO_4^{2-} 的混合标准使用液。

（22）淋洗液。

根据仪器型号及色谱柱说明书使用条件进行配制。以下给出的淋洗液条件供参考。

①碳酸盐淋洗液Ⅰ：c（Na_2CO_3）=6.0 mmol/L，c（$NaHCO_3$）=5.0 mmol/L。

准确称取 1.272 0 g 碳酸钠和 0.840 0 g 碳酸氢钠，分别溶于适量水中，转入 2 000 ml 容量瓶，用水稀释定容至标线，混匀。

②碳酸盐淋洗液Ⅱ：c（Na_2CO_3）=3.2 mmol/L，c（$NaHCO_3$）=1.0 mmol/L。

准确称取 0.678 4 g 碳酸钠和 0.168 0 g 碳酸氢钠，分别溶于适量水中，转入 2 000 ml 容量瓶，用水稀释定容至标线，混匀。

③氢氧根淋洗液（由仪器自动在线生成或手工配制）。

ⅰ）氢氧化钾淋洗液：由淋洗液自动电解发生器在线生成。

ⅱ）氢氧化钠淋洗液：c（$NaOH$）=100 mmol/L。

称取 100.0 g 氢氧化钠，加入 100 ml 水，搅拌至完全溶解，于聚乙烯瓶中静置 24 h，制得氢氧化钠贮备液，于 4℃以下冷藏、避光和密封可保存 3 个月。

移取 5.20 ml 上述氢氧化钠贮备液于 1 000 ml 容量瓶中，用水稀释定容至标线，混匀后立即转移至淋洗液瓶中。可加氮气保护，以减缓碱性淋洗液吸收空气中的 CO_2 而失效的速度。

6．样品

（1）样品采集和保存。

按照《水质　采样技术指导》（HJ 494—2009）、《地表水和污水监测技术规范》（HJ/T 91—2002）和《地下水环境监测技术规范》（HJ 164—2020）的相关规定进行样品的采集。若测定 SO_3^{2-}，样品采集后，须在每 100 ml 水样中立即加入 37%～40%甲醛 0.1 ml 进行固定；其余阴离子的测定不需加固定剂。采集的样品应尽快分析。若不能及时测定，应经抽气过滤装置过滤，于 4℃以下冷藏、避光保存。不同待测离子的保存时间和盛放容器材质要求见表 2-2。

表 2-2　水样的保存条件和要求

离子名称	盛放容器的材质	保存时间/d
F^-	聚乙烯瓶	14
Cl^-	硬质玻璃瓶或聚乙烯瓶	30
NO_2^-	硬质玻璃瓶或聚乙烯瓶	2
Br^-	硬质玻璃瓶或聚乙烯瓶	2
NO_3^-	硬质玻璃瓶或聚乙烯瓶	7
PO_4^{3-}	硬质玻璃瓶或聚乙烯瓶	2
SO_3^{2-}	硬质玻璃瓶或聚乙烯瓶	7
SO_4^{2-}	硬质玻璃瓶或聚乙烯瓶	30

（2）试样的制备。

对于不含疏水性化合物、重金属或过渡金属离子等干扰物质的清洁水样，经抽气过滤装置过滤后，可直接进样；也可用带有水系微孔滤膜针筒过滤器的一次性注射器进样。对于含有干扰物质的复杂水质样品，须用相应的预处理柱进行有效去除后再进样。

（3）空白试样的制备。

以实验用水代替样品，以与试样的制备相同步骤制备实验室空白试样。

7. 分析步骤

（1）离子色谱分析参考条件。

根据仪器使用说明书优化测量条件或参数，可按照实际样品的基体及组成优化淋洗液浓度。以下给出的离子色谱分析条件供参考。

①参考条件1：阴离子分离柱。碳酸盐淋洗液Ⅰ，流速：1.0 ml/min，抑制型电导检测器，连续自循环再生抑制器；或者碳酸盐淋洗液Ⅱ，流速：0.7 ml/min，抑制型电导检测器，连续自循环再生抑制器，CO_2抑制器。进样量：25 μl。此参考条件下的阴离子标准溶液色谱图见附录A中的图2-7和图2-8。

②参考条件2：阴离子分离柱。氢氧根淋洗液[$c(OH^-)$=38 mmol/L]，流速：1.2 ml/min，电流：113 mA，抑制型电导检测器，连续自循环再生抑制器；进样量：25 μl。此参考条件下的阴离子标准溶液色谱图见附录A中的图2-9。

（2）校准曲线的建立。

分别准确移取0.00 ml、1.00 ml、2.00 ml、5.00 ml、10.0 ml和20.0 ml混合标准使用液置于一组100 ml容量瓶中，用水稀释定容至标线，混匀。配制成6个不同浓度的混合标准系列，标准系列质量浓度见表2-3。可根据被测试样的浓度确定合适的标准系列浓度范围。按其浓度由低到高的顺序依次注入离子色谱仪，记录峰面积（或峰高）。以各离子的质量浓度为横坐标，峰面积（或峰高）为纵坐标，建立校准曲线。

表2-3　阴离子标准系列质量浓度　　　　　　　　　　　　　　　　单位：mg/L

离子名称	标准系列质量浓度					
F^-	0.00	0.10	0.20	0.50	1.00	2.00
Cl^-	0.00	2.00	4.00	10.0	20.0	40.0
NO_2^-	0.00	0.10	0.20	0.50	1.00	2.00
Br^-	0.00	0.10	0.20	0.50	1.00	2.00
NO_3^-	0.00	1.00	2.00	5.00	10.0	20.0
PO_4^{3-}	0.00	0.50	1.00	2.50	5.00	10.0
SO_3^{2-}	0.00	0.50	1.00	2.50	5.00	10.0
SO_4^{2-}	0.00	2.00	4.00	10.0	20.0	40.0

（3）试样的测定。

按照与建立校准曲线相同的色谱条件和步骤，将试样注入离子色谱仪测定阴离子浓度，以保留时间定性，仪器响应值定量。

注：若测定结果超出校准曲线范围，则应将试样用实验用水稀释处理后重新测定；可预先稀释50～100倍后进试样，再根据所得结果选择适当的稀释倍数重新进样分析，同时记录样品稀释倍数（f）。

（4）空白试验。

按照与试样的测定相同的色谱条件和步骤，将空白试样注入离子色谱仪测定阴离子浓度，以保留时间定性，仪器响应值定量。

8. 结果计算和表示

（1）结果计算。

样品中无机阴离子的质量浓度按照下式计算。

$$\rho = \frac{h - h_0 - a}{b} \times f$$

式中：ρ——样品中无机阴离子的质量浓度，mg/L；

h——样品中阴离子的峰面积（或峰高）；

h_0——实验室空白样品中阴离子的峰面积（或峰高）；

a——回归方程的截距；

b——回归方程的斜率；

f——样品的稀释倍数。

（2）结果表示。

测定结果与检出限最后一位保持一致，若有效数字大于三位，则保留三位有效数字。

9. 精密度和准确度

（1）精密度。

7 家实验室对含 F^-、Cl^-、NO_2^-、Br^-、NO_3^-、PO_4^{3-}、SO_3^{2-}、SO_4^{2-} 不同浓度水平的统一样品进行了测试，实验室内相对标准偏差范围在 0.1%～5.7%，实验室间相对标准偏差范围在 1.4%～5.8%。

（2）准确度。

7 家实验室对不同类型的水样统一基质加标样品进行了测定，加标回收率范围在 81.7%～118%。

10. 质控保证和质量控制

（1）空白试验。

每批次（≤20 个）样品应至少做 2 个实验室空白试验，空白试验结果应低于方法检出限。否则应查明原因，重新分析直至合格之后才能测定样品。

（2）相关性检验。

校准曲线的相关系数（r）≥0.995，否则应重新建立校准曲线。

（3）连续校准。

每批次（≤20 个）样品应分析一个校准曲线中间点浓度的标准溶液，其测定结果与校准曲线该点浓度之间的相对误差应≤10%。否则应重新建立校准曲线。

（4）精密度控制。

每批次（≤20 个）样品应至少测定 10%的平行双样，样品数量少于 10 个时，应至少测定一个平行双样。平行双样测定结果的相对偏差应≤10%。

（5）准确度控制。

每批次（≤20 个）样品应至少做 1 个加标回收率测定，实际样品的加标回收率应控制在 80.0%～120%。

11. 注意事项

（1）由于 SO_3^{2-} 在环境中极易氧化成 SO_4^{2-}，为防止其氧化，可在配制 SO_3^{2-} 贮备液时，每 100 ml 加入 37%～40%甲醛 0.1 ml 进行固定。校准系列可采用"7+1"方式建立，即配制成 7 种阴离子混合标准系列和 SO_3^{2-} 单独标准系列。

（2）NO_2^- 不稳定，临用现配。

（3）样品需经 0.45 μm 微孔滤膜过滤，除去样品中颗粒物，防止系统堵塞。

（4）整个系统如有气泡应及时排除，否则会影响分离效果。

（5）不同型号的离子色谱仪应选择合适的色谱条件，亦可采用梯度淋洗。

（6）每个工作日或淋洗液等条件改变时，或分析 20 个样品后，都要对校准曲线进行校准。任何一个离子的响应值或保留时间大于预期值的 ±10% 时，必须用新的校准标样重新测定。如果测定结果仍大于 ±10%，则需要重新建立该离子的校准曲线。

（7）分析废水样品时，所用的预处理柱应能有效去除样品基质中的疏水性化合物、重金属或过渡金属离子，同时对测定的阴离子不发生吸附。

（8）不被色谱柱保留或弱保留的阴离子干扰 F^- 或 Cl^- 的测定。如乙酸与 F^- 产生共淋洗，甲酸与 Cl^- 产生共淋洗。若这种共淋洗的现象显著，可改用弱淋洗液（0.005 mol/L 的 $Na_2B_4O_7$）进行洗脱。

附录 A　阴离子标准溶液色谱图

图 2-7～图 2-9 给出了 3 种参考条件对应的阴离子标准溶液色谱图。

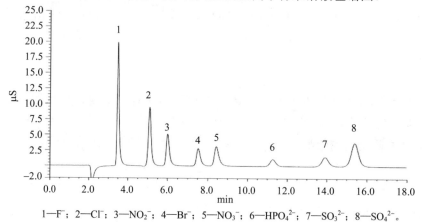

1—F^-；2—Cl^-；3—NO_2^-；4—Br^-；5—NO_3^-；6—HPO_4^{2-}；7—SO_3^{2-}；8—SO_4^{2-}。

图 2-7　8 种阴离子标准溶液色谱图（碳酸盐体系 I）

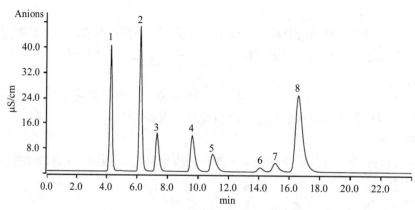

1—F^-；2—Cl^-；3—NO_2^-；4—Br^-；5—NO_3^-；6—HPO_4^{2-}；7—SO_3^{2-}；8—SO_4^{2-}。

图 2-8　8 种阴离子标准溶液色谱图（碳酸盐体系 II）

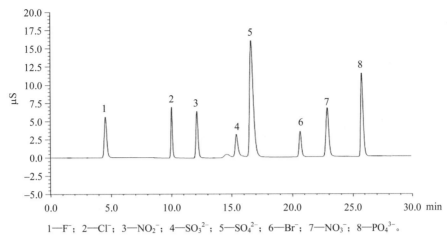

1—F^-；2—Cl^-；3—NO_2^-；4—SO_3^{2-}；5—SO_4^{2-}；6—Br^-；7—NO_3^-；8—PO_4^{3-}。

图 2-9　8 种阴离子标准溶液色谱图（氢氧根体系）

（二）硫酸钡重量法（A）*

1．方法的适用范围

本方法适用于地表水、地下水、含盐水、生活污水和工业废水中硫酸盐的测定。

本方法可以准确测定硫酸盐含量 10 mg/L（以 SO_4^{2-} 计）以上的水样，测定上限为 5 000 mg/L（以 SO_4^{2-} 计）。

2．方法原理

在盐酸溶液中，硫酸盐与加入的氯化钡反应形成硫酸钡沉淀。沉淀反应在接近沸腾的温度下进行并在陈化一段时间之后过滤，用水洗到无氯离子，烘干或灼烧沉淀，冷却后称硫酸钡的重量。

3．干扰和消除

样品中若有悬浮物、二氧化硅、硝酸盐和亚硫酸盐可使结果偏高。碱金属硫酸盐，特别是碱金属硫酸氢盐常使结果偏低。铁和铬等影响硫酸钡的完全沉淀，会形成相应的硫酸盐使测定结果偏低。在酸性介质中进行沉淀可以防止碳酸钡和磷酸钡沉淀，但是酸度高会使硫酸钡沉淀的溶解度增大。

当样品中含 CrO_4^{2-}、PO_4^{3-} 大于 10 mg，NO_3^- 小于 1 000 mg，SiO_2 小于 2.5 mg，Ca^{2+} 小于 2 000 mg，Fe^{3+} 小于 5.0 mg 时不干扰测定。

在分析开始的预处理阶段，在酸性条件下煮沸可以将亚硫酸盐和硫化物分别以二氧化硫和硫化氢的形式赶出。在废水中它们的浓度很高，发生 $2H_2S+SO_3^{2-}+2H^+ \longrightarrow 3S\downarrow+3H_2O$ 反应时，生成的单体硫应该过滤掉，以免影响测定结果。

4．仪器和设备

（1）蒸汽浴。

（2）烘箱：带恒温控制器。

（3）马弗炉：带有加热指示器。

（4）干燥器。

---

* 本方法与 GB 11899—89 等效。

（5）分析天平：可称量至 0.1 mg。

（6）滤纸：酸洗过，无灰分，经硬化处理过能阻留微细沉淀的致密滤纸，即慢速定量滤纸及中速定量滤纸。

（7）滤膜：孔径为 0.45 μm。

（8）熔结玻璃坩埚：G4，约 30 ml。

（9）瓷坩埚：约 30 ml。

（10）铂蒸发皿：250 ml。可用 30～50 ml 代替 250 ml 铂蒸发皿，水样体积大时，可分次加入。

5．试剂和材料

除非另有说明，否则分析时均使用符合国家标准的分析纯试剂。所用水为去离子水或相当纯度的水。

（1）碳酸钠（Na_2CO_3）。

（2）盐酸：ρ（HCl）=1.19 g/ml，优级纯。

（3）氨水：ρ（NH_4OH）=0.90 g/ml。

警告：氨水能导致烧伤，刺激眼睛、呼吸系统和皮肤。

（4）盐酸溶液：1+1。

（5）氯化钡溶液：称取 100 g 二水合氯化钡溶于约 800 ml 水中，加热有助于溶解，冷却溶液并稀释至 1 L。贮存在玻璃或聚乙烯瓶中。此溶液能长期保持稳定。此溶液 1 ml 可沉淀约 40 mg SO_4^{2-}。

警告：氯化钡有毒，谨防入口。

（6）氨水溶液：1+1。

（7）甲基红指示剂溶液：称取 0.1 g 甲基红钠盐溶解在水中，并稀释到 100 ml。

（8）硝酸银溶液：c（$AgNO_3$）≈0.1 mol/L。

称取 1.7 g 硝酸银溶解于 80 ml 水中，加 0.1 ml 浓硝酸，稀释至 100 ml，贮存于棕色玻璃瓶中，避光保存，可长期稳定。

6．样品

（1）样品采集和保存。

样品可以采集在硬质玻璃瓶或聚乙烯瓶中，为了不使水样中可能存在的硫化物或亚硫酸盐被空气氧化，容器必须用水样完全充满。不必加保存剂，可以冷藏较长时间。

（2）试样的制备。

①沉淀。

i）取适量经 0.45 μm 滤膜过滤的样品（测可溶性硫酸盐）置于 500 ml 烧杯中，加 2 滴甲基红指示剂溶液，用适量的（1+1）盐酸溶液或氨水溶液（1+1）调至呈橙黄色，再加 2 ml（1+1）盐酸溶液，然后补加水使试液的总体积约为 200 ml，加热煮沸 5 min（此时若试液出现不溶物，应滤后再进行沉淀），缓慢加入约 10 ml 热的氯化钡溶液，直至不再出现沉淀，再过量 2 ml。继续煮沸 20 min，放置过夜，或在 50～60℃下保持 6 h 使沉淀陈化。

ii）如果要回收和测定不溶物中的硫酸盐，则取适量混匀水样，经定量滤纸过滤。将滤纸转移到铂蒸发皿中，在低温燃烧器上加热灰化滤纸，并将 4 g 无水碳酸钠同蒸发皿中残渣混合，在 900℃加热使混合物熔融。放冷，用 50 ml 热水溶解熔融混合物并全量转移到 500 ml 烧杯中（洗净蒸发皿），将溶液酸化后再按上述 i）进行沉淀。

iii）如果样品中二氧化硅及有机物的浓度能引起干扰（SiO_2浓度超过 25 mg/L），则应将所取样品分次置于铂蒸发皿中，在蒸汽浴上蒸发到近干，加 1 ml（1+1）盐酸溶液，将皿倾斜并转动使酸和残渣完全接触，继续蒸发到干。放入 180℃的烘箱内完全烘干（如果样品中含有机质，就在燃烧器的火焰上或马弗炉中加热使之炭化。然后用 2 ml 水和 1 ml（1+1）盐酸溶液把残渣浸湿，再在蒸汽浴上蒸干）。加入 2 ml（1+1）盐酸溶液，用热水溶解可溶性残渣后过滤。用少量热水反复洗涤不溶解的二氧化硅，将滤液和洗液合并，弃去残渣。滤液和洗涤液按上述 i）进行沉淀。

②过滤。

i）用在（105±2）℃干燥并已恒重后的熔结玻璃坩埚过滤沉淀，用带橡皮头的玻璃棒及热水将沉淀完全转移到坩埚中去，用热水少量多次洗涤沉淀直至洗涤液不含氯离子为止。

ii）洗涤过程中氯离子的检验：在含约 5 ml 硝酸银溶液的小烧杯中收集约 5 ml 的洗涤水，如果没有沉淀生成或者不显浑浊，即表明沉淀中已不含氯离子。

iii）检验坩埚下侧边沿上有无氯离子。

7．分析步骤

取下坩埚并在烘箱内于（105±2）℃干燥 1～2 h，放在干燥器内冷却至室温，称重。再将坩埚放在烘箱中干燥 10 min，冷却，称重，直至干燥至恒重。

8．结果计算和表示

（1）结果计算。

样品中硫酸盐（以 SO_4^{2-}计）的质量浓度按照下式计算。

$$\rho = \frac{m \times 411.6 \times 1\,000}{V}$$

式中：ρ——样品中硫酸盐（以 SO_4^{2-}计）的质量浓度，mg/L；

　　　m——从样品沉淀出来的硫酸钡重量，g；

　　　V——样品的体积，ml；

　　　411.6——$BaSO_4$质量换算为 SO_4^{2-}的因子。

要得到试样中硫酸盐的总浓度，可将不溶物中的硫酸盐加上可溶性硫酸盐计算得出。

（2）结果表示。

当测定结果小于 100 mg/L 时，保留至整数位；当测定结果大于等于 100 mg/L 时，保留三位有效数字。

9．精密度和准确度

表2-4　方法的精密度和准确度

样品	样品体积/ml	硫酸盐浓度/（mg/L）	SI/（mg/L）	VI/%	SR/（mg/L）	VR/%	备注
1	200	50	3.3	—	—	—	1家实验室 9个自由度
2	20	210	3.3	1.6	6.9	3.3	10家实验室 37个自由度
3	20	583	8.4	1.4	6.9	3.3	10家实验室 35个自由度

样品	样品体积/ml	硫酸盐浓度/（mg/L）	SI/（mg/L）	VI/%	SR/（mg/L）	VR/%	备注
4	20	1 160	9.3	0.8	11.6	1.0	9 家实验室 32 个自由度
5	20	1 500	21.3	—	—	—	1 家实验室 9 个自由度
6	20	5 000	29.4	—	—	—	1 家实验室 9 个自由度

注：SI—再现性标准偏差；VI—再现性变异系数；SR—重复性标准偏差；VR—重复性变异系数。

10．注意事项

（1）使用过的熔结玻璃坩埚的清洗可用每升含乙醇胺[CH$_2$(OH)CH$_2$NH$_2$] 25 ml 和 EDTA 二钠 8 g 的水溶液将坩埚浸泡过夜，然后将坩埚在抽滤情况下用水充分洗涤。

（2）用少量无灰滤纸的纸浆与硫酸钡混合，能改善过滤效果并防止沉淀产生蠕升现象，纸浆与过滤硫酸钡的滤纸可一起灰化。

（3）将 BaSO$_4$ 沉淀陈化好，并定量转移是至关重要的，否则结果偏低。

（4）当采用灼烧法时，硫酸钡沉淀的灰化应保证空气供应充分，否则沉淀易被滤纸烧成的炭还原（BaSO$_4$+4C $\longrightarrow$ BaS+4CO↑），灼烧后的沉淀会呈灰色或黑色。这时可在冷却后的沉淀中加入 2～3 滴浓硫酸，然后小心加热至 SO$_3$ 白烟不再发生为止，再在 800℃灼烧至恒重。

（三）铬酸钡分光光度法（A）[*]

1．方法的适用范围

本方法适用于地表水、地下水中含量较低的硫酸盐的测定。适用的质量浓度范围为 8～200 mg/L。

2．方法原理

在酸性溶液中，铬酸钡与硫酸盐生成硫酸钡沉淀，并释放出铬酸根离子。溶液中和后多余的铬酸钡及生成的硫酸钡仍是沉淀状态，经过滤除去沉淀。在碱性条件下，铬酸根离子呈现黄色，测定其吸光度可知硫酸盐的含量。

3．干扰和消除

水样中碳酸根也与钡离子形成沉淀。在加入铬酸钡之前，将样品酸化并加热以除去碳酸盐。

4．仪器和设备

（1）比色管：50 ml。

（2）锥形瓶：150 ml。

（3）加热及过滤装置。

（4）分光光度计。

5．试剂和材料

除非另有说明，否则分析时均使用符合国家标准的分析纯试剂。所用水为去离子水或相当纯度的水。

---

[*] 本方法与 HJ/T 342—2007 等效。

（1）铬酸钡悬浊液：称取 19.44 g 铬酸钾（K_2CrO_4）与 24.44 g 氯化钡（$BaCl_2 \cdot 2H_2O$），分别溶于 1 L 水中，加热至沸腾。将两种溶液倾入同一个 3 L 烧杯内，此时生成黄色铬酸钡沉淀。待沉淀下降后倾出上层清液，然后每次用约 1 L 水洗涤沉淀，共需洗涤 5 次左右。最后加水至 1 L，使成悬浊液，每次使用前混匀。每 5 ml 铬酸钡悬浊液可以沉淀约 48 mg 硫酸根（SO_4^{2-}）。

（2）氨水溶液：1+1。

警告：氨水能导致烧伤，刺激眼睛、呼吸系统和皮肤。

（3）盐酸溶液：c（HCl）=2.5 mol/L。

取 210 ml 盐酸用水稀释至 1 000 ml。

（4）无水硫酸钠（Na_2SO_4）或无水硫酸钾（K_2SO_4）：优级纯，使用前应于（105±5）℃干燥恒重后，置于干燥器中保存。

（5）硫酸根标准溶液：ρ（SO_4^{2-}）=1.00 mg/ml。

称取 1.478 6 g 无水硫酸钠（Na_2SO_4，优级纯）或 1.814 1 g 无水硫酸钾（K_2SO_4，优级纯），溶于少量水，置 1 000 ml 容量瓶中，用水稀释至标线，混匀。

6．分析步骤

（1）校准曲线的建立。

取 8 只 150 ml 锥形瓶，分别加入 0.00 ml、0.25 ml、1.00 ml、2.00 ml、4.00 ml、6.00 ml、8.00 ml 和 10.00 ml 硫酸根标准溶液，加水至 50 ml。各加 2.5 mol/L 盐酸溶液 1 ml，加热煮沸 5 min 左右。取下后再各加 2.5 ml 铬酸钡悬浊液，再煮沸 5 min 左右。取下锥形瓶，稍冷后，向各瓶逐滴加入氨水溶液（1+1）至呈柠檬黄色，再多加 2 滴。待溶液冷却后，用慢速定性滤纸过滤，滤液收集于 50 ml 比色管内（如滤液浑浊，应重复过滤至透明）。用水洗涤锥形瓶及滤纸三次，滤液收集于比色管中，用水稀释至标线。在 420 nm 波长处，用 10 mm 比色皿测量吸光度，建立校准曲线。

（2）试样的测定。

取 50 ml 水样，置于 150 ml 锥形瓶中，按照与校准曲线的建立相同步骤测定样品的吸光度。

7．结果计算和表示

（1）结果计算。

样品中硫酸盐（以 SO_4^{2-} 计）的质量浓度按照下式计算。

$$\rho = \frac{m}{V} \times 1\,000$$

式中：ρ——样品中硫酸盐（以 SO_4^{2-} 计）的质量浓度，mg/L；

　　　m——根据校准曲线计算出的样品中硫酸盐量，mg；

　　　V——取样体积，ml。

（2）结果表示。

当测定结果小于 100 mg/L 时，保留至整数位；当测定结果大于等于 100 mg/L 时，保留三位有效数字。

8．精密度和准确度

硫酸盐质量浓度为 93.83 mg/L 的标准混合样品，经 5 家实验室分析，实验室内相对标准偏差为 0.52%，实验室间相对标准偏差为 3.2%，相对误差为 1.2%；加标回收率为 89.1%～114%。

四、游离氯和总氯

游离氯又称为游离余氯（活性游离氯、潜在游离氯），以次氯酸、次氯酸盐离子和单质氯的形式存在于水中。总氯又称为总余氯，即游离氯和氯胺、有机氯胺类等化合物的总称。

氯以单质或次氯酸盐形式加入水中后，经水解生成游离氯，包括含水分子氯、次氯酸和次氯酸盐离子等形式，其相对比例决定于水的 pH 和温度，在一般水体的 pH 下，主要是次氯酸和次氯酸盐离子。

游离氯与铵和某些含氮化合物起反应，生成化合氯。氯与铵反应生成氯胺：一氯胺、二氯胺和三氯化氮。游离氯与化合氯二者能同时存在于水中。经氯化过的污水和某些工业废水的出水，通常只含有化合氯。

水中氯的来源主要是饮用水或污水中加氯以杀灭或抑制微生物，电镀废水中加氯分解有毒的氰化物。

氯化作用产生不利的影响是可使含酚的水产生氯酚，还可生成有机氯化合物，对人体十分有害，并可因存在化合氯而对某些水生物产生有害作用。

碘量法适用于测定总氯含量大于 1 mg/L 的水样。以 DPD 为指示剂，用硫酸亚铁铵溶液进行滴定，可分别测定游离氯、一氯胺、二氯胺和三氯化氮。当含量较低时，还可以采用 DPD 分光光度法。

（一）碘量法（C）

1．方法的适用范围
本方法适用于地表水、地下水和废水中总氯的测定。

2．方法原理
氯在酸性溶液中与碘化钾作用，释放出定量的碘，再用硫代硫酸钠标准溶液滴定。

$$2KI+2CH_3COOH \longrightarrow 2CH_3COOK+2HI$$
$$2HI+HClO \longrightarrow I_2+HCl+H_2O$$
$$（或者 2HI+Cl_2 \longrightarrow 2HCl+I_2）$$
$$I_2+2Na_2S_2O_3 \longrightarrow 2NaI+Na_2S_4O_6$$

本方法测定值为总氯，包括 $HClO$、ClO^-、NH_2Cl 和 $NHCl_2$ 等。

3．干扰和消除
水中如含有亚硝酸盐（如水中有游离氯则不可能存在，如采用氯胺消毒则可能存在）、高价铁离子和锰离子，能在酸性溶液中与碘化钾作用，并释放出碘而产生正干扰，由于本方法采用乙酸盐缓冲液，pH 在 3.5～4.2 时，可减低上述物质的干扰作用。此时，亚硝酸盐和高价铁离子含量高达 5 mg/L 也不干扰测定。

4．仪器和设备
碘量瓶：250～300 ml。

5．试剂和材料
除非另有说明，否则分析时均使用符合国家标准的分析纯试剂。

（1）碘化钾：要求不含游离碘及碘酸钾。

（2）硫酸溶液：1+5。

（3）重铬酸钾标准溶液：c（1/6 $K_2Cr_2O_7$）=0.025 0 mol/L。

称取 1.225 9 g 优级纯重铬酸钾，溶于水中，移入 1 000 ml 容量瓶中，用水稀释至标线。

（4）硫代硫酸钠标准贮备液：c（$Na_2S_2O_3$）≈0.05 mol/L。

称取 12.5 g 硫代硫酸钠（$Na_2S_2O_3 \cdot 5H_2O$），溶于已煮沸放冷的水中，稀释至 1 000 ml。加入 0.2 g 无水碳酸钠，贮于棕色瓶内，溶液可保存数月。

标定：吸取 20.00 ml 重铬酸钾标准溶液于碘量瓶中，加入 50 ml 水和 1 g 碘化钾，再加 5 ml（1+5）硫酸溶液，混匀，静置 5 min 后，用硫代硫酸钠标准贮备液滴定至淡黄色时，加入 1 ml 1%淀粉溶液，继续滴定至蓝色消失（注意：此时应带淡绿色，因为含有 Cr^{3+}），记录用量（V）。

硫代硫酸钠标准贮备液浓度按照下式计算。

$$c = \frac{0.025\,0 \times 20.00}{V}$$

式中：c——硫代硫酸钠标准贮备液浓度，mol/L；

V——待标定硫代硫酸钠标准贮备液用量，ml；

0.025 0——重铬酸钾标准溶液的浓度，mol/L；

20.00——吸取重铬酸钾标准溶液的体积，ml。

（5）硫代硫酸钠标准使用液：c（$Na_2S_2O_3$）≈0.01 mol/L。

把已标定的硫代硫酸钠标准贮备液用煮沸放冷的水稀释 5 倍。

（6）1%淀粉溶液：称取 1 g 可溶性淀粉，用少量水调成糊状，用刚煮沸的水稀释至 100 ml。

（7）乙酸盐缓冲溶液（pH=4）：称取 146 g 无水乙酸钠溶于水中，加入 457 ml 冰乙酸，用水稀释至 1 000 ml。

6. 样品

游离氯和总氯不稳定，样品应尽量现场测定。如样品不能现场测定，则需对样品加入固定剂保存。预先加入采样体积1%的 2 mol/L NaOH 溶液到棕色玻璃瓶中，采集水样使其充满采样瓶，立即加盖塞紧并密封，避免水样接触空气。若样品呈酸性，应加大 NaOH 溶液的加入量，确保水样 pH＞12。水样用冷藏箱运送，在实验室内4℃、避光条件下保存，5 d 内测定。

7. 分析步骤

移取 100 ml 水样（如含量小于 1 mg/L，可取 200 ml 水样）于 300 ml 碘量瓶内，加入 0.5 g 碘化钾和 5 ml 乙酸盐缓冲溶液，用硫代硫酸钠标准使用液滴定至变成淡黄色，加入 1%淀粉溶液 1 ml，继续滴定至蓝色消失，记录用量。

8. 结果计算和表示

样品中总氯的质量浓度按照下式计算。

$$\rho = \frac{c \times V_1 \times 35.46 \times 1000}{V}$$

式中：ρ——样品中总氯的质量浓度，mg/L；

c——硫代硫酸钠标准使用液浓度，mol/L；

V_1——硫代硫酸钠标准使用液用量，ml；

V——水样体积，ml；

35.46——总余氯（Cl_2）摩尔质量，g/mol。

9. 注意事项

水样加入 5 ml 乙酸盐缓冲溶液后，pH 应为 3.5～4.2。如大于此 pH，应继续调 pH 至 4，然后再进行滴定。

（二）N,N-二乙基-1,4-苯二胺滴定法（A）[*]

警告：汞盐属剧毒化学品，操作时应按规定要求佩戴防护器具，避免接触皮肤和衣物。检测后的废液应做妥善的安全处理。

1. 方法的适用范围

本方法适用于废水中游离氯和总氯的测定。

本方法的检出限（以 Cl_2 计）为 0.02 mg/L，测定范围（以 Cl_2 计）为 0.08～5.0 mg/L。对于游离氯和总氯浓度超过方法测定上限的样品，可适当稀释后进行测定。

2. 方法原理

（1）游离氯的测定。

在 pH 为 6.2～6.5 条件下，游离氯与 N,N-二乙基-1,4-苯二胺（DPD）生成红色化合物，用硫酸亚铁铵标准溶液滴定至红色消失。

（2）总氯的测定。

在 pH 为 6.2～6.5 条件下，存在过量碘化钾时，单质氯、次氯酸、次氯酸盐和氯胺与 DPD 反应生成红色化合物，用硫酸亚铁铵标准溶液滴定至红色消失。

3. 干扰和消除

二氧化氯对游离氯和总氯的测定产生干扰，亚氯酸盐对总氯的测定产生干扰。二氧化氯和亚氯酸盐可通过测定其浓度加以校正，其测定方法参见第一章十六、二氧化氯和本章十六、亚氯酸盐的测定方法。

高浓度的一氯胺对游离氯的测定产生干扰。可以通过加亚砷酸钠溶液或硫代乙酰胺溶液消除一氯胺的干扰，一氯胺的测定按照本小节附录 A 执行。

氧化锰和六价铬会对测定产生干扰。通过测定氧化锰和六价铬的浓度可消除干扰。

本方法在以下氧化剂存在的情况下有干扰：溴、碘、溴胺、碘胺、臭氧、过氧化氢、铬酸盐、氧化锰、六价铬、亚硝酸根、铜离子（Cu^{2+}）和铁离子（Fe^{3+}）。其中 Cu^{2+}（＜8 mg/L）和 Fe^{3+}（＜20 mg/L）的干扰可通过缓冲溶液和 DPD 溶液中的 EDTA 二钠掩蔽，氧化锰和六价铬的干扰可通过滴定测定进行校正，其他氧化物干扰加亚砷酸钠溶液或硫代乙酰胺溶液消除。铬酸盐的干扰可通过加入氯化钡消除。

4. 仪器和设备

（1）微量滴定管：5 ml，0.02 ml 分度。

（2）锥形瓶：250 ml。

5. 试剂和材料

除非另有说明，否则分析时均使用符合国家标准的分析纯试剂。

---

[*] 本方法与 HJ 585—2010 等效。

（1）实验用水：为不含氯和还原性物质的去离子水或二次蒸馏水，实验用水需通过检验方能使用。

检验方法：向第一个 250 ml 锥形瓶中加入 100 ml 待测水和 1.0 g 碘化钾，混匀。1 min 后，加入 5.0 ml 缓冲溶液和 5.0 ml DPD 溶液；再向第二个 250 ml 锥形瓶中加入 100 ml 待测水和 2 滴次氯酸钠溶液。2 min 后，加入 5.0 ml 磷酸盐缓冲溶液和 5.0 ml DPD 溶液。

第一个瓶中不应显色，第二个瓶中应显粉红色。否则需将实验用水经活性炭处理使之脱氯，并按上述步骤检验其质量，直至合格后方能使用。

（2）硫酸：ρ（H_2SO_4）=1.84 g/ml。

（3）磷酸：ρ（H_3PO_4）=1.71 g/ml。

（4）碘化钾：晶体。

（5）氢氧化钠溶液：c（NaOH）=2.0 mol/L。

称取 80.0 g 氢氧化钠，溶解于 500 ml 水中，待溶液冷却后用水稀释至 1 000 ml，混匀。

（6）次氯酸钠溶液：ρ（Cl_2）≈0.1 g/L。

由次氯酸钠浓溶液用水稀释而成。

（7）重铬酸钾标准溶液：c（1/6 $K_2Cr_2O_7$）=100.0 mmol/L。

准确称取 4.904 g 研细的重铬酸钾（105℃烘干 2 h 以上），溶于 1 000 ml 容量瓶中，加水至标线，混匀。

（8）硫酸亚铁铵贮备液：c[$(NH_4)_2Fe(SO_4)_2 \cdot 6H_2O$]≈56 mmol/L。

称取 22.0 g 六水合硫酸亚铁铵[$(NH_4)_2Fe(SO_4)_2 \cdot 6H_2O$]，溶于含 5.0 ml 硫酸的水中，移入 1 000 ml 棕色容量瓶中，加水至标线，混匀。测定前进行标定。

标定：向 250 ml 锥形瓶中，依次加入 50.0 ml 硫酸亚铁铵贮备液、5.0 ml 磷酸和 4 滴二苯胺磺酸钡指示液。用重铬酸钾标准溶液滴定到出现墨绿色，溶液颜色保持不变时为终点。硫酸亚铁铵贮备液的浓度（以 Cl_2 表示）按下式进行计算。

$$c_1 = \frac{c_2 \times V_2}{2 \times V_1}$$

式中：c_1——硫酸亚铁铵贮备液的浓度（以 Cl_2 表示），mmol/L；

$\qquad$ c_2——重铬酸钾标准溶液的浓度，mmol/L；

$\qquad$ V_2——滴定消耗重铬酸钾标准溶液的体积，ml；若 V_2 小于 22 ml，则应重新配制硫酸亚铁铵贮备液。

$\qquad$ V_1——硫酸亚铁铵贮备液的体积，ml；

$\qquad$ 2——硫酸亚铁铵与氯（Cl_2）的物质的量换算系数。

（9）硫酸亚铁铵标准使用液：c[$(NH_4)_2Fe(SO_4)_2 \cdot 6H_2O$]≈2.8 mmol/L。

取 50.0 ml 硫酸亚铁铵贮备液于 1 000 ml 容量瓶中，加水至标线，混匀，存放于棕色试剂瓶中。临用现配。

此溶液的浓度 c_3 以 Cl_2 表示，按照下式计算。

$$c_3 = \frac{c_1}{20}$$

（10）二苯胺磺酸钡指示液：ρ[$(C_6H_5NHC_6H_4SO_3)_2Ba$]=3.0 g/L。

称取 0.30 g 二苯胺磺酸钡溶解于 100 ml 容量瓶中，加水至标线，混匀。

（11）磷酸盐缓冲溶液：pH=6.5。

称取 24.0 g 无水磷酸氢二钠（Na_2HPO_4）或 60.5 g 十二水合磷酸氢二钠（$Na_2HPO_4 \cdot 12H_2O$），以及 46.0 g 磷酸二氢钾（KH_2PO_4），依次溶于水中，加入 100 ml 浓度为 8.0 g/L 的二水合 EDTA 二钠（$C_{10}H_{14}N_2O_8Na_2 \cdot 2H_2O$）溶液或 0.8 g EDTA 二钠固体，转移至 1 000 ml 容量瓶中，加水至标线，混匀。必要时，可加入 0.020 g 氯化汞，以防止霉菌繁殖及试剂内痕量碘化物对游离氯检验的干扰。

（12）DPD 溶液：$\rho[NH_2C_6H_4N(C_2H_5)_2 \cdot H_2SO_4]$=1.1 g/L。

将 2.0 ml 硫酸和 25 ml 浓度为 8.0 g/L 的二水合 EDTA 二钠溶液或 0.2 g EDTA 二钠固体，加入 250 ml 水中配制成混合溶液。将 1.1 g 无水 DPD 硫酸盐或 1.5 g 五水合 DPD 硫酸盐，加入上述混合溶液中，转移至 1 000 ml 棕色容量瓶中，加水至标线，混匀。将溶液装在棕色试剂瓶内，4℃保存。若溶液长时间放置后变色，应重新配制。也可用 1.1 g DPD 草酸盐或 1.0 g DPD 盐酸盐代替 DPD 硫酸盐。

（13）亚砷酸钠溶液：$\rho(NaAsO_2)$=2.0 g/L；或硫代乙酰胺溶液，$\rho(CH_3CSNH_2)$=2.5 g/L。

6. 样品

（1）样品采集和保存。

游离氯和总氯不稳定，样品应尽量现场测定。如样品不能现场测定，则需对样品加入固定剂保存。预先加入采样体积 1% 的 2 mol/L NaOH 溶液到棕色玻璃瓶中，采集水样使其充满采样瓶，立即加盖塞紧并密封，避免水样接触空气。若样品呈酸性，应加大 NaOH 溶液的加入量，确保水样 pH＞12。水样用冷藏箱运送，在实验室内 4℃、避光条件下保存，5 d 内测定。

（2）试样的制备。

取 100 ml 样品作为试样（V_0）。如总氯超过 5 mg/L，需取较少体积样品，用水稀释至 100 ml。

7. 分析步骤

（1）游离氯的测定。

在 250 ml 锥形瓶中，依次加入 15.0 ml 磷酸盐缓冲溶液、5.0 ml DPD 溶液和 100 ml 试样，混匀。立即用硫酸亚铁铵标准使用液滴定至无色为终点，记录滴定消耗溶液体积（V_3）。

对于含有氧化锰和六价铬的试样可通过测定两者含量消除其干扰。取 100 ml 试样于 250 ml 锥形瓶中，加入 1.0 ml 亚砷酸钠溶液或硫代乙酰胺溶液，混匀。再加入 15.0 ml 磷酸盐缓冲液和 5.0 ml DPD 溶液，立即用硫酸亚铁铵标准使用液滴定，溶液由粉红色滴至无色为终点，测定氧化锰的干扰。若有六价铬存在，30 min 后，溶液颜色变成粉红色，继续滴定六价铬的干扰，使溶液由粉红色滴至无色为终点。记录滴定消耗溶液体积（V_5），相当于氧化锰和六价铬的干扰。若水样需稀释，应测定稀释后样品的氧化锰和六价铬干扰。

（2）总氯的测定。

在 250 ml 锥形瓶中，依次加入 15.0 ml 磷酸盐缓冲溶液、5.0 ml DPD 溶液和 100 ml 试样，加入 1 g 碘化钾，混匀。2 min 后，用硫酸亚铁铵标准使用液滴定至无色为终点。如在 2 min 内观察到粉红色再现，则继续滴定至无色作为终点，记录滴定消耗溶液体积（V_4）。

对于含有氧化锰和六价铬的样品可通过测定其含量消除干扰。测定方法同游离氯的测定。

8．结果计算和表示

（1）结果计算。

①游离氯的计算。水样中游离氯的质量浓度ρ（以Cl_2计）按照下式计算。

$$\rho = \frac{c_3 \times (V_3 - V_5)}{V_0} \times 70.91$$

式中：ρ——水样中游离氯（以Cl_2计）的质量浓度，mg/L；

c_3——硫酸亚铁铵标准使用液的浓度（以Cl_2计），mmol/L；

V_3——测定游离氯时消耗硫酸亚铁铵标准使用液的体积，ml；

V_5——校正氧化锰和六价铬干扰时消耗硫酸亚铁铵标准使用液的体积，ml；若不存在氧化锰和六价铬，$V_5 = 0$ ml；

V_0——试样体积，ml；

70.91——Cl_2的相对分子质量。

②总氯的计算。水样中总氯的质量浓度ρ（以Cl_2计）按照下式计算。

$$\rho = \frac{c_3 \times (V_4 - V_5)}{V_0} \times 70.91$$

式中：ρ——水样中总氯（以Cl_2计）的质量浓度，mg/L；

V_4——测定总氯时消耗硫酸亚铁铵标准滴定液的体积，ml；

（2）结果表示。

当测定结果小于1.00 mg/L时，保留至小数点后两位；当测定结果大于等于1.00 mg/L时，保留三位有效数字。

9．精密度和准确度

（1）精密度。

5家实验室对含碘酸钾质量浓度分别为1.01 mg/L、5.03 mg/L、9.05 mg/L的统一样品进行了测定：实验室内相对标准偏差分别为7.6%～9.6%、1.0%～3.8%、0.7%～1.4%，实验室间相对标准偏差分别为1.2%、1.1%、0.4%。

（2）准确度。

5家实验室对分别来源于自来水、医疗废水和生活污水的3个实际样品用次氯酸钠加标测定：加标回收率分别为100%～103%、100%～103%、98.1%～106%。

10．注意事项

（1）当样品在现场测定时，若样品过酸、过碱或盐浓度较高，应增加缓冲液的加入量，以确保试样的pH在6.2～6.5，测定时，样品应避免强光、振摇和温热。

（2）若样品需运回实验室分析，对于酸性很强的水样，应增加固定剂NaOH溶液的加入量，使样品pH>12；若样品NaOH溶液加入体积大于样品体积的1%，样品体积（V_0）应进行校正；对于碱性很强的水样（pH>12），则不需加入固定剂，测定时应增加缓冲液的加入量，使试样的pH在6.2～6.5；对于加入固定剂的高盐样品，测定时也需调整缓冲液的加入量，使试样的pH在6.2～6.5。

（3）测定游离氯和总氯的玻璃器皿应分开使用，以防止交叉污染。

附录 A 一氯胺、二氯胺和三氯化氮 3 种形式化合氯的分别测定

1. 方法的适用范围

本附录规定区分一氯胺、二氯胺和三氯化氮 3 种形式化合氯的方法。本方法适用范围同本小节 N,N-二乙基-1,4-苯二胺滴定法。

2. 方法原理

在测定游离氯和总氯后，滴定另外两个试样：

①将其中一个试样加入盛有磷酸盐缓冲溶液和 DPD 溶液的锥形瓶中，再加入少量碘化钾，反应局限于游离氯和化合氯中的一氯胺。

②在另一个试样中，先加入少量碘化钾，再加入磷酸盐缓冲液和 DPD 溶液。此时，游离氯、化合氯中的一氯胺及 50%三氯化氮发生反应。

化合氯中的二氯胺在上述两种情况下都不反应。分别计算化合氯中一氯胺、二氯胺和三氯化氮的浓度。

3. 仪器和设备

同本小节 N,N-二乙基-1,4-苯二胺滴定法。

4. 试剂和材料

碘化钾溶液：ρ（KI）=5 g/L，临用现配，装在棕色瓶中。

其余试剂和材料同本小节 N,N-二乙基-1,4-苯二胺滴定法。

5. 分析步骤

（1）游离氯和化合氯中一氯胺的测定。

向 250 ml 锥形瓶中依次加入 15.0 ml 磷酸盐缓冲液、5.0 ml DPD 溶液和 100 ml 试样并加入 2 滴（约 0.1 ml）碘化钾溶液或很小一粒碘化钾晶体（约 0.5 mg），混匀，立即用硫酸亚铁铵标准使用液滴定至无色为终点。记录消耗溶液体积（V_6）。高浓度样品应稀释后测定。

（2）游离氯、化合氯中一氯胺和 50%三氯化氮的测定。

向 250 ml 烧杯中依次加入 100 ml 试样和 2 滴（约 0.1 ml）碘化钾溶液或很小一粒碘化钾晶体（约 0.5 mg），混匀，在 1 min 内，将烧杯中溶液倒入含 15.0 ml 磷酸盐缓冲液和 5.0 ml DPD 溶液的 250 ml 锥形瓶中，立即用硫酸亚铁铵标准溶液使用液滴定至无色为终点。记录消耗溶液体积（V_7）。高浓度样品应稀释后测定。

6. 结果计算

（1）一氯胺的计算。

化合氯中一氯胺的质量浓度ρ（以 Cl_2 计）按照下式计算。

$$\rho = \frac{c_3 \times (V_6 - V_3)}{V_0} \times 70.91$$

式中：V_6——在测定游离氯和化合氯中一氯胺中消耗硫酸亚铁铵标准使用液的体积，ml。

（2）二氯胺的计算。

化合氯中二氯胺的质量浓度ρ（以 Cl_2 计）按照下式计算。

$$\rho = \frac{c_3 (V_4 + V_6 - 2V_7)}{V_0} \times 70.91$$

式中：V_7——在测定游离氯、化合氯中一氯胺和 50%三氯化氮中消耗硫酸亚铁铵标准使用液的体积，ml。

（3）三氯化氮的计算。

化合氯中三氯化氮的质量浓度ρ（以 Cl_2 计）按照下式计算。

$$\rho = \frac{2c_3(V_7 - V_6)}{V_0} \times 70.91$$

（三）N,N-二乙基-1,4-苯二胺分光光度法（A）[*]

警告：汞盐属剧毒化学品，操作时应按规定要求佩戴防护器具，避免接触皮肤和衣物。检测后的废液应做妥善的安全处理。

1. 方法的适用范围

本方法适用于地表水、废水中的游离氯和总氯的测定。但不适用于测定较浑浊或色度较高的水样。

对于高浓度样品，采用 10 mm 比色皿，本方法的检出限（以 Cl_2 计）为 0.03 mg/L，测定范围（以 Cl_2 计）为 0.12～1.5 mg/L。对于低浓度样品，采用 50 mm 比色皿，本方法的检出限（以 Cl_2 计）为 0.004 mg/L，测定范围（以 Cl_2 计）为 0.016～0.2 mg/L。对于游离氯或总氯浓度高于方法测定上限的样品，可适当稀释后进行测定。现场测定水中游离氯和总氯按照附录 A 执行。

2. 方法原理

（1）游离氯的测定。

在 pH 为 6.2～6.5 条件下，游离氯直接与 N,N-二乙基-1,4-苯二胺（DPD）发生反应，生成红色化合物，在 515 nm 波长下，测定其吸光度。

由于游离氯标准溶液不稳定且不易获得，本方法以碘分子或 I_3^- 代替游离氯做校准曲线。以碘酸钾为基准，在酸性条件下与碘化钾发生如下反应：$IO_3^- + 5I^- + 6H^+ \longrightarrow 3I_2 + 3H_2O$，$I_2 + I^- \longrightarrow I_3^-$，生成的碘分子或 I_3^- 与 DPD 发生显色反应，碘分子与氯分子物质的量的比例关系为 1：1。

（2）总氯的测定。

在 pH 为 6.2～6.5 条件下，存在过量碘化钾时，单质氯、次氯酸、次氯酸盐和氯胺与 DPD 反应生成红色化合物，在 515 nm 波长下，测定其吸光度，测定总氯。

3. 干扰和消除

同本节（二）N,N-二乙基-1,4-苯二胺滴定法。

4. 仪器和设备

（1）可见分光光度计：并配有 10 mm 和 50 mm 比色皿。

（2）天平：精度分别为 0.1 g 和 0.1 mg。

5. 试剂和材料

除非另有说明，否则分析时均使用符合国家标准的分析纯试剂。

（1）实验用水同本节（二）N,N-二乙基-1,4-苯二胺滴定法。

（2）硫酸：ρ（H_2SO_4）=1.84 g/ml。

（3）碘化钾（KI）晶体。

（4）次氯酸钠溶液：ρ（Cl_2）≈0.1 g/L。

---

[*] 本方法与 HJ 586—2010 等效。

同本节（二）*N,N*-二乙基-1,4-苯二胺滴定法。

（5）硫酸溶液：$c(H_2SO_4)$=1.0 mol/L。

于 800 ml 水中，在不断搅拌下小心加入 54.0 ml 硫酸，冷却后将溶液移入 1 000 ml 容量瓶中，加水至标线，混匀。

（6）氢氧化钠溶液Ⅰ：$c(NaOH)$=2.0 mol/L。

同本节（二）*N,N*-二乙基-1,4-苯二胺滴定法。

（7）氢氧化钠溶液Ⅱ：$c(NaOH)$=1.0 mol/L。

称取 40.0 g 氢氧化钠，溶解于 500 ml 水中，待溶液冷却后用水稀释至 1 000 ml，混匀。

（8）碘酸钾标准贮备液：$\rho(KIO_3)$=1.006 g/L。

称取优级纯碘酸钾（预先在 120～140℃下烘干 2 h）1.006 g，溶于水中，移入 1 000 ml 容量瓶中，加水至标线，混匀。

（9）碘酸钾标准使用液Ⅰ：$\rho(KIO_3)$=10.06 mg/L。

吸取 10.0 ml 碘酸钾标准贮备液于 1 000 ml 棕色容量瓶中，加入约 1 g 碘化钾，加水至标线，混匀，临用现配。1.00 ml 标准使用液中含 10.06 μg KIO_3，相当于 10.0 μg Cl_2。

（10）碘酸钾标准使用液Ⅱ：$\rho(KIO_3)$=1.006 mg/L。

吸取 10.0 ml 碘酸钾标准使用液Ⅰ于 100 ml 棕色容量瓶中，加水至标线，混匀。临用现配。1.00 ml 标准使用液中含 1.006 μg KIO_3，相当于 1.0 μg Cl_2。

（11）磷酸盐缓冲溶液：pH=6.5。

同本节（二）*N,N*-二乙基-1,4-苯二胺滴定法。

（12）DPD 溶液：$\rho[NH_2C_6H_4N(C_2H_5)_2 \cdot H_2SO_4]$=1.1 g/L。

同本节（二）*N,N*-二乙基-1,4-苯二胺滴定法。

（13）亚砷酸钠溶液或硫代乙酰胺溶液：$\rho(NaAsO_2)$=2.0 g/L，$\rho(CH_3CSNH_2)$=2.5 g/L。

6. 样品

游离氯和总氯不稳定，样品应尽量现场测定，现场测定方法见本小节附录 A。如样品不能现场测定，则需对样品加入固定剂保存。可预先加入采样体积 1% 的氢氧化钠溶液Ⅰ到棕色玻璃瓶中，采集水样使其充满采样瓶，立即加盖塞紧并密封，避免水样接触空气。若样品呈酸性，应加大氢氧化钠溶液Ⅰ的加入量，确保水样 pH＞12。水样用冷藏箱运送，在实验室内 4℃、避光条件下保存，5 d 内测定。

7. 分析步骤

（1）校准曲线的建立。

①高浓度样品：分别吸取 0.00 ml、1.00 ml、2.00 ml、3.00 ml、5.00 ml、10.00 ml 和 15.00 ml 碘酸钾标准使用液Ⅰ于 100 ml 容量瓶中，加适量（约 50 ml）水。向各容量瓶中加入 1.0 ml 硫酸溶液。1 min 后，向各容量瓶中加入 1 ml 氢氧化钠溶液Ⅱ，用水稀释至标线。各容量瓶中氯质量浓度[$\rho(Cl_2)$]分别为 0.00 mg/L、0.10 mg/L、0.20 mg/L、0.30 mg/L、0.50 mg/L、1.00 mg/L 和 1.50 mg/L。

在 250 ml 锥形瓶中各加入 15.0 ml 缓冲溶液和 5.0 ml DPD 溶液，于 1 min 内将上述标准系列溶液加入锥形瓶中，混匀后，在波长 515 nm 处，用 10 mm 比色皿测定各溶液的吸光度，于 60 min 内完成比色分析。以空白校正后的吸光度值为纵坐标，以其对应的氯质量浓度[$\rho(Cl_2)$]为横坐标，建立校准曲线。

②低浓度样品。

分别吸取 0.00 ml、2.00 ml、4.00 ml、8.00 ml、12.00 ml、16.00 ml 和 20.00 ml 碘酸钾标准使用液 II 于 100 ml 容量瓶中，加适量（约 50 ml）水。向各容量瓶中加入 1.0 ml 硫酸溶液。1 min 后，向各容量瓶中加入 1 ml 氢氧化钠溶液 II，用水稀释至标线。各容量瓶中氯质量浓度[$\rho(Cl_2)$]分别为 0.00 mg/L、0.02 mg/L、0.04 mg/L、0.08 mg/L、0.12 mg/L、0.16 mg/L 和 0.20 mg/L。

在 250 ml 锥形瓶中各加入 15.0 ml 缓冲溶液和 1.0 ml DPD 溶液，于 1 min 内将上述标准系列溶液加入锥形瓶中，混匀后，在波长 515 nm 处，用 50 mm 比色皿测定各溶液的吸光度，于 60 min 内完成比色分析。

以空白校正后的吸光度值为纵坐标，以其对应的氯质量浓度[$\rho(Cl_2)$]为横坐标，建立校准曲线。

（2）试样的测定。

①游离氯：于 250 ml 锥形瓶中，依次加入 15.0 ml 磷酸盐缓冲溶液、5.0 ml DPD 溶液和 100 ml 水样（或稀释后的水样），在与建立校准曲线相同条件下测定吸光度。用空白校正后的吸光度值计算质量浓度（ρ_1）。

对于含有氧化锰和六价铬的试样可通过测定两者含量消除其干扰。取 100 ml 试样于 250 ml 锥形瓶中，加 1.0 ml 亚砷酸钠溶液或硫代乙酰胺溶液，混匀。再加入 15.0 ml 磷酸盐缓冲溶液和 5.0 ml DPD 溶液，测定吸光度，记录质量浓度（ρ_3），相当于氧化锰和六价铬的干扰。若水样需稀释，应测定稀释后样品的氧化锰和六价铬干扰。

注 1：进行低浓度样品测定时，应加入 1.0 ml DPD 溶液。

②总氯：在 250 ml 锥形瓶中，依次加入 15.0 ml 磷酸盐缓冲溶液、5.0 ml DPD 溶液、100 ml 水样（或稀释后的水样）和 1.0 g 碘化钾，混匀。在与建立校准曲线相同条件下测定吸光度。用空白校正后的吸光度值计算质量浓度（ρ_2）。

对于含有氧化锰和六价铬的试样可通过测定其含量消除干扰，其测定方法同游离氯的测定。

注 2：进行低浓度样品测定时，应加入 1.0 ml DPD 溶液。

（3）空白试验。

用实验用水代替样品，测定步骤同样品游离氯和总氯的测定。空白应与样品同批测定。

8．结果计算和表示

（1）结果计算。

①游离氯。水样中游离氯（以 Cl_2 计）的质量浓度按照下式进行计算。

$$\rho = (\rho_1 - \rho_3) \times f$$

式中：ρ——水样中游离氯（以 Cl_2 计）的质量浓度，mg/L；

ρ_1——试样中游离氯（以 Cl_2 计）的质量浓度，mg/L；

ρ_3——测定氧化锰和六价铬干扰时相当于氯的质量浓度，mg/L，若不存在氧化锰和六价铬，则ρ_3=0 mg/L；

f——水样稀释倍数。

②总氯。水样中总氯（以 Cl_2 计）的质量浓度按下式进行计算。

$$\rho = (\rho_2 - \rho_3) \times f$$

式中：ρ——水样中总氯（以 Cl_2 计）的质量浓度，mg/L；

ρ_2——试样中总氯（以 Cl_2 计）的质量浓度，mg/L；

ρ_3——测定氧化锰和六价铬干扰时相当于氯的质量浓度，mg/L，若不存在氧化锰和六价铬，ρ_3=0 mg/L；

f——水样稀释倍数。

（2）结果表示。

测定结果与检出限最后一位保持一致，若有效数字大于三位，则保留三位有效数字。

9. 精密度和准确度

（1）精密度。

5 家实验室对含碘酸钾质量浓度分别为 0.15 mg/L、0.76 mg/L 和 1.36 mg/L 的统一样品进行了测定：实验室内相对标准偏差分别为 8.9%～11.6%、2.5%～3.9%、1.3%～2.2%，实验室间相对标准偏差分别为 2.7%、8.7%、0.4%。

（2）准确度。

5 家实验室对分别来源于自来水、医疗废水和生活污水的 3 个实际样品用次氯酸钠加标测定：加标回收率分别为 96.7%～102%、99.4%～104%、98.3%～103%。同一实验室对含碘酸钾质量浓度分别为 0.02 mg/L、0.04 mg/L、0.08 mg/L 和 0.12 mg/L 的标准溶液平行六次测定，相对标准偏差分别为 11.1%、6.6%、3.8%、2.0%，相对误差分别为 10.0%、10.0%、5.0%、2.5%。

10. 质量保证和质量控制

（1）校准曲线回归方程的相关系数（r）>0.999。

（2）每批样品应带一个中间校核点，中间校核点测定值与校准曲线相应点浓度的相对误差应不超过 15%。

11. 注意事项

实验中的玻璃器皿需在次氯酸钠溶液中浸泡 1 h，然后用水充分漂洗。其余同本节（二）N,N-二乙基-1,4-苯二胺滴定法。

附录 A 水质 游离氯和总氯的测定 N,N-二乙基-1,4-苯二胺现场测定法

1. 方法的适用范围

本方法适用于工业废水、医疗废水、生活污水和中水中游离氯和总氯的测定。

本方法的检出限为 0.04 mg/L，测定下限为 0.16 mg/L。对于游离氯或总氯浓度高于仪器测定范围的样品，可适当稀释后进行测定。

2. 方法原理

同本小节 N,N-二乙基-1,4-苯二胺分光光度法。

3. 干扰和消除

同本小节 N,N-二乙基-1,4-苯二胺分光光度法。

4. 仪器和设备

便携式分光光度计：具（515±5）nm 波长，并配有样品杯（管）。

5. 试剂和材料

（1）实验用水：同本小节 N,N-二乙基-1,4-苯二胺分光光度法。

（2）游离氯调零试剂：含有仪器推荐测定样品 1/20 体积的磷酸盐缓冲溶液和 1/20 体

积的 DPD 溶液的水。如调零试剂长时间使用，其中可加入小于测定样品体积 1/20 的丙酮；如临用现配可不加丙酮。也可使用商品化的调零试剂。

（3）磷酸盐缓冲溶液：pH=6.5。

同本小节 *N*,*N*-二乙基-1,4-苯二胺分光光度法。也可使用商品化的产品。

（4）DPD 溶液：$\rho[NH_2C_6H_4N(C_2H_5)_2 \cdot H_2SO_4]$=1.1 g/L。

同本小节 *N*,*N*-二乙基-1,4-苯二胺分光光度法。也可使用商品化的产品。

（5）碘化钾溶液：ρ（KI）=150 g/L。

称取碘化钾 15 g，溶于水中，移入 100 ml 容量瓶，加水至标线，混匀。

6．分析步骤

（1）仪器调零。

仪器测定时，将加入调零试剂的空白管插入仪器，进行调零。

（2）校准曲线的建立。

可使用仪器内置的标准曲线进行样品测定，也可自行建立校准曲线，校准曲线的建立同本小节 *N*,*N*-二乙基-1,4-苯二胺分光光度法。

（3）游离氯的测定。

在样品杯或管中加入推荐样品体积 1/20 的磷酸盐缓冲溶液和 1/20 的 DPD 溶液，然后加入仪器推荐样品体积的试样，混匀后比色测定。也可使用商品化的试剂管。

对于含有氧化锰和六价铬的试样可通过测定其含量消除干扰，其测定方法同本节 *N*,*N*-二乙基-1,4-苯二胺分光光度法。

（4）总氯的测定。

在样品杯或管中加入推荐样品体积 1/20 的磷酸盐缓冲溶液和 1/20 的 DPD 溶液，然后加入仪器推荐样品体积的试样，加入推荐样品体积 1/10 的碘化钾溶液，混匀后比色测定。也可使用商品化的试剂管。

对于含有氧化锰和六价铬的试样可通过测定其含量消除干扰，其测定方法同本节 *N*,*N*-二乙基-1,4-苯二胺分光光度法。

（5）空白试验。

用调零试剂代替试样，进行比色测定。空白试样应与样品同批测定。

7．结果计算和表示

可根据仪器的示值或校准曲线得出样品浓度。当样品浓度超过测定范围需要进行稀释，或需进行消除氧化锰和六价铬的干扰操作时，结果计算和表示同本节 *N*,*N*-二乙基-1,4-苯二胺分光光度法。

8．精密度和准确度

（1）精密度。

5 家实验室对含碘酸钾质量浓度分别为 0.50 mg/L、2.52 mg/L、4.53 mg/L 的统一样品进行了测定：实验室内相对标准偏差分别为 6.0%～8.6%、2.5%～3.5%、1.4%～2.5%，实验室间相对标准偏差分别为 2.3%、0.9%、1.0%。

（2）准确度。

5 家实验室对分别来源于自来水、医疗废水和生活污水的 3 个实际样品用次氯酸钠加标测定：加标回收率分别为 90.2%～107%、92.5%～100%、93.1%～99.5%。

9. 质量保证和质量控制

（1）校准曲线的相关系数（γ）≥0.999。

（2）若自行配制调零试剂和建立校准曲线，每次试验前应先检验水的质量。

（3）每批样品应带一个中间校核点，中间校核点测定值与校准曲线相应点浓度的相对误差应不超过15%。

五、氯化物

氯化物（Cl^-）是水和废水中一种常见的无机阴离子。几乎所有的天然水中都有氯离子存在，它的含量范围变化很大。在河流、湖泊、沼泽地区，氯离子含量一般较低，而在海水、盐湖及某些地下水中，其含量可高达数十克每升。在人类的生存活动中，氯化物有很重要的生理作用及工业用途。正因为如此，在生活污水和工业废水中，均含有相当数量的氯离子。

若饮用水中氯离子含量达到 250 mg/L，相应的阳离子为钠时，会感觉到咸味；水中氯化物含量高时，会损害金属管道和构筑物，并妨碍植物的生长。

测定氯化物的方法较多，其中，离子色谱法是目前国内外最为通用的方法，简便快速。硝酸银滴定法所需仪器设备简单适合于清洁水的测定。电位滴定法和离子选择电极—流动注射法适合于测定带色或污染的水样，在污染源监测中使用较多。同时把离子选择电极—流动注射法改为流通池测量，可保证电极的持久使用并能提高测量精度。

（一）离子色谱法（A）

同本章三、硫酸盐测定方法（一）。

（二）硝酸银滴定法（A）*

1. 方法的适用范围

本方法适用于天然水中氯化物的测定，也适用于经过适当稀释的高矿化度水如咸水、海水等，以及经过预处理除去干扰物的生活污水或工业废水中氯化物的测定。

本方法适用的浓度范围为 10～500 mg/L。高于此范围的水样经稀释后可以扩大其测定范围。低于 10 mg/L 的样品，滴定终点不易掌握，建议采用离子色谱法。

2. 方法原理

在中性至弱碱性范围内（pH=6.5～10.5），以铬酸钾为指示剂，用硝酸银滴定氯化物时，由于氯化银的溶解度小于铬酸银的溶解度，氯离子首先被完全沉淀出来，然后铬酸盐以铬酸银的形式被沉淀，产生砖红色，指示滴定终点到达。该沉淀滴定的反应如下：

$$Ag^+ + Cl^- \longrightarrow AgCl \downarrow$$
$$2Ag^+ + CrO_4^{2-} \longrightarrow Ag_2CrO_4 \downarrow \text{（砖红色）}$$

3. 干扰和消除

饮用水中含有的各种物质在通常的数量下不产生干扰。溴化物、碘化物和氰化物均能起与氯化物相同的反应。

硫化物、硫代硫酸盐和亚硫酸盐干扰测定，可用过氧化氢处理予以消除。正磷酸盐及

---

* 本方法与 GB/T 11896—1989 等效。

聚磷酸盐分别超过 250 mg/L 及 25 mg/L 时有干扰；铁含量超过 10 mg/L 时使终点不明显，可用对苯二酚还原成亚铁消除干扰；少量有机物的干扰可用高锰酸钾处理消除。

当废水中有机物含量高或色度大，难以辨别滴定终点时，采用加入氢氧化铝进行沉降过滤法去除干扰。

4．仪器和设备

（1）锥形瓶：250 ml。

（2）棕色滴定管：25 ml。

（3）移液管：50 ml、25 ml。

5．试剂和材料

除非另有说明，否则分析时均使用符合国家标准的分析纯试剂。所用水为去离子水或相当纯度的水。

（1）高锰酸钾：c（1/5 $KMnO_4$）≈0.01 mol/L。

称取 3.2 g 高锰酸钾溶于 1.2 L 水中，加热煮沸，体积减少至约 1 L，在暗处放置过夜，用 G3 玻璃砂芯漏斗过滤后，将滤液贮于棕色瓶中。

（2）30% 过氧化氢（H_2O_2）。

（3）95% 乙醇（C_2H_5OH）。

（4）硫酸溶液：c（1/2 H_2SO_4）=0.05 mol/L。

量取 1.4 ml 浓硫酸，边搅拌边缓缓注入盛有 500 ml 水的烧杯中，冷却后用水稀释至 1 000 ml。

（5）氢氧化钠溶液：c（NaOH）=0.05 mol/L。

称取 2 g 氢氧化钠溶解于适量水中，用水稀释至 1 000 ml。

（6）氢氧化铝悬浮液：溶解 125 g 硫酸铝钾[$KAl(SO_4)_2 \cdot 12H_2O$]于 1 L 水中，加热至 60℃，然后边搅拌边缓缓加入 55 ml 浓氨水，放置约 1 h 后，移至大瓶中，用倾泻法反复洗涤沉淀物，直到洗出液不含氯离子为止。用水稀至约为 300 ml。

（7）氯化钠标准溶液：c（NaCl）=0.014 1 mol/L。

将基准试剂氯化钠置于瓷坩埚内，在 500～600℃ 下灼烧 40～50 min。在干燥器中冷却后称取 8.240 0 g 溶于水中，转入 1 000 ml 容量瓶中，用水稀释至标线，混匀。吸取 10.00 ml 于 100 ml 容量瓶中，用水定容。

1.00 ml 此标准溶液含 0.500 mg 氯化物（Cl⁻）。

（8）硝酸银标准溶液：c（$AgNO_3$）=0.014 1 mol/L。

称取 2.395 g 硝酸银，溶于水并稀释至 1 000 ml，贮于棕色瓶中。用氯化钠标准溶液标定其准确浓度，步骤如下：

吸取 25.00 ml 氯化钠标准溶液于 250 ml 锥形瓶中，加 25 ml 水。加入 1 ml 铬酸钾溶液，在不断的摇动下用硝酸银标准溶液滴定至砖红色沉淀刚刚出现即为终点，记下读数（V）。另取一锥形瓶，量取 50 ml 水做空白实验，同样滴定空白溶液，记下读数（V_0）。

硝酸银标准溶液的浓度按照下式计算。

$$c_1 = \frac{c \times 25.00}{V - V_0}$$

式中：c_1——硝酸银标准溶液的浓度，mol/L；

c——氯化钠标准溶液的浓度，mol/L；

V——滴定氯化钠标准溶液时硝酸银溶液用量，ml；

V_0——滴定空白溶液时硝酸银溶液用量，ml。

（9）铬酸钾溶液：ρ（K_2CrO_4）=50 g/L。

称取 5 g 铬酸钾溶于少量水中，滴加硝酸银溶液至有红色沉淀生成。摇匀，静置 12 h，然后过滤并用水将滤液稀释至 100 ml。

（10）酚酞溶液：ρ=10 g/L。

称取 0.5 g 酚酞溶于 50 ml 95%乙醇中，加入 50 ml 水，再滴加 0.05 mol/L 氢氧化钠溶液使呈微红色。

6. 样品

（1）样品采集和保存。

采集代表性水样，放在干净且化学性质稳定的玻璃瓶或聚乙烯瓶内，存放时不必加入特别的保存剂。

（2）试样的制备。

如水样浑浊或带有颜色，则取 150 ml 或适量水样稀释至 150 ml，置于 250 ml 锥形瓶中，加入 2 ml 氢氧化铝悬浮液，振荡过滤，弃去最初滤下的 20 ml，用干的清洁锥形瓶接取滤液备用。

如果有机物含量高或色度高，可用马弗炉灰化法预先处理水样。取适量废水样于瓷蒸发皿中，调节 pH 至 8～9，置水浴上蒸干，然后放入马弗炉中在 600℃下灼烧 1 h，取出冷却后，加 10 ml 水，移入 250 ml 锥形瓶中，并用水清洗三次，一并转入锥形瓶中，调节 pH 到 7 左右，稀释至 50 ml。

由有机质而产生的较轻色度，可以加入 0.01 mol/L 高锰酸钾 2 ml，煮沸。再滴加乙醇以除去多余的高锰酸钾至水样褪色，过滤，滤液贮于锥形瓶中备用。

如果水样中含有硫化物、亚硫酸盐或硫代硫酸盐，则加 0.05 mol/L 氢氧化钠溶液将水样调至中性或弱碱性，加入 30%过氧化氢 1 ml，摇匀。1 min 后加热至 70～80℃，以除去过量的过氧化氢。

7. 分析步骤

取 50 ml 水样或经过预处理的水样（若氯化物含量高，可取适量水样用水稀释至 50 ml），置于锥形瓶中。另取一锥形瓶加入 50 ml 水做空白试验。

如水样 pH 在 6.5～10.5 范围时，可直接滴定，超出此范围的水样应以酚酞作指示剂，用 0.05 mol/L 硫酸或 0.05 mol/L 氢氧化钠溶液调节至红色刚刚褪去。

加入 1 ml 铬酸钾溶液，用硝酸银标准溶液滴定至砖红色沉淀刚刚出现即为滴定终点。

8. 结果计算和表示

（1）结果计算。

样品中氯化物（以 Cl⁻计）的质量浓度按照下式计算。

$$\rho = \frac{(V_2 - V_1) \times c \times 35.45 \times 1\,000}{V}$$

式中：ρ——样品中氯化物（以 Cl⁻计）的质量浓度，mg/L；

V_1——空白水样消耗硝酸银标准溶液体积，ml；

V_2——水样消耗硝酸银标准溶液体积，ml；

c——硝酸银标准溶液浓度，mol/L；

V——水样体积，ml；

35.45——氯离子（Cl⁻）摩尔质量，g/mol。

（2）结果表示。

当测定结果小于 100 mg/L 时，保留至整数位；当测定结果大于等于 100 mg/L 时，保留三位有效数字。

9. 精密度和准确度

6 家实验室测定含氯化物 88.3 mg/L 的标准混合样品，实验室内相对标准偏差为 0.3%，实验室间相对标准偏差为 1.2%，相对误差为 0.6%，加标回收率为 96.6%～102%。

10. 注意事项

（1）本方法滴定不能在酸性溶液中进行。在酸性介质中 CrO_4^{2-} 按下式反应而使浓度大大降低，影响等当点时 Ag_2CrO_4 沉淀的生成。

$$2CrO_4^{2-}+2H^+ \longrightarrow 2HCrO_4^- \longrightarrow Cr_2O_7^{2-}+H_2O$$

本方法也不能在强碱性介质中进行，因为 Ag^+ 将形成 Ag_2O 沉淀。其适应的 pH 在 6.5～10.5，测定时应注意调节。

（2）铬酸钾在水样中的浓度影响终点到达的迟早，在 50～100 ml 滴定液中加入 5%铬酸钾溶液 1 ml，使 CrO_4^{2-} 浓度为 $2.6×10^{-3}$～$5.2×10^{-3}$ mol/L。在滴定终点时，硝酸银加入量略过终点，误差不超过 0.1%，可用空白测定值消除。

（3）对于矿化度很高的咸水或海水的测定，可采取下述方法扩大其测定范围。

提高硝酸银标准溶液的浓度到 1 ml 标准溶液相当于 2～5 mg 氯化物。

对样品进行稀释，稀释度可参考表 2-5。

表 2-5　高矿化度样品稀释度

比重/（g/ml）	稀释度	相当取样量/ml
1.000～1.010	不稀释取 50 ml 滴定	50
1.010～1.025	不稀释取 25 ml 滴定	25
1.025～1.050	25 ml 稀释至 100 ml，取 50 ml	12.5
1.050～1.090	25 ml 稀释至 100 ml，取 25 ml	6.25
1.090～1.120	25 ml 稀释至 500 ml，取 25 ml	1.25
1.120～1.150	25 ml 稀释至 1 000 ml，取 25 ml	0.625

注：1.00～1.010 表示[1.000，1.010），其余同理。

（三）离子选择电极—流动注射法（B）

1. 方法的适用范围

本方法适用于地表水、饮用水、生活污水及一般工业废水中氯化物含量的测定。检出限为 0.9 mg/L，线性范围是 9～1 000 mg/L。

2. 方法原理

（1）工作流程：见图 2-10。

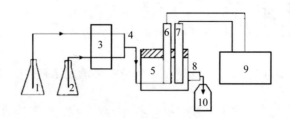

1、2—贮液池；3—蠕动泵；4—二通管；5—流通池；6—指示电极；

7—参比电极；8—流动液出口；9—离子计；10—废液瓶。

图 2-10　工作流程示意图

（2）工作原理：样品与离子强度调节剂分别由蠕动泵引入系统，经过一个三通管混合后进入流通池，由流通池喷嘴口喷出，与固定在流通池内的离子选择性电极接触，该电极与固定在流通池内的参比电极即产生电动势，该电动势随样品中氯离子浓度的变化而变化[遵守能斯特方程：$E=$常数$-RT\lg C_{Cl^-}/(n_F)$]。记录稳定电位值（每分钟变化不超过 1 mV）。由浓度的对数（$\lg C_{Cl^-}$）与电位值（E）的校准曲线计算出 Cl^- 含量（mg/L）。

3．干扰和消除

Br^-、S^{2-} 对本方法有明显干扰，I^-超过 0.36 倍时干扰测定。K^+、Na^+、Cu^{2+}、Zn^{2+}、Ca^{2+}、Mg^{2+}、Pb^{2+}、Fe^{3+}、Al^{3+}、NH_4^+、Ac^-、HCO_3^- 均不干扰测定。其中 S^{2-} 的干扰可用加入少量的硝酸铅消除。Br^-、I^- 的干扰可从测得的总卤素离子的含量中扣除 Br^-、I^- 含量的方法消除。

4．仪器和设备

（1）电极流动注射分析仪。

（2）双液接参比电极（外盐桥充饱和 KNO_3 溶液）。

5．试剂和材料

除非另有说明，否则分析时均使用符合国家标准的分析纯试剂。所用水为去离子水或相当纯度的水。

（1）氯化钠标准贮备溶液：ρ（Cl^-）=1 000 mg/L。

称取 1.648 5 g 经 150℃烘干、恒重的基准试剂 NaCl 溶于水中，移入 1 000 ml 容量瓶中，用水稀释至标线，摇匀。亦可购买市售有证标准溶液。

（2）氯化钠标准使用液。

移取氯化钠标准贮备溶液，用逐级稀释法配制 Cl^- 浓度分别为 100 mg/L、10.0 mg/L、1.00 mg/L 的溶液。

（3）离子强度调节剂：c（KNO_3）=0.05 mol/L。

（4）氢氧化钠溶液：ρ（NaOH）=10 g/L。

（5）硝酸溶液：1+99。

6．样品

（1）样品采集和保存。

水样盛放于塑料容器中以 2～5℃冷藏的保存方法，最长可保存 28 d。

（2）试样的制备。

首先将两根泵管连接好，推上压紧板，再将电极套入流通池的电极盖中，调节好与喷嘴口的距离，将电极接口与仪器连接好。接通电源，打开仪器开关，将套在泵管上的两根聚四氟乙烯管插入去离子水中。

7. 分析步骤

（1）校准曲线的建立。

将一根聚四氟乙烯管插入离子强度调节剂中，另一根依次（从稀到浓）插入不同浓度（ρ）的标准液中，读取稳定电位值（E），绘制 E-$\lg\rho$ 的校准曲线。

（2）试样的测定。

用 pH 试纸检查水样的 pH，用（1+99）硝酸溶液或氢氧化钠溶液调节，控制水样的 pH 在 4.0～8.5。

将聚四氟乙烯管分别插入离子强度调节剂与待测水样中，记录稳定电位值（每分钟变化不超过 1 mV）。由校准曲线查得水样中 Cl^- 含量（mg/L）。

8. 结果计算和表示

由 E-$\lg\rho$ 校准曲线直接查得 Cl^- 含量（mg/L）。

9. 精密度和准确度

测定了 Cl^- 含量在 31.0～144 mg/L 的地表水、污水、酸洗废水、电镀废水、生化处理废水、彩管厂废水及三种浓度水平的标准溶液和国家二级标样，相对标准偏差在 2.1%～4.4%，对以上水样进行了两种不同浓度水平的加标试验，回收率在 94%～105%。

10. 注意事项

（1）电极使用前，必须先活化。活化方法：在 10^{-3} mol/L NaCl 溶液中浸泡 1 h。

（2）测定过程中，如遇气泡聚积在电极表面，应去除，否则影响测定。

（3）如果发现敏感膜表面磨损或沾污，应在细金相砂纸上抛光。

（4）电极使用完毕后，应清洗到空白电位值，用滤纸吸干，避光保存。

（四）电位滴定法（B）

1. 方法的适用范围

本方法适用于测定地表水、地下水和工业废水中的氯化物。

本方法的检出限为 1 mg/L，检测下限为 4 mg/L。

2. 方法原理

用电位滴定法测定氯化物，是以氯电极为指示电极，以玻璃电极或双液接参比电极为参比，用硝酸银标准溶液滴定，用毫伏计测定两电极之间的电位变化。在恒定地加入少量硝酸银的过程中，电位变化最大时仪器的读数即为滴定终点。

3. 干扰和消除

溴化物、碘化物能与银离子形成溶解度很小的化合物，干扰测定。氰化物为电极干扰物质，高铁氰化物会使结果偏高。高价铁离子的含量如果显著地高于氯化物也会引起干扰。六价铬会干扰测定，应预先使其还原成三价或者去除。重金属、钙、镁、铝、二价铁、铬、HPO_4^{2-}、SO_4^{2-} 等均不干扰测定。硫化物、硫代硫酸盐和亚硫酸盐等的干扰可用过氧化氢处理予以消除。Br^-、I^- 的干扰，可用加入定量特制的 Ag 粉末，或者从测得的总卤量中扣除 Br^-、I^- 含量的方法消除。

4. 仪器和设备

（1）指示电极：银—氯化银电极或者氯离子选择性电极。

（2）参比电极：玻璃电极或者双液接参比电极。

（3）电位计。

（4）电磁搅拌器：覆盖聚乙烯或玻璃的搅拌子。

（5）棕色滴定管：10 ml、25 ml。

5．试剂和材料

（1）氯化钠标准溶液：c（NaCl）=0.014 1 mol/L。

配制方法同本节（二）硝酸银滴定法。

（2）硝酸银标准溶液：c（AgNO$_3$）=0.014 1 mol/L。

配制及标定方法同本节（二）硝酸银滴定法。

（3）硝酸：ρ（HNO$_3$）=1.42 g/ml。

（4）硫酸溶液：1+1。

（5）30%过氧化氢。

（6）氢氧化钠溶液：c（NaOH）=1 mol/L。

称取 4 g 氢氧化钠溶于水中，稀释至 100 ml。

6．样品

（1）样品采集和保存。

采集代表性水样，放在干净且化学性质稳定的玻璃瓶或聚乙烯瓶内。

（2）试样的制备。

水样如果比较清洁，可取适量水样（氯化合物含量不超过 10 mg）置于 250 ml 烧杯中，加硝酸使 pH 在 3～5。

污染较小的水样可加硝酸处理。如果水样中含有机物、氰化物、亚硫酸盐或者其他干扰物，可于 100 ml 水样中加入（1+1）硫酸溶液，使溶液呈酸性，煮沸 5 min 除去挥发物。必要时，再加入适量（1+1）硫酸溶液使溶液保持酸性，然后加入 3 ml 过氧化氢煮沸 15 min，并经常添加水使溶液体积保持在 50 ml 以上。加入 1 mol/L 氢氧化钠溶液使呈碱性，再煮沸 5 min，冷却后过滤，用水洗沉淀和滤纸，洗涤液和滤液定容后供测定用。亦可在煮沸冷却后定容，静置后取上清液进行测定。

7．分析步骤

仪器和电极的准备按使用说明进行。

（1）硝酸银标准溶液的标定。

吸取 10.00 ml 氯化钠标准溶液，置于 250 ml 烧杯中，加 2 ml 硝酸，稀释至 100 ml。放入搅拌子，将烧杯放在电磁搅拌器上，使电极浸入溶液中，开启搅拌器，在中速搅拌下（不溅失，无气泡产生），每次加入一定量硝酸银标准溶液，每加一次，记录一次平衡电位值。

开始时，每次加入硝酸银标准溶液的量可以大一些，接近终点时，则每次加入 0.1 ml或 0.2 ml，并使间隔时间稍大一些，以便电极达到平衡得到准确终点。在逐次加入硝酸银标准溶液的过程中，仪器读数变化最大的一点即为终点。

可根据制定的微分滴定曲线的拐点，或者用二次微分的方法（二次微分为零）确定滴定终点，见图 2-11。然后计算出硝酸银标准溶液的浓度。

（2）试样的测定。

取适量经预处理的水样，加硝酸使呈酸性，并过量 0.5 ml（约 10 滴），然后按标定硝酸银标准溶液的方法进行电位滴定。

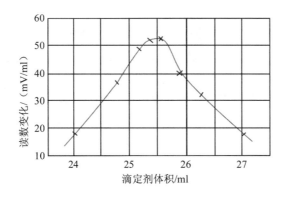

图 2-11 微分滴定曲线示意图

（3）空白试验。

与水样滴定的同时，用不含氯化物的水做空白滴定。

8．结果计算和表示

（1）结果计算。

样品中氯化物（以 Cl⁻计）的质量浓度按照下式计算。

$$\rho = \frac{(V_2 - V_1) \times c \times 35.45 \times 1\,000}{V}$$

式中：ρ——样品中氯化物（以 Cl⁻计）的质量浓度，mg/L；

V_1——空白消耗硝酸银标准溶液体积，ml；

V_2——水样消耗硝酸银标准溶液体积，ml；

c——硝酸银标准溶液浓度，mol/L；

V——水样体积，ml；

35.45——氯离子（Cl⁻）摩尔质量，g/mol。

（2）结果表示。

当测定结果小于 100 mg/L 时，保留至整数位；当测定结果大于等于 100 mg/L 时，保留三位有效数字。

9．注意事项

（1）由于是沉淀反应，故必须经常检查电极表面是否被沉淀沾污，并及时清洗干净。

（2）氯电极有光敏作用。硝酸银易被还原成黑色银粉，即受强热或阳光照射时逐渐分解所致，故应在避光处测定。

（3）水样有颜色、浑浊均不影响测定。温度影响电极电位和电离平衡，须注意调节仪器的温度补偿装置，并使标准溶液与水样的温度一致。

六、氟化物

氟化物（F⁻）是人体必需的微量元素之一，缺氟易患龋齿病，饮水中含氟的适宜浓度在 0.5～1.0 mg/L。当长期饮用含氟量在 1～1.5 mg/L 的水时，则易患斑齿病；水中含氟量高于 4 mg/L 时，可导致氟骨病。

氟化物广泛存在于天然水体中。有色冶金、钢铁和铝加工、焦炭、玻璃、陶瓷、电子、电镀、化肥、农药等行业的废水及含氟矿物的废水中常常都存在氟化物。

氟化物的测定方法主要有离子色谱法、离子选择电极法和氟试剂分光光度法。离子色谱法已被国内外普遍使用，其方法简便、快速，相对干扰较小，测量范围是 0.02～10 mg/L。离子选择电极法选择性好，适用范围广，水样浑浊、有颜色均可测定，测量范围是 0.05～1 900 mg/L。氟试剂分光光度法适用于含氟较低的样品，测量范围是 0.02～1.8 mg/L。对于污染严重的生活污水和工业废水，以及含氟硼酸盐的水样均要进行预蒸馏。

（一）预蒸馏

预蒸馏的方法通常有水蒸气蒸馏法和直接蒸馏法两种。直接蒸馏法的蒸馏效率较高，但温度控制较难，排除干扰也较差，在蒸馏时易发生爆沸，不安全。水蒸气蒸馏法温度控制较严格，排除干扰好，不易发生爆沸，比较安全。

水蒸气蒸馏法

水中氟化物在含高氯酸（或硫酸）的溶液中，通入水蒸气，以氟硅酸或氢氟酸形式而被蒸出。

（1）仪器：蒸馏装置，如图 2-12 所示。

（2）试剂：高氯酸（ρ =1.67 g/ml）。

（3）步骤：取 50 ml 水样（氟浓度高于 2.5 mg/L 时，可分取少量样品，用水稀释到 50 ml）于蒸馏瓶中，加 10 ml 高氯酸，摇匀，按图 2-12 所示连接好装置，加热，待蒸馏瓶内溶液温度升到约 130℃时，开始通入蒸汽，并维持温度在 130～140℃，蒸馏速度为 5～6 ml/min。待接收瓶中馏出液体积约为 200 ml 时，停止蒸馏，并用水稀释到 200 ml，供测定用。当样品中有机物含量高时，为避免与高氯酸作用而发生爆炸，可用硫酸代替高氯酸（酸与样品的体积比为 1∶1）进行蒸馏，控制温度在（145±5）℃。

取 400 ml 水于蒸馏瓶中，在不断摇动下缓慢加入 200 ml 浓硫酸，混匀。放入 5～10 粒玻璃珠，按图 2-13 进行连接。开始宜缓慢升温，然后逐渐加快升温速度，至温度达 180℃时停止加热，弃去接收瓶中馏出液。此时蒸馏瓶中酸与水的比例约为 2∶1，此操作的目的是除去蒸馏装置和酸液中氟化物的污染。待蒸馏瓶中的溶液冷至 120℃以下，加入 250 ml 样品，混匀。按上述加热方式加热至 180℃时（不得超过 180℃，以防带出硫酸盐）止。此时接收瓶中馏出液体的体积约为 250 ml，用水稀释至 250 ml 标线，混匀。供测定用。

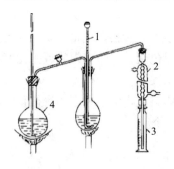

1—温度计；2—冷凝器；
3—接收器；4—蒸汽。

图 2-12　氟化物水蒸气蒸馏装置（一）

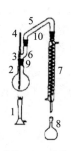

1—喷灯；2—1 L 烧瓶；3—橡胶套管；4—温度计；
5—内径 12 mm 的连接管；6—连接器；7—冷凝器；
8—300 ml 量瓶；9、10—ST 20/40 接头。

图 2-13　氟化物直接蒸馏装置

当样品中氯化物含量过高时，可于蒸馏前加入适量固体硫酸银（每毫克氯化物可加入 5 mg 硫酸银），再进行蒸馏。

注：应注意蒸馏装置连接处的密合性。

（二）离子色谱法（A）

同本章三、硫酸盐测定方法（一）。

（三）离子选择电极法（A）*

1．方法的适用范围

本方法适用于测定地表水、地下水和工业废水中的氟化物。

本方法的最低检出限为 0.05 mg/L 氟化物（以 F^- 计），测定上限可达 1 900 mg/L。

2．方法原理

当氟电极与含氟的试液接触时，电池的电动势 E 随溶液中氟离子活度变化而改变（遵守 Nernst 方程）。待测氟离子浓度（c_{F^-}）$<10^{-2}$ mol/L 时，活度系数为 1，可以用 c_{F^-} 代替其活度（a_{F^-}）。当溶液的总离子强度为定值且足够时服从下述关系式：

$$E = E - \frac{2.030\,3RT}{F} \log c_{F^-}$$

E 与 $\log c_{F^-}$ 成直线，$\dfrac{2.030\,3RT}{F}$ 为该直线的斜率，亦为电极的斜率。

工作电池可表示如下：

Ag｜AgCl，Cl^-（0.3 mol/L），F^-（0.001 mol/L）｜LaF_3‖试液‖外参比电极。

3．干扰和消除

本方法测定的是游离的氟离子浓度，某些高价阳离子（如三价铁、铝和四价硅）及氢离子能与氟离子络合而有干扰，所产生的干扰程度取决于络合离子的种类和浓度、氟化物的浓度及溶液的 pH 等。在碱性溶液中氢氧根离子的浓度大于氟离子浓度的 1/10 时影响测定。其他一般常见的阴、阳离子均不干扰测定。测定溶液的 pH 在 5～8。

氟电极对氟硼酸根离子（BF_4^-）不响应，如果水样含有氟硼酸盐或者污染严重，则应先进行蒸馏。

通常，加入总离子强度调节剂以保持溶液中总离子强度，并络合干扰离子，保持溶液适当的 pH，就可以直接进行测定。

水样有颜色或浑浊不影响测定。温度影响电极的电位和样品的离解，须使样品与标准溶液的温度相同，并注意调节仪器的温度补偿装置使之与溶液的温度一致。每次要测定电极的实际斜率。

根据 Nernst 方程式，温度在 20～25℃时，氟离子浓度每改变 10 倍，电极电位变化（58±2）mV。

4．仪器和设备

（1）氟离子选择电极。

（2）饱和甘汞电极或氯化银电极。

---

* 本方法与 GB/T 7484—1987 等效。

（3）离子活度计、毫伏计或 pH 计：精确到 0.1 mV。

（4）磁力搅拌器：具备覆盖聚乙烯或者聚四氟乙烯等的搅拌棒。

（5）聚乙烯杯：100 ml、150 ml。

（6）氟化物的水蒸气蒸馏装置：见图 2-14。

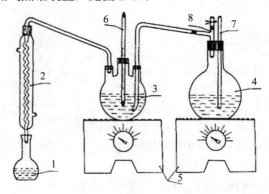

1—接收瓶（200 ml 容量瓶）；2—蛇形冷凝管；3—250 ml 直口三角烧瓶；

4—水蒸气发生瓶；5—可调电炉；6—温度计；7—安全管；8—三通管（排气用）。

图 2-14　氟化物水蒸气蒸馏装置（二）

5．试剂和材料

（1）硫酸：ρ（H_2SO_4）=1.84 g/ml。

（2）高氯酸：ρ（$HClO_4$）=1.68 g/ml。

（3）盐酸溶液：c（HCl）=2 mol/L。

量取 168 ml 盐酸，用水稀释至 1 000 ml。

（4）总离子强度调节缓冲溶液（TISAB）。

①总离子强度调节缓冲溶液Ⅰ（TISAB Ⅰ）：称取 58.8 g 二水合柠檬酸钠和 85 g 硝酸钠，加水溶解，用盐酸调节 pH 至 5～6，转入 1 000 ml 容量瓶中，稀释至标线，摇匀。

②总离子强度调节缓冲溶液Ⅱ（TISAB Ⅱ）：量取约 500 ml 水于 1 L 烧杯内，加入 57 ml 冰乙酸、58 g 氯化钠和 4.0 g 环己二胺四乙酸（或 1,2-环己基二胺四乙酸），搅拌溶解。置烧杯于冷水浴中，在不断搅拌下缓慢加入 6 mol/L NaOH 溶液（约 125 ml）使 pH 在 5.0～5.5，转入 1 000 ml 容量瓶中，稀释至标线，摇匀。

③总离子强度调节缓冲溶液Ⅲ（TISAB Ⅲ）：称取 142 g 六次甲基四胺[$(CH_2)_6N_4$]、85 g 硝酸钾（KNO_3）和 9.97 g 钛铁试剂（$C_6H_4Na_2O_8S_2\cdot H_2O$），加水溶解，调节 pH 至 5～6，转入 1 000 ml 容量瓶中，稀释至标线，摇匀。

（5）氟化物标准贮备液：ρ（F^-）=100 μg/ml。

称取 0.221 0 g 基准氟化钠（NaF）（预先于 105～110℃干燥 2 h，或者于 500～650℃干燥约 40 min，干燥器内冷却）溶于水，转入 1 000 ml 容量瓶中，稀释至标线，摇匀。贮存在聚乙烯瓶中。

（6）氟化物标准溶液：ρ（F^-）=10.0 μg/ml。

吸取氟化钠标准贮备液 10.00 ml 于 100 ml 容量瓶中，用水稀释至标线，摇匀。

（7）乙酸钠溶液：ρ（CH_3COONa）=150 g/L。

称取 15 g 乙酸钠溶于水，并稀释至 100 ml。

6．样品

（1）样品采集和保存。

样品用聚乙烯瓶采集和贮存。如果水样中氟化物含量不高，pH 在 7 以上，也可以用硬质玻璃瓶存放。采样时应先用水样冲洗取样瓶 3～4 次。

（2）试样的制备。

样品如果成分不太复杂，可直接取样。如果含有氟硼酸盐或者污染严重，则应先进行蒸馏。步骤同本节（一）预蒸馏。

7．分析步骤

（1）分析条件。

仪器的准备按测定仪器及电极的使用说明书进行。

在测定前应使样品达到室温，并使试样和标准溶液的温度相同（温差不得超过±1℃）。

（2）校准曲线的建立。

①校准曲线法：分别准确移取 1.00 ml、3.00 ml、5.00 ml、10.00 ml 和 20.00 ml 氟化物标准溶液，置于 50 ml 容量瓶中，加入 10 ml 总离子强度调节缓冲溶液，用水稀释至标线，摇匀，分别注入 100 ml 聚乙烯杯中，各放入一支塑料搅拌棒，以浓度由低到高为顺序，分别依次插入电极，连续搅拌溶液，待电位稳定后，在继续搅拌时读取电位值（E）。在每一次测量之前，都要用水充分冲洗电极，并用滤纸吸干。在半对数坐标纸上建立 E-logρ 校准曲线，浓度标示在对数分格上，最低浓度标示在横坐标的起点线上。

②一次标准加入法：当样品组成复杂或成分不明时，宜采用一次标准加入法，以便减少基体的影响。

先测定出样品的电位值（E_1），然后向样品中加入一定量（与样品中氟含量相近）的氟化物标准贮备液或氟化物标准溶液，在不断搅拌下读取平衡电位值（E_2）。E_2 与 E_1 的毫伏值以相差 30～40 mV 为宜。

（3）试样的测定。

吸取适量试样，置于 50 ml 容量瓶中，用乙酸钠或盐酸调节至近中性，加入 10 ml 总离子强度调节缓冲溶液，用水稀释至标线，摇匀，将其注入 100 ml 聚乙烯杯中，放入一支塑料搅拌棒，插入电极，连续搅拌溶液，待电位稳定后，在继续搅拌时读取电位值（E_x）。在每一次测量之前，都要用水充分冲洗电极，并用滤纸吸干。根据测得的毫伏数，由校准曲线查找氟化物的含量。

（4）空白试验。

用水代替试样，按校准曲线条件和步骤进行空白试验。

8．结果计算和表示

（1）结果计算。

样品中氟化物（以 F⁻计）的质量浓度按照下式计算。

$$\rho_x = \frac{\rho_s \left(\dfrac{V_s}{V_x + V_s} \right)}{10^{(E_2 - E_1)/s} - \left(\dfrac{V_x}{V_x + V_s} \right)}$$

如以 Q（ΔE）表示 $\dfrac{\left(\dfrac{V_s}{V_x+V_s}\right)}{10^{(E_2-E_1)/s}-\left(\dfrac{V_x}{V_x+V_s}\right)}$

则

$$\rho_x=\rho_s\times Q（\Delta E）$$

式中：ρ_x——样品中氟化物（以 F^- 计）的质量浓度，mg/L；

ρ_s——加入标准溶液的质量浓度，mg/L；

V_s——加入标准溶液的体积，ml；

V_x——测定时所取试液的体积，ml；

E_1——测得试液的电位值，mV；

E_2——样品加入标准溶液后测得的电位值，mV；

S——电极的实测斜率；

ΔE——E_2-E_1。

当固定 V_s 与 V_x 的比值时，可事先将 Q（ΔE）用计算器算出，并制成表供查用，实际分析时，按测得的 ΔE 值由表 2-6 查出相应的 Q（ΔE）。

（2）结果表示。

当测定结果小于 1.00 mg/L 时，保留至小数点后两位；当测定结果大于等于 1.00 mg/L 时，保留三位有效数字。

9．精密度和准确度

含氟 1.0 μg/ml、10 倍量的铝（Ⅲ）、200 倍的铁（Ⅲ）及硅（Ⅳ）的合成水样，9 次平行测定的相对标准偏差为 0.3%，加标回收率为 99.4%。

化工厂、玻璃厂、磷肥厂等十几种工业废水，经 23 家实验室的分析，加标回收率在 90%～108%。

10．注意事项

（1）电极用后应用水充分冲洗干净，并用滤纸吸去水分，放在空气中，或者放在稀的氟化物标准溶液中。如果短时间不再使用，应洗净，吸去水分，套上保护电极敏感部位的保护帽。电极使用前应充分冲洗，并去掉水分。

（2）总离子强度调节缓冲溶液的配方可不局限于三种，加入柠檬酸钠或 CDTA 可优先络合浓度 5.0 mg/L 的铝，钛铁试剂可优先络合 10 mg/L 以下的铝，并释放出氟离子。当水样成分复杂、偏酸（pH=2 左右）或者偏碱性（pH=12 左右），用 TISAB Ⅲ时，可不调节样品的 pH。

（3）不得用手指触摸电极的膜表面，为了保护电极，样品中氟的测定浓度最好不要大于 40 mg/L。

（4）插入电极前不要搅拌溶液，以免在电极表面附着气泡，影响测定的准确度。

（5）搅拌速度应适中，稳定，不要形成涡流，测定过程中应连续搅拌。

（6）如果电极的膜表面被有机物等沾污，必须先清洗干净后才能使用。清洗可用甲醇、丙酮等有机试剂，亦可用洗涤剂。例如，可先将电极浸入温热的稀洗涤剂（1 份洗涤剂加 9 份水），保持 3～5 min。必要时，可再放入另一份稀洗涤剂中，然后用水冲洗，再在（1+1）盐酸溶液中浸 30 s，最后用水冲洗干净，用滤纸吸去水分。

（7）氟化物的络合物稳定常数及干扰实验研究的结果均表明：Al^{3+}的干扰最严重，Zr^{4+}、Sc^{3+}、Th^{4+}、Ce^{4+}等次之，高浓度的 Fe^{3+}、Ti^{4+}、Ca^{2+}、Mg^{2+}也干扰。加入适当的络合剂可以消除它们的干扰。

（8）一次标准加入法所加入标准溶液的浓度（c_s），应比样品浓度（C_x）高 10～100 倍，加入的体积为样品的 1/10～1/100，以使体系的 TISAB 浓度变化不大。

（9）在 25℃，体积变化 10% 时，Q 与 ΔE 的对应值见表 2-6。

表 2-6　体积变化 10% 时 Q 与 ΔE 的对应值（25℃）

ΔE	Q	ΔE	Q	ΔE	Q	ΔE	Q
5.0	0.297	10.0	0.160	20.0	0.071 6	30.0	0.039 4
5.1	0.293	10.2	0.157	20.2	0.070 7	30.2	0.039 0
5.2	0.288	10.4	0.154	20.4	0.069 8	30.4	0038 6
5.3	0.284	10.6	0.151	20.6	0.068 9	30.6	0.038 2
5.4	0.280	10.8	0.148	20.8	0.068 0	30.8	0.037 8
5.5	0.276	11.0	0.145	21.0	0.067 1	31.0	0.037 4
5.6	0.272	11.2	0.143	21.2	0.066 2	31.2	0.037 0
5.7	0.268	11.4	0.140	21.4	0.065 4	31.4	0.036 6
5.8	0.264	11.6	0.137	21.6	0.064 5	31.6	0.036 2
5.9	0.260	11.8	0.135	21.8	0.063 7	31.8	0.035 8
6.0	0.257	12.0	0.133	22.0	0.062 9	32.0	0.035 4
6.1	0.253	12.2	0.130	22.2	0.062 1	32.2	0.035 1
6.2	0.250	12.4	0.128	22.4	0.061 3	32.4	0.034 7
6.3	0.247	12.6	0.126	22.6	0.060 6	32.6	0.034 3
6.4	0.243	12.8	0.123	22.8	0.059 8	32.8	0.034 0
6.5	0.240	13.0	0.121	23.0	0.059 1	33.0	0.033 6
6.6	0.237	13.2	0.119	23.2	0.058 4	33.2	0.033 3
6.7	0.234	13.4	0.117	23.4	0.057 6	33.4	0.032 9
6.8	0.231	13.6	0.115	23.6	0.056 9	33.6	0.032 6
6.9	0.228	13.8	0.113	23.8	0.056 3	33.8	0.032 3
7.0	0.225	14.0	0.112	24.0	0.055 6	34.0	0.031 9
7.1	0.222	14.2	0.110	24.2	0.054 9	34.2	0.031 6
7.2	0.219	14.4	0.108	24.4	0.054 3	34.4	0.031 3
7.3	0.217	14.6	0.106	24.6	0.053 6	34.6	0.031 0
7.4	0.214	14.8	0.105	24.8	0.053 0	34.8	0.030 7
7.5	0.212	15.0	0.103	25.0	0.052 3	35.0	0.030 4
7.6	0.209	15.2	0.101 3	25.2	0.051 7	36.0	0.028 9
7.7	0.207	15.4	0.099 7	25.4	0.051 1	37.0	0.027 5
7.8	0.204	15.6	0.098 2	25.6	0.050 5	38.0	0.026 1
7.9	0.202	15.8	0.096 7	25.8	0.049 9	39.0	0.024 9
8.0	0.199	16.0	0.095 2	26.0	0.049 4	40.0	0.023 7
8.1	0.197	16.2	0.093 8	26.2	0.048 8	41.0	0.022 6
8.2	0.195	16.4	0.092 4	26.4	0.048 2	42.0	0.021 6

ΔE	Q	ΔE	Q	ΔE	Q	ΔE	Q
8.3	0.193	16.6	0.091 0	26.6	0.047 7	43.0	0.020 6
8.4	0.190	16.8	0.089 7	26.8	0.047 1	44.0	0.019 6
8.5	0.188	17.0	0.088 4	27.0	0.046 6	45.0	0.018 7
8.6	0.186	17.2	0.087 1	27.2	0.046 1	46.0	0.017 9
8.7	0.184	17.4	0.085 8	27.4	0.045 6	47.0	0.017 1
8.8	0.182	17.6	0.084 6	27.6	0.045 0	48.0	0.016 3
8.9	0.180	17.8	0.083 4	27.8	0.044 5	49.0	0.015 6
9.0	0.178	18.0	0.082 2	28.0	0.044 0	50.0	0.014 9
9.1	0.176	18.2	0.081 1	28.2	0.043 5	51.0	0.014 3
9.2	0.174	18.4	0.079 9	28.4	0.043 1	52.0	0.013 7
9.3	0.173	18.6	0.078 8	28.6	0.042 6	53.0	0.013 1
9.4	0.171	18.8	0.077 7	28.8	0.042 1	54.0	0.012 5
9.5	0.169	19.0	0.076 7	29.0	0.041 7	55.0	0.012 0
9.6	0.167	19.2	0.075 6	29.2	0.041 2	56.0	0.011 5
9.7	0.165	19.4	0.074 6	29.4	0.040 8	57.0	0.011 0
9.8	0.164	19.6	0.073 6	29.6	0.040 3	58.0	0.010 5
9.9	0.162	19.8	0.072 6	29.8	0.039 9	59.0	0.010 1

（四）氟试剂分光光度法（A）*

1．方法的适用范围

本方法适用于地表水、地下水和工业废水中氟化物的测定。

本方法的检出限为 0.02 mg/L，测定下限为 0.08 mg/L。

2．方法原理

氟离子在 pH 为 4.1 的乙酸盐缓冲介质中与氟试剂及硝酸镧反应生成蓝色三元络合物，络合物在 620 nm 波长处的吸光度与氟离子浓度成正比，据此可定量测定氟化物（F^-）。

3．干扰和消除

在含 5 μg 氟化物的 25 ml 显色液中，下述离子超过下列含量时，对测定有干扰，应先进行预蒸馏：Cl^- 30 mg、SO_4^{2-} 5.0 mg、NO_3^- 3.0 mg、$B_4O_7^{2-}$ 2.0 mg、Mg^{2+} 2.0 mg、NH_4^+ 1.0 mg、Ca^{2+} 0.5 mg。

4．仪器和设备

（1）分光光度计。

（2）pH 计。

5．试剂和材料

（1）盐酸溶液：c（HCl）=1 mol/L。

取 8.4 ml 盐酸溶于 100 ml 水中。

（2）氢氧化钠溶液：c（NaOH）=1 mol/L。

称取 4 g 氢氧化钠溶于 100 ml 水中。

---

* 本方法与 HJ 488—2009 等效。

（3）丙酮（CH_3COCH_3）。

（4）硫酸：ρ（H_2SO_4）=1.84 g/ml。

取 300 ml 硫酸放入 500 ml 烧杯中，置电热板上微沸 1 h，冷却后装入瓶中备用。

（5）冰乙酸（CH_3COOH）。

（6）氟化物标准贮备液：ρ（F^-）=100 μg/ml。

配制方法同本节（三）离子选择电极法。

（7）氟化物标准使用液：ρ（F^-）=2.00 μg/ml。

吸取氟化钠标准贮备液 20.00 ml 于 1 000 ml 容量瓶，用水稀释至标线，混匀贮于聚乙烯瓶中。

（8）氟试剂溶液：c（ALC）=0.001 mol/L。

称取 0.193 g 氟试剂[3-甲基胺-茜素-二乙酸，简称 ALC，$C_{14}H_7O_4 \cdot CH_2N(CH_2COOH)_2$]，加 5 ml 水润湿，滴加 1 mol/L 氢氧化钠溶液使其溶解，再加 0.125 g 乙酸钠（$CH_3COONa \cdot 3H_2O$），用 1 mol/L 盐酸溶液调节 pH 至 5.0，用水稀释至 500 ml，贮于棕色瓶中。

（9）硝酸镧溶液：$c[La(NO_3)_3]$=0.001 mol/L。

称取 0.443 g 硝酸镧[$La(NO_3)_3 \cdot 6H_2O$]，用少量 1 mol/L 盐酸溶液溶解，以 1 mol/L 乙酸钠溶液调节 pH 为 4.1，用水稀释至 1 000 ml。

（10）缓冲溶液：pH=4.1。

称取 35 g 无水乙酸钠（CH_3COONa）溶于 800 ml 水中，加 75 ml 冰乙酸（CH_3COOH），用水稀释至 1 000 ml，用乙酸或氢氧化钠溶液在 pH 计上调节为 4.1。

（11）混合显色剂。

取氟试剂溶液、缓冲溶液、丙酮及硝酸镧溶液，按体积比 3：1：3：3 混合可得。临用现配。

6．样品

（1）样品采集和保存。

同本节（三）离子选择电极法。

（2）试样的制备。

除非证明样品的预处理是不必要的，可直接进行比色，否则应按本节（一）预蒸馏进行预蒸馏处理。

7．分析步骤

（1）校准曲线的建立。

于 6 个 25 ml 比色管中分别加入氟化物标准溶液 0.00 ml、1.00 ml、2.00 ml、4.00 ml、6.00 ml 和 8.00 ml，加水至 10 ml，准确加入 10.0 ml 混合显色剂，用水稀释至刻度，摇匀，放置 30 min，用 30 mm 或 10 mm 比色皿于 620 nm 波长处，以水为参比，测定吸光度。扣除试剂空白（零浓度）吸光度，以氟化物含量对吸光度做图，即得校准曲线。

（2）试样的测定。

准确吸取 1.00～10.00 ml 样品（视水中氟化物含量而定）置于 25 ml 比色管中，加水至 10 ml，准确加入 10.0 ml 混合显色剂，用水稀释至刻度，摇匀。以下按校准曲线步骤进行。经空白校正后，由吸光度值在校准曲线上查得氟化物（F^-）含量。

（3）空白试验。

用水代替试样，按试样的测定步骤进行测定。

8. 结果计算和表示

（1）结果计算。

样品中氟化物（以 F^- 计）的质量浓度按照下式计算。

$$\rho = \frac{m}{V}$$

式中：ρ——样品中氟化物（以 F^- 计）的质量浓度，mg/L；

m——校准曲线查得的试样含氟量，μg；

V——分析时取样品体积，ml。

（2）结果表示。

当测定结果小于 1.00 mg/L 时，保留至小数点后两位；当测定结果大于等于 1.00 mg/L 时，保留三位有效数字。

9. 精密度和准确度

3 家实验室分析含氟化物 0.5 mg/L 的统一分发标准溶液，实验室内相对标准偏差为 1.2%，实验室间相对标准偏差为 1.2%，相对误差为 -0.8%。

七、碘化物

碘（I）是人类发现最早的第 2 个必需微量元素，也是人体生命活动中必不可少的微量营养素之一。天然水中碘化物含量极微，一般每升仅含微克级的碘化物。成人每日生理需碘量在 100～300 μg，来源于饮水和食物。当饮水中碘含量在 5～10 μg/L 或平均每人每日碘摄入量 <40 μg 时，即可不同程度地流行地方性甲状腺肿大。

（一）离子色谱法（A）[*]

1. 方法的适用范围

本方法适用于地表水和地下水中碘化物的测定。

当进样体积为 250 μl 时，本方法的检出限为 0.002 mg/L，测定下限为 0.008 mg/L。

2. 方法原理

样品随淋洗液进入阴离子分离柱，分离出碘离子（I^-），用电导检测器检测。根据碘离子保留时间定性，外标法定量。

3. 干扰和消除

常见阴离子如 F^-、Cl^-、NO_2^-、NO_3^-、PO_4^{3-}、SO_4^{2-} 等对碘化物的测定没有干扰；某些金属离子如 Ag^+、Fe^{3+}、Cu^{2+}、Zn^{2+} 等可能会影响碘化物的测定，可采用阳离子交换柱（Na 型或 H 型）去除干扰物质；样品中含有表面活性剂、油脂、色素等大分子有机物时，可选择 C_{18} 或 RP 固相萃取柱去除有机物。

4. 仪器和设备

（1）离子色谱仪（具电导检测器）。

（2）色谱柱：阴离子分离柱（聚二乙烯基苯/乙基乙烯苯基质、具有烷醇季铵功能团、亲水性、高容量色谱柱）和阴离子保护柱。

（3）连续自动再生的阴离子膜抑制器或同等性能抑制器。

---

[*] 本方法与 HJ 778—2015 等效。

（4）一次性注射器：5 ml。

（5）微孔滤膜过滤器：装有 0.45 μm 水系微孔滤膜。

（6）聚乙烯瓶或棕色玻璃瓶：500 ml。

（7）预处理柱：阳离子交换柱（Na 型或 H 型）、固相萃取柱（C_{18} 或 RP）。

5．试剂和材料

除非另有说明，否则分析时均使用符合国家标准的优级纯试剂。实验用水为无碘化物高纯水，电导率小于 1.0 μS/cm，并经过 0.45 μm 的微孔滤膜过滤。

（1）碘化钾（KI）：临用前在 110℃烘干至恒重。

（2）氢氧化钾（KOH）。

（3）氢氧化钠（NaOH）。

（4）碘化物标准贮备液：ρ（Γ）=1 000 mg/L。

称取 1.308 0 g 碘化钾，用水溶解并定容至 1 000 ml；于 4℃冷藏、避光可保存一年。或使用市售有证标准溶液。

（5）碘化物标准中间液：ρ（Γ）=100 mg/L。

移取 10.00 ml 碘化物标准贮备液，用水稀释定容至 100 ml，临用现配。

（6）碘化物标准使用液：ρ（Γ）=10 mg/L。

移取 10.00 ml 碘化物标准中间液，用水稀释定容至 100 ml，临用现配。

（7）氢氧化钾溶液：c（KOH）=40 mmol/L。

称取 2.24 g 氢氧化钾，用水溶解并稀释至 1 000 ml，混匀，贮存于聚乙烯瓶中备用。

（8）氢氧化钠饱和溶液：在室温下，取适量氢氧化钠固体溶解于 100 ml 水中，搅拌使其溶解，再继续加入氢氧化钠固体，搅拌，直至有固体析出不再继续溶解为止。静置，取澄清溶液，备用。

（9）载气：高纯氮气（≥99.99%）。

6．样品

（1）样品采集和保存。

按照《地表水和污水监测技术规范》（HJ/T 91—2002）和《地下水环境监测技术规范》（HJ 164—2020）的相关规定进行。水样采集后立即置于聚乙烯瓶或棕色玻璃瓶中，加入氢氧化钠饱和溶液调节 pH 约为 12，尽快分析。如不能及时分析，应于 0～4℃冷藏、避光保存，并于 24 h 内完成测定。

（2）试样的制备。

采集后的样品经 0.45 μm 水系微孔滤膜过滤，弃去初滤液 10 ml，收集后续滤液待测。

注 1：对于未知浓度的样品，可先将过滤后的试样稀释 100 倍进样分析，再根据测定结果选择适当的稀释倍数重新进样分析。

注 2：对于可能存在干扰的样品，应进行预处理。可选择 Na 型或 H 型阳离子交换柱去除金属离子干扰，选择 C_{18} 或 RP 固相萃取柱去除高含量有机物。具体操作为用 5 ml 注射器抽取过滤后的试样，共需抽取 15 ml，在注射器前端套上预处理柱，将过滤后试样轻推过柱。此过程应弃去初始滤液 3 ml，收集后续过柱滤液，待测。

7．分析步骤

（1）离子色谱分析参考条件。

根据仪器说明书设定仪器。色谱条件根据色谱柱选择。采用氢氧化钾淋洗液体系等洗脱参考条件如下：淋洗液为 40 mmol/L 的氢氧化钾溶液，流速为 1.00 ml/min，抑制器电流为 99 mA，检测器温度为 30℃，进样体积可根据样品浓度的高低选择 50~250 μl。

注 3：若采用以烷醇基为填料的色谱柱，也可用碳酸盐淋洗液体系分离、测定碘化物，其色谱分析参考条件详见本小节附录 A。

注 4：应在淋洗液使用前进行脱气处理，避免气泡进入离子色谱系统。

（2）校准曲线的建立。

分别准确吸取 0.00 ml、0.10 ml、0.20 ml、0.50 ml、1.00 ml、5.00 ml 和 10.00 ml 碘化物标准使用液置于一组 100 ml 容量瓶中，用水稀释至标线并混匀。标准系列中碘化物的浓度分别为 0.000 mg/L、0.010 mg/L、0.020 mg/L、0.050 mg/L、0.100 mg/L、0.500 mg/L 和 1.00 mg/L。碘离子参考色谱图见图 2-15。

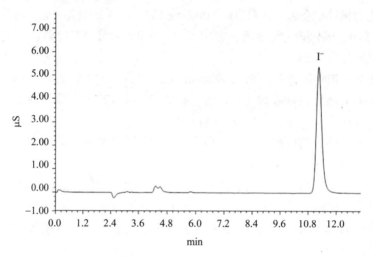

图 2-15　碘离子色谱图

（3）试样的测定。

按照与建立校准曲线相同的色谱条件和步骤，将试样注入离子色谱仪，记录色谱峰的保留时间、峰面积或峰高，以保留时间定性，仪器响应值定量。

（4）空白试验。

用实验用水代替试样，按与样品的保存、试样的制备和测定相同的步骤进行分析。

8. 结果计算和表示

（1）结果计算。

样品中碘化物（以 I⁻ 计）的质量浓度按照下式计算。

$$\rho = \frac{h - h_0 - a}{b} \times f$$

式中：ρ——样品中碘化物（以 I⁻ 计）的质量浓度，mg/L；

　　　h——试样中 I⁻ 的峰面积（或峰高）；

　　　h_0——实验室空白试样中 I⁻ 的峰面积（或峰高）；

　　　a——回归方程的截距；

　　　b——回归方程的斜率；

f——样品的稀释倍数。

（2）结果表示。

当测定结果小于 0.100 mg/L 时，保留至小数点后三位；当测定结果大于等于 0.100 mg/L 时，保留三位有效数字。

9．精密度和准确度

（1）精密度。

6 家实验室对碘化物浓度分别为 0.010 mg/L、0.100 mg/L 和 1.00 mg/L 的标准溶液进行了测定，实验室内相对标准偏差分别为 3.1%～4.6%、0.7%～3.6%、0.4%～1.6%，实验室间相对标准偏差分别为 4.5%、4.0%、2.0%。

6 家实验室分别对 3 种不同类型的实际样品加标样（每种实际样品加标量分别为 0.05 mg/L、0.10 mg/L 和 1.00 mg/L）进行了测定，实验室内相对标准偏差分别为 0.6%～5.5%、0.3%～3.1%、0.6%～6.0%，实验室间相对标准偏差分别为 4.0%～5.2%、4.2%～6.2%、0.8%～1.0%。

（2）准确度。

6 家实验室分别对 3 种不同类型的实际样品进行了 6 次加标回收率重复测定，加标浓度分别为 0.050 mg/L、0.100 mg/L 及 1.00 mg/L。加标回收率范围分别为 87.7%～102%、87.1%～100%、92.3%～103%。

10．质控保证和质量控制

（1）空白试验。

每批试剂做一次试剂空白试验，试剂空白试验结果应低于方法检出限。每分析一批（≤20 个）样品至少做一个全程序空白试验，空白试验结果应低于方法检出限。否则应查明原因，重新分析直至合格之后才能测定样品。

（2）校准曲线。

校准曲线的相关系数（γ）应≥0.999。每分析一批（≤20 个）样品，应分析一个校准曲线中间点浓度的标准溶液，其测定结果与校准曲线该点浓度之间的相对误差应≤10%。否则，应重新绘制校准曲线。

（3）平行样测定。

每批样品应至少测定 10% 的平行样品，当样品数量少于 10 个时，应至少测定一个平行双样。平行双样测定结果的相对偏差应在 10% 以内。

（4）样品加标回收实验。

每批样品（≤20 个）至少做一个加标回收率测定，样品加标回收率应在 80.0%～120%。

附录 A 碳酸盐淋洗液体系参考条件

碳酸盐淋洗液体系也可用于碘化物分析，但与之配套的色谱柱的性能应满足要求。采用以烷醇基为填料的色谱柱，可用碳酸盐淋洗液体系分离、测定碘化物。参考色谱条件如下：色谱柱为阴离子分离柱（聚二乙烯基苯/乙基乙烯苯基质、具有烷基和烷醇季铵功能团）和阴离子保护柱；检测器类型为电导检测器；检测器温度 30℃；淋洗液/流动相组成为碳酸钠和碳酸氢钠混合溶液，其中，碳酸钠浓度为 4.5 mmol/L，碳酸氢钠浓度为 1.4 mmol/L；流速为 1.2 ml/min；抑制器电流为 31 mA；进样体积可根据样品浓度的高低选择 50～250 µl。

碘化物（I⁻）分析参考色谱图见图 2-16。

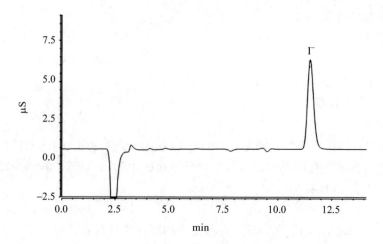

图 2-16 碳酸盐淋洗液体系碘离子色谱图

（二）催化分光光度法（A）*

1．方法的适用范围

本方法适用于饮用水、地下水和清洁地表水中碘化物的测定。

当取样量为 10 ml 时，本方法的检出限为 1 μg/L，测定上限为 10 μg/L。

2．方法原理

在酸性条件下，亚砷酸与硫酸高铈发生缓慢的氧化还原反应，碘离子有催化作用使反应加速进行。反应速度随碘离子含量增高而变快，剩余的高铈离子就越少。用亚铁离子还原剩余的高铈离子，终止亚砷酸与高铈间的氧化还原反应。氧化产生的铁离子与硫氰酸钾生成稳定的红色络合物，比色定量。间接测定碘化物的含量。

3．干扰和消除

水样中如果含有氧化还原性物质时干扰检测结果，应经过 A、B 管的校正。银及汞离子抑制碘化物的催化能力，氯离子与碘离子有类似的催化作用，加入大量氯离子可抑制上述干扰。温度和反应时间对测定影响极大，应严格控制操作条件。

4．仪器和设备

（1）秒表。

（2）恒温水浴：可控制温度为（30±0.5）℃。

（3）分光光度计。

（4）具塞比色管：25 ml。

5．试剂和材料

除非另有说明，否则分析时均使用符合国家标准的分析纯试剂。所用水为无碘水，必要时，于每升水中加 2 g 氢氧化钠并经蒸馏后供用。

（1）氯化钠溶液：ρ（NaCl）=200 g/L。

称取 50 g 氯化钠溶于水，稀释至 250 ml。（如氯化钠中碘含量较高，可用水—乙醇混合液将氯化钠进行重结晶。）

---

* 本方法与 GB/T 5750.5—2006 等效。

（2）亚砷酸溶液：$c(1/4\ As_2O_3)$=0.10 mol/L。

称取 2.473 g 三氧化二砷（As_2O_3）于少量水中，加 0.1 ml 浓硫酸使溶解，用水稀释至 500 ml。

（3）硫酸溶液：1+3。

（4）硫酸铈铵溶液：称取 3.35 g 硫酸铈铵[$Ce(NH_4)_2(SO_4)_4\cdot4H_2O$]溶于水中，加 11 ml 浓硫酸后，用水稀释至 250 ml。

（5）硫酸亚铁铵溶液：ρ=15 g/L。

称取 1.50 g 硫酸亚铁铵[$Fe(NH_4)_2(SO_4)_2\cdot6H_2O$]溶于含 0.6 ml 浓硫酸的 100 ml 水中，当天配制。

（6）硫氰酸钾溶液：ρ（KSCN）=40 g/L。

称取 4.0 g 硫氰酸钾溶于水，稀释至 100 ml。

（7）碘化物标准贮备液：ρ（I^-）=1.00 g/L。

准确称取优级纯碘化钾 0.654 0 g 溶于水，移入 500 ml 容量瓶中，稀释至标线，混匀。

（8）碘化物标准使用液：分取上述碘化物标准贮备液，逐级稀释至每毫升含 0.010 μg 碘离子（I^-）的标准使用液，临用前配制。

6．样品

水样在采集后应尽快进行测定。必要时，保存于 2～5℃，并在 24 h 内完成测定。

7．分析步骤

（1）校准曲线的建立。

吸取 0.00 ml、1.00 ml、3.00ml、5.00ml、7.00 ml 和 10.00 ml 碘化物标准使用液于 25 ml 比色管中，加水稀释至 10.0 ml，依次加入 1.0 ml NaCl 溶液、0.5 ml 亚砷酸溶液、1.0 ml（1+3）硫酸溶液，混匀加塞后置于（30±0.5）℃恒温水浴中，在此温度下平衡 10 min±5 s 后，每隔 30 s 加入 1.0 ml 硫酸铈铵溶液，摇匀后放回水浴，再过 20 min±5 s 后取出，按原顺序每隔 30 s 加入 1.0 ml 硫酸亚铁铵溶液，混匀后溶液的黄色消失，再按原顺序每隔 30 s 加入 1.0 ml 硫氰酸钾溶液显色，混匀。每加一试剂后，立即加塞摇匀并迅速放回水浴中。室温下放置 20 min 后，于 510 nm 波长处，用 1 cm 比色皿，以水为参比，继续按顺序每隔 30 s 测定吸光度。

由测得的吸光度计算 A_0/A（A_0 为空白管吸光度，A 为标准各管的吸光度）的对数与对应碘化物量（μg）建立校准曲线。

（2）样品的测定。

取 10.0 ml 水样（或分取适量，加无碘水至 10.0 ml）于 25 ml 比色管中，按校准曲线的建立相同操作步骤测量吸光度。

（3）A、B 管校正。

取 10.0 ml 水样于 25 ml 的 B 管中，再取 10.0 ml 无碘水于 25 ml 的 A 管中，A、B 管中都不加亚砷酸，其余步骤按校准曲线的建立相同操作步骤测量吸光度。

8．结果计算和表示

（1）结果计算。

水样中如果含有氧化还原性物质时应经过 A、B 管的校正。当 A 管吸光度大于 B 管时，水样所得吸光度应加上（A-B）。当 A 管吸光度小于 B 管时，水样所得吸光度应减去（B-A）。

水样中不含有氧化还原性物质，可直接根据校准曲线计算碘化物量。

样品中碘化物（以 I^- 计）的质量浓度按照下式计算。

$$\rho = \frac{m}{V}$$

式中：ρ——样品中碘化物（以 I^- 计）的质量浓度，$\mu g/L$；

　　　m——从校准曲线上查得的碘化物量，μg；

　　　V——分取水样体积，L。

（2）结果表示。

当测定结果小于 100 $\mu g/L$ 时，保留至整数位；当测定结果大于等于 100 $\mu g/L$ 时，保留三位有效数字。

9．精密度和准确度

本方法对浓度为 1.0 $\mu g/L$、10.0 $\mu g/L$、18.0 $\mu g/L$ 的标准溶液进行平行测定，每份平行测定 6 次，实验室内相对标准偏差分别为 8.1%、1.7%、2.6%。对自来水样进行了三种不同浓度水平的加标试验，回收率在 95.0%~110%。

10．质控保证和质量控制

（1）加入过量的具敏化反应的氯化钠，可降低碘的非催化型的生成和银与汞的抑制作用。

（2）在测定低浓度碘化物水样时应经过 A、B 管的校正，以清除水样中氧化还原物质对反应的干扰。当 A 管吸光度大于 B 时，说明水样中有还原性物质，还原了一部分高铈离子，或所生成的高铁离子，使比色液变浅，因此，应将水样测得的吸光度加上（A-B），以校正还原物质造成的误差；当 B 管吸光度大于 A 管时，水样中有氧化性物质，致使低铁还原剂氧化为高铁离子，比色液加深，因此应将水样所测得吸光度减去（B-A）。

（3）水中碘化物含量分析属于微量分析，要求设立独立的实验室，并配备相应的设备，实验室的物品（包括试管、容量瓶、比色皿等）必须进行无碘化处理，单独使用，避免碘的污染。

11．注意事项

（1）催化反应与温度、时间极为有关，故应严格按规定时间操作，在测定水样的同时建立校准曲线。

（2）碘离子浓度与测得吸光度建立校准曲线不呈直线关系，而是两端向上弯曲。为了使校准曲线成为日常所熟悉的过原点的正方向曲线，本方法采用碘离子浓度与 A_0/A（A_0 为空白管吸光度，A 为标准各管及样品吸光度）的对数建立校准曲线。

（三）气相色谱法（A）[*]

1．方法的适用范围

本方法适用于测定饮用水、地下水和地表水中的碘化物。

当取样量为 10 ml 时，本方法最低检出浓度为 1 $\mu g/L$，测定上限为 100 $\mu g/L$。

2．方法原理

在酸性条件下，水样中的碘化物与重铬酸钾发生氧化还原反应生成碘，再与丁酮生成 3-碘-2-丁酮，用气相色谱法电子捕获检测器进行定量测定。

---

[*] 本方法与 GB/T 5750.5—2006 等效。

3．干扰和消除

水样中余氯、有机氯化合物不干扰测定。

4．仪器和设备

（1）气相色谱仪：^{63}Ni 电子捕获检测器（ECD）。

（2）毛细管色谱柱：DB-5（30 m×250 μm×0.25 μm）或同等类型色谱柱。

（3）分液漏斗：125 ml。

5．试剂和材料

除非另有说明，否则分析时均使用符合国家标准的分析纯试剂。所用水为无碘水，必要时，于每升水中加 2 g 氢氧化钠并经蒸馏后供用。

（1）重铬酸钾溶液：ρ =0.5 g/L。

（2）硫酸溶液：c（H_2SO_4）=2.5 mol/L。

取 139 ml 优级纯硫酸（ρ =1.84 g/L）缓慢地加到 500 ml 纯水中，稀释至 1 000 ml。

（4）硫代硫酸钠溶液：ρ =0.5 g/L。

（5）丁酮：重蒸馏，收集 79～80℃馏分。

（6）环己烷：重蒸馏，收集 80～81℃馏分。

（7）碘化物标准贮备液：ρ（I^-）=1.00 g/L。

准确称取优级纯碘化钾 0.654 0 g 溶于水，移入 500ml 容量瓶中，稀释至标线，混匀。

（8）碘化物标准使用液：分取上述碘化物标准贮备液，逐级稀释至每毫升含 0.10 μg 碘离子（I^-）的标准使用液，临用前配制。

6．样品

（1）样品采集和保存。

使用玻璃瓶采集水样，应尽快进行测定。必要时，保存于 2～5℃，并在 24 h 内完成测定。

（2）试样的制备。

取 10 ml 水样于 125 ml 分液漏斗中，加入 0.2 ml 硫代硫酸钠溶液，混匀，加 0.1 ml 硫酸溶液，加入 0.5 ml 丁酮，混匀。加入 1.0 ml 重铬酸钾溶液，振荡约 1 min，室温下放置 10 min 后，加入 10 ml 环己烷，振荡萃取 2 min，弃去水相，环己烷萃取液经无水硫酸钠脱水干燥后收集于 10 ml 具塞比色管中供色谱测定。

7．分析步骤

（1）测试条件。

柱温从 100℃以 10℃/min 的速率升到 270℃（保持 10 min），进样口温度为 250℃，检测器温度为 290℃，载气为高纯氮气（99.999%），柱流量为 1.0 ml/min。

（2）校准曲线的建立。

吸取 0.00 ml、0.10 ml、0.50 ml、1.00ml、3.00ml、5.00ml、7.00ml 和 10.00 ml 碘化物标准使用液于 125 ml 分液漏斗中，加水稀释至 10.0 ml，加入 0.2 ml 硫代硫酸钠溶液，混匀，其余步骤按试样的制备进行。

由测得的峰面积 $A-A_0$（A_0 为空白样峰面积，A 为标准样的峰面积）为纵坐标，对应碘化物浓度（μg/L）为横坐标建立校准曲线。

（3）试样的测定。

进样：按测定条件，将试样转移到对应编号的样品瓶中待自动进样。

进样量：1～2 μl。

参考色谱图：见图 2-17。

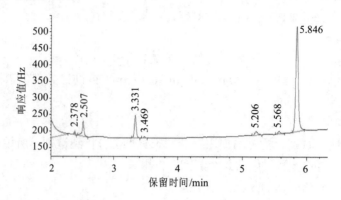

图 2-17　3-碘-2-丁酮的标准色谱图

（4）样品的定性与定量。

①定性分析：根据保留时间定性。作为鉴定的辅助方法，用另一根不同的色谱柱进行分析，可以辅助鉴定被测成分。

②定量分析：用校准曲线法定量。

8．结果计算和表示

（1）结果计算。

样品中碘化物（以 I⁻计）的质量浓度按照下式计算。

$$\rho = \rho_1 \times f$$

式中：ρ——样品中碘化物（以 I⁻计）的质量浓度，$\mu g/L$；

ρ_1——从校准曲线上查得的碘化物浓度，$\mu g/L$；

f——样品稀释的倍数。

（2）结果表示。

当测定结果小于 100 $\mu g/L$ 时，保留至整数位；当测定结果大于等于 100 $\mu g/L$ 时，保留三位有效数字。

9．精密度和准确度

对浓度为 50 $\mu g/L$ 的标准溶液进行平行双份测定，每份平行测定 6 次，实验室内相对标准偏差分别为 0.9%。回收率在 95.0%～105%。

10．质量保证和质量控制

水中碘化物含量分析属于微量分析，要求设立独立的实验室，并配备相应的设备，实验室的物品（包括实验用水、实验试剂、分液漏斗、容量瓶、移液管等）必须进行无碘化处理，单独使用，避免碘的污染。

11．注意事项

如果水质较差，环己烷萃取液需要用纯水洗涤 2～3 次，每次 5 ml 或采用其他净化方法。

八、单质磷（黄磷）

磷为常见元素，其在地壳中的重量百分含量约为 0.118%。磷在自然界都以各种磷酸盐的形式出现。磷存在于细胞、骨骼和牙齿中，是动植物和人体所必需的重要组成成分。正常情况下人每天需要从水和食物中补充 1.4 g 磷，但都是以各种无机态磷酸盐或有机磷化合物形式吸收。磷以单质磷形态存在于水和废水中时，将给环境带来危害。

黄磷是重要的化工原料，在其生产过程中，用水喷洗熔炉的废气冷却后产生对环境危害极大的"磷毒水"，这种污水含有大量可溶和悬浮态的单质磷。单质磷属剧毒物质，进入生物体内可引起急性中毒，人摄入的致死量为 1 mg/kg。因此，单质磷是一种不能忽视的污染物。在我国西南地区曾发生过磷导致的水污染事故。

（一）气相色谱法（A）[*]

1．方法的适用范围

本方法适用于地表水、地下水、生活污水和工业废水中黄磷的测定。

取样体积为 250 ml，使用氮磷检测器（NPD）分析时，本方法的方法检出限为 0.04 μg/L，测定下限为 0.16 μg/L；使用火焰光度检测器（FPD）分析时，本方法的方法检出限为 0.1 μg/L，测定下限为 0.4 μg/L。

2．方法原理

以甲苯萃取水样中的黄磷，萃取液中的黄磷经色谱柱分离后，用火焰光度检测器（FPD）或氮磷检测器（NPD）检测，根据色谱峰的保留时间定性，外标法定量。

3．干扰和消除

水样中可能共存的有机磷等有机化合物在氮磷检测器（NPD）或火焰光度检测器（FPD）上虽有响应，但经色谱分离后无明显干扰。水中可能共存其他含磷或含氮等有机化合物在氮磷检测器（NPD）或火焰光度检测器（FPD）上有响应，可能干扰测定，经过净化，可消除干扰。

4．仪器和设备

（1）气相色谱仪：具氮磷检测器（NPD）或火焰光度检测器（FPD）。

（2）色谱柱。

色谱柱Ⅰ：石英毛细柱，30 m 长，内径 0.53 mm，内涂 5%苯基甲基聚硅氧烷，膜厚 2.65 μm。或其他等效色谱柱。

色谱柱Ⅱ：石英毛细柱，30 m 长，内径 0.53 mm，内涂 35%苯基甲基聚硅氧烷，膜厚 2.65 μm。或其他等效色谱柱。

（3）分液漏斗：500 ml。

（4）微量注射器：10 μl、100 μl。

（5）棕色容量瓶：25 ml、100 ml。

（6）净化柱：硅镁型吸附柱，500 mg/6 ml，市售。也可购买硅酸镁自制硅酸镁型吸附柱，但须通过实验验证，满足方法要求。

5．试剂和材料

（1）甲苯：色谱纯。

（2）氯化钠：400℃下焙烧 2 h，密封保存于干燥器中。

（3）乙醇溶液：ρ =25 g/L。

称取 5 g 抗坏血酸加至盛有 200 ml 无水乙醇的 250 ml 试剂瓶中，轻轻摇动，使其尽可能溶解，盖上磨口塞放置过夜。用中速定量滤纸过滤后，经色谱检验无干扰峰，待用。

---

[*] 本方法与 HJ 701—2014 等效。

（4）精制黄磷：纯度≥95.0%。黄磷非常容易自燃，它的着火点极低，在 30℃以上即能自行燃烧，需保存于水中，且浸没在水下，与空气隔绝。

（5）黄磷标准贮备液：$\rho \approx 1\,000$ mg/L。

于 100 ml 烧杯中，加入少许甲苯，用万分之一天平准确称重。用镊子夹取适量黄磷，将黄磷表面的氧化层用刀具轻轻刮去（黄磷属剧毒物质，称量操作时应戴上防护手套避免皮肤接触），用滤纸吸取表面所含水分，切割约 100 mg 精制黄磷于烧杯中，再次用万分之一天平称重。两次称重之差即为黄磷的重量。待溶解后（气温低时可用 40℃左右的温水水浴加热助溶），转移至 100 ml 棕色容量瓶中，用甲苯定容，混匀。该溶液贮存于棕色试剂瓶中，4℃冰箱中可保存 180 d。

（6）黄磷标准使用液：$\rho = 10$ mg/L。

准确量取适量黄磷标准贮备液至 100 ml 棕色容量瓶中，用甲苯定容，混匀。该溶液贮存于 4℃冰箱中，可保存 14 d。

注 1：使用黄磷标准使用液作为样品加标溶液时，需用乙醇溶液作为溶剂稀释，保存时间与标准溶液相同。

（7）载气：氮气，纯度≥99.99%。

（8）燃气：氢气，纯度≥99.99%。

（9）助燃气：无油压缩空气，经 5Å 分子筛净化。

6. 样品

（1）样品的采集和保存。

采集样品时，应将样品沿样品瓶壁缓慢流入，充满 500 ml 棕色玻璃瓶，盖紧瓶盖并倒置检查瓶内是否存在气泡。若样品瓶中有气泡，应重新采集。样品在 4℃下避光保存，可保存 7 d。

（2）试样的制备。

①萃取：量取 250 ml 样品于 500 ml 分液漏斗中，加入 10.0 ml 甲苯，拧紧盖塞，振摇 4 min，放气，静置 5～10 min，分层后弃去下层水相，收集萃取液，待净化。

注 2：对于成分比较复杂的样品，如果萃取过程中出现乳化现象，可通过氯化钠盐析、搅动、离心、冷冻或用玻璃棉过滤等方式破乳。

②净化：用 10 ml 甲苯活化净化柱，弃去，待柱上留有约 1 ml 甲苯时，将萃取液转移至净化柱中，再用少量甲苯洗涤装萃取液的容器，一并加到柱上，并用 5 ml 的甲苯以 2 ml/min 的速度淋洗净化柱，收集流出液于接收管中。用甲苯定容至 25 ml，待测。

注 3：较为清洁的地下水、地表水、生活污水的萃取液可不经净化，直接注入气相色谱仪进行分析。

（3）空白试样的制备。

实验室空白：用实验用水代替样品，按照与试样的制备相同步骤制备空白试样。

全程序空白：采样前在实验室将一份空白试剂水放入样品瓶中密封，将其带到现场。与采样的样品瓶同时开盖和密封，随样品运回实验室，按照与试样的制备相同步骤制备全程序空白试样，用于检查样品从采集到分析全过程是否受到污染。

7. 分析步骤

（1）参考色谱条件。

①氮磷检测器（NPD）。

进样方式:分流进样,分流比 10∶1;程序升温:80℃(2.5 min) $\xrightarrow{30℃/min}$ 230℃(5 min),

进样口 230℃，检测器 330℃；气体流速：柱流量 2.5 ml/min，恒流；氢气 3 ml/min；空气 60 ml/min；尾吹（氮气）20 ml/min；进样量：1 μl。

②火焰光度检测器（FPD）。

进样方式：分流进样，分流比 10∶1；程序升温：80℃（2.5 min）$\xrightarrow{30℃/min}$ 230℃（5 min），进样口 230℃，检测器 250℃；气体流速：柱流量 2.5 ml/min，恒流；氢气 75 ml/min；空气 100 ml/min；尾吹（氮气）30 ml/min；进样量：1 μl。

（2）校准曲线的建立。

分别量取适量黄磷标准使用液至 7 个 25 ml 容量瓶中，用甲苯稀释至标线，混匀。使用氮磷检测器（NPD）时，配制标准系列浓度分别为 2.00 μg/L、4.00 μg/L、20.0 μg/L、100 μg/L、400 μg/L 和 1 200 μg/L（参考浓度）；使用火焰光度检测器（FPD）时，配制标准系列浓度分别为 10.0 μg/L、30.0 μg/L、100 μg/L、400 μg/L、1 200 μg/L 和 2 400 μg/L（参考浓度）。然后按照参考色谱条件依次从低浓度到高浓度进行分析。以峰高或峰面积为纵坐标，质量浓度为横坐标，建立校准曲线。

（3）试样的测定。

量取 1.0 μl 待测样品注入气相色谱仪，按照参考色谱条件进行测定，记录色谱峰的保留时间和峰高（或峰面积）。

使用色谱柱Ⅰ根据标准色谱图的保留时间定性、峰高（或峰面积）定量。对无法确认的物质，采取双柱定性，即用色谱柱Ⅱ确认色谱分析。黄磷的标准色谱图见图 2-18 和图 2-19。

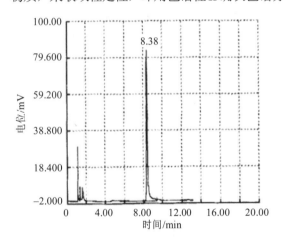

图 2-18 黄磷色谱图（NPD 检测器）　　　　图 2-19 黄磷色谱图（FPD 检测器）

（4）空白试验。

量取 1.0 μl 空白试样注入气相色谱仪，按照与试样的测定相同步骤进行测定。

8. 结果计算和表示

（1）结果计算。

样品中黄磷的质量浓度按照下式计算。

$$\rho = \frac{(\rho_1 - \rho_0) \times V_2}{V_1}$$

式中：ρ——样品中黄磷的质量浓度，μg/L（或 mg/L）；

ρ_1——由校准曲线计算所得黄磷的质量浓度，μg/L（或 mg/L）；

ρ_0——由校准曲线计算所得空白试样黄磷的质量浓度，μg/L（或 mg/L）；

V_1——水样体积，ml；

V_2——甲苯萃取液体积或经净化后甲苯定容体积，ml。

（2）结果表示。

测定结果与检出限最后一位保持一致，若有效数字大于三位，则保留三位有效数字。

9. 精密度和准确度

（1）精密度。

①氮磷检测器（NPD）。6 家实验室分别对含黄磷浓度为 0.08 μg/L、0.50 μg/L 和 4.00 μg/L 的统一样品进行了测定，实验室内相对标准偏差分别为 2.7%～8.7%、1.0%～5.4%、0.4%～2.4%，实验室间相对标准偏差分别为 7.8%、4.1%、1.4%。

②火焰光度检测器（FPD）。6 家实验室分别对含黄磷浓度为 0.4 μg/L、4.0 μg/L 和 40.0 μg/L 的统一样品进行了测定，实验室内相对标准偏差范围分别为 4.8%～7.8%、0.4%～4.8%、1.0%～4.2%，实验室间相对标准偏差分别为 1.8%、6.6%、4.6%。

（2）准确度。

①氮磷检测器（NPD）。6 家实验室对一种地表水样品及两种工业废水样品进行了加标分析测定，加标浓度分别为 4.0 μg/L、40.0 μg/L 和 80.0 μg/L，加标回收率分别为 73.8%～105%、92.9%～106%、92.5%～108%。

②火焰光度检测器（FPD）。6 家实验室对一种地表水样品及两种工业废水样品进行了加标分析测定，加标浓度分别为 4.0 μg/L、40.0 μg/L 和 80.0 μg/L，加标回收率分别为 89.1%～103%、93.5%～108%、85.0%～104%。

10. 质量保证和质量控制

（1）空白分析。

①实验室空白：实验室空白分析结果中，所有待测目标化合物浓度均应低于方法检出限。

②全程序空白：每批（或 20 个）样品应至少做一个全程序空白。若全程序空白中目标化合物浓度高于检出限，则不应从样品结果中扣除空白值，而应检查所有可能对全程序空白产生影响的环节，仔细查找干扰源，重新采样分析。

（2）平行样测定。

每批样品应至少测定 10%的平行双样，当样品数量少于 10 个时，应至少测定一个平行双样。测定结果的相对偏差应在 10%以内。测定结果以平行双样的平均值报出。

（3）样品加标回收率测定。

每批样品应至少测定 10%的加标样品，当样品数量少于 10 个时，应至少测定一个加标样品。加标回收率应在 70%～120%。

（4）校准曲线。

每次分析样品时，均应建立校准曲线。校准曲线的相关系数（γ）≥0.995。

（5）中间浓度检验。

每分析 20 个样品，应进行一次校准曲线中间浓度点检验。中间浓度点的测定值与校准曲线对应浓度点的相对误差应小于 20%，否则应建立新的校准曲线。

11. 注意事项

（1）实验过程中产生的所有废液应置于密闭容器中保存，委托有资质的单位进行处理。

（2）黄磷属剧毒物质，进入人体可引起急性中毒，操作时应按规定要求佩戴防护器具，避免接触皮肤和衣物，样品萃取时在通风橱内进行。

（3）样品萃取过程中不可过于剧烈振摇，以免单质磷被空气中的氧气氧化，而使测定结果偏低。

（4）若水样悬浮物较多，萃取剂与水相分层不清时，可加入少量无水乙醇加速分层。

（5）应按所使用的气相色谱仪 FPD 的要求调整氢气和空气的流速，以得到较高的灵敏度和稳定性。

（6）对进样口在顶端的仪器，进样操作中微量进样器应保持竖直，并且微量进样器针头不可插入太深，避免样品黏附在色谱柱顶端的内壁上，造成色谱峰变形。

（7）配制标准溶液所使用的无水乙醇应用抗坏血酸处理。方法如下：称取 5 g 分析纯抗坏血酸加入已盛有 200 ml 无水乙醇的 250 ml 试剂瓶中，轻轻摇动，使其尽可能溶解，盖上磨口塞放置过夜，用中速定量滤纸过滤后使用。

（8）水样采集后，水样的萃取必须在现场完成，将萃取液缓缓注入具塞比色管或容量瓶中密封，不留空隙。萃取液应尽快分析。不能立即分析时，应保存于约 4℃ 的冰箱中 7 d 内分析完毕。

（二）磷钼蓝分光光度法（A）*

1．方法的适用范围

本方法适用于地表水、地下水、工业废水和生活污水中单质磷的测定。

当取样体积为 100 ml 时，直接比色法的方法检出限为 0.003 mg/L，测定下限为 0.010 mg/L，测定上限为 0.170 mg/L。

2．方法原理

用甲苯做萃取剂，萃取水样中的单质磷。萃取液经溴酸钾-溴化钾溶液将单质磷氧化成正磷酸盐，在酸性条件下，正磷酸盐与钼酸铵反应生成的磷钼杂多酸被还原剂氯化亚锡还原成蓝色络合物，其吸光度与单质磷的含量成正比，用分光光度计测定其吸光度，计算单质磷的含量。

3．干扰和消除

水样中含砷化物、硅化物和硫化物的量分别为单质磷含量的 100 倍、200 倍和 300 倍时，对本方法无明显干扰。

水中单质磷的含量小于 0.05 mg/L 时，用乙酸丁酯富集后再进行显色测定，可以减少干扰，提高灵敏度和检测的可靠性。

4．仪器和设备

（1）可见分光光度计：配有光程为 30 mm 的比色皿。

（2）电热板。

（3）具塞比色管：50 ml。

（4）分液漏斗：100 ml、250 ml。

（5）磨口锥形瓶：250 ml。

（6）防爆沸玻璃珠。

---

* 本方法与 HJ 593—2010 等效。

5. 试剂和材料

除非另有说明，否则分析时均使用符合国家标准的分析纯试剂。实验用水为新制备的符合《分析实验室用水规格和试验方法》（GB 6682—92）三级水相关要求的去离子水或蒸馏水。

（1）甲苯：ρ（C_7H_8）=0.867 g/ml，优级纯。

（2）盐酸：ρ（HCl）=1.19 g/ml，优级纯。

（3）高氯酸：ρ（$HClO_4$）=1.67 g/ml，优级纯。

（4）抗坏血酸（$C_6H_8O_6$）：优级纯。

（5）甘油：ρ（$C_3H_8O_3$）=1.26 g/ml，优级纯。

（6）无水乙醇：ρ（CH_3CH_2OH）=0.789 g/ml，优级纯。

（7）乙酸丁酯：ρ（$C_8H_{16}O_2$）=0.876 g/ml，优级纯。

（8）磷酸二氢钾（KH_2PO_4）：优级纯。

（9）硝酸溶液：1+5。

（10）硫酸溶液：1+1。

（11）氢氧化钠溶液：ρ（NaOH）=200 g/L。

称取 20.0 g 氢氧化钠，溶解于 100 ml 水中。

（12）溴酸钾-溴化钾溶液：分别称取 10 g 溴酸钾（$KBrO_3$）和 8 g 溴化钾（KBr），溶解于 400 ml 水中。

（13）钼酸铵溶液Ⅰ：ρ[$(NH_4)_6Mo_7O_{24}\cdot4H_2O$]=25 g/L。

称取 2.5 g 钼酸铵，加入（1+1）硫酸溶液 70 ml，待钼酸铵溶解后用水稀释至 100 ml。

（14）钼酸铵溶液Ⅱ：ρ[$(NH_4)_6Mo_7O_{24}\cdot4H_2O$]=50 g/L。

称取 12.5 g 钼酸铵，溶解于 150 ml 水中，不断搅拌，将其缓慢加入 100 ml（1+5）硝酸溶液中。

（15）1%氯化亚锡溶液：ρ（$SnCl_2$）=10 g/L。

称取 1 g 氯化亚锡，溶解于 15 ml 盐酸中，加入 50 ml 水，再称取 1.5 g 抗坏血酸，溶解于上述溶液中，加水稀释至 100 ml，贮于棕色瓶中，在冰箱内可保存 4～5 d。

（16）2.5%氯化亚锡甘油溶液：ρ（$SnCl_2$）=25 g/L。

称取 2.5 g 氯化亚锡，溶解于 100 ml 甘油中。此溶液可在水浴中加热，以促进溶解。

（17）磷酸二氢钾标准贮备液：ρ（P）=50.0 μg/ml。

准确称取 0.219 7 g 磷酸二氢钾（预先在 105～110℃ 电烘箱中干燥 2 h 至恒重），溶解于水，移入 1 000 ml 容量瓶中，用水稀释至刻线，混匀。

（18）磷酸二氢钾标准使用液：ρ（P）=2.00 μg/ml。

临用时，吸取 10.00 ml 磷酸二氢钾标准贮备液于 250 ml 容量瓶中，用水稀释至刻线。

（19）酚酞指示液：ρ=10 g/L。

称取 1 g 酚酞溶解于 100 ml 无水乙醇中。

6. 样品

（1）样品采集和保存。

样品采集至塑料瓶或硬质玻璃瓶中，采样后调节样品 pH 为 6～7，48 h 内测定。

（2）试样的制备。

①萃取：移取 10.0～100 ml（视样品中磷含量而定）样品于 250 ml 分液漏斗中，加入 25 ml 甲苯，充分振荡 5 min，并经常开启活塞排气。静置分层后，将下层水相移入另一支

250 ml 分液漏斗，加入 15 ml 甲苯重复萃取 2 min 后静置，弃去水相，将有机相并入第一支分液漏斗。向第一支分液漏斗中加入 15 ml 水，振荡 1 min 后静置，弃去水相，有机相重复操作水洗 6 次。

②氧化：向盛有有机相的第一支分液漏斗中加入 10～15 ml 溴酸钾-溴化钾溶液，2 ml (1+1) 硫酸溶液，振荡 5 min，并经常开启活塞排气。静置 2 min 后加入 2 ml 高氯酸，再振荡 5 min 后，移入 250 ml 磨口锥形瓶内，加入数粒玻璃珠，在电热板上缓缓加热以驱赶过量的高氯酸和除溴（注意勿使样品溅出或蒸干），至白烟减少时，取下冷却。加入 10 ml 水及 1 滴酚酞指示剂，用氢氧化钠溶液中和至呈粉红色，滴加（1+1）硫酸溶液至粉红色刚好消失，移入 50 ml 容量瓶中，用去离子水稀释至刻度。

7．分析步骤

（1）校准曲线的建立。

①直接比色法：单质磷含量大于 0.05 mg/L 的样品，校准曲线按照下列步骤操作。

取 8 支 50 ml 具塞比色管，按表 2-7 配制标准系列。

表 2-7　单质磷直接比色法标准系列

瓶号	0	1	2	3	4	5	6
磷酸二氢钾标准使用液/ml	0.00	0.50	1.00	3.00	5.00	7.00	8.50
单质磷含量/μg	0.00	1.00	2.00	6.00	10.0	14.0	17.0

分别向每支比色管中加水至 50 ml，加入 2 ml 钼酸铵溶液 I 及 1 ml 2.5% 氯化亚锡甘油溶液，混匀。

室温在 20℃ 以上时，显色 20 min；室温低于 20℃ 时，显色 30 min。在波长 690 nm 处，用 30 mm 比色皿，以水为参比，测定吸光度。以扣除试剂空白的吸光度对应单质磷含量建立校准曲线。

②萃取比色法：单质磷含量小于 0.05 mg/L 的样品，校准曲线按照下列步骤操作。

取 6 支 100 ml 分液漏斗，按表 2-8 配制标准系列。

表 2-8　单质磷萃取比色法标准系列

瓶号	0	1	2	3	4	5
磷酸二氢钾标准使用液/ml	0.00	0.50	1.00	1.50	2.00	2.50
单质磷含量/μg	0.00	1.00	2.00	3.00	4.00	5.00

分别向每支分液漏斗中加水至 50 ml，加入 3 ml（1+5）硝酸溶液、7 ml 钼酸铵溶液 II 和 10 ml 乙醛丁酯，振荡 1 min，弃去水相。向有机相中加入 2 ml 1% 氯化亚锡溶液，摇匀，再加入 1 ml 无水乙醇，轻轻转动分液漏斗，使水珠下降，放尽水相，将有机相倾入 30 mm 比色皿，在波长 720 nm 处，以乙酸丁酯为参比测定吸光度。

以扣除试剂空白的吸光度对应单质磷含量建立校准曲线。

（2）试样的测定。

①单质磷含量大于 0.05 mg/L 的样品，采取直接比色法。

移取适量体积经萃取、氧化制备好的样品（视样品中单质磷的含量而定）于 50 ml 具塞比色管中,以下步骤同校准曲线的建立(直接比色法)。

②单质磷含量小于 0.05 mg/L 的样品,采用有机相萃取比色法。

移取适量体积经萃取、氧化制备好的样品(视样品中单质磷的含量而定)于 100 ml 分液漏斗中,以下步骤同校准曲线的建立(萃取比色法)。

8．结果计算和表示

(1)结果计算。

样品中单质磷的质量浓度按照下式计算。

$$\rho = \frac{m \times V_2}{V_1 \times V_3}$$

式中：ρ——样品中单质磷的质量浓度,mg/L;

m——根据校准曲线计算出试样中单质磷的含量,μg;

V_1——样品体积,ml;

V_2——试样的定容体积,ml;

V_3——显色反应时移取的试样体积,ml。

(2)结果表示。

当测定结果小于 0.100 mg/L 时,保留至小数点后三位;当测定结果大于等于 0.100 mg/L 时,保留三位有效数字。

9．注意事项

(1)操作所用的玻璃器皿,可用(1+5)盐酸溶液浸泡 2 h,或用不含磷的洗涤剂清洗。

(2)比色皿用后应以稀硝酸或铬酸洗液浸泡片刻,以除去吸附的钼蓝有色物。

(3)甲苯有毒,高氯酸、溴酸钾和溴化钾溶液具有腐蚀性,高氯酸与有机物的混合物经加热可能发生爆炸。操作务必在通风橱内进行,操作者须小心谨慎。

九、总磷和磷酸盐

在天然水和废水中,磷几乎都以各种磷酸盐的形式存在,它们分为正磷酸盐、缩合磷酸盐(焦磷酸盐、偏磷酸盐和多磷酸盐)和有机结合的磷(如磷脂等),它们存在于溶液中、腐殖质粒子中或水生生物中。

一般天然水中磷酸盐含量不高。化肥、冶炼、合成洗涤剂等行业的工业废水及生活污水中常含有较大量磷。磷是生物生长必需的元素之一。但水体中磷含量过高(如超过 0.2 mg/L),可造成藻类的过度繁殖,直至数量上达到有害的程度(称为富营养化),造成湖泊、河流透明度降低,水质变坏。磷是评价水质的重要指标。

水中磷的测定,通常按其存在的形式而分别测定总磷、可溶性正磷酸盐和可溶性总磷酸盐,如图 2-20 所示。

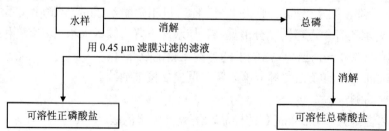

图 2-20　测定水中各种磷的流程

正磷酸盐的测定常使用离子色谱法、钼酸铵分光光度法、孔雀绿—磷钼杂多酸分光光度法、流动注射—钼酸铵分光光度法、连续流动分光光度法和电感耦合等离子体发射光谱法等。离子色谱法灵敏度好，但消解后的水样干扰大。钼酸铵分光光度法具有检出限低、灵敏度高的优点，但也存在消解时间长、需浊度—色度补偿、测定线性范围窄等不足。尤其是对色度浊度较高且含磷量不稳定的工业废水，不仅稀释倍数难以确定，浪费大量分析时间，且经多次稀释和浊度—色度补偿，样品测定结果会受到一定程度的干扰。流动注射—钼酸铵分光光度法和连续流动—钼酸铵分光光度法具有全面性、科学性、分析范围广、操作简单等特点，具有一定的先进性；缺点是过硫酸钾纯度要求较高，需购买进口试剂，仪器需要经常维护。电感耦合等离子体发射光谱法较分光光度法具有介质干扰小、线性范围广、操作步骤简便等优点，尤其适合高浓度、大批量废水样品的分析检测，缺点是方法的灵敏度较差。

（一）水样前处理

1．过硫酸钾消解法

（1）仪器。

①医用手提式高压蒸气消毒器或一般民用压力锅：压力范围 98～147 kPa。

②电炉：2 kW。

③调压器：2 kVA，0～220 V。

④具塞刻度管（磨口）：50 ml。

（2）试剂。

过硫酸钾溶液：ρ =50 g/L。

溶解 5 g 过硫酸钾于水中，并稀释至 100 ml。

（3）步骤。

吸取 25.0 ml 混匀水样（必要时，酌情少取水样，并加水至 25 ml，使含磷量不超过 30 μg）于 50 ml 具塞刻度管中，加过硫酸钾溶液 4 ml，加塞后管口包一小块纱布并用线扎紧，以免加热时玻璃塞冲出。将具塞刻度管放在大烧杯中，置于高压蒸汽消毒器或压力锅中加热，待锅压力达 107.8 kPa（相应温度为 120℃）时，调节电炉温度使保持此压力 30 min 后，停止加热，待压力表指针降至零后，取出放冷。如溶液浑浊，则用滤纸过滤，洗涤后定容。

试剂空白和标准溶液系列也经同样的消解操作。

（4）注意事项。

①如采样时水样用酸固定，则加过硫酸钾消解前将水样调至中性。

②一般民用压力锅在加热至顶压阀出气孔冒气时，锅内温度约为 120℃。

③当不具备压力消解条件时，亦可在常压下进行，操作步骤如下：

分取适量混匀水样（含磷不超过 30 μg）于 150 ml 锥形瓶中，加水至 50 ml，加数粒玻璃珠，加 1 ml（3+7）硫酸溶液、5 ml 5%过硫酸钾溶液，置电热板或可调电炉上加热煮沸，调节温度使保持微沸 30～40 min，至最后体积为 10 ml。放冷，加 1 滴酚酞指示剂，滴加氢氧化钠溶液至刚呈微红色，再滴加 1 mol/L 硫酸溶液使红色褪去，充分摇匀。如溶液不澄清，则用滤纸过滤于 50 ml 比色管中，用水洗锥形瓶及滤纸，一并移入比色管中，加水至标线，供分析用。

2. 硝酸-硫酸消解法

（1）仪器。

①可调温度的电炉或电热板。

②凯氏烧瓶：125 ml。

（2）试剂。

①硝酸：ρ（HNO_3）=1.42 g/ml。

②硫酸溶液：1+1。

③硫酸溶液：c（1/2 H_2SO_4）=1 mol/L。

将 27 ml 硫酸加入 973 ml 水中。

④氢氧化钠溶液 I：c（NaOH）=1 mol/L。

将 40 g 氢氧化钠溶于水并稀释至 1 000 ml。

⑤氢氧化钠溶液 II：c（NaOH）=6 mol/L。

将 240 g 氢氧化钠溶于水并稀释至 1 000 ml。

⑥酚酞乙醇指示液：将 0.5 g 酚酞溶于 95%乙醇，并稀释至 50 ml。

（3）步骤。

吸取 25.0 ml 水样置于凯氏烧瓶中，加数粒玻璃珠，加 2 ml（1+1）硫酸溶液及 2～5 ml 硝酸。在电热板上或可调电炉上加热至冒白烟，如液体尚未清澈透明，放冷后，加 5 ml 硝酸，再加热至冒白烟，并获得透明液体。放冷后加约 30 ml 水，加热煮沸约 5 min。放冷后，加 1 滴酚酞指示剂，滴加氢氧化钠溶液 I 至刚呈微红色，再滴加硫酸溶液使微红正好褪去，充分混匀，移至 50 ml 比色管中。如溶液浑浊，则用滤纸过滤，并用水洗凯氏烧瓶和滤纸，一并移入比色管中，稀释至标线，供分析用。

3. 硝酸-高氯酸消解法

（1）仪器。

①可调温度电炉或电热板。

②锥形瓶：125 ml。

（2）试剂。

①硝酸：ρ（HNO_3）=1.40 g/ml。

②高氯酸：ρ（$HClO_4$）=1.68 g/ml，优级纯。

③硫酸溶液：c（1/2 H_2SO_4）=1 mol/L。

将 27 ml 硫酸加入 973 ml 水中。

④氢氧化钠溶液 I：c（NaOH）=1 mol/L。

将 40 g 氢氧化钠溶于水并稀释至 1 000 ml。

⑤氢氧化钠溶液 II：c（NaOH）=6 mol/L。

将 240 g 氢氧化钠溶于水并稀释至 1 000 ml。

⑥酚酞乙醇指示液：将 0.5 g 酚酞溶于 95%乙醇并稀释至 50 ml。

（3）步骤。

吸取 25.0 ml 水样置于锥形瓶中，加数粒玻璃珠，加 2 ml 硝酸，在电热板上加热浓缩至约 10 ml。冷后加 5 ml 硝酸，再加热浓缩至约 10 ml，放冷。加 3 ml 高氯酸，加热至冒白烟时，可在锥形瓶上加小漏斗或调节电热板温度，使消解液在锥形瓶内壁保持回流状态，直至剩下 3～4 ml，放冷。加水 10 ml，加 1 滴酚酞乙醇指示液，滴加氢氧化钠溶液 I 至刚呈微红色，再滴加 1 mol/L 硫酸溶液使微红正好褪上，充分混匀，移至 50 ml 比色管中。如溶液浑浊，可用滤纸过滤，并用水充分洗锥形瓶及滤纸，一并移入比色管中，稀释至标线，供分析用。

（4）注意事项。

①消解时需在通风橱中进行。

②视水样中有机物含量及干扰情况，硝酸和高氯酸用量可适当增减。

③高氯酸与有机物的混合物经加热可能产生爆炸，应注意防止这种危险的产生：

i）不要往可能含有机物的热溶液中加入高氯酸。

ii）含有机物的水样要先用硝酸消解处理，而后使用高氯酸完成消解过程。

iii）绝对不可将消解液蒸干。

（二）钼酸铵分光光度法（A）[*]

1．方法的适用范围

本方法适用于地表水、地下水和废水中总磷和磷酸盐的测定。

本方法最低检出浓度为 0.01 mg/L，测定上限为 0.6 mg/L。

2．方法原理

在中性条件下用过硫酸钾（或硝酸-高氯酸）使样品消解，将所含磷全部氧化为正磷酸盐。在酸性介质中，正磷酸盐与钼酸铵反应，在锑盐存在下生成磷钼杂多酸后，立即被抗坏血酸还原，生成蓝色的络合物，于波长 700 nm 处测量吸光度。

3．干扰和消除

在酸性条件下，砷、铬、硫干扰测定。砷大于 2 mg/L 干扰测定，用硫代硫酸钠去除。硫化物大于 2 mg/L 干扰测定，通氮气去除。铬大于 50 mg/L 干扰测定，用亚硫酸钠去除。

4．仪器和设备

（1）医用手提式蒸气消毒器或一般压力锅：压力范围 107.8～137.2 kPa。

（2）具塞比色管（磨口）：50 ml。

（3）分光光度计。

5．试剂和材料

（1）硫酸：ρ（H_2SO_4）=1.84 g/ml。

（2）硝酸：ρ（HNO_3）=1.42 g/ml。

（3）高氯酸：ρ（$HClO_4$）=1.68 g/ml，优级纯。

（4）硫酸溶液：1+1。

（5）硫酸溶液：c（1/2 H_2SO_4）≈1 mol/L。

将 27 ml 硫酸加入 973 ml 水中。

（6）氢氧化钠溶液 I：c（NaOH）=1 mol/L。

将 40 g 氢氧化钠溶于水并稀释至 1 000 ml。

（7）氢氧化钠溶液 II：c（NaOH）=6 mol/L。

将 240 g 氢氧化钠溶于水并稀释至 1 000 ml。

---

* 本方法与 GB 11893—89 等效。

（8）过硫酸钾溶液：ρ（$K_2S_2O_8$）=50 g/L。

将 5 g 过硫酸钾溶解于水，并稀释至 100 ml。

（9）抗坏血酸溶液：ρ（$C_6H_8O_6$）=100 g/L。

溶解 10 g 抗坏血酸于水中，并稀释至 100 ml。此溶液贮于棕色的试剂瓶中，在冷藏条件下可稳定数周。如不变色可长时间使用。

（10）钼酸盐溶液：溶解 13 g 钼酸铵[$(NH_4)_6Mo_7O_{24}\cdot 4H_2O$]于 100 ml 水中。溶解 0.35 g 酒石酸锑钾（$KSbC_4H_4O_7\cdot 1/2H_2O$）于 100 ml 水中。在不断搅拌下把钼酸铵溶液缓慢加到 300 ml（1+1）硫酸溶液中加酒石酸锑钾溶液并且混合均匀。此溶液贮存于棕色试剂瓶中，在冷藏条件下可保存 60 d。

（11）浊度—色度补偿液：将（1+1）硫酸溶液和抗坏血酸溶液按体积比 2：1 混合。使用当天配制。

（12）磷标准贮备溶液：ρ（P）=50.0 μg/ml。

称取 0.219 7 g 于 110℃烘干 2 h 后在干燥器中放冷的磷酸二氢钾（KH_2PO_4），用水溶解后转移至 1 000 ml 容量瓶中，加入大约 800 ml 水、5 ml 硫酸，用水稀释至标线并混匀。1.00 ml 此标准溶液含 50.0 μg 磷。此溶液在玻璃瓶中可贮存至少 180 d。

（13）磷标准使用液：ρ（P）=2.00 μg/ml。

移取 10.00 ml 的磷标准贮备溶液转移至 250 ml 容量瓶中，用水稀释至标线并混匀。1.00 ml 此标准溶液含 2.0 μg 磷。使用当天配制。

（14）酚酞溶液：ρ=10 g/L。

将 0.5 g 酚酞溶于 50 ml 95%乙醇中。

6．样品

（1）样品采集和保存。

测定总磷时，于水样采集后，加硫酸酸化至 pH≤1 保存，或不加任何保存剂于 0～4℃冷藏保存。

测定可溶性正磷酸盐和可溶性总磷时，采集的水样立即经 0.45 μm 微孔滤膜过滤，不加任何保存剂，于 2～5℃冷藏保存，在 24 h 内进行分析。

（2）试样的制备。

取 25 ml 样品于具塞比色管中。取时应仔细摇匀，以得到溶解部分和悬浮部分均具有代表性的试样。如样品中含磷浓度较高，样品取样体积可以酌情减少。总磷、可溶性总磷消解步骤同本节（一）水样前处理，可溶性磷酸盐直接测定。

7．分析步骤

（1）显色。

分别向各份消解液中加 1 ml 抗坏血酸溶液混匀，30 s 后加 2 ml 钼酸盐溶液充分混匀。如试样中含有浊度或色度时，需配制一个空白样品（消解后用水稀释至标线）然后向该空白样品中加入 3 ml 浊度—色度补偿液，但不加抗坏血酸溶液和钼酸盐溶液。然后从待测样品的吸光度中扣除空白样品的吸光度。

（2）吸光度测量。

室温下放置 15 min 后，使用光程为 30 mm 比色皿，在 700 nm 波长下，以水做参比，测定吸光度。扣除空白试验的吸光度后，从校准曲线上查得磷的含量。如显色时室温低于 13℃，可在 20～30℃水浴上显色 15 min。

（3）校准曲线的建立。

取 7 支具塞比色管，分别加入 0.00 ml、0.50 ml、1.00 ml、3.00 ml、5.00 ml、10.00 ml 和 15.00 ml 磷标准使用液，加水至 25 ml。然后按测定步骤进行处理。以水作参比，测定吸光度。扣除空白试验的吸光度后，和对应的磷含量建立校准曲线。

8．结果计算和表示

（1）结果计算。

样品中总磷的质量浓度按照下式计算。

$$\rho = \frac{m}{V}$$

式中：ρ——样品中总磷的质量浓度，mg/L；

m——根据校准曲线查得样品的磷含量，μg；

V——测定用试样体积，ml。

（2）结果表示。

当测定结果小于 1.00 mg/L 时，保留至小数点后两位；当测定结果大于等于 1.00 mg/L 时，保留三位有效数字。

9．精密度和准确度

13 家实验室测定（采用过硫酸钾消解）含磷 2.06 mg/L 的统一样品，实验室内相对标准偏差为 0.8%。实验室间相对标准偏差为 1.5%，相对误差为 1.9%。

6 家实验室测定（采用硝酸-高氯酸消解）含磷 2.06 mg/L 的统一样品，实验室内相对标准偏差为 1.4%。实验室间相对标准偏差为 1.4%，相对误差为 1.9%。

（三）离子色谱法（A）

同本章三、硫酸盐测定方法（一）离子色谱法。

（四）流动注射—钼酸铵分光光度法（A）[*]

1．方法的适用范围

本方法适用于地表水、地下水、生活污水和工业废水中总磷的测定。

当检测池光程为 10 mm 时，本方法的检出限为 0.005 mg/L（以 P 计），测定范围为 0.020～1.00 mg/L。

2．方法原理

（1）流动注射分析仪工作原理。

在封闭的管路中，一定体积的样品注入连续流动的载液中，样品和试剂在化学反应模块中按特定的顺序和比例混合、反应，在非完全反应的条件下，进入流动检测池进行光度检测。

（2）化学反应原理。

在酸性条件下，试样中各种形态的磷经 125℃高温高压水解，再与过硫酸钾溶液混合进行紫外消解，全部被氧化成正磷酸盐。在锑盐的催化下正磷酸盐与钼酸铵反应生成磷钼杂多酸。该化合物被抗坏血酸还原生成蓝色络合物，于波长 880 nm 处测量吸光度。

参考工作流程见图 2-21。

---

[*] 本方法与 HJ 671—2013 等效。

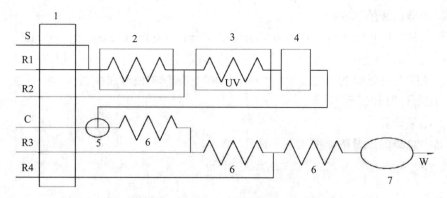

1—蠕动泵；2—加热池（125℃）；3—紫外消解装置（UV 254 nm）；4—除气泡；

5—注入阀；6—反应（混合）圈；7—检测池，10 mm，880 nm；

S—试样；R1—硫酸溶液Ⅰ；R2—过硫酸钾消解液；R3—显色剂；R4—还原剂；C—硫酸载液；W—废液。

图 2-21　流动注射—钼酸铵分光光度法测定总磷参考工作流程

3．干扰和消除

（1）样品中砷、铬、硫对总磷的测定产生干扰，具体消除方法同本节测定方法（二）钼酸铵分光光度法。

（2）样品的浊度或色度干扰可通过补偿测量进行校正。具体消除方法：用色度—浊度补偿液替换钼酸盐显色剂，对样品进行分析，测得校正值。用样品的测量值减去校正值，即得到校正后的测量值。

（3）当样品的 pH＜2 时，会出现折射指示现象（指在分析物峰的前面出现小的负峰）或双峰干扰；当样品的 pH＞10 时，会对测定产生正干扰。因此，当样品 pH＜2 或＞10 时，应在分析前将样品的 pH 调至中性。

4．仪器和设备

（1）流动注射分析仪：自动进样器、化学分析单元（即化学反应模块、通道，由蠕动泵、注入阀、反应管路、预处理盒等部件组成）、检测单元（流通池检测波长 880 nm）及数据处理单元。预处理盒包括加热池和紫外消解装置。

（2）天平：精度为 0.000 1 g。

（3）超声仪：频率 40 kHz。

5．试剂和材料

除非另有说明，否则分析时均使用符合国家标准的分析纯试剂。实验用水为新制备、电导率小于 0.5 μS/cm（25℃）的去离子水。除标准溶液外，其他溶液和实验用水均用氩气或超声除气。

（1）硫酸：ρ（H_2SO_4）=1.84 g/ml。

（2）过硫酸钾（$K_2S_2O_8$）。

（3）钼酸铵[$(NH_4)_6Mo_7O_{24}\cdot4H_2O$]。

（4）酒石酸锑钾[$K(SbO)C_4H_4O_6\cdot1/2H_2O$]。

（5）氢氧化钠（$NaOH$）。

（6）抗坏血酸（$C_6H_8O_6$）。

（7）十二烷基硫酸钠（$NaC_{12}H_{25}SO_4$）。

（8）氯化钠（NaCl）。

（9）磷酸二氢钾（KH_2PO_4）：优级纯，（105±5）℃干燥恒重，保存在干燥器中。

（10）焦磷酸钠（$Na_4P_2O_7 \cdot 10H_2O$）：密闭保存。

（11）5-磷酸吡哆醛（$C_8H_{10}NO_6P \cdot H_2O$）：纯度大于95%，2～8℃密闭保存。

（12）乙二胺四乙酸四钠（EDTA-4Na，$C_{10}H_{12}O_8N_2Na_4$）。

（13）硫酸溶液Ⅰ：c（H_2SO_4）=2 mol/L。

将106.5 ml硫酸慢慢加至800 ml水中，冷却后用水稀释至1 000 ml。

（14）硫酸溶液Ⅱ：c（H_2SO_4）=0.028 mol/L。

将1.5 ml硫酸加至1 000 ml水中。

（15）过硫酸钾消解溶液：将26 g过硫酸钾加至800 ml水中，溶解后用水稀释至1 000 ml并混匀。该溶液室温避光保存，可稳定30 d。

（16）钼酸铵溶液：称取40.0 g钼酸铵溶于800 ml水中，溶解后水稀释至1 000 ml并混匀，贮存于聚乙烯瓶中。该溶液在4℃下保存，可稳定60 d。

（17）酒石酸锑钾贮备液：称取3.0 g酒石酸锑钾溶于800 ml水中，溶解后用水稀释至1 000 ml并混匀，贮存于深色聚乙烯瓶中。该溶液在4℃下保存，可稳定60 d。

（18）显色剂：将213 ml钼酸铵溶液和72 ml酒石酸锑钾溶液加入约500 ml水中，再加入22.8 g氢氧化钠，溶解后用水稀释至1 000 ml并混匀。该溶液在4℃下保存，可稳定30 d。

（19）还原剂：称取70.0 g抗坏血酸溶于800 ml水中，再加入1.0 g十二烷基硫酸钠，溶解后用水稀释至1 000 ml并混匀。该溶液在4℃下保存，可稳定14 d。

（20）硫酸载液：将40 ml硫酸慢慢加入800 ml水中。冷却后，加入5 g氯化钠和1.0 g十二烷基硫酸钠，用水稀释至1 000 ml并混匀。该溶液可稳定7 d。

（21）磷酸二氢钾标准贮备液：ρ（P）=1 000 mg/L。

称取4.394 g磷酸二氢钾溶于水中，溶解后转移至1 000 ml容量瓶中，加入2.5 ml硫酸，用水定容并混匀。贮存于具塞玻璃瓶中，该溶液在4℃下保存，可稳定180 d。或直接购买市售有证标准溶液。

（22）磷酸二氢钾标准使用液Ⅰ：ρ（P）=10.00 mg/L。

量取适量磷酸二氢钾标准贮备液，用水逐级稀释制备。该溶液在4℃下，可贮存30 d。

（23）磷酸二氢钾标准使用液Ⅱ：ρ（P）=0.50 mg/L。

量取适量磷酸二氢钾标准贮备液，用水逐级稀释制备。临用时现配。

（24）焦磷酸钠标准贮备液：ρ（P）=500 mg/L。

称取3.600 g焦磷酸钠溶于水中，移入1 000 ml容量瓶中，用水定容并混匀。该溶液在4℃下密闭贮存，可稳定90 d。

（25）焦磷酸钠标准使用液：ρ（P）=0.50 mg/L。

量取适量焦磷酸钠标准贮备液，用水逐级稀释制备。该溶液在4℃下可稳定7 d。

（26）5-磷酸吡哆醛标准贮备液：ρ（P）=500 mg/L。

称取0.856 1 g（按纯度100%计）5-磷酸吡哆醛溶解于适量水中并转移至200 ml容量瓶中，用水定容并混匀，盛于棕色具塞玻璃瓶。该溶液在4℃下可贮存90 d。

（27）5-磷酸吡哆醛标准使用液：ρ（P）=0.50 mg/L。

量取适量5-磷酸吡哆醛标准贮备液，用水逐级稀释制备。临用时现配。

（28）浊度—色度补偿液：将 72 ml 酒石酸锑钾贮备液加入约 500 ml 水中，再加入 22.8 g 氢氧化钠，溶解后用水稀释至 1 000 ml。该溶液可稳定 7 d。

（29）NaOH-EDTA 清洗液：称取 65 g 氢氧化钠和 6 g 乙二胺四乙酸四钠溶解于 1 000 ml 水中。

（30）氩气：纯度≥99.99%。

6．样品

在采样前，用水冲洗所有接触样品的器皿，样品采集于清洗过的聚乙烯或玻璃瓶中。采集后应立即加入硫酸至 pH≤2，常温可保存 24 h。可于–20℃冷冻，保存期 30 d。

7．分析步骤

（1）分析条件。

按仪器说明书安装分析系统、调试仪器、设定工作参数。按仪器规定的顺序开机后，以纯水代替所有试剂，检查整个分析流路的密闭性及液体流动的顺畅性。待基线稳定后（约 20 min），系统开始进试剂，待基线再次稳定后，进行校准和试样的测定。

（2）校准曲线的建立。

分别量取适量的磷酸二氢钾标准使用液Ⅰ，用水稀释定容至 100 ml，制备 6 个浓度点的标准系列。总磷质量浓度分别为 0.000 mg/L、0.020 mg/L、0.100 mg/L、0.200 mg/L、0.500 mg/L 和 1.00 mg/L。

量取适量标准系列，分别置于样品杯中，由进样器按程序依次从低浓度到高浓度取样、测定。以测定信号值（峰面积）为纵坐标，对应的总磷质量浓度（以 P 计，mg/L）为横坐标，建立校准曲线。

（3）试样的测定。

按照与建立校准曲线相同的条件，进行试样的测定。

（4）空白试验。

用适量实验用水代替试样，按照试样的测定步骤进行空白试验。

8．结果计算和表示

（1）结果计算。

样品中总磷（以 P 计）的质量浓度按照下式计算。

$$\rho = \frac{y-a}{b} \times f$$

式中：ρ——样品中总磷（以 P 计）的质量浓度，mg/L；

y——测定信号值（峰面积）；

a——校准曲线方程的截距；

b——校准曲线方程的斜率；

f——稀释倍数。

（2）结果表示。

当测定结果小于 0.100 mg/L 时，保留至小数点后三位；当测定结果大于等于 0.100 mg/L 时，保留三位有效数字。

9．精密度和准确度

6 家实验室分别对总磷浓度为 0.020 mg/L、0.215 mg/L、1.580 mg/L 的统一样品进行了测定，实验室内相对标准偏差分别为 1.9%～5.8%、0.3%～3.0%、0.3%～1.0%，实验室间相对标准偏差分别为 9.5%、2.8%、1.2%。

6 家实验室分别对总磷浓度为（0.215±0.012）mg/L、（1.58±0.06）mg/L 的有证标准物质进行了测定。

6 家实验室分别对总磷浓度为 0.031～0.172 mg/L、0.146～0.680 mg/L 和 0.257～1.20 mg/L 的 3 种不同类型的实际样品（地表水、生活污水、工业废水）进行加标回收测定，加标回收率分别为 90.0%～108%、95.5%～108%、92.3%～108%。

10．质量保证和质量控制

（1）空白试验。

每批样品须至少测定 2 个空白样品，空白值不得超出方法检出限。否则应查明原因，重新分析直至合格之后才能测定样品。

（2）校准有效性检查。

每批样品分析均须建立校准曲线，校准曲线的相关系数（γ）≥0.995。

每分析 10 个样品需用一个校准曲线的中间浓度溶液进行标准核查，其测定结果的相对偏差应≤5%，否则应重新建立校准曲线。

（3）精密度控制。

每批样品应至少测定 10%的平行双样，样品数量少于 10 个时，应至少测定一个平行双样。当总磷浓度≤0.02 mg/L 时，平行样的相对偏差≤25%；当总磷浓度＞0.02 mg/L，平行样的相对偏差≤10%。

（4）准确度控制。

每批样品应至少测定 10%的加标样品，当样品数量少于 10 个时，应至少测定一个加标样品，加标回收率应在 80%～120%。

必要时，每批样品至少带一个已知浓度的质控样品，测试结果应在其给出的不确定度范围内。

（5）系统性能检查。

定期用焦磷酸钠标准使用液验证方法的水解效率，用 5-磷酸吡哆醛标准使用液验证方法的消解效率，一般 2 周检验 1 次。

先校准系统，然后平行分析焦磷酸钠标准使用液或 5-磷酸吡哆醛标准使用液及磷酸二氢钾标准使用液，按下式计算水解或消解效率（R），R 应大于 90%。

$$R = \frac{\rho_1}{\rho_2} \times 100\%$$

式中：R——水解或消解效率，%；

ρ_1——焦磷酸钠标准使用液或 5-磷酸吡哆醛标准使用液的测定结果，mg/L；

ρ_2——磷酸二氢钾标准使用液的测定结果，mg/L。

11．注意事项

（1）因流动注射分析仪流路管径较细，故不适用于测定含悬浮物颗粒物较多或颗粒粒径大于 250 μm 的样品。

（2）试剂和环境温度影响分析结果，冰箱贮存的试剂应放置至室温（20±5℃）后再使用，分析过程中室温波动不能超过±2℃。

（3）为减小基线噪声，试剂应保持澄清，必要时应过滤。封闭的化学反应系统若有气泡会干扰测定，因此，除标准溶液外的所有溶液须除气，可采用氦气除气 1 min 或超声除气 30 min。

（4）每次分析完毕后，用纯水对分析管路进行清洗，并及时将流动检测池中的滤光片取下放入干燥器中，防尘防湿。

（5）预处理盒加热器在加热温度接近 80℃时，应保证加热器的管路中有液体流动。

（6）不同型号的流动分析仪可参考本方法选择合适的仪器条件。

（7）如果样品用硫酸固定保存，则标准溶液也需要采用硫酸基体制备，即用硫酸溶液代替水配制标准溶液。

（8）若样品总磷含量超出校准曲线范围，应取适量样品稀释后上机测定。

（9）当有证标准物质的测定结果低于其不确定度范围下限时，需进行系统性能检查。

（五）连续流动—钼酸铵分光光度法（A）*

1．方法的适用范围

本方法适用于地表水、地下水、生活污水和工业废水中磷酸盐和总磷的测定。

当检测光程为 50 mm 时，本方法测定磷酸盐（以 P 计）的检出限为 0.01 mg/L，测定范围在 0.04～1.00 mg/L；测定总磷（以 P 计）的检出限为 0.01 mg/L，测定范围在 0.04～5.00 mg/L。

2．方法原理

（1）连续流动分析仪工作原理。

样品与试剂在蠕动泵的推动下进入化学反应模块，在密闭的管路中连续流动，被气泡按一定间隔规律地隔开，并按特定的顺序和比例混合、反应，显色完全后进入流动检测池进行光度检测。

（2）化学反应原理。

①磷酸盐的测定：样品中的正磷酸盐在酸性介质中、锑盐存在的条件下，与钼酸铵反应生成磷钼杂多酸，该化合物立即被抗坏血酸还原生成蓝色络合物，于波长 880 nm 处测量吸光度。参考工作流程见图 2-22。

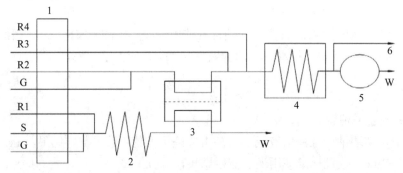

1—蠕动泵；2—混合反应圈；3—透析器（单元）；4—加热池（圈），40℃；

5—流动检测池，50mm，880nm；6—除气泡；S—试样，0.8ml/min；G—空气；

R1—酸试剂Ⅰ，0.32 ml/min（6.12）；R2—表面活性剂溶液，0.80 ml/min（6.19）；

R3—钼酸铵溶液，0.23 ml/min（6.16）；R4—抗坏血酸溶液，0.23 ml/min（6.18）；W—废液。

图 2-22　连续流动—钼酸铵分光光度法测定磷酸盐参考工作流程图

---

* 本方法与 HJ 670—2013 等效。

②总磷的测定：试样中加入过硫酸钾溶液，经紫外消解和（107±1）℃酸性水解，各种形态的磷全部氧化成正磷酸盐，正磷酸盐的测定见①。工作流程参考图2-23。

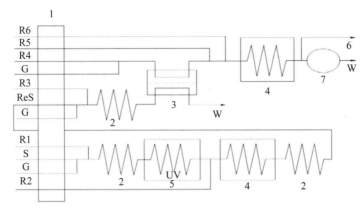

1—蠕动泵；2—混合反应圈；3—透析器（单元）；4—加热池/圈（107℃、40℃）；

5—紫外消解装置；6—除气泡；7—流动检测池（50 mm、880 nm）；S—试样，0.80 ml/min；

R1—过硫酸钾消解试剂，0.32 ml/min（6.15）；R2—酸试剂Ⅱ，0.16 ml/min（6.13）；G—空气；

R3—碱试剂，0.16 ml/min（6.14）；R4—表面活性剂溶液，0.80 ml/min（6.19）；R5—钼酸铵溶液，0.23 ml/min（6.16）；

R6—抗坏血酸溶液，0.23 ml/min（6.18）；ReS—二次进样，1.00 ml/min；W—废液。

图2-23 连续流动—钼酸铵分光光度法测定总磷参考工作流程图

3．干扰和消除

（1）样品中砷、铬、硫会对测定产生干扰，其消除方法同本节（二）钼酸铵分光光度法。

（2）浊度或色度会对测定产生干扰，可通过透析单元消除。见图2-22和图2-23。

（3）样品中高浓度的有机物会消耗过硫酸钾氧化剂，使总磷的测定结果偏低，可以通过稀释样品来消除影响。

（4）样品中含较多的固体颗粒或悬浮物时，须摇匀后取样、适当稀释，再通过匀质化预处理后进样。

4．仪器和设备

（1）连续流动分析仪：自动进样器（配置匀质部件），化学分析单元（即化学反应模块，由多通道蠕动泵、歧管、泵管、混合反应圈、紫外消解装置、透析器、加热圈等组成），检测单元（检测池光程为50 mm），数据处理单元。

（2）分析天平：精度为0.000 1 g。

5．试剂和材料

除非另有说明，否则分析时均使用符合国家标准的分析纯试剂，实验用水为新制备、电导率小于0.5 μS/cm（25℃）的去离子水。

（1）硫酸：ρ（H_2SO_4）=1.84 g/ml。

（2）氢氧化钠（NaOH）。

（3）过硫酸钾（$K_2S_2O_8$）。

（4）钼酸铵[$(NH_4)_6Mo_7O_{24}\cdot 4H_2O$]。

（5）酒石酸锑钾[$K(SbO)C_4H_4O_6\cdot 1/2H_2O$]。

（6）抗坏血酸（$C_6H_8O_6$）。

（7）磷酸二氢钾（KH₂PO₄）：优级纯，（105±5）℃干燥恒重，保存在干燥器中。

（8）焦磷酸钠（Na₄P₂O₇·10H₂O）：密闭保存。

（9）5-磷酸吡哆醛（C₈H₁₀NO₆P·H₂O）：纯度大于95%，2～8℃密闭保存。

（10）单（双）十二烷基硫酸盐二苯氧钠（FFD₆）溶液：商品溶液，$\omega=45\%～47\%$。

（11）次氯酸钠（NaClO）：商品溶液，含有效氯100～140 g/L。

（12）酸试剂Ⅰ：量取14 ml硫酸慢慢地加入约800 ml水中。冷却后，加入2 ml单（双）十二烷基硫酸盐二苯氧钠（FFD₆）溶液，加水稀释至1 000 ml，并混匀。

（13）酸试剂Ⅱ：量取160 ml硫酸慢慢地加入约800 ml水中。冷却后，加入2 ml单（双）十二烷基硫酸盐二苯氧钠（FFD₆）溶液，加水稀释至1 000 ml，并混匀。

（14）碱试剂：称取160 g氢氧化钠溶于适量水中，冷却后，加入2 ml单（双）十二烷基硫酸盐二苯氧钠（FFD₆）溶液，加水稀释至1 000 ml，并混匀。

（15）过硫酸钾消解试剂：量取200 ml硫酸加入适量水中，加入12 g过硫酸钾，溶解并冷却至室温，加水稀释至1 000 ml并混匀。该溶液室温避光储存，可稳定30 d。

（16）钼酸铵溶液：量取40 ml硫酸溶于800 ml水中，冷却后，加入4.8 g钼酸铵，加入2 ml单（双）十二烷基硫酸盐二苯氧钠（FFD₆）溶液，加水稀释至1 000 ml，混匀。该溶液在4℃下保存，可稳定30 d。

（17）酒石酸锑钾贮备溶液：称取0.30 g酒石酸锑钾，溶解于80 ml水中，加水稀释至100 ml并混匀，盛于棕色具塞玻璃瓶中。该溶液在4℃下保存，可稳定60 d。

（18）抗坏血酸溶液：称取18 g抗坏血酸，溶解于800 ml水中，加入20 ml酒石酸锑钾贮备溶液，加水稀释至1 000 ml并混匀，盛于棕色具塞玻璃瓶中。该溶液在4℃下保存，可稳定7 d。

（19）表面活性剂溶液：在1 000 ml水中加入2 ml单（双）十二烷基硫酸盐二苯氧钠（FFD₆）溶液，混匀。该溶液在4℃下保存，可稳定7 d。

（20）磷酸二氢钾标准贮备液：ρ（P）=1 000 mg/L。

称取磷酸二氢钾4.394 g，溶解于适量水中，转移至1 000 ml容量瓶中，加入2.5 ml硫酸，用水定容并混匀，贮存于具塞玻璃试剂瓶中。该溶液在4℃下，可贮存180 d。或直接购买市售有证标准溶液。

（21）磷酸二氢钾标准中间液：ρ（P）=100.0 mg/L。

量取10.00 ml磷酸二氢钾标准贮备液于100 ml容量瓶中，用水定容并混匀。该溶液在4℃下可贮存90 d。

（22）磷酸二氢钾标准使用液Ⅰ：ρ（P）=10.0 mg/L。

量取10.00 ml磷酸二氢钾标准中间液于100 ml容量瓶中，用水定容并混匀。该溶液在4℃下可贮存30 d。

（23）磷酸二氢钾标准使用液Ⅱ：ρ（P）=2.50 mg/L。

量取适量磷酸二氢钾标准贮备液，用水逐级稀释制备。临用时现配。

（24）焦磷酸钠标准贮备溶液：ρ（P）=500 mg/L。

称取3.600 g焦磷酸钠，溶解于适量水中，转移至1 000 ml容量瓶中，用水定容并混匀。该溶液在4℃下可贮存90 d。

（25）焦磷酸钠标准使用液（检验水解效率）：ρ（P）=2.50 mg/L。

量取适量焦磷酸钠贮备溶液，用水逐级稀释制备。临用时现配。

（26）5-磷酸吡哆醛标准贮备溶液：ρ（P）=500 mg/L。

称取 5-磷酸吡哆醛（按纯度 100% 计）0.856 1 g，溶解于适量水中，转移至 200 ml 容量瓶中，用水定容并混匀，盛于棕色具塞玻璃瓶。该溶液在 4℃ 下可贮存 90 d。

（27）5-磷酸吡哆醛标准使用液（检验紫外消解效率）：ρ（P）=2.50 mg/L。

量取适量 5-磷酸吡哆醛贮备溶液，用水逐级稀释制备。临用时现配。

（28）清洗溶液（次氯酸钠溶液）：量取适量的市售次氯酸钠溶液，用水稀释成有效氯含量约 1.3% 的溶液。

6．样品

在采样前，用水冲洗所有接触样品的器皿，样品采集于清洗过的聚乙烯或玻璃瓶中。用于测定磷酸盐的水样，取样后于 0～4℃ 暗处保存，可稳定 24 h。用于测定总磷的水样，采集后应立即加入硫酸至 pH≤2，常温可保存 24 h；于 –20℃ 冷冻，可保存 30 d。

注 1：对于含磷量较少的样品（磷酸盐或总磷浓度≤0.1 mg/L），不可用聚乙烯瓶贮存（冷冻保存状态除外）。

7．分析步骤

（1）仪器调试。

按仪器说明书安装分析系统、设定工作参数、操作仪器。开机后，先用水代替试剂，检查整个分析流路的密闭性及液体流动的顺畅性。待基线稳定后（约 20 min），系统开始进试剂，待基线再次稳定后，进行校准和样品测定。

磷酸盐的测定一般情况下采用磷酸盐分析模块，见图 2-22，也可以利用总磷的分析模块测定。

（2）校准曲线的建立。

分别移取适量的磷酸二氢钾标准使用液，用水稀释定容至 100 ml，制备 6 个浓度点的磷酸盐标准系列。磷酸盐浓度分别为 0.00 mg/L、0.05 mg/L、0.10 mg/L、0.25 mg/L、0.50 mg/L 和 1.00 mg/L。

分别移取适量的磷酸二氢钾标准溶液，用水稀释定容至 100 ml，制备 6 个浓度点的总磷标准系列。总磷浓度分别为 0.00 mg/L、0.05 mg/L、0.50 mg/L、1.00 mg/L、2.50 mg/L 和 5.00 mg/L。

注 2：当分析清洁地表水时，可适当减小线性范围。

量取适量标准系列溶液，置于样品杯中，由进样器按程序依次取样、测定。以测定信号值（峰高）为纵坐标，对应的磷酸盐或总磷（以 P 计）质量浓度为横坐标，建立校准曲线。

（3）试样的测定。

按照与建立校准曲线相同的条件，进行试样的测定。

注 3：若样品磷酸盐或总磷含量超出校准曲线范围，应取适量样品稀释后上机测定。

（4）空白试验。

用实验用水代替试样，按照与试样的测定相同步骤进行空白试验。

8．结果计算和表示

（1）结果计算。

样品中磷酸盐或总磷（以 P 计）的质量浓度按照下式计算。

$$\rho = \frac{y-a}{b} \times f$$

式中：ρ——样品中磷酸盐或总磷（以 P 计）的质量浓度，mg/L；

y——测定信号值（峰高）；

a——校准曲线方程的截距；

b——校准曲线方程的斜率；

f——稀释倍数。

（2）结果表示。

当测定结果小于 1.00 mg/L 时，保留至小数点后两位；当测定结果大于等于 1.00 mg/L 时，保留三位有效数字。

9. 精密度和准确度

6 家实验室分别对磷酸盐浓度为 0.10 mg/L、0.50 mg/L、0.90 mg/L 统一样品进行了测定，实验室内的相对标准偏差分别为 0.5%～4.1%、0.3%～1.6%、0.4%～2.4%，实验室间的相对标准偏差分别为 5.4%、1.2%、1.7%。

6 家实验室分别对总磷浓度为 0.50 mg/L、2.5 mg/L、4.5mg/L 的统一样品进行了测定，实验室内相对标准偏差分别为 0.8%～3.8%、0.4%～1.9%、0.2%～1.2%，实验室间的相对标准偏差分别为 1.8%、3.1%、2.7%。

6 家实验室分别对磷酸盐浓度为（0.30±0.02）mg/L 和（0.70±0.04）mg/L 的有证标准物质进行了测定：相对误差分别为 0～2.7%、0～2.2%。

6 家实验室分别对磷酸盐浓度为 0.05～0.29 mg/L、0.21～0.43 mg/L、0.52～0.72 mg/L 的 3 种实际样品进行加标回收测定，加标回收率分别为 94.5%～109%、99.3%～104%、95.0%～104%。

6 家实验室分别对总磷浓度为（0.22±0.01）mg/L 和（1.58±0.06）mg/L 的标准物质进行了测定，相对误差分别为 0.5%～2.3%、0～1.3%。

6 家实验室分别对总磷浓度为 0.15～1.33 mg/L、1.15～1.61 mg/L、1.97～4.16 mg/L 的 3 种实际样品进行加标回收测定，加标回收率分别为 96.0%～105%、92.8%～104%、95.6%～103%。

10. 质量保证和质量控制

（1）空白试验。

每批样品须至少测定 2 个空白样品，空白值不得超过方法检出限。否则应查明原因，重新分析直至合格之后才能测定样品。

（2）校准有效性检查。

每批样品分析均须建立校准曲线，校准曲线的相关系数（γ）≥0.995。

每分析 10 个样品需用一个校准曲线的中间浓度溶液进行标准核查，其测定结果的相对偏差应≤5%，否则应重新建立校准曲线。

（3）精密度控制。

每批样品应至少测定 10%的平行双样，样品数量少于 10 个时，应至少测定一个平行双样。当样品的磷酸盐或总磷浓度≤0.04 mg/L 时，平行样的相对偏差≤25%；当磷酸盐或总磷浓度>0.04 mg/L 时，平行样的相对偏差≤10%。

（4）准确度控制。

每批样品分析必须做 10% 的加标回收样，当样品数量少于 10 个时，应至少测定一个加标回收样品，加标回收率应控制在 80.0%～120%。或者每批样品至少带一个已知浓度的质控样品，测试结果应在其给出的不确定度范围内。

（5）系统性能检查。

定期用焦磷酸钠标准使用液验证方法的水解效率，用 5-磷酸吡哆醛标准使用液验证方法的消解效率，一般 2 周检验 1 次。先校准系统。然后平行分析焦磷酸钠标准使用液或 5-磷酸吡哆醛标准使用液及磷酸二氢钾标准使用液，按下式计算水解或消解效率（R），R 应大于 90%。

$$R = \frac{\rho_1}{\rho_2} \times 100\%$$

式中：R——水解或消解效率，%；

　　　ρ_1——焦磷酸钠标准使用液或 5-磷酸吡哆醛标准使用液的测定结果，mg/L；

　　　ρ_2——磷酸二氢钾标准使用液的测定结果，mg/L。

注 4：对于总磷分析模块，当有证标准物质的测定结果低于其不确定度范围下限时，需进行以上检验。

11. 注意事项

（1）所有玻璃器皿均须用稀盐酸或稀硝酸浸泡。

（2）为减小基线噪声，试剂应保持澄清，必要时试剂应过滤。试剂和环境的温度会影响分析结果，应使冰箱贮存的试剂温度达到室温后再使用，分析过程中室温波动不超过 ±5℃。

（3）分析完毕后，应及时将流动检测池中的滤光片取下放入干燥器中，防尘防湿。

（4）注意流路的清洁，每天分析完毕后所有流路需用水清洗 30 min。每周用清洗溶液清洗管路 30 min，再用水清洗 30 min。

（5）应保持透析膜的湿润，为防止透析膜破裂，可在分析完毕清洗系统时，于每升清洗水中加入 1 滴单（双）十二烷基硫酸盐二苯氧钠（FFD₆）溶液。

（6）当同批分析的样品浓度波动大时，可在样品与样品之间插入空白，以减小高浓度样品对低浓度样品的影响。

（7）磷酸盐的测定可利用总磷分析模块。

具体操作：先断开总磷分析模块的二次进样管，然后将磷酸盐进样管直接连接至总磷分析模块的二次进样口，再将总磷模块 R3 试剂泵管（碱试剂）更换为磷酸盐模块 R1 试剂泵管（酸试剂Ⅰ）。

将断开的总磷模块二次进样管之前的输液泵管、空气泵管，调整至不进样状态，即打开泵盖，使泵管处于松弛状态；紫外消解等氧化单元处于关闭状态。

（8）不同型号的流动分析仪可参考本方法选择合适的仪器条件。

（六）孔雀绿—磷钼杂多酸分光光度法（B）

1. 方法的适用范围

本方法适用于湖泊、水库、江河等地表水及地下水中痕量磷（总磷、溶解性正磷酸盐和溶解性总磷）的测定。本方法最低检出浓度为 1 μg/L。

2．方法原理

在酸性条件下，利用碱性染料孔雀绿与磷钼杂多酸生成绿色离子缔合物，并以聚乙烯醇稳定显色液，直接在水相用分光光度法测定正磷酸盐。其摩尔吸光系数为 $1 \times 10^5 \, L/(mol \cdot cm)$。

3．干扰和消除

对于含磷 2 μg/50 ml 的体系，下述离子的含量：Cl^- 4.2 mg、Mn^{2+} 3.6 mg、Al^{3+} 3.0 mg、Na^+ 2.8 mg、Br^- 2.4 mg、NO_3^- 2.0 mg、K^+ 1.2 mg、Ca^{2+} 1.2 mg、Cu^{2+} 1.2 mg、Ni^{2+} 1.2 mg、Zn^{2+} 1.2 mg、Fe^{3+} 1.0 mg、Mg^{2+} 0.6 mg、NH_4^+ 0.6 mg 不影响测定。

磷含量 100 倍以上的硅，75 倍以上的 As（Ⅲ）和 1/4 倍的 As（Ⅴ）均产生正干扰。加入 2～3 ml 0.5 mol/L 酒石酸或 1～2 ml 0.25 mol/L 柠檬酸均可有效消除磷含量 350 倍的硅、100 倍的 As（Ⅲ）以及 0.5 倍的 As（Ⅴ）的干扰。

过量的掩蔽剂会产生负干扰，需加以注意。

4．仪器和设备

（1）分光光度计。

（2）具塞比色管（磨口）：50 ml。

（3）医用手提式蒸汽消毒器或一般压力锅：压力范围为 98～147 kPa。

5．试剂和材料

（1）钼酸铵溶液：溶解 176.5 g 钼酸铵[$(NH_4)_6Mo_7O_{24} \cdot 4H_2O$]于水中，并稀释至 1 000 ml。

（2）孔雀绿溶液：溶解 1.12 g 孔雀绿（氯化物）于水中，并稀释至 100 ml。

（3）磷标准贮备溶液：ρ（P）=50.0 μg/ml。

称取 0.219 7 g 于 110℃烘干 2 h 后在干燥器中放冷的磷酸二氢钾（KH_2PO_4），用水溶解后转移至 1 000 ml 容量瓶中，加入大约 800 ml 水、5 ml 硫酸，用水稀释至标线并混匀。1.00 ml 此标准溶液含 50.0 μg 磷。本溶液在玻璃瓶中可贮存至少 180 d。

（4）磷标准使用液：ρ（P）=1.00 μg/ml。

移取 5.00 ml 的磷标准贮备溶液转移至 250 ml 容量瓶中，用水稀释至标线并混匀。1.00 ml 此标准溶液含 1.0 μg 磷。使用当天配制。

（5）聚乙烯醇溶液：取工业级聚乙烯醇（PVA，平均聚合度 500 左右）1 g 溶于 100 ml 热水中，滤纸过滤后使用。

（6）显色剂：在 40 ml 钼酸铵溶液中依次加入 30 ml 浓硫酸和 36 ml 孔雀绿溶液，混匀、静置 30 min 后，经 0.45 μm 微孔滤膜过滤。临用时现配，存放在 4℃左右的冰箱内。

（7）过硫酸钾溶液：ρ=50 g/L。

溶解 5 g 过硫酸钾于水中，并稀释至 100 ml。

（8）硫酸：ρ（H_2SO_4）=1.84 g/ml。

6．样品

取混匀水样 25.0 ml 于 50 ml 具塞比色管中，加 5%过硫酸钾溶液 4 ml，加塞并用纱布包扎好，置于压力锅中，于 120℃下消解 30 min，取出放冷，待测。

7．分析步骤

（1）校准曲线的建立。

取 7 支 50 ml 具塞比色管，分别加入磷酸盐标准使用液 0.00 ml、0.50 ml、1.00 ml、2.00 ml、3.00 ml、4.00 ml 和 5.00 ml，加水至 50 ml。加入 5.0 ml 显色剂，再加入 1.0 ml 聚乙烯醇溶液，混匀，放置 10 min，用 2 cm 比色皿，在 620 nm 波长处测量吸光度。

（2）试样的测定。

取适量经预处理后的水样（磷含量不超过 15 μg），用水稀释至标线，以下按建立校准曲线步骤进行显色和测量，减去空白试验的吸光度，从校准曲线上查出磷含量。

（3）空白试验。

以水代替水样，按与试样的测定相同步骤，进行全程序空白测定。

8．结果计算和表示

（1）结果计算。

水样中总磷的质量浓度按照下式计算。

$$\rho = \frac{m}{V}$$

式中：ρ——水样中总磷的质量浓度，mg/L；

m——由校准曲线查得的磷量，μg；

V——水样体积，ml。

（2）结果表示。

当测定结果小于 100 μg/L 时，保留至整数位；当测定结果大于等于 100 μg/L 时，保留三位有效数字。

9．精密度和准确度

7 家实验室测定总磷和正磷酸盐含量分别为 0.204 mg/L 和 0.500 mg/L 的统一样品，室内相对标准偏差分别为 3.0% 和 1.8%，室间相对标准偏差分别为 7.3% 和 7.8%，加标回收率分别为 98.0%±4.1% 和 101%±7.7%。

5 家实验室测定总磷和水溶性磷酸盐含量分别为 0.008～1.03 mg/L 和 0.003～0.130 mg/L 的湖库、江河及井水，相对标准偏差分别为 1.3%～11.2% 和 0.8%～13.2%；加标回收率范围分别为 92.0%～107% 和 83.0%～102%。

10．注意事项

（1）显色剂临用时现配，并在 4℃ 条件下冷藏保存。

（2）过量掩蔽剂会产生负干扰。

（3）在测量过程中聚乙烯醇的聚合度不同会对结果有影响，应使用同一种聚乙烯醇试剂。

（七）电感耦合等离子体发射光谱法（A）

同第四章一、银测定方法（三）电感耦合等离子体发射光谱法。

十、氨氮

氨氮（$NH_3\text{-}N$）以游离氨（NH_3）或铵盐（NH_4^+）形式存在于水中，两者的组成比例取决于水的 pH 和水温。当 pH 偏高时，游离氨的比例较高；反之则铵盐的比例高。水温则相反。

水中氨氮的来源主要为生活污水中含氮有机物受微生物作用分解的产物，某些工业废水，如焦化废水和合成氨化肥厂废水等，以及农田排水。此外，在无氧环境中，水中存在的亚硝酸盐亦可受微生物作用，还原为氨。在有氧环境中，水中氨亦可转变为亚硝酸盐，甚至继续转变为硝酸盐。

测定水中各种形态的氮化合物，有助于评价水体被污染和"自净"状况。

鱼类对水中氨氮比较敏感，氨氮含量高时会导致鱼类死亡。

氨氮的测定方法通常有纳氏试剂分光光度法、水杨酸—次氯酸盐分光光度法、蒸馏—中和滴定法、气相分子吸收光谱法、连续流动—水杨酸分光光度和流动注射—水杨酸分光光度法等。纳氏试剂分光光度法具有操作简便、灵敏等特点，水中钙、镁和铁等金属离子，硫化物，醛和酮类，色度和浊度等均干扰测定，需作相应的预处理。水杨酸—次氯酸盐分光光度法具有灵敏、稳定等优点，干扰情况和消除方法同纳氏试剂分光光度法。气相分子吸收光谱法比较简单，使用专用仪器或原子吸收仪都可以达到良好的效果。连续流动—水杨酸分光光度法和流动注射—水杨酸分光光度法具有操作简单、分析范围广等特点，缺点是仪器需要经常维护。氨氮含量高时，可采用蒸馏—中和滴定法。

（一）纳氏试剂分光光度法（A）*

警告：二氯化汞（HgCl₂）和碘化汞（HgI₂）为剧毒物质，避免经皮肤和口腔接触。

1. 方法的适用范围

本方法适用于地表水、地下水、生活污水和工业废水中氨氮的测定。

当水样体积为 50 ml，使用 20 mm 比色皿时，本方法的检出限为 0.025 mg/L，测定下限为 0.10 mg/L，测定上限为 2.0 mg/L（均以 N 计）。

2. 方法原理

以游离态的氨或铵离子等形式存在的氨氮与纳氏试剂反应生成淡红棕色络合物，该络合物在波长 420 nm 处有强烈的光吸收，且与氨氮含量成正比。

3. 干扰及消除

水样中含有悬浮物、余氯、钙镁等金属离子、硫化物和有机物时会产生干扰，含有此类物质时要作适当处理，以消除对测定的影响。

若样品中存在余氯，可加入适量的硫代硫酸钠溶液去除，用淀粉—碘化钾试纸检验余氯是否除尽。在显色时加入适量的酒石酸钾钠溶液，可消除钙\镁等金属离子的干扰。若水样浑浊或有颜色时可用预蒸馏法或絮凝沉淀法处理。

4. 仪器和设备

（1）可见分光光度计：具 20 mm 比色皿。

（2）氨氮蒸馏装置：由 500 ml 凯式烧瓶、氮球、直形冷凝管和导管组成，冷凝管末端可连接一段适当长度的滴管，使出口尖端浸入吸收液液面下。亦可使用 500 ml 蒸馏烧瓶。装置如图 2-24 所示。

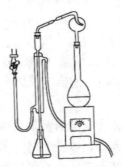

图 2-24　氨氮蒸馏装置

---

* 本方法与 HJ 535—2009 等效。

5．试剂和材料

除非另有说明，否则分析时所用试剂均使用符合国家标准的分析纯化学试剂，实验用水均用无氨水制备，使用经过检定的容量器皿和量器。

（1）无氨水：在无氨环境中用下述方法之一制备。

①离子交换法：蒸馏水通过强酸性阳离子交换树脂（氢型）柱，将流出液收集在带有磨口玻璃塞的玻璃瓶内。每升馏出液加 10 g 同样的树脂，以利于保存。

②蒸馏法：在 1 000 ml 的蒸馏水中，加 0.1 ml 硫酸（ρ =1.84 g/ml），在全玻璃蒸馏器中重蒸馏，弃去前 50 ml 馏出液，然后将约 800 ml 馏出液收集在带有磨口玻璃塞的玻璃瓶内。每升馏出液加 10 g 强酸性阳离子交换树脂（氢型）。

③纯水器法：用市售纯水器直接制备。

（2）轻质氧化镁（MgO）。

不含碳酸盐，在 500℃下加热氧化镁，以除去碳酸盐。

（3）盐酸：ρ（HCl）=1.18 g/ml。

（4）纳氏试剂：可选择下列方法的一种配制。

①二氯化汞—碘化钾—氢氧化钾（$HgCl_2$-KI-KOH）溶液。

称取 15.0 g 氢氧化钾（KOH），溶于 50 ml 水中，冷至室温。

取 5.0 g 碘化钾（KI），溶于 10 ml 水中，在搅拌下，将 2.50 g 二氯化汞（$HgCl_2$）粉末分多次加入碘化钾溶液中，直到溶液呈深黄色或出现淡红色沉淀溶解缓慢时，充分搅拌混合，并改为滴加二氯化汞饱和溶液，当出现少量朱红色沉淀不再溶解时，停止滴加。

在搅拌下，将冷却的氢氧化钾溶液缓慢地加入上述二氯化汞和碘化钾的混合液中，并稀释至 100 ml，于暗处静置 24 h，倾出上清液，贮于聚乙烯瓶内，用橡皮塞或聚乙烯盖子盖紧，存放暗处，可稳定 30 d。

②碘化汞—碘化钾—氢氧化钠（HgI_2-KI-NaOH）溶液。

称取 16.0 g 氢氧化钠（NaOH），溶于 50 ml 水中，冷至室温。

称取 7.0 g 碘化钾（KI）和 10.0 g 碘化汞（HgI_2），溶于水中，然后将此溶液在搅拌下缓慢加入上述 50 ml 氢氧化钠溶液中，用水稀释至 100 ml。贮于聚乙烯瓶内，用橡皮塞或聚乙烯盖子盖紧，于暗处存放，有效期 1 a。

③市售纳氏试剂成品溶液，在验证其符合方法要求的情况下可以选用这类试剂。

（5）酒石酸钾钠溶液：ρ（$KNaC_4H_6O_6 \cdot 4H_2O$）=500 g/L。

称取 50.0 g 酒石酸钾钠（$KNaC_4H_6O_6 \cdot 4H_2O$）溶于 100 ml 水中，加热煮沸以驱除氨，充分冷却后稀释至 100 ml。

注 1：不合格的酒石酸钾钠中氨含量高，务必充分煮沸以除去。

（6）硫代硫酸钠溶液：ρ（$Na_2S_2O_3$）=3.5 g/L。

称取 3.5 g 硫代硫酸钠（$Na_2S_2O_3$）溶于水中，稀释至 1 000 ml。

（7）硫酸锌溶液：ρ（$ZnSO_4 \cdot 7H_2O$）=100 g/L。

称取 10.0 g 硫酸锌（$ZnSO_4 \cdot 7H_2O$）溶于水中，稀释至 100 ml。

（8）氢氧化钠溶液Ⅰ：ρ（NaOH）=250 g/L。

称取 25 g 氢氧化钠溶于水中，稀释至 100 ml。

（9）氢氧化钠溶液Ⅱ：c（NaOH）=1 mol/L。

称取 4 g 氢氧化钠溶于水中，稀释至 100 ml。

（10）盐酸溶液：c（HCl）=1 mol/L。

取 8.5 ml 盐酸于 100 ml 容量瓶中，用水稀释至标线。

（11）硼酸溶液：ρ（H$_3$BO$_3$）=20 g/L。

称取 20 g 硼酸溶于水，稀释至 1 000 ml。

（12）溴百里酚蓝指示剂：ρ=0.5 g/L。

称取 0.05 g 溴百里酚蓝溶于 50 ml 水中，加入 10 ml 无水乙醇，用水稀释至 100 ml。

（13）淀粉—碘化钾试纸。

称取 1.5 g 可溶性淀粉于烧杯中，用少量水调成糊状，加入 200 ml 沸水，搅拌混匀放冷。加 0.5 g 碘化钾（KI）和 0.5 g 碳酸钠（Na$_2$CO$_3$），用水稀释至 250 ml。将滤纸条浸渍后，取出晾干，于棕色瓶中密封保存。

（14）氨氮标准贮备溶液：ρ（N）=1 000 mg/L。

称取 3.819 0 g 氯化铵（NH$_4$Cl，优级纯，在 100～105℃干燥 2 h），溶于水中，移入 1 000 ml 容量瓶中，稀释至标线，可在 2～5℃保存 30 d。

（15）氨氮标准使用液：ρ（N）=10 mg/L。

吸取 5.00 ml 氨氮标准贮备溶液于 500 ml 容量瓶中，稀释至刻度。临用前配制。也可使用市售有证标准溶液。

6. 样品

（1）样品采集和保存。

水样采集在聚乙烯瓶或玻璃瓶内，要尽快分析。如需保存，应加硫酸使水样酸化至 pH＜2，2～5℃下可保存 7 d。

（2）试样的制备。

①除余氯：若样品中存在余氯，可加入适量的硫代硫酸钠溶液去除。每加 0.5 ml 可去除 0.25 mg 余氯。用淀粉—碘化钾试纸检验余氯是否除尽。

②絮凝沉淀：于 100 ml 样品中加入 1 ml 硫酸锌溶液和 0.1～0.2 ml 氢氧化钠溶液Ⅰ，调节 pH 约为 10.5，混匀，放置使之沉淀，倾取上清液分析。必要时，用经水冲洗过的中速滤纸过滤，弃去初滤液 20 ml。也可对絮凝后样品离心处理。

③预蒸馏：将 50 ml 硼酸溶液移入接收瓶内，确保冷凝管出口在硼酸溶液液面之下。分取 250 ml 样品，移入烧瓶中，加几滴溴百里酚蓝指示剂，必要时，用氢氧化钠溶液Ⅱ或盐酸溶液调整 pH 至 6.0（指示剂呈黄色）～7.4（指示剂呈蓝色），加入 0.25 g 轻质氧化镁及数粒玻璃珠，立即连接氮球和冷凝管。加热蒸馏，使馏出液速率约为 10 ml/min，待馏出液达 200 ml 时，停止蒸馏，加水定容至 250 ml。

注 2：也可使用 0.01 mol/L 的硫酸吸收液。

注 3：蒸馏过程中，某些有机物可能与氨同时馏出（显色后浑浊），可在酸性条件（pH＜1）下煮沸除去。

注 4：部分工业废水可加入石蜡碎片等做防沫剂。

7. 分析步骤

（1）校准曲线的建立。

在 8 个 50 ml 比色管中，分别加入 0.00 ml、0.50 ml、1.00 ml、2.00 ml、4.00 ml、6.00 ml、8.00 ml 和 10.00 ml 氨氮标准使用液，其所对应的氨氮含量分别为 0.0 μg、5.0 μg、10.0 μg、20.0 μg、40.0 μg、60.0 μg、80.0 μg 和 100 μg，加水至标线。加入 1.0 ml 酒石酸钾钠溶液，摇匀，再加入纳氏试剂 1.5 ml 二氯化汞—碘化钾—氢氧化钾（HgCl$_2$-KI-KOH）溶液或 1.0 ml

碘化汞—碘化钾—氢氧化钠（HgI_2-KI-NaOH）溶液，摇匀。放置 10 min 后，在波长 420 nm 下，用 20 mm 比色皿，以水作参比，测量吸光度。

以空白校正后的吸光度为纵坐标，以其对应的氨氮含量（μg）为横坐标，建立校准曲线。

注 5：根据待测样品的浓度也可选用 10 mm 比色皿。

（2）试样的测定。

①清洁水样：直接取 50 ml，按与校准曲线相同的步骤测量吸光度。

②有悬浮物或色度干扰的水样：取经预处理的水样 50 ml（若水样中氨氮浓度超过 2 mg/L，可适当少取水样体积），按与校准曲线相同的步骤测量吸光度。

注 6：经蒸馏或在酸性条件下煮沸方法预处理的水样，须加一定量氢氧化钠溶液Ⅱ，调节水样至中性，用水稀释至 50 ml 标线，再按与校准曲线相同的步骤测量吸光度。

（3）空白试验。

用无氨水代替水样，按与样品分析相同的步骤进行预处理和测定。

8．结果计算和表示

（1）结果计算。

样品中氨氮（以 N 计）的质量浓度按照以下公式计算。

$$\rho = \frac{A_s - A_b - a}{b \times V}$$

式中：ρ——样品中氨氮（以 N 计）的质量浓度，mg/L；

A_s——水样的吸光度；

A_b——空白试验的吸光度；

a——校准曲线的截距；

b——校准曲线的斜率；

V——所取水样的体积，ml。

（2）结果表示。

当测定结果小于 0.100 mg/L 时，保留至小数点后三位；测定结果大于或等于 0.100 mg/L 时，保留三位有效数字。

9．精密度和准确度

氨氮浓度为 1.21 mg/L 的标准溶液，回收率在 94.0%～104%。

氨氮浓度为 1.47 mg/L 的标准溶液，回收率在 95.0%～105%。

10．质量保证和质量控制

（1）试剂空白的吸光度应不超过 0.030（10 mm 比色皿）。

（2）纳氏试剂的配制。

为了保证纳氏试剂有良好的显色能力，配制时务必控制 $HgCl_2$ 的加入量，至微量 HgI_2 红色沉淀不再溶解时止。配制 100 ml 纳氏试剂所需 $HgCl_2$ 与 KI 的用量之比约为 2.3：5。在配制时为了加快反应速度、节省配制时间，可低温加热进行，防止 HgI_2 红色沉淀的提前出现。

（3）酒石酸钾钠的配制。

分析纯酒石酸钾钠铵盐含量较高时，仅加热煮沸或加纳氏试剂沉淀不能完全除去氨。此时采用加入少量氢氧化钠溶液，煮沸蒸发掉溶液体积的 20%～30%，冷却后用无氨水稀释至原体积。

（4）絮凝沉淀。

滤纸中含有一定量的可溶性铵盐，定量滤纸中含量高于定性滤纸时，建议采用定性滤纸过滤，过滤前用无氨水少量多次淋洗（一般为 100 ml）。这样可减少或避免滤纸引入的测量误差。

（5）水样的预蒸馏。

蒸馏过程中，某些有机物很可能与氨同时馏出，对测定有干扰，其中有些物质（如甲醛）可以在酸性条件（pH＜1）下煮沸除去。在蒸馏刚开始时，氨气蒸出速度较快，加热不能过快，否则会造成水样暴沸，馏出液温度升高，氨吸收不完全。馏出液速率应保持在 10 ml/min 左右。

蒸馏过程中，某些有机物很可能与氨同时馏出，对测定仍有干扰，其中有些物质（如甲醛）可以在酸性条件（pH＜1）下煮沸除去。

（6）蒸馏器清洗。

向蒸馏烧瓶中加入 350 ml 水，加数粒玻璃珠，装好仪器，蒸馏到至少收集了 100 ml 水时，将馏出液及瓶内残留液弃去。

（二）水杨酸—次氯酸盐分光光度法（A）*

1．方法的适用范围

本方法适用于地下水、地表水、生活污水和工业废水中氨氮的测定。

当取样体积为 8.0 ml，使用 10 mm 比色皿时，检出限为 0.01 mg/L，测定下限为 0.04 mg/L，测定上限为 1.0 mg/L（均以 N 计）。

当取样体积为 8.0 ml，使用 30 mm 比色皿时，检出限为 0.004 mg/L，测定下限为 0.016 mg/L，测定上限为 0.25 mg/L（均以 N 计）。

2．方法原理

在碱性介质（pH=11.7）和亚硝基铁氰化钠存在的情况下，水中的氨、铵离子与水杨酸盐和次氯酸离子反应生成蓝色化合物，在波长 697 nm 处用分光光度计测量吸光度。

3．干扰及消除

本方法用于水样分析时可能遇到金属离子、硫酸根、硝酸根、磷酸根、亚硝酸根、氟离子、氯离子等干扰物质，常用酒石酸盐作掩蔽剂，详见本小节附录 B。

苯胺和乙醇胺产生的严重干扰不多见，干扰通常由伯胺产生。氯胺、过高的酸度、碱度以及含有使次氯酸根离子还原的物质时也会产生干扰。

如果水样的颜色过深、含盐量过多，酒石酸钾盐对水样中的金属离子掩蔽能力不够，或水样中存在高浓度的钙、镁和氯化物时，需要预蒸馏。

4．仪器和设备

（1）可见分光光度计：10～30 mm 比色皿。

（2）滴瓶：其滴管滴出液体积 20 滴相当于 1 ml。

（3）氨氮蒸馏装置：由 500 ml 凯式烧瓶、氨球、直形冷凝管和导管组成，冷凝管末端可连接一段适当长度的滴管，使出口尖端浸入吸收液液面下。亦可使用蒸馏烧瓶。

（4）实验室常用玻璃器皿：所有玻璃器皿均应用清洗溶液仔细清洗，然后用水冲洗

---

* 本方法与 HJ 536—2009 等效。

干净。

5. 试剂和材料

除非另有说明，否则分析时所用试剂均使用符合国家标准的分析纯化学试剂，实验用水均为无氨水。

（1）无氨水：同本节方法（一）纳氏试剂分光光度法中制备方法。

（2）乙醇：ρ（C_2H_5OH）=0.79 g/ml。

（3）硫酸：ρ（H_2SO_4）=1.84 g/ml。

（4）轻质氧化镁（MgO）：不含碳酸盐，在 500℃下加热氧化镁，以除去碳酸盐。

（5）硫酸吸收液：c（H_2SO_4）=0.01 mol/L。

量取 7.0 ml 硫酸加入水中，稀释至 250 ml。临用前取 10 ml，稀释至 500 ml。

（6）氢氧化钠溶液：c（NaOH）=2 mol/L。

称取 8 g 氢氧化钠溶于水中，稀释至 100 ml。

（7）显色剂（水杨酸—酒石酸钾钠溶液）。

称取 50 g 水杨酸[C_6H_4(OH)COOH]，加入约 100 ml 水，再加入 160 ml 氢氧化钠溶液，搅拌使之完全溶解；再称取 50 g 酒石酸钾钠（$KNaC_4H_6O_6·4H_2O$），溶于水中，与上述溶液合并移入 1 000 ml 容量瓶中，加水稀释至标线。贮存于加橡胶塞的棕色玻璃瓶中，此溶液可稳定 30 d。

（8）次氯酸钠。

可购买商品试剂，亦可自己制备，详细的制备方法见本小节附录 A。

存放于塑料瓶中的次氯酸钠，使用前应标定其有效氯浓度和游离碱浓度（以 NaOH 计），标定方法见附录 A。

（9）次氯酸钠使用液：ρ（有效氯）=3.5 g/L，c（游离碱）=0.75 mol/L。

取经标定的次氯酸钠，用水和氢氧化钠溶液稀释成含有效氯浓度 3.5 g/L、游离碱浓度 0.75 mol/L（以 NaOH 计）的次氯酸钠使用液，存放于棕色滴瓶内。本试剂可稳定 30 d。

（10）亚硝基铁氰化钠溶液：ρ[$Na_2Fe(CN)_5NO·2H_2O$]=10 g/L。

称取 0.1 g 亚硝基铁氰化钠[$Na_2Fe(CN)_5NO·2H_2O$]置于 10 ml 具塞比色管中，加水至标线。本试剂可稳定 30 d。

（11）清洗溶液。

将 100 g 氢氧化钾溶于 100 ml 水中，溶液冷却后加 900 ml 乙醇，贮存于聚乙烯瓶内。

（12）溴百里酚蓝指示剂：ρ=0.5 g/L。

称取 0.05 g 溴百里酚蓝溶于 50 ml 水中，加入 10 ml 乙醇，用水稀释至 100 ml。

（13）氨氮标准贮备液：ρ（N）=1 000 mg/L。

称取 3.819 0 g 氯化铵（NH_4Cl，优级纯，在 100～105℃干燥 2 h）溶于水中，移入 1 000 ml 容量瓶中，稀释至标线。此溶液可稳定 30 d。

（14）氨氮标准中间液：ρ（N）=100 mg/L。

吸取 10.00 ml 氨氮标准贮备液于 100 ml 容量瓶中，稀释至标线。此溶液可稳定 7 d。

（15）氨氮标准使用液：ρ（N）=1 mg/L。

吸取 10.00 ml 氨氮标准中间液于 1 000 ml 容量瓶中，稀释至标线。临用现配。

6．样品

（1）样品的采集和保存。

水样采集在聚乙烯瓶或玻璃瓶内，要尽快分析。如需保存，应加硫酸使水样酸化至 pH<2，2~5℃下可保存 7 d。

（2）试样的制备。

将 50 ml 硫酸吸收液移入接收瓶内，确保冷凝管出口在硫酸溶液液面之下。分取 250 ml 水样（如氨氮含量高，可适当少取，加水至 250 ml）移入烧瓶中，加几滴溴百里酚蓝指示剂，必要时，用氢氧化钠溶液或硫酸溶液调整 pH 至 6.0（指示剂呈黄色）~7.4（指示剂呈蓝色），加入 0.25 g 轻质氧化镁及数粒玻璃珠，立即连接氮球和冷凝管。加热蒸馏，使馏出液速率约为 10 ml/min，待馏出液达 200 ml 时，停止蒸馏，加水定容至 250 ml。

7．分析步骤

（1）校准曲线的建立。

校准曲线 I：吸取 0.00 ml、1.00 ml、2.00 ml、4.00 ml、6.00 ml 和 8.00 ml 铵标准使用液于 10 ml 比色管中，用水稀释至 8 ml，加入 1.00 ml 显色剂和 2 滴亚硝基铁氰化钠溶液，混匀。再滴加 2 滴次氯酸钠溶液，稀释至标线，充分混匀。显色 60 min 后，在波长 697 nm 处，用光程为 10 mm 的比色皿，以水为参比测量吸光度。

校准曲线 II：吸取 0.00 ml、0.40 ml、0.80 ml、1.20 ml、1.60 ml 和 2.00 ml 铵标准使用液于 10 ml 比色管中，用水稀释至 8 ml，加入 1.00 ml 显色剂和 2 滴亚硝基铁氰化钠溶液，混匀。再滴加 2 滴次氯酸钠溶液，稀释至标线，充分混匀。显色 60 min 后，在波长 697 nm 处，用光程为 30 mm 的比色皿，以水为参比测量吸光度。

由测得的吸光度减去空白管的吸光度后得到校正吸光度，建立以氨氮含量（μg）对校正吸光度的校准曲线。

（2）试样的测定。

取水样或经过预蒸馏的试样 8.00 ml（当水样中氨氮质量浓度高于 1.0 mg/L 时，可适当稀释后取样）于 10 ml 比色管中。按与校准曲线相同操作进行显色和测量吸光度。

（3）空白试验。

以无氨水代替水样，按与样品分析相同步骤进行预处理和测定。

8．结果计算和表示

（1）结果计算。

水样中氨氮（以 N 计）的质量浓度按照以下公式计算。

$$\rho = \frac{A_s - A_b - a}{b \times V} \times f$$

式中：ρ——水样中氨氮（以 N 计）的质量浓度，mg/L；

A_s——水样的吸光度；

A_b——空白试验的吸光度；

a——校准曲线的截距；

b——校准曲线的斜率；

V——所取水样的体积，ml；

f——稀释倍数。

（2）结果表示。

当测定结果小于 1.00 mg/L 时，保留至小数点后两位；测定结果大于等于 1.00 mg/L 时，保留三位有效数字。

9．精密度和准确度

氨氮浓度为 0.477 mg/L 的标准溶液重复测定 10 次，标准偏差为 0.014 mg/L，相对标准偏差为 2.9%，相对误差为 2.4%。

氨氮浓度为 0.839 mg/L 的标准溶液重复测定 10 次，相对偏差为 0.013 mg/L，相对标准偏差为 1.6%，相对误差为 1.6%。

氨氮浓度为 0.277 mg/L 的地表水样重复测定 10 次，相对偏差为 0.010 mg/L，相对标准偏差为 3.6%。

氨氮浓度为 4.69 mg/L 的污水样品重复测定 10 次，相对偏差为 0.053 mg/L，相对标准偏差为 1.1%。

10．质量保证与质量控制

（1）试剂空白的吸光度应不超过 0.030（光程 10 mm 比色皿）。

（2）水样的预蒸馏。

蒸馏过程中，某些有机物很可能与氨同时馏出，对测定有干扰，其中有些物质（如甲醛）可以在酸性条件（pH＜1）下煮沸除去。在蒸馏刚开始时，氨气蒸出速度较快，加热不能过快，否则会造成水样暴沸，馏出液温度升高，氨吸收不完全。馏出液速率应保持在 10 ml/min 左右。

部分工业废水，可加入石蜡碎片等做防沫剂。

（3）蒸馏器的清洗。

向蒸馏烧瓶中加入 350 ml 水，加数粒玻璃珠，装好仪器，蒸馏到至少收集了 100 ml 水时，将馏出液及瓶内残留液弃去。

（4）显色剂的配制。

若水杨酸未能全部溶解，可再加入数毫升氢氧化钠溶液，直至完全溶解为止，并用 1 mol/L 的硫酸调节溶液的 pH 在 6.0～6.5。

附录 A　次氯酸钠溶液的制备方法及其有效氯浓度和游离碱浓度的标定

1．次氯酸钠溶液的制备方法

将盐酸逐滴作用于高锰酸钾固体，将逸出的氯气导入 2 mol/L 氢氧化钠吸收液中吸收，生成淡草绿色的次氯酸钠溶液，存放于塑料瓶中。因该溶液不稳定，使用前应标定其有效氯浓度。

2．次氯酸钠溶液中有效氯含量的测定

吸取 10.0 ml 次氯酸钠于 100 ml 容量瓶中，加水稀释至标线，混匀。移取 10.0 ml 稀释后的次氯酸钠溶液于 250 ml 碘量瓶中，加入蒸馏水 40 ml、碘化钾 2.0 g，混匀。再加入 6 mol/L 硫酸溶液 5 ml，密塞，混匀。置暗处 5 min 后，用 0.10 mol/L 硫代硫酸钠溶液滴至淡黄色，加入约 1 ml 淀粉指示剂，继续滴至蓝色消失为止。其有效氯（以 Cl 计）的质量浓度按下式计算。

$$\rho = \frac{c \times V \times 34.45}{10.0} \times \frac{100}{10}$$

式中：ρ——有效氯（以 Cl 计）的质量浓度，mg/L；

c——硫代硫酸钠溶液的浓度，mol/L；

V——滴定时消耗硫代硫酸钠溶液的体积，ml；

35.45——有效氯的摩尔质量（1/2 Cl_2），g/mol。

3. 次氯酸钠溶液中游离碱（以 NaOH 计）的测定

（1）盐酸溶液的标定。

碳酸钠标准溶液：c（1/2Na_2CO_3）=0.100 0 mol/L。称取经 180℃干燥 2 h 的无水碳酸钠 2.650 0 g，溶于新煮沸放冷的水中，移入 500 ml 容量瓶中，稀释至标线。

甲基红指示剂：ρ=0.5 g/L。称取 50 mg 甲基红溶于 100 ml 乙醇中。

盐酸标准滴定溶液：c（HCl）=0.10 mol/L。取 8.5 ml 盐酸（ρ=1.19 g/L）于 1 000 ml 容量瓶中，用水稀释至标线。标定方法：移取 25.00 ml 碳酸钠标准溶液于 150 ml 锥形瓶中，加 25 ml 水和 1 滴甲基红指示剂，用盐酸标准滴定溶液滴定至淡红色为止。用下式计算盐酸的浓度：

$$c = \frac{c_1 \times V_1}{V_2}$$

式中：c——盐酸标准滴定溶液的浓度，mol/L；

c_1——碳酸钠标准溶液的浓度，mol/L；

V_1——碳酸钠标准溶液的体积，ml；

V_2——盐酸标准滴定溶液的体积，ml。

（2）次氯酸钠溶液中游离碱（以 NaOH 计）的测定。

吸取次氯酸钠 1.0 ml 于 150 ml 锥形瓶中，加 20 ml 水，以酚酞作指示剂，用 0.10 mol/L 盐酸标准滴定溶液滴定至红色消失为止。如果终点的颜色变化不明显，可在滴定后的溶液中加 1 滴酚酞指示剂，若颜色仍显红色，则继续用盐酸标准滴定溶液滴至无色。游离碱的浓度用下式计算：

$$c_{游离碱} = \frac{c_{HCl} \times V_{HCl}}{V}$$

式中：$c_{游离碱}$——游离碱的浓度（以 NaOH 计），mol/L；

c_{HCl}——盐酸标准溶液的浓度，mol/L；

V_{HCl}——滴定时消耗的盐酸溶液的体积，ml；

V——滴定时吸取的次氯酸钠溶液的体积，ml。

附录 B　共存离子的影响及其消除

经检验，酒石酸盐和柠檬酸盐均可作为掩蔽剂使用。本方法采用酒石酸盐作掩蔽剂。按实验条件测定 4 μg 氨氮时，下表中列出的离子量对实验无干扰。

表 2-9　共存离子的影响及其消除　　　　　　　　　　　单位：μg

共存离子	允许量	共存离子	允许量	共存离子	允许量
钙（II）	500	钼（VI）	100	硼（III）	250
镁（II）	500	钴（II）	500	硫酸根	2×10^4
铝（III）	50	镍（II）	1000	磷酸根	500
锰（II）	20	铍（II）	100	硝酸根	500
铜（II）	250	钛（IV）	20	亚硝酸根	200
铅（II）	50	钒（V）	500	氟离子	500
锌（II）	100	镧（III）	500	氯离子	1×10^5
镉（II）	50	铈（IV）	50	二苯胺	50
铁（III）	250	钇（III）	500	三乙醇胺	50
汞（II）	10	银（I）	50	苯胺	1
铬（VI）	200	锑（III）	100	乙醇胺	1
钨（VI）	1 000	锡（IV）	50	—	—
铀（VI）	100	砷（III）	100	—	—

（三）蒸馏—中和滴定法（A）[*]

1．方法的适用范围

本方法适用于生活污水和工业废水中氨氮的测定。

当试样体积为 250 ml 时，方法的检出限为 0.2 mg/L，测定下限为 0.8 mg/L（均以 N 计）。

2．方法原理

调节水样的 pH 在 6.0～7.4，加入轻质氧化镁使呈微碱性，蒸馏释出的氨用硼酸溶液吸收。以甲基红—亚甲蓝为指示剂，用盐酸标准溶液滴定馏出液中的氨氮（以 N 计）。

3．干扰及消除

在本方法规定的条件下可以蒸馏出来的能够与酸反应的物质均干扰测定。例如，尿素、挥发性胺和氯化样品中的氯胺等。

4．仪器和设备

（1）氨氮蒸馏装置：由 500 ml 凯式烧瓶、氮球、直形冷凝管和导管组成，冷凝管末端可连接一段适当长度的滴管，使出口尖端浸入吸收液液面下。亦可使用蒸馏烧瓶。

（2）酸式滴定管：50 ml。

5．试剂和材料

除非另有说明，否则分析时所用试剂均使用符合国家标准的分析纯化学试剂，实验用水均为无氨水。

（1）无氨水：见本节方法（一）纳氏试剂分光光度法。

（2）硫酸：ρ（H_2SO_4）=1.84 g/ml。

（3）盐酸：ρ（HCl）=1.19 g/ml。

（4）乙醇：ρ（C_2H_5OH）=0.79 g/ml。

（5）无水碳酸钠（Na_2CO_3），基准试剂。

---

* 本方法与 HJ 537—2009 等效。

（6）轻质氧化镁（MgO）：不含碳酸盐，在 500℃下加热氧化镁，以除去碳酸盐。

（7）氢氧化钠溶液：c（NaOH）=1 mol/L。

称取 20 g 氢氧化钠溶于约 200 ml 水中，冷却至室温，稀释至 500 ml。

（8）硫酸溶液：c（1/2H$_2$SO$_4$）=1 mol/L。

量取 2.8 ml 硫酸缓慢加入 100 ml 水中。

（9）硼酸吸收液：ρ（H$_3$BO$_3$）=20 g/L。

称取 20 g 硼酸溶于水，稀释至 1 000 ml。

（10）甲基红指示液：ρ=0.5 g/L。

称取 50 mg 甲基红溶于 100 ml 乙醇中。

（11）溴百里酚蓝指示剂：ρ=1 g/L。

称取 0.10 g 溴百里酚蓝溶于 50 ml 水中，加入 20 ml 乙醇，用水稀释至 100 ml。

（12）混合指示剂。

称取 200 mg 甲基红溶于 100 ml 乙醇中，另称取 100 mg 亚甲蓝溶于 100 ml 乙醇中。取 2 份甲基红溶液与 1 份亚甲蓝溶液混合备用，此溶液可稳定 30 d。

（13）碳酸钠标准溶液：c（1/2 Na$_2$CO$_3$）=0.020 0 mol/L。

称取经 180℃干燥 2 h 的无水碳酸钠 0.530 0 g，溶于新煮沸放冷的水中，移入 500 ml 容量瓶中，稀释至标线。

（14）盐酸标准溶液：c（HCl）=0.02 mol/L。

量取 1.7 ml 盐酸于 1 000 ml 容量瓶中，用水稀释至标线。

标定方法：移取 25.00 ml 碳酸钠标准溶液于 150 ml 锥形瓶中，加 25 ml 水，加 1 滴甲基红指示液，用盐酸标准溶液滴定至淡红色为止。记录消耗的体积。

盐酸标准溶液的浓度按照下式计算。

$$c = \frac{c_1 \times V_1}{V_2}$$

式中：c——盐酸标准溶液的浓度，mol/L；

c_1——碳酸钠标准溶液的浓度，mol/L；

V_1——碳酸钠标准溶液的体积，ml；

V_2——消耗的盐酸标准溶液的体积，ml。

（15）玻璃珠。

（16）防沫剂：如石蜡碎片。

6. 样品

（1）样品采集和保存。

水样采集在聚乙烯瓶或玻璃瓶内，要尽快分析。如需保存，应加硫酸使水样酸化至 pH＜2，2～5℃下可保存 7 d。

（2）试样的制备。

同本节方法（一）纳氏试剂分光光度法。

7. 分析步骤

（1）试样的测定。

将全部馏出液转移到锥形瓶中，加入 2 滴混合指示剂，用盐酸标准滴定溶液滴定，至馏出液由绿色变成淡紫色为终点，并记录消耗的盐酸标准滴定溶液的体积（V_s）。

（2）空白试验。

用 250 ml 水代替试样，先进行预蒸馏，再进行滴定，记录消耗的盐酸标准滴定溶液的体积（V_b）。

8．结果计算和表示

（1）结果计算。

样品中氨氮（以 N 计）的质量浓度按照以下公式计算。

$$\rho = \frac{V_s - V_b}{V} \times c \times 14.01 \times 1\,000$$

式中：ρ——样品中氨氮（以 N 计）的质量浓度，mg/L；

V——试样的体积，ml；

V_s——滴定试样所消耗的盐酸标准溶液的体积，ml；

V_b——滴定空白所消耗的盐酸标准溶液的体积，ml；

c——滴定用盐酸标准溶液的浓度，mol/L；

14.01——N 的摩尔质量，g/moL。

（2）结果表示。

当测定结果小于 1.00 mg/L 时，保留至小数点后两位；测定结果大于等于 1.00 mg/L 时，保留三位有效数字。

9．精密度和准确度

见表 2-10。

表 2-10　标准样品和实际样品的准确度和精密度

样品	氨氮含量/（mg/L）	重复性限γ/（mg/L）	再现性限 R/（mg/L）	相对误差/%
标样 1	2.76	0.106	0.146	0.73
标样 2	23.8	0.641	1.39	0.42
地表水	6.60	0.109	0.515	—
生活污水	21.4	0.694	3.09	—

注：由 5 家实验室参加验证，每家实验室对每个样品重复测定次数均为 6 次。

10．注意事项

（1）无氨水的检查：用盐酸标准溶液滴定 250 ml 水，消耗盐酸标准溶液的体积不大于 0.04 ml。

（2）蒸馏器的清洗：向蒸馏烧瓶中加入 350 ml 水，加数粒玻璃珠，装好仪器，蒸馏到至少收集了 100 ml 水时，将馏出液及瓶内残留液弃去。

（3）预蒸馏：在蒸馏刚开始时氨气蒸出速度较快，加热不能过快，否则会造成水样暴沸、馏出液温度升高、氨吸收不完全，馏出液速率应保持在 10 ml/min 左右。如果水样中存在余氯，应再加入几粒结晶硫代硫酸钠（$Na_2S_2O_3$ 或 $Na_2S_2O_3 \cdot 5H_2O$）去除。

（4）标定盐酸标准滴定溶液时，至少平行滴定 3 次，平行滴定的最大允许偏差不大于 0.05 ml。

（5）滴定终点的判断：当接近滴定终点时，馏出液先由绿色褪去变为浅灰色，再滴加 1～2 滴盐酸标准溶液，馏出液即变为淡紫色到达终点。

（四）气相分子吸收光谱法（A）[*]

1．方法的适用范围

本方法适用于地表水、地下水、海水、饮用水、生活污水及工业污水中氨氮的测定。本方法的检出限为 0.02 mg/L，测定下限为 0.08 mg/L，测定上限为 100 mg/L。

2．方法原理

水样在 2%～3%酸性介质中，加入无水乙醇煮沸除去亚硝酸盐等干扰，用次溴酸盐氧化剂将氨及铵盐（0～50 μg）氧化成等量亚硝酸盐，以亚硝酸盐氮的形式采用气相分子吸收光谱法测定氨氮的含量。

3．干扰及消除

水样加入 1 ml 盐酸及 0.2 ml 无水乙醇，加热煮沸 2～3 min，可消除 NO_2^-、SO_3^{2-}、硫化物以及减弱乃至消除 $S_2O_3^{2-}$ 的影响；个别水样含 I^-、SCN^- 或存在可被次溴酸盐氧化成亚硝酸盐的有机胺时，应进行预蒸馏后再进行测定，具体见本节方法（一）纳氏试剂分光光度法。

4．仪器和设备

（1）仪器及装置。

①气相分子吸收光谱仪。

②锌空心阴极灯。

③钢铁量瓶：50 ml，具塞。

④微量可调移液器：50～250 μl。

⑤可调定量加液器：300 ml 无色玻璃瓶，加液量 0～5 ml，用硅胶管连接加液嘴与样品反应瓶盖的加液管。

⑥气液分离装置（图 2-25）：清洗瓶 1 及样品反应瓶 2 为 50 ml 的标准磨口玻璃瓶，干燥管 3 中放入无水高氯酸镁。将各部分用 PVC 软管连接于仪器。

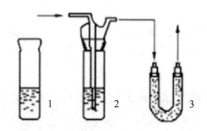

1—清洗瓶；2—样品吹气反应瓶；3—干燥管

图 2-25　气液分离装置

（2）参考工作条件。

空心阴极灯电流：3～5 mA；载气（空气）流量：0.5 L/min；工作波长：213.9 nm；光能量：100%～117%；测量方式：峰高或峰面积。

5．试剂和材料

本方法所用试剂，除特别注明外，均为符合国家标准的分析纯化学试剂；实验用水为

---

[*] 本方法与 HJ/T 195—2005 等效。

无氨水或电导率≤0.5 μS/cm 的去离子水。

（1）无氨水：见本节方法（一）纳氏试剂分光光度法。

（2）盐酸：ρ（HCl）=1.18 g/ml。

（3）无水乙醇：ρ（C_2H_5OH）=0.79 g/ml。

（4）盐酸溶液Ⅰ：c（HCl）=6 mol/L。

取 51.0 ml 盐酸于 100 ml 容量瓶中，用水稀释至标线。

（5）盐酸溶液Ⅱ：c（HCl）=4.5 mol/L。

取 38.3 ml 盐酸于 100 ml 容量瓶中，用水稀释至标线。

（6）氢氧化钠溶液：ρ（NaOH）=400 g/L。

称取 200 g 氢氧化钠置于 1 000 ml 烧杯中，加入约 700 ml 水溶解，盖上表面皿，加热煮沸，蒸发至体积 500 ml，冷却至室温，于聚乙烯瓶中密闭保存。

（7）溴酸盐混合液。

称取 1.25 g 溴酸钾（$KBrO_3$）及 10 g 溴化钾（KBr），溶解于 500 ml 水中，摇匀，贮存于玻璃瓶中。此溶液为贮备液，常年稳定。

（8）次溴酸盐氧化剂。

吸取 2.0 ml 溴酸盐混合液于棕色磨口试剂瓶中，加入 100 ml 水及 6.0 ml 盐酸溶液Ⅰ，立即密塞，充分摇匀，于暗处放置 5 min，加入 100 ml 氢氧化钠溶液，充分摇匀，待小气泡逸尽再使用。该试剂临用时配制，配制时，所用试剂、水和室内温度应不低于 18℃。

（9）无水高氯酸镁[$Mg(ClO_4)_2$]：8～10 目颗粒。

（10）亚硝酸盐氮标准贮备液：ρ（N）=500 mg/L。

称取在 105～110℃干燥 4 h 的光谱纯亚硝酸钠（$NaNO_2$）2.463 g 溶解于水，移入 1 000 ml 容量瓶中，加水稀释至标线，摇匀。

（11）亚硝酸盐氮标准使用液：ρ（N）=20.00 mg/L。

准确量取 10.00 ml 亚硝酸盐氮标准贮备液，移入 250 ml 容量瓶中，用水定容并混匀。临用现配。

6．样品

（1）样品采集和保存。

水样采集在聚乙烯瓶或玻璃瓶中，并应充满样品瓶。采集好的水样应立即测定，否则应加硫酸至 pH<2（酸化时，要防止吸收空气中的氨造成沾污），在 2～5℃保存，24 h 内测定。

（2）试样的制备。

取适量水样（含氨氮 5～50 μg）于 50 ml 钢铁量瓶中，加 1 ml 盐酸溶液Ⅰ及 0.2 ml 无水乙醇，充分摇动后加水至 15～20 ml，加热煮沸 2～3 min 冷却，洗涤瓶口及瓶壁至体积约 30 ml，加入 15 ml 次溴酸盐氧化剂，加水稀释至标线，密塞摇匀，在 18℃以上室温氧化 20 min 待测。同时制备空白试样。

7．分析步骤

（1）测量系统的净化。

每次测定之前，将反应瓶盖插入装有约 5 ml 水的清洗瓶中，通入载气，净化测量系统，调整仪器零点。测定后，水洗反应瓶盖和砂芯。

（2）校准曲线的建立。

使用亚硝酸盐氮标准使用液直接建立氨氮的校准曲线。

用微量移液器逐个移取 0 μl、50 μl、100 μl、150 μl、200 μl 和 250 μl 亚硝酸盐氮标准使用液置于样品反应瓶中，加水至 2 ml，用定量加液器加入 3 ml 盐酸溶液 II，再加入 0.5 ml 无水乙醇，将反应瓶盖与样品反应瓶密闭，通入载气，依次测定各标准溶液吸光度，以吸光度与相对应的氨氮量（μg）建立校准曲线。

（3）试样的测定。

取 2.00 ml 待测试样于样品反应瓶中，以下操作同校准曲线的建立。

测定试样前，测定空白试样，进行空白校正。

8. 计算

（1）结果计算。

样品中氨氮（以 N 计）的质量浓度按照以下公式计算。

$$\rho = \frac{m - m_0}{V \times \frac{2}{50}}$$

式中：ρ——样品中氨氮（以 N 计）的质量浓度，mg/L；

　　　m——根据校准曲线计算出的水样的氨氮量，μg；

　　　m_0——根据校准曲线计算出的空白量，μg；

　　　V——取样体积，ml。

（2）结果表示。

当测定结果小于 1.00 mg/L 时，保留至小数点后两位；测定结果大于等于 1.00 mg/L 时，保留三位有效数字。

9. 精密度和准确度

（1）精密度。

6 家实验室对氨氮含量（1.08±0.06）mg/L 的统一标样进行测定，重复性相对标准偏差为 1.9%，再现性相对标准偏差为 2.5%；对含 0.67～2.31 mg/L 的地表水、海水、工业循环水及工业废水的实际样品进行测定（$n=6$），相对标准偏差为 1.4%～2.7%。

（2）准确度。

6 家实验室测定氨氮含量（1.08±0.06）mg/L 的统一标样，测得平均值为 1.06 mg/L，相对误差为 1.8%；对氨氮含量 0.14～3.83 μg 的地表水、海水、工业循环水及工业废水的实际样品进行加标回收试验，加标量为 0.1～2.0 μg，加标回收率在 93.0%～105%。

10. 注意事项

（1）当水样酸性较强时，加入 2 滴溴百里酚蓝指示剂，缓慢滴加氢氧化钠溶液（$\rho=400$ g/L）至水样刚好变蓝，再加入次溴酸盐使用液。

（2）测定氨氮最易受环境污染，要求实验室空气新鲜、流通，室内人员不宜多，不得有任何氨和铵盐的化学试剂存放。

（五）连续流动—水杨酸分光光度法（A）*

1. 方法的适用范围

本方法适用于地表水、地下水、生活污水和工业废水中氨氮的测定。当采用直接比色

---

* 本方法与 HJ 665—2013 等效。

模块，检测池光程为 30 mm 时，本方法的检出限为 0.01 mg/L（以 N 计），测定范围为 0.04～1.00 mg/L；当采用在线蒸馏模块，检测池光程为 10 mm 时，本方法的检出限为 0.04 mg/L（以 N 计），测定范围为 0.16～10.0 mg/L。

2．方法原理

（1）连续流动分析仪工作原理。

试样与试剂在蠕动泵的推动下进入化学反应模块，在密闭的管路中连续流动，被气泡按一定间隔规律地隔开，并按特定的顺序和比例混合、反应，显色完全后进入流动检测池进行光度检测。

（2）化学反应原理。

在碱性介质中，试样中的氨、铵离子与二氯异氰脲酸钠溶液释放出来的次氯酸根反应生成氯胺。在 40℃和亚硝基铁氰化钾存在条件下，氯胺与水杨酸盐反应形成蓝绿色化合物，于 660 nm 波长处测量吸光度。

工作流程参考图 2-26 和图 2-27。

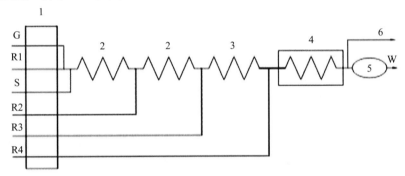

1—蠕动泵；2—混合圈；3—混合反应圈；4—加热池（圈），40℃；5—流动检测池，30 mm，660 nm；

6—除气泡；G—空气；S—试样，0.60 ml/min；W—废液；R1—缓冲溶液，10.60 ml/min；R2—水杨酸钠溶液Ⅰ，0.32 ml/min；

R3—亚硝基铁氰化钠溶液，0.16 ml/min；R4—二氯异氰脲酸钠溶液Ⅰ，0.32 ml/min。

图 2-26 直接比色法测定氨氮参考工作流程图

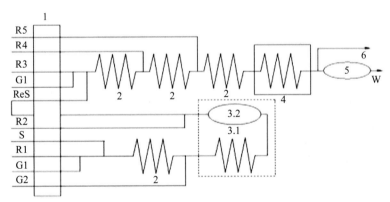

1—蠕动泵；2—混合（反应）圈；3.1—加热池，120℃；3.2—蒸馏装置；4—加热池，40℃；

5—流动检测池，10 mm，660 nm；6—除气泡；W—废液；S—试样，0.60 ml/min；R1—蒸馏试剂，1.60 ml/min；

R2—硫酸溶液Ⅰ，0.42 ml/min；R3—缓冲溶液Ⅱ，0.80 ml/min；R4—水杨酸钠溶液Ⅱ，0.32 ml/min；

R5—二氯异氰脲酸钠溶液Ⅱ，0.23 ml/min；ReS—二次进样，0.16 ml/min；G1—空气；G2—氮气。

图 2-27 蒸馏后比色法测定氨氮参考工作流程图

3．干扰和消除

（1）样品中的余氯会形成氯胺干扰测定，可加入适量的硫代硫酸钠溶液除去。

（2）当样品中钙离子、锰离子和氯离子浓度分别大于 150 mg/L、10 mg/L、10 000 mg/L 时，会对分析产生正干扰。可参照本节方法（二）水杨酸—次氯酸盐分光光度法对样品进行预蒸馏或直接采用带在线蒸馏的模块分析。样品中镁离子、铁离子浓度不高于 300 mg/L 时，对氨氮测定无影响。

（3）当样品的 pH＞10 或 pH＜4 时，应在分析前将其 pH 调至中性再进行测定。加酸保存的样品易吸收空气中的氨，影响测定结果，需注意密闭保存。

（4）环境空气中的氨有可能使基线漂移，影响空白值。可在化学单元的进气口端连接一个装有 H_2SO_4 溶液的洗气瓶，并定期更换洗气溶液。

4．仪器和设备

（1）连续流动分析仪：由自动进样器、化学反应单元（即化学反应模块，由多通道蠕动泵、歧管、泵管、混合反应圈、加热圈等组成）、检测单元（流动检测池光程 10 mm 和 30 mm）、数据处理单元等组成。

（2）带流量计的蒸馏装置（选配）。

（3）天平：精度为 0.000 1 g。

（4）pH 计：精度为±0.02。

（5）离心机：最大转速为 4 000 r/min。

5．试剂和材料

除非另有说明，否则分析时均使用符合国家标准的分析纯试剂，实验用水为新制取、电阻率大于 10 MΩ·cm（25℃）的无氨水，无氨水制备方法同本节方法（一）纳氏试剂分光光度法。

（1）盐酸：ρ（HCl）=1.18 g/ml。

（2）硫酸：ρ（H_2SO_4）=1.84 g/ml。

（3）氯化铵（NH_4Cl）：优级纯，在（105±5）℃下干燥恒重后，保存在干燥器中。

（4）氢氧化钠（NaOH）。

（5）EDTA 二钠（EDTA-2Na，$C_{10}H_{14}N_2Na_2O_8 \cdot 2H_2O$）。

（6）酒石酸钾钠（$C_4H_4O_6KNa \cdot 4H_2O$）。

（7）柠檬酸三钠（$C_6H_5O_7Na_3 \cdot 2H_2O$）。

（8）水杨酸钠（$NaC_7H_5O_3$）。

（9）二水亚硝基铁氰化钠[$Na_2Fe(CN)_5NO \cdot 2H_2O$]。

（10）二氯异氰脲酸钠（$C_3Cl_2N_3O_3Na \cdot 2H_2O$）。

（11）十二烷基聚乙二醇醚（Brij35，$C_{58}H_{118}O_{24}$）。

（12）硫代硫酸钠（$Na_2S_2O_3$）。

（13）硫酸溶液Ⅰ：c（H_2SO_4）=0.16 mol/L。

将 7.5 ml 硫酸缓慢加至 800 ml 水中，冷却后，用水稀释至 1 000 ml。临用时现配。

（14）硫酸溶液Ⅱ：c（H_2SO_4）=0.5 mol/L。

将 27 ml 硫酸缓慢加至 800 ml 水中，冷却后，用水稀释至 1 000 ml。

（15）氢氧化钠溶液：ρ（NaOH）=0.2 g/ml。

称取 200 g 氢氧化钠溶于适量水中，冷却后，用水稀释至 1 000 ml。

（16）蒸馏试剂。

称取 5 g EDTA 二钠溶于 600 ml 水中，加入 140 g 氢氧化钠，用水稀释至 1 000 ml，混匀。

（17）十二烷基聚乙二醇醚溶液：ω（Brij35）=30%。

称取 30 g Brij35 溶于 100 ml 水中。

（18）缓冲溶液Ⅰ：pH=5.2。

称取 33 g 酒石酸钾钠和 24 g 柠檬酸三钠溶于 800 ml 水中，用水稀释至 1 000 ml，加入 3 ml Brij35 溶液，混匀。用盐酸调节 pH 至 5.2±0.1。将该溶液贮存于棕色瓶中，在 4℃ 下保存。每隔 2 d 检查溶液的 pH。

（19）缓冲溶液Ⅱ：pH=5.2。

称取 30 g 柠檬酸三钠溶于 800 ml 水中，用水稀释至 1 000 ml，加入 1 ml Brij35，混匀。用盐酸调节 pH 至 5.2±0.1。将该溶液贮存于棕色瓶中，在 4℃ 下保存。每隔 2 d 检查溶液的 pH。

（20）水杨酸钠溶液Ⅰ。

称取 25 g 氢氧化钠溶于 800 ml 水中，加入 80 g 水杨酸钠，用水稀释至 1 000 ml，混匀。将该溶液贮存于棕色瓶中，在 4℃ 下保存可稳定 30 d。

（21）水杨酸钠溶液Ⅱ。

称取 70 g 水杨酸钠和 1 g 二水亚硝基铁氰化钠溶于 600 ml 水中，边搅拌边加入 250 ml 氢氧化钠溶液，用水稀释至 1 000 ml，混匀。将该溶液贮存于棕色瓶中，在 4℃ 下保存可稳定 30 d。

（22）亚硝基铁氰化钠溶液：$\omega[Na_2Fe(CN)_5NO \cdot 2H_2O]$=0.1%。

称取 1.0 g 二水亚硝基铁氰化钠溶于 800 ml 水中，用水稀释至 1 000 ml，混匀。将该溶液贮存于棕色瓶中，在 4℃ 下保存可稳定 30 d。

（23）二氯异氰脲酸钠溶液Ⅰ：ω（$C_3Cl_2N_3O_3Na \cdot 2H_2O$）=0.2%。

称取 2.0 g 二氯异氰脲酸钠溶于 800 ml 水中，用水稀释至 1 000 ml，混匀。该溶液在 4℃ 下保存可稳定 30 d。

（24）二氯异氰脲酸钠溶液Ⅱ：ω（$C_3Cl_2N_3O_3Na \cdot 2H_2O$）=0.35%。

称取 3.5 g 二氯异氰脲酸钠溶于 800 ml 水中，用水稀释至 1 000 ml，混匀。该溶液在 4℃ 下保存可稳定 30 d。

（25）氨氮标准贮备液：ρ（N）=1 000 mg/L。

称取 3.819 g 氯化铵溶于水中，溶解后移入 1 000 ml 容量瓶中，用水定容并混匀。该溶液在 4℃ 下密闭保存，可稳定 180 d。或直接购买市售有证标准溶液。

（26）氨氮标准使用液Ⅰ：ρ（N）=100 mg/L。

准确量取 10.00 ml 氨氮标准贮备液，移入 100 ml 容量瓶中，用水定容并混匀。该溶液在 4℃ 下密闭保存可稳定 7 d。

（27）氨氮标准使用液Ⅱ：ρ（N）=10 mg/L。

准确量取 10.00 ml 氨氮标准使用液Ⅰ，移入 100 ml 容量瓶中，用水定容并混匀。临用现配。

（28）硫代硫酸钠溶液：ρ（$Na_2S_2O_3$）=3 500 mg/L。

称取 3.5 g 硫代硫酸钠溶于水中，稀释至 1 000 ml。

（29）清洗溶液：

量取适量的市售次氯酸钠（NaClO）溶液，用水稀释成有效氯含量约为 1.3%的溶液。

（30）氮气：纯度≥99%。

（31）水性滤膜：孔径为 0.45 μm。

6. 样品

（1）样品采集和保存。

样品采集在聚乙烯或玻璃瓶内，应尽快分析。若需保存，应加硫酸至 pH<2，在 2～5℃ 密闭保存 7 d，酸化样品分析前应将 pH 调至中性。

（2）试样的制备。

当样品清澈，无色度、浊度、有机物等干扰时，可直接取样分析。

当因样品浑浊而采用直接比色模块分析时，应将样品用滤膜过滤或离心分离，取滤液 或上清液上机分析。处理效果须经加标回收检验。

当样品含有高浓度的金属离子、带有颜色或含有一些难以消除的有机物（高分子量的 化合物）时，应当采用带在线蒸馏的方法模块进行分析。若采用直接比色模块进行分析， 则必须进行预蒸馏，操作方法参照本节方法（二）水杨酸—次氯酸盐分光光度法。

7. 分析步骤

（1）仪器的调试。

按仪器说明书安装分析系统、设定工作参数、调试仪器。开机后，先用水代替试剂， 检查整个分析流路的密闭性及液体流动的顺畅性。待基线稳定后（约 15 min），系统开始进 试剂，待基线再次稳定后，进行校准和样品测定。若使用带蒸馏的分析模块，按仪器说明 书要求，调节蒸馏装置流量计的流量。

（2）校准曲线的建立。

校准曲线Ⅰ：分别量取适量的氨氮标准溶液Ⅰ，用水稀释定容至 100 ml，制备 6 个浓 度点的标准系列，氨氮浓度分别为 0.00 mg/L、0.05 mg/L、0.25 mg/L、0.50 mg/L、0.80 mg/L 和 1.00 mg/L。

校准曲线Ⅱ：分别移取适量的氨氮标准溶液Ⅱ，用水稀释定容至 100ml，制备 6 个浓 度点的标准系列，氨氮浓度分别为 0.00 mg/L、0.20 mg/L、1.00 mg/L、3.00 mg/L、6.00 mg/L 和 10.00 mg/L。

取适量标准系列溶液置于样品杯中，由进样器按程序依次从低浓度到高浓度取样、测 定。以测定信号值（峰高）为纵坐标，对应的氨氮质量浓度（以 N 计，mg/L）为横坐标， 建立校准曲线。

（3）试样的测定。

按照与建立校准曲线相同的条件，量取适量试样进行测定。

注：若试样的氨氮含量超出校准曲线检测范围，应取适量试样稀释后上机测定。

（4）空白试验。

用实验用水代替试样，按照与试样的测定相同步骤进行空白试验。

8. 结果计算和表示

（1）结果计算。

样品中氨氮（以 N 计）的质量浓度按照以下公式进行计算。

$$\rho = \frac{y-a}{b} \times f$$

式中：ρ——样品中氨氮（以 N 计）的质量浓度，mg/L；

　　　y——测定信号值（峰高）；

　　　a——校准曲线方程的截距；

　　　b——校准曲线方程的斜率；

　　　f——稀释倍数。

（2）结果表示。

当测定结果小于 1.00 mg/L 时，保留至小数点后两位；测定结果大于等于 1.00 mg/L 时，保留三位有效数字。

9．精密度和准确度

（1）精密度。

6 家实验室采用直接比色法分别对氨氮浓度为 0.10 mg/L、0.50 mg/L、0.90 mg/L 的统一样品进行了测定，实验室内相对标准偏差分别为 1.8%～9.2%、0.6%～2.8%、0.4%～2.6%；实验室间的相对标准偏差分别为 5.0%、3.5%、2.2%。

6 家实验室采用蒸馏后比色法分别对氨氮浓度为 1.00 mg/L、5.00 mg/L、9.00 mg/L 的统一样品进行了测定，实验室内相对标准偏差分别为 0.5%～2.8%、0.2%～2.4%、0.1%～1.1%；实验室间的相对标准偏差分别为 2.7%、2.3%、2.3%。

（2）准确度。

6 家实验室采用直接比色法分别对氨氮浓度为（0.54±0.03）mg/L、（0.67±0.03）mg/L 的有证标准物质进行了测定，相对误差分别为 0.9%～4.3%、0.3%～3.2%。

6 家实验室采用直接比色法分别对氨氮浓度为 0.04～0.22 mg/L、0.22～0.40 mg/L、0.44～0.84 mg/L 的 3 种实际样品进行了加标回收测定，加标回收率分别为 96.0%～102%、93.6%～104%、94.6%～106%。

6 家实验室采用蒸馏后比色法分别对氨氮浓度为（1.33±0.03）mg/L、（2.74±0.12）mg/L 的有证标准物质进行了测定，相对误差分别为 0～3.8%、0～3.6%。

6 家实验室采用蒸馏后比色法分别对氨氮浓度为 0.22～2.36 mg/L、1.71～5.32 mg/L、2.24～8.05 mg/L 的 3 种实际样品进行了加标测定，加标回收率分别为 95.0%～106%、95.9%～107%、96.8%～103%。

10．质控措施

（1）空白试验。

每批样品须至少测定 2 个空白样品，空白值不得超过方法检出限。否则应查明原因，重新分析直至合格之后才能测定样品。

（2）校准有效性检查。

每批样品分析均须建立校准曲线，校准曲线的相关系数（γ）≥0.995。

每分析 10 个样品需用一个校准曲线的中间浓度溶液进行标准核查，其测定结果的相对偏差应≤5%，否则应重新建立校准曲线。

（3）精密度控制。

每批样品应至少测定 10% 的平行双样，当样品数量少于 10 个时，应至少测定一个平行双样。当样品的氨氮浓度为 0.02～0.10 mg/L 时，平行样的允许相对偏差应≤20%；当氨氮浓度为 0.10～1.0 mg/L 时，平行样的允许相对偏差应≤15%；当氨氮浓度＞1.0 mg/L 时，平行样的允许相对偏差应≤10%。

（4）准确度控制。

每批样品应至少测定 10%的加标样品，样品数量少于 10 个时，应至少测定一个加标样品，加标回收率应在 80.0%～120%。

必要时，每批样品至少带一个已知浓度的质控样品，测试结果应在其给出的不确定度范围内。

11．注意事项

（1）试剂和环境温度影响分析结果，冰箱贮存的试剂需放置到室温后再分析，分析过程中室温波动不超过±5℃。

（2）为减小基线噪声，试剂应保持澄清，必要时，试剂应过滤；分析完毕后，应及时将流动检测池中的滤光片取下放入干燥器中，防尘防湿。

（3）注意流路的清洁，每天分析完毕后所有流路需用纯水清洗 30 min。每周用清洗溶液冲洗 30 min，再用纯水冲洗 15 min。

（4）当同批分析的样品浓度波动大时，可在样品与样品之间插入空白当试样分析，以减小高浓度样品对低浓度样品的影响。

（5）不同型号的流动分析仪可参考本方法选择合适的仪器条件。

（六）流动注射—水杨酸分光光度法（A）[*]

1．方法适用范围

本方法适用于地表水、地下水、生活污水和工业废水中氨氮的测定。

当检测光程为 10 mm 时，本方法的检出限为 0.01 mg/L（以 N 计），测定范围为 0.04～5.00 mg/L。

2．方法原理

（1）流动注射分析仪工作原理。

在封闭的管路中，将一定体积的试样注入连续流动的载液中，试样和试剂在化学反应模块中按特定的顺序和比例混合、反应，在非完全反应的条件下，进入流动检测池进行光度检测。

（2）化学反应原理。

在碱性介质中，试样中的氨、铵离子与次氯酸根反应生成氯胺。在 60℃和亚硝基铁氰化钾存在条件下，氯胺与水杨酸盐反应形成蓝绿色化合物，于 660 nm 波长处测量吸光度。

工作流程参考图 2-28。

---

[*] 本方法与 HJ 666—2013 等效。

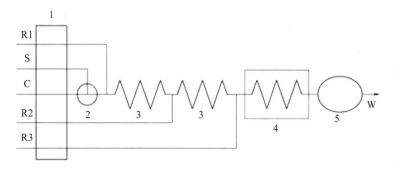

1—蠕动泵；2—注入阀；3—反应（混合）圈；4—加热池（圈），60℃；5—检测池，10 mm，660 nm；

R1—缓冲溶液；R2—显色剂；R3—次氯酸钠溶液；S—试样；C—载液；W—废液。

图 2-28　流动注射—水杨酸分光光度法测定氨氮参考工作流程图

3. 干扰和消除

（1）样品中的余氯会形成氯胺干扰测定，可加入适量的硫代硫酸钠溶液除去。

（2）当样品中铁离子、锰离子浓度分别大于 500 mg/L 和 35 mg/L 时，对分析产生正干扰；水样浑浊或有颜色也会干扰测定，可参照本节方法（二）水杨酸—次氯酸盐分光光度法对样品进行预蒸馏。样品中钙离子、镁离子和氯离子浓度分别不大于 900 mg/L、$1.00×10^3$ mg/L 和 $1.00×10^5$ mg/L 时，对氨氮的测定无影响。

（3）当试样的 pH＞12 或 pH＜1 时，应在分析前将试样的 pH 调至中性。加酸保存的样品易吸收空气中的氨，影响测定结果，需注意密闭保存。

4. 仪器和设备

（1）流动注射分析仪：自动进样器、化学反应单元（即化学反应模块、通道，由蠕动泵、注射阀、反应管路等组成）、检测单元（流通检测池光程为 10 mm）及数据处理单元。

（2）天平：精度为 0.000 1 g。

（3）离心机：最高转速为 4 000 r/min。

（4）预蒸馏装置：由 500 ml 凯式烧瓶、氮球、直形冷凝管和导管组成。冷凝管末端可连接一段适当长度的滴管，使出口尖端浸入吸收液液面下。

（5）超声波机：频率 40 kHz。

5. 试剂和材料

除非另有说明，否则分析时均使用符合国家标准的分析纯试剂。实验用水为新制备、电阻率大于 10 MΩ·cm 的无氨水，无氨水制备方法同本节方法（一）纳氏试剂分光光度法。除标准溶液外，其他溶液和实验用水均用氦气或超声除气。

（1）硫酸：ρ（H_2SO_4）=1.84 g/ml。

（2）氯化铵（NH_4Cl）：优级纯。在（105±5）℃下干燥恒重后，保存在干燥器中。

（3）氢氧化钠（NaOH）。

（4）乙二胺四乙酸二钠盐（$C_{10}H_{14}N_2Na_2O_8 \cdot 2H_2O$）。

（5）磷酸氢二钠（$Na_2HPO_4 \cdot 7H_2O$）。

（6）水杨酸钠（$NaC_7H_5O_3$）。

（7）二水亚硝基铁氰化钠[$Na_2Fe(CN)_5NO \cdot 2H_2O$]。

（8）硫代硫酸钠（$Na_2S_2O_3$）。

（9）次氯酸钠（NaOCl）：市售溶液。有效氯含量不低于 5.25%。有效氯浓度的测定方法参见本节方法（二）水杨酸—次氯酸盐分光光度法附录 A。

（10）缓冲溶液。

称取 30 g 氢氧化钠、25 g 乙二胺四乙酸二钠盐和 67 g 磷酸氢二钠，溶于 800 ml 水中，溶解后用水稀释至 1 000 ml，摇匀。该溶液可稳定 30 d。

（11）显色剂：水杨酸钠溶液。

称取 144 g 水杨酸钠和 3.5 g 二水亚硝基铁氰化钠溶于 800 ml 水中，溶解后用水稀释至 1 000 ml，摇匀。盛于棕色瓶中，该溶液在 4℃下保存，可稳定 30 d。

（12）次氯酸钠使用溶液。

量取 60 ml 次氯酸钠溶液，用水稀释至 1 000 ml，摇匀。临用时现配。

（13）氨氮标准贮备液：ρ（N）=1 000 mg/L。

称取 3.819 g 氯化铵溶于水中，溶解后移入 1 000 ml 容量瓶中，用水定容并混匀。该溶液在 4℃下保存，可稳定 180 d。或直接购买市售有证标准物质。

（14）氨氮标准使用液：ρ（N）=50.0 mg/L。

量取 5.00 ml 氨氮标准贮备液，转移至 100 ml 容量瓶中，用水定容并混匀。该溶液在 4℃下保存，可稳定 30 d。

（15）硫代硫酸钠溶液：ρ（$Na_2S_2O_3$）=3 500 mg/L。

称取 3.5 g 硫代硫酸钠溶于水中，用水稀释至 1 000 ml。

（16）水性滤膜：孔径为 0.45 μm。

（17）氦气：纯度≥99%。

6. 样品

（1）样品采集和保存。

样品采集在聚乙烯或玻璃瓶内，应尽快分析。若需保存，应加硫酸至 pH<2，2～5℃以下冷藏可保存 7 d；酸化样品分析前应将 pH 调至中性。

（2）试样的制备。

当样品清澈，不存在色度、浊度、有机物等干扰时，可直接取样分析。

当样品含有固体或悬浮物时，上机前应对样品采用离心方式加以澄清或用滤膜过滤。若试样经加标回收检验不合格，则须进行蒸馏预处理，操作方法参见本节方法（二）水杨酸—次氯酸盐分光光度法。

当样品浑浊、带有颜色、含有大量金属离子或有机物时，须进行预蒸馏。

7. 分析步骤

（1）仪器的调试。

按仪器说明书安装分析系统、设定工作参数、操作仪器。开机后，先用水代替试剂，检查整个分析流路的密闭性及液体流动的顺畅性。待基线走稳后（约 15 min），系统开始进试剂，待基线再次走稳后，进行校准和样品测试。

（2）校准曲线的建立。

分别移取适量的氨氮标准使用液，用水稀释定容至 100 ml，制备 6 个浓度点的标准系列。氨氮浓度分别为 0.00 mg/L、0.05 mg/L、0.25 mg/L、0.50 mg/L、2.50 mg/L 和 5.00 mg/L。

量取适量标准系列，置于样品杯中，由进样器按程序依次从低浓度到高浓度取样、测定。以测定信号值（峰面积）为纵坐标，对应的氨氮浓度（以 N 计，mg/L）为横坐标，建立校准曲线。

（3）试样的测定。

按照与建立校准曲线相同的条件，进行试样的测定。

注：若试样氨氮含量超出校准曲线检测范围，应取适量试样稀释后上机测定。

（4）空白试验。

用实验用水代替试样，按照与试样的测定相同步骤进行空白试验。

8．结果计算和表示

（1）结果计算。

样品中氨氮（以 N 计）的质量浓度按照以下公式计算。

$$\rho = \frac{y - a}{b} \times f$$

式中：ρ——样品中氨氮（以 N 计）的质量浓度，mg/L；

y——测定信号值（峰高或峰面积）；

a——校准曲线方程的截距；

b——校准曲线方程的斜率；

f——稀释倍数。

（2）结果表示。

当测定结果小于 1 mg/L 时，保留至小数点后两位；测定结果大于等于 1 mg/L 时，保留三位有效数字。

9．精密度和准确度

（1）精密度。

6 家实验室分别对氨氮浓度为 0.02 mg/L、0.54 mg/L、2.74 mg/L 的统一样品进行测定：实验室内的相对标准偏差分别为 1.2%～8.6%、0.3%～1.0%、0.2%～0.7%，实验室间的相对标准偏差分别为 4.6%、1.5%、1.7%。

（2）准确度。

6 家实验室分别对氨氮浓度为（0.54±0.03）mg/L、（1.33±0.03）mg/L、（2.74±0.12）mg/L 的有证标准物质进行测定：相对误差分别为 0.2%～3.2%、0～3.1%、0.7%～2.6%。

6 家实验室分别对氨氮浓度为 0.05～0.45 mg/L、0.44～1.70 mg/L、1.08～2.20 mg/L 的 3 种实际样品（地表水、生活污水、工业废水）进行加标测定，加标回收率分别为 104%～114%、98.0%～105%、93.8%～104%。

10．质量保证和质量控制

同本节方法（五）连续流动—水杨酸分光光度法。

11．注意事项

（1）试剂和环境温度影响分析结果，冰箱贮存的试剂应放置至室温（20±5℃）后再使用，分析过程中室温波动不能超过±2℃。

（2）为减小基线噪声，试剂应保持澄清，必要时试剂应过滤；因次氯酸钠溶液（有效氯含量 5.25%）的不稳定性，须注意试剂的保存和使用期，如果校准曲线斜率较正常值下降 30%（有效氯含量降至 2.62%），须更换新试剂。封闭的化学反应系统若有气泡会干扰测定，因此，除标准溶液外的所有溶液须除气，可采用氩气除气 1 min 或超声除气 30 min。

（3）每天分析完毕后，用纯水对分析管路进行清洗，并及时将流动检测池中的滤光片取下放入干燥器中，防尘防湿。

（4）分析过程中如发现检测峰峰型异常，则一般情况下平峰为超量程，双峰为基体干扰，不出峰为泵管堵塞或试剂失效。

（5）不同型号的流动分析仪可参考本方法选择合适的仪器条件。

十一、总氮

大量生活污水、农田排水或含氮工业废水排入水体，会使水中有机氮和各种无机氮化物含量增加，生物和微生物类大量繁殖，消耗水中溶解氧，使水体质量恶化。湖泊、水库中含有超标的氮、磷类物质时，会造成浮游植物繁殖旺盛，出现富营养化状态。因此，总氮是衡量水质的重要指标之一。

水中总氮的测定通常采用过硫酸钾氧化，使有机氮和无机氮化合物转变为硝酸盐氮后，再用紫外法、气相分子吸收法等进行测定。碱性过硫酸钾氧化紫外分光光度法对实验条件要求不高，普通实验室即可进行，适于手工操作，操作步骤简单，仪器设备少，而且不用加强酸、强碱以及汞盐等环境危害物质，对人员技术要求低，与其他方法相比有明显的优势。但该方法耗时长、自动化程度低，对试剂空白值的要求非常严格，其所需试剂过硫酸钾和氢氧化钠中的含氮量严重影响空白吸光值，因此空白试验不易做好。气相分子吸收光谱法具有抗干扰能力强、分析速度快、准确度好、精密度高、检出限低、检测浓度范围大、可实现自动进样、样品和试剂消耗量小等优点。流动注射—盐酸萘乙二氨分光光度法和连续流动—盐酸萘乙二氨分光光度法、分析速度快、准确度好、精密度高、检出限低、检测浓度范围大、可实现自动进样、样品和试剂消耗量小以及可以与多种检测手段相结合等一系列优点，有些型号的仪器具有在线预处理功能，使整个分析过程全自动，在检测大批量的样品上有明显的优势；缺点是试剂的要求比碱性过硫酸钾氧化分光光度法高，仪器稳定时间长，仪器需要经常维护，对人员技术要求高。

（一）碱性过硫酸钾氧化紫外分光光度法（A）[*]

1．方法的适用范围

本方法适用于地表水、地下水、工业废水和生活污水中总氮的测定。

当样品量为 10 ml 时，本方法的检出限为 0.05 mg/L，测定范围为 0.20～7.00 mg/L。

2．方法原理

在 120～124℃下，碱性过硫酸钾溶液使样品中含氮化合物的氮转化为硝酸盐，采用紫外分光光度法于波长 220 nm 和 275 nm 处，分别测定吸光度（A_{220}）和（A_{275}），按以下公式计算校正吸光度（A），总氮（以 N 计）含量与校正吸光度（A）成正比。

$$A = A_{220} - 2A_{275}$$

3．干扰及消除

（1）当碘离子含量相当于总氮含量的 2.2 倍以上，溴离子含量相当于总氮含量的 3.4 倍以上时，对测定产生干扰。

（2）水样中的六价铬离子和三价铁离子会对测定产生干扰，消解前后的样品可能有淡红或淡紫等颜色，可加入 5%盐酸羟胺溶液 1～2 ml 消除干扰。

---

[*] 本方法与 HJ 636—2012 等效。

4．仪器和设备

（1）紫外分光光度计：具 10 mm 石英比色皿。

（2）高压蒸汽灭菌器：最高工作压力不低于 107.8 kPa；最高工作温度不低于 120℃。

（3）具塞磨口玻璃比色管：25 ml。

（4）一般实验室常用仪器和设备。

5．试剂和材料

除非另有说明，否则分析时均使用符合国家标准的分析纯试剂，实验用水为无氨水或新制备的去离子水。

（1）无氨水。

在 1 000 ml 的蒸馏水中，加入 0.1 ml 硫酸（ρ =1.84 g/ml），在全玻璃蒸馏器中重蒸馏，弃去前 50 ml 馏出液，然后将约 800 ml 馏出液收集在带有磨口玻璃塞的玻璃瓶内。

（2）氢氧化钠（NaOH）。

含氮量应小于 0.000 5%，氢氧化钠中含氮量的测定方法见本小节附录 A。

（3）过硫酸钾（$K_2S_2O_8$）。

含氮量应小于 0.000 5%，过硫酸钾中含氮量的测定方法见本小节附录 A。

（4）硝酸钾（KNO_3）：基准试剂或优级纯。

在 105～110℃下烘干 2 h，在干燥器中冷却至室温。

（5）浓盐酸：ρ（HCl）=1.19 g/ml。

（6）浓硫酸：ρ（H_2SO_4）=1.84 g/ml。

（7）盐酸溶液：1+9。

（8）硫酸溶液：1+35。

（9）氢氧化钠溶液 I：ρ（NaOH）=200 g/L。

称取 20.0 g 氢氧化钠溶于少量水中，稀释至 100 ml。

（10）氢氧化钠溶液 II：ρ（NaOH）=20 g/L。

量取 10.0 ml 氢氧化钠溶液 I，用水稀释至 100 ml。

（11）碱性过硫酸钾溶液。

称取 40.0 g 过硫酸钾溶于 600 ml 水中（可置于 50℃水浴中加热至全部溶解），另称取 15.0 g 氢氧化钠溶于 300 ml 水中。待氢氧化钠溶液温度冷却至室温后，混合两种溶液定容至 1 000 ml，存放于聚乙烯瓶中，可保存 7 d。

（12）硝酸钾标准贮备液：ρ（N）=100 mg/L。

称取 0.721 8 g 硝酸钾溶于适量水，移至 1 000 ml 容量瓶中，用水稀释至标线，混匀。加入 1～2 ml 三氯甲烷作为保护剂，在 0～10℃暗处保存，可稳定 180 d。也可直接购买市售有证标准溶液。

（13）硝酸钾标准使用液：ρ（N）=10.0 mg/L。

量取 10.00 ml 硝酸钾标准贮备液至 100 ml 容量瓶中，用水稀释至标线，混匀，临用现配。

6．样品

（1）样品的采集和保存。

参照《地表水和污水监测技术规范》（HJ/T 91—2002）和《地下水环境监测技术规范》（HJ 164—2020）的相关规定采集样品。

将采集好的样品贮存在聚乙烯瓶或硬质玻璃瓶中，用浓硫酸调节 pH 至 1~2，常温下可保存 7 d。贮存在聚乙烯瓶中，−20℃冷冻，可保存 30 d。

（2）试样的制备。

取适量样品用氢氧化钠溶液Ⅱ或（1+35）硫酸溶液调节 pH 至 5~9，待测。

7. 分析步骤

（1）校准曲线的建立。

分别量取 0.00 ml、0.20 ml、0.50 ml、1.00 ml、3.00 ml 和 7.00 ml 硝酸钾标准使用液于 25 ml 具塞磨口玻璃比色管中，其对应的总氮（以 N 计）含量分别为 0.00 μg、2.00 μg、5.00 μg、10.0 μg、30.0 μg 和 70.0 μg。加水稀释至 10.00 ml，再加入 5.00 ml 碱性过硫酸钾溶液，塞紧管塞，用纱布和线绳扎紧管塞，以防弹出。将比色管置于高压蒸汽灭菌器中，加热至顶压阀吹气，关阀，继续加热至 120℃开始计时，保持温度在 120~124℃ 30 min。自然冷却，开阀放气，移去外盖，取出比色管冷却至室温，按住管塞将比色管中的液体颠倒混匀 2~3 次。

注 1：若比色管在消解过程中出现管口或管塞破裂，应重新取样分析。

每个比色管分别加入（1+9）盐酸溶液 1.0 ml，用水稀释至 25 ml 标线，盖塞混匀。使用 10 mm 石英比色皿，在紫外分光光度计上，以水作参比，分别于波长 220 nm 和 275 nm 处测定吸光度。零浓度的校正吸光度（A_b）、其他标准系列的校正吸光度（A_s）及其差值（A_r）按式（1）~式（3）进行计算。以总氮（以 N 计）含量（μg）为横坐标，对应的 A_r 值为纵坐标，建立校准曲线。

$$A_b = A_{b220} - 2A_{b275}$$

$$A_s = A_{s220} - 2A_{s275}$$

$$A_r = A_s - A_b$$

式中：A_b——零浓度（空白）溶液的校正吸光度；

A_{b220}——零浓度（空白）溶液于波长 220 nm 处的吸光度；

A_{b275}——零浓度（空白）溶液于波长 275 nm 处的吸光度；

A_s——标准溶液的校正吸光度；

A_{s220}——标准溶液于波长 220 nm 处的吸光度；

A_{s275}——标准溶液于波长 275 nm 处的吸光度；

A_r——标准溶液校正吸光度与零浓度（空白）溶液校正吸光度的差值。

（2）试样的测定。

量取 10.00 ml 试样于 25 ml 具塞磨口玻璃比色管中，按照上述步骤进行测定。

注 2：试样中的含氮量超过 70 μg 时，可减少取样量并加水稀释至 10.00 ml。

（3）空白试验。

用 10.00 ml 无氨水代替试样，按照与试样的测定相同步骤进行空白测定。

8. 结果计算和表示

（1）结果计算。

参照上述 3 式计算试样校正吸光度和空白试验校正吸光度差值（A_r），样品中总氮（以 N 计）的质量浓度按照以下公式计算。

$$\rho = \frac{(A_r - a)}{b \times V} \times f$$

式中：ρ——样品中总氮（以 N 计）的质量浓度，mg/L；

    A_r——试样的校正吸光度与空白试验校正吸光度的差值；

    a——校准曲线的截距；

    b——校准曲线的斜率；

    V——试样体积，ml；

    f——稀释倍数。

（2）结果表示。

当测定结果小于 1.00 mg/L 时，保留至小数点后两位；当测定结果大于或等于 1.00 mg/L 时，保留三位有效数字。

9. 精密度和准确度

（1）精密度。

6 家实验室对总氮质量浓度为 0.20 mg/L、1.52 mg/L 和 4.78 mg/L 的统一样品进行了测定，实验室内相对标准偏差分别为 4.1%～13.8%、0.6%～4.3%、0.8%～3.4%，实验室间相对标准偏差分别为 8.4%、2.7%、1.8%。

（2）准确度。

6 家实验室对总氮质量浓度分别为（1.52±0.10）mg/L 和（4.78±0.34）mg/L 的有证标准样品进行了测定，相对误差分别为 1.3%～5.3%、0.2%～4.2%。

10. 质量保证和质量控制

（1）校准曲线的相关系数（γ）≥0.999。

（2）每批样品应至少做一个空白试验，空白试验的校正吸光度（A_b）应小于 0.030。超过该值时应检查实验用水、试剂（主要是氢氧化钠和过硫酸钾）纯度、器皿和高压蒸汽灭菌器的被污染状况。

（3）每批样品应至少测定 10%的平行双样，当样品数量少于 10 个时，应至少测定一个平行双样。当样品总氮含量≤1.00 mg/L 时，测定结果相对偏差应≤10%；当样品总氮含量＞1.00 mg/L 时，测定结果相对偏差应≤5%。测定结果以平行双样的平均值报出。

（4）每批样品应测定一个校准曲线中间点浓度的标准溶液，其测定结果与该点浓度的相对误差应≤10%。否则，需重新建立校准曲线。

（5）每批样品应至少测定 10%的加标样品，当样品数量少于 10 个时，应至少测定一个加标样品，加标回收率应在 90.0%～110.0%。

11. 注意事项

（1）某些含氮有机物在本方法规定的测定条件下不能完全转化为硝酸盐。

（2）测定应在无氨的实验室环境中进行，避免环境交叉污染对测定结果产生影响。

（3）悬浮物较多的水样（如湖库水、化工药厂等有机质较多的废水等）在过硫酸钾氧化后可能出现沉淀，可吸取氧化后的上清液或过滤后进行测定，也可用离心法进行处理，以避免沉淀物对测定结果造成影响。

（4）如试样中有机物含量高，A_{275}偏高会导致计算结果偏低。可以考虑采取增加样品稀释倍数、增加过硫酸钾用量的方法加以解决。

（5）在碱性过硫酸钾溶液配制过程中，温度过高会导致过硫酸钾分解失效，因此要控制水浴温度在 60℃以下，而且应待氢氧化钠溶液温度冷却至室温后，再将其与过硫酸钾溶液混合、定容。

（6）实验所用的器皿和高压蒸汽灭菌器等均应无氨污染。实验中所用的玻璃器皿应用（1+9）盐酸溶液或（1+35）硫酸溶液浸泡，用自来水冲洗后再用无氨水冲洗数次，洗净后立即使用。高压蒸汽灭菌器应每周清洗。

（7）使用高压蒸汽灭菌器时，应定期检定压力表，并检查橡胶密封圈密封情况，避免因漏气而减压。

（8）影响实验室空白最主要因素是过硫酸钾的纯度。过硫酸钾纯度高，空白值就较低，氧化性就强。测定过硫酸钾空白值在 0.03 左右时，可认为氧化剂的纯度达到要求。

附录 A　氢氧化钠和过硫酸钾含氮量测定方法

1．方法的适用范围

本附录规定了测定总氮时所使用的氢氧化钠和过硫酸钾试剂含氮量（以 N 计）的测定方法。

2．仪器和设备

（1）分光光度计：具 10 mm 比色皿。

（2）高压蒸汽灭菌器：最高工作压力不低于 107.8 kPa；最高工作温度不低于 120℃。

（3）pH 计：示值精度为 0.1。

（4）水浴锅：温控精度为 1℃。

（5）消解瓶：125 ml，具塞玻璃耐高压广口瓶。

3．试剂和材料

除非另有说明，否则分析时均使用符合国家标准的分析纯试剂，实验用水为无氨水。

（1）氢氧化钠溶液：ρ（NaOH）=100 g/L。

称取 10.0 g 氢氧化钠溶于少量水中，冷却后定容至 100 ml。

（2）过硫酸钾溶液：ρ（$K_2S_2O_8$）=30 g/L。

称取 3.0 g 过硫酸钾溶于少量水中，定容至 100 ml。

（3）硫酸溶液：1+9。

（4）硫酸铜溶液：ρ（$CuSO_4 \cdot 5H_2O$）=0.4 g/L。

称取 0.08 g 五水合硫酸铜溶于水中，稀释至 200 ml。

（5）硫酸锌溶液：ρ（$ZnSO_4 \cdot 7H_2O$）=8.8 g/L。

称取 1.76 g 七水合硫酸锌溶于水中，稀释至 200 ml。

（6）硫酸铜-硫酸锌溶液。

分别吸取 2.0 ml 硫酸铜溶液和 2.0 ml 硫酸锌溶液，混合后稀释至 100 ml。

（7）硫酸肼溶液：ρ（$H_4N_2 \cdot H_2SO_4$）=0.7 g/L。

称取 0.35 g 硫酸肼溶于水中，稀释至 500 ml，临用现配。

（8）磺胺溶液：ρ（$C_6H_8N_2O_2S$）=10 g/L。

称取 2.0 g 磺胺溶解于 60 ml 浓盐酸中，用水稀释至 200 ml。

（9）N-1-萘乙二胺盐酸盐溶液：ρ（$C_{12}H_{14}N_2 \cdot 2HCl$）=1 g/L。

称取 0.2 g N-1-萘乙二胺盐酸盐溶于水中，稀释至 200 ml。

（10）氮标准溶液：ρ（N）＝1.00 mg/L。

量取 10.00 ml 硝酸钾标准贮备液至 1 000 ml 容量瓶中，加水稀释至标线，混匀，临用现配。

（11）氢氧化钠测试溶液：ρ（NaOH）=100 g/L。

称取 10.0 g 氢氧化钠溶于 70 ml 水中，冷却后定容至 100 ml。

（12）氢氧化钠实验溶液。

①样品溶液。

在 125 ml 消解瓶中加入 25.0 ml 氢氧化钠测试溶液和 40.0 ml 水。

②标准溶液。

在 125 ml 消解瓶中加入 25.0 ml 氢氧化钠测试溶液、30.0 ml 水和 10.00 ml 氮标准溶液。

③空白溶液。

在 125 ml 消解瓶中加入 5.0 ml 氢氧化钠测试溶液和 60.0 ml 水。

（13）过硫酸钾测试溶液：ρ（K$_2$S$_2$O$_8$）=46 g/L。

称取 9.2 g 过硫酸钾溶于水中，定容至 200 ml。

（14）过硫酸钾实验溶液。

①样品溶液：在 125 ml 消解瓶中加入 50.0 ml 过硫酸钾测试溶液和 20.0 ml 水。

②标准溶液：在 125 ml 消解瓶中加入 50.0 ml 过硫酸钾测试溶液、10.0 ml 水和 10.00 ml 氮标准溶液。

③空白溶液：在 125 ml 消解瓶中加入 6.5 ml 过硫酸钾测试溶液和 63.5 ml 水。

4．样品

试样的制备

（1）氢氧化钠含氮量检验的试样。

在装有氢氧化钠样品溶液、标准溶液和空白溶液的消解瓶中各加入 10.0 ml 过硫酸钾溶液，加塞后用纱布和线绳扎紧，待测。

（2）过硫酸钾含氮量检验的试样。

在装有过硫酸钾样品溶液、标准溶液和空白溶液的消解瓶中各加入 10.0 ml 氢氧化钠溶液，加塞后用纱布和线绳扎紧，待测。

5．分析步骤

（1）将上述消解瓶置于高压蒸汽灭菌器中加热至 120℃开始计时，保持温度在 120～124℃ 40 min，关闭电源，冷却至室温。

（2）取出消解瓶后，用硫酸溶液调节 pH 至 12.6±0.2，分别转移至 100 ml 容量瓶，用水冲洗消解瓶并将冲洗液移入容量瓶中，摇动容量瓶直至无气泡产生，用水稀释至标线。

（3）从容量瓶中分别量取 10.00 ml 溶液至 3 支试管中，加入 1.0 ml 硫酸铜-硫酸锌溶液，摇匀。

（4）向试管中分别加入 1.0 ml 硫酸肼溶液，摇匀，将试管置于（35±1）℃的水浴中，保持 2 h。

（5）从水浴中取出试管后，加入 1.0 ml 磺胺溶液，立刻摇匀。

（6）将试管静置 5 min 后，分别加入 N-1-萘乙二胺盐酸盐溶液 1.0 ml，摇匀，静置 20 min。

（7）用 10 mm 比色皿于波长 540 nm 处以氢氧化钠空白溶液为参比，测定氢氧化钠样品溶液和标准溶液的吸光度，分别记为 A_1 和 A_2；以过硫酸钾空白溶液为参比，测定过硫酸钾样品溶液和标准溶液的吸光度，分别记为 A_1' 和 A_2'。

6. 计算

若 $A_1 \leqslant (A_2 - A_1)$，则氢氧化钠含氮量$<0.000\ 5\%$；若 $A_1' \leqslant (A_2' - A_1')$，则过硫酸钾含氮量$<0.000\ 5\%$。

（二）气相分子吸收光谱法（A）*

1. 方法的适用范围

本方法适用于地表水、地下水和废水中总氮的测定。

本方法检出限为 0.050 mg/L，测定下限为 0.200 mg/L，测定上限为 100 mg/L。

2. 方法原理

在碱性过硫酸钾溶液中，于 120～124℃ 温度下，将水样中氨、铵盐、亚硝酸盐以及大部分有机氮化合物氧化成硝酸盐后，以硝酸盐氮的形式采用气相分子吸收光谱法进行总氮的测定。

3. 干扰及消除

消解后的样品含大量高价铁离子等较多氧化性物质时，可增加三氯化钛用量至溶液紫红色不褪进行测定，此时不影响测定结果。

4. 仪器和设备

（1）气相分子吸收光谱仪。

（2）镉空心阴极灯。

（3）圆形不锈钢加热架。

（4）可调定量加液器：300 ml 无色玻璃瓶，加液量 0～5 ml，用硅胶管连接加液嘴与样品反应瓶盖的加液管。

（5）比色管：50 ml，具塞。

（6）恒温水浴：双孔或 4 孔，温度 0～100℃，控温精度±2℃。

（7）高压蒸汽消毒器：压力 107.8～127.4 kPa，相应温度 120～124℃。

（8）气液分离装置（图 2-29）：清洗瓶 1 及样品吹气反应瓶 3 为 50 ml 的标准磨口玻璃瓶，干燥器 5 中放入无水高氯酸镁。将各部分用 PVC 软管连接于仪器上。

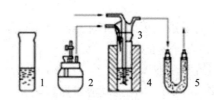

1—清洗瓶；2—定量加液器；3—样品吹气反应瓶；4—恒温水浴；5—干燥器。

图 2-29　气液分离装置

5. 试剂和材料

本方法所用试剂，除特别注明外，均为符合国家标准的分析纯化学试剂；实验用水为无氨水或新制备的去离子水。

---

* 本方法与 HJ/T 199—2005 等效。

（1）无氨水。

在1 000 ml的蒸馏水中，加0.1 ml硫酸（ρ=1.84 g/ml）在全玻璃蒸馏器中重蒸馏，弃去前50 ml馏出液，然后将约800 ml馏出液收集在带有磨口玻璃塞的玻璃瓶内。

（2）氢氧化钠（NaOH）。

含氮量应小于0.000 5%，氢氧化钠中含氮量的测定方法见本节方法（一）附录A。

（3）过硫酸钾（$K_2S_2O_8$）。

含氮量应小于0.000 5%，过硫酸钾中含氮量的测定方法见本节方法（一）附录A。

（4）碱性过硫酸钾溶液。

称取40 g过硫酸钾（$K_2S_2O_8$）及15 g氢氧化钠（NaOH）溶解于水中，加水稀释至100 ml，存放于聚乙烯瓶中，可使用7 d。

（5）浓盐酸：ρ（HCl）=1.19 g/ml，优级纯。

（6）盐酸溶液：c（HCl）=5 mol/L。

取42.5 ml盐酸于100 ml容量瓶中，用水稀释至标线。

（7）三氯化钛：原液，含量15%，化学纯。

（8）无水高氯酸镁[$Mg(ClO_4)_2$]：8～10目颗粒。

（9）硝酸钠（$NaNO_3$）：优级纯。

在105～110℃下烘干2 h，在干燥器中冷却至室温。

（10）硝酸盐氮标准贮备液：ρ（N）=1 000 mg/L。

称取3.034 g硝酸钠溶于适量水中，移入500 ml容量瓶中，加水稀释至标线，摇匀。

（11）硝酸盐氮标准使用液：ρ（N）=10.00 mg/L。

量取10.00 ml硝酸钠标准贮备液至1 000 ml容量瓶中，用水稀释至标线，混匀，临用现配。

6．样品

（1）样品采集和保存。

水样采集后，用硫酸酸化到pH<2，在24 h内进行测定。

（2）试样的制备。

取适量水样（总氮量5～150 μg）置于50 ml比色管中，各加入10 ml碱性过硫酸钾溶液，加水稀释至标线，密塞，摇匀。用纱布及纱绳裹紧塞子，以防溅漏。将比色管放入高压蒸汽消毒器中，盖好盖子，加热至蒸汽压力达到107.8～127.4 kPa，记录时间，50 min后缓慢放气，待压力指针回零，趁热取出比色管充分摇匀，冷却至室温待测。同时取40 ml水制备空白样。

（3）测量系统的净化。

每次测定之前，将反应瓶盖插入装有约5 ml水的清洗瓶中，通入载气，净化测量系统，调整仪器零点。测定后，水洗反应瓶盖和砂芯。

7．分析步骤

（1）参考工作条件。

空心阴极灯电流：3～5 mA；载气（空气）流量：0.5 L/min；工作波长：214.4 nm；光能量：100%～117%；测量方式：峰高或峰面积。

（2）校准曲线的建立。

取0.00 ml、0.50 ml、1.00 ml、1.50 ml、2.00 ml和2.50 ml硝酸盐氮标准使用液，分别

置于样品反应瓶中，加水释至 25 ml，加入 25 ml 盐酸溶液，放入加热架，于（70±2）℃水浴中加热 10 min。逐个取出样品反应瓶，立即用反应瓶盖密闭，趁热用定量加液器加入 0.5 ml 三氯化钛原液，通入载气，依次测定各标准溶液的吸光度，以吸光度与所对应的硝酸盐氮的量（μg）建立校准曲线。

（3）试样的测定。

取待测试样 2.5 ml 置于样品反应瓶中，以下操作同校准曲线的建立。

测定水样前，测定空白样，进行空白校正。

8. 结果计算和表示

样品中总氮（以 N 计）的质量浓度按照下式计算。

$$\rho = \frac{m - m_0}{V \times \frac{2.5}{50}}$$

式中：ρ——样品中总氮（以 N 计）的质量浓度，mg/L；

m——根据校准曲线计算出的水样中氮量，μg；

m_0——根据校准曲线计算出的空白量，μg；

V——取样体积，ml。

9. 精密度和准确度

（1）精密度。

测定总氮浓度为（3.05±0.15）mg/L 的统一标准样品（n=6），测得结果为 2.95～3.04 mg/L，相对标准偏差 1.14%。

（2）准确度。

测定总氮浓度为（3.05±0.15）mg/L 的统一标样，测得平均值为 3.01 mg/L，相对误差为 1.3%；对地表水样加入 15.2 μg 总氮标样，测得回收率为 93.0%～101%。

（三）连续流动—盐酸萘乙二氨分光光度法（A）*

1. 方法的适用范围

本方法适用于地表水、地下水、生活污水和工业废水中总氮的测定。

当检测光程为 30 mm 时，本方法的检出限为 0.04 mg/L，测定范围为 0.16～10mg/L。

2. 方法原理

（1）连续流动分析仪工作原理。

试样与试剂在蠕动泵的推动下进入化学反应模块，在密闭的管路中连续流动，被气泡按一定间隔规律地隔开，并按特定的顺序和比例混合、反应，显色完全后进入流动检测池进行光度检测。

（2）化学反应原理。

在碱性介质中，试样中的含氮化合物在 107～110℃、紫外线照射下，被过硫酸盐氧化为硝酸盐后，经镉柱还原为亚硝酸盐。在酸性介质中，亚硝酸盐与磺胺进行重氮化反应，然后与盐酸萘乙二胺偶联生成紫红色化合物，于波长 540 nm 处测量吸光度。

工作流程参考图 2-30。

---

* 本方法与 HJ 667—2013 等效。

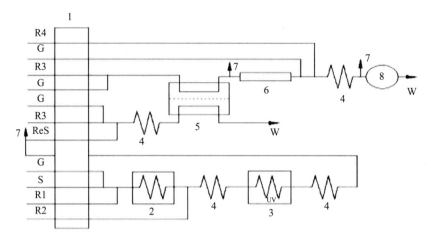

1—蠕动泵；2—加热池，107～110℃；3—紫外消解装置；4—混合反应圈；5—透析器（单元）；

6—镉柱；7—除气泡；8—流动检测池，30 mm，540 nm；R1—过硫酸钾溶液，0.32 ml/min；

R2—四硼酸钠缓冲溶液，0.42 ml/min；ReS—二次进样，0.32 ml/min；R3—氯化铵缓冲溶液，0.80 ml/min、

1.40 ml/min；R4—显色试剂，0.23 ml/min；S—试样，1.00 ml/min；G—空气；W—废液。

图 2-30　连续流动—盐酸萘乙二胺分光光度法测定总氮工作流程参考图

3．干扰和消除

（1）当样品中三价铁离子、六价铬离子和氯离子的浓度分别大于 180 mg/L、50 mg/L 和 5 000 mg/L 时，对总氮的测定产生负干扰；高浓度的有机物会消耗过硫酸钾氧化剂，水样铬法 COD 值大于 400 mg/L 时，总氮的测定结果会偏低。上述干扰可通过稀释样品来消除，但需通过多个稀释比测定结果的一致性或加标回收来确认。

（2）样品的浊度或色度对测定结果有干扰，通过透析单元可消除，见图 2-30。

（3）样品中含有较多的固体颗粒或悬浮物时，须摇匀后取样、适当稀释，再通过匀质化处理后进样。

4．仪器和设备

（1）连续流动分析仪：自动进样器（配置匀质部件）、化学分析单元（即化学反应模块，由多通道蠕动泵、歧管、泵管、混合反应圈、紫外消解装置、透析器、镉柱、加热池等组成）、检测单元（流动检测池光程为 30 mm）、数据处理单元。

（2）天平：精度为 0.000 1 g。

（3）pH 计：精度为 0.02。

5．试剂和材料

除非另有说明，否则分析时均使用符合国家标准的分析纯化学试剂。实验用水为新制备、电阻率大于 10 MΩ·cm（25℃）的无氨水。

（1）硫酸：ρ（H_2SO_4）=1.84 g/ml。

（2）磷酸：ρ（H_3PO_4）=1.69 g/ml。

（3）氨水：ρ（NH_4OH）=0.90 g/ml。

（4）氢氧化钠（NaOH）。

（5）过硫酸钾（$K_2S_2O_8$）。

（6）四硼酸钠（$Na_2B_4O_7 \cdot 10H_2O$）。

（7）氯化铵（NH_4Cl）。

（8）十二烷基聚乙二醇醚（Brij35，$C_{58}H_{118}O_{24}$）。

（9）磺胺（$C_6H_8N_2O_2S$）。

（10）盐酸萘乙二胺（$C_{12}H_{16}Cl_2N_2$）。

（11）硝酸钾（KNO_3）：优级纯，在（105±5）℃下干燥恒重后，保存在干燥器中。

（12）亚硝酸钾（KNO_2）。

（13）氨基乙酸（甘氨酸，H_2NCH_2COOH）：阴凉处密闭保存。

（14）氢氧化钠溶液：c（NaOH）=5 mol/L。

称取 200 g 氢氧化钠溶于水中，稀释至 1 000 ml。

（15）过硫酸钾溶液：ρ（$K_2S_2O_8$）=49 g/L。

称取 49 g 过硫酸钾溶于 800 ml 水中，稀释至 1 000 ml。该溶液室温贮存，可稳定 30 d。

（16）四硼酸钠缓冲溶液。

称取 38 g 四硼酸钠溶于 800 ml 水中，加入 5 mol/L 氢氧化钠溶液 30 ml，用水稀释至 1 000 ml，混匀。该溶液室温贮存，可稳定 30 d。

（17）十二烷基聚乙二醇醚溶液：ω（Brij35）=30%。

称取 30 g Brij35 溶于 100 ml 水中。

（18）氯化铵缓冲溶液：pH=8.2。

称取 50 g 氯化铵溶于 800 ml 水中，用氨水调节 pH 至 8.2，用水稀释至 1 000 ml，加入 3ml Brij35 溶液，混匀。该溶液在 4℃下保存，每隔 2～3 d 检查一次 pH。

（19）显色试剂。

量取 150 ml 磷酸溶于 100 ml 水中，加入 10 g 磺胺和 0.5 g 盐酸萘乙二胺，用水稀释至 1 000 ml，盛于棕色瓶中。该溶液在 4℃下保存，可稳定 30 d。但若发现溶液的颜色变成粉红色，则应立即停用。

（20）硝酸钾标准贮备液：ρ（N）=1 000 mg/L。

称取 7.218 g 硝酸钾溶解于水，转移至 1 000 ml 容量瓶中，用水定容并混匀，盛于试剂瓶中。该溶液在 4℃下避光保存，至少可稳定 180 d。

（21）硝酸钾标准使用液：ρ（N）=10.00 mg/L。

准确量取 10.00 ml 硝酸钾标准贮备液，转移至 1 000 ml 容量瓶中，用水定容并混匀。临用时现配。

（22）氨基乙酸标准贮备溶液：ρ（N）=1 000 mg/L。

称取 5.36 g 氨基乙酸，溶解于水，转移至 1 000 ml 容量瓶中，用水定容并混匀，盛于棕色瓶中。该溶液在 4℃下密闭贮存，至少可稳定 90 d。

（23）氨基乙酸标准使用液：ρ（N）=10.00 mg/L。

准确量取 10.00 ml 氨基乙酸贮备溶液，转移至 1 000 ml 容量瓶中，用水定容并混匀。临用时现配。

（24）亚硝酸钾标准贮备溶液：ρ（N）=1 000 mg/L。

称取 6.079 g 亚硝酸钾溶解于水中，转移至 1 000 ml 容量瓶中，用水定容并混匀，盛于棕色瓶中。该溶液在 4℃下密闭贮存，至少可稳定 30 d。

（25）亚硝酸钾标准使用液：ρ（N）=10.0 mg/L。

准确量取亚硝酸钾贮备溶液 10.0 ml，转移至 1 000 ml 容量瓶中，用水定容并混匀。临用时现配。

（26）清洗溶液（次氯酸钠溶液）。

量取适量的市售次氯酸钠（NaClO）溶液，用水稀释成有效氯含量约为1.3%的溶液。

6．样品

按照《地表水和污水监测技术规范》（HJ/T 91—2002）和《地下水环境监测技术规范》（HJ 164—2020）的相关规定采集和保存样品。

采样前用水清洗所有接触样品的器皿。将样品采集于聚乙烯或玻璃瓶中，加硫酸酸化至pH≤2，常温下可保存7 d，或采集于聚乙烯瓶中，−20℃冷冻，可保存30 d。

7．分析步骤

（1）仪器的调试。

按仪器说明书安装分析系统、设定工作参数、操作仪器。开机后，先用水代替试剂，检查整个分析流路的密闭性及液体流动的顺畅性。等基线稳定后（约20 min），系统开始进试剂，待基线再次稳定后，进行校准和样品测定。

（2）校准曲线的建立。

量取适量的硝酸钾标准贮备液，逐级稀释，制备6个浓度点的标准系列。总氮质量浓度分别为0.00 mg/L、0.20 mg/L、1.00 mg/L、3.00 mg/L、5.00 mg/L和10.0 mg/L。

分别量取适量标准系列溶液，置于样品杯中，由进样器按程序依次取样、测定。以测定信号值（峰高）为纵坐标，对应的总氮（以N计）质量浓度为横坐标，建立校准曲线。

（3）试样的测定。

按照与建立校准曲线相同的条件，进行试样的测定。

注1：若样品总氮含量超出校准曲线检测范围，应取适量样品稀释后上机测定。

（4）空白试验。

用实验用水代替试样，按照与试样的测定相同步骤进行空白试验。

8．结果计算和表示

（1）结果计算。

样品中总氮（以N计）的质量浓度按照以下公式计算。

$$\rho = \frac{y-a}{b} \times f$$

式中：ρ——样品中总氮（以N计）的质量浓度，mg/L；

y——测定信号值（峰高）；

a——校准曲线方程的截距；

b——校准曲线方程的斜率；

f——稀释倍数。

（2）结果表示。

当测定结果小于1.00 mg/L时，保留至小数点后两位；当测定结果大于或等于1.00 mg/L时，保留三位有效数字。

9．精密度和准确度

（1）精密度。

6家实验室分别对总氮浓度为1.00 mg/L、5.00 mg/L、9.00 mg/L的统一样品进行测定：实验室内的相对标准偏差分别为0.5%～9.6%、0.5%～4.0%、0.4%～2.2%，实验室间的相对标准偏差分别为 4.2%、2.3%、1.6%。

（2）准确度。

6 家实验室分别对总氮浓度为（0.50±0.06）mg/L、（2.99±0.16）mg/L 的有证标准物质进行测定，相对误差分别为 0.0%～3.6%、0.7%～4.0%。

6 家实验室分别对总氮浓度为 0.21～2.86 mg/L、3.18～5.12 mg/L、3.06～8.85 mg/L 的 3 种实际样品进行加标回收测定，加标回收率分别为 92.0%～111%、93.2%～105%、96.0%～110%。

10. 质量保证和质量控制

（1）空白试验。

每批样品须至少测定 2 个空白样品，空白值不得超过方法检出限。否则应查明原因，重新分析直至合格之后才能测定样品。

（2）校准有效性检查。

每批样品分析均须建立校准曲线，校准曲线的相关系数（γ）≥0.995。

每分析 10 个样品须用一个校准曲线的中间浓度溶液进行校准核查，其测定结果的相对偏差应≤5%，否则应重新建立校准曲线。

（3）精密度控制。

每批样品应至少测定 10% 的平行双样，样品数量少于 10 个时，应至少测一个平行双样。当样品的总氮浓度≤1.00 mg/L 时，平行样的允许相对偏差应≤10%；当总氮浓度＞1.00 mg/L 时，平行样的允许相对偏差应≤5%。

（4）准确度控制。

每批样品应至少测定 10% 的加标样品，当样品数量少于 10 个时，应至少测一个加标回收样品，加标回收率应在 80.0%～120%。

必要时，每批样品至少带一个已知浓度的质控样品，测试结果应在其给出的不确定度范围内。

（5）系统性能检查。

①紫外消解效率检验：紫外消解效率会随使用时间衰减，应定期测量氨基乙酸标准使用液以验证方法的消解效率。一般 3 个月检查 1 次。

先校准系统，然后平行测定氨基乙酸标准使用液和硝酸钾标准使用液。按以下公式计算消解效率 R。R 应大于 90%。

$$R = \frac{\rho_1}{\rho_2} \times 100\%$$

式中：R——消解效率，%；

ρ_1——氨基乙酸标准使用液的测定结果，mg/L；

ρ_2——硝酸钾标准使用液的测定结果，mg/L。

②镉柱还原能力检验：当发现镉柱颜色变银灰色或有白色沉淀物时，需进行镉柱还原能力检验。测试中关闭紫外灯，并用水代替过硫酸钾溶液。按照与样品测定相同的步骤，分别测量氮含量相同的亚硝酸钾标准使用液和硝酸钾标准使用液。如果后者测定结果比前者低 10% 以上，则需更换镉柱。一般 1 个月检查 1 次。镉粒的活化和填充方法见本小节附录 A。

注 2：当有证标准物质的测定结果低于其不确定度范围下限时，需进行紫外消解效率检验和镉柱还原能力检验。

11. 注意事项

（1）主要试剂过硫酸钾的含氮量会影响分析结果。当试剂基线较水基线高20%，校准曲线低浓度点（0.20 mg/L）相对误差大于20%时，需对过硫酸钾进行提纯，提纯方法见本节方法（一）附录A。测定总氮时必须用无氨水配制各种试剂，所使用的各种酸类及酸溶液必须及时加盖，防止氨气进入。

（2）为减小基线噪声，试剂应保持澄清，必要时试剂应过滤。试剂和环境温度会影响分析结果，冰箱贮存的试剂需放置到室温后再使用，分析过程中室温波动不能超过±5℃。过硫酸钾消解溶液和四硼酸钠缓冲溶液低温下易结晶，为防止溶质析出堵塞管路，建议这两种试剂不放冰箱。

（3）注意保护镉柱和滤光片。系统清洗完毕应及时切断镉柱，以免空气进入；分析完毕后，应及时将流动检测池（图2-30）中的滤光片取下放入干燥器中，防尘防湿。

（4）注意流路的清洁，每天分析完毕后所有流路需用水清洗30 min。每周用清洗溶液清洗管路30 min，再用水清洗30 min。用清洗溶液清洗系统时，应先将镉柱流路切断（离线），再进行清洗。

（5）应保持透析膜湿润，为防止透析膜破裂，可在清洗分析管路系统时，于每升清洗水中加1滴Brij35。

（6）当同批分析的样品浓度波动大时，可在样品与样品之间插入空白当试样分析，以减小高浓度样品对低浓度样品的影响。

（7）不同型号的流动分析仪可参考本方法选择合适的仪器条件。

附录 A 镉粒的活化和填充方法

1. 试剂和材料

（1）盐酸溶液，c（HCl）=4 mol/L。

取34 ml盐酸于100 ml容量瓶中，用水稀释至标线。

（2）硫酸铜溶液，ω（CuSO$_4$）=2%。

2. 分析步骤

（1）镉粒的活化。

用18目和40目的筛子，筛选镉粒约10 min。将过40目筛的镉粒放入烧杯中，加盐酸溶液至将镉粒完全盖住，用玻璃棒搅拌约1 min。然后将酸倾出。

加入蒸馏水至将镉粒完全盖住，用玻璃棒用力搅拌，然后将水倾出。重复此操作多次，直至将酸洗净。检查镉粒清洗水的pH，当呈中性时进行以下操作步骤。

加入硫酸铜溶液至将镉粒完全盖住，用玻璃棒用力搅拌。镉粒颜色变为黑色。将硫酸铜溶液倾出，用蒸馏水清洗两次，将镉粒上的污物冲洗干净。在滤纸上将镉粒控干，于60℃加热烘干备用。

（2）镉粒的填充。

用漏斗将镉粒装入干燥的镉柱内，装柱时应不停振摇柱两端以使镉粒间紧密接触。镉粒填充到距柱顶端5 mm处，将一小段削尖的聚乙烯管插入柱的入口处，以免镉粒漏出。用注射器将氯化铵缓冲溶液注入镉柱，柱内不得有气泡。将镉柱装入分析模块，备用。

3. 注意事项

（1）避免空气进入镉柱；活化后的镉粒可贮存在干燥、密闭的瓶中。

（2）镉粒具有毒性，应避免与眼、皮肤接触。

（3）废弃镉柱按危险废物处理。

（四）流动注射—盐酸萘乙二氨分光光度法（A）*

1．方法的适用范围

本方法适用于地表水、地下水、生活污水和工业废水中总氮的测定。

当检测光程为 10 mm 时，本方法的检出限为 0.03 mg/L（以 N 计），测定范围为 0.12～10 mg/L。

2．方法原理

（1）流动注射分析仪工作原理。

在封闭的管路中，将一定体积的试样注入连续流动的载液中，试样和试剂在化学反应模块中按规定的顺序和比例混合、反应，在非完全反应的条件下，进入流动检测池进行光度检测。

（2）方法化学反应原理。

在碱性介质中，试料中的含氮化合物在（95±2）℃、紫外线照射下，被过硫酸盐氧化为硝酸盐后，经镉柱还原为亚硝酸盐；在酸性介质中，亚硝酸盐与磺胺进行重氮化反应，然后与盐酸萘乙二胺偶联生成紫红色化合物，于 540 nm 处测量吸光度。

工作流程参考图 2-31。

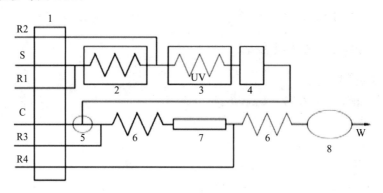

1—蠕动泵；2—加热池（95℃）；3—紫外消解装置；4—除气泡装置；5—注入阀；6—反应圈；

7—镉柱；8—检测池，10 mm，540 nm；R1—消解溶液；R2—四硼酸钠缓冲溶液；

R3—氯化铵缓冲溶液；R4—显色剂；C—载液；S—试样；W—废液。

图 2-31　流动注射—盐酸萘乙二胺分光光度法测定总氮参考工作流程图

3．干扰和消除

（1）当样品中含有高浓度的有机物时，会消耗过硫酸钾氧化剂，使总氮的测定结果偏低，可通过稀释样品来消除影响，但需通过多个稀释比测定结果的一致性或加标回收实验来确认。

（2）当样品中铜离子、铁离子、六价铬离子和氯离子浓度分别不大于 100 mg/L、250 mg/L、1 000 mg/L 和 10 000 mg/L 时，对总氮的测定无影响。

---

* 本方法与 HJ 668—2013 等效。

4．仪器和设备

（1）流动注射分析仪：自动进样器、化学反应单元（即分析模块、通道，由蠕动泵、注入阀、反应管路、紫外消解装置、镉柱等部件组成）、检测单元（流通检测池光程为 10 mm）及数据处理单元。

（2）天平：精度为 0.000 1 g。

（3）pH 计：精度为 0.02。

（4）超声波机：频率 40 kHz。

5．试剂和材料

除非另有说明，否则分析时均使用符合国家标准的分析纯化学试剂。实验用水为新制备、电阻率大于 10 MΩ·cm（25℃）的无氨水。除标准溶液外，其他溶液和实验用水均用纯度≥99.99%的氩气或超声除气。

（1）盐酸：ρ（HCl）=1.18 g/ml。

（2）磷酸：ρ（H_3PO_4）=1.69 g/ml。

（3）硫酸：ρ（H_2SO_4）=1.84 g/ml。

（4）氢氧化钠（NaOH）。

（5）过硫酸钾（$K_2S_2O_8$）。

（6）十水合四硼酸钠（$Na_2B_4O_7 \cdot 10H_2O$）。

（7）氯化铵（NH_4Cl）。

（8）二水合乙二胺四乙酸二钠（$Na_2EDTA \cdot 2H_2O$）。

（9）磺胺（$C_6H_8N_2O_2S$）。

（10）盐酸萘乙二胺（$C_{12}H_{16}Cl_2N_2$）。

（11）硝酸钾（KNO_3）：优级纯，在（105±5）℃下干燥恒重后，保存在干燥器中。

（12）亚硝酸钾（KNO_2）。

（13）氨基乙酸（甘氨酸，H_2NCH_2COOH）：阴凉处密闭保存。

（14）氢氧化钠溶液：c（NaOH）=15 mol/L。

称取 600 g 氢氧化钠溶于水中，用水稀释至 1 000 ml。

（15）消解溶液。

称取 49.0 g 过硫酸钾溶于 900 ml 水中，再加入 10.0 g 十水合四硼酸钠，用水稀释至 1 000 ml，混匀。该溶液室温贮存，可稳定 30 d。

（16）四硼酸钠缓冲溶液（pH=9.0）。

称取 25.0 g 十水合四硼酸钠溶于 900 ml 水中，用氢氧化钠溶液调节溶液 pH 至 9.0，用水稀释至 1 000 ml，混匀。该溶液室温贮存，可稳定 30 d。

（17）氯化铵缓冲溶液（pH=8.5）。

称取 85.0 g 氯化铵和 1.0 g 二水合乙二胺四乙酸二钠溶于 800 ml 水中，用水稀释至 1 000 ml，混匀。用氢氧化钠溶液调节溶液 pH 至 8.5，该溶液在 4℃下保存，可稳定 30 d。

（18）显色剂。

量取 100 ml 磷酸溶于 600 ml 水中，加入 40.0 g 磺胺和 1.0 g 盐酸萘乙二胺，用水稀释至 1 000 ml，混匀，盛于棕色瓶中。该溶液在 4℃下保存，可稳定 30 d。但若发现溶液的颜色变成粉红色，则应立即停用。

（19）硝酸钾标准贮备液：ρ（N）=1 000 mg/L。

称取 7.218 g 硝酸钾溶于水中，转移至 1 000 ml 容量瓶，用水定容并混匀，盛于试剂瓶中。该溶液在 4℃下避光保存，至少可稳定 180 d。

（20）硝酸钾标准中间溶液：ρ（N）=100 mg/L。

量取 10.00 ml 硝酸钾标准贮备液于 100 ml 容量瓶中，用水定容并混匀，盛于试剂瓶中。该溶液在 4℃下避光保存，可稳定 30 d。

（21）硝酸钾标准使用液：ρ（N）=10.0 mg/L。

准确量取 10.00 ml 硝酸钾标准溶液于 100 ml 容量瓶中，用水定容并混匀，盛于试剂瓶中。该溶液在 4℃下避光保存，可稳定 7 d。

（22）氨基乙酸标准贮备溶液：ρ（N）=1 000 mg/L。

称取 5.360 g 氨基乙酸溶于水中，转移至 1 000 ml 容量瓶中，用水定容并混匀，盛于试剂瓶中。该溶液在 4℃下避光保存，可稳定 90 d。

（23）氨基乙酸标准使用液：ρ（N）=10.0 mg/L。

准确量取氨基乙酸标准贮备溶液 10.00 ml 于 1 000 ml 容量瓶中，用水定容并混匀。临用时现配。

（24）亚硝酸钾标准贮备溶液：ρ（N）=1 000 mg/L。

称取 6.079 g 亚硝酸钾溶于水中，转移至 1 000 ml 容量瓶中，用水定容并混匀，盛于棕色瓶中。该溶液在 4℃下密闭贮存，至少可稳定 30 d。

（25）亚硝酸钾标准使用液：ρ（N）=10.0 mg/L。

准确量取 10.0 ml 亚硝酸钾标准贮备溶液于 1 000 ml 容量瓶中，用水定容并混匀。临用时现配。

（26）载液：无氨水。

（27）氦气：纯度≥99.99%。

6. 样品

按照《地表水和污水监测技术规范》（HJ/T 91—2002）和《地下水环境监测技术规范》（HJ 164—2020）的相关规定采集和保存样品。

采样前用水清洗所有接触样品的器皿。将样品采集于聚乙烯或玻璃瓶中，加硫酸酸化至 pH≤2，常温下可保存 7 d。或采集于聚乙烯瓶中，于−20℃下冷冻，可保存 30 d。

7. 分析步骤

（1）仪器的调试。

按仪器说明书安装分析系统、设定工作参数、操作仪器。开机后，先用水代替试剂，检查整个分析流路的密闭性及液体流动的顺畅性。待基线稳定后（约 20 min），系统开始进试剂，待基线再次稳定后，进行校准和样品测定。

（2）校准曲线的建立。

分别移取适量的硝酸钾标准溶液，用水稀释定容至 100 ml，制备 6 个浓度点的标准系列。总氮质量浓度分别为 0.00 mg/L、0.15 mg/L、1.00 mg/L、2.00 mg/L、5.00 mg/L 和 10.00 mg/L。

取适量标准系列溶液，分别置于样品杯中，由进样器按程序依次从低浓度到高浓度取样、测定。以测定信号值（峰面积）为纵坐标，对应的总氮（以 N 计，mg/L）质量浓度为横坐标，建立校准曲线。

（3）试样的测定。

按照与建立校准曲线相同的条件，进行试样的测定。

注：若样品总氮含量超出校准曲线检测范围，应取适量样品稀释后上机测定。

（4）空白试验。

取适量实验用水代替试样，按照与试样的测定相同步骤进行空白试验。

8. 结果计算和表示

（1）结果计算。

样品中总氮（以 N 计）的质量浓度按照以下公式计算。

$$\rho = \frac{y - a}{b} \times f$$

式中：ρ ——样品中总氮（以 N 计）的质量浓度，mg/L；

　　　y ——测定信号值（峰高）；

　　　a ——校准曲线方程的截距；

　　　b ——校准曲线方程的斜率；

　　　f ——稀释倍数。

（2）结果表示。

当测定结果小于 1.00 mg/L 时，保留至小数点后两位；当测定结果大于或等于 1.00 mg/L 时，保留三位有效数字。

9. 精密度和准确度

（1）精密度。

6 家实验室分别对总氮浓度为 0.10 mg/L、1.22 mg/L、2.99 mg/L 的统一样品进行测定：实验室内的相对标准偏差分别为 1.0%～9.1%、0.6%～6.1%、0.6%～6.7%，实验室间的相对标准偏差分别为 3.3%、2.4%、1.7%。

（2）准确度。

6 家实验室分别对总氮浓度为（0.50±0.06）mg/L、（1.22±0.09）mg/L、（2.99±0.016）mg/L 的有证标准溶液进行测定：相对误差分别为 0.4%～8.3%、0～5.7%、0.3%～3.0%。

6 家实验室分别对总氮浓度为 0.25～2.94 mg/L、0.53～3.58 mg/L、0.67～5.34mg/L 的 3 种实际样品进行加标回收测定，加标回收率分别为 98.0%～108%、92.0%～103%、90.0%～108%。

10. 质量保证和质量控制

同本节方法（三）连续流动—盐酸萘乙二氨分光光度法。

11. 注意事项

（1）因流动注射分析仪流路管径较细，故不适用于测定含悬浮物颗粒物较多或颗粒粒径大于 250 μm 的样品。

（2）试剂和环境温度影响分析结果，冰箱内贮存的试剂应放置至室温（20±5）℃后再使用，分析过程中室温最好保持在 20℃以上，以防止消解溶液溶质析出堵塞管路，且温度波动不能超过±2℃。

（3）配制消解溶液和四硼酸钠缓冲溶液时，加热助溶温度必须控制在 60℃以下。

（4）为减小基线噪音，试剂应保持澄清，必要时应过滤。封闭的化学反应系统若有气泡会干扰测定，因此，除标准溶液外的所有溶液须除气，可采用氦气除气 1 min 或超声除气 30 min。

（5）试剂质量会影响空白值，当空白值超出检出限，校准曲线低浓度点（0.15 mg/L）检测值大于 10%控制限时，需对过硫酸钾进行提纯。

（6）每次分析完毕后，须用纯水对分析管路进行清洗，并及时将流动检测池中的滤光片取下放入干燥器中，防尘防湿。

（7）不同型号的流动分析仪可参考本方法选择合适的仪器条件。

十二、硝酸盐氮

水中硝酸盐是在有氧环境下，亚硝氮、氨氮等各种形态的含氮化合物中最稳定的氮化合物，亦是含氮有机物经无机化作用最终的分解产物。亚硝酸盐可经氧化而生成硝酸盐，硝酸盐在无氧环境中，亦可受微生物的作用而还原为亚硝酸盐。

水中硝酸盐氮（NO_3^--N）含量相差悬殊，从每升数十微克至每升数十毫克，清洁的地表水中含量较低，受污染的水体以及一些深层地下水中含量较高。制革废水、酸洗废水、某些生化处理设施的出水和农田排水中可含大量的硝酸盐。摄入硝酸盐后，肠道中微生物作用可将其转变成亚硝酸盐而出现毒性作用。水中硝酸盐氮含量达每升数十毫克时，可致婴儿中毒。

水中硝酸盐氮测定方法颇多，常用的有酚二磺酸分光光度法、离子色谱法、离子选择电极流动注射法、气相分子吸收光谱法和紫外分光光度法。

酚二磺酸分光光度法测量范围较广，显色稳定。离子色谱法需有专用仪器，但可同时和其他阴离子联合测定。紫外分光光度法和离子选择电极流动注射法常作为在线快速方法使用，尤其是将电极法改为流通池后可保证电极性能良好，不易受检测水体的沾污和损坏。目前的自动在线监测仪多使用紫外分光光度法和离子选择电极流动注射法。

（一）酚二磺酸分光光度法（A）*

1．方法的适用范围

本方法适用于饮用水、地下水和清洁地表水中硝酸盐氮的测定。

本方法测定硝酸盐氮浓度范围在 0.02～2.00 mg/L 之间。

使用光程为 30 mm 的比色皿，样品体积为 50 ml 时，最低检出浓度为 0.02 mg/L。使用光程为 30 mm 的比色皿，样品体积为 50 ml，硝酸盐氮含量为 0.60 mg/L 时，吸光度约为 0.6。使用光程为 10 mm 的比色皿，样品体积为 50 ml，硝酸盐氮含量为 2.0 mg/L 时，其吸光度约为 0.7。

2．方法原理

硝酸盐在无水情况下与酚二磺酸反应，生成硝基二磺酸酚，在碱性溶液中生成黄色化合物，于 410 nm 波长处进行分光光度测定。

3．干扰和消除

水中含氯化物、亚硝酸盐、铵盐、有机物和碳酸盐时，可产生干扰。含此类物质时，应作适当的前处理，以消除对测定的影响。

---

* 本方法与 GB 7480—87 等效。

4．仪器和设备

（1）瓷蒸发皿：75～100 ml。

（2）具塞比色管：50 ml。

（3）分光光度计。

5．试剂和材料

（1）硫酸：ρ（H_2SO_4）=1.84 g/ml。

（2）发烟硫酸（$H_2SO_4 \cdot SO_3$）：含 13%三氧化硫（SO_3）。

注 1：发烟硫酸在室温较低时会凝固，取用时，可先在 40～50℃隔水浴中加温使之熔化，不能将盛装发烟硫酸的玻璃瓶直接置入水浴中，以免瓶裂引起危险。

注 2：发烟硫酸中含三氧化硫（SO_3）浓度越过 13%时，可用硫酸按计算量进行稀释。

（3）酚二磺酸[$C_6H_3(OH)(SO_3H)_2$]：称取 25 g 苯酚置于 500 ml 锥形瓶中，加 150 ml 硫酸使之溶解，再加 75 ml 发烟硫酸充分混合。瓶口插一小漏斗，置于瓶中，于沸水浴中加热 2 h，得淡棕色黏稠液，贮于棕色瓶中，密塞保存。

注 3：当苯酚色泽变深时，应进行蒸馏精制。

注 4：无发烟硫酸时，亦可用硫酸代替，但应增加在沸水浴中的加热时间至 6 h，制得的试剂尤应注意防止吸收空气中的水分，以免因硫酸浓度的降低影响硝基化反应的进行，使测定结果偏低。

（4）氨水：ρ（$NH_3 \cdot H_2O$）=0.908 g/ml。

（5）硝酸盐氮标准贮备液：ρ（N）=100 mg/L。

称取 0.721 8 g 经 105～110℃干燥 2 h 的硝酸钾（KNO_3）溶于水中，移入 1 000 ml 容量瓶，用水稀释至标线，混匀。加 2 ml 氯仿作保存剂，至少可稳定 6 个月。该标准贮备液每毫升含 0.100 mg 硝酸盐氮。

（6）硝酸盐氮标准使用液：ρ（N）=10.0 mg/L。

吸取 50.00 ml 硝酸盐氮标准贮备液置蒸发皿内，加 0.1 mol/L 氢氧化钠溶液使 pH 调至 8，在水浴上蒸发至干。加 2 ml 酚二磺酸试剂，用玻璃棒研磨蒸发皿内壁，使残渣与试剂充分接触，放置片刻，重复研磨一次，放置 10 min，加入少量水，定量移入 500 ml 容量瓶中，加水至标线，混匀。贮于棕色瓶中，此溶液至少稳定 6 个月。该标准使用液每毫升含 0.010 mg 硝酸盐氮。

注 5：本标准使用液应同时制备两份，如发现浓度存在差异时，应重新吸取标准贮备液进行制备。

（7）硫酸银溶液：称取 4.397 g 硫酸银（Ag_2SO_4）溶于水，稀释至 1 000 ml。1.00 ml 此溶液可去除 1.00 mg 氯离子（Cl^-）。

（8）硫酸溶液：c（H_2SO_4）=0.5 mol/L。

量取 28 ml 浓硫酸缓缓加入盛有水的烧杯中，冷却后用水稀释至 1 000 ml。

（9）氢氧化钠溶液：c（NaOH）=0.1 mol/L。

称取 4 g 氢氧化钠溶于水中，用水稀释至 1 000 ml，混匀。

（10）EDTA 二钠（EDTA-2Na）溶液：称取 50 g EDTA 二钠的二水合物（$C_{10}H_{14}N_2O_8Na_2 \cdot 2H_2O$），溶于 20 ml 水中，使调成糊状，加入 60 ml 氨水充分混合，使之溶解。

（11）氢氧化铝悬浮液：称取硫酸铝钾[$KAl(SO_4)_2 \cdot 12H_2O$]或硫酸铝铵[$NH_4Al(SO_4)_2 \cdot 12H_2O$] 125 g 溶于 1 L 水中，加热到 60℃，在不断搅拌下缓慢加入 55 ml 氨水，使生成氢氧化铝沉淀，充分搅拌后静置，弃去上清液。反复用水洗涤沉淀，至倾出液无氯离子和铵盐。最后加入 300 ml 水使成悬浮液。使用前振摇均匀。

（12）高锰酸钾溶液：ρ =3.16 g/L。

称取 3.16 g 高锰酸钾溶于水中，稀释至 1 000 ml。

6. 样品

（1）样品采集和保存。

用玻璃瓶或聚乙烯瓶采集样品。应在水样采集后立即进行测定，必要时，在 4℃条件下冷藏保存，但不得超过 24 h。

（2）试样的制备。

①带色物质的排除：取 100 ml 样品移入 100 ml 具塞量筒中，加 2 ml 氢氧化铝悬浮液，密塞充分振摇，静置数分钟澄清后过滤，弃去最初滤液的 20 ml。

②氯离子的排除：取 100 ml 样品移入 100 ml 具塞量筒中，根据已测定的氯离子含量，加入相当量的硫酸银溶液，充分混合，在暗处放置 30 min，使氯化银沉淀凝聚，然后用慢速滤纸过滤，弃去最初滤液 20 ml。

注6：如不能获得澄清滤液，可将已加过硫酸银溶液后的样品在近 80℃的水浴中加热，并用力振摇使沉淀充分凝聚，冷却后再进行过滤。

注7：如同时需去除带色物质，则可在加入硫酸银溶液并混匀后，再加入 2 ml 氢氧化铝悬浮液，充分振摇，放置片刻待沉淀后，过滤。

③亚硝酸盐的排除：当亚硝酸盐氮含量超过 0.2 mg/L 时，可取 100 ml 样品，加 0.5 mol/L 硫酸溶液 1 ml，混匀后，滴加高锰酸钾溶液，至淡红色保持 15 min 不褪为止，使亚硝酸盐氧化为硝酸盐，最后从硝酸盐氮测定结果中减去亚硝酸盐氮量。

7. 分析步骤

（1）校准曲线的建立。

向一组 10 支 50 ml 比色管中加入硝酸盐氮标准溶液，所加体积如表 2-11 所示，加水至约 40 ml，加 3 ml 氨水成碱性，再加水至标线，混匀。于 410 nm 波长处，选用合适光程长的比色皿，以水为参比，测量溶液的吸光度。所用比色皿的光程长如表 2-11 所示。

表 2-11 标准系列中所用标准溶液体积

标准溶液[ρ（N）=10.0 mg/L]体积/ml	硝酸盐氮含量/mg	比色皿光程/mm
0	0	10、30
0.10	0.001	30
0.30	0.003	30
0.50	0.005	30
0.70	0.007	30
1.00	0.010	10、30
3.00	0.030	10
5.00	0.050	10
7.00	0.070	10
10.00	0.100	10

由除零管外的其他标准系列测得的吸光度值减去零管的吸光度值，分别建立不同比色皿光程长的吸光度对硝酸盐氮含量（mg）的校准曲线。

（2）试样的测定。

①蒸发：取 50.0 ml 样品于蒸发皿中，用 pH 试纸检查，必要时用 0.5 mol/L 硫酸溶液或 0.1 mol/L 氢氧化钠溶液调节至微碱性（pH≈8），置水浴上蒸发至干。

②硝化反应：加 1.0 ml 酚二磺酸试剂，用玻璃棒研磨，使试剂与蒸发皿内残渣充分接触，放置片刻，再研磨一次，放置 10 min，加入约 10 ml 水。

③显色：在搅拌下加入 3～4 ml 氨水，使溶液呈现最深的颜色。如有沉淀产生，过滤或滴加 EDTA-2Na 溶液，并搅拌至沉淀溶解。将溶液移入 50 ml 比色管中，用水稀释至标线，混匀。

④吸光度测定：于 410 nm 波长处，选用合适光程长的比色皿，以水为参比，测量溶液的吸光度。

（3）空白试验。

取 50 ml 水代替试样，按照与试样相同的步骤进行空白试验。

8．结果计算和表示

（1）结果计算。

样品中硝酸盐氮（以 N 计）的质量浓度按照下式计算。

$$\rho = \frac{m}{V} \times 1\,000$$

式中：ρ——样品中硝酸盐氮（以 N 计）的质量浓度，mg/L；

m——从曲线上查得的硝酸盐氮（以 N 计）含量，mg；

V——样品的体积，ml。

经去除氯离子的水样，按下式计算。

$$\rho = \frac{m}{V} \times 1\,000 \times \frac{V_1 + V_2}{V_1}$$

式中：ρ——样品中硝酸盐氮（以 N 计）的质量浓度，mg/L；

m——从曲线上查得的硝酸盐氮（以 N 计）含量，mg；

V——样品的体积，ml；

V_1——水样体积量，ml；

V_2——硫酸银溶液加入量，ml。

（2）结果表示。

当测定结果小于 1.00 mg/L 时，保留至小数点后两位；当测定结果大于等于 1.00 mg/L 时，保留三位有效数字。

9．精密度和准确度

5 家实验室分析浓度范围为 0.2～0.4 mg/L 的加标地表水，实验室内最大总相对标准偏差为 6.4%，回收率平均值为 78.0%。分析浓度范围为 1.8～2.0 mg/L 的加标地表水，实验室内最大总相对标准偏差为 5.4%，回收率平均值为 98.6%。

分析浓度为 1.20 mg/L 的统一分发标准样，实验室间总相对标准偏差为 9.4%，相对误差为 -6.7%。52 家实验室分析浓度为 1.59 mg/L 的合成水样，相对标准偏差为 11.0%，相对误差为 8.8%。

（二）离子色谱法（A）

同本章三、硫酸盐测定方法（一）。

（三）离子选择电极流动注射法（B）

1．方法的适用范围

本方法适用于地表水，饮用水，污水，电子、电镀、生化等一般工业废水中硝酸盐氮的测定。

本方法的检出限为 0.2 mg/L。线性测量范围为 1.00～1 000 mg/L。

2．方法原理

（1）测量流程：同本章五、氯化物测定方法（三）离子选择电极—流动注射法。

（2）工作原理：试液与离子强度调节剂分别由蠕动泵引入系统，经过一个三通管混合后进入流通池，由流通池喷嘴口喷出，与固定安装在流通池内的离子选择性电报接触，该电极与固定在流通池内的参比电极即产生电动势。该电动势随试液中 NO_3^--N 浓度的变化遵守能斯特方程：$E = 常数 - RTlg\rho(NO_3^--N)/(nF)$，记录稳定电位值（每分钟不超过 1 mV）。由浓度的对数（$log\rho$）与电位（E）的校准曲线计算出 NO_3^--N 的含量（mg/L）。

3．干扰和消除

试验了 SO_4^{2-}、PO_4^{3-}、Cl^-、Br^-、I^-、Ac^-、HCO_3^-、CO_3^{2-}、$C_2O_4^{2-}$、NO_2^-、S^{2-}、K^+、NH_4^+、Al^{3+}、Ca^{2+}、Mg^{2+}、Zn^{2+}、Cu^{2+}、Pb^{2+}、Fe^{2+}、Fe^{3+}对测定的干扰，其中 S^{2-}、I^-明显干扰，Br^-大于 57 倍、NO_2^-大于 32 倍、Cl^-大于 250 倍时有干扰，其他均无干扰。其中 NO_2^-的干扰可加入少量氨基磺酸消除，Br^-、I^-、Cl^-、S^{2-}的干扰可在样品中加入少量固体 Ag_2SO_4 粉末消除。

4．仪器和设备

（1）电极流动注射分析仪。

（2）硝酸根离子选择性电极。

（3）217 型双液接参比电极（外盐桥用饱和 KCl 琼脂封冻或用 0.5 mol/L Na_2SO_4）。

5．试剂和材料

除非另有说明，否则分析时均使用符合国家标准的分析纯化学试剂。实验用水为新制备纯水。

（1）硝酸盐氮标准贮备液：$\rho(N) = 1 000$ mg/ml。

称取 6.068 1 g 在 100～105℃烘干至恒重的优级纯硝酸钠（$NaNO_3$）溶于水中，移入 1 000 ml 容量瓶中，用水稀释至标线，摇匀。

（2）硝酸盐氮标准使用液：取硝酸盐氮标准贮备溶液，用逐级稀释法配制为 0.10 mg/L、1.00 mg/L、10.00 mg/L 和 100.00 mg/L 的硝酸盐氮标准使用液。

（3）离子强度调节剂：$c(EDTA-2Na) = 0.20$ mol/L。

将 74.48 g EDTA-2Na（$C_{10}H_{14}N_2O_3Na_2 \cdot 2H_2O$）溶于水中，并稀释到 1 000 ml。

（4）氢氧化钠溶液：$\rho(NaOH) = 10$ g/L。

称取 10 g 氢氧化钠，溶于水并稀释至 1 000 ml。

（5）硫酸溶液：1+99。

6．分析步骤

（1）实验准备。

首先将两根泵管连接好，推上压紧板，再将电极套入流通池的电极盖中，调节好离喷嘴口的距离，将电极接口与仪器连接好。接通电源，打开仪器开关，将套在泵管上的两根聚四氟乙烯管插入去离子水中。

（2）校准曲线的建立。

将一根聚四氟乙烯管插入离子强度调节剂中，另一根依次（从稀到浓）插入不同浓度（ρ）的标准液中，读取稳定电位值（E），建立 E-lgρ 的校准曲线。

（3）样品测定。

用 pH 试纸测定水样 pH，控制水样 pH 在 2～8（用硫酸溶液或氢氧化钠溶液调节）。

将聚四氟乙烯管分别插入离子强度调节剂与待测溶液中，记录稳定电位值。由校准曲线查得试样中硝酸盐氮含量（mg/L）。

7．结果计算和表示

由 E-lgρ 校准曲线直接查得硝酸盐氮为含量（ρ）（mg/L）。

8．精密度和准确度

测定了硝酸盐氮含量在 3.92～25.0 mg/L 之间的地表水，饮用水，电镀、生化、彩管厂废水，酸洗废水以及两种浓度水平的标准溶液和国家二级标样，相对标准偏差在 2.0%～4.1%。对以上水样进行了两种不同浓度水平的加标试验，回收率在 89.0%～100%。

9．注意事项

（1）使用时，旋下电极头，用滴管插入内充液室内，慢慢加入内充溶液至内充液室的 4/5，再旋上电极头。

（2）电极使用前，必须先活化。活化方法：将电极浸泡在 10^{-3} mol/L NaNO$_3$ 溶液中 30 min 以上。

（3）测定过程中，如遇气泡聚积在电极表面，应去除，否则影响测定。

（4）电极使用完毕后，应清洗到空白电位值，甩净内充液，用滤纸吸干避光保存。

（四）气相分子吸收光谱法（A）*

1．方法的适用范围

本方法适用于地表水、地下水、海水、饮用水、生活污水及工业废水中硝酸盐氮的测定。

本方法的检出限为 0.006 mg/L，测定下限为 0.03 mg/L，测定上限为 10 mg/L。

2．方法原理

在 2.5 mol/L 盐酸介质中，于（70±2）℃温度下，三氯化钛可将硝酸盐迅速还原分解，生成的 NO 用空气载入气相分子吸收光谱仪的吸光管中，在 214.4 nm 波长处测得的吸光度与硝酸盐氮浓度遵守朗伯-比尔定律。

3．干扰和消除

NO$_2^-$ 的正干扰，可加 2 滴 10%氨基磺酸使之分解生成 N$_2$ 而消除；SO$_3^{2-}$ 及 S$_2$O$_3^{2-}$ 的正干扰，用稀 H$_2$SO$_4$ 调成弱酸性，加入 0.1%高锰酸钾氧化生成 SO$_4^{2-}$ 直至产生二氧化锰沉淀，

---

* 本方法与 HJ/T 198—2005 等效。

取上清液测定；含高价态阳离子时，应增加三氯化钛用量至溶液紫红色不褪，取上清液测定；样品中含有产生吸收的有机物时，加入活性炭搅拌吸附，30 min 后取样测定。

4. 仪器和设备

（1）气相分子吸收光谱仪。

（2）镉空心阴极灯。

（3）圆形不锈钢加热架。

（4）可调定量加液器：300 ml 无色玻璃瓶，加液量 0～5 ml，用硅胶管连接加液嘴与样品反应瓶盖的加液管。

（5）恒温水浴：双孔或 4 孔，温度 0～100℃可调；控温精度±2℃。

（6）气液分离装置（图 2-32）：清洗瓶 1 及样品吹气反应瓶 3 为容积 50 ml 的标准磨口玻璃瓶，干燥管 5 中放入无水高氯酸镁。将各部分用 PVC 软管连接于仪器上。

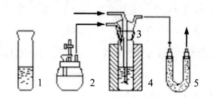

1—清洗瓶；2—定量加液器；3—样品吹气反应瓶；4—恒温水浴；5—干燥管。

图 2-32　气液分离装置示意图

5. 试剂和材料

除非另有说明，否则分析时均使用符合国家标准的分析纯化学试剂。实验用水为新制备纯水。

（1）盐酸溶液：1+1。

（2）氨基磺酸溶液：ρ =100 g/L。

称取 10 g 氨基磺酸（NH_2SO_3H）溶于 100 ml 水中。

（3）三氯化钛（$TiCl_3$）：原液，含量 15%，化学纯。

（4）无水高氯酸镁[$Mg(ClO_4)_2$]：8～10 目颗粒。

（5）细颗粒状活性炭。

（6）硝酸盐氮标准贮备液：ρ（N）=1.00 mg/ml。

称取 3.034 1 g 预先在 105～110℃干燥 2 h 的优级纯硝酸钠（$NaNO_3$），溶解于水，移入 500 ml 容量瓶中，加水稀释至标线，摇匀。

（7）硝酸盐氮标准使用液：ρ（N）=10.00 μg/ml。

吸取硝酸盐氮标准贮备液，用水逐级稀释而成。

6. 样品

用玻璃瓶或聚乙烯瓶采集样品。采集的样品用稀硫酸酸化至 pH<2，在 24 h 内测定。

7. 分析步骤

（1）校准曲线的建立。

取 0.00 ml、0.50 ml、1.00 ml、1.50 ml、2.00 ml 和 2.50 ml 标准使用液，分别置于样品反应瓶中，加水至 2.5 ml，加入 2 滴氨基磺酸及 2.5 ml（1+1）盐酸溶液，放入加热架，于（70±2）℃水浴加热 10 min。逐个取出样品反应瓶，立即用反应瓶盖密闭，趁热用定量加液器加入 0.5 ml 三氯化钛，通入载气，依次测定各标准溶液吸光度，以吸光度与相对应的硝酸盐氮量（μg）建立校准曲线。

（2）分析条件。

①参考工作条件：空心阴极灯电流：3～5 mA；载气（空气）流量：0.5 L/min；工作波长：214.4 nm；光能量：100%～117%；测量方式：峰高或峰面积。

②测量系统的净化：每次测定之前，将反应瓶盖插入装有约 5 ml 水的清洗瓶中，通入载气，净化测量系统，调整仪器零点。测定后，水洗反应瓶盖和砂芯。

（3）测定。

取适量样品（硝酸盐氮量≤25 μg）于样品反应瓶中，加水至 2.5 ml，以下操作同校准曲线的建立。

测定样品前，测定空白溶液，进行空白校正。

8．结果计算和表示

（1）结果计算。

样品中硝酸盐氮的质量浓度按照下式计算。

$$\rho = \frac{m - m_0}{V}$$

式中：ρ——样品中硝酸盐氮的质量浓度，mg/L；

　　　m——根据校准曲线计算出的水样中硝酸盐氮含量，μg；

　　　m_0——根据校准曲线计算出的空白中硝酸盐氮含量，μg；

　　　V——取样体积，ml。

（2）结果表示。

当测定结果小于 0.100 mg/L 时，保留至小数点后三位；当测定结果大于等于 0.100 mg/L 时，保留三位有效数字。

9．精密度和准确度

6 家实验室对 NO_3^--N 含量为（0.595±0.026）mg/L 的统一标准样品进行测定，重复性相对标准偏差为 1.9%，再现性相对标准偏差为 2.0%；对含 0.282～1.48 mg/L 的地表水、海水、水库水、工业循环水及工业废水的实际样品进行测定（$n=6$），相对标准偏差为 1.7%～3.2%。

6 家实验室测定（0.595±0.026）mg/L 的统一标样，测得平均值为 0.592 mg/L，相对误差为 0.5%；对 NO_3^--N 含量为 0.763～11.75 μg 的地表水、海水、水库水、工业循环水及工业废水的实际样品进行加标回收试验，加标量为 0.83～10.00 μg，加标回收率在 91.0%～106%。

10．注意事项

（1）2 滴 10%氨基磺酸可分解消除约 1 mg 的亚硝酸盐氮干扰，该试剂可保存约半年。

（2）为保证测定结果的准确性，每测定一个样品后，须水洗反应瓶盖及磨口，保持一定水分，使下一个反应瓶得到密封，不漏气。

（3）经长期测定废水样，玻璃砂芯易生白色及褐色污垢，影响砂芯透气性，反应瓶壁也会产生白色污垢。此时应将反应瓶的砂芯放入加有 10%磷酸及少量过氧化氢的烧杯中，反应瓶中也应加入该两种试剂，一同放在烧杯中，加热煮沸。待砂芯及反应瓶变得透明后再使用。

（4）实验中使用的三氯化钛是强还原剂，有腐蚀性，易自燃，有一定的危险特性。故勿将废弃物或酸液直接排入周围环境；储存时应与氧化剂分开存放，切忌混储并注意远离火种、热源，保持阴凉通风。

（五）紫外分光光度法（A）[*]

1．方法的适用范围

本方法适用于地表水、地下水中硝酸盐氮的测定。

本方法最低检出质量浓度为 0.08 mg/L，测定下限为 0.32 mg/L，测定上限为 4 mg/L。

2．方法原理

利用硝酸根离子在 220 nm 波长处的吸收而定量测定硝酸盐氮。溶解的有机物在 220 nm 处也会有吸收，而硝酸根离子在 275 nm 处没有吸收。因此，在 275 nm 处做另一次测量，以校正硝酸盐氮值。

3．干扰和消除

溶解的有机物、表面活性剂、亚硝酸盐氮、六价铬、溴化物、碳酸氢盐和碳酸盐等干扰测定，需进行适当的预处理。本法采用絮凝共沉淀和大孔中性吸附树脂进行处理，以排除水样中大部分常见有机物、浊度和 Fe^{3+}、Cr（VI）对测定的干扰。

4．仪器和设备

（1）紫外分光光度计。

（2）离子交换柱（Φ1.4 cm，装树脂高为 5～8 cm）。

5．试剂和材料

（1）氢氧化铝悬浮液。

溶解 125 g 硫酸铝钾[$KAl(SO_4)_2 \cdot 12H_2O$]或硫酸铝铵[$NH_4Al(SO_4)_2 \cdot 12H_2O$]于 1 000 ml 水中，加热至 60℃，在不断搅拌中，缓慢加入 55 ml 浓氨水，放置约 1 h 后，移入 1 000 ml 量筒内，用水反复洗涤沉淀，最后至洗涤液中不含硝酸盐氮为止。澄清后，把上清液尽量全部倾出，只留稠的悬浮液，最后加入 100 ml 水，使用前应振荡均匀。

（2）硫酸锌溶液：ρ=100 g/L。

称取 10 g 硫酸锌溶于水中，稀释至 100 ml。

（3）氢氧化钠溶液：c（NaOH）=5 mol/L。

称取 20 g 氢氧化钠溶于水中，稀释至 100 ml。

（4）大孔径中性树脂：CAD-40 或 XAD-2 型及类似性能的树脂。

（5）甲醇：分析纯。

（6）盐酸：c（HCl）=1 mol/L。

取 85 ml 盐酸溶于水中，稀释至 1 000 ml。

（7）硝酸盐氮标准贮备液：ρ（N）=0.100 mg/ml。

称取 0.721 8 g 经 105～110℃干燥 2 h 的优级纯硝酸钾（KNO_3）溶于水，移入 1 000 ml 容量瓶中，用水稀释至标线，加 2 ml 三氯甲烷，混匀，至少可稳定 6 个月。

（8）氨基磺酸溶液：ρ=8 g/L。

称取 0.8 g 氨基磺酸溶于 100 ml 水中。避光保存于冰箱中。

6．样品

（1）吸附柱的制备。

新的大孔径中性树脂先用 200 ml 水分两次洗涤，用甲醇浸泡过夜，弃去甲醇，再用

---

[*] 本方法与 HJ/T 346—2007 等效。

40 ml 甲醇分两次洗涤，然后用新鲜去离子水洗到柱中流出液滴落于烧杯中无乳白色为止。在将树脂装入柱中时，树脂间绝不允许存在气泡。

（2）试样的制备。

量取 200 ml 样品置于锥形瓶或烧杯中，加入 2 ml 硫酸锌溶液，在搅拌下滴加氢氧化钠溶液，调节 pH 至 7。或将 200 ml 样品调节 pH 至 7 后，加 4 ml 氢氧化铝悬浮液。待絮凝胶团下沉后，经离心分离，吸取 100 ml 上清液分两次洗涤吸附树脂柱，以每秒 1～2 滴的流速流出，各个样品间流速保持一致，弃去。再继续使样品上清液通过柱子，收集 50 ml 于比色管中，备测。树脂用 150 ml 水分三次洗涤，备用。树脂吸附容量较大，可处理 50～100 个地表水样品，应视有机物含量而异。使用多次后，可用未接触过橡胶制品的新鲜去离子水作参比，在 220 nm 和 275 nm 波长处检验，测得吸光度应接近零。超过仪器允许误差时，需以甲醇再生。

7. 分析步骤

（1）校准曲线的建立。

于 5 个 200 ml 容量瓶中分别加入 0.50 ml、1.00 ml、2.00 ml、3.00 ml 和 4.00 ml 硝酸盐氮标准贮备液，用水稀释至标线，其硝酸盐氮的质量浓度分别为 0.25 mg/L、0.50 mg/L、1.00 mg/L、1.50 mg/L 和 2.00 mg/L。加 1.0 ml 盐酸溶液、0.1 ml 氨基磺酸溶液，用 10 mm 石英比色皿，在 220 nm 和 275 nm 波长处，以经过树脂吸附的水 50 ml 加 1 ml 盐酸溶液为参比，测量吸光度。

（2）试样的测定。

在试样中加 1.0 ml 盐酸溶液、0.1 ml 氨基磺酸溶液，当亚硝酸盐氮低于 0.1 mg/L 时，可不加氨基磺酸溶液，按校准曲线测定相同操作步骤测量吸光度。

8. 结果计算和表示

（1）结果计算。

吸光度的校正值（$A_{校}$）按照下式计算。

$$A_{校} = A_{220} - 2A_{275}$$

式中：A_{220}——220 nm 波长处测得的吸光度；

A_{275}——275 nm 波长处测得的吸光度。

求得吸光度的校正值（$A_{校}$）以后，从校准曲线中查得相应的硝酸盐氮含量，即为水样测定结果（mg/L）。水样若经稀释后测定，则结果应乘以稀释倍数。

（2）结果表示。

当测定结果小于 1.00 mg/L 时，保留至小数点后两位；当测定结果大于等于 1.00 mg/L 时，保留三位有效数字。

9. 精密度和准确度

4 家实验室分析含 1.80 mg/L 硝酸盐氮的统一标准样品，实验室内相对标准偏差为 2.6%，实验室间总相对标准偏差为 5.1%，相对误差为 1.1%。

10. 注意事项

（1）为了解水样受污染程度和变化情况，需对水样进行紫外吸收光谱分布曲线的扫描，如无扫描装置，可手动在 220～280 nm、每隔 2～5 nm 波长处测量吸光度，绘制波长—吸光度曲线。水样与近似浓度的标准溶液分布曲线应类似，且在 220 nm 与 275 nm 附近不应有肩状或折线出现。

参考吸光度比值（A_{275}/A_{220}）×100%应小于 20%，越小越好。超过时应予以鉴别。

水样经上述方法适用情况检验后，符合要求时，可不经预处理，直接取 50 ml 水样于比色管中，加盐酸和氨基磺酸溶液后，进行吸光度测量。如经絮凝后水样亦达到上述要求，则也可以只进行絮凝预处理，省略树脂吸附操作。

（2）含有有机物的水样中硝酸盐含量较高时，必须先进行预处理后再稀释。

（3）大孔中性吸附树脂对环状、空间结构大的有机物吸附能力强；对低碳链、有较强极性和亲水性的有机物吸附能力差。

（4）当水样中存在六价铬时，絮凝剂应采用氢氧化铝，并放置 0.5 h 以上再取上清液供测定用。

十三、亚硝酸盐氮

亚硝酸盐是氮循环的中间产物，不稳定。根据水环境条件，可被氧化成硝酸盐，也可被还原成氨。亚硝酸盐可使人体正常的血红蛋白（低铁血红蛋白）氧化成为高铁血红蛋白，发生高铁血红蛋白症，失去血红蛋白在体内输送氧的能力，出现组织缺氧的症状。亚硝酸盐可与仲胺类反应生成具致癌性的亚硝胺类物质，在 pH 较低的酸性条件下，有利于亚硝胺类的形成。

水中亚硝酸盐的测定方法通常采用重氮—偶联反应，使生成红紫色染料，方法灵敏、选择性强。所用重氮和偶联试剂种类较多，最常用的，前者为对氨基苯磺酰胺和对氨基苯磺酸，后者为 N-（1-萘基）-乙二胺和α-萘胺。此外，还有目前国内外普遍使用的离子色谱法和气相分子吸收光谱法。这两种方法虽然须使用专用仪器，但方法简便、快速，干扰较少。

亚硝酸盐在水中不稳定，易受微生物等影响，在采集后应尽快分析，必要时冷藏保存。

（一）离子色谱法（A）

同本章三、硫酸盐测定方法（一）。

（二）N-（1-萘基）-乙二胺分光光度法（A）*

1. 方法的适用范围

本方法适用于饮用水、地下水、地表水及废水中亚硝酸盐氮的测定。当样品取最大体积（50 ml）时，用本方法可以测定亚硝酸盐氮浓度高达 0.20 mg/L。

采用 10 mm 的比色皿，样品体积为 50 ml 时，最低检出浓度为 0.003 mg/L。

采用 30 mm 的比色皿，样品体积为 50 ml 时，最低检出浓度为 0.001 mg/L。

采用 10 mm 的比色皿，样品体积为 50 ml，亚硝酸盐氮浓度[ρ（N）]=0.20 mg/L 时，给出的吸光度约为 0.67。

2. 方法原理

在磷酸介质中，pH 为 1.8±0.3 时，亚硝酸根离子与 4-氨基苯磺酰胺反应生成重氮盐，它再与 N-（1-萘基）-乙二胺二盐酸盐偶联生成红色染料，在 540 nm 波长处有最大吸收。

---

* 本方法与 GB 7493—87 等效。

3．干扰和消除

氯胺、氯、硫代硫酸盐、聚磷酸钠和三价铁离子有明显干扰。当样品 pH≥11 时，可加入酚酞溶液 1 滴，边搅拌边逐滴加入磷酸溶液，至红色刚消失。经此处理，在加入显色剂后，体系 pH 为 1.8±0.3，而不影响测定。

样品如有颜色和悬浮物，可向每 100 ml 样品中加入 2 ml 氢氧化铝悬浮液，搅拌，静置，过滤，弃去 25 ml 初滤液后，再测定。

4．仪器和设备

所有玻璃器皿都应用 2 mol/L 盐酸洗净，然后用水彻底冲洗。

（1）分光光度计。

（2）比色管：50 ml。

5．试剂和材料

（1）实验用水：无亚硝酸盐的水。

采用下列方法之一进行制备：

①加入高锰酸钾结晶少许于 1 L 蒸馏水中，使呈红色，加氢氧化钡（或氢氧化钙）结晶至溶液呈碱性，置于硬质玻璃蒸馏器进行蒸馏，弃去 50 ml 初馏液，收集约 700 ml 不含锰盐的馏出液，待用。

②于 1 L 蒸馏水中加入 1 ml 硫酸和 0.2 ml 硫酸锰溶液（每 100 ml 水中含有 36.4 g $MnSO_4 \cdot H_2O$），滴加 0.04%高锰酸钾溶液至呈红色（1～3 ml），置于硬质玻璃蒸馏器进行蒸馏，弃去 50 ml 初馏液，收集约 700 ml 不含锰盐的馏出液，待用。

（2）磷酸：ρ（H_3PO_4）=1.70 g/ml。

（3）硫酸：ρ（H_2SO_4）=1.84 g/ml。

（4）磷酸溶液：1+9。

（5）显色剂：于 500 ml 烧杯内加入 250 ml 水和 50 ml 磷酸，加入 20.0 g 4-氨基苯磺酰胺（$NH_2C_6H_4SO_2NH_2$）。再将 1.00 g N-（1-萘基）-乙二胺二盐酸盐（$C_{10}H_7NHC_2H_4NH_2 \cdot 2HCl$）溶于上述溶液中，转移至 500 ml 容量瓶中，用水稀至标线，摇匀。贮存于棕色试剂瓶中，保存在 2～5℃，至少稳定一个月。

注 1：本试剂有毒性，应避免与皮肤接触或吸入体内。

（6）亚硝酸盐氮标准贮备溶液：ρ（N）=250 mg/L。

①贮备溶液的配制：称取 1.232 g 亚硝酸钠（$NaNO_2$），溶于 150 ml 水中，转移至 1 000 ml 容量瓶中，用水稀释至标线，摇匀。贮存在棕色试剂瓶中，加入 1 ml 氯仿，保存在 2～5℃，至少稳定一个月。

②贮备溶液的标定：在 300 ml 具塞锥形瓶中，移入 50.00 ml 高锰酸钾标准溶液、5 ml 硫酸，用 50 ml 移液管移取亚硝酸盐氮标准贮备溶液 50.00 ml，使下端插入高锰酸钾溶液液面下加入，轻轻摇匀，之后置于水浴上加热至 70～80℃。按每次 10.00 ml 的量加入足够的草酸钠标准溶液，使高锰酸钾标准溶液褪色并使过量，记录草酸钠标准溶液用量（V_2）；然后用高锰酸钾标准溶液滴定过量草酸钠至溶液呈微红色，记录高锰酸钾标准溶液总用量（V_1）。

再以 50 ml 实验用水代替亚硝酸盐氮标准贮备溶液，如上操作，用草酸钠标准溶液标定高锰酸钾溶液的浓度（c_1）。

高锰酸钾（1/5 $KMnO_4$）标准溶液的浓度按照下式计算。

$$c_1 = \frac{0.050\,0 \times V_4}{V_3}$$

式中：c_1——高锰酸钾（1/5 KMnO$_4$）标准溶液的浓度，mol/L；

V_3——滴定实验用水时加入高锰酸钾标准溶液总量，ml；

V_4——滴定实验用水时加入草酸钠溶液总量，ml；

0.050 0——标准溶液浓度 c（1/2Na$_2$C$_2$O$_4$），mol/L。

亚硝酸盐氮（以 N 计）标准溶液的质量浓度按照下式计算。

$$\rho = \frac{(c_1 \times V_1 - 0.050\,0 \times V_2) \times 7.00 \times 1\,000}{50.00}$$

式中：ρ——亚硝酸盐氮（以 N 计）标准溶液的质量浓度，mg/L；

V_1——滴定亚硝酸盐氮标准贮备溶液时加入高锰酸钾标准溶液总量，ml；

V_2——滴定亚硝酸盐氮标准贮备溶液时加入草酸钠标准溶液总量，ml；

c_1——经标定的高锰酸钾标准溶液的浓度，mol/L；

7.00——亚硝酸盐氮（1/2 N）的摩尔质量；

50.00——亚硝酸盐氮标准贮备溶液取样量，ml；

0.050 0——草酸钠标准溶液浓度 c（1/2Na$_2$C$_2$O$_4$），mol/L。

（7）亚硝酸盐氮标准中间液：ρ（N）=50.0 mg/L。

移取亚硝酸盐氮标准贮备溶液 50.00 ml 置于 250 ml 容量瓶中，用水稀释至标线，摇匀。此溶液贮于棕色瓶内，保存在 2～5℃，可稳定一周。

（8）亚硝酸盐氮标准使用液：ρ（N）=1.00 mg/L。

移取亚硝酸盐氮标准中间液 10.00 ml 于 500 ml 容量瓶内，用水稀释至标线，摇匀。此溶液使用时，当天配制。

注 2：亚硝酸盐氮标准液和标准使用液的浓度值，应采用贮备溶液标定后的准确浓度的计算值。

（9）氢氧化铝悬浮液。

称取 125 g 硫酸铝钾[KAl(SO$_4$)$_2$·12H$_2$O]或硫酸铝铵[NH$_4$Al(SO$_4$)$_2$·12H$_2$O]溶解于 1 L 水中，加热至 60℃，在不断搅拌下，缓慢加入 55 ml 浓氨水，放置约 1 h 后，移入 1 L 量筒内，用水反复洗涤沉淀，直至洗涤液中不含亚硝酸盐为止。澄清后，把上清液尽量全部倾出，只留稠的悬浮物，最后加入 100 ml 水。使用前应振荡均匀。

（10）高锰酸钾标准溶液：c（1/5 KMnO$_4$）=0.050 mol/L。

溶解 1.6 g 高锰酸钾（KMnO$_4$）于 1.2 L 水中，煮沸 0.5～1 h，使体积减少到 1 L 左右，放置过夜，用 G3 号玻璃砂芯滤器过滤后，滤液贮存于棕色试剂瓶中避光保存。高锰酸钾标准溶液浓度按亚硝酸盐氮标准贮备溶液的标定中所述方法进行标定和计算。

（11）草酸钠标准溶液：c（1/2 Na$_2$C$_2$O$_4$）=0.050 0 mol/L。

溶解经 105℃烘干 2 h 的优级纯无水草酸钠（Na$_2$C$_2$O$_4$）3.350 0 g 于 750 ml 水中，转移至 1 000 ml 容量瓶中，用水稀释至标线，摇匀。

（12）酚酞指示剂：ρ=10 g/L。

称取 0.5 g 酚酞溶于 95%乙醇 50 ml 中。

6. 样品

（1）样品采集和保存。

样品应用玻璃瓶或聚乙烯瓶采集，并在采集后尽快分析，不要超过 24 h。

（2）试样的制备。

样品含有悬浮物或带有颜色时，需按照干扰和消除所述的方法制备试样。

（3）空白试样的制备。

以实验用水代替样品，与试样的制备相同步骤制备实验室空白试样。

7．分析步骤

（1）校准曲线的建立。

在一组6个50 ml比色管内，分别加入亚硝酸盐氮标准使用液0.00 ml、1.00 ml、3.00 ml、5.00 ml、7.00 ml和10.00 ml，用水稀释至标线，加入显色剂1.0 ml，密塞，摇匀，静置，此时pH应为1.8±0.3，20 min后，2 h以内，于波长540 nm处，用10 mm比色皿，以水作为参比，测量吸光度。

用测得的吸光度减去空白吸光度，得校正吸光度（A_r），建立以亚硝酸盐氮含量（μg）对校正吸光度的校准曲线。

（2）试样的测定。

取经预处理的样品于50 ml比色管中，用水稀释至标线，加入显色剂1.0 ml，然后按校准曲线的相同步骤操作，测量吸光度。

（3）空白试验。

用50 ml水代替样品，按试样测定的相同步骤操作，测量吸光度。

（4）色度校正。

如果样品经预处理后还具有颜色，按测定方法，从样品中取相同体积的第二份样品测定吸光度，只是不加显色剂，改加磷酸1.0 ml。

8．结果计算和表示

（1）结果计算。

样品溶液吸光度的校正值（A_t）按下式计算。

$$A_t = A_s - A_b - A_c$$

式中：A_t——样品溶液吸光度的校正值；

A_s——样品溶液吸光度；

A_b——空白试验吸光度；

A_c——色度校正吸光度。

由吸光度的校正值（A_t），从校准曲线上查得（或由校准曲线方程计算）相应的亚硝酸盐氮的含量（m_N）（μg）。

样品中亚硝酸盐氮的质量浓度（以N计）按照下式计算。

$$\rho = \frac{m_N}{V}$$

式中：ρ——样品中亚硝酸盐氮（以N计）的质量浓度，mg/L；

m_N——相应于校正吸光度（A_t）的亚硝酸盐氮含量，μg；

V——取样体积，ml。

（2）结果表示。

当测定结果小于0.100 mg/L时，保留至小数点后三位；当测定结果大于等于0.100 mg/L时，保留三位有效数字。

9. 精密度和准确度

3 家实验室分析含 0.026～0.082 mg/L 亚硝酸盐氮的加标水样，单个实验室的相对标准偏差≤9.3%；加标回收率为 90.0%～114%。

5 家实验室分析含 0.083～0.180 mg/L 亚硝酸盐氮的加标水样，单个实验室的相对标准偏差≤2.8%；加标回收率为 96.0%～102%。

（三）气相分子吸收光谱法（A）*

1. 方法的适用范围

本方法适用于地表水、地下水、海水、饮用水、生活污水及工业废水中亚硝酸盐氮的测定。

在 213.9 nm 波长处，本方法的最低检出限为 0.003 mg/L，测定下限为 0.012 mg/L，测定上限为 10 mg/L；在波长 279.5 nm 处，测定上限可达 500 mg/L。

2. 方法原理

在 0.15～0.3 mol/L 柠檬酸介质中，加入乙醇作催化剂，将亚硝酸盐瞬间转化成的 NO_2，用空气载入气相分子吸收光谱仪的吸光管中，在 213.9 nm 等波长处测得的吸光度与亚硝酸盐氮浓度遵守朗伯-比尔定律。

3. 干扰和消除

在柠檬酸介质中，某些能与 NO_2^- 发生氧化、还原反应的物质，达到一定量时干扰测定。当亚硝酸盐氮质量浓度为 0.2 mg/L 时，25 mg/L SO_3^{2-}、10 mg/L $S_2O_3^{2-}$、30 mg/L I^-、20 mg/L SCN^-、80 mg/L Sn^{2+} 及 100 mg/L MnO_4^- 不影响测定。S^{2-} 含量高时，在气路干燥管前串接乙酸铅脱脂棉的除硫管予以消除；存在产生吸收的挥发性有机物时，在适量水样中加入活性炭搅拌吸附，30 min 后取样测定。

4. 仪器和设备

（1）气相分子吸收光谱仪。

（2）锌空心阴极灯。

（3）微量可调移液器：50～250 μl。

（4）可调定量加液器：300 ml 无色玻璃瓶，加液量为 0～5 ml。

（5）气液分离装置（图 2-33）：清洗瓶 1 及样品吹气反应瓶 2 为容积 50 ml 的标准磨口玻璃瓶；干燥管 3 中放入无水高氯酸镁。将各部分用 PVC 软管连接于仪器上。

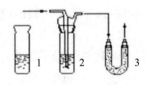

1—清洗瓶；2—样品吹气反应瓶；3—干燥管。

图 2-33　气液分离装置示意图

（6）无色玻璃滴瓶：50～100 ml，内装无水乙醇。

5. 试剂和材料

除非另有说明，否则分析时均使用符合国家标准的分析纯试剂，实验用水为新制备的

---

* 本方法与 HJ/T 197—2005 等效。

去离子水。

（1）柠檬酸溶液：c=0.3 mol/L。

称取 64 g 柠檬酸（$C_6H_8O_7 \cdot H_2O$），溶解于水，稀释至 1 000 ml，摇匀。

（2）无水乙醇。

（3）无水高氯酸镁[$Mg(ClO_4)_2$]：8～10 目颗粒。

（4）细颗粒状活性炭。

（5）亚硝酸盐氮标准贮备液：ρ（N）=0.500 mg/ml。

称取 2.463 g 预先在 105～110℃干燥 4 h 的光谱纯亚硝酸钠（$NaNO_2$），溶解于水，移入 1 000 ml 容量瓶中，加水稀释至标线，摇匀。

（6）亚硝酸盐氮标准使用液：ρ（N）=20.00 μg/ml。

吸取亚硝酸盐氮标准贮备液，用水逐级稀释而成。

6．样品

用玻璃瓶或聚乙烯瓶采样，水样应充满采样瓶。采集的水样应立即测定，否则应在约 4℃条件下冷藏保存，并尽快测定。

7．分析步骤

（1）校准曲线的建立。

用微量移液器逐个移取 0 μl、50 μl、100 μl、150 μl、200 μl 和 250 μl 标准使用液于样品反应瓶中，加水至 2.5 ml，加入 2.5 ml 柠檬酸及 0.5 ml 乙醇，将反应瓶盖与样品反应瓶密闭，通入载气，依次测定各标准溶液吸光度，以吸光度与所对应的亚硝酸盐氮的含量（μg）建立校准曲线。

（2）分析条件。

①参考工作条件：空心阴极灯电流：3～5 mA；工作波长：213.9 nm；光能量：100%～117%；载气（空气）流量：0.5 L/min；测量方式：峰高或峰面积。

②测量系统的净化：每次测定之前，将反应瓶盖插入装有约 5 ml 水的清洗瓶中，通入载气，净化测量系统，调整仪器零点。测定后，水洗反应瓶盖和砂芯。

（3）测定。

取 2.50 ml 水样（亚硝酸盐氮量≤5μg）于样品反应瓶中，以下操作同校准曲线的建立。测定水样前，测定空白溶液，进行空白校正。

8．结果计算和表示

（1）结果计算。

样品中亚硝酸盐氮（以 N 计）的质量浓度按照下式计算。

$$\rho = \frac{m - m_0}{V}$$

式中：ρ——样品中亚硝酸盐氮（以 N 计）的质量浓度，mg/L；

m——根据校准曲线计算出的样品中亚硝酸盐氮的含量，μg；

m_0——根据校准曲线计算出的空白中亚硝酸盐氮的含量，μg；

V——取样体积，ml。

（2）结果表示。

当测定结果小于 0.100 mg/L 时，保留至小数点后三位；当测定结果大于等于 0.100 mg/L 时，保留三位有效数字。

9. 精密度和准确度

6 家实验室对 NO_2^--N 质量浓度为（0.102±0.006）mg/L 的统一标样进行测定，重复性相对标准偏差为 1.1%，再现性相对标准偏差为 3.1%；对含 0.058～0.396 mg/L 的地表水、海水和工业冷循环水等的实际样品进行测定（n=6），相对标准偏差为 2.3%～4.6%。

6 家实验室测定（0.102±0.006）mg/L 的统一标样，测得平均值为 0.102 mg/L，对 NO_2^--N 含量为 0.152～2.23 μg 的地表水、海水和工业冷循环水等的实际样品进行加标回收试验，加标量 0.182～2.00 μg，加标回收率在 93.0%～106%。

10. 注意事项

（1）亚硝酸盐氮标准溶液易受空气氧化和微生物作用，浓度发生改变。0.5 mg/ml 的标准溶液于冰箱冷藏室可保存半年。2 μg/ml 标准液，常温下应每周重配。

（2）柠檬酸易发霉产生污垢，应及时更新。

（3）高氯酸镁应选用颗粒大的试剂，吸收水分后，其变潮部分超过 2/3 应及时更换。新装的高氯酸镁应进行 10 min 的空白样品通气，待吸光度稳定后方可测定样品。

（4）锌空心阴极灯 213.9 nm 波长适于测定低浓度亚硝酸盐氮，浓度大于 10 mg/L 时，应使用其他灯，如铅灯（283.3 nm）等。

（5）测定过程中仪器能量应保持在 110% 左右，超过 120% 时，读数溢出，仪器不能正常工作。

（6）长时间测定高浓度样品后，应使用 10% 磷酸加入少量过氧化氢，清洗吸光管及干燥管并水洗烘干，以除去残留的氮氧化物，必要时可用洗涤剂清洗吸收管。连接在反应瓶出气支管的管道应酌情用经乙醇湿润的棉花清洗，使空白溶液吸光度小于 0.000 4，以利于低浓度亚硝酸盐氮的测定。

十四、凯氏氮

凯氏氮是指以凯氏（Kjeldahl）法测得的含氮量。它包括了氨氮和在此条件下能被转化为铵盐而测定的有机氮化合物。此类有机氮化合物主要是指蛋白质、氨基酸、核酸、尿素以及大量合成的、氮为负三价态的有机氮化合物。它不包括叠氮化合物、联氮、偶氮、腙、硝酸盐、亚硝酸盐、腈、硝基、亚硝基、肟和半卡巴腙类等的含氮化合物。一般水样中存在的有机氮化合物为前者，因此，在测定凯氏氮和氨氮后，其差值即称为有机氮。将凯氏氮称为有机氮是不合理的。

测定凯氏氮或有机氮，主要是为了了解水体受污染状况，尤其是在评价湖泊和水库的富营养化时，是一个有意义的指标。

凯氏氮测定的最后测量方法与氨氮相同，当含量低时使用纳氏试剂分光光度法，含量高时使用蒸馏—中和滴定法，亦可采用气相分子吸收光谱法。

（一）分光光度法或滴定法（A）*

1. 方法的适用范围
本方法适用于地表水、工业废水和其他受污染水体中凯氏氮的测定。

---

* 本方法与 GB 11891—89 等效。

2．方法原理

水中加入硫酸并加热消解，使有机物中的胺基氮转变为硫酸氢铵，游离氨和铵盐也转为硫酸氢铵。消解时加入适量硫酸钾提高沸腾温度，以增加消解速率，并以汞盐为催化剂，以缩短消解时间。消解后的液体，使成碱性并蒸馏出氨，吸收于硼酸溶液中，然后以滴定法或分光光度法测定氮含量。

3．干扰和消除

汞盐在消解时形成汞铵络合物，因此，在碱性蒸馏时，应同时加入适量硫代硫酸钠，使络合物分解。

4．仪器和设备

（1）凯氏定氮蒸馏装置：见图2-34。

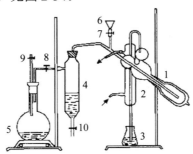

1—蒸馏瓶；2—冷凝器；3—承受瓶；4—分水筒；5—蒸汽发生器；6—加碱小漏斗；7、8、9—螺旋夹；10—开关。

图2-34　微量蒸馏装置

①500 ml 凯氏瓶。

②氮球。

③直形冷凝管（300 mm）。

④导管。

（2）10 ml 酸式微量滴定管。

5．试剂和材料

本方法所用试剂，除另有说明外，均为分析纯试剂。实验用水均为无氨水。

（1）无氨水的制备。

①离子交换法：将蒸馏水通过一个强酸性阳离子交换树脂（氢型）柱，流出液收集在带有磨口玻璃瓶塞的玻璃瓶中，密塞保存。

②蒸馏法：于1 L 蒸馏水中，加入0.1 ml 硫酸，并在全玻璃蒸馏器中重蒸馏，弃去50 ml 初馏液，然后集取约800 ml 馏出液于具有磨口玻璃塞的玻璃瓶中，密塞保存。

（2）硫酸：ρ（H_2SO_4）=1.84 g/ml。

（3）硫酸溶液：1+5。

（4）硫酸溶液：1+19。

（5）硫酸钾（K_2SO_4）。

（6）硫酸铜溶液：称取5 g 硫酸铜（$CuSO_4 \cdot 5H_2O$）溶于水，稀释至100 ml。

（7）硫代硫酸钠-氢氧化钠溶液：称取500 g 氢氧化钠溶于水，另称取25 g 硫代硫酸钠（$Na_2S_2O_3 \cdot 5H_2O$）溶于上述溶液中，稀释至1 000 ml，贮于聚乙烯瓶中。

（8）硼酸溶液：称取20 g 硼酸（H_3BO_3）溶于水，稀释至1 000 ml。

（9）硫酸标准溶液：c（1/2 H$_2$SO$_4$）=0.02 mol/L。

分取 11 ml（1+19）硫酸溶液，用水稀释至 1 000 ml。按下述操作进行标定。

称取经 180℃干燥 2 h 的基准试剂碳酸钠（Na$_2$CO$_3$）约 0.5 g（准确至 0.000 1 g），溶于新煮沸放冷的水中，移入 500 ml 容量瓶内，稀释至标线。

移取上述 25.00 ml 碳酸钠溶液于 150 ml 锥形瓶中，加 25 ml 新煮沸放冷的水，加 1 滴甲基橙指示液（0.5 g/L），用硫酸标准溶液滴定至呈淡橙红色止，记录用量。

$$c = \frac{m \times 1\,000}{V \times 53.00} \times \frac{25}{250}$$

式中：c——硫酸标准溶液浓度，mol/L；

m——称取碳酸钠质量，g；

V——硫酸标准溶液滴定消耗体积，ml；

53.00——碳酸钠（1/2 Na$_2$CO$_3$）的摩尔质量。

（10）氢氧化钠溶液：称取 500 g 氢氧化钠溶于水，稀释至 1 000 ml。

（11）甲基红—亚甲蓝混合指示液：称取 200 mg 甲基红溶于 100 ml 95%乙醇。称取 100 mg 亚甲蓝溶于 50 ml 95%乙醇。将甲基红溶液与亚甲蓝溶液按体积比 2：1 混合。每月配制。

6. 样品

样品可贮于玻璃瓶或聚乙烯瓶中，如不能及时进行测定，应加入足够的硫酸，使 pH<2，并在 4℃保存。

7. 分析步骤

（1）常量法。

①取样体积的确定：按表 2-12 分取适量水样，移入 500 ml 凯氏瓶中。

表 2-12　常量法不同凯氏氮含量对应取样体积表

凯氏氮含量/（mg/L）	取样体积/ml	凯氏氮含量/（mg/L）	取样体积/ml
0～10	250	20～50	50.0
10～20	100	50～100	25.0

注：0～10 表示[0，10），其余同理。

②消解：加 10.0 ml 浓硫酸、2.0 ml 硫酸铜溶液、6.0 g 硫酸钾和数粒玻璃珠，混匀于凯氏瓶中，置通风柜内加热煮沸，至冒三氧化硫白烟，并使溶液变清（无色或淡黄色），继续保持沸腾 30 min，放冷，加 250 ml 水，混匀。

③蒸馏：将凯氏瓶成 45°角斜置，缓缓沿壁加入 40 ml 氢氧化钠溶液，使在瓶底形成碱液层，迅速连接氮球和冷凝管，以 50 ml 硼酸溶液为吸收液，导管管尖伸入吸收液液面下约 1.5 cm。摇动凯氏瓶使溶液充分混合，加热蒸馏，至收集馏出液达 200 ml 时，停止蒸馏。

④试样的测定：同本章十、氨氮测定方法（一）纳氏试剂分光光度法或（三）蒸馏—中和滴定法。

⑤空白试验：用水代替水样，与试样的测定相同步骤操作，进行空白测定。

（2）半微量法。

①取样体积的确定：参见表 2-13 分取适量水样，移入 1 000 ml 凯氏瓶中。

表 2-13 半微量法不同凯氏氮含量对应取样体积表

凯氏氮含量/（mg/L）	取样体积/ml	凯氏氮含量/（mg/L）	取样体积/ml
0～40	50	80～100	10
40～80	25	200～400	5

注：0～40 表示[0，40），其余同理。

②消解：加 2.5 ml 浓硫酸、0.4 ml 硫酸铜溶液、1.2 g 硫酸钾和数粒玻璃珠，混匀于凯氏瓶中，置通风柜内加热煮沸，至冒三氧化硫白烟，并使溶液变清（无色或淡黄色），继续保持微沸 30 min，放冷。用少量水使消解后溶液定量转入半微量定氮蒸馏装置，其总量不超过 30 ml。

③蒸馏：加入 10 ml 氢氧化钠溶液，通入水蒸气蒸馏，用 20 ml 硼酸溶液吸收蒸出的氨，接取馏出液至 50 ml。

④试样的测定：同本章十、氨氮测定方法（一）纳氏试剂分光光度法或（三）蒸馏—中和滴定法。

⑤空白试验：用水代替水样，与试样的测定相同步骤操作，进行空白测定。

8. 结果计算和表示

水样中凯氏氮的质量浓度按照下式计算。

$$\rho = \frac{(V_1 - V_0) \times c \times 14.01}{V} \times 1\,000$$

式中：ρ——水样中凯氏氮的质量浓度，mg/L；

V_1——试样滴定所消耗的硫酸标准溶液体积，ml；

V_0——空白试验滴定所消耗的硫酸标准溶液体积，ml；

c——滴定用硫酸标准溶液浓度，mol/L；

V——试样体积，ml；

14.01——氮（N）的摩尔质量，g/mol。

9. 精密度和准确度

5 家实验室用本方法测定凯氏氮为 987 mg/L 的统一样品，室内相对标准偏差小于 1.0%，室间相对标准偏差为 4.3%，相对误差为–0.6%。

10. 注意事项

（1）如采用水杨酸法测定时，应改用 0.01 mol/L 硫酸溶液为吸收液。

（2）蒸馏装置应注意使连接处不漏气。

（3）蒸馏时应避免暴沸，否则，可致使吸收液温度增高，造成吸收不完全而使测定结果偏低；注意加热温度，防止倒吸；冷水不能有温感，否则会影响氨的吸收。

（4）蒸馏时必须保持蒸馏瓶内溶液呈碱性，如在蒸馏期间，瓶内液体仍为清澈透明，则在蒸馏结束后，滴加酚酞指示液测试。必要时，添加适量水和氢氧化钠溶液，重新蒸馏。

（5）对难消解的有机氮化合物，可增加消解时间，亦可改用硫酸汞为催化剂。硫酸汞溶液的制备如下：

硫酸汞溶液：称取 2 g 红色氧化汞（HgO）溶于 40 ml （1+5）硫酸溶液中。

常量法加入量为 2 ml，半微量法加入 0.4 ml。

蒸馏时改用每毫升含 0.5 g 氢氧化钠和 25 mg 硫代硫酸钠混合碱液代替单一的氢氧化钠溶液。

（二）气相分子吸收光谱法（A） *

1. 方法的适用范围

本方法适用于地表水、水库、湖泊、江河水中凯氏氮的测定，检出限为 0.02 mg/L，测定下限为 0.10 mg/L，测定上限为 200 mg/L。

2. 方法原理

在规定的分析条件下，将待测成分转变成气态分子载入测量系统，测定其对特征光谱吸收的方法叫作气相分子吸收光谱法。

本方法的原理是将水样中游离氨、铵盐和有机物中的胺转变成铵盐，用次溴酸盐氧化剂将铵盐氧化成亚硝酸盐后，以亚硝酸盐氮的形式采用气相分子吸收光谱法测定水样中的凯氏氮。

3. 仪器和设备

（1）气相分子吸收光谱仪。

（2）锌空心阴极灯。

（3）微量可调移液器：50～250 μl。

（4）可调定量加液器：300 ml 无色玻璃瓶，加液量 0～5 ml。

（5）气液分离装置（图 2-35）：清洗瓶 1 及样品吹气反应瓶 2 为容积 50 ml 的标准磨口玻璃瓶，干燥管 3 中放入无水高氯酸镁。将各部分用 PVC 软管连接于仪器上。

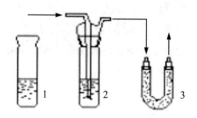

1—清洗瓶；2—样品吹气反应瓶；3—干燥管。

图 2-35　气液分离装置示意图

4. 试剂和材料

本方法使用符合国家标准的分析纯化学试剂；实验用水为无氨水或电导率≤0.7 μS/cm 的去离子水。

（1）无氨水的制备：将去离子水用硫酸调至 pH<2 后，进行蒸馏，弃去最初 100 ml 馏出液，收集后面的馏出液，密封保存在聚乙烯容器中。

（2）盐酸溶液Ⅰ：c（HCl）=6 mol/L。

（3）盐酸溶液Ⅱ：c（HCl）=4.5 mol/L。

（4）无水乙醇。

（5）无水高氯酸镁[Mg(ClO$_4$)$_2$]：8～10 目颗粒。

---

* 本方法与 HJ/T 196—2005 等效。

（6）硫酸：ρ（H_2SO_4）=1.84 g/ml。

（7）硫酸钾（K_2SO_4）。

（8）硫酸铜溶液：称取 5 g 无水硫酸铜（$CuSO_4$）溶解于水，稀释至 100 ml。

（9）氢氧化钠溶液：称取 200 g 氢氧化钠（NaOH）于含有 600 ml 水的 1 000 ml 烧杯中，盖上表面皿，加热煮沸，蒸发至 500 ml，冷却后于聚乙烯瓶中密闭保存。

（10）溴百里酚蓝指示剂：称取 0.1 g 溴百里酚蓝（$C_{27}H_{28}O_5Br_2S$）于小烧杯中，加入 2 ml 无水乙醇搅拌成湿盐状，加水至 100 ml 摇匀。

（11）溴酸盐混合液：称取 1.25 g 溴酸钾（$KBrO_3$）及 10 g 溴化钾（KBr），溶解于 500 ml 水中，此溶液为贮备液，常年稳定。

（12）次溴酸盐氧化剂：吸取 1.0 ml 溴酸盐混合液于棕色磨口试剂瓶中，加入 50 ml 水及 3.0 ml 盐酸溶液 I，立即密塞，充分摇匀，于暗处放置 5 min，加入 50 ml 氢氧化钠，充分摇匀，待小气泡逸尽再使用。该试剂临用时配制，配制时，所用试剂、水和室内温度应不低于 18℃。

（13）亚硝酸盐氮标准贮备液：ρ（N）=0.500 mg/ml。

称取 2.463 g 预先在 105～110℃干燥 4 h 的光谱纯亚硝酸钠（$NaNO_2$）溶解于水，转入 1 000 ml 容量瓶中，加水稀释至标线，摇匀。

（14）亚硝酸盐氮标准使用液：ρ（N）=20.00 μg/ml。

吸取亚硝酸盐氮标准贮备液，用水逐级稀释而成。

5. 样品

（1）样品的采集与保存。

水样采集在聚乙烯瓶或玻璃瓶中，并应尽快分析，必要时加硫酸酸化样品至 pH<2，于 2～5℃下保存。酸化时应注意防止吸收空气中的氨而被沾污。

（2）试样的制备。

①消解：参照表 2-14 取样于 250 ml 烧杯中，加入 2.5 ml 浓硫酸、1.2 g 硫酸钾、0.4 ml 5%的硫酸铜溶液，摇匀。盖上表面皿，加热煮沸至冒白烟，并使溶液变清。降低加热温度，保持微沸状态 30 min。冷却后转入 100 ml 容量瓶中，加水稀释至标线，摇匀。

表 2-14　凯氏氮含量与相应取样体积

凯氏氮含量/（mg/L）	取样体积/ml	凯氏氮含量/（mg/L）	取样体积/ml
0～5	50	10～50	10
5～10	25	50～200	5

注：0～5表示[0，5），其余同理。

②氧化：吸取适量消解液（氮含量≤50 μg）于 50 ml 容量瓶中，加水至约 30 ml，加入 1 滴溴百里酚蓝指示剂，缓慢滴加氢氧化钠溶液至溶液变蓝。加入 15 ml 次溴酸盐氧化剂，加水稀释至标线，密塞，充分摇匀，在不低于 18℃的室温下氧化 20 min，待测。

同时用水制备空白样。

6. 分析步骤

（1）分析条件。

空心阴极灯电流：3～5 mA；载气（空气）流量：0.5 L/min；工作波长：213.9 nm；光能量：100%～117%；测量方式：峰高或峰面积。

（2）测量系统的净化。

每次测定之前，将反应瓶盖插入装有约 5 ml 水的清洗瓶中，通入载气，净化测量系统，调整仪器零点。测定后，水洗反应瓶盖和砂芯。

（3）校准曲线的建立。

使用亚硝酸盐氮标准使用液直接建立凯氏氮的校准曲线。

用微量移液器逐个移取 0 μl、50 μl、100 μl、150 μl、200 μl 和 250 μl 标准使用液于样品反应瓶中，加水至 2 ml，用定量加液器加入 3 ml 盐酸溶液 II 及 0.5 ml 无水乙醇，将反应瓶盖与样品反应瓶密闭，通入载气，依次测定各标准溶液吸光度，以吸光度与相对应的凯氏氮量（μg）建立校准曲线。

（4）试样的测定。

取待测试样 2.0 ml 于样品反应瓶中，以下操作同校准曲线的建立。

测定试样前，测定空白试样，进行空白校正。

7. 结果计算和表示

（1）结果计算：

水样中凯氏氮的质量浓度按照下式计算。

$$\rho = \frac{(m - m_0)}{V \times \dfrac{V_1}{100} \times \dfrac{2}{50}}$$

式中：ρ——水样中凯氏氮的质量浓度，mg/L；

m——根据校准曲线计算出的水样中氮含量，μg；

m_0——根据校准曲线计算出的空白氮含量，μg；

V_1——分取消解后的水样体积，ml；

V——取样体积，ml。

（2）结果的表示。

当测定结果小于 1.00 mg/L 时，保留至小数点后两位；当测定结果大于等于 1.00 mg/L 时，保留三位有效数字。

8. 精密度和准确度

（1）精密度。

测定（1.00±0.05）mg/L 凯氏氮统一标准样品（n=6），测得结果为 0.99～1.03 mg/L，平均值为 1.00 mg/L，极差＜0.05 mg/L。

（2）准确度。

测定（1.00±0.05）mg/L 凯氏氮统一标样，测得平均值为 1.01 mg/L，相对误差为 1.0%；对地表水样加入 10 μg 凯氏氮标样，测得回收率为 98.0%～101%。

十五、非离子氨

非离子氨即氨溶于水后，氨与水松散结合形成非离子化的氨分子。非离子氨浓度可由水体的 pH、水温和总氨浓度换算得出，其中 pH 和水温可直接测得，总氨浓度则可由分析得到的水体氨氮浓度换算而得。氨氮常用分析方法有纳氏试剂分光光度法和水杨酸分光光度法等，具体同本章十、氨氮的测定方法。

1. 方法原理

氨溶于水后可用下列化学平衡简式表示：

$$NH_3 \cdot H_2O \rightleftharpoons NH_4^+ + OH^-$$

其中 NH_4^+ 为离子氨；$NH_3 \cdot H_2O$ 表示与水结合的氨分子，即非离子氨，以 NH_3 表示；离子氨与非离子氨之和称为总氨，以 $NH_3 + NH_4^+$ 表示。

2. 总氨浓度计算

氨氮一般以 $NH_3\text{-}N$ 表示，样品中总氨（$NH_3 + NH_4^+$）质量浓度按照下式计算。

$$\rho_1 = \rho_2 \times \frac{17.03}{14.01}$$

式中：ρ_1——样品中总氨（$NH_3 + NH_4^+$）的质量浓度，mg/L；

　　　ρ_2——样品中氨氮（以 N 计）的质量浓度，mg/L；

　　　17.03——NH_3 的摩尔质量，g/mol；

　　　14.01——N 的摩尔质量，g/mol。

3. 计算

氨的水溶液中非离子氨的百分比与温度和 pH 密切相关，不同温度和 pH 对应的非离子氨的百分比可通过表 2-15 查出，非离子氨质量浓度可根据以下公式计算。

$$\rho = \rho_1 \times \omega$$

式中：ρ——样品中非离子氨的质量浓度，mg/L；

　　　ρ_1——样品中总氨（$NH_3 + NH_4^+$）的质量浓度，mg/L；

　　　ω——样品中非离子氨的百分比，%。

十六、亚氯酸盐

亚氯酸盐（ClO_2^-）常见的有钠盐和钾盐。钠盐分子量为 90.44，为白色粉末晶体，易溶于水，与有机物接触能引起爆炸，是一种高效氧化剂和优质漂白剂。无水物加热至 350℃ 时不分解，但一般产品因含有水分，加热到 180～200℃ 即分解。碱性水溶液对光稳定，酸性水溶液受光影响则产生爆炸性分解，并放出二氧化氯，是一种强氧化剂，其氧化能力为漂白粉的 4～5 倍，尤其在酸性条件下，若水样中含有二价铁离子等还原性物质，会被还原生成 Cl^-，反应方程式为

$$ClO_2^- + 4Fe^{2+} + 4H^+ \longrightarrow Cl^- + 2H_2O + 4Fe^{3+}$$

另外亚氯酸根中氯的化合价为+3，在氯的所有化合价中处于中间，故在不同的 pH 条件下，其可能被水样中存在的还原性物质还原，也可能被水样中的氧化性物质氧化。

亚氯酸盐是一种无机卤氧酸盐类消毒副产物，当在饮用水中加入二氧化氯进行消毒时，即会迅速分解成亚氯酸盐、氯酸盐和氯化物，其中亚氯酸盐是主要的副产物。另外亚氯酸钠也是生成二氧化氯的原料，当反应不完全时，亚氯酸盐也会残留其中。人体长期通过饮用水接触亚氯酸盐，可能引起血红细胞改变。

单位：%

表2-15　氨的水溶液中非离子氨的百分比

温度/°C	pH											
	6.0	6.1	6.2	6.3	6.4	6.5	6.6	6.7	6.8	6.9	7.0	7.1
0	0.008 27	0.011 8	0.015 4	0.019 0	0.022 5	0.026 1	0.037 4	0.048 7	0.060 0	0.071 3	0.082 6	0.118
1	0.008 99	0.012 9	0.016 8	0.020 6	0.024 5	0.028 4	0.040 7	0.053 0	0.065 2	0.077 5	0.089 8	0.129
2	0.009 77	0.014 0	0.018 2	0.022 4	0.026 7	0.030 9	0.044 3	0.057 6	0.071 0	0.084 3	0.097 7	0.140
3	0.010 6	0.015 2	0.019 8	0.024 4	0.029 0	0.033 6	0.048 1	0.062 6	0.077 0	0.091 5	0.106	0.152
4	0.011 5	0.016 5	0.021 5	0.026 4	0.031 4	0.036 4	0.052 1	0.067 8	0.083 6	0.099 3	0.115	0.165
5	0.012 5	0.017 9	0.023 3	0.028 7	0.034 1	0.039 5	0.056 6	0.073 7	0.090 8	0.108	0.125	0.179
6	0.013 6	0.019 5	0.025 3	0.031 2	0.037 0	0.042 9	0.061 3	0.079 7	0.098 2	0.117	0.135	0.193
7	0.014 7	0.021 0	0.027 4	0.033 7	0.040 1	0.046 4	0.066 5	0.086 6	0.107	0.127	0.147	0.210
8	0.015 9	0.022 8	0.029 7	0.036 5	0.043 4	0.050 3	0.072 0	0.093 8	0.116	0.137	0.159	0.227
9	0.017 2	0.024 6	0.032 1	0.039 5	0.047 0	0.054 4	0.077 9	0.101	0.125	0.148	0.172	0.246
10	0.018 6	0.026 7	0.034 7	0.042 8	0.050 8	0.058 9	0.084 3	0.110	0.135	0.161	0.186	0.266
11	0.020 1	0.028 8	0.037 5	0.046 3	0.055 0	0.063 7	0.091 2	0.119	0.146	0.174	0.201	0.287
12	0.021 8	0.031 2	0.040 6	0.050 0	0.059 4	0.068 8	0.098 4	0.128	0.158	0.187	0.217	0.310
13	0.023 5	0.033 7	0.043 8	0.054 0	0.064 1	0.074 3	0.106	0.139	0.171	0.203	0.235	0.336
14	0.025 4	0.036 4	0.047 3	0.058 3	0.069 2	0.080 2	0.115	0.149	0.184	0.218	0.253	0.362
15	0.027 4	0.039 2	0.051 0	0.062 9	0.074 7	0.086 5	0.124	0.161	0.198	0.236	0.273	0.390
16	0.029 5	0.042 3	0.055 0	0.067 8	0.080 5	0.093 3	0.133	0.174	0.214	0.254	0.294	0.420
17	0.031 8	0.045 6	0.059 5	0.073 3	0.087 2	0.101	0.144	0.187	0.231	0.274	0.317	0.453
18	0.034 3	0.049 0	0.063 8	0.078 5	0.093 3	0.108	0.155	0.202	0.248	0.295	0.342	0.488
19	0.039 6	0.055 1	0.070 6	0.086 0	0.102	0.117	0.167	0.217	0.268	0.318	0.368	0.524
20	0.039 7	0.056 8	0.073 8	0.090 9	0.108	0.125	0.179	0.233	0.288	0.342	0.396	0.565
21	0.042 7	0.061 2	0.079 6	0.098 1	0.117	0.135	0.193	0.251	0.309	0.367	0.425	0.606
22	0.045 9	0.065 7	0.085 5	0.105	0.125	0.145	0.207	0.270	0.332	0.395	0.457	0.652
23	0.049 3	0.070 6	0.092 0	0.113	0.135	0.156	0.223	0.290	0.357	0.424	0.491	0.701
24	0.053 0	0.075 8	0.098 6	0.121	0.144	0.167	0.239	0.311	0.383	0.455	0.527	0.752
25	0.056 9	0.081 5	0.106	0.131	0.155	0.180	0.257	0.334	0.412	0.489	0.566	0.807
26	0.061 0	0.087 4	0.114	0.140	0.167	0.193	0.276	0.359	0.441	0.524	0.607	0.864
27	0.065 4	0.093 7	0.122	0.150	0.179	0.207	0.296	0.385	0.473	0.562	0.651	0.927
28	0.070 1	0.100	0.130	0.161	0.191	0.221	0.316	0.411	0.507	0.602	0.697	0.992
29	0.075 2	0.108	0.140	0.172	0.205	0.237	0.339	0.441	0.543	0.645	0.747	1.06
30	0.080 5	0.115	0.150	0.185	0.219	0.254	0.363	0.472	0.581	0.690	0.799	1.14

温度/°C	pH 7.2	7.3	7.4	7.5	7.6	7.7	7.8	7.9	8.0	8.1	8.2	8.3	8.4	8.5
0	0.154	0.190	0.225	0.261	0.373	0.485	0.596	0.708	0.820	1.17	1.51	1.86	2.20	2.55
1	0.167	0.206	0.245	0.284	0.405	0.527	0.648	0.770	0.891	1.27	1.64	2.02	2.39	2.77
2	0.182	0.224	0.266	0.308	0.440	0.572	0.704	0.836	0.968	1.37	1.78	2.19	2.59	3.00
3	0.198	0.243	0.289	0.335	0.478	0.621	0.764	0.907	1.05	1.49	1.93	2.37	2.81	3.25
4	0.214	0.264	0.313	0.363	0.518	0.674	0.829	0.985	1.14	1.62	2.09	2.57	3.04	3.52
5	0.233	0.286	0.340	0.394	0.561	0.728	0.896	1.06	1.23	1.74	2.26	2.77	3.29	3.80
6	0.252	0.310	0.369	0.427	0.610	0.792	0.975	1.16	1.34	1.89	2.45	3.00	3.56	4.11
7	0.273	0.336	0.399	0.462	0.660	0.857	1.05	1.25	1.45	2.05	2.65	3.24	3.84	4.44
8	0.296	0.364	0.433	0.501	0.715	0.929	1.14	1.36	1.57	2.21	2.86	3.50	4.15	4.79
9	0.320	0.394	0.468	0.542	0.772	1.00	1.23	1.46	1.69	2.38	3.08	3.77	4.46	5.16
10	0.346	0.426	0.506	0.586	0.835	1.08	1.33	1.58	1.83	2.58	3.32	4.07	4.81	5.56
11	0.374	0.460	0.547	0.633	0.900	1.17	1.44	1.70	1.97	2.77	3.58	4.38	5.19	5.99
12	0.404	0.497	0.591	0.684	0.973	1.26	1.55	1.84	2.13	2.99	3.85	4.72	5.58	6.44
13	0.436	0.537	0.637	0.738	1.05	1.36	1.68	1.99	2.30	3.22	4.15	5.07	6.00	6.92
14	0.470	0.579	0.687	0.796	1.13	1.47	1.81	2.14	2.48	3.47	4.46	5.45	6.44	7.43
15	0.507	0.625	0.742	0.859	1.22	1.58	1.95	2.31	2.67	3.73	4.79	5.85	6.91	7.97
16	0.546	0.673	0.799	0.925	1.31	1.70	2.09	2.48	2.87	4.00	5.14	6.27	7.41	8.54
17	0.589	0.724	0.860	0.996	1.41	1.83	2.25	2.66	3.08	4.29	5.50	6.72	7.93	9.14
18	0.633	0.779	0.924	1.07	1.52	1.97	2.41	2.86	3.31	4.60	5.90	7.19	8.49	9.78
19	0.681	0.837	0.994	1.15	1.63	2.11	2.60	3.08	3.56	4.95	6.34	7.72	9.11	10.5
20	0.734	0.902	1.07	1.24	1.76	2.27	2.79	3.30	3.82	5.30	6.77	8.25	9.72	11.2
21	0.787	0.968	1.15	1.33	1.88	2.44	2.99	3.55	4.10	5.66	7.22	8.78	10.3	11.9
22	0.846	1.04	1.24	1.43	2.02	2.61	3.21	3.80	4.39	6.05	7.71	9.38	11.0	12.7
23	0.911	1.12	1.33	1.54	2.17	2.80	3.44	4.07	4.70	6.46	8.22	9.98	11.7	13.5
24	0.976	1.20	1.43	1.65	2.33	3.00	3.68	4.35	5.03	6.90	8.78	10.7	12.5	14.4
25	1.05	1.29	1.53	1.77	2.49	3.21	3.94	4.66	5.38	7.36	9.35	11.3	13.3	15.3
26	1.12	1.38	1.63	1.89	2.66	3.43	4.21	4.98	5.75	7.84	9.93	12.0	14.1	16.2
27	1.20	1.48	1.75	2.03	2.85	3.68	4.50	5.33	6.15	8.36	10.6	12.8	15.0	17.2
28	1.29	1.58	1.88	2.17	3.07	3.96	4.86	5.75	6.65	8.96	11.3	13.6	15.9	18.2
29	1.38	1.69	2.01	2.32	3.26	4.19	5.13	6.06	7.00	9.44	11.9	14.3	16.8	19.2
30	1.47	1.81	2.14	2.48	3.48	4.47	5.47	6.46	7.46	10.0	12.6	15.2	17.7	20.3

温度/℃	8.6	8.7	8.8	8.9	9.0	9.1	9.2	9.3	9.4	9.5	9.6	9.7	9.8	9.9	10.0
0	3.57	4.59	5.60	6.62	7.64	10.3	12.9	15.5	18.1	20.7	25.6	30.5	35.5	40.4	45.3
1	3.87	4.96	6.06	7.15	8.25	11.0	13.8	16.6	19.3	22.1	27.1	32.2	37.2	42.3	47.3
2	4.18	5.36	6.54	7.72	8.90	11.8	14.8	17.7	20.7	23.6	28.8	33.9	39.1	44.2	49.4
3	4.52	5.79	7.06	8.33	9.60	12.7	15.8	18.9	22.0	25.1	30.4	35.7	40.9	46.2	51.5
4	4.88	6.23	7.59	8.94	10.3	13.6	16.9	20.1	23.4	26.7	32.1	37.4	42.8	48.1	53.5
5	5.26	6.72	8.18	9.64	11.1	14.5	18.0	21.4	24.9	28.3	33.8	39.2	44.7	50.1	55.6
6	5.67	7.23	8.78	10.3	11.9	15.5	19.1	22.8	26.4	30.0	35.5	41.0	46.6	52.1	57.6
7	6.11	7.78	9.46	11.1	12.8	16.6	20.4	24.1	27.9	31.7	37.3	42.8	48.4	53.9	59.5
8	6.57	8.35	10.1	11.9	13.7	17.7	21.6	25.6	29.5	33.5	39.1	44.7	50.2	55.8	61.4
9	7.07	8.98	10.9	12.8	14.7	18.8	22.9	27.1	31.2	35.3	40.9	46.5	52.1	57.7	63.3
10	7.59	9.62	11.6	13.7	15.7	20.0	24.3	28.5	32.8	37.1	42.7	48.3	53.9	59.5	65.1
11	8.15	10.3	12.5	14.6	16.8	21.2	25.6	30.1	34.5	38.9	44.5	50.1	55.6	61.2	66.8
12	8.73	11.0	13.3	15.6	17.9	22.5	27.1	31.6	36.2	40.8	46.3	51.9	57.4	63.0	68.5
13	9.34	11.8	14.2	16.6	19.0	23.7	28.4	33.2	37.9	42.6	48.1	53.6	59.2	64.7	70.2
14	9.98	12.5	15.1	17.6	20.2	25.1	29.9	34.8	39.6	44.5	49.9	55.4	60.8	66.3	71.7
15	10.7	13.4	16.1	18.8	21.5	26.5	31.5	36.4	41.4	46.4	51.8	57.2	62.5	67.9	73.3
16	11.4	14.2	17.1	19.9	22.8	27.9	33.0	38.1	43.2	48.3	53.6	58.9	64.1	69.4	74.7
17	12.1	15.1	18.1	21.1	24.1	29.3	34.5	39.8	45.0	50.2	55.4	60.6	65.7	70.9	76.1
18	12.9	16.1	19.2	22.4	25.5	30.8	36.1	41.4	46.7	52.0	57.1	62.2	67.2	72.3	77.4
19	13.8	17.1	20.4	23.7	27.0	32.4	37.8	43.1	48.5	53.9	58.9	63.8	68.8	73.7	78.7
20	14.6	18.1	21.5	25.0	28.4	33.9	39.3	44.8	50.2	55.7	60.5	65.4	70.2	75.1	79.9
21	15.5	19.1	22.7	26.3	29.9	35.4	40.9	46.5	52.0	57.5	62.2	66.9	71.6	76.3	81.0
22	16.5	20.2	24.0	27.7	31.5	37.0	42.6	48.1	53.7	59.2	63.8	68.4	72.9	77.5	82.1
23	17.4	21.3	25.2	29.1	33.0	38.6	44.2	49.7	55.3	60.9	65.4	69.8	74.3	78.7	83.2
24	18.4	22.5	26.5	30.6	34.6	40.2	45.8	51.4	57.0	62.6	66.9	71.2	75.5	79.8	84.1
25	19.5	23.7	27.9	32.1	36.3	41.9	47.5	53.1	58.7	64.3	68.5	72.6	76.8	80.9	85.1
26	20.5	24.9	29.2	33.6	37.9	43.5	49.1	54.7	60.3	65.9	69.9	73.9	77.9	81.9	85.9
27	21.7	26.2	30.6	35.1	39.6	45.2	50.7	56.3	61.8	67.4	71.3	75.2	79.0	82.9	86.8
28	22.8	27.4	32.0	36.6	41.2	46.7	52.3	57.8	63.4	68.9	72.6	76.3	80.1	83.8	87.5
29	23.9	28.7	33.4	38.2	42.9	48.4	53.9	59.4	64.9	70.4	74.0	77.6	81.1	84.7	88.3
30	25.2	30.0	34.9	39.7	44.6	50.0	55.5	60.9	66.4	71.8	75.2	78.7	82.1	85.6	89.0

（一）碘量法（A）

同第一章十六、二氧化氯测定方法（一）碘量法。

（二）离子色谱法（B）

1. 方法的适用范围

本方法适用于地表水、地下水、生活污水和工业废水中氯酸盐、亚氯酸盐、溴酸盐、二氯乙酸和三氯乙酸的测定。

当进样量为 200 µl 时，氯酸盐（以 ClO_3^- 计）、亚氯酸盐（以 ClO_2^- 计）、溴酸盐（以 BrO_3^- 计）、二氯乙酸（DCAA）和三氯乙酸（TCAA）的方法检出限分别为 0.005 mg/L、0.002mg/L、0.002 mg/L、0.005 mg/L 和 0.01 mg/L，测定下限分别为 0.020 mg/L、0.008 mg/L、0.008mg/L、0.020 mg/L 和 0.04 mg/L。

2. 方法原理

样品中的目标化合物随淋洗液进入离子色谱分离柱分离，经电导检测器检测，以保留时间定性，以峰高或峰面积定量。

3. 干扰和消除

（1）氯离子色谱峰易与溴酸盐、二氯乙酸或氯酸盐色谱峰发生重叠，进样前可用 Ag/Na 柱去除。

（2）硫酸根离子色谱峰易与三氯乙酸重叠，可适当降低淋洗液浓度，进样前用 Ba 柱降低 SO_4^{2-} 浓度。

（3）亚硝酸盐色谱峰易与二氯乙酸重叠，碳酸盐淋洗液体系可通过调整淋洗液浓度、乙腈比例和柱温实现有效分离，氢氧根淋洗液体系可通过调整柱温或淋洗液浓度实现有效分离。

（4）样品中存在还原性金属离子时会使亚氯酸盐测定结果偏低，可添加硫脲掩蔽。

（5）样品中存在高浓度的二氧化氯对分析有影响，可通过吹入氮气和加入硫脲做保护剂消除干扰。

4. 仪器和设备

（1）离子色谱仪：具有电导检测器、抑制器。若使用氢氧根淋洗液，需配有淋洗液在线发生装置或二元及以上梯度泵。

（2）色谱柱。

阴离子分离柱Ⅰ：填料为聚苯乙烯/二乙烯基苯、聚乙烯醇等高聚物基质，烷基季铵或烷醇季铵等官能团，配相应阴离子保护柱，或其他等效阴离子色谱柱，适用于碳酸盐淋洗液。

阴离子分离柱Ⅱ：填料为聚苯乙烯/二乙烯基苯，烷醇基季铵等官能团，配相应阴离子保护柱，或其他等效阴离子色谱柱，适用于氢氧根淋洗液。

（3）抽滤装置：配有孔径≤0.45 µm 的醋酸纤维或聚乙烯滤膜。

（4）样品瓶：聚乙烯等塑料材质。测定亚氯酸盐时，应用棕色瓶或锡纸包裹避光使用。

（5）针式微孔滤膜过滤器：孔径 0.22 µm，亲水材质。

（6）注射器：1～10 ml。

（7）阴离子净化柱：Na 型、Ag 型和 Ba 型，1～2.5 g。

（8）有机物净化柱：C_{18} 或同类净化柱，1～2.5 g。

5. 试剂和材料

除非另有说明，否则分析时均使用符合国家标准的分析纯试剂，实验用水为不含目标化合物，且电阻率≥18.2 MΩ·cm（25℃）的去离子水。

（1）乙腈（CH_3CN）：色谱纯。

（2）氢氧化钠（NaOH）：优级纯，颗粒状固体小球状。

（3）硫脲（CH_4N_2S）。

（4）碳酸钠（Na_2CO_3）：优级纯。

使用前于（105±5）℃烘干 2 h，置于干燥器中保存。

（5）碳酸氢钠（$NaHCO_3$）：优级纯。使用前置于干燥器中平衡 24 h。

（6）氯酸钠：ω（$NaClO_3$）≥99%。

（7）亚氯酸钠：ω（$NaClO_2$）≥80%。

（8）溴酸钠：ω（$NaBrO_3$）≥99%。

（9）二氯乙酸：ω（$Cl_2C_2H_2O_2$）≥99%。

（10）三氯乙酸：ω（$Cl_3C_2HO_2$）≥99%。

（11）50%氢氧化钠淋洗液贮备液：准确称取 100.0 g 氢氧化钠，加入 100 ml 水，搅拌至完全溶解，于聚乙烯瓶中静置 24 h，4℃以下冷藏、避光和密封，可保存 3 个月。亦可购买市售溶液。

（12）氢氧化钠溶液Ⅰ：ρ（NaOH）=40 g/L。

称取 1 g 氢氧化钠，用 25 ml 水溶解。

（13）氢氧化钠溶液Ⅱ：ρ（NaOH）=0.004 g/L。

量取 0.10 ml 氢氧化钠溶液，用水稀释至 1 L。

（14）氯酸盐标准贮备液：ρ（ClO_3^-）=1 000 mg/L。

准确称取 0.129 0 g 氯酸钠，用少量水溶解后移入 100 ml 容量瓶中，用水稀释定容至标线，4℃以下冷藏保存，可保存 4 个月。亦可购买市售有证标准溶液。

（15）亚氯酸盐标准贮备液：ρ（ClO_2^-）≈1 000 mg/L。

准确称取 0.168 0 g 亚氯酸钠，用少量氢氧化钠溶液Ⅱ溶解后移入 100 ml 容量瓶中，用氢氧化钠溶液Ⅱ稀释定容至标线，4℃以下冷藏避光保存，可保存 4 个月，使用前需进行标定，具体步骤详见本小节附录 A。亦可购买市售有证标准溶液。

（16）溴酸盐标准贮备液：ρ（BrO_3^-）=1 000 mg/L。

准确称取 0.117 0 g 溴酸钠，用少量水溶解后移入 100 ml 容量瓶中，用水稀释定容至标线，4℃以下冷藏保存，可保存 4 个月。亦可购买市售有证标准溶液。

（17）二氯乙酸标准贮备液：ρ（DCAA）=1 000 mg/L。

量取 0.400 ml 二氯乙酸，用少量水稀释后移入 250 ml 容量瓶中，用水稀释定容至标线，4℃以下冷藏保存，可保存 4 个月。亦可购买市售有证标准溶液。

（18）三氯乙酸标准贮备液：ρ（TCAA）=1 000 mg/L。

准确称取 0.101 0 g 三氯乙酸，用少量水溶解后移入 100 ml 容量瓶中，用水稀释定容至标线，4℃以下冷藏保存，可保存 4 个月。亦可购买市售有证标准溶液。

（19）混合标准中间液。

准确量取 5.00 ml 氯酸盐标准贮备液、适量（V≈2.00 ml）标定后的亚氯酸盐标准贮备液、2.00 ml 溴酸盐标准贮备液、5.00 ml 二氯乙酸标准贮备液和 10.0 ml 三氯乙酸标准贮备液于 100 ml 容量瓶中，用氢氧化钠溶液稀释定容至标线，其中 ClO_3^-、ClO_2^-、BrO_3^-、DCAA 和 TCAA 浓度分别为 50.0 mg/L、20.0 mg/L、20.0 mg/L、50.0 mg/L 和 100 mg/L，4℃以下冷藏避光保存，可保存 14 d。

（20）混合标准使用液。

准确量取 10.0 ml 标准物质混合中间液于 100 ml 容量瓶中，用氢氧化钠溶液稀释定容至标线，其中 ClO_3^-、ClO_2^-、BrO_3^-、DCAA 和 TCAA 浓度分别为 5.00 mg/L、2.00 mg/L、2.00 mg/L、5.00 mg/L 和 10.0 mg/L，4℃以下冷藏避光保存，可保存 7 d。

（21）淋洗液。

①碳酸盐淋洗液 Ⅰ：c（Na_2CO_3）=0.6 mmol/L，c（$NaHCO_3$）=0.6 mmol/L。

准确称取 0.127 2 g 碳酸钠和 0.100 8 g 碳酸氢钠，溶于适量水后全量转移至 2 000 ml 容量瓶中，用水稀释定容至标线，混匀。

②碳酸盐淋洗液 Ⅱ：c（Na_2CO_3）=6.0 mmol/L，c（$NaHCO_3$）=1.8 mmol/L，10%乙腈。

准确称取 1.272 0 g 碳酸钠和 1.008 0 g 碳酸氢钠，溶于适量水后全量转移至 2 000 ml 容量瓶中，再添加 200 ml 乙腈，用水稀释定容至标线，混匀。

③氢氧根淋洗液：由淋洗液在线发生装置自动配制所需浓度。

④氢氧根淋洗液：c（OH^-）=50 mmol/L。

准确量取 5.20 ml 氢氧化钠淋洗液贮备液于 2 000 ml 容量瓶中，用水稀释定容至标线，混匀后立即转移至淋洗液瓶中，可加氮气保护，以缓解碱性淋洗液吸收空气中的 CO_2 而失效。

注 1：也可根据仪器型号及色谱柱说明书使用条件进行淋洗液配制。

（22）氮气：纯度≥99.999%。

6．样品

（1）样品的采集和保存。

按照《地表水和污水监测技术规范》（HJ/T 91—2002）和《地下水环境监测技术规范》（HJ 164—2020）的相关规定采集样品。至少采集 250 ml 样品，采集后，具体的保存条件和时间见表 2-16。

表 2-16　样品保存条件及时间

离子名称	保存条件	保存特殊要求	保存时间
ClO_3^-	生活污水和工业废水需调节样品 pH≈7，4℃以下冷藏保存。尽快测定	—	7 d
ClO_2^-		每 250 ml 样品中加入 0.5 g 硫脲，避光保存	24 h
BrO_3^-		—	7 d
DCAA		—	2 d
TCAA		—	2 d

（2）试样的制备。

将样品经针式微孔滤膜过滤器和阴离子净化柱过滤后，待测。阴离子净化柱使用前需用约 10 ml 实验用水洗涤，保持柱内填料表面浸润，再过滤样品，弃去前 2 ml 滤液。

注 2：若样品中有机物含量较高，为延长离子色谱分离柱使用寿命，可用有机物净化柱过滤处理，有机物净化柱使用前需按照说明书依次用甲醇和纯水活化。

（3）空白试样的制备。

以氢氧化钠溶液代替样品，按照与试样制备的相同步骤进行空白试样的制备。

7．分析步骤

（1）分析条件。

①参考条件 1。

阴离子分离柱Ⅰ，抑制器，电导检测器，进样体积：200 μl。

碳酸盐淋洗液Ⅰ，流速为 1.3 ml/min；柱温为室温；或碳酸盐淋洗液Ⅱ，流速为 1.0 ml/min，柱温为 45℃。

此参考条件下的阴离子标准溶液色谱图参见本小节附录 B 中的图 2-36 和图 2-37。

②参考条件 2。

阴离子分离柱Ⅱ，流速为 1.0 ml/min，电导池温度为 30℃，柱温为 25℃，进样体积为 200 μl。

氢氧根淋洗液梯度淋洗条件：0～20 min 时氢氧根浓度为 5 mmol/L，20～30 min 时氢氧根浓度由 5 mmol/L 升至 45 mmol/L，30.1～35 min 时氢氧根浓度为 5 mmol/L。有淋洗液在线发生装置可在线得到所需浓度，若通过梯度泵实现，梯度分析条件参见表 2-17。

表 2-17　氢氧根淋洗液梯度程序分析条件　　　　　　　　　　单位：%

时间/min	A（实验用水）	B（50 mmol/L 氢氧根淋洗液）
0	90	10
20	90	10
30	10	90
30.1	90	10
35	90	10

此参考条件下的阴离子标准溶液色谱图参见本小节附录 B 中的图 2-38。

（2）校准曲线的建立。

分别准确移取 0.00 ml、0.25 ml、0.50 ml、1.00 ml、5.00 ml、20.00 ml 混合标准使用液于一组 100 ml 容量瓶中，用氢氧化钠溶液Ⅱ稀释定容至标线，混匀。标准系列参考质量浓度见表 2-18。按照仪器参考条件，按照浓度由低到高的顺序依次测定。以各离子的质量浓度（mg/L）为横坐标，峰高或峰面积为纵坐标，建立校准曲线。

注 3：可根据被测样品的浓度确定合适的标准系列浓度范围。

（3）试样的测定。

按照与建立校准曲线相同的条件和步骤进行试样的测定。如果试样浓度高于校准曲线最高点，可用氢氧化钠溶液Ⅱ将试样稀释后测定，记录稀释倍数（f）。

表 2-18　标准系列参考质量浓度　　　　　　　　　单位：mg/L

目标化合物名称	1	2	3	4	5	6
ClO_3^-	0.000	0.025	0.050	0.100	0.250	1.000
BrO_3^-	0.000	0.010	0.020	0.040	0.100	0.400
ClO_2^-	0.000	0.010	0.020	0.040	0.100	0.400
DCAA	0.000	0.025	0.050	0.100	0.250	1.000
TCAA	0.00	0.05	0.10	0.20	0.50	2.00

（4）空白试验。

按照与试样的测定相同色谱条件和步骤进行空白试验。

8．结果计算和表示

（1）结果计算。

样品中 5 种目标化合物（氯酸盐、亚氯酸盐、溴酸盐、二氯乙酸和三氯乙酸）的质量浓度，按照下式计算。

$$\rho_i = \rho_{is} \times f$$

式中：ρ_i——样品中第 i 种目标化合物的质量浓度，mg/L；

$\quad\quad\rho_{is}$——由校准曲线得到的第 i 种目标化合物的质量浓度，mg/L；

$\quad\quad f$——稀释倍数。

（2）结果表示。

测定结果的有效数位与检出限最后一位保持一致；若有效数字大于三位，则保留三位有效数字。

9．精密度和准确度

（1）精密度。

7 家实验室对氯酸盐和二氯乙酸浓度分别为 0.025 mg/L、0.100 mg/L 和 1.00 mg/L，亚氯酸盐和溴酸盐浓度分别为 0.010 mg/L、0.040 mg/L 和 0.400 mg/L，三氯乙酸浓度分别为 0.05 mg/L、0.20 mg/L 和 2.00 mg/L 的三种浓度混合标准溶液进行 6 次重复测定，实验室内相对标准偏差为 0.1%～16.0%，实验室间相对标准偏差为 0～8.2%。

7 家实验室对不同加标浓度的地表水、地下水、污水厂出口水和医疗废水进行 6 次重复测定：实验室内相对标准偏差为 0～24.0%，实验室间相对标准偏差为 4.4%～16.0%。

（2）准确度。

7 家实验室对氯酸盐浓度为 ND～0.104 mg/L、亚氯酸盐浓度为 ND～0.011 mg/L、溴酸盐和三氯乙酸浓度为 ND、二氯乙酸浓度为 ND～0.035 mg/L 的地表水、地下水、生活污水和工业废水进行了加标测定，加标回收率为 66.8%～128%。

10．质量保证和质量控制

分析样品前应先进行空白试验。每 10 个样品或每批次（≤10 个/批）应至少做 1 个空白试样分析。空白试样中的目标化合物含量应低于相应的方法检出限，否则应查明原因，重新分析直至满足要求后再测定样品。

采用至少 6 个浓度系列（含零浓度点）建立校准曲线，校准曲线的相关系数（γ）≥0.999。

每 20 个样品或每批次（≤20 个/批）应校核一次校准曲线，即分析 1 个校准曲线中间点浓度的标准溶液，其测定结果与校准曲线该点浓度之间的相对误差应在±10%以内，否则应重新建立校准曲线。

每 10 个样品或每批次（≤10 个/批）应至少测定 1 个平行双样。平行双样测定结果的相对偏差应≤35%。

每 20 个样品或每批次（≤20 个/批）应至少做 1 个加标回收测定。其中，加标回收率应控制在 65%～130%。

11．注意事项

（1）淋洗液中添加乙腈后易产生气泡，需通过抽滤去除。

（2）使用前处理净化柱过滤时选用 1～2 ml 的小体积注射器，以减小阻力，控制过滤流速。

（3）淋洗液中添加有机溶剂后，电化学抑制器部分最好外接水作再生液，以免影响基线稳定性。

附录 A　亚氯酸盐标准贮备液的标定方法

1．方法原理

在酸性条件下，亚氯酸盐可将碘离子氧化成碘单质，应用碘量法滴定碘离子间接得到亚氯酸盐标准贮备液的浓度。

2．仪器和设备

（1）碘量瓶：250 ml。

（2）滴定管：50 ml。

3．试剂和材料

除非另有说明，否则分析时均使用符合国家标准的分析纯试剂，实验用水为二次蒸馏水或通过纯水设备制备的水，电阻率≥18 MΩ·cm。

（1）盐酸：ρ=1.19 g/ml。

（2）碘化钾。

（3）碘酸钾：优级纯。110℃烘干 2 h 后使用。

（4）硫代硫酸钠。

（5）碳酸钠。

（6）可溶性淀粉。

（7）盐酸溶液：c（HCl）=2.5 mol/L。

取 20 ml 盐酸用纯水稀释至 100 ml。

（8）碘酸钾标准溶液：ρ（1/6 KIO$_3$）=3.0 mg/L。

称取 1.5 g 碘酸钾，准确到 0.000 1 g，溶于水后准确稀释定容至 500 ml。4℃下冷藏保存半年。

（9）0.5%淀粉溶液：ρ=5.0 g/L。

称取 0.50 g 可溶性淀粉，加少许水调成糊状，慢慢倒入 100 ml 沸水中，继续煮沸至溶液澄清，冷却后贮于细口瓶中，临用现配。

（10）硫代硫酸钠溶液：c（Na$_2$S$_2$O$_3$）=0.1 mol/L。

称取 25 g 硫代硫酸钠溶于 1 000 ml 新煮沸并已冷却的水中，加 0.20 g 无水碳酸钠，贮于棕色细口瓶中，放置一周后标定其浓度。若溶液呈现浑浊，应加以过滤。4℃以下冷藏保存半年，临用前标定。

标定方法：吸取 25.00 ml 碘酸钾标准溶液，置于 250 ml 碘量瓶中，加 70 ml 新煮沸并已冷却的水，加 1.0 g 碘化钾，振荡至完全溶解后，再加入 2.00 ml 盐酸溶液，立即盖好瓶塞，混匀。在暗处放置 5 min 后，用硫代硫酸钠溶液滴定至淡黄色，加 2 ml 淀粉指示剂，继续滴定至蓝色刚好褪去。

硫代硫酸钠溶液的浓度按照下式计算。

$$c = \frac{50 \times m}{35.67 \times V}$$

式中：c——硫代硫酸钠溶液的浓度，mol/L；

$\quad\quad m$——称取的碘酸钾重量，g；

$\quad\quad V$——滴定所消耗硫代硫酸钠溶液的体积，ml；

$\quad\quad$ 35.67——相当于 1 L 的 1 mol/L 硫代硫酸钠的碘酸钾（1/6 KIO_3）的质量，g。

（11）亚氯酸盐标准贮备液：ρ（ClO_2^-）$\approx$ 1 000 mg/L。

配制步骤同本小节（二）离子色谱法。

4. 分析步骤

量取 20 ml 亚氯酸盐标准贮备液于装有 80 ml 纯水的碘量瓶中，加入 1 g 碘化钾，振荡至完全溶解后，再加入 2.00 ml 盐酸溶液，立即盖好瓶塞，混匀。在暗处放置 5 min 后，用硫代硫酸钠溶液滴定至淡黄色，加入 2 ml 淀粉指示剂，继续滴定至蓝色刚好褪去。记录硫代硫酸钠溶液的用量。

5. 结果计算

亚氯酸盐标准贮备液的质量浓度按照下式进行计算。

$$\rho = \frac{V}{20} \times c \times 16.86 \times 1\,000$$

式中：ρ——亚氯酸盐标准贮备液的质量浓度，mg/L；

$\quad\quad V$——滴定亚氯酸盐时硫代硫酸钠的用量，ml；

$\quad\quad c$——硫代硫酸钠标准溶液的浓度，mol/L；

$\quad\quad$ 20——亚氯酸盐标准贮备液的量取体积，ml；

$\quad\quad$ 16.86——在 pH 为 2 时，相当于 1.00 ml 的 1 mol/L 硫代硫酸钠的亚氯酸盐（ClO_2^-）的质量，mg。

附录 B　目标化合物标准色谱图

图 2-36～图 2-38 给出了 3 种参考条件下得到的目标化合物标准色谱图。

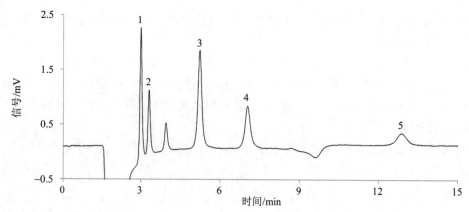

1—ClO$_2^-$; 2—BrO$_3^-$; 3—DCAA; 4—ClO$_3^-$; 5—TCAA; ρ（ClO$_3^-$）=0.05 mg/L; ρ（ClO$_2^-$）=0.05 mg/L; ρ（BrO$_3^-$）=0.05 mg/L; ρ（DCAA）=0.05 mg/L; ρ（TCAA）=0.05 mg/L。

图 2-36　目标化合物标准色谱图（碳酸盐体系 I）

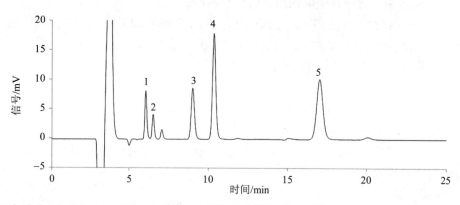

1—ClO$_2^-$; 2—BrO$_3^-$; 3—DCAA; 4—ClO$_3^-$; 5—TCAA; ρ（ClO$_3^-$）=0.800 mg/L; ρ（ClO$_2^-$）=0.200 mg/L; ρ（BrO$_3^-$）=0.200 mg/L; ρ（DCAA）=0.400 mg/L; ρ（TCAA）=2.00 mg/L。

图 2-37　目标化合物标准色谱图（碳酸盐体系 II）

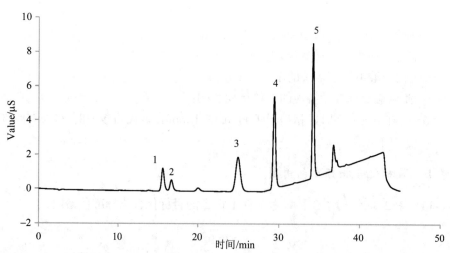

1—ClO$_2^-$; 2—BrO$_3^-$; 3—DCAA; 4—ClO$_3^-$; 5—TCAA; ρ（ClO$_3^-$）=0.800 mg/L; ρ（ClO$_2^-$）=0.200 mg/L; ρ（BrO$_3^-$）= 0.200 mg/L; ρ（DCAA）=0.400 mg/L; ρ（TCAA）=2.00 mg/L。

图 2-38　目标化合物标准色谱图（氢氧根体系）

十七、氯酸盐

氯酸盐（ClO_3^-）分子结构为 SP3 杂化类型，具有强氧化性。常见盐有氯酸钠或氯酸钾，均为无色或白色粉末状，且易潮解。钠盐分子量为 106.44，相对密度为 2.49，为立方晶系结晶，易溶于水，微溶于乙醇、乙二胺、甘油和液氨，加热到 300℃以上易分解放出氧气，在中性或弱碱性溶液中氧化力较低，但在酸性溶液或有诱导氧化剂和催化剂（如硫酸铵、硫酸铜、黄血盐等）存在时，氧化能力变强。氯酸钾相对分子质量为 122.55，相对密度为 2.30，属单斜晶系立方或三角结晶，有食盐的味道，易溶于水，难溶于乙醇和甘油，常温常压隔离状态下稳定，加热至 352℃开始分解，610℃放出所有的氧，有 MnO_2 作催化剂时，150℃分解放出氧气。

氯酸盐也是一种无机卤氧酸盐类消毒副产物，同样由二氧化氯消毒产生，其是神经、心血管和呼吸道中毒与甲状腺损害的诱因之一。人体皮肤接触或吸入氯酸钾后会导致呼吸系统疾病，出现心烦、呕吐、腹泻、皮肤过敏等症状，严重时会出现溶血、黄萎病、尿毒症、抽搐、昏迷直至肝肾功能衰竭而死，长期接触氯酸钾，可引起食欲不振、体重下降，甚至诱发癌症，对成人的致死量为 12 g、儿童为 5 g、婴儿为 1 g。植物吸收 ClO_3^- 会抑制植物细胞对 NO_3^- 的吸收和运输，导致植物缺氮，进而影响植物体的生理、营养和生殖生长。

（一）碘量法（A）*

1．方法的适用范围

本方法适用于地表水、生活饮用水中氯酸盐的测定。

本方法最低检测质量：氯酸盐为 0.004 mg。若取 15 ml 水样测定，则氯酸盐最低检测质量浓度为 0.3 mg/L。

2．方法原理

经二氧化氯消毒后的水样，用纯氮吹去二氧化氯后，先在 pH 为 7 时与碘反应测定不挥发余氯。再在 pH 为 2 时测定亚氯酸盐。经氮气吹后的水样，加溴化钾处理，避免碘化钾被溶解氧氧化产生的干扰，处理后测定氯酸盐。

3．仪器和设备

所有的玻璃仪器应专用。直接接触样品的玻璃器皿，在第一次使用前应在二氧化氯浓溶液（200～500 mg/L）中浸泡 24 h，使二氧化氯与玻璃表面形成疏水层，洗净后备用。

（1）碘量瓶：250 ml、500 ml。

（2）洗气瓶：500 ml。

（3）微量滴定管：5 ml。

（4）比色管：25 ml。

4．试剂和材料

本方法配制试剂、稀释标准溶液及洗涤玻璃仪器所用纯水均为无需氯水。

无需氯水制备方法：每升纯水加入 5 mg 游离氯，避光放置 2 d，游离余氯至少应＞2 mg/L。将加氯放置后的纯水煮沸后在日光或紫外灯下照射，以分解余氯。检查无余氯后使用。

---

* 本方法与 GB/T 5750.10—2006 等效。

（1）磷酸盐缓冲溶液，pH=7。

溶解 25.4 g 无水磷酸二氢钾和 33.1 g 无水磷酸氢二钠于 1 000 ml 纯水中，如有沉淀，应过滤后使用。

（2）盐酸：ρ（HCl）=1.19 g/ml。

（3）盐酸溶液：c（HCl）=2.5 mol/L。

将 200 ml 盐酸用纯水稀释至 1 000 ml。

（4）饱和磷酸氢二钠溶液：将十二水磷酸氢二钠用纯水配制成饱和溶液。

（5）溴化钾溶液：ρ（KBr）=50 g/L。

称取 5 g 溴化钾，用纯水溶解，并稀释至 100 ml。贮于棕色玻璃瓶中，每周新配。

（6）碘化钾：小颗粒晶体。

（7）硫代硫酸钠标准贮备溶液：c（$Na_2S_2O_3$）≈0.1 mol/L。

①配制：称取 24.5 g 五水合硫代硫酸钠和 0.2 g 无水碳酸钠溶于水中，转移到 1 000 ml 棕色容量瓶中，稀释至标线，摇匀。

②标定：于 250 ml 碘量瓶内，加入 1 g 碘化钾及 50 ml 水，加入重铬酸钾标准溶液 15.00 ml，加入（1+1）盐酸溶液 5 ml，密塞混匀。置暗处静置 5 min，用待标定的硫代硫酸钠溶液滴定至溶液呈淡黄色时，加入 1 ml 淀粉指示液，继续滴定至蓝色刚好消失，记录标准溶液用量，同时做空白滴定。

硫代硫酸钠标准溶液的浓度按照下式计算。

$$c = \frac{15.00}{(V_1 - V_2)} \times 0.100\,0$$

式中：c——硫代硫酸钠标准溶液的浓度，mol/L；

V_1——滴定重铬酸钾标准溶液时硫代硫酸钠标准溶液用量，ml；

V_2——滴定空白溶液时硫代硫酸钠标准溶液用量，ml；

0.100 0——重铬酸钾标准溶液的浓度，mol/L。

（8）硫代硫酸钠标准使用液：c（$Na_2S_2O_3$）≈0.005 mol/L。

取硫代硫酸钠标准贮备溶液用新煮沸放冷的纯水稀释配制。当 ClO_2^- 含量高时，配制成 c（$Na_2S_2O_3$）≈0.010 mol/L。

（9）0.5%淀粉溶液：ρ=5 g/L。

称取 0.5 g 淀粉，加入少量水调成糊状，加入沸水至 100 ml，搅匀，至完全溶解。

（10）碘化钾溶液：ρ（KI）=50 g/L。

称取 5 g 碘化钾，用纯水溶解，并稀释至 100 ml。储于棕色玻璃瓶中。

（11）氮气：纯度≥99.999%，需通过 50 g/L 碘化钾溶液洗涤，当碘化钾溶液变色时应更换。

5. 样品

（1）样品采集和保存。

ClO_2 易从溶液中挥发，采集水样时应避免样品与空气接触，装满采样瓶，勿留空间，避光。取样时，吸管插入样品瓶底部，弃去数次最初吸出的溶液；放出样品时应将吸管尖放置于试剂或稀释水的液面以下。

（2）试样的制备。

量取 200 ml 水样（如需要时可吸取适量水样用纯水稀释）于 500 ml 洗气瓶中，加 2 ml

磷酸盐缓冲溶液，用 1.5 L/min 流量的氮气吹气 10 min 以除去水样中全部的 ClO_2 和 Cl_2。

6．分析步骤

吸取 100 ml 吹气后的水样于 250 ml 碘量瓶中，加入 1 g 碘化钾，以 0.5%淀粉溶液作指示剂，用硫代硫酸钠标准使用液滴定至终点。记录用量，计算不挥发性余氯的平均消耗量（A）。

$$A=硫代硫酸钠标准使用液用量（ml）/水样体积（ml）$$

在上述水样中加入 2.5 mol/L 盐酸溶液 2 ml，在暗处放置 5 min，继续用硫代硫酸钠标准使用液滴定至终点，记录用量，计算亚氯酸盐（ClO_2^-）平均消耗量（B）。

$$B=硫代硫酸钠标准使用液用量（ml）/水样体积（ml）$$

不挥发性余氯、亚氯酸盐（ClO_2^-）及氯酸盐（ClO_3^-）：加 1 ml 溴化钾溶液和 2.5 mol/L 盐酸溶液 10 ml 于 25 ml 比色管中，小心加入 15 ml 吹气后的水样，尽量不接触空气，立即盖紧、混合，于暗处放置 20 min。加入 1 g 碘化钾轻微摇动使碘化钾溶解，迅速倾入已加有 25 ml 饱和磷酸氢二钠溶液的 500 ml 碘量瓶中，以 25 ml 纯水洗涤比色管，洗涤液合并于碘量瓶中，再加 200 ml 纯水稀释，摇匀。用硫代硫酸钠标准使用液滴定至终点，记录用量（ml）。同时用纯水代替水样，测定试剂空白，记录用量（ml）。计算不挥发性余氯、亚氯酸盐及氯酸盐的平均消耗量（C）。

$$C=（水样中硫代硫酸钠标准使用液用量 - 空白中硫代硫酸钠标准使用液用量）/15\ ml$$

7．结果计算和表示

（1）结果计算。

样品中氯酸盐的质量浓度按照下式计算。

$$\rho =[C-（A-B）]\times c\times 13.91\times 1\,000$$

式中：ρ——样品中氯酸盐的质量浓度，mg/L；

　　　A——滴定不挥发性余氯时硫代硫酸钠标准使用液平均消耗量，ml；

　　　B——滴定亚氯酸盐时硫代硫酸钠标准使用液平均消耗量，ml；

　　　C——滴定不挥发性余氯、亚氯酸盐及氯酸盐时，硫代硫酸钠标准使用液平均消耗量，ml；

　　　c——硫代硫酸钠标准使用液物质的量浓度，mol/L；

　　　13.91——在 pH=0.1 时，与 1.00 ml 硫代硫酸钠标准使用液[c（$Na_2S_2O_3$）=1.000mol/L]相当的 ClO_3^- 的质量，mg。

（2）结果表示。

当测定结果小于 10.0 mg/L 时，保留至小数点后一位；当测定结果大于等于 10.0 mg/L 时，保留三位有效数字。

8．精密度和准确度

4 家实验室在纯水中加入 0.50 mg/L、1.00 mg/L、3.00 mg/L 氯酸盐，各测定 6 份，回收率为 91.6%～110%，平均为 99.5%，相对标准偏差为 0～9.8%。

（二）离子色谱法（B）

同本章十六、亚氯酸盐测定方法（二）。

十八、溴酸盐

溴酸盐（BrO_3^-）常见的有钠盐或钾盐。溴酸钾室温下为无色三角晶体或白色晶状粉末，分子量为 167.0，熔点为 350℃，相对密度为 3.27，可溶于水，不溶于丙酮，微溶于乙醇。溴酸钠为无色结晶、白色颗粒或结晶性粉末，无气味，在 381℃ 时分解同时放出氧气，溶于水，不溶于乙醇，水溶液呈中性。相对密度为 3.34，有氧化性，与有机物、硫化物及易氧化物摩擦能引起燃烧或爆炸，有刺激性。

溴酸盐主要是以臭氧作为消毒剂进行水处理时所产生的无机卤氧酸盐消毒副产物。若原水中含有 Br^-，Br^- 就会被臭氧分子直接氧化生成溴酸盐或者通过 OH 氧化生成溴酸盐。溴酸盐可造成水生生物（如大型蚤、裸腹蚤、斑马鱼等）生长速度变慢、运动受抑制或死亡率增加。因其可诱发试验动物肾脏细胞肿瘤，且有遗传毒性，故溴酸盐被国际癌症研究机构定为 2B 级（较高致癌可能性）的潜在致癌物。一个体重 70 kg 的成年人，如每天饮水 2 L，当溴酸盐浓度为 5 μg/L、0.5 μg/L 和 0.05 μg/L 时，则终身致癌率为 10^{-4}、10^{-5} 和 10^{-6}，致癌风险较大。

离子色谱法（B）

同本章十六、亚氯酸盐测定方法（二）。

十九、硫氰酸盐

硫氰酸盐又称硫氰化物，为含硫氰根离子（SCN^-）的化合物，低毒。硫氰根离子易与金属离子形成配位化合物，如硫氰离子与铁（III）离子能形成血红色的配位化合物，常被用于检测硫氰离子和铁离子，具有还原性，能与二氧化锰反应生成硫氰[$(SCN)_2$]。碱金属硫氰酸盐均易溶于水，如硫氰酸钾，主要用于印染。

异烟酸—吡唑啉酮分光光度法（A）*

1. 方法的适用范围

本方法适用于火工品生产工厂排口废水中硫氰酸盐含量的测定。

当取样体积为 100 ml，使用 10 mm 比色皿时，本方法硫氰酸根的最低检出浓度为 0.04 mg/L。测定范围为 0.15～1.5 mg/L。

2. 方法原理

在中性介质中，于 50℃ 条件下，样品中硫氰酸根与氯胺 T 反应生成氯化氰，再与异烟酸作用，经水解后生成戊烯二醛，最后与吡唑啉酮缩合生成蓝色染料，在 638 nm 波长处进行分光光度测定。

3. 干扰和消除

汞氰络合物的含量超过 1 mg/L 时，对测定有一定干扰。

---

* 本方法与 GB/T 13897—1992 等效。

4．仪器和设备

（1）分光光度计。

（2）恒温水浴装置。

5．试剂和材料

（1）亚硫酸钠（Na_2SO_3）。

（2）硫氰酸钠（NaCNS）。

（3）硝酸：ρ（HNO_3）=1.42 g/ml。

（4）硝酸溶液：2+3。

（5）硫酸：ρ（H_2SO_4）=1.84 g/ml，优级纯。

（6）硫酸溶液：1+3。

（7）乙酸溶液：1+4。

（8）硝酸银标准溶液：c（$AgNO_3$）=0.1 mol/L。

（9）硫酸高铁铵溶液：ρ[$NH_4Fe(SO_4)_2 \cdot 12H_2O$]=80 g/L。

（10）氢氧化钠溶液Ⅰ：ρ（NaOH）=100 g/L。

（11）氢氧化钠溶液Ⅱ：ρ（NaOH）=20 g/L。

（12）磷酸钠溶液：ρ（$Na_3PO_4 \cdot 12H_2O$）=100 g/L。

（13）磷酸盐缓冲溶液：称取磷酸二氢钾（KH_2PO_4）34.0 g、磷酸氢二钠（Na_2HPO_4）35.5 g，用水溶解，并稀释至 1 L。

（14）氯胺T溶液：ρ（$C_7H_7SO_2NClNa \cdot 3H_2O$）=10 g/L，临用时配制。

（15）硫代硫酸钠溶液：ρ（$Na_2S_2O_3$）=25 g/L。

（16）异烟酸—吡唑啉酮显色溶液。

①异烟酸溶液：ρ=15 g/L。

称取 1.5 g 异烟酸（$C_6H_5O_2N$）溶于 24 ml 氢氧化钠溶液Ⅱ中，加水稀释至 100 ml，混匀。于棕色瓶中避光保存。

②吡唑啉酮溶液：ρ=12.5 g/L。

称取 0.25 g 3-甲基-1-苯基-5-吡唑啉酮（$C_{10}H_{10}N_2O$）溶解于 20 ml 二甲基甲酰胺[$HCON(CH_3)_2$]中，于棕色瓶中避光保存。

临用前，将异烟酸溶液和吡唑啉酮溶液按体积比 1：5 混合。

（17）硫氰酸钠标准贮备液：c（NaSCN）=0.1 mol/L。

①配制：称取 8.2 g 硫氰酸钠溶于水中，并稀释至 1 L，混匀。避光贮存于棕色玻璃瓶中。

②标定：准确移取 30～35 ml（准确至 0.01 ml）硝酸银标准溶液于 250 ml 锥形瓶中，加入 60 ml 水、5 ml（2+3）硝酸溶液及 1 ml 硫酸高铁铵溶液，在摇动下以待标定的硫氰酸钠标准贮备液进行滴定。当接近终点时，充分摇动溶液至清亮后继续滴定至溶液呈浅棕红色保持 30 s 不消失为止。记录消耗硫氰酸钠标准贮备液体积（V_3）。

③硫氰酸钠标准贮备液的物质的量浓度按照下式计算。

$$c_1 = \frac{c_2 \times V_4}{V_3}$$

式中：c_1——硫氰酸钠标准贮备液的物质的量浓度，mol/L；

c_2——硝酸银标准溶液的物质的量浓度，mol/L；

V_3——滴定消耗硫氰酸钠标准贮备液的体积，ml；

V_4——硝酸银标准溶液的体积，ml。

（18）硫氰酸钠标准中间液：按下式计算出配制 500 ml 硫氰酸钠标准中间液所需硫氰酸钠标准贮备液的体积（V，ml）：

$$V = \frac{150 \times 500}{c \times 58\,084}$$

式中：$c \times 58\,084$——1.00 ml 硫氰酸钠标准贮备液中含硫氰酸根的量，μg；

150——1.00 ml 硫氰酸钠标准中间液中含硫氰酸根的量，μg；

500——欲制备硫氰酸钠标准中间液的体积，ml。

准确吸取计算体积的硫氰酸钠标准贮备液于 500 ml 棕色容量瓶中，以水稀释至标线，混匀。1.00 ml 此溶液中含 150 μg 硫氰酸根。

（19）硫氰酸钠标准使用液。

临用前，吸取 10.00 ml 硫氰酸钠标准中间液于 100 ml 容量瓶中，以水稀样至标线，混匀。1.00 ml 此溶液中含 15.0 μg 硫氰酸根。

（20）酚酞指示液：$\rho = 10$ g/L。

称取 1 g 酚酞（$C_{20}H_{14}O_4$）溶于 100 ml 乙醇中。

6. 样品

（1）样品采集和保存。

样品采集于玻璃瓶中，立即于每升水样中加入 2.5 g 亚硫酸钠，在不断摇动下加氢氧化钠Ⅰ溶液调整其 pH≥12，于 2~5℃冷藏。水样应于 24 h 内进行测定。

（2）试样的制备。

在盛有样品的烧杯中加入 10 ml 硫代硫酸钠溶液，置于通风橱中，加入 2 ml 硫酸溶液，放入十余粒玻璃殊，盖上表面皿。在电炉上小心加热至溶液微沸，逐渐蒸发至其体积约为 100 ml，加水 100 ml，继续蒸发溶液至体积约为 100 ml 后取下冷却至室温。

向溶液中加入 2 滴酚酞指示液、5 ml 磷酸钠溶液，以氢氧化钠溶液Ⅰ调至溶液呈现红色后，转入 150 ml 容量瓶中，用水稀释至标线，混匀。用慢速滤纸过滤后贮存于具塞玻璃瓶中。

7. 分析步骤

（1）校准曲线的建立。

分别量取 0.00 ml、1.00 ml、2.00 ml、4.00 ml、6.00 ml、8.00 ml 和 10.00 ml 硫氰酸钠标准使用液于 25 ml 比色管中，滴加（1+4）乙酸溶液至溶液红色消失后，加入 5 ml 磷酸盐缓冲溶液、0.4 ml 氯胺 T 溶液，立即塞好瓶塞，混匀。于 50℃水浴中放置 5 min 后，取下冷却。加入 5 ml 异烟酸—吡唑啉酮显色溶液，以水稀释至标线，混匀，于（40±2）℃的恒温水浴中放置 30 min，取下迅速冷却。以空白试验溶液为参比，用 10 mm 比色皿，在 638 nm 波长处测定各浓度标准溶液的吸光度，计算出样品中含硫氰酸根的量。

以测定的吸光度为纵坐标，显色测定时实取硫氰酸根的量为横坐标建立校准曲线。

（2）试样的测定。

量取经过前处理后的水样 10.00 ml 于 25 ml 比色管中，按校准曲线建立相同操作步骤测量吸光度。

8. 结果计算和表示

（1）结果计算。

样品中硫氰酸盐（以硫氰酸根计）的质量浓度按照下式计算。

$$\rho = \frac{m}{V_1} \times \frac{150}{V_2}$$

式中：ρ——样品中硫氰酸盐（以硫氰酸根计）的质量浓度，mg/L；

m——从校准曲线上查出试样中硫氰酸根的量，μg；

V_1——试样体积，ml；

V_2——显色时分取试样的体积，ml；

150——试样消解定容后的体积，ml。

（2）结果表示。

当测定结果小于 1.00 mg/L 时，保留至小数点后两位；当测定结果大于等于 1.00 mg/L 时，保留三位有效数字。

9. 精密度和准确度

5 家实验室分别对浓度为 1～3 mg/L 的火工品工业废水及加标水样按分析步骤进行测定。相对标准偏差范围为 0.4%～4.4%，加标回收率范围为 91.0%～107%。

10. 注意事项

水样前处理的过程中，当水样中的汞氰络合物含量超过 0.1 mg/L 时，在第二次加水的同时补加 10 ml 硫代硫酸钠溶液，再次蒸发。

二十、硅酸盐

硅酸盐指的是硅、氧与其他化学元素（主要是铝、铁、钙、镁、钾、钠等）结合而成的化合物的总称。它在地壳中分布极广，是构成多数岩石（如花岗岩）和土壤的主要成分。大多数硅酸盐熔点高，化学性质稳定，是硅酸盐工业的主要原料。硅酸盐制品和材料广泛应用于各种工业、科学研究及日常生活中。

水中的硅酸盐是生物生长所必需的营养盐之一，是构成硅藻、放射虫和有孔虫等海洋生物有机体的重要组分，在水生态系统中起着至关重要的作用。水中的硅酸盐若低于一定浓度水平，硅藻等浮游生物的生长便会受抑制，从而导致海洋初级生产力降低；而浓度太高，则易引发赤潮等灾害性现象。

常见水中硅酸盐的测定方法包括硅钼蓝分光光度法和连续流动比色法，硅钼蓝分光光度法是手工的化学比色法，连续流动比色法则可以实现自动进样，监测人员可根据自身实验室条件选择合适的测试方法。

（一）硅钼蓝分光光度法（A）[*]

1. 方法的适用范围

本方法适用于硅酸盐含量较低的海水或河口水。

样品量为 10 ml 时，本方法的检出限为 0.03 mg/L，测定范围为 0.12～10.0 mg/L。

2. 方法原理

活性硅酸盐在酸性介质中与钼酸铵反应，生成黄色的硅钼黄，当加入含有草酸（消除磷和砷的干扰）的对甲替氨基苯酚—亚硫酸钠还原剂，硅钼黄被还原硅钼蓝，于 812 nm 波长处测定其吸光值。

---

[*] 本方法与 GB 17378.4—2007 等效。

3．仪器和设备

（1）紫外可见分光光度计：具 50 mm 石英/玻璃比色皿。

（2）具塞磨口比色管：50 ml。

（3）一般实验室常用仪器和设备。

4．试剂和材料

除非另有说明，否则分析时均使用符合国家标准的分析纯试剂，实验用水为无硅蒸馏水或等效纯水。

（1）钼酸铵溶液：20 g/L。

称取 2.0 g 钼酸铵 $[(NH_4)_6Mo_7O_{24}\cdot4H_2O]$，溶于 70 ml 水，加 6 ml 盐酸（HCl，$\rho=1.19$ g/ml），稀释至 100 ml（如浑浊应过滤），贮于聚乙烯瓶中。

（2）硫酸溶液：1+3。

在搅拌下，将 1 体积硫酸（H_2SO_4，$\rho=1.84$ g/ml），缓慢加入 3 体积水中，冷却，盛于试剂瓶中。

（3）对甲替氨基酚（硫酸盐）-亚硫酸钠溶液：称取 5 g 对甲替氨基酚（米吐尔）$[(CH_3NHC_6H_4OH)_2\cdot H_2SO_4]$，溶于 240 ml 水，加 3 g 亚硫酸钠（$Na_2SO_3$），溶解后稀释至 250 ml，过滤，贮于棕色试剂瓶中，并密封保存于冰箱中，此液可稳定一个月。

（4）草酸溶液：100 g/L。

称取 10.0 g 草酸（$H_2C_2O_4\cdot2H_2O$，优级纯），溶于水并稀释至 100 ml，过滤，贮于试剂瓶中。

（5）还原剂：将 100 ml 5 g/250 ml 对甲替氨基酚-亚硫酸钠溶液和 60 ml 100 g/L 草酸溶液混合，加 120 ml（1+3）硫酸溶液，混匀，冷却后稀释至 300 ml，贮于聚乙烯瓶中。此液临用时配制。

注 1：水中含有大量铁质、丹宁、硫化物和磷酸盐将干扰测定，还原剂中的草酸和硫酸可以消除磷酸盐的干扰，降低丹宁的影响。

（6）硅标准贮备溶液：可购买市售有证标准物质，也可按下述方法自行配制。

①用氟硅酸钠配制：300 mg/L（以 Si 计）。将氟硅酸钠（Na_2SiF_6，优级纯）在 105℃下烘干 1 h，取出置于干燥器中冷却至室温，称取 2.009 0 g 置塑料烧杯中，加入约 600 ml 水，用磁力搅拌至完全溶解（需 30 min）全量移入 1 000 ml 量瓶，加水至标线，此溶液 1.00 ml 含硅 300.0 μg，贮于塑料瓶中，有效期 1 a。

②用二氧化硅配制：300 mg/L（以 Si 计）。称取 0.641 8 g 研细至 200 目的二氧化硅或色层用硅胶（SiO_2，高纯，经 1 000℃灼烧 1 h）于铂坩埚中，加 4 g 无水碳酸钠（Na_2CO_3）混匀。在 960～1 000℃熔融 1 h，冷却后用热的纯水溶解，稀释至 1 000 ml，盛于聚乙烯瓶中。此溶液 1.00 ml 中含硅 300.0 μg，有效期 1 a。

（7）硅标准使用溶液：15 mg/L。取 5 ml 300 mg/L 硅标准贮备溶液至盛有大约 80 ml 去离子水的 100 ml 塑料容量瓶中，用去离子水定容至 100 ml 并混匀。此标准使用溶液可以稳定 1 d。

注 2：使用硅含量低的试剂，为降低空白值，试剂溶液及纯水要用塑料瓶保存。

5．样品

（1）样品的采集和保存。

样品采集后立即过滤，于 4℃以下冷藏保存，在 24 h 内分析完毕。在−20℃冷冻保存可以保存两个月。

（2）试样的制备。

样品用 0.45 μm 滤膜过滤，弃去初始滤液 50 ml，待测。

（3）空白试样的制备。

用实验用水代替样品，按照与试样的制备相同步骤制备空白试样。

6. 分析步骤

（1）校准曲线的建立。

①分别量取 15.0 mg/L 硅标准使用溶液 0.00 ml、0.50 ml、1.00 ml、2.00 ml、3.00 ml、4.00 ml 和 5.00 ml 于 100 ml 容量瓶中。

②向 7 个 50 ml 具塞磨口比色管中加入 3 ml 20 g/L 钼酸铵溶液，分别移入 20 ml 硅标准系列各点溶液，每加标准溶液后，立即混匀，放置 10 min，加入 15 ml 还原剂，加水稀释至 50 ml，混匀。其对应的硅酸盐（以 Si 计）含量分别为 0.00 μg、1.50 μg、3.00 μg、6.00 μg、9.00 μg、12.0 μg 和 15.0 μg。

③3 h 后，用 5 cm 比色皿，以水作参比，于波长 812 nm 处测定吸光度。扣除空白试验的吸光度后，和对应的硅的含量建立校准曲线。

注 3：工作曲线应在水样测定实验室制定，工作期间需每天加测工作标准溶液，以检查曲线，并需每个点位样品加测一份空白，曲线延用时间最多为一周。

注 4：此方法受水样中离子强度影响会造成盐度误差，除用盐度校正表外，最好用接近于水样盐度的人工海水制得硅酸盐工作曲线。

（2）试样的测定。

将 3 ml 钼酸铵溶液至 50 ml 具塞磨口比色管中，移入 20 ml 试样，立即混匀，放置 10 min，加入 15 ml 还原剂，加水稀释至 50 ml，混匀。按照与建立校准曲线相同步骤进行试样的测定。

注 5：测量水样时，硅酸盐溶液的温度与制定工作曲线时硅钼蓝溶液的温度之差不得超过 5℃。

注 6：本法最佳测试温度为 18～25℃，当水样温度较低时，可用水浴 18～25℃。

注 7：若水样中硅酸盐含量很低，可多取水样或改用较长光程的测定池测量；若水样中硅酸盐含量较高，可改用较短光程的测定池测量。

（3）空白试验。

用纯水代替试样，按照试样的测定相同步骤进行空白试验。

7. 结果计算和表示

（1）结果计算。

由 (A_w-A_b) 值查校准曲线或用线性回归方程计算得水样中硅含量 (x)，按下式计算水样中活性硅酸盐的浓度：

$$\rho = \frac{x}{V}$$

式中：ρ——水样中活性硅酸盐的浓度，mg/L；

x——水样中含硅量，μg；

V——水样体积，ml。

（2）结果表示。

当测定结果小于 1.00 mg/L 时，保留到小数点后两位；大于等于 1.00 mg/L 时，保留三位有效数字。

8. 精密度和准确度

（1）精密度。

2 家实验室分别对硅酸盐质量浓度为 0.200 mg/L、0.500 mg/L 和 0.800 mg/L 的统一样品进行了测定，实验室内相对标准偏差分别为 2.56%～3.14%、1.42%～1.79%、0.50%～1.76%，实验室间相对标准偏差分别为 1.10%、2.26%、7.00%。

（2）准确度。

2 家实验室对地表水样品进行硅酸盐的加标回收试验，加标回收率为 99.2%±13.6%。

9. 质量保证和质量控制

（1）每批样品（≤20 个）应测定一个校准曲线中间点浓度的标准溶液，其测定结果与校准曲线该点浓度的相对误差应≤10%。否则需重新绘制校准曲线。

（2）每批样品（≤20 个）应至少测定 10%的平行双样，当样品数量少于 10 个时，应至少测定一个平行双样。当样品硅酸盐含量≤1.00 mg/L 时，测定结果相对偏差应≤10%；当样品硅酸盐含量＞1.00 mg/L 时，测定结果相对偏差应≤5%。测定结果以平行双样的平均值报出。

（3）每批样品（≤20 个），应至少测定 1 个加标回收率或者有证标准样品。实际样品的加标回收率应控制在 86%～112%，有证标准样品的测定值应在允许范围内。

（二）连续流动比色法（A）[*]

1. 方法的适用范围
本方法适用于河口与近岸海水中溶解态硅酸盐的测定。

2. 方法原理
在酸性介质中，样品中的硅酸盐与钼酸盐溶液反应生成硅钼黄，硅钼黄被抗坏血酸溶液还原为硅钼蓝，于 820 nm 波长下测量吸光度，吸光值与样品中的硅酸盐含量成正比。

试样与试剂在蠕动泵的推动下进入化学反应模块，在密闭的管路中连续流动，被气泡按一定间隔规律地隔开，并按特定的顺序和比例混合、反应，显色完全后进入流动检测池，进行光度检测。

使用不同仪器时根据仪器设计的测量范围对样品进行稀释后测定，使样品浓度在工作曲线范围内。

3. 仪器和设备

（1）连续流动分析仪：由自动进样器、蠕动泵、化学反应模块、检测单元（820 nm 光学滤光片）、数据处理软件及其所需附件组成的分析系统。

（2）超声波清洗器。

（3）天平：精度为 0.000 1 g。

（4）滤膜：孔径为 0.45 μm，非玻璃滤膜。

（5）一般实验室常用仪器和设备。

注 1：测定硅酸盐时应避免使用硼硅酸玻璃器皿，样品瓶和容量瓶一般为聚乙烯塑料。

注 2：测定过程中的所有实验用品，其硅酸盐的残留应很低，对样品和试剂无沾污。可用 10%盐酸（V/V）清洗并用蒸馏水或去离子水冲洗干净。

---

[*] 本方法与 HJ 442—2008 等效。

4．试剂和材料

除非另有说明，否则分析时均使用符合国家标准的分析纯试剂，实验用水为新制备的去离子水（纯水机制备的新鲜水）。

（1）反应试剂和清洁液按照仪器方法进行配制，不同仪器之间可能会有所差异。

（2）校准溶液的制备：购买市售符合要求的硅酸盐标准溶液（1 000 μg/ml）。硅酸盐标准也可按下述方法自行配制，但必须定期校准。

①用氟硅酸钠配制：300 mg/L（以 Si 计）。将氟硅酸钠（Na_2SiF_6，优级纯）在 105℃下烘干 2 h，取出置于干燥器中冷却至室温，称取 2.009 0 g 置于塑料烧杯中，加入约 600 ml 水，用磁力搅拌至完全溶解（需半小时）全量移入 1 000 ml 量瓶，加水至标线，此溶液 1.00 ml 中含硅 300.0 μg，贮于塑料瓶中，有效期 1 a。

②用二氧化硅配制：300 mg/L（以 Si 计）。称取 0.641 8 g 研细至 200 目的二氧化硅或色层用硅胶（SiO_2，高纯，经 1 000℃灼烧 1 h）于铂坩埚中，加 4 g 无水碳酸钠（Na_2CO_3）混匀。在 960～1 000℃熔融 1 h，冷却后用热的纯水溶解，稀释至 1 000 ml，盛于聚乙烯瓶中。此溶液 1.00 ml 中含硅 300.0 μg，有效期 1 a。

（3）10 mg/L 硅标准使用溶液（100 ml）：取 1 ml 1 000 mg/L 硅标准储备溶液至盛有大约 80 ml 去离子水的 100 ml 塑料容量瓶中，用去离子水定容至 100 ml 并混匀。此标准使用溶液可以稳定 1 d。

注 3：确保试剂溶液中无颗粒物，如必要应先行过滤。

5．样品

样品用 0.45 μm 滤膜过滤，确保样品中没有颗粒物，弃去初始滤液 50 ml，测定。

注 4：样品过滤后应尽快分析，如果样品不能在 24 h 内测定，则应快速冷冻至-20℃保存，样品融化后立即分析。

注 5：若水样中存在硫化物影响，可用溴氧化或酸化后用氮气吹扫加以去除。

注 6：活性磷酸盐含量大于 0.15 mg/L（以 P 计）时会产生干扰，可在最后显色前用草酸加以消除。

注 7：氟化物含量大于 50 mg/L（以 F 计）时会产生干扰，用硼酸与氟离子配位加以减少干扰。

6．分析步骤

（1）校准曲线的绘制。

取一定量的 10 mg/L 硅标准使用液制备校准曲线，根据水样浓度和仪器方法检测范围进行配制，至少配制 5 个浓度点。按仪器条件依次进样，按照仪器最佳测试条件测量峰高值。以峰高值为纵坐标，硅标准梯度的质量浓度为横坐标，建立硅的校准曲线。

（2）试样测定。

按仪器操作规程，正确连接硅酸盐模块的所有流路，启动自动进样器、蠕动泵、化学反应模块、检测单元、数据处理软件。

启动后，先用去离子水代替试剂泵入管路，检查整个分析流路的密闭性及液体流动的顺畅性。待空白基线稳定后（峰高线为 10%左右），开始泵进反应试剂，待试剂基线稳定后（峰高线为 10%左右）通过进样针将曲线最高浓度点进样，出峰后调整增益值使峰高在可视范围内（90%左右），待峰高降至基线后进行样品分析。

样品测试：设置分析方法和运行程序，将标准样品和样品按照设定的分析方法顺序放入样品架上。点击系统窗口"运行"键，开始运行设定的程序。在运行自动完成后，数据将自动存储到结果文件中。

分析结束后，按顺序泵入系统清洗液和去离子水清洗试剂管路，清洗完毕后排干所有管路，关闭仪器电源。取下泵压盘，将一边泵管塑料卡条放松，将泵压盘倒放在原位置。

注 8：如果载流和标准曲线溶液的盐度与样品不一致，说明存在折射率和盐误差，应作校正。

7．结果计算和表示

（1）结果计算。

样品中硅酸盐的浓度的计算通过标准曲线的回归方程求得，其中标准的浓度为自变量，而相关的相应峰值为应变量。仪器软件报告每个样品相对于标准曲线的浓度。

（2）结果表示。

测定结果小数点位数在分析运行程序中设定。

8．精密度和准确度

（1）精密度。

2 家实验室分别对硅酸盐质量浓度为 0.35 mg/L、1.40 mg/L 和 2.80 mg/L 的统一样品进行了测定，实验室内相对标准偏差分别为 0.12%～0.91%、0.31%～0.72%、0.21%～0.43%，实验室间相对标准偏差分别为 1.70%、2.59%、1.10%。

（2）准确度。

2 家实验室对地表水样品进行硅酸盐的加标回收试验，加标回收率最终值为 106%±22.1%。

9．质量保证和质量控制

（1）校准有效性检查：每次样品分析均须绘制校准曲线，校准曲线的相关系数应大于或等于 0.995。

（2）实验室空白：每批样品（≤20 个）至少做 2 个实验室空白，空白值应低于方法检出限。否则应检查实验用水质量、试剂纯度、器皿洁净度及仪器性能等。

（3）全程序空白：每批样品（≤20 个）至少做 1 个全程序空白，空白值应低于方法检出限。否则应查明原因，重新分析直至合格才能测定样品。

（4）精密度控制：每批样品（≤20 个）至少测定 10%的平行双样，当样品数量少于 10 个时，应至少测定一个平行双样，两次平行测定结果的相对偏差应≤10%。

（5）准确度控制：每批样品（≤20 个）应至少测定 1 个加标回收率。实际样品的加标回收率应控制在 80%～110%。

必要时，每批样品（≤20 个）至少分析一个有证标准物质或实验室自行配制的质控样，有证标准物质测定结果应在允许范围内。

水和废水无机及综合指标监测分析方法

第三章　有机污染物综合指标

一、化学需氧量

化学需氧量（COD），是指在强酸并加热的条件下，用重铬酸钾作为氧化剂处理水样时所消耗氧化剂的量，以氧的 mg/L 来表示。化学需氧量反映了水中受还原性物质污染的程度，水中还原性物质包括有机物、亚硝酸盐、亚铁盐、硫化物等。水被有机物污染是很普遍的，因此化学需氧量也作为有机物相对含量的指标之一，但只能反映能被氧化的有机物污染，不能反映多环芳烃、PCBs、二噁英类等的污染状况。COD 是我国实施排放总量控制的指标之一。

水样的化学需氧量，可由于加入氧化剂的种类及浓度、反应溶液的酸度、反应温度和时间的不同以及催化剂的有无而获得不同的结果。因此，化学需氧量亦是一个条件性指标，必须严格按操作步骤进行。

对于污水，我国规定用重铬酸钾法，其测得的值称为化学需氧量。国外也有用高锰酸钾、臭氧、羟基作氧化剂的方法体系。如果使用，必须与重铬酸钾法做对照实验，做出相关系数，以重铬酸钾法上报监测数据。

（一）重铬酸盐法（A）*

警告：硫酸汞属于剧毒化学品，硫酸也具有较强的化学腐蚀性，操作时应按规定要求佩戴防护器具，避免接触皮肤和衣物，若含硫酸溶液溅出，应立即用大量清水清洗；在通风柜内进行操作；检测后的残渣残液应做妥善的安全处理。

1．方法的适用范围

本方法适用于地表水、污水中化学需氧量的测定。本方法不适用于含氯化物浓度大于 1 000 mg/L（稀释后）的水中化学需氧量的测定。

当取样量为 10.0 ml 时，本方法的检出限为 4 mg/L，测定下限为 16 mg/L。未经稀释的水样测定上限为 700 mg/L，超过此限时需稀释后测定。

2．方法原理

在水样中加入已知量的重铬酸钾溶液，并在硫酸介质下以硫酸银作为催化剂，经沸腾回流后，以试亚铁灵为指示剂，用硫酸亚铁铵滴定水样中未被还原的重铬酸钾，由消耗的重铬酸钾的量计算出消耗氧的质量浓度。

注 1：在酸性重铬酸钾条件下，除具有特殊结构的化合物如吡啶、芳烃等难以被氧化外，其余有机化合物均可有效地被氧化。

---

* 本方法与 HJ 828—2017 等效。

3. 干扰和消除

无机还原性物质如亚硝酸盐、硫化物及二价铁盐将使结果增加，将其需氧量作为水样COD值的一部分是可以接受的。本方法的主要干扰物为氯化物，可加入硫酸汞溶液去除。经回流后，氯离子可与硫酸汞结合成可溶性的氯汞配合物。硫酸汞溶液的用量，可根据水样中氯离子的含量按质量比 $m(HgSO_4)$：$m(Cl^-)$ ≥20：1 的比例加入，最大加入量为 2 ml（按氯离子最大允许浓度 1 000 mg/L 计）。高含量的氯离子对本方法产生正干扰，可采用附录 A 进行测定或粗略判定。此外，氯离子的含量也可测定电导率后按照《水质溶解氧的测定 电化学探头法》（HJ 506）附录 A 进行换算，或参照《海洋监测规范 第4部分：海水分析》（GB 17378.4）测定盐度后进行换算。

4. 仪器和设备

（1）回流装置：磨口 250 ml 锥形瓶的全玻璃回流装置，可选用水冷或风冷全玻璃回流装置，其他等效冷凝回流装置亦可。

（2）加热装置：电炉或其他等效消解装置。

（3）分析天平：感量为 0.000 1 g。

（4）酸式滴定管：25 ml 或 50 ml。

（5）一般实验室常用设备。

5. 试剂和材料

除非另有说明，否则分析时均使用符合国家标准的分析纯试剂，实验用水均为新制备的超纯水、蒸馏水或同等纯度以上的水。

（1）硫酸银（Ag_2SO_4）。

（2）硫酸汞（$HgSO_4$）。

（3）硫酸：ρ（H_2SO_4）=1.84 g/ml，优级纯。

（4）硫酸溶液：1+9（V/V）。

（5）硫酸银—硫酸溶液：称取 10 g 硫酸银，加到 1 L 硫酸中，放置 1～2 d 使之溶解，并摇匀，使用前小心摇匀。

（6）硫酸汞溶液：ρ（$HgSO_4$）=100 g/L。

称取 10 g 硫酸汞，溶于 100 ml（1+9）硫酸溶液中，混匀。

（7）重铬酸钾，基准试剂：取适量重铬酸钾在 105℃烘箱中干燥至恒重。

（8）重铬酸钾标准溶液。

①重铬酸钾标准溶液Ⅰ：c（1/6 $K_2Cr_2O_7$）=0.250 0 mol/L。

准确称取 12.258 0 g 重铬酸钾溶于水中，定容至 1 000 ml。

②重铬酸钾标准溶液Ⅱ：c（1/6 $K_2Cr_2O_7$）=0.025 0 mol/L。

量取 50.00 ml 重铬酸钾标准溶液Ⅰ至 500 ml 容量瓶，用水稀释至标线，混匀。

（9）硫酸亚铁铵标准溶液。

①硫酸亚铁铵标准溶液Ⅰ：$c[(NH_4)_2Fe(SO_4)_2 \cdot 6H_2O]$≈0.05 mol/L。

称取 19.5 g 硫酸亚铁铵[$(NH_4)_2Fe(SO_4)_2 \cdot 6H_2O$]溶解于水中，加入 10 ml 硫酸，待溶液冷却后稀释至 1 000 ml。

临用前，必须用重铬酸钾标准溶液Ⅰ准确标定硫酸亚铁铵标准溶液Ⅰ的浓度。

取 5.00 ml 重铬酸钾标准溶液Ⅰ置于锥形瓶中，用水稀释至约 50 ml，缓慢加入 15 ml 硫酸，混匀，冷却后加入 3 滴（约 0.15 ml）试亚铁灵指示剂，用硫酸亚铁铵标准溶液Ⅰ滴定，溶液的颜色由黄色经蓝绿色变为红褐色即为终点。记录下硫酸亚铁铵标准溶液Ⅰ的消耗量 V（ml）。硫酸亚铁铵标准溶液Ⅰ浓度按照下式计算。

$$c = \frac{1.25}{V}$$

式中：c——硫酸亚铁铵标准溶液Ⅰ浓度，mol/L；

V——滴定时消耗硫酸亚铁铵标准溶液Ⅰ的体积，ml。

②硫酸亚铁铵标准溶液Ⅱ：$c[(NH_4)_2Fe(SO_4)_2 \cdot 6H_2O] \approx 0.005$ mol/L。

将硫酸亚铁铵标准溶液Ⅰ稀释 10 倍，用重铬酸钾标准溶液Ⅱ标定，其滴定步骤及浓度计算分别与上述相同。

临用前，必须用重铬酸钾标准溶液Ⅱ准确标定此溶液的浓度。

（10）邻苯二甲酸氢钾标准溶液：$c(KC_8H_5O_4) = 2.082\ 4$ mmol/L。

称取 105℃烘箱中干燥 2 h 后的邻苯二甲酸氢钾（$KC_8H_5O_4$）0.425 1 g 溶于水，并稀释至 1 000 ml，混匀。以重铬酸钾为氧化剂，将邻苯二甲酸氢钾完全氧化的耗氧量为 1.176 g/g（即 1 g 邻苯二甲酸氢钾耗氧 1.176 g），故该标准溶液理论的 COD 值为 500 mg/L。或购买有证标准样品。

（11）试亚铁灵指示剂：溶解 0.7 g 七水合硫酸亚铁（$FeSO_4 \cdot 7H_2O$）于 50 ml 水中，加入 1,10-邻菲啰啉 1.5 g，搅拌至溶解，稀释至 100 ml。

（12）防爆沸玻璃珠。

6．样品

参照《地表水和污水监测技术规范》（HJ/T 91—2002）的相关规定进行水样的采集和保存。采集水样的体积不得少于 100 ml。

采集的水样应置于玻璃瓶中，并尽快分析。如不能立即分析，应加入硫酸至 pH<2，置于 4℃下保存，但保存时间不超过 5 d。

7．分析步骤

（1）COD 值≤50 mg/L 的样品。

①样品测定：将水样充分摇匀，取 10.0 ml 于锥形瓶中，依次加入硫酸汞溶液、5.00 ml 重铬酸钾标准溶液Ⅱ和几颗防爆沸玻璃珠，摇匀。硫酸汞溶液按 $m(HgSO_4) : m(Cl^-) \geqslant 20 : 1$ 的比例加入，最大加入量为 2 ml。

将锥形瓶连接到回流装置冷凝管下端，从冷凝管上端缓慢加入 15 ml 硫酸银—硫酸溶液，以防止低沸点有机物的逸出，不断旋动锥形瓶使之混合均匀。自溶液开始沸腾起，保持微沸回流 2 h。若为水冷装置，应在加入硫酸银—硫酸溶液之前，通入冷凝水。

回流冷却后，自冷凝管上端加入 45 ml 水冲洗冷凝管，使溶液体积在 70 ml 左右，取下锥形瓶。

溶液冷却至室温后，加入 3 滴试亚铁灵指示剂溶液，用硫酸亚铁铵标准溶液Ⅱ滴定，溶液的颜色由黄色经蓝绿色变为红褐色即为终点。记下硫酸亚铁铵标准溶液的消耗体积 V_1。

注 2：样品浓度低时，取样体积可适当增加，同时其他试剂量也应按比例增加。

②空白试验：按样品测定相同步骤以 10.0 ml 蒸馏水代替水样进行空白试验，记录下空白滴定时消耗硫酸亚铁铵标准溶液的体积 V_0。

（2）COD 值>50 mg/L 的样品。

①样品测定：将水样或稀释后水样充分摇匀，取出 10.0 ml 于锥形瓶中，依次加入硫酸汞

溶液、5.00 ml 重铬酸钾标准溶液 I 和几颗防爆沸玻璃珠，摇匀。其他操作与 COD 值≤50 mg/L 的样品测定相同。

待溶液冷却至室温后，加入 3 滴试亚铁灵指示剂溶液，用硫酸亚铁铵标准溶液 I 滴定，溶液的颜色由黄色经蓝绿色变为红褐色即为终点。记录硫酸亚铁铵标准溶液的消耗体积 V_1。

注 3：对于污染严重的水样，可选取所需体积 1/10 的水样和 1/10 的试剂，放入硬质玻璃管中，摇匀后，加热至沸腾数分钟，观察溶液是否变成蓝绿色。如呈蓝绿色，应再适当少取水样，重复以上试验，直至溶液不再为蓝绿色为止，从而可以确定待测水样的稀释倍数。

②空白试验：按样品测定相同步骤以 10.0 ml 蒸馏水代替水样进行空白试验，记录空白滴定时消耗硫酸亚铁铵标准溶液的体积 V_0。

8. 结果计算与表示

（1）结果计算。

样品中化学需氧量的质量浓度按照下式计算。

$$\rho = \frac{c \times (V_0 - V_1) \times 8\,000}{V_2} \times f$$

式中：ρ——样品中化学需氧量的质量浓度，mg/L；

c——硫酸亚铁铵标准溶液的浓度，mol/L；

V_0——空白试验所消耗的硫酸亚铁铵标准溶液的体积，ml；

V_1——样品测定所消耗的硫酸亚铁铵标准溶液的体积，ml；

V_2——加热回流时所取样品的体积，ml；

f——样品稀释倍数；

8 000——1/4 O_2 的摩尔质量以 mg/L 为单位的换算值。

（2）结果表示。

当测定结果小于 100 mg/L 时，保留至整数位；当测定结果大于等于 100 mg/L 时，保留三位有效数字。

9. 精密度和准确度

（1）精密度。

7 家实验室分别对（28.9±2.0）mg/L、（74.2±4.9）mg/L、（208±10）mg/L 3 种不同含量水平的有证标准样品和 600 mg/L 标准溶液进行了测定，实验室内相对标准偏差范围分别为 1.2%～4.0%、1.3%～6.1%、0.6%～2.7%、0.1%～2.3%；实验室间相对标准偏差分别为 1.6%、1.9%、1.5%、2.6%；重复性限 r 分别为 6 mg/L、7 mg/L、9 mg/L 和 19 mg/L；再现性 R 分别为 6 mg/L、8 mg/L、13 mg/L 和 47 mg/L。

7 家实验室对多种不同行业化学需氧量质量浓度为 16～3.65×10⁴ mg/L 的实际样品进行了测定，包括地表水、生活污水、污水处理厂废水、制药废水、纺织废水、印染废水、造纸废水、农药废水和冶炼废水等，所得结果：化学需氧量质量浓度为 16～95 mg/L 的相对标准偏差范围为 1.3%～11%，化学需氧量质量浓度为 108～250 mg/L 的相对标准偏差范围为 0.4%～6.2%，化学需氧量质量浓度为 340～3.65×10⁴ mg/L 的相对标准偏差范围为 0.3%～5.1%。

（2）准确度。

7 家实验室分别对（28.9±2）mg/L、（74.2±4.9）mg/L、（208±10）mg/L 3 种不同含量水平的有证标准样品进行了测定，相对误差的范围分别为−2.8%～1.6%、−5.8%～3.5%、−0.9%～2.4%。相对误差最终值分别为 0.43%±4.2%、0.14%±5.8%和 1.2%±2.2%。

10. 质量保证和质量控制

（1）空白试验。

每批样品应至少做 2 个空白试验。

（2）平行样测定。

每批样品应做 10% 的平行样，若样品数少于 10 个，应至少做 1 个平行样。平行样的相对偏差不超过 ±10%。

（3）准确度控制。

每批样品测定时，应分析 1 个有证标准样品或质控样品，其测定值应在保证值范围内或达到规定的质量控制要求，确保样品测定结果的准确性。

11. 注意事项

（1）溶液消解时应缓慢沸腾，不宜爆沸。如出现爆沸，说明溶液中出现局部过热情况，则会导致测定结果有误。爆沸的原因可能是加热过于激烈，或是防爆沸玻璃珠的效果不好。

（2）试亚铁灵的加入量虽然不影响临界点，但还是应该尽量保持一致。当溶液的颜色先变为蓝绿色再变为红褐色即达到终点，不过几分钟后可能还会重现蓝绿色。

（3）水样加热回流后，溶液中重铬酸钾剩余量应是加入量的 1/5～4/5 为宜。

（4）回流冷凝管不能用软质乳胶管，否则容易老化、变形、冷却水不通畅，影响冷却效果。

（5）用手摸冷却水时不能有温感，否则测定结果偏低。

（6）空白试验中硫酸银—硫酸溶液和硫酸汞溶液的用量应与样品中的用量保持一致。

附录 A　氯离子含量的粗判方法

氯离子含量粗判的目的是用简便快速的方法估算出水样中氯离子的含量，以确定硫酸汞的加入量。

1. 溶剂配制

（1）硝酸银溶液：c（$AgNO_3$）=0.141 mol/L。

称取 2.395 g 硝酸银，溶于 100 ml 容量瓶中，贮于棕色滴瓶中。

（2）铬酸钾溶液：ρ（K_2CrO_4）=50 g/L。

称取 5 g 铬酸钾溶于少量蒸馏水中，滴加硝酸银溶液至有红色沉淀生成。摇匀，静置 12 h，然后过滤并用蒸馏水将滤液稀释至 100 ml。

（3）氢氧化钠溶液：ρ（NaOH）=10 g/L。

称取 1 g 氢氧化钠溶于水中，稀释至 100 ml，摇匀，贮于塑料瓶中。

2. 方法步骤

取 10.0 ml 未加硫酸的水样于锥形瓶中，稀释到 20 ml，用氢氧化钠溶液调至中性（pH 试纸判定即可），加入 1 滴铬酸钾指示剂，用滴管滴加硝酸银溶液，并不断摇匀，直至出现砖红色沉淀，记录滴数，换算成体积，粗略确定水样中氯离子的含量。

为方便快捷地估算氯离子含量，先估算所用滴管滴下每滴液体的体积，再根据化学分析中每滴体积（如下按 0.04 ml 给出示例）计算给出氯离子含量与滴数的粗略换算表（表 3-1）。

3. 注意事项

（1）水样取样量大或氯离子含量高时，比较易于判断滴定终点，粗判误差相对较小。

（2）硝酸银浓度一般比较高，滴定操作一般会过量，测定的氯离子结果会大于理论浓度，由此会增加测定中硫酸汞的用量，但其对 COD 的测定无不利影响。

表 3-1　氯离子含量与滴数的粗略换算表

水样取样量/ml	氯离子测试质量浓度/（mg/L）			
	滴数：5	滴数：10	滴数：20	滴数：50
2	501	1 001	2 003	5 006
5	200	400	801	2 001
10	100	200	400	1 001

（二）快速消解分光光度法（A）*

警告：硫酸汞属于剧毒化学品，硫酸也具有较强的化学腐蚀性，操作时应按规定要求佩戴防护器具，避免接触皮肤和衣物，若含硫酸溶液溅出，应立即用大量清水清洗；在通风柜内进行操作；检测后的残渣残液应做妥善的安全处理。

1．方法的适用范围

本方法适用于地表水、地下水、污水中化学需氧量（COD）的测定。

本方法对未经稀释的水样，其 COD 测定下限为 15 mg/L，测定上限为 1 000 mg/L，其氯离子质量浓度不应大于 1 000 mg/L。对于 COD 大于 1 000 mg/L 或氯离子含量大于 1 000 mg/L 的水样，可经适当稀释后进行测定。

2．方法原理

试样中加入已知量的重铬酸钾溶液，在强硫酸介质中，以硫酸银作为催化剂，经高温消解后，用分光光度法测定 COD 值。

当试样中 COD 值为 100～1 000 mg/L，在（600±20）nm 波长处测定重铬酸钾被还原产生的三价铬 [Cr（Ⅲ）] 的吸光度，试样中 COD 值与三价铬 [Cr（Ⅲ）] 的吸光度的增加值成正比例关系，将三价铬 [Cr（Ⅲ）] 的吸光度换算成试样的 COD 值。

当试样中 COD 值为 15～250 mg/L，在（440±20）nm 波长处测定重铬酸钾未被还原的六价铬 [Cr（Ⅵ）] 和被还原产生的三价铬 [Cr（Ⅲ）] 的总吸光度；试样中 COD 值与六价铬 [Cr（Ⅵ）] 的吸光度减少值成正比例关系，与三价铬 [Cr（Ⅲ）] 的吸光度增加值成正比例关系，与总吸光度减少值成正比例关系，将总吸光度值换算成试样的 COD 值。

3．干扰和消除

（1）氯离子是主要的干扰成分，水样中含有氯离子会使测定结果偏高，加入适量硫酸汞与氯离子形成可溶性氯化汞配合物，可减少氯离子的干扰，选用低量程方法测定 COD，也可降低氯离子对测定结果的影响。

（2）在（600±20）nm 处测试时，Mn（Ⅲ）、Mn（Ⅵ）或 Mn（Ⅶ）形成红色物质，会引起正偏差，其 500 mg/L 的锰溶液（硫酸盐形式）引起正偏差 COD 值为 1 083 mg/L，其 50 mg/L 的锰溶液（硫酸盐形式）引起正偏差 COD 值为 121 mg/L；而在（440±20）nm 处，500 mg/L 的锰溶液（硫酸盐形式）的影响比较小，引起的偏差 COD 值为−7.5 mg/L，50 mg/L 的锰溶液（硫酸盐形式）的影响可忽略不计。

---

* 本方法与 HJ/T 399—2007 等效。

（3）在酸性重铬酸钾条件下，一些芳香烃类有机物、吡啶等化合物难以氧化，其氧化率较低。

（4）试样中的有机氮通常转化成铵离子，铵离子不被重铬酸钾氧化。

4．仪器和设备

（1）消解管。

①消解管应由耐酸玻璃制成，在 165℃温度下能承受 600 kPa 的压力，管盖应耐热耐酸，使用前所有的消解管和管盖均应无任何破损或裂纹。

②首次使用的消解管，应按以下方法进行清洗：在消解管中加入适量的硫酸银—硫酸溶液和重铬酸钾标准溶液 I 按体积比 6：1 混合的混合液，也可用铬酸洗液代替混合液；拧紧管盖，在 60～80℃水浴中加热管子，手执管子，颠倒摇动管子，反复洗涤管内壁；室温冷却后，拧开盖子，倒出混合液，再用水冲洗净管盖和消解管内外壁。

③当消解管作为比色管进行光度测定时，应从一批消解管中随机选取 5～10 支，加入 5 ml 水，在选定的波长处测其吸光度值，吸光度值的差值应在±0.005 之内。

④消解管作为比色管应符合使用说明书的要求，消解管用于光度测定的部位不应有擦痕和粗糙，在放入光度计前应确保管子外壁非常洁净。

（2）加热器。

①加热器应具有自动恒温加热、计时鸣叫等功能，有透明且通风的防消解液飞溅的防护盖。

②加热器加热时不会产生局部过热现象。加热孔的直径应能使消解管与加热壁紧密接触。为保证消解反应液在消解管内有充分的加热消解和冷却回流，加热孔深度一般不低于或高于消解管内消解反应液高度 5 mm。

③加热器加热后应在 10 min 内达到设定的（165±2）℃温度，其他指标及检验参照《化学需氧量（COD）测定仪检定规程》（JJG 975—2002）的有关要求。

（3）光度计：光度测量在 0～2 吸光度范围，数字显示灵敏度为 0.001 吸光度值。

①普通光度计：在测定波长处，可用普通长方形比色皿测定的光度计。

②专用光度计：在测定波长处，可用固定长方形比色皿（池）测定 COD 值的光度计或用消解比色管测定 COD 值的光度计。宜选用消解比色管测定 COD 的专用分光计。

③性能校正：在正常工作时，比色池（皿）或消解比色管装入适量水调整吸光度值为 0 时，每隔 1 min，读取记录一次数据，20 min 内吸光度小于 0.005。光度计其他指标及检验参照《化学需氧量（COD）测定仪检定规程》（JJG 975—2002）的有关要求。

（4）消解管支架：不擦伤消解比色管光度测量的部位，方便消解管的放置和取出，耐 165℃热烫的支架。

（5）离心机：可放置消解比色管进行离心分离，转速范围为 0～4 000 r/min。

（6）手动移液器（枪）：最小分度体积不大于 0.01 ml。

（7）A 级吸量管、容量瓶和量筒。

（8）搅拌器（机）。

5．试剂和材料

除非另有说明，否则分析时均使用符合国家标准的分析纯试剂，实验用水均为新制备的超纯水、蒸馏水或同等纯度以上的水。

（1）硫酸：ρ（H_2SO_4）=1.84 g/ml，优级纯。

（2）硫酸溶液：1+9（V/V）。

（3）硫酸银—硫酸溶液：ρ（Ag_2SO_4）=10 g/L。

将 5.0 g 硫酸银加入到 500 ml 硫酸中，静置 1～2 d，搅拌，使其溶解。

（4）硫酸汞溶液：ρ（$HgSO_4$）=0.24 g/ml。

将 48.0 g 硫酸汞分次加入 200 ml（1+9）硫酸溶液中，搅拌溶解，此溶液可稳定保存 6 个月。

（5）重铬酸钾（$K_2Cr_2O_7$）：优级纯。

（6）重铬酸钾标准溶液。

①重铬酸钾标准溶液 I：c（1/6 $K_2Cr_2O_7$）=0.500 mol/L。

将重铬酸钾在（120±2）℃烘箱中干燥至恒重后，称取 24.515 4 g 重铬酸钾置于烧杯中，加入 600 ml 水，搅拌下慢慢加入 100 ml 硫酸，溶解冷却后，转移此溶液于 1 000 ml 容量瓶中，用水稀释至标线，摇匀。溶液可稳定保存 6 个月。

②重铬酸钾标准溶液 II：c（1/6 $K_2Cr_2O_7$）=0.160 mol/L。

将重铬酸钾在（120±2）℃烘箱中干燥至恒重后，称取 7.844 9 g 重铬酸钾置于烧杯中，加入 600 ml 水，搅拌下慢慢加入 100 ml 硫酸，溶解冷却后，转移此溶液于 1 000 ml 容量瓶中，用水稀释至标线，摇匀。溶液可稳定保存 6 个月。

③重铬酸钾标准溶液 III：c（1/6 $K_2Cr_2O_7$）=0.120 mol/L。

将重铬酸钾在（120±2）℃烘箱中干燥至恒重后，称取 5.883 7 g 重铬酸钾置于烧杯中，加入 600 ml 水，搅拌下慢慢加入 100 ml 硫酸，溶解冷却后，转移此溶液于 1 000 ml 容量瓶中，用水稀释至标线，摇匀。溶液可稳定保存 6 个月。

（7）预装混合试剂。

①在一支消解管中，按表 3-2 的要求加入重铬酸钾溶液、硫酸汞溶液和硫酸银—硫酸溶液，拧紧盖子，轻轻摇匀，冷却至室温，避光保存。在使用前应将混合试剂摇匀。

②配制不含汞的预装混合试剂，用（1+9）硫酸溶液代替硫酸汞溶液，按照上述方法进行。

③预装混合试剂在常温避光条件下，可稳定保存 1 年。

表 3-2　预装混合试剂及方法（试剂）标识

测定方法	测定范围/（mg/L）	重铬酸钾溶液用量/ml	硫酸汞溶液用量/ml	硫酸银—硫酸溶液用量/ml	消解管规格/mm
比色池（皿）分光光度法[①]	高量程 100～1 000	1.00 重铬酸钾标准溶液 I	0.5	6.00	φ20×120 或 φ16×150
	低量程 15～250 或 15～150	1.00 重铬酸钾标准溶液 II 或 III	0.5	6.00	φ20×120 或 φ16×150
比色管分光光度法[②]	高量程 100～1 000	1.00 重铬酸钾标准溶液 I+硫酸汞溶液（2+1）		4.00	φ16×120[③] 或 φ16×100
	低量程 15～150	1.00 重铬酸钾标准溶液 III+硫酸汞溶液（2+1）		4.00	φ16×120[③] 或 φ16×100

注：①比色池（皿）分光光度法的消解管可选用 φ20 mm×120 mm 或 φ16 mm×150 mm 规格的密封管，宜选 φ20 mm×120 mm 规格的密封管；而在非密封条件下消解时，应使用 φ20mm×150 mm 的密封管。

②比色管分光光度法的消解管可选用 φ16 mm×120 mm 或 φ16 mm×100 mm 规格的密封消解比色管，宜选 φ16 mm×120 mm 规格的密封消解比色管；而在非密封条件下消解时，应使用 φ16 mm×150 mm 的消解比色管。

③φ16 mm×120 mm 密封消解比色管冷却效果较好。

（8）邻苯二甲酸氢钾（$KC_8H_5O_4$）：基准级或优级纯。

1 mol 邻苯二甲酸氢钾可以被 30 mol 重铬酸钾（1/6 $K_2Cr_2O_7$）完全氧化，其化学需氧量相当于 30 mol 的氧（1/2 O）。

（9）COD 标准贮备液。

①COD 标准贮备液Ⅰ：COD 值为 5 000 mg/L。

将邻苯二甲酸氢钾在 105～110℃烘箱中干燥至恒重后，称取 2.127 4 g 邻苯二甲酸氢钾溶于 250 ml 水中，转移此溶液于 500 ml 容量瓶中，用水稀释至标线，摇匀。此溶液在 2～8℃下贮存，或在定容前加入约 10 ml（1+9）硫酸溶液，常温贮存，可稳定保存 1 个月。

②COD 标准贮备液Ⅱ：COD 值为 1 250 mg/L。

量取 50.00 ml COD 标准贮备液Ⅰ置于 200 ml 容量瓶中，用水稀释至标线，摇匀。此溶液在 2～8℃下贮存，可稳定保存 1 个月。

③COD 标准贮备液Ⅲ：COD 值为 625 mg/L。

量取 25.00 ml COD 标准贮备液Ⅰ置于 200 ml 容量瓶中，用水稀释至标线，摇匀。此溶液在 2～8℃下贮存，可稳定保存 1 个月。

（10）COD 标准系列使用液。

①高量程（测定上限为 1 000 mg/L）COD 标准系列使用液：COD 值分别为 100 mg/L、200 mg/L、400 mg/L、600 mg/L、800 mg/L 和 1 000 mg/L。

分别量取 5.00 ml、10.00 ml、20.00 ml、30.00 ml、40.00 ml 和 50.00 ml 的 COD 标准贮备液Ⅰ加入相应的 250 ml 容量瓶中，用水定容至标线，摇匀。此溶液在 2～8℃下贮存，可稳定保存 1 个月。

②低量程（测定上限为 250 mg/L）COD 标准系列使用溶液：COD 值分别为 25 mg/L、50 mg/L、100 mg/L、150 mg/L、200 mg/L 和 250 mg/L。

分别量取 5.00 ml、10.00 ml、20.00 ml、30.00 ml、40.00 ml 和 50.00 ml 的 COD 标准贮备液Ⅱ加入相应的 250 ml 容量瓶中，用水定容至标线，摇匀。此溶液在 2～8℃下贮存，可稳定保存 1 个月。

③低量程（测定上限为 150 mg/L）COD 标准系列使用溶液：COD 值分别为 25 mg/L、50 mg/L、75 mg/L、100 mg/L、125 mg/L 和 150 mg/L。

分别量取 10.00 ml、20.00 ml、30.00 ml、40.00 ml、50.00 ml 和 60.00 ml 的 COD 标准贮备液Ⅲ加入 250 ml 容量瓶中，用水定容至标线，摇匀。此溶液在 2～8℃下贮存，可稳定保存 1 个月。

（11）硝酸银溶液：c（$AgNO_3$）=0.1 mol/L。

将 17.1 g 硝酸银溶于 1 000 ml 水。

（12）铬酸钾溶液：ρ（K_2CrO_4）=50 g/L。

将 5.0 g 铬酸钾溶解于少量水中，滴加硝酸银溶液至有红色沉淀生成，摇匀，静置 12 h，过滤并用水将滤液稀释至 100 ml。

6．样品

（1）水样的采集与保存。

水样采集不应少于 100 ml，应保存在洁净的玻璃瓶中。采集好的水样应在 24 h 内测定，否则应加入硫酸调节水样 pH≤2。在 0～4℃保存，一般可保存 7 d。

（2）试样的制备。

①水样氯离子的测定：在试管中加入 2.00 ml 试样，再加入 0.5 ml 硝酸银溶液，充分混合，最后加入 2 滴铬酸钾溶液，摇匀，如果溶液变红，氯离子溶液低于 1 000 mg/L；如果仍为黄色，氯离子质量浓度高于 1 000 mg/L。或按《水质　氯化物的测定　硝酸银滴定法》（GB 11896—1989）方法测定水样中氯离子的质量浓度。

②水样的稀释：应将水样在搅拌均匀时取样稀释，一般取被稀释水样不少于 10 ml，稀释倍数小于 10 倍。水样应逐次稀释为试样。

初步判定水样的 COD 质量浓度，选择对应量程的预装混合试剂，加入相应体积的试样，摇匀，在（165±2）℃下加热 5 min，检查管内溶液是否呈现绿色，如变绿应重新稀释后再进行测定。

7．分析步骤

（1）测定条件。

①分析测定的条件见表 3-3。宜选用比色管分光光度法测定水样中的 COD。

表 3-3　分析测定条件

测定方法	测定范围/（mg/L）	试样用量/ml	比色池（皿）或比色管规格/mm	测定波长/nm	检出限/（mg/L）
比色池（皿）分光光度法	高量程 100～1 000	3.00	20 (1)	600±20	22
	低量程 15～250 或 15～150	3.00	10 (2)	440±20	3.0
比色管分光光度法	高量程 100～1 000	2.00	φ16×120 或 φ16×100 (2)	600±20	33
	低量程 15～150	2.00	φ16×120 或 φ16×100 (2)	440±20	2.3

注：（1）长方形比色池（皿）。

（2）比色管为密封管，外径 φ16 mm，壁厚 1.3 mm，长 120 mm 的密封消解比色管消解时冷却效果较好。

②比色池（皿）分光光度法选用 φ20 mm×150 mm 规格的消解管时，消解可在非密封条件下进行。

③比色管分光光度法选用 φ16 mm×150 mm 规格的消解比色管时，消解可在非密封条件下进行。

（2）校准曲线的建立。

①打开加热器，预热到设定的（165±2）℃。

②选定预装混合试剂，摇匀试剂后再拧开消解管管盖。

③量取相应体积的 COD 标准系列溶液（试样）沿管内壁慢慢加入管中。

④拧紧消解管管盖，手执管盖颠倒摇匀消解管中溶液，用无毛纸擦净管外壁。

⑤将消解管放入（165±2）℃的加热器的加热孔中，加热器温度略有降低，待温度升到设定的（165±2）℃时，计时加热 15 min。

⑥从加热器中取出消解管，待消解管冷却至 60℃左右时，手执管盖颠倒摇动消解管几次，使管内溶液均匀，用无毛纸擦净管外壁，静置，冷却至室温。

⑦高量程方法在（600±20）nm 波长处，以水作为参比液，用光度计测定吸光度值。低量程方法在（440±20）nm 波长处，以水作为参比液，用光度计测定吸光度值。

⑧高量程 COD 标准系列使用溶液 COD 值对应其测定的吸光度值减去空白试验测定的吸光度值的差值，建立校准曲线。低量程 COD 标准系列使用溶液 COD 值对应空白试验测定的吸光度值减去其测定的吸光度值的差值，建立校准曲线。

（3）试样的测定。

①按照表 3-2 和表 3-3 的要求选定对应的预装混合试剂，将已稀释好的试样在搅拌均匀时，取相应体积的试样。

②按照校准曲线的建立步骤进行测定。

③若试样中含有氯离子，宜选用含汞预装混合试剂进行氯离子的掩蔽。在加热消解前，应颠倒摇动消解管，使氯离子同 Ag_2SO_4 易形成 AgCl 白色乳状块消失。

④若消解液浑浊或有沉淀，影响比色测定时，应用离心机离心变清后，再用光度计测定。若消解液颜色异常或离心后不能变澄清的样品不适用本测定方法。

⑤若消解管底部有沉淀影响比色测定时，应小心将消解管中上清液转入比色池（Ⅲ）中测定。

⑥测定的 COD 值由相应的校准曲线查得，或由光度计自动计算得出。

（4）空白试验。

用水代替试样，按照与试样测定的相同步骤测定其吸光度值，空白试验应与试样同时测定。

8．结果计算与表示

（1）结果计算。

在（600±20）nm 波长处测定时，样品中化学需氧量的质量浓度按照下式计算。

$$\rho = [k \times (A_s - A_b) + a] \times f$$

在（440±20）nm 波长处测定时，样品中化学需氧量的质量浓度按照下式计算。

$$\rho = [k \times (A_b - A_s) + a] \times f$$

式中：ρ——样品中化学需氧量的质量浓度，mg/L；

f——样品稀释倍数；

k——校准曲线灵敏度，mg/L；

A_s——试样测定的吸光度值；

A_b——空白试验测定的吸光度值，单位为 1；

a——校准曲线截距，mg/L。

注：COD 测定值一般保留三位有效数字。

（2）结果表示。

当测定结果小于 100 mg/L 时，保留至整数位；当测定结果大于等于 100 mg/L 时，保留三位有效数字。

9．精密度和准确度

（1）高量程方法测定的准确度和精密度。

同一实验室平行六次测定 132 mg/L COD 标准溶液相对误差为 -2.3%，511 mg/L COD 标准溶液相对误差为 0.8%。

6 家实验室分别测定 COD 值为 100 mg/L 的标准溶液实验室内相对标准偏差为 4.7%，

实验室间相对标准偏差为 5.4%。

6 家实验室分别测定 COD 值为 400 mg/L 的标准溶液实验室内相对标准偏差为 1.5%，实验室间相对标准偏差为 1.8%。

6 家实验室分别测定 COD 值为 1 000 mg/L 的标准溶液实验室内相对标准偏差为 0.9%，实验室间相对标准偏差为 0.9%。

（2）低量程方法测定的精密度和准确度。

同一实验室平行六次测定 51.9 mg/L COD 标准溶液相对误差为 2.9%，204 mg/L COD 标准溶液相对误差为 1.0%。

6 家实验室分别测定 COD 值为 25.0 mg/L 的标准溶液实验室内相对标准偏差为 7.4%，实验室间相对标准偏差为 8.8%。

6 家实验室分别测定 COD 值为 100 mg/L 的标准溶液实验室内相对标准偏差为 3.1%，实验室间相对标准偏差为 3.2%。

6 家实验室分别测定 COD 值为 250 mg/L 的标准溶液实验室内相对标准偏差为 1.7%，实验室间相对标准偏差为 1.7%。

（三）氯气校正法（高氯废水）（A）[*]

1. 方法的适用范围

本方法适用于油田、沿海炼油厂、油库、氯碱厂、废水深海排放等废水中 COD 的测定。

本方法适用于氯离子含量小于 20 000 mg/L 的高氯废水中化学需氧量（COD）的测定，方法检出限为 30 mg/L。

2. 方法原理

在水样中加入已知量的重铬酸钾溶液及硫酸汞溶液，并在强酸介质中以硫酸银作催化剂，经 2 h 沸腾回流后，以 1,10-邻菲啰啉为指示剂，用硫酸亚铁铵滴定水样中未被还原的重铬酸钾，由消耗的硫酸亚铁铵的量换算成消耗氧的质量浓度，即为表观 COD。将水样中未络合而被氧化的那部分氯离子所形成的氯气导出，再用氢氧化钠溶液吸收后，加入碘化钾，用硫酸调节 pH 为 2～3，以淀粉为指示剂，用硫代硫酸钠标准溶液滴定，消耗的硫代硫酸钠的量换算成消耗氧的质量浓度，即为氯离子校正值。表观 COD 与氯离子校正值之差，即为所测水样真实的 COD。

3. 仪器和设备

（1）回流吸收装置：玻璃制，见图 3-1。

（2）加热装置：电炉。

（3）氮气流量计：流量范围为 5～40 ml/min 的浮子流量计。

（4）酸式滴定管：25 ml 或 50 ml。

4. 试剂和材料

（1）硫酸：ρ（H_2SO_4）=1.84 g/ml。

（2）硫酸溶液：1+9。

（3）硫酸溶液：1+5。

---

[*] 本方法与 HJ/T 70—2001 等效。

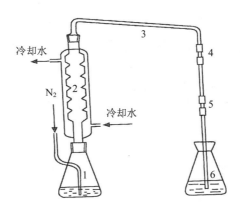

1—插管三角烧瓶；2—冷凝管；3—导出管；4、5—硅橡胶接管；6—吸收瓶。

图 3-1　回流吸收装置

（4）硫酸溶液Ⅰ：$c（1/2H_2SO_4）≈2$ mol/L。

取 55 ml 浓硫酸缓慢倒入 945 ml 水中。

（5）硫酸汞溶液：称取 30.0 g 硫酸汞溶解于 100 ml（1+9）硫酸溶液中。

（6）硫酸银—硫酸溶液：向 1 L 硫酸中加入 10 g 硫酸银（Ag_2SO_4），放置 1～2 d 使之溶解，并混匀，使用前小心摇动。

（7）重铬酸钾标准溶液：$c（1/6\ K_2Cr_2O_7）=0.250$ mol/L。

将重铬酸钾在（120±2）℃烘箱中干燥至恒重后，称取 12.258 g 重铬酸钾置于烧杯中，加入 600 ml 水，搅拌下慢慢加入 100 ml 硫酸，溶解冷却后，转移此溶液于 1 000 ml 容量瓶中，用水稀释至标线，摇匀。溶液可稳定保存 6 个月。

（8）硫酸亚铁铵标准溶液：$c[(NH_4)_2Fe(SO_4)_2·6H_2O]≈0.1$ mol/L。

①称取 39.5 g 硫酸亚铁铵[$(NH_4)_2Fe(SO_4)_2·6H_2O$]溶解于水中，加入 20 ml 硫酸，待溶液冷却后稀释至 1 000 ml。

②临用前，必须用重铬酸钾标准溶液准确标定硫酸亚铁铵标准溶液的浓度。

取 10.00 ml 重铬酸钾标准溶液置于锥形瓶中，用水稀释至约 110 ml，缓慢加入 30 ml 硫酸，混匀，冷却后加入 3 滴（约 0.15 ml）试亚铁灵指示剂，用硫酸亚铁铵标准溶液滴定，溶液的颜色由黄色经蓝绿色变为红褐色即为终点。记录下硫酸亚铁铵标准溶液的消耗量 V（ml）。硫酸亚铁铵标准溶液浓度按照下式计算。

$$c=\frac{0.250\ 0×10.00}{V}$$

式中：c——硫酸亚铁铵标准溶液浓度，mol/L；

　　　　V——滴定时消耗硫酸亚铁铵标准溶液的体积，ml。

（9）硫代硫酸钠（$Na_2S_2O_3$）标准溶液：

①硫代硫酸钠标准滴定溶液：$c（Na_2S_2O_3）≈0.05$ mol/L。

称取 12.4 g 硫代硫酸钠（$Na_2S_2O_3·5H_2O$）溶于新煮沸并加盖冷却的水中，加 1.0 g 无水碳酸钠（Na_2CO_3），移入 1 000 ml 棕色容量瓶，用水稀释至标线，摇匀。放置 7 d 后标定其准确浓度。溶液如出现浑浊，必须过滤。

②标定方法：在 250 ml 碘量瓶中，加 1.0 g 碘化钾（KI）和 50 ml 水，加 5.00 ml 重铬酸钾标准溶液，振摇至完全溶解后，加 5 ml（1+5）硫酸溶液，立即密塞摇匀。于暗处放

置 5 min 后，用待标定的硫代硫酸钠标准滴定溶液滴定至溶液呈淡黄色时，加 1 ml 1%淀粉溶液，继续滴定至蓝色刚好消失为终点。记录硫代硫酸钠标准溶液的用量，同时做空白滴定。

硫代硫酸钠标准溶液浓度按照下式计算。

$$c = \frac{0.250\,0 \times 5.00}{V_1 - V_2}$$

式中：c——硫代硫酸钠标准溶液浓度，mol/L；

V_1——滴定重铬酸钾标准溶液消耗硫代硫酸钠标准滴定溶液的体积，ml；

V_2——滴定空白溶液消耗硫代硫酸钠标准滴定溶液的体积，ml。

（10）1%淀粉溶液：ρ =10 g/L。

称取 1.0 g 可溶性淀粉，用少量水调成糊状，慢慢倒入 100 ml 沸水，继续煮沸至溶液澄清，冷却后贮存于试剂瓶中。临用现配。

（11）氢氧化钠溶液：ρ（NaOH）=20 g/L。

取 20 g 氢氧化钠溶于少量水中，稀释至 1 000 ml。

（12）邻菲啰啉指示剂溶液：溶解 0.7 g 七水合硫酸亚铁（$FeSO_4 \cdot 7H_2O$）于 50 ml 水中，加入 1,10-邻菲啰啉 1.5 g，搅拌至溶解，加水稀释至 100 ml。

（13）防爆沸玻璃珠：$\Phi 4 \sim \Phi 8$ mm，洗净、烘干备用。

（14）氮气：纯度＞99.9%。

5. 样品

水样采集不应少于 100 ml，应保存在洁净的玻璃瓶中。采集好的水样应在 24 h 内测定，否则应加入硫酸调节水样 pH≤2。在 0～4℃保存，应在 5 d 内完成测试工作。

分析前应充分摇匀水样。

6. 分析步骤

吸取水样 20.0 ml（或取适量水样加水至 20.0 ml）于 500 ml 插管三角烧瓶中，根据水样中氯离子浓度，按 m（$HgSO_4$）：m（Cl^-）=10：1 的比例加入不同体积的硫酸汞溶液（表 3-4），摇匀。加入重铬酸钾标准溶液 10.0 ml 及防爆沸玻璃珠 3～5 粒。

表 3-4　氯离子浓度不同时采用的试剂用量

氯离子浓度/（mg/L）	HgSO₄ 溶液加入量/（mg/L）	Ag₂SO₄-H₂SO₄ 加入量/ml	回流后加水量/ml
3 000	2.0	32	85
5 000	3.3	33	89
8 000	5.3	35	94
10 000	6.7	37	99
12 000	8.0	38	101
16 000	11.0	41	109
20 000	13.3	44	115

当同时测定氯离子浓度不同的一批水样时，为减少空白值的测定次数，可按氯离子浓度的高低适当进行分组。按分组中最高氯离子浓度决定硫酸汞的加入量，其比例为 m（$HgSO_4$）：m（Cl^-）=7.5：1。

将插管三角烧瓶接到冷凝管下端，接通冷凝水。通过漏斗从冷凝管上端缓慢加入硫酸银-硫酸溶液（加入体积见表 3-4），不断旋动插管三角烧瓶使之混合均匀。

吸收瓶内加入 20.0 ml 氢氧化钠溶液，并加水稀释至 200 ml。

按图 3-1 连接好装置，将导出管插入吸收瓶液面下。

通入氮气 5～10 ml/min，加热，自溶液沸腾起回流 2 h。停止加热后，加大氮气气流 30～40 ml/min，注意不要使溶液倒吸。继续通氮气 30～40 min。

取下吸收瓶，冷却至室温，加入 1.0 g 碘化钾，然后加入 7.0 ml 硫酸溶液Ⅰ（溶液 pH 为 2～3），放置 10 min，用硫代硫酸钠标准溶液滴定至淡黄色，加入淀粉指示剂继续滴定至蓝色刚好消失为终点。记录硫代硫酸钠标准溶液消耗的毫升数（V_3）。

插管三角烧瓶冷却后，从冷凝管上端加入一定量水。加水量见表 3-4。取下插管三角烧瓶。溶液冷却至室温后，加入邻菲啰啉指示剂溶液 3 滴，用硫酸亚铁铵标准溶液滴定至溶液的颜色由黄色经蓝绿色变成红褐色即为终点。记录下硫酸亚铁铵标准溶液消耗的毫升数（V_2）。

空白试验：按相同步骤以 20.0 ml 水代替试样进行空白试验，其余试剂和试样测定相同，记录下空白滴定时消耗硫酸亚铁铵标准溶液的毫升数（V_1）。

7．结果计算与表示

（1）结果计算。

样品中化学需氧量的质量浓度按照下式计算。

$$\rho_1 = \frac{c_1 \times (V_1 - V_2) \times 8\,000}{V_0}$$

$$\rho_2 = \frac{c_2 \times V_3 \times 8\,000}{V_0}$$

$$\rho_3 = \rho_1 - \rho_2$$

式中：ρ_1——样品中表观化学需氧量的质量浓度，mg/L；

ρ_2——样品中氯离子校正化学需氧量的质量浓度，mg/L；

ρ_3——样品中化学需氧量的质量浓度，mg/L；

c_1——硫酸亚铁铵标准溶液的浓度，mol/L；

c_2——硫代硫酸钠标准溶液的浓度，mol/L；

V_1——空白试验所消耗的硫酸亚铁铵标准溶液的体积，ml；

V_2——试样滴定所消耗的硫酸亚铁铵标准溶液的体积，ml；

V_3——吸收液测定所消耗的硫代硫酸钠标准溶液的体积，ml；

V_0——试样的体积，ml；

8\,000——1/4 O_2 的摩尔质量以 mg/L 为单位的换算值。

（2）结果表示。

测定结果保留三位有效数字，当计算出 COD 值小于 30 mg/L 时，应表示为"COD<30 mg/L"。

8．精密度

10 个实验室对 COD 含量为 75.5～208 mg/L，氯离子浓度为 3\,000～16\,000 mg/L 的 4 个统一样品进行了测定，实验室内相对标准偏差为 2.8%～3.6%；实验室间相对标准偏差为 3.2%～7.8%。

二、高锰酸盐指数

高锰酸盐指数，是指在酸性或碱性介质中，以高锰酸钾作为氧化剂，处理水样时所消耗的量，以氧的 mg/L 来表示。水中的亚硝酸盐、亚铁盐、硫化物等还原性无机物和在此条件下可被氧化的有机物，均可消耗高锰酸钾。因此，高锰酸盐指数常被作为地表水体受有机污染物和还原性无机物质污染程度的综合指标。

我国规定了环境水质的高锰酸盐指数的标准。高锰酸盐指数，亦被称为化学需氧量的高锰酸钾法。由于在规定条件下，水中有机物只能部分被氧化，并不是理论上的需氧量，也不是反映水体中总有机物含量的尺度。因此，用高锰酸盐指数这一术语作为水质的一项指标，以有别于重铬酸钾法的化学需氧量（应用于工业废水），更符合于客观实际。

为了避免 Cr（Ⅵ）的二次污染，日本、德国等也用高锰酸盐作为氧化剂测定废水中的化学需氧量，但其相应的排放标准也偏严。

（一）酸性法（A）[*]

1．方法的适用范围

本方法适用于氯离子含量不超过 300 mg/L 的水样。

本方法的检出限为 0.5 mg/L。

当水样的高锰酸盐指数值超过 10 mg/L 时，则酌情分取少量试样，并用水稀释后再行测定。

2．方法原理

样品中加入已知量的高锰酸钾和硫酸，在沸水浴中加热 30 min，高锰酸钾将样品中的某些有机物和无机还原性物质氧化，反应后加入过量的草酸钠还原剩余的高锰酸钾，再用高锰酸钾标准溶液回滴过量的草酸钠。通过计算得到样品中高锰酸盐指数。

3．干扰和消除

样品中无机还原性物质如 NO_2^-、S^{2-} 和 Fe^{2+} 等可被测定。氯离子浓度高于 300 mg/L，采用在碱性介质中氧化的测定方法。

4．仪器和设备

（1）沸水浴装置或相当的加热装置。

（2）250 ml 锥形瓶。

（3）50 ml 或 25 ml 酸式滴定管。

（4）定时钟。

5．试剂和材料

除非另有说明，否则均使用符合国家标准或专业标准的分析纯试剂，实验用水需使用新制备的蒸馏水、RO 反渗透膜法制备的三级水或同等纯度以上不含有机物或还原性物质的水。

注：交换树脂法得到的含有有机物或还原性物质的去离子水不可使用。

（1）硫酸：ρ（H_2SO_4）=1.84 g/ml。

（2）高锰酸钾贮备液：c（1/5 $KMnO_4$）≈0.1 mol/L。

---

[*] 本方法与 GB 11892—89 等效。

称取 3.2 g 高锰酸钾溶于 1.2 L 水中，加热煮沸，使体积减小到约 1 L，在暗处放置过夜，用 G-3 玻璃砂芯漏斗过滤后，滤液贮于棕色瓶中保存。使用前用 0.100 0 mol/L 的草酸钠标准贮备液标定，求得实际浓度。

（3）高锰酸钾使用液：c（1/5 KMnO$_4$）≈0.01 mol/L。

将高锰酸钾贮备液用水稀释 10 倍，贮存于棕色瓶中。使用当天应进行标定，并计算出准确浓度。

（4）硫酸溶液：1+3。

（5）草酸钠标准贮备液：c（1/2 Na$_2$C$_2$O$_4$）=0.100 0 mol/L。

称取 0.670 5 g 在 120℃ 烘箱中烘干 2 h 并冷却的优级纯草酸钠溶于水，移入 100 ml 容量瓶中，用水稀释至标线，混匀，4℃ 以下冷藏保存。

（6）草酸钠标准使用液：c（1/2 Na$_2$C$_2$O$_4$）=0.010 0 mol/L。

吸取 10.00 ml 上述草酸钠溶液移入 100 ml 容量瓶中，用水稀释至标线。

6. 样品

水样采集后，应加入硫酸使 pH 在 1～2，以抑制微生物活动。如保存时间超过 6 h，则需置暗处，0～5℃ 冷藏。样品应尽快分析，并在 48 h 内测定。

7. 分析步骤

（1）水样测定。

分取 100 ml 混匀水样（或分取适量，用水稀释至 100 ml。所取水样体积，要求在滴定时所消耗高锰酸钾溶液的体积在 4～6 ml，过大或过小都需要重新再取适量的水样进行测定）于 250 ml 锥形瓶中。加入（5±0.5）ml（1+3）硫酸溶液，混匀。

准确加入 10.00 ml 高锰酸钾溶液，摇匀，立即放入沸水浴中加热（30±2）min（从水浴重新沸腾起计时，沸水浴液面要高于反应溶液的液面 1 cm 以上）。保证每个样品的加热时间都是相同的。

取下锥形瓶，趁热加入草酸钠标准使用液 10.00 ml，摇匀。趁热用高锰酸钾溶液滴定至刚出现微红色，并保持 30 s 不退。记录消耗高锰酸钾溶液体积。

（2）高锰酸钾溶液浓度的标定。

将上述已滴定完毕的溶液加热至约 80℃，准确加入 10.00 ml 草酸钠标准溶液，再用高锰酸钾溶液滴定至刚出现微红色，保持 30 s 不退。记录高锰酸钾溶液的消耗量，按下式求得高锰酸钾溶液的校正系数（K）。

$$K = \frac{10.00}{V}$$

式中：K——高锰酸钾溶液的校正系数；

V——高锰酸钾溶液消耗量，ml。

（3）空白试验。

取 100 ml 实验用水，同水样操作步骤进行空白试验，记录下空白试验消耗的高锰酸钾溶液体积。

8. 结果计算和表示

（1）结果计算。

①水样不经稀释：

$$I_{Mn} = \frac{\left[(10 + V_1) \times K - 10\right] \times c \times 8 \times 1000}{100}$$

式中：I_{Mn}——高锰酸盐指数（每升样品消耗氧的毫克数），mg/L；

V_1——滴定水样时，高锰酸钾溶液的消耗量，ml；

K——校正系数；

c——草酸钠标准使用液浓度，mol/L；

8——氧（$1/2\ O$）摩尔质量，g/mol。

②水样经稀释：

$$I_{Mn} = \frac{\left\{\left[(10 + V_1) \times K - 10\right] - \left[(10 + V_0) \times K - 10\right] \times f\right\} \times c \times 8 \times 1000}{V_2}$$

式中：I_{Mn}——高锰酸盐指数（每升样品消耗氧的毫克数），mg/L；

V_1——滴定水样时，高锰酸钾溶液的消耗量，ml；

K——校正系数；

V_0——空白试验中高锰酸盐溶液消耗量，ml；

f——稀释的水样中含水的比值，例如：10.00 ml 水样，加 90 ml 水稀释至 100 ml，则 $f=0.90$；

c——草酸钠标准使用液浓度，mol/L；

V_2——分取水样量，ml；

8——氧（$1/2\ O$）摩尔质量，g/mol。

（2）结果表示。

当测定结果小于 10.0 mg/L 时，保留至小数点后一位；当测定结果大于等于 10.0 mg/L 时，保留三位有效数字。

9. 精密度和准确度

5 家实验室分析了高锰酸盐指数为 4.0 mg/L 的葡萄糖标准溶液，实验室内相对标准偏差为 4.2%；实验室间相对标准偏差为 5.2%。

10. 质量保证和质量控制

（1）空白试验。

每批次（≤20 个）样品应至少测定 2 个实验室空白样品，空白试样的测定值应小于方法检出限。

（2）精密度控制。

每批次（≤20 个）样品应至少测定 10%的平行双样，当样品数量少于 10 个时，应至少测定一个平行双样。当样品含量≤2.0 mg/L 时，平行双样测定结果的相对偏差应≤25%，样品含量＞2.0 mg/L 时，平行双样测定结果的相对偏差应≤20%。

（3）准确度控制。

每批次（≤20 个）样品应至少测定 1 个有证标准样品，有证标准样品的测定值应在允许的范围内。

11. 注意事项

（1）高锰酸盐指数是相对的条件性指标，其测定结果与溶液的酸度、高锰酸盐浓度、加热温度和时间有关。因此，测定时必须严格遵守操作规定，使结果具可比性。

（2）在水浴中加热完毕后，溶液仍应保持淡红色，如变浅或全部褪去，说明高锰酸钾的用量不够，此时，应将水样稀释倍数加大后再测定，使加热氧化后残留的高锰酸钾以其加入量的 1/3～1/2 为宜。

（3）在酸性条件下，草酸钠和高锰酸钾的反应温度应保持在 60～80℃，所以滴定操作必须趁热进行，整个过程时间控制在 5 min 以内，保证滴定完成时温度在 60℃以上。否则时间过长会引起试样温度下降，使测定结果偏高。高原地区，数据报出时，需注明水的沸点。

（二）碱性法（A）*

1．方法的适用范围

当水样中氯离子浓度高于 300 mg/L 时，应采用碱性法。

2．方法原理

在碱性溶液中，加一定量高锰酸钾溶液于水样中，加热一定时间以氧化水中的还原性无机物和部分有机物。加酸酸化后，用草酸钠溶液还原剩余的高锰酸钾，再以高锰酸钾溶液滴定至微红色。

3．仪器和设备

同本节（一）酸性法。

4．试剂和材料

氢氧化钠溶液：ρ=500 g/L。

称取 50 g 氢氧化钠溶于水并稀释至 100 ml。

其余同本节（一）酸性法。

5．样品

同本节（一）酸性法。

6．分析步骤

分取 100 ml 混匀水样（或酌情少取，用水稀释至 100 ml）于锥形瓶中，加入氢氧化钠溶液 0.5 ml，加入高锰酸钾使用液 10.00 ml。

立即将锥形瓶放入沸水浴中加热（30±2）min（从水浴重新沸腾起计时，沸水浴液面要高于反应溶液的液面 1 cm 以上）。保证每个样品的加热时间都是相同的。

取下锥形瓶，冷却至 70～80℃，加入（1+3）硫酸溶液 10 ml 并保证溶液呈酸性，加入草酸钠标准使用液 10.00 ml，摇匀。

迅速用高锰酸钾使用液回滴至溶液刚呈微红色为止，保持 30 s 不褪。

高锰酸钾溶液校正系数的测定与本节（一）酸性法相同。

7．结果计算和表示

同本节（一）酸性法。

8．精密度和准确度

3 家实验室分析了高锰酸盐指数为 4.0 mg/L 的葡萄糖标准溶液，实验室内相对标准偏差为 4.0%；实验室间相对标准偏差为 6.3%。

---

* 本方法与 GB 11892—89 等效。

9. 注意事项

同本节（一）酸性法。

三、生化需氧量

生活污水与工业废水中含有大量各类有机物。当其污染水域后，这些有机物在水体中分解时要消耗大量溶解氧，从而破坏水体中氧的平衡，使水质恶化，因缺氧造成鱼类及其他水生生物的死亡。这样的污染事故在我国时有发生。

水体中所含的有机物成分复杂，难以一一测定其成分。人们常常利用水中有机物在一定条件下所消耗的氧来间接测定水体中有机物的含量，生化需氧量即属于这类的重要指标之一。

生化需氧量的经典测定方法是稀释与接种法，日本 1990 年颁布了微生物电极法（JIS K 3602—1990），其中使用了微生物膜传感器，每次测定仅需 20 min。我国也研制出以微生物电极为核心的相关快速 BOD 测定仪，其方法已通过多家实验室验证，实际水样测定及与标准稀释法对照，取得了良好的效果。

测定生化需氧量的水样，采集时应充满并密封于瓶中，在 0～4℃进行保存。一般应在 6 h 内进行分析。若需要远距离转运，在任何情况下，贮存时间不应超过 24 h。

（一）稀释与接种法（A）*

警告：丙烯基硫脲属于有毒化合物，操作时应按规定要求佩戴防护器具，避免接触皮肤和衣物；标准溶液的配制应在通风柜内操作；检测后的残渣残夜应做妥善的安全处理。

1. 方法的适用范围

本方法适用于地表水、污水中五日生化需氧量（BOD_5）的测定。

本方法的检出限为 0.5 mg/L，测定下限为 2 mg/L，非稀释法和非稀释接种法的测定上限为 6 mg/L，稀释与稀释接种法的测定上限为 6 000 mg/L。

2. 方法原理

生化需氧量是指在规定的条件下，微生物分解水中的某些可氧化的物质，特别是分解有机物的生物化学过程消耗的溶解氧。通常情况下，五日生化需氧量是指水样充满完全密闭的溶解氧瓶中，在（20±1）℃的暗处培养 5 d+4 h 或（2+5）d±4 h［先在 0～4℃的暗处培养 2 d，接着在（20±1）℃的暗处培养 5 d，即培养（2+5）d］，分别测定培养前后水样中溶解氧的质量浓度，由培养前后溶解氧的质量浓度之差，计算每升样品消耗的溶解氧量，以 BOD_5 形式表示。

若样品中的有机物含量较多，BOD_5 的质量浓度大于 6 mg/L，样品需适当稀释后测定；对不含或含微生物少的工业废水，如酸性废水、碱性废水、高温废水、冷冻保存的废水或经过氯化处理等的废水，在测定 BOD_5 时应进行接种，以引进能分解废水中有机物的微生物。当废水中存在难以被一般生活污水中的微生物以正常的速度降解的有机物或含有剧毒物质时，应将驯化后的微生物引入水样中进行接种。

3. 仪器和设备

除非另有说明，否则分析时均使用符合国家 A 级标准的玻璃量器。使用的玻璃仪器须

---

* 本方法与 HJ 505—2009 等效。

是清洁、无毒性和可生化降解的物质。

（1）滤膜：孔径为 1.6 μm。

（2）溶解氧瓶：带水封装置，容积 250～300 ml。

（3）稀释容器：1 000～2 000 ml 的量筒或容量瓶。

（4）虹吸管：供分取水样或添加稀释水。

（5）溶解氧测定仪。

（6）冷藏箱：0～4℃。

（7）冰箱：有冷冻和冷藏功能。

（8）带风扇的恒温培养箱：（20±1）℃。

（9）曝气装置：多通道空气泵或其他曝气装置；曝气可能带来有机物、氧化剂和金属，导致空气污染，如有污染，空气应过滤清洗。

4．试剂和材料

除非另有说明，否则分析时均使用符合国家标准的分析纯试剂。实验用水均为新制备的纯水、蒸馏水或同等纯度以上的水，且水中铜离子的质量浓度不大于 0.01 mg/L，不含有氯或氯胺等物质。

（1）接种液：可购买接种微生物用的接种物质，接种液的配制和使用按说明书的要求操作。也可按以下方法获得接种液。

①未受工业废水污染的生活污水：化学需氧量不大于 300 mg/L，总有机碳不大于 100 mg/L。

②含有城镇污水的河水或湖水。

③污水处理厂的出水。

④分析含有难降解物质的工业废水时，在其排污口下游适当处取水样作为废水的驯化接种液。也可取中和或经适当稀释后的废水进行连续曝气，每天加入少量该种废水，同时加入少量生活污水，使适应该种废水的微生物大量繁殖。当水中出现大量的絮状物时，表明微生物已繁殖，可用作接种液。一般驯化过程需 3～8 d。

（2）盐溶液。

①磷酸盐缓冲溶液：称取 8.5 g 磷酸二氢钾（KH_2PO_4）、21.8 g 磷酸氢二钾（K_2HPO_4）、33.4 g 七水合磷酸氢二钠（$Na_2HPO_4 \cdot 7H_2O$）和 1.7 g 氯化铵（NH_4Cl）溶于水中，稀释至 1 000 ml，此溶液在 0～4℃的条件下可稳定保存 6 个月。此溶液的 pH 为 7.2。

②硫酸镁溶液：ρ（$MgSO_4$）=11.0 g/L。

称取 22.5 g 七水合硫酸镁（$MgSO_4 \cdot 7H_2O$）溶于水中，稀释至 1 000 ml，此溶液在 0～4℃条件下可稳定保存 6 个月，若发现任何沉淀或微生物生长应弃用。

③氯化钙溶液：ρ（$CaCl_2$）=27.6 g/L。

称取 27.6 g 无水氯化钙（$CaCl_2$）溶于水中，稀释至 1 000 ml，此溶液在 0～4℃条件下可稳定保存 6 个月，若发现任何沉淀或微生物生长应弃用。

④氯化铁溶液：ρ（$FeCl_3$）=0.15 g/L。

称取 0.25 g 六水合氯化铁（$FeCl_3 \cdot 6H_2O$）溶于水中，稀释至 1 000 ml，此溶液在 0～4℃条件下可稳定保存 6 个月，若发现任何沉淀或微生物生长应弃用。

（3）稀释水：在 5～20 L 的玻璃瓶中加入一定量的水，控制水温在（20±1）℃，用曝气装置至少曝气 1 h，使稀释水中的溶解氧达到 8 mg/L 以上。使用前每升水中加入上述四种盐溶液各 1.0 ml，混匀，于 20℃保存。在曝气的过程中应防止污染，特别是防止带入有机物、金属、氧化物或还原物。

稀释水中氧的质量浓度不能过饱和，使用前需开口放置 1 h，且应在 24 h 内使用。剩余的稀释水应弃去。

（4）接种稀释水：根据接种液的来源不同，每升稀释水中加入适量接种液。城市生活污水和污水处理厂出水加 1～10 ml，河水或湖水加 10～100 ml，将接种稀释水存放在（20±1）℃的环境中，当天配制当天使用。接种的稀释水 pH 为 7.2，BOD_5 应小于 1.5 mg/L。

（5）盐酸溶液：c（HCl）=0.5 mol/L。

移取 40 ml 浓盐酸溶于水中，稀释至 1 000 ml。

（6）氢氧化钠溶液：c（NaOH）=0.5 mol/L。

称取 20 g 氢氧化钠溶于水中，稀释至 1 000 ml。

（7）亚硫酸钠溶液：c（Na_2SO_3）=0.025 mol/L。

称取 1.575 g 亚硫酸钠（Na_2SO_3）溶于水中，稀释至 1 000 ml。此溶液不稳定，需现用现配。

（8）葡萄糖—谷氨酸标准溶液：将葡萄糖（$C_6H_{12}O_6$，优级纯）和谷氨酸（$C_5H_9NO_4$，优级纯）在 130℃干燥箱中干燥 1 h，各称取 150 mg 溶于水中，转移到 1 000 ml 容量瓶中稀释至标线。此溶液的 BOD_5 为（210±20）mg/L，现用现配。该溶液也可少量冷冻保存，融化后立刻使用。

（9）丙烯基硫脲硝化抑制剂：ρ（$C_4H_8N_2S$）=1.0 g/L。

溶解 0.20 g 丙烯基硫脲（$C_4H_8N_2S$）于 200 ml 水中混合，于 4℃保存，此溶液可稳定保存 14 d。

（10）乙酸溶液：1+1。

（11）碘化钾溶液：ρ（KI）=100 g/L。

称取 10 g 碘化钾溶于水中，稀释至 100 ml。

（12）0.5%淀粉溶液：ρ=5 g/L。

称取 0.5 g 可溶性淀粉，用少量水调成糊状，再用刚煮沸的水冲稀至 100 ml。

5. 样品

（1）样品采集和保存。

样品采集按照《地表水和污水监测技术规范》（HJ/T 91—2002）的相关规定执行。

采集的样品应充满并密封于棕色玻璃瓶中，样品量不小于 1 000 ml，在 0～4℃的暗处运输和保存，并于 24 h 内尽快分析。如 24 h 内不能分析，可冷冻保存（冷冻保存时避免样品瓶破裂），冷冻样品分析前需解冻、均质化和接种。

（2）样品的前处理。

①若样品或稀释后样品 pH 不在 6～8，应用盐酸溶液或氢氧化钠溶液调节其 pH 为 6～8。

②若样品中含有少量余氯，一般在采样后放置 1～2 h，游离氯即可消失。对在短时间内不能消失的余氯，可加入适量亚硫酸钠溶液去除样品中存在的余氯和结合氯，加入的亚硫酸钠溶液的量由下述方法确定。

取已中和好的水样 100 ml，加入（1+1）乙酸溶液 10 ml、碘化钾溶液 1 ml，混匀，暗处静置 5 min。用亚硫酸钠溶液滴定析出的碘至淡黄色，加入 1 ml 0.5%淀粉溶液呈蓝色。再继续滴定至蓝色刚刚褪去，即为终点，记录所用亚硫酸钠溶液体积，由亚硫酸钠溶液消耗的体积，计算出水样中应加亚硫酸钠溶液的体积。

③含有大量颗粒物、需要较大稀释倍数的样品或经冷冻保存的样品，测定前均需将样品搅拌均匀，进行均质化。

④若样品中有大量藻类存在，BOD$_5$的测定结果会偏高。当分析结果精度要求较高时，测定前应用滤孔为 1.6 μm 的滤膜过滤，在报告中注明滤膜滤孔的大小。

⑤若样品含盐量低，非稀释样品的电导率小于 125 μS/cm 时，需加入适量相同体积的四种盐溶液，使样品的电导率大于 125 μS/cm。

每升样品中至少需加入各种盐的体积 V 按下式计算。

$$V = \frac{\Delta K - 12.8}{113.6}$$

式中：V——需加入各种盐的体积，ml；

ΔK——样品需要提高的电导率值，μS/cm。

6. 分析步骤

（1）非稀释法。

非稀释法分为两种情况：非稀释法和非稀释接种法。

若样品中的有机物含量较少，BOD$_5$的质量浓度不大于 6 mg/L，且样品中有足够的微生物，用非稀释法测定。若样品中的有机物含量较少，BOD$_5$的质量浓度不大于 6 mg/L，但样品中无足够的微生物，如酸性废水、碱性废水、高温废水、冷冻保存的废水或经过氯化处理等的废水，采用非稀释接种法测定。

①试样的制备。

i）待测试样：测定前待测试样的温度达到（20±2）℃，若样品中溶解氧浓度低，需要用曝气装置曝气 15 min，充分振摇赶走样品中残留的空气泡；若样品中氧过饱和，将容器的 2/3 体积充满样品，用力振荡赶出过饱和氧，然后根据试样中微生物含量情况确定测定方法。非稀释法可直接取样测定；非稀释接种法，每升试样中加入适量的接种液，待测定。若试样中含有硝化细菌，有可能发生硝化反应，需在每升试样中加入 2 ml 丙烯基硫脲硝化抑制剂。

ii）空白试样：非稀释接种法，每升稀释水中加入与试样中相同量的接种液作为空白试样，需要时每升试样中加入 2 ml 丙烯基硫脲硝化抑制剂。

②试样的测定。

i）碘量法测定试样中的溶解氧：将试样充满两个溶解氧瓶中，使试样少量溢出，防止试样中的溶解氧质量浓度发生改变，使瓶中存在的气泡靠瓶壁排出。将一瓶盖上瓶盖，加上水封，在瓶盖外罩上一个密封罩，防止培养期间水封水蒸发干，在恒温培养箱中培养 5 d±4 h 或（2+5）d±4 h 后测定试样中溶解氧的质量浓度。另一瓶 15 min 后测定试样在培养前溶解氧的质量浓度。

溶解氧的测定按《水质　溶解氧的测定　碘量法》（GB 7489—87）进行操作。

ii）电化学探头法测定试样中的溶解氧：将试样充满一个溶解氧瓶中，使试样少量溢出，防止试样中的溶解氧质量浓度发生改变，使瓶中存在的气泡靠瓶壁排出。测定培养前试样中的溶解氧的质量浓度。盖上瓶盖，防止样品中残留气泡，加上水封，在瓶盖外罩上一个密封罩，防止培养期间水封水蒸发干。将试样瓶放入恒温培养箱中培养 5 d±4 h 或（2+5）d±4 h。测定培养后试样中溶解氧的质量浓度。

溶解氧的测定按照《水质　溶解氧的测定　电化学探头法》（HJ 506—2009）进行操作。空白试验与试样的测定方法相同。

（2）稀释与接种法。

稀释与接种法分为两种情况：稀释法和稀释接种法。

若试样中的有机物含量较多，BOD_5 的质量浓度大于 6 mg/L，且样品中有足够的微生物，采用稀释法测定；若试样中的有机物含量较多，BOD_5 的质量浓度大于 6 mg/L，但试样中无足够的微生物，采用稀释接种法测定。

①试样的准备。

i）待测试样：待测试样的温度达到（20±2）℃，若试样中溶解氧浓度低，需要用曝气装置曝气 15 min，充分振摇赶走样品中残留的气泡；若样品中氧过饱和，将容器的 2/3 体积充满样品，用力振荡赶出过饱和氧，然后根据试样中微生物含量情况确定测定方法。稀释法测定，稀释倍数按表 3-5 和表 3-6 方法确定，然后用稀释水稀释。稀释接种法测定，用接种稀释水稀释样品。若样品中含有硝化细菌，有可能发生硝化反应，需在每升试样培养液中加入 2 ml 丙烯基硫脲硝化抑制剂。

表 3-5　典型的比值 R

水样的类型	总有机碳 R（BOD_5/TOC）	高锰酸盐指数 R （BOD_5/I_{Mn}）	化学需氧量 R （BOD_5/COD_{Cr}）
未处理的废水	1.2～2.8	1.2～1.5	0.35～0.65
生化处理的废水	0.3～1.0	0.5～1.2	0.20～0.35

表 3-6　BOD_5 测定的稀释倍数

BOD_5 的期望值/（mg/L）	稀释倍数	水样类型
6～12	2	河水，生物净化的城市污水
10～30	5	河水，生物净化的城市污水
20～60	10	生物净化的城市污水
40～120	20	澄清的城市污水或轻度污染的工业废水
100～300	50	轻度污染的工业废水或原城市污水
200～600	100	轻度污染的工业废水或原城市污水
400～1 200	200	重度污染的工业废水或原城市污水
1 000～3 000	500	重度污染的工业废水
2 000～6 000	1 000	重度污染的工业废水

稀释倍数的确定：样品稀释的程度应使消耗的溶解氧质量浓度不小于 2 mg/L，培养后样品中剩余的溶解氧质量浓度不小于 2 mg/L，且试样中剩余的溶解氧的质量浓度为开始浓度的 1/3～2/3 为最佳。

稀释倍数可根据样品的总有机碳（TOC）、高锰酸盐指数（I_{Mn}）或化学需氧量（COD）的测定值，按照表 3-5 列出的 BOD_5 与总有机碳（TOC）、高锰酸盐指数（I_{Mn}）或化学需氧量（COD）的比值 R 估计 BOD_5 的期望值（R 与样品的类型有关），再根据表 3-6 确定稀释因子。当不能准确地选择稀释倍数时，一个样品可做 2～3 个不同的稀释倍数。

由表 3-5 中选择适当的 R 值，BOD_5 质量浓度的期望值按照下式计算。

$$\rho = R \times Y$$

式中：ρ——BOD_5 质量浓度的期望值，mg/L；

Y——总有机碳（TOC）、高锰酸盐指数（I_{Mn}）或化学需氧量（COD_{Cr}）的值，mg/L。

由估算出的 BOD_5 的期望值，按表 3-6 确定样品的稀释倍数。

按照确定的稀释倍数，将一定体积的试样或处理后的试样用虹吸管加入已加部分稀释水或接种稀释水的稀释容器中，加稀释水或接种稀释水至刻度，轻轻混合避免产生残留气泡，待测定。若稀释倍数超过 100 倍，可进行两步或多步稀释。

若试样中有微生物毒性物质，应配制几个不同稀释倍数的试样，选择与稀释倍数无关的结果，并取其平均值。试样测定结果与稀释倍数的关系确定如下：

当分析结果精度要求较高或存在微生物毒性物质时，一个试样要做两个以上不同的稀释倍数，每个试样每个稀释倍数做平行双样同时进行培养。测定培养过程中根据每瓶试样氧的消耗量，画出氧消耗量对每一稀释倍数试样中原样品的体积曲线。

若此曲线呈线性，则此试样中不含有任何抑制微生物的物质，即样品的测定结果与稀释倍数无关；若曲线仅在低浓度范围内呈线性，取线性范围内稀释比的试样测定结果计算 BOD_5 的平均值。

ii）空白试样：稀释法测定，空白试样为稀释水，需要时每升稀释水中加入 2 ml 丙烯基硫脲硝化抑制剂。

稀释接种法测定，空白试样为接种稀释水，必要时每升接种稀释水中加入 2 ml 丙烯基硫脲硝化抑制剂。

②试样的测定。试样和空白试验方法同非稀释法中试样和空白的测定。

7．结果计算与表示

（1）结果计算。

①非稀释法：非稀释法 BOD_5 的质量浓度按照下式计算。

$$\rho = \rho_1 - \rho_2$$

式中：ρ——非稀释法 BOD_5 的质量浓度，mg/L；

ρ_1——水样在培养前的溶解氧质量浓度，mg/L；

ρ_2——水样在培养后的溶解氧质量浓度，mg/L。

②非稀释接种法：非稀释接种法 BOD_5 的质量浓度按照下式计算。

$$\rho = (\rho_1 - \rho_2) - (\rho_3 - \rho_4)$$

式中：ρ——非稀释接种法 BOD_5 的质量浓度，mg/L；

ρ_1——接种水样在培养前的溶解氧质量浓度，mg/L；

ρ_2——接种水样在培养后的溶解氧质量浓度，mg/L；

ρ_3——空白样在培养前的溶解氧质量浓度，mg/L；

ρ_4——空白样在培养后的溶解氧质量浓度，mg/L。

③稀释与接种法：稀释与接种法 BOD_5 的质量浓度按照下式计算。

$$\rho = \frac{(\rho_1 - \rho_2) - (\rho_3 - \rho_4) \times f_1}{f_2}$$

式中：ρ——稀释与接种法 BOD_5 的质量浓度，mg/L；

　　　ρ_1——接种稀释水样在培养前的溶解氧质量浓度，mg/L；

　　　ρ_2——接种稀释水样在培养后的溶解氧质量浓度，mg/L；

　　　ρ_3——空白样在培养前的溶解氧质量浓度，mg/L；

　　　ρ_4——空白样在培养后的溶解氧质量浓度，mg/L；

　　　f_1——接种稀释水或稀释水在培养液中所占的比例；

　　　f_2——原样品在培养液中所占的比例。

（2）结果表示。

BOD_5 测定结果以氧的质量浓度（mg/L）报出。对稀释与接种法，如果有几个稀释倍数的结果满足要求，结果取这些稀释倍数结果的平均值。

当测定结果小于 100 mg/L 时，保留一位小数；当测定结果在 100～1 000 mg/L 时，取整数位；当测定结果大于 1 000 mg/L 时，以科学计数法报出。

结果报告中应注明：样品是否经过过滤、冷冻或均质化处理。

8. 精密度和准确度

非稀释法实验室间的重现性标准偏差为 0.10～0.22 mg/L，再现性标准偏差为 0.26～0.85 mg/L。稀释法和稀释接种法的对比测定结果重现性标准偏差为 11 mg/L，再现性标准偏差为 3.7～22 mg/L。

9. 质量保证和质量控制

（1）空白试样。

每一批样品做两个分析空白试样，稀释法空白试验结果不能超过 0.5 mg/L，非稀释接种法和稀释接种法空白试验结果不能超过 1.5 mg/L，否则应检查可能的污染来源。

（2）接种液、稀释水质量的检查。

每一批样品要求做一个标准样品，样品的配制方法如下：取 20 ml 葡萄糖—谷氨酸标准溶液于稀释容器中，用接种稀释水稀释至 1 000 ml，测定 BOD_5，结果应在 180～230 mg/L 范围内，否则应检查接种液、稀释水的质量。

（3）平行样品。

每一批样品至少做一组平行样，计算相对偏差。当 BOD_5 小于 3 mg/L 时，相对偏差应≤15%；当 BOD_5 为 3～100 mg/L 时，相对偏差应≤20%；当 BOD_5 大于 100 mg/L 时，相对偏差应≤25%。

（二）微生物传感器快速测定法（A）[*]

方法规定了测定水和污水中生化需氧量（BOD）的微生物传感器快速测定法。生物化学需氧量是指水和污水中溶解性可生化降解的有机物，在微生物作用下所消耗溶解氧的量。

1. 方法的适用范围

本方法适用于地表水、生活污水和不含对微生物有明显毒害作用的工业废水中 BOD 的测定。

---

[*] 本方法与 HJ/T 86—2002 等效。

2．方法原理

在一定条件下，微生物分解存在于水中的某些可被氧化物质。特别是有机物所进行的生物化学过程中消耗溶解氧的量，叫作生化需氧量，用 BOD 表示。

测定水中 BOD 的微生物传感器是由氧电极和微生物菌膜构成，其原理是当含有饱和溶解氧的样品进入流通池中与微生物传感器接触，样品中溶解性可生化降解的有机物受到微生物菌膜中菌种的作用，而消耗一定量的氧，使扩散到氧电极表面上氧的质量减少。当样品中可生化降解的有机物向菌膜扩散速度（质量）达到恒定时，此时扩散到氧电极表面上氧的质量也达到恒定，因此产生一个恒定电流。由于恒定电流的差值与氧的减少量存在定量关系，据此可换算出样品中的生化需氧量。

3．干扰和消除

水中以下物质对本方法测定不产生明显干扰的最大允许量为：Co^{2+} 5 mg/L；Mn^{2+} 5 mg/L；Zn^{2+} 4 mg/L；Fe^{2+} 5 mg/L；Cu^{2+} 2 mg/L；Hg^{2+} 2 mg/L；Pb^{2+} 5 mg/L；Cd^{2+} 5 mg/L；Cr（VI）0.5 mg/L；CN^- 0.05 mg/L；悬浮物 250 mg/L。对含有游离氯或结合氯的样品可加入 1.575 g/L 的亚硫酸钠溶液使样品中游离氯或结合氯失效，但应避免添加过量。对微生物膜内菌种有毒害作用的高浓度杀菌剂、农药类的污水不适用本测定方法。

4．仪器和设备

（1）微生物传感器快速测定仪：按说明书使用并选择测量条件。

（2）微生物菌膜：微生物菌膜内菌种应均匀，膜与膜之间应尽可能一致。其保存方法能湿法保存也可在室温下干燥保存，微生物菌膜的连续使用寿命应大于 30 d。

（3）微生物菌膜的活化：将微生物菌膜放入 0.005 mol/L 磷酸盐缓冲使用液中浸泡 48 h 以上，然后将其安装在微生物传感器上。

（4）聚乙烯塑料桶：10 L。

5．试剂和材料

分析纯试剂和蒸馏水，蒸馏水使用前应煮沸 2～5 min，放置到室温后使用。

（1）磷酸盐缓冲溶液：c=0.5 mol/L。

将 68 g 磷酸二氢钾（KH_2PO_4）和 134 g 磷酸氢二钠（$Na_2HPO_4 \cdot 7H_2O$）溶于蒸馏水中，稀释至 1 000 ml，备用。此溶液的 pH 约为 7。

（2）磷酸盐缓冲使用液：c=0.005 mol/L，用磷酸盐缓冲溶液稀释制得。

（3）盐酸（HCl）溶液：c（HCl）=0.5 mol/L。

（4）氢氧化钠溶液：ρ（NaOH）=20 g/L。

（5）亚硫酸钠溶液：ρ（Na_2SO_3）=1.575 g/L，此溶液不稳定，临使用前配制。

（6）葡萄糖—谷氨酸标准溶液：称取在 103℃干燥箱中干燥 1 h 并冷却至室温的无水葡萄糖（$C_6H_{12}O_6$）和谷氨酸（$C_5H_9NO_4$）各 1.705 g，溶于磷酸盐缓冲使用液中，并用此溶液稀释至 1 000 ml，混合均匀即得 2 500 mg/L 的 BOD 标准溶液。

（7）葡萄糖—谷氨酸标准使用液（临用前配制）

取葡萄糖—谷氨酸标准溶液 10.00 ml 置于 250 ml 容量瓶中，用 0.005 mol/L 磷酸盐缓冲使用液定容至标线，摇匀，此溶液浓度为 100 mg/L。

6．样品

（1）样品的保存。

样品采集后不能在 2 h 内分析时，则应在 0～4℃的条件下保存，并在 6 h 内分析，当不能在 6 h 内分析时，则应将贮存时间和温度与分析结果一起报出。无论在任何条件下贮存决不能超过 24 h。

（2）样品的预处理。

如果样品的 pH 不在 4～10,可用盐酸溶液或氢氧化钠溶液将样品中和至 pH 在 7 左右。测定前应将样品放置至室温。地表水样品可不用稀释（无特殊情况）直接测定。生活污水和工业废水可根据经验或预期 BOD 值确定稀释倍数，使其 BOD 值控制在 50 mg/L 以下后作为待测样品。

7. 分析步骤

（1）测定前先开启仪器，用磷酸盐缓冲使用液清洗微生物传感器至电位 E_0（或电流 I_0）稳定。

（2）校准曲线的建立。

取 5 支 50 ml 具塞比色管，分别加入葡萄糖—谷氨酸标准使用液 1.50 ml、3.50 ml、7.50ml、12.50 ml 和 25.00 ml，用磷酸盐缓冲使用液稀释至标线，摇匀。依次进样，分别测出电位 E_0（或电流 I_0）的差值（此差值与 BOD 浓度成正比）。用标准系列的浓度与对应电位差 ΔE（或电流差 ΔI）建立校准曲线。

（3）试样的测定。

取预处理后样品 50 ml 加入 0.5 mol/L 磷酸盐缓冲溶液 0.5 ml，摇匀后进行测定。

8. 结果计算和表示

直接读取仪器显示测定浓度值；或由校准曲线查得水样中 BOD 浓度（mg/L）。

9. 精密度和准确度

4 家实验室分析了 BOD 含量为 25.3 mg/L、10.3 mg/L 的统一分发标准溶液，实验室内相对标准偏差为 3.0%、2.6%。实验室间相对标准偏差为 3.5%、2.7%。

4 家实验室测定了 BOD 浓度为 50.6 mg/L 样品，相对误差为 –2.0%～2.8%。

10. 注意事项

（1）由于进样量可调控，但无论何种情况单个样品的进样量不应小于 10 ml。

（2）为缩短测定周期，最好将水样中 BOD 值稀释至 25 mg/L 左右。

（3）如果间断测量时间超过 7 d 以上，则需要更换新的微生物菌膜。

（4）使用的玻璃仪器及塑料容器要认真清洗，容器壁上不能存有有毒物或生物可降解的化合物，操作中应防止污染。

（三）活性污泥曝气降解法（B）

1. 方法的适用范围

本方法适用于城市污水和组成成分较稳定的工业废水中生化需氧量的测定。

取 50 ml 水样不稀释可测定 8～2 000 mg/L 的生化需氧量。

2. 方法原理

在温度为 30～35℃,用活性污泥强制曝气降解样品 2 h，经重铬酸钾消解生物降解前、后的样品，测定生物降解前和生物降解后的化学需氧量，其差值即为 BOD，可根据与标准方法的对比实验结果换算为 BOD_5。

3. 干扰和消除

能使活性污泥中毒的物质，如杀菌剂、农药等，会抑制生物氧化作用，使生化需氧量测定结果偏低。挥发性有机物含量高时测定 BOD_5 结果偏低。

4. 仪器和设备

（1）BOD 培养器：可自动恒温 30～50℃，连续曝气 48 h 以上，并能对活性污泥进行曝气培养。

（2）BOD 降解管：与 BOD 培养器配套使用，容积为 150 ml。

（3）活性污泥培养器：恒温 25～30℃可与 BOD 培养器连接连续曝气。

（4）高速离心机：最高转速可达到 16 000 r/min。

（5）低速离心机：转速 400～4 000 r/min。

（6）离心管：20 ml，具刻度。

5. 试剂和材料

（1）营养盐溶液。

①磷酸盐缓冲溶液：将 8.5 g 磷酸二氢钾（KH_2PO_4）、21.8 g 磷酸氢二钾（K_2HPO_4）、33.4 g 磷酸氢二钠（Na_2HPO_4）和 1.7 g 氯化铵溶于 500 ml 水中，用水稀释至 1 000 ml。

②硫酸镁溶液：将 22.5 g 硫酸镁（$MgSO_4$）溶于水中，用水稀释至 1 000 ml。

③氯化钙溶液：将 27.5 g 氯化钙（$CaCl_2$）溶于水中，用水稀释至 1 000 ml。

④氯化铁溶液：将 0.25 g 氯化铁（$FeCl_3$）溶于水中，用水稀释至 1 000 ml。

（2）活性污泥。

①采集与保存：将生化处理厂曝气池活性污泥装入塑料桶中（不要超过容积的 2/3），并用 2～3 层纱布罩在桶口上。在实验室保存活性污泥，可连接在生物培养器装置上，曝气保存；也可将污泥澄清，弃去上清液，装于塑料瓶中，在 0～4℃冰箱中保存。使用时将污泥倒入培养器中，加入葡萄糖 5～10 g、待测废水 10～50 ml、磷酸盐缓冲溶液 10 ml，在 25～35℃曝气培养 24 h。活性污泥也可以用废水，加营养液、葡萄糖曝气培养，生长出絮状胶体，即活性污泥。

②活性污泥的预处理：取约 18 ml 污泥倒入 20 ml 刻度离心管中，转速为 1 400 r/min，离心 3 min，弃去上清液。再加入活性污泥，反复几次，待刻度离心管中的污泥约为 3 ml 时，用水洗 5～6 次，备用。检查活性污泥是否洗净，采用紫外扫描方法，即将活性污泥洗涤 6 次，取离心后的上清液在 220～370 nm 扫描，并同时与水做空白比较，两条吸收曲线相近即可。

6. 分析步骤

取 2.00 ml 混合均匀的水样（或经稀释后的水样 2.00 ml），测定 COD 值，记为 ρ_1。

取 50 ml 混合均匀的水样（或经稀释后的水样 50 ml）于 BOD 降解管中。加入洗净的活性污泥 3 ml、氯化钙溶液 1 ml、硫酸镁溶液 1 ml、三氯化铁溶液 1 ml、缓冲溶液 5 ml。将 BOD 降解管置于 BOD 培养器中，连接气路。在 30～35℃连续曝气 2 h。如液面降低，需加水至原体积摇匀，静置。取上层清液 3～5 ml 在高速离心机上，以 14 000 r/min 的速度，离心分离 3 min，然后迅速取 2.00 ml 上层清液，测定 COD 值，记为 ρ_2。

7. 结果计算和表示

（1）结果计算。

①生化需氧量（BOD）的质量浓度按照下式计算。

$$\rho = \rho_1 - \rho_2$$

式中：ρ——生化需氧量（BOD）的质量浓度，mg/L；

ρ_1——降解前 COD 值，mg/L；

ρ_2——降解后 COD 值，mg/L。

②五日生化需氧量（BOD_5）的质量浓度按照下式换算。

$$\rho'=\rho \times b+a$$

式中：ρ'——五日生化需氧量（BOD_5）的质量浓度，mg/L；

ρ——生化需氧量（BOD）的质量浓度，mg/L；

b——稀释接种法测得 BOD_5 与本方法测定 BOD 结果回归曲线的斜率；

a——稀释接种法测得 BOD_5 与本方法测定 BOD 结果回归曲线的截距。

（2）结果表示。

当测定结果小于 100 mg/L 时，保留至整数位；当测定结果大于等于 100 mg/L 时，保留三位有效数字。

8. 精密度和准确度

不同类型废水 BOD 的加标回收率在 90.0%～110%，5 家实验室对浓度为 134 mg/L 的标准样品进行了测定，实验室内相对标准偏差为 1.6%，实验室间相对标准偏差为 4.1%；4 家实验室对浓度为 210 mg/L 的标准样品进行了测定，实验室内相对标准偏差为 5.2%，实验室间相对标准偏差为 9.5%。

9. 注意事项

（1）活性污泥的性状是试验成功的关键，在培养活性污泥时，要掌握好污泥生长的条件，即温度在 25～30℃，曝气量充分，并能不断搅拌，使碳、氮、磷有适当比例。

（2）曝气时间可以通过对降解进程中水样的直接扫描来确定。如 0 h、1 h、1.5 h、2 h、2.5 h、2.8 h，波长为 220～380 nm。如降解前后两条扫描曲线几乎重合，即可认为：在相应条件下，水样降解已达到终点。若此时间为 2.5 h，则今后对于这种废水降解时间定为 2.5 h。

（3）高速离心活性污泥测定降解后 COD 值，取样时，不能带进污泥，否则降解后 COD 值高，测定结果偏低。

（4）从经过验证的印染、造纸、毛纺、制革、石化、焦化、冶炼、城市污水、油田、电厂、制药、麻纺的废水 BOD_5 与 BOD 的测定值经统计回归，其斜率为 0.45～0.69，平均 0.558，其产生的误差为 10.8%～13.2%。因此，规定其换算系数为 $b=0.558$。截距最大值为 3.60，最小值为 0.51，平均为 2.06，规定截距为 $a=2$。则在一般情况下，上述已验证过的工业废水，其换算公式为 $BOD_5=0.558 \times BOD+2$。

对于未经验证的废水，需用同一水样做 BOD_5 和 BOD 测定，经统计回归，再进行换算。

（5）在测定标样时，由于葡萄糖、谷氨酸在规定条件下，可降解 90% 以上，因此换算系数在 0.655～0.750，平均为 0.703。

四、总有机碳（TOC）

总有机碳（TOC）指溶解或悬浮在水中有机物的含碳量（以质量浓度表示），是以含碳量表示水体中有机物总量的综合指标。总碳（TC）指水中存在的有机碳、无机碳和元素碳的总含量。无机碳（IC）指水中存在的元素碳、二氧化碳、一氧化碳、碳化物、氰酸盐、氰化物和硫氰酸盐的含碳量。可吹扫有机碳（POC）是指在方法规定条件下水中可被吹扫出的有机碳。不可吹扫有机碳（NPOC）是指在方法规定条件下水中不可被吹扫出的有机碳。

总有机碳（TOC）的测定一般采用燃烧法，能将有机物全部氧化，它比 BOD_5 或 COD 更能直接表示有机物的总量，因此常常被用来测定水体中有机物污染的程度。

燃烧氧化—非分散红外吸收法（A）*

1．方法的适用范围

本方法适用于地表水、地下水、污水中总有机碳（TOC）的测定。

本方法检出限为 0.1 mg/L，测定下限为 0.5 mg/L。

注1：本方法测定 TOC 分为差减法和直接法。当水中苯、甲苯、环己烷和三氯甲烷等挥发性有机物含量较高时，宜用差减法测定；当水中挥发性有机物含量较少而无机碳含量相对较高时，宜用直接法测定。

注2：当元素碳微粒（煤烟）、碳化物、氰化物、氰酸盐和硫氰酸盐存在时，可与有机碳同时被测出。

注3：当水中含大颗粒悬浮物时，由于受自动进样器孔径的限制，测定结果不包括全部颗粒态有机碳。

2．方法原理

（1）差减法测定总有机碳。

将试样连同净化气体（干燥并除去二氧化碳）分别导入高温燃烧管和低温反应管中，经高温燃烧管的试样被高温催化氧化，其中的有机碳和无机碳均转化为二氧化碳，经低温反应管的试样被酸化后，其中的无机碳分解成二氧化碳，两种反应管中生成的二氧化碳分别被导入非分散红外检测器。在特定波长下，一定质量浓度范围内二氧化碳的红外线吸收强度与其质量浓度成正比，由此可对试样中总碳（TC）和无机碳（IC）进行定量测定。

总碳与无机碳的差值，即为总有机碳（TOC）。

（2）直接法测定总有机碳。

试样经酸化后曝气，其中的无机碳转化为二氧化碳被去除，再将试样注入高温燃烧管中，可直接测定总有机碳。但由于酸化曝气会损失可吹扫有机碳（POC），故测得总有机碳值为不可吹扫有机碳（NPOC）。

3．干扰和消除

水中常见共存离子超过下列质量浓度时，对测定有干扰：SO_4^{2-} 400 mg/L、Cl^- 400 mg/L、NO_3^- 100 mg/L、PO_4^{3-} 100 mg/L、S^{2-} 100 mg/L。

可用无二氧化碳水稀释水样，至上述共存离子质量浓度低于其干扰允许质量浓度后，再进行分析。

4．试剂和材料

除另有说明外，否则均使用符合国家标准的分析纯试剂。所用水均为无二氧化碳水。

（1）无二氧化碳水：将重蒸馏水在烧杯中煮沸蒸发（蒸发量10%），冷却后备用。也可使用纯水机制备的纯水或超纯水。无二氧化碳水应临用现制，并经检验 TOC 质量浓度不超过 0.5 mg/L。

（2）硫酸：ρ（H_2SO_4）=1.84 g/ml，优级纯。

（3）邻苯二甲酸氢钾（$KHC_8H_4O_4$）：优级纯。

（4）无水碳酸钠（Na_2CO_3）：优级纯。

（5）碳酸氢钠（$NaHCO_3$）：优级纯。

---

* 本方法与 HJ 501—2009 等效。

（6）氢氧化钠（NaOH）。

（7）氢氧化钠溶液：ρ（NaOH）=10 g/L。

（8）有机碳标准贮备液：ρ（有机碳，C）=400 mg/L。

准确称取邻苯二甲酸氢钾（预先在 110～120℃下干燥至恒重）0.850 2 g，置于烧杯中，加水溶解后，转移至 1 000 ml 容量瓶中，用水稀释至标线，混匀。在 4℃条件下可保存两个月。

（9）无机碳标准贮备液：ρ（无机碳，C）=400 mg/L。

准确称取无水碳酸钠（预先在 105℃下干燥至恒重）1.763 4 g 和碳酸氢钠（预先在干燥器内干燥）1.400 0 g，置于烧杯中，加水溶解后，转移至 1 000 ml 容量瓶中，用水稀释至标线，混匀。在 4℃条件下可保存两周。

（10）差减法标准使用液：ρ（总碳，C）=200 mg/L，ρ（无机碳，C）=100 mg/L。

分别吸取 50.00 ml 有机碳标准贮备液和无机碳标准贮备液于 200 ml 容量瓶中，用无二氧化碳水稀释至标线，混匀。在 4℃条件下贮存可稳定保存一周。

（11）直接法标准使用液：ρ（有机碳，C）=100 mg/L。

吸取 50.00 ml 有机碳标准贮备液于 200 ml 容量瓶中，用无二氧化碳水稀释至标线，混匀。在 4℃条件下贮存可稳定保存一周。

（12）载气：氮气或氧气，纯度大于 99.99%。

5. 仪器和设备

（1）非分散红外吸收 TOC 分析仪。

（2）容量瓶：100 ml。

6. 样品

水样应采集在棕色玻璃瓶中并应充满采样瓶，不留顶空。水样采集后应在 24 h 内测定。否则应加入硫酸将水样酸化至 pH≤2，在 4℃条件下可保存 7 d。

7. 分析步骤

（1）仪器的调试。

按 TOC 分析仪说明书设定条件参数，进行调试。

（2）校准曲线的建立。

①差减法校准曲线的建立：在一组 7 支 100 ml 容量瓶中，分别加入 0.00 ml、2.00 ml、5.00 ml、10.00 ml、20.00 ml、40.00 ml 和 100.00 ml 差减法标准使用液，用水稀释至标线，混匀。配制成总碳质量浓度为 0.0 mg/L、4.0 mg/L、10.0 mg/L、20.0 mg/L、40.0 mg/L、80.0 mg/L、200.0 mg/L 和无机碳质量浓度为 0.0 mg/L、2.0 mg/L、5.0 mg/L、10.0 mg/L、20.0 mg/L、40.0 mg/L、100.0 mg/L 的标准系列溶液，按照样品测定的步骤测定其响应值。以标准系列溶液质量浓度对应仪器响应值，分别建立总碳和无机碳校准曲线。

②直接法校准曲线的建立：在一组 7 支 100 ml 容量瓶中，分别加入 0.00 ml、2.00 ml、5.00 ml、10.00 ml、20.00 ml、40.00 ml 和 100.00 ml 直接法标准使用液，用水稀释至标线，混匀。配制成有机碳质量浓度为 0.0 mg/L、2.0 mg/L、5.0 mg/L、10.0 mg/L、20.0 mg/L、40.0 mg/L 和 100.0 mg/L 的标准系列溶液，按照样品测定的步骤测定其响应值。以标准系列溶液质量浓度对应仪器响应值，建立有机碳校准曲线。

上述校准曲线浓度范围可根据仪器和测定样品种类的不同进行调整。

（3）空白试验。

用无二氧化碳水代替样品，按照样品测定的步骤测定其响应值。每次试验前应先检测无二氧化碳水的 TOC 含量，测定值应不超过 0.5 mg/L。

（4）样品测定。

①差减法：经酸化的样品，在测定前应以氢氧化钠溶液中和至中性，取一定体积注入 TOC 分析仪进行测定，记录相应的响应值。

②直接法：取一定体积酸化至 pH≤2 的样品注入 TOC 分析仪，经曝气除去无机碳后导入高温氧化炉，记录相应的响应值。

8．结果计算和表示

（1）结果计算。

①差减法：根据所测试样响应值，由校准曲线计算出总碳和无机碳的质量浓度。

样品中总有机碳质量浓度按照下式计算。

$$\rho = \rho_1 - \rho_2$$

式中：ρ——样品中总有机碳质量浓度，mg/L；

ρ_1——样品中总碳质量浓度，mg/L；

ρ_2——样品中无机碳质量浓度，mg/L。

②直接法：根据所测试样响应值，由校准曲线计算出总有机碳的质量浓度。

（2）结果表示。

当测定结果小于 100 mg/L 时，保留至小数点后一位；当测定结果大于等于 100 mg/L 时，保留三位有效数字。

9．精密度和准确度

（1）6 家实验室测定了 TOC 质量浓度为 24.0 mg/L 的统一分发标准溶液，实验室内相对标准偏差为 2.9%，实验室间相对标准偏差为 3.9%，相对误差为 2.9%～6.3%。

（2）6 家实验室对地表水、生活污水和工业废水进行了加标回收试验，差减法的回收率为 91.0%～109%，直接法的回收率为 93.0%～109%。

10．质量保证和质量控制

（1）每次试验前应先检测无二氧化碳水的 TOC 含量，测定值应不超过 0.5 mg/L。

（2）每次试验应带一个曲线中间点进行校核，校核点测定值和校准曲线相应点浓度的相对误差应不超过 10%。

第四章　金属及其化合物

一、银

银（Ag）是人体非必需的微量元素。银或银盐被人体摄入后，会在人的皮肤、眼睛及黏膜沉着，使这些部位产生一种永久性的、可怕的蓝灰色色变。由于银及其盐类具有很强的杀菌性，痕量也足以阻止细菌的生长，且毒性较汞弱，故一直被看成是水的一种消毒剂。如果大量咽下可溶性银盐，由于局部收敛作用，在口腔内有刺激、疼痛感，甚至出现呕吐、强烈胃痛、出血性胃炎等症状，最终导致急性死亡。浓度范围在 0.4～1 mg/L 的银能使老鼠的肾、肝和脾发生病变。

银的主要污染来源是感光材料生产、胶片洗印、印刷制版、冶炼、金属及玻璃镀银等行业排放废水。经过回收，感光材料及洗印废水一般含银量低于 1 mg/L。

银的测定可以选择火焰原子吸收分光光度法、石墨炉原子吸收分光光度法、电感耦合等离子体发射光谱法和电感耦合等离子体质谱法等。另外，也可选择镉试剂 2B 法和 3,5-Br$_2$-PADAP 法来测定银，由于不够简便、快捷，这里不做介绍。

（一）火焰原子吸收分光光度法（A）*

1. 方法的适用范围

本方法适用于地表水和废水中银的测定。

本方法的检出限为 0.03 mg/L，测定上限为 5.0 mg/L。经稀释或浓缩测定范围可以扩展。

2. 方法原理

样品经消解处理后喷入火焰，在氧化型（蓝色）空气-乙炔焰中，银离子形成基态原子，对特征谱线 328.1 nm 产生选择性吸收，在一定范围内，银的质量浓度与其吸光度值成正比。

3. 干扰和消除

大量氯化物、溴化物、碘化物、硫代硫酸盐对银的测定有干扰，但样品经消解处理后，干扰可被消除。

4. 仪器和设备

（1）火焰原子吸收分光光度计。

（2）银空心阴极灯或连续光源。

（3）燃气：乙炔，用钢瓶气或由乙炔发生器供给，纯度不低于 99.6%。

（4）空气压缩机，具有除油、水及杂质装置。

（5）控温电热板（温度稳定±5℃），可控温度大于 180℃。

---

* 本方法与 GB 11907—89 等效。

5．试剂和材料

除非另有说明，否则分析时均使用符合国家标准的分析纯试剂，实验用水为去离子水或同等纯度的水。

（1）硝酸：ρ（HNO_3）=1.42 g/ml。

（2）高氯酸：ρ（$HClO_4$）=1.68 g/ml。

（3）硫酸：ρ（H_2SO_4）=1.84 g/ml。

（4）过氧化氢：ρ（H_2O_2）=1.13 g/ml。

（5）硝酸溶液：1+1。

（6）银标准贮备液：ρ（Ag^+）=1 000 mg/L。

称取 0.157 5 g 硝酸银（$AgNO_3$），精确至 0.1mg，溶于适量水中，加入 2 ml（1+1）硝酸溶液，转入 100 ml 容量瓶中，用水稀释至标线，摇匀。贮于棕色细口瓶中避光保存，4℃下存放，此溶液可保存半年。或购买具有市售有证标准物质。

（7）银标准溶液，ρ（Ag^+）=50.0 mg/L。

准确吸取银标准贮备溶液 10.00 ml，置于 200 ml 棕色容量瓶中，加入 4 ml（1+1）硝酸溶液，用水稀释至标线。此溶液可保存两周。

6．样品

（1）样品采集和保存。

采用聚乙烯瓶等材质的容器贮存样品，用硝酸将水样酸化至 pH 为 1～2，并尽快分析。感光材料的生产、胶片洗印及镀银等行业产生的废水，样品采集后不加酸，并立即进行分析。含银水样应避免光照。

（2）试样的制备。

取 50 ml 均匀样品置于 150 ml 烧杯中，如含银浓度大于 5 mg/L，可少取适量样品，加水稀释至 50 ml。

向样品中依次加入 10 ml 硝酸、1 ml 硫酸和 1 ml 过氧化氢，在电热板上蒸至冒白烟。冷却后，加入 2 ml 高氯酸，加盖表面皿，继续加热至冒白烟并蒸至近干，冷却后，加 2 ml（1+1）硝酸溶液溶解残渣，然后小心用水洗入 50 ml 容量瓶中，稀释至标线，摇匀，备测。

注1：样品在消解过程中不宜蒸干，否则银有损失。

注2：当样品成分复杂，含有机质较多或有沉淀时，应用硝酸—高氯酸反复消解几次，直至溶液澄清为止。

7．分析步骤

（1）校准曲线的建立。

在 50 ml 容量瓶中加入 2 ml（1+1）硝酸溶液及银标准溶液，配制至少 5 个标准工作溶液，其浓度范围应包括样品中被测银的浓度，调节仪器至最佳工作条件，测其吸光度。用减去空白的吸光度与相对应的银含量（mg/L）建立校准曲线。

（2）试样的测定。

按照仪器说明书，调节仪器至最佳工作状态，测定试样的吸光度。

（3）空白试验。

用水代替样品按与试样的测定相同的步骤进行空白试验，并进行测定。

8. 结果计算和表示

（1）结果计算。

样品中银的质量浓度按照下式计算。

$$\rho = \rho_1 \times f$$

式中：ρ——样品中银的质量浓度，mg/L；

ρ_1——由校准曲线上查得的银浓度，mg/L；

f——稀释倍数。

（2）结果表示。

当测定结果小于 1.00 mg/L 时，保留至小数点后两位；当测定结果大于等于 1.00 mg/L 时，保留三位有效数字。

9. 精密度和准确度

4 家实验室分析了含银 1 mg/L 的统一样品（样品加氨水和碘化氰保存）。重复性相对标准偏差为 1.2%。再现性相对标准偏差为 2.6%。相对误差为 1.1%。

（二）石墨炉原子吸收分光光度法（C）

1. 方法的适用范围

本方法适用于地表水、地下水、工业废水和生活污水中可溶性银和总银的测定。可溶性元素指未经酸化的样品，经 0.45 μm 滤膜过滤后测得的元素含量；元素总量指未经过滤的样品，经消解后测得的元素含量。

当进样量为 20.0 μL 时，本方法的检出限为 0.3 μg/L，测定下限为 1.2 μg/L。

2. 方法原理

样品经过滤或消解后注入石墨炉原子化器中，银离子在石墨管内经高温原子化，其基态原子对银空心阴极灯发射的特征谱线 328.1 nm 产生选择性吸收，在一定范围内，银的质量浓度与其吸光度值成正比。

3. 干扰和消除

当样品中含有 10 mg/L 的 Al^{3+}、Cd^{2+}、Cu^{2+}、Ni^{2+}、Zn^{2+}、Mn^{2+}、As^{3+}、Ba^{2+}、Co^{2+}、Pb^{2+}、Mo^{3+}、Sr^{2+} 和 100 mg/L 的 Ca^{2+}、Mg^{2+}、Na^+、K^+ 对 5 μg/L 银的测定无干扰；100 mg/L 的 Br^-、I^-、Cl^-、SO_4^{2-}、PO_4^{3-} 对 5 μg/L 银的测定无干扰；故对一般性水样而言，阴、阳离子对银的测定无显著干扰。

4. 仪器和设备

（1）石墨炉原子吸收分光光度计。

（2）银空心阴极灯。

（3）循环冷却水系统。

（4）控温电热板（温度稳定±5℃），可控温度大于 180℃。

（5）抽滤装置。

5. 试剂和材料

除非另有说明，否则分析时均使用符合国家标准或专业标准的优级纯试剂，实验用水为去离子水或同等纯度的水。

（1）高纯氩气：纯度不低于 99.999%。

（2）硝酸：ρ（HNO_3）=1.42 g/ml。

（3）硫酸：ρ（H_2SO_4）=1.84 g/ml。

（4）过氧化氢：ρ（H_2O_2）=1.13 g/ml。

（5）高氯酸：ρ（$HClO_4$）=1.68 g/ml。

（6）硝酸溶液：1+1。

（7）硝酸溶液：1+99。

（8）银标准贮备液：ρ（Ag^+）=1.00 mg/ml。

称取 0.157 5 g 硝酸银，精确至 0.1 mg，溶于适量水中，加入 2 ml（1+1）硝酸溶液。溶解后转移至 100 ml 容量瓶中，用水稀释至标线。贮于棕色玻璃瓶中避光保存，或购买具有市售有证标准物质。

（9）银标准使用液：ρ（Ag^+）=0.100 μg/ml。

移取银标准贮备液用（1+99）硝酸溶液逐级稀释配制，贮存于棕色玻璃瓶中或避光保存。

（10）磷酸二氢铵溶液，ρ（$NH_4H_2PO_4$）=20 g/L。

称取 2.0 g 磷酸二氢铵，加水溶解并定容至 100 ml。

6．样品

（1）样品采集和保存。

样品采集参照《地表水和污水监测技术规范》（HJ/T 91—2009）和《地下水环境监测技术规范》（HJ 164—2020）的相关规定执行，可溶性样品和总量样品分别采集。样品保存参照《水质 样品的保存和管理技术规定》（HJ 493—2009）的相关规定进行。水样应贮存于棕色玻璃瓶中或避光保存，并应尽快分析。

①可溶性银样品：样品采集后尽快用 0.45 μm 滤膜过滤，弃去初始滤液 50 ml，用少量滤液清洗采样瓶，收集滤液于采样瓶中。每 100 ml 滤液中加入 1 ml 硝酸，使样品中硝酸的含量为 1%，样品应贮存于棕色玻璃瓶中或避光保存，4℃下冷藏保存，14 d 内测定。

②总银样品：除样品采集后不经过滤外，其他的处理方法和保存同可溶性银样品。

③空白样品：以水代替样品，按照步骤①或②制备可溶性银和总银空白样品。

（2）试样的制备。

取 50 ml 均匀样品于 150 ml 烧杯中，加入 10 ml 硝酸，置于电热板上缓慢加热，视消解情况，若溶液澄清，可定容待测。若硝酸消解后，溶液仍不能澄清，可继续加入 1 ml 浓硫酸、1 ml 过氧化氢和 1～2 ml 高氯酸，置于电热板上缓慢加热至冒白烟并蒸至近干。冷却后，加入 2 ml（1+1）硝酸溶液溶解残渣，并用少量的水冲洗烧杯内壁，然后小心用水洗入 50 ml 容量瓶中，稀释至标线，摇匀，待测。

用水代替样品，按照相同的步骤制备空白试样。

7．分析步骤

（1）仪器参考测量条件。

根据仪器使用说明书调节仪器至最佳工作状态，仪器参考测量条件见表 4-1。

（2）校准曲线的建立。

分别吸取 0.00 ml、2.00 ml、4.00 ml、6.00 ml、8.00 ml、10.00 ml 和 12.00 ml 银标准使用液于 7 个 100 ml 容量瓶中，用（1+99）硝酸溶液稀释至标线，混匀，配制成银含量分别为 0.00 μg/L、2.00 μg/L、4.00 μg/L、6.00 μg/L、8.00 μg/L、10.0 μg/L 和 12.0 μg/L 的标准系列。按照仪器参考测量条件（表 4-1），由低浓度到高浓度依次测定标准系列的吸光度。

以质量浓度为横坐标，峰高或峰面积为纵坐标，用减去空白的吸光度与相应的银含量（μg/L）建立校准曲线。

表 4-1　仪器参考测量条件

光源	灯电流/mA	波长/nm	通带宽度/nm	干燥温度/℃	灰化温度/℃
银空心阴极灯	3.0	328.1	0.5	85～120	450
原子化温度/℃	清除温度/℃	氩气流量/（ml/min）	扣背景方式	进样体积/μl	测定方式
2 000	2 100	300	塞曼扣背景	20	峰高/峰面积

（3）试样的测定。

按照仪器参考测量条件由低浓度到高浓度依次吸取试剂空白、标准系列和试样 20.0 μl，同时吸入基体改进剂磷酸二氢铵溶液 5 μl，注入石墨管；启动石墨炉控制程序和电脑记录程序，记录吸收峰高或峰面积。在校准曲线查得试样中可溶性银或总银的含量。超过校准曲线最高浓度点的样品，应对其稀释后再行测定，稀释倍数为 f。

（4）空白试验。

按照与试样的测定相同的步骤测定空白试样。

8．结果计算和表示

（1）结果计算。

样品中银的质量浓度按照下式计算。

$$\rho = \frac{(\rho_1 - \rho_0) \times f \times V_1}{V}$$

式中：ρ——样品中银的质量浓度，μg/L；

　　　ρ_0——校准曲线上查得的空白样品银的质量浓度，μg/L；

　　　ρ_1——校准曲线上查得的银的质量浓度，μg/L；

　　　f——样品稀释倍数；

　　　V_1——样品消解后定容体积，ml；

　　　V——取样体积，ml。

（2）结果表示。

当测定结果小于 10.0 μg/L 时，保留至小数点后一位；当测定结果大于等于 10.0 μg/L 时，保留三位有效数字。

9．精密度和准确度

（1）精密度。

6 家实验室对可溶性银质量浓度分别为 2.0 μg/L、6.0 μg/L 和 8.0 μg/L 的统一标准溶液进行了测定，实验室内相对标准偏差分别为 2.5%～3.6%、2.0%～3.9% 和 1.4%～3.0%，实验室间相对标准偏差分别为 3.8%、4.0% 和 3.0%。

6 家实验室对总银质量浓度分别为 2.0 μg/L、5.0 μg/L 和 15.8 μg/L 的实际样品进行了测定，实验室内相对标准偏差分别为 2.6%～4.5%、2.1%～4.4% 和 2.0%～3.1%，实验室间相对标准偏差分别为 5.1%、3.9% 和 3.4%。

（2）准确度。

6 家实验室对水质银标准样品（200±10）μg/L、（449±18）μg/L 和（1 020±50）μg/L 分别

进行了可溶性银测定，相对误差分别为–4.5%～3.5%、–2.0%～2.0%和–1.6%～3.6%。

6家实验室对含总银质量浓度为2.0 μg/L和5.0 μg/L左右的地表水进行了加标分析测定，加标量为分别为2.0 μg/L和5.0 μg/L，加标回收率分别为96.7%～106%和94.5%～104%；6家实验室对银含量为51.5 μg/L的电镀废水进行了加标试验，加标量为30.0 μg/L，加标回收率为85.9%～104%。

10．质量保证和质量控制

（1）每次分析样品均应建立校准曲线，校准曲线相关系数$\gamma \geqslant 0.995$。

（2）每10个样品应分析一个校准曲线的标准溶液，其测定结果与校准曲线该点浓度的相对偏差应小于等于10%。否则需重新建立校准曲线。

（3）每批样品应做2个空白试验，空白的测定浓度应低于方法的检出限，如果空白样品响应值高，必须仔细查找原因，以消除空白值偏高的因素。

（4）每批样品至少做1个全程序空白，空白值应低于方法测定下限。否则应查明原因，重新分析直至合格之后才能测定样品。

（5）每批样品应至少测定10%的平行双样，当样品数量少于10个时，应至少测定1个平行双样，分析结果相对偏差应小于20%。

（6）每批样品应至少测定10%的加标样品，当样品数量少于10个时，应至少测定1个加标样品，加标回收率应在70.0%～130%。

必要时，每批样品至少分析一个有证标准物质或实验室自行配制的质控样，有证标准物质测定结果应在其给出的不确定范围内，实验室自行配制的质控样，其回收率应控制在90%～110%。实验室自行配制的质控样应注意与国家有证标准物质的比对。

11．注意事项

（1）样品消解时，不宜蒸干，避免银损失。

（2）若样品成分复杂，含有沉淀或有机质较多时，应用硝酸、高氯酸反复消解几次，直至溶液澄清为止。

（3）若样品含有沉淀或悬浮物，如胶片洗印废水等，应尽量取均匀样品制备试样。

（4）如果选用氘灯扣背景的仪器进行测定，可适当调整灰化温度和原子化温度。

（5）本方法中选择了磷酸二氢铵作为基体改进剂，也可选用其他种类的基体改进剂，如硝酸钯等。

（6）一定浓度的盐酸对银的测定产生正干扰；高氯酸、硫酸对石墨炉损伤较大，影响石墨管的使用寿命。因此标准溶液和待测样品溶液中酸度介质最好选择硝酸，且酸度不宜太高。

（三）电感耦合等离子体发射光谱法（A） [*]

警告：配制及测定铍、砷、镉等剧毒致癌物质的标准溶液时，应避免与皮肤直接接触。

1．方法的适用范围

本方法适用于地表水、地下水、生活污水及工业废水中银、铝、砷、硼、钡、铍、铋、钙、镉、钴、铬、铜、铁、钾、锂、镁、锰、钼、钠、镍、磷、铅、硫、锑、硒、硅、锡、锶、钛、钒、锌及锆共32种元素可溶性元素及元素总量的测定。

---

[*] 本方法与HJ 776—2015等效。

本方法中各元素的方法检出限为 0.002～1.0 mg/L，测定下限为 0.01～3.87 mg/L。各元素的方法检出限和测定下限详见表 4-2。

表 4-2　测定元素分析方法检出限和测定下限

元素	水平		垂直		元素	水平		垂直	
	检出限/(mg/L)	测定下限/(mg/L)	检出限/(mg/L)	测定下限/(mg/L)		检出限/(mg/L)	测定下限/(mg/L)	检出限/(mg/L)	测定下限/(mg/L)
银 Ag	0.03	0.13	0.02	0.07	锰 Mn	0.01	0.06	0.004	0.02
铝 Al	0.009	0.04	0.07	0.28	钼 Mo	0.05	0.18	0.02	0.08
砷 As	0.2	0.60	0.2	0.81	钠 Na	0.03	0.11	0.12	0.47
硼 B	0.01	0.05	0.4	1.6	镍 Ni	0.007	0.03	0.02	0.06
钡 Ba	0.01	0.04	0.002	0.01	磷 P	0.04	0.16	0.06	0.23
铍 Be	0.008	0.03	0.01	0.04	铅 Pb	0.1	0.39	0.07	0.29
铋 Bi	0.04	0.16	0.08	0.30	硫 S	1.0	3.87	0.52	2.1
钙 Ca	0.02	0.06	0.02	0.08	锑 Sb	0.2	0.93	0.06	0.24
镉 Cd	0.05	0.20	0.005	0.02	硒 Se	0.03	0.12	0.1	0.45
钴 Co	0.02	0.09	0.01	0.06	硅 Si	0.02	0.08	0.1	0.52
铬 Cr	0.03	0.11	0.03	0.12	锡 Sn	0.04	0.17	0.2	0.87
铜 Cu	0.04	0.16	0.006	0.02	锶 Sr	0.01	0.03	0.01	0.04
铁 Fe	0.01	0.04	0.02	0.07	钛 Ti	0.02	0.1	0.02	0.06
钾 K	0.07	0.29	0.05	0.18	钒 V	0.01	0.06	0.01	0.05
锂 Li	0.02	0.09	0.009	0.04	锌 Zn	0.009	0.04	0.004	0.02
镁 Mg	0.02	0.09	0.003	0.01	锆 Zr	0.01	0.05	0.09	0.37

2．方法原理

经过滤或消解的水样注入电感耦合等离子体发射光谱仪后，目标元素在等离子体火炬中被气化、电离、激发并辐射出特征谱线，在一定浓度范围内，其特征谱线的强度与元素的浓度成正比。

3．干扰和消除

电感耦合等离子体发射光谱法通常存在的干扰可分为两类：一类是光谱干扰；另一类是非光谱干扰。

（1）光谱干扰。

光谱干扰主要包括连续背景和谱线重叠干扰。目前常用的校正方法是背景扣除法（根据单元素和混合元素试验确定扣除背景的位置及方式）和干扰系数法，也可以在混合标准溶液中采用基体匹配的方法消除其影响。

当存在单元素干扰时，可按如下公式求得干扰系数。

$$K_t = \frac{(Q' - Q)}{Q_t}$$

式中：K_t——干扰系数；

Q'——干扰元素加分析元素的测定量；

Q——分析元素的含量；

Q_t——干扰元素的加入量。

通过配制一系列已知干扰元素含量的溶液，在分析元素波长的位置测定其 Q'，根据上述公式求出 K_l，然后进行人工扣除或计算机自动扣除。

一般情况下，地表水、地下水样品中由于元素浓度较低，光谱和基体元素间干扰可以忽略。工业废水等常见目标元素测定波长光谱干扰见表 4-3。注意不同仪器测定的干扰系数会有区别。

（2）非光谱干扰。

非光谱干扰主要包括化学干扰、电离干扰、物理干扰以及去溶剂干扰等，在实际分析过程中各类干扰很难截然分开。是否予以补偿和校正，与样品中干扰元素的浓度有关。此外，物理干扰一般由样品的黏滞程度及表面张力变化而致，尤其是当样品中含有大量可溶盐或样品酸度过高，都会对测定产生干扰。消除此类干扰的最简单方法是将样品稀释，但应保证待测元素的含量高于测定下限。

表4-3 元素测定波长及元素间干扰

测定元素	测定波长/nm	干扰元素	测定元素	测定波长/nm	干扰元素
银 Ag	328.068	钛、锰、铈等少量稀土元素	锰 Mn	257.610	铁、镁、铝、铈
	338.289	锑、铬		293.306	铝、铁
				202.030	铝、铁、钛
铝 Al	308.215	钠、锰、钒、钼、铈	钼 Mo	203.844	铈
	309.271	钠、镁、钒		204.598	钽
	396.152	钙、铁、钼		281.615	铝
砷 As	189.042	铬、铑	钠 Na	588.995	钴
	193.696	铝、磷		589.592	铅、钼
	193.759	铝、钴、铁、镍、钒、钪			
	197.262	铅、钴			
	208.959	钼、钴			
硼 B	249.678	铁、钴	镍 Ni	231.604	铁、钴、铊
	249.773	铁、钴、铝			
	233.530	铁、钒			
钡 Ba	455.403	铁	磷 P	178.287	钠
	493.409	钪		213.618	铁、铜
	313.042	钛、钒、硒、铈		214.914	铜、钼、钴
铍 Be	234.861	铁、钛、钼	铅 Pb	220.353	铁、铝、钛、钴、铈、铜、镍、铋
	436.098	铁		283.306	
铋 Bi	223.061	铜	硫 S	182.036	铬、钼
				180.669	钙
钙 Ca	306.772	铁、钒	锑 Sb	206.833	铝、铬、铁、钛、钒
	315.887	钴、钼、铈		217.581	
	317.993	铁、钠、硼、铀			
	393.366	钒、锶、铜			
	214.438	铁			
镉 Cd	226.502	铁、镍、钛、铈、钾、钴	硒 Se	196.026	铝、铁
	228.806	砷、钴、钪		203.985	
	228.616	钛、钡、镉、镍、铬、钼、铈			

测定元素	测定波长/nm	干扰元素	测定元素	测定波长/nm	干扰元素
钴 Co	230.786	铁、镍	硅 Si	251.611	
	238.892	铝、铁、钒、（铅）		212.412	
	202.550	铁、钼		288.158	
	205.552	铍、钼、镍			
铬 Cr	267.716	锰、钒、镁	锡 Sn	235.848	钼、钴
	283.563	铁、钼		189.980	钼、钛、铁、锰、硅
	357.869	铁			
铜 Cu	324.700	铁、铝、钛、钼	锶 Sr	215.284	铁、磷
	327.396			346.446	铁
				407.771	铁、镧
				421.552	铬、镧
铁 Fe	239.924	铬、钨	钛 Ti	334.904	镍、钼
	240.448	钼、钴、镍		334.941	铬、钙
	259.940	钼、钨		337.280	锆、钪
	261.762	镁、钙、铍、锰		290.882	铁、钼
				292.402	铁、钼、钛、铬、铈
钾 K	766.491	铜、铁、钨、镧	钒 V	309.311	铝、镁、锰
				310.230	铝、钛、钾、钙、镍
				311.071	钛、铁、锰
				202.548	钴、镁
锂 Li	670.784	钒	锌 Zn	206.200	镍、镧、铋
				213.856	镍、铜、铁、钛
镁 Mg	279.079	铈、铁、钛、锰	锆 Zr	343.823	
	279.553	锰		354.262	
	285.213	铁		339.198	
	293.674	铁、铬			

4. 仪器和设备

（1）电感耦合等离子体发射光谱仪：具有背景校正发射光谱计算机控制系统。

（2）温控电热板：具有温控功能（温度稳定±5℃），可控温度大于180℃。

（3）微波消解仪：功率600～1 500 W，温度精度±2.5℃，配备微波消解罐。

（4）离心机：带25～50 ml离心管，转速可达3 000 r/min。

5. 试剂和材料

本标准所用试剂除非另有说明，否则分析时均使用符合国家标准的优级纯化学试剂。实验用水为电阻率≥18 MΩ·cm的去离子水或同等纯度的水。

（1）硝酸：ρ（HNO$_3$）=1.42 g/ml。

（2）盐酸：ρ（HCl）=1.19 g/ml。

（3）硫酸：ρ（H$_2$SO$_4$）=1.84 g/ml。

（4）高氯酸：ρ（HClO$_4$）=1.68 g/ml。

（5）氢氧化钠（NaOH）。

（6）氩气：纯度不低于 99.99%。

（7）硝酸溶液：1+1。

（8）硝酸溶液：1+9。

（9）硝酸溶液：1+99。

（10）盐酸溶液：1+1。

（11）盐酸溶液：1+9。

（12）盐酸溶液：1+20。

（13）硫酸溶液：1+1。

（14）硫酸溶液：1+4。

（15）氢氧化钠溶液，ρ（NaOH）=100 g/L。

称取 100 g 氢氧化钠溶于适量水中，溶解后加水定容至 1 000 ml，摇匀。

（16）水系微孔滤膜：孔径为 0.45 μm。

（17）标准溶液。

①单元素标准贮备液。银（Ag）、铝（Al）、砷（As）、硼（B）、钡（Ba）、铍（Be）、铋（Bi）、钙（Ca）、镉（Cd）、钴（Co）、铬（Cr）、铜（Cu）、铁（Fe）、钾（K）、锂（Li）、镁（Mg）、锰（Mn）、钼（Mo）、钠（Na）、镍（Ni）、磷（P）、铅（Pb）、硫（S）、锑（Sb）、硒（Se）、硅（Si）、锡（Sn）、锶（Sr）、钛（Ti）、钒（V）、锌（Zn）和锆（Zr），浓度为 1 000 mg/L 或 100 mg/L。自配亦可购买市售有证标准溶液。配制方法见表 4-4。

表 4-4　单元素标准贮备液配制方法

元素	配制方法
Ag	称取 1.000 0 g 金属银，用 25 ml 硝酸加热溶解，冷却后用水定容至 1 000 ml
Al	称取 1.000 0 g 金属铝，用 150 ml（1+1）盐酸溶液加热溶解，煮沸，冷却后水定容至 1 000 ml
As	称取 1.320 3 g 三氧化二砷（As_2O_3），用 20 ml 10%的氢氧化钠溶液微热溶解，用适量水稀释，用盐酸中和至 pH 为 6 左右，用水定容至 1 000 ml
B	称取 5.719 2 g 硼酸（H_3BO_3）溶于少量水中，用实验用水定容至 1 000 ml
Ba	称取 1.516 3 g 无水 $BaCl_2$（在 250℃下烘 2 h），用 20 ml（1+1）硝酸溶液溶解，用水定容至 1 000 ml
Be	称取 1.000 0 g 金属铍，用 150 ml（1+1）盐酸溶液加热溶解，冷却后用水定容至 1 000 ml
Bi	称取 1.000 0 g 金属铋，用 50 ml（1+1）硝酸溶液加热至完全溶解，冷却后用水定容至 1 000 ml
Ca	称取 2.497 2 g $CaCO_3$（在 110℃下干燥 1 h），溶解于 20 ml 水中，加入 10 ml 盐酸至完全溶解，煮沸除去 CO_2，冷却后用水定容至 1 000 ml
Cd	称取 1.000 0 g 金属镉，用 30 ml 硝酸溶解，用水定容至 1 000 ml
Co	称取 1.000 0 g 金属钴，用 50 ml（1+1）硝酸溶液加热溶解，冷却后用水定容至 1 000 ml
Cr	称取 1.000 0 g 金属铬，用 30 ml（1+1）盐酸溶液加热溶解，冷却后用水定容至 1 000 ml
Cu	称取 1.000 0 g 金属铜，用 30 ml（1+1）硝酸溶液加热溶解，冷却后用水定容至 1 000 ml
Fe	称取 1.000 0 g 金属铁，用 150 ml（1+1）盐酸溶液溶解，冷却后用水定容至 1 000 ml
K	称取 1.906 7 g KCl（在 400～450℃灼烧至无爆裂声），用水溶解并定容至 1 000 ml
Li	称取 5.324 0 g Li_2CO_3（在 105℃下烘 1 h），用 20 ml（1+1）盐酸溶液完全溶解，用水定容至 1 000 ml

元素	配制方法
Mg	称取 1.000 0 g 金属镁，加入 30 ml 水，缓慢加入 30 ml 盐酸至完全溶解，煮沸，冷却后用水定容至 1 000 ml
Mn	称取 1.000 0 g 金属锰，用 30 ml（1+1）盐酸溶液加热溶解，冷却后用水定容至 1 000 ml
Mo	称取 1.732 5 g 钼酸铵[(NH$_4$)$_6$Mo$_7$O$_{24}$·4H$_2$O]，用水溶解并定容至 1 000 ml
Na	称取 2.542 1 g NaCl（在 400～450℃下灼烧至无爆裂声），用水溶解并定容至 1 000 ml
Ni	称取 1.000 0 g 金属镍，用 30 ml（1+1）硝酸溶液加热溶解，冷却后用水定容至 1 000 ml
P	称取 4.393 5 g KH$_2$PO$_4$（在 110℃下烘 2 h），用水溶解并定容至 1 000 ml
Pb	称取 1.000 0 g 金属铅，用 30 ml（1+1）硝酸溶液加热溶解，冷却后用水定容至 1 000 ml
S	称取 4.430 3 g Na$_2$SO$_4$（在 105℃下烘 1 h）或称取 5.435 2 g K$_2$SO$_4$（105℃烘 1 h），用 10 ml（1+20）盐酸溶液溶解，用实验用水定容至 1 000 ml
Sb	称取 1.000 0 g 金属锑，用 20～30 ml（1+1）硫酸溶液加热至完全溶解，用硫酸（1+4）溶液定容至 1 000 ml
Se	称取 1.000 0 g 硒，加入 20～30 ml（1+1）盐酸溶液，水浴加热溶解，滴加几滴硝酸至完全溶解，冷却后用水定容至 1 000 ml
Si	称取 2.964 0 g 六氟硅酸铵[(NH$_4$)$_2$SiF$_6$]，用 200 ml（1+20）盐酸溶液低温加热至完全溶解，冷却后用水定容至 1 000 ml
Sn	称取 1.000 0 g 锡，加入 50 ml（1+1）盐酸溶液，水浴加热溶解，冷却后再加入 80 ml 盐酸，用水定容至 1 000 ml
Sr	称取 1.684 8 g SrCO$_3$（在 105℃下烘 1 h），用 60 ml（1+1）盐酸溶液溶解并煮沸，冷却后用水定容至 1 000 ml
Ti	称取 1.000 0 g 金属钛，用 100 ml（1+1）盐酸溶液加热溶解，冷却后用（1+1）盐酸溶液定容至 1 000 ml
V	称取 2.295 7 g 偏钒酸铵（NH$_4$VO$_3$），用 10 ml 硝酸加热至完全溶解，用水定容至 1 000 ml
Zn	称取 1.000 0 g 金属锌，用 40 ml 盐酸溶解，煮沸，冷却后用水定容至 1 000 ml
Zr	称取 3.532 8 g 氯化锆酰（ZrOCl$_2$·8H$_2$O），用 40～50 ml（1+9）盐酸溶液加热至完全溶解，并用（1+9）盐酸溶液定容至 1 000 ml

②单元素标准使用液。分别移取单元素标准贮备液稀释配制。稀释时补加一定量的（1+1）硝酸溶液，使标准使用液的硝酸含量达到 1%。

③多元素混合标准溶液。根据元素间相互干扰的情况和标准溶液的性质分组制备，浓度应根据分析样品及待测元素而定，标准溶液的酸度尽量保持与待测试样的酸度一致，均为 1% 的硝酸。多元素混合标准溶液分组情况见表 4-5。

表 4-5 多元素混合标准溶液分组情况表

分组	元素
1	Mo、Ag
2	P
3	V、Ti
4	Al、B、Ba、Be、Ca、Cd、Co、Cr、Cu、Fe、Li、K、Mg、Mn、Na、Ni、Pb、Sr、Zn、Zr
5	As、Bi、Sb、Se、Sn
6	S
7	Si

6．样品

（1）样品采集和保存。

按照《地表水和污水监测技术规范》（HJ/T 91—2002）和《地下水环境监测技术规范》（HJ 164—2020）的相关规定进行水样的采集。采样前，用洗涤剂和水依次洗净聚乙烯瓶，置于（1+1）硝酸溶液中浸泡 24 h 以上，用实验用水彻底洗净。若测定可溶性元素，样品采集后立即通过水系微孔滤膜过滤，弃去初始的 50～100 ml 滤液，收集所需体积的滤液，加入适量硝酸，使硝酸含量达到 1%。如测定元素总量，样品采集后立即加入适量硝酸，使硝酸含量达到 1%。

（2）试样的制备。

①测定可溶性元素。样品采集后立即通过水系微孔滤膜过滤，弃去初始的 50～100 ml 滤液，收集所需体积的滤液，加入适量硝酸，使硝酸含量达到 1%。

②测定元素总量。按比例在一定体积的均匀样品中加入硝酸，通常 100 ml 样品加入 5.0 ml 硝酸。置于电热板上加热消解，在不沸腾的情况下，缓慢加热至近干。取下冷却，反复进行这一过程，直至试样溶液颜色变浅或稳定不变。冷却后，加入硝酸若干毫升，再加入少量水，置电热板上继续加热使残渣溶解。冷却后，用实验用水定容至原取样体积，使溶液保持体积比为 1%的硝酸酸度。对于某些基体复杂的废水，消解时可加入 2～5 ml 高氯酸消解。若消解液中存在一些不溶物，可静置或在 2 000～3 000 r/min 的转速下离心分离 10 min 以获得澄清液。若离心或静置过夜后仍有悬浮物，则可过滤去除，但应避免过滤过程中可能的污染。

注 1：水样消解可采用微波消解法。

注 2：当目标元素含量较高时，应取适量消解液用（1+99）硝酸溶液稀释。

③空白试样的制备。以水代替样品，按与试样制备相同的步骤进行空白试样的制备。

7．分析步骤

（1）仪器测量条件。

不同型号的仪器最佳测试条件不同，根据仪器说明书要求优化测试条件。仪器参考测量条件见表 4-6。

表 4-6　仪器参考测量条件

观察方式	水平、垂直或水平垂直交替使用
发射功率	1 150 W
载气流量	0.7 L/min
辅助气流量	1.0 L/min
冷却气流量	12.0 L/min

（2）校准曲线的建立。

取一定量的单元素标准使用液制备校准曲线，根据地表水及废水等浓度范围分组配制，在各自浓度范围内，至少配制 5 个浓度点。废水测定的校准曲线参考浓度范围见表 4-7，地表水、地下水测定的校准曲线参考浓度范围见表 4-8。由低浓度到高浓度依次进样，按照仪器参考测试条件测量发射强度。

以发射强度值为纵坐标，目标元素系列质量浓度为横坐标，建立目标元素的校准曲线。

表 4-7　废水标准溶液浓度范围

元素	浓度范围/（mg/L）
Ag、Al*、B、Ba*、Be、Bi、Ca*、Cd、Co、Cr、Cu、Fe*、K*、Li*、Mg、Mn、Na*、Ni、Pb、S、Sr、Zn、Zr	0.00～500.00
P	0.00～500.00
As、Se、Sn、V	0.00～500.00
Mo、Sb	0.00～500.00
Ti	0.00～250.00
Si	0.00～250.00

注 3：带"*"的元素参考选择 0.00～250.00 mg/L 浓度范围。

注 4：元素分组可根据所使用仪器也可根据有证标准物质分组情况而定，元素浓度范围根据所使用仪器进行适当调整。

表 4-8　地表水、地下水标准溶液浓度范围

元素	浓度范围/（mg/L）
Al、Sr、P	0.00～5.00
Ba、Fe	0.00～2.00
Be、Cd、Mo、Ag	0.00～0.50
B、Co、Cr、Cu、Li、Mn、Ni、Pb、Zn	0.00～1.00
V、Ti	0.00～1.00
Ca、Si	0.00～50.00
Mg、Na、K	0.00～10.00

（3）试样的测定。

在与建立校准曲线相同的条件下，测定水样的发射强度。由发射强度值在校准曲线上查得目标元素含量。样品测量过程中，若样品中待测元素浓度超出校准曲线范围，样品需稀释后重新测定。

（4）空白试验。

按照与试样测定的相同条件测定空白试样。

8．结果计算和表示

（1）结果计算。

样品中目标元素的质量浓度按照下式计算。

$$\rho = (\rho_1 - \rho_2) \times f$$

式中：ρ——样品中目标元素的质量浓度，mg/L；

　　　ρ_1——样品中目标元素的测定浓度，mg/L；

　　　ρ_2——空白样品中目标元素的测定浓度，mg/L；

　　　f——水样稀释倍数。

（2）结果表示。

测定结果与检出限最后一位保持一致，若有效数字大于三位，则保留三位有效数字。

9．精密度和准确度

（1）精密度。

6 家实验室对浓度为 1.00 mg/L、5.00 mg/L、9.00 mg/L 标准溶液进行了测定：实验室内相对偏差分别为 0.2%～20.0%、0.1%～6.8%、0.1%～10.4%；实验室间相对偏差分别为 1.2%～23.0%、0.8%～9.4%、0.6%～8.6%。

6 家实验室对浓度为 0.398～6.71 mg/L 的地表水进行了加标样品测定，实验室内相对偏差为 2.3%～22.0%；实验室间相对偏差为 1.0%～21.0%。

6 家实验室对浓度为 0.387～88.4 mg/L 的废水进行了加标样品测定，实验室内相对偏差为 0.30%～24.0%；实验室间相对偏差为 0.33%～35.0%。

（2）准确度。

6 家实验室对地表水样品进行了可溶性元素的加标回收实验，地表水可溶性元素的加标回收率范围为 90.5%～98.3%。

6 家实验室对废水样品进行了可溶性元素的加标回收实验，废水可溶性元素加标回收率范围为 90.6%～99.5%。

6 家实验室对地表水样品进行了元素总量的加标回收实验，地表水元素总量（电热板消解、微波消解）的加标回收率范围分别为 89.3%～100%、90.9%～100%。

6 家实验室对废水样品进行了元素总量的加标回收实验，废水元素总量（电热板消解、微波消解）的加标回收率范围分别为 88.8%～99.5%、87.4%～102%。

10．质量保证和质量控制

（1）每次分析样品均应建立校准曲线，校准曲线相关系数 $\gamma \geqslant 0.999$。

（2）每批样品应至少测定 10% 的加标样品，当样品数量少于 10 个时，应至少测定一个加标样品，加标回收率应在 80%～120%。

其余同本节（二）石墨炉原子吸收分光光度法。

（四）电感耦合等离子体质谱法（A）[*]

警告：配制及测定铍、砷、镉等剧毒致癌物质的标准溶液时，应避免与皮肤直接接触。

1．方法的适用范围

本方法适用于地表水、地下水、生活污水、低浓度工业废水中银、铝、砷、金、硼、钡、铍、铋、钙、镉、铈、钴、铬、铯、铜、镝、铒、铕、铁、镓、钆、锗、铪、钬、铟、铱、钾、镧、锂、镥、镁、锰、钼、钠、铌、钕、镍、磷、铅、钯、镨、铂、铷、铼、铑、钌、锑、钪、硒、钐、锡、锶、铽、碲、钍、钛、铊、铥、铀、钒、钨、钇、镱、锌、锆的测定。

本方法各元素的方法检出限为 0.02～19.6 µg/L，测定下限为 0.08～78.4 µg/L。各元素的方法检出限详见表 4-9。

---

[*] 本方法与 HJ 700—2014 等效。

表 4-9 检出限和测定下限　　　　　　　　单位：μg/L

元素	检出限	测定下限	元素	检出限	测定下限	元素	检出限	测定下限
银 Ag	0.04	0.16	铪 Hf	0.03	0.12	铑 Rh	0.03	0.12
铝 Al	1.15	4.60	钬 Ho	0.03	0.12	钌 Ru	0.05	0.20
砷 As	0.12	0.48	铟 In	0.03	0.12	锑 Sb	0.15	0.60
金 Au	0.02	0.08	铱 Ir	0.04	0.16	钪 Sc	0.20	0.80
硼 B	1.25	5.00	钾 K	4.50	18.0	硒 Se	0.41	1.64
钡 Ba	0.20	0.80	镧 La	0.02	0.08	钐 Sm	0.04	0.16
铍 Be	0.04	0.16	锂 Li	0.33	1.32	锡 Sn	0.08	0.32
铋 Bi	0.03	0.12	镥 Lu	0.04	0.16	锶 Sr	0.29	1.16
钙 Ca	6.61	26.4	镁 Mg	1.94	7.76	铽 Tb	0.05	0.20
镉 Cd	0.05	0.20	锰 Mn	0.12	0.48	碲 Te	0.05	0.20
铈 Ce	0.03	0.12	钼 Mo	0.06	0.24	钍 Th	0.05	0.20
钴 Co	0.03	0.12	钠 Na	6.36	25.4	钛 Ti	0.46	1.84
铬 Cr	0.11	0.44	铌 Nb	0.02	0.08	铊 Tl	0.02	0.08
铯 Cs	0.03	0.12	钕 Nd	0.04	0.16	铥 Tm	0.04	0.16
铜 Cu	0.08	0.32	镍 Ni	0.06	0.24	铀 U	0.04	0.16
镝 Dy	0.03	0.12	磷 P	19.6	78.4	钒 V	0.08	0.32
铒 Er	0.02	0.08	铅 Pb	0.09	0.36	钨 W	0.43	1.72
铕 Eu	0.04	0.16	钯 Pd	0.02	0.08	钇 Y	0.04	0.16
铁 Fe	0.82	3.28	镨 Pr	0.04	0.16	镱 Yb	0.05	0.20
镓 Ga	0.02	0.08	铂 Pt	0.03	0.12	锌 Zn	0.67	2.68
钆 Gd	0.03	0.12	铷 Rb	0.04	0.16	锆 Zr	0.04	0.16
锗 Ge	0.02	0.08	铼 Re	0.04	0.16			

2．方法原理

水样经预处理后，采用电感耦合等离子体质谱进行检测，根据元素的质谱图或特征离子进行定性，内标法定量。样品由载气带入雾化系统进行雾化后，以气溶胶形式进入等离子体的轴向通道，在高温和惰性气体中被充分蒸发、解离、原子化和电离，转化成的带电荷的正离子经离子采集系统进入质谱仪，质谱仪根据离子的质荷比即元素的质量数进行分离并定性和定量的分析。在一定浓度范围内，元素质量数所对应的信号响应值与其浓度成正比。

3．干扰和消除

（1）质谱型干扰。

质谱型干扰主要包括多原子离子干扰、同量异位素干扰、氧化物干扰和双电荷干扰等。多原子离子干扰是 ICP-MS 最主要的干扰来源，可以利用干扰校正方程、仪器优化以及碰撞反应池技术加以解决，常见的多原子离子干扰见表 4-10。同量异位素干扰可以使用干扰校正方程进行校正，或在分析前对样品进行化学分离等方法进行消除，主要的干扰校正方程见表 4-11。氧化物干扰和双电荷干扰可通过调节仪器参数降低影响。

表 4-10　ICP-MS 测定中常见的多原子离子干扰

分子离子	质量数	受干扰元素	分子离子	质量数	受干扰元素
$^{14}N^1H^+$	15	—	$^{40}Ar^{81}Br^+$	121	Sb
$^{16}O^1H^+$	17	—	$^{35}Cl^{16}O^+$	51	V
$^{16}O^1H_2^+$	18	—	$^{35}Cl^{16}O^1H^+$	52	Cr
$^{12}C_2^+$	24	Mg	$^{37}Cl^{16}O^+$	53	Cr
$^{12}C^{14}N^+$	26	Mg	$^{37}Cl^{16}O^1H^+$	54	Cr
$^{12}C^{16}O^+$	28	Si	$^{40}Ar^{35}Cl^+$	75	As
$^{14}N_2^+$	28	Si	$^{40}Ar^{37}Cl^+$	77	Se
$^{14}N_2^1H^+$	29	Si	$^{32}S^{16}O^+$	48	Ti
$^{14}N^{16}O^+$	30	Si	$^{32}S^{16}O^1H^+$	49	Ti
NOH^+	31	P	$^{34}S^{16}O^+$	50	V，Cr
$^{16}O_2^+$	32	S	$^{34}S^{16}O^1H^+$	51	V
$^{16}O_2^1H^+$	33	S	$^{32}S^{16}O_2^+$，$^{32}S_2^+$	64	Zn
$^{36}ArH^+$	37	Cl	$^{40}Ar^{32}S^+$	72	Ge
$^{38}ArH^+$	39	K	$^{40}Ar^{34}S^+$	74	Ge
$^{40}ArH^+$	41	K	$^{31}P^{16}O^+$	47	Ti
$^{12}C^{16}O_2^+$	44	Ca	$^{31}P^{17}O^1H^+$	49	Ti
$^{12}C^{16}O_2^1H^+$	45	Se	$^{31}P^{16}O_2^+$	63	Cu
$^{40}Ar^{12}C^+$，$^{36}Ar^{16}O^+$	52	Cr	$^{40}Ar^{31}P^+$	71	Ga
$^{40}Ar^{14}N^+$	54	Cr，Fe	$^{40}Ar^{23}Na^+$	63	Cu
$^{40}Ar^{14}N^1H^+$	55	Mn	$^{40}Ar^{39}K^+$	79	Br
$^{40}Ar^{16}O^+$	56	Fe	$^{40}Ar^{40}Ca^+$	80	Se
$^{40}Ar^{16}O^1H^+$	57	Fe	$^{130}Ba^{2+}$	65	Cu
$^{40}Ar^{36}Ar^+$	76	Se	$^{132}Ba^{2+}$	66	Cu
$^{40}Ar^{38}Ar^+$	78	Se	$^{134}Ba^{2+}$	67	Cu
$^{40}Ar_2^+$	80	Se	TiO^+	62～66	Ni，Cu，Zn
$^{81}Br^1H^+$	82	Se	ZrO^+	106～112	Ag，Cd
$^{79}Br^{16}O^+$	95	Mo	MoO^+	108～116	Cd
$^{81}Br^{16}O^+$	97	Mo	$^{93}Nb^{16}O^+$	109	Ag
$^{81}Br^{16}O^1H^+$	98	Mo			

表 4-11　ICP-MS 测定中常用的干扰校正方程

同位素	干扰校正方程
^{51}V	$^{51}M-3.127\times(^{53}M-0.113\times^{52}M)$
^{75}As	$^{75}M-3.127\times(^{77}M-0.815\times^{82}M)$
^{82}Se	$^{82}M-1.009\times^{83}M$
^{98}Mo	$^{98}M-0.146\times^{99}M$
^{111}Cd	$^{111}M-1.073\times(^{108}M-0.712\times^{106}M)$
^{114}Cd	$^{114}M-0.027\times(^{118}M-1.63\times^{108}M)$
^{115}In	$^{115}M-0.016\times^{118}M$
^{208}Pb	$^{206}M+^{207}M+^{208}M$

（2）非质谱型干扰。

非质谱型干扰主要包括基体抑制干扰、空间电荷效应干扰、物理效应干扰等。非质谱型干扰程度与样品基体性质有关，可通过内标法、仪器条件最佳化或标准加入法等措施消除。

4．仪器和设备

（1）电感耦合等离子体质谱仪及其相应的设备：仪器工作环境和对电源的要求需根据仪器说明书规定执行。仪器扫描范围：5～250 amu，分辨率：10%峰高处所对应的峰宽应优于 1 amu。

（2）控温电热板（温度稳定±5℃），可控温度大于 180℃。

（3）微波消解仪。

（4）过滤装置，0.45 μm 孔径水系微孔滤膜。

（5）聚四氟乙烯烧杯：250 ml。

（6）聚乙烯容量瓶：50 ml、100 ml。

（7）聚丙烯或聚四氟乙烯瓶：100 ml。

5．试剂和材料

本标准所用试剂除非另有说明，否则分析时均使用符合国家标准的优级纯化学试剂。实验用水为电阻率≥18 MΩ·cm 的去离子水或同等纯度的水。

（1）硝酸：ρ（HNO_3）=1.42 g/ml，必要时经纯化处理。

（2）盐酸：ρ（HCl）=1.19 g/ml，必要时经纯化处理。

（3）硝酸溶液：1+99。

（4）硝酸溶液：2+98。

（5）硝酸溶液：1+1。

（6）盐酸溶液：1+1。

（7）标准溶液。

①单元素标准贮备溶液：1.00 mg/ml。可用光谱纯金属（纯度大于 99.99%）或其他标准物质配制成浓度为 1.00 mg/ml 的标准贮备溶液，根据各元素的性质选用合适的介质（参见表 4-12 混合标准贮备溶液分组推荐的保存介质）。也可购买有证标准溶液。

表 4-12　推荐的混合标准贮备溶液分组及保存介质

元素	介质
Ce，Dy，Er，Eu，Gd，Ho，La，Lu，Nd，Pr，Sm，Sc，Tb，Th，Tm，Yb，Y	5%硝酸
Al，As，Ba，Be，Bi，Cd，Cs，Cr，Co，Cu，Ga，In，Fe，Pb，Li，Mn，Ni，Rb，Se，Ag，Sr，Tl，U，V，Zn	5%硝酸
Sb，Au，Hf，Ir，Pd，Pt，Rh，Ru，Te，Sn	10%盐酸及 1%硝酸
B，Ge，Mo，Nb，P，Re，Ti，W，Zr	水及痕量硝酸、痕量氢氟酸
Ca，K，Mg，Na	2%硝酸

②混合标准贮备溶液。可购买有证混合标准溶液，也可根据元素间相互干扰的情况、标准溶液的性质以及待测元素的含量，将元素分组配制成混合标准贮备溶液（参见表 4-12

推荐的混合标准贮备溶液分组及保存介质）。

注 1：所有元素的标准贮备溶液配制后均应在密封的聚乙烯或聚丙烯瓶中保存。

注 2：包含元素 Ag 的溶液需要避光保存。

③混合标准使用液。可购买有证混合标准溶液，也可根据元素间相互干扰的情况、标准溶液的性质以及待测元素的含量，用（2+98）硝酸溶液稀释元素标准贮备溶液，将元素分组配制成混合标准使用液，钾、钠、钙、镁贮备溶液即为其使用溶液，浓度为 100 mg/L；其余元素混合使用溶液浓度为 1 mg/L。

（8）内标标准贮备溶液：100 μg/L。

宜选用 ^{6}Li、^{45}Sc、^{74}Ge、^{89}Y，^{103}Rh、^{115}In、^{185}Re、^{209}Bi 为内标元素（内标元素的选取可参考表 4-13）。可直接购买有证标准溶液，用（1+99）硝酸溶液稀释至 100 μg/L。

表 4-13　推荐的分析物质量与内标物

元素	质量数	内标	元素	质量数	内标	元素	质量数	内标
银	107	Rh	锗	74	Y	锑	121	In
铝	27	Sc	钬	165	In	钪	45	Ge
砷	75	Ge	铟	115	Rh	硒	77	Ge
金	197	Re	铱	193	Re	钐	147	In
硼	11	Sc	钾	39	Sc	锡	118	In
钡	135	In	镧	139	In		120	In
铍	9	Sc	锂	7	Sc	锶	88	Y
铋	209	Re	镥	175	Re	铽	159	In
钙	44	Sc	镁	24	Sc	碲	126	In
镉	111	Rh	锰	55	Sc	钍	232	Re
	114	In	钼	95	Rh	钛	48	Sc
铈	140	In		98	Rh	铊	205	Re
钴	59	Sc	钠	23	Sc	铥	169	In
铬	52	Sc	铌	93	Rh	铀	238	Re
铬	53	Sc	钕	146	In	钒	51	Sc
铯	133	In	镍	60	Sc	钨	184	Re
铜	63	Ge	磷	31	Ge	钇	89	Ge
	65	Ge	铅	208	Re	镱	172	Re
镝	163	In	钯	108	Rh	锌	66	Ge
铒	166	In	镨	141	In	锆	90	Y
铕	151	In	铂	195	Re			
铁	57	Sc	镓	85	Y			
镓	69	Ge	铼	187	Bi			
钆	157	In	铑	103	In			
	158	In	钌	102	Rh			

（9）内标标准使用液。

用（1+99）硝酸溶液稀释内标贮备液，配制内标标准使用液。由于不同仪器采用不同内径蠕动泵管在线加入内标，致使内标进入样品中的浓度不同，故配制内标使用液浓度时应考虑使内标元素在样液中的浓度为 5～50 µg/L。

（10）质谱仪调谐溶液：10 µg/L。

宜选用含有 Li、Y、Be、Mg、Co、In、Tl、Pb 和 Bi 元素为质谱仪的调谐溶液。可直接购买有证标准溶液，用（1+99）硝酸溶液稀释至 10 µg/L。

（11）氩气：纯度不低于 99.99%。

注 3："M"为元素通用符号。

注 4：在仪器配备碰撞反应池的条件下，选用碰撞反应池技术消除干扰时，可忽略上述干扰校正方程。

6. 样品

（1）样品采集和保存。

样品采集参照《地表水和污水监测技术规范》（HJ/T 91—2002）和《地下水环境监测技术规范》（HJ 164—2020）的相关规定执行，可溶性元素样品和元素总量样品分别采集。

可溶性元素样品采集后立即用 0.45 µm 滤膜过滤，弃去初始的滤液 50 ml，用少量滤液清洗采样瓶，收集所需体积的滤液于采样瓶中，加入适量（1+1）硝酸溶液将酸度调节至 pH<2。

元素总量样品的保存参照《水质　采样样品的保存和管理技术规范》（HJ 493—2009）的相关规定进行，样品采集后，加入适量（1+1）硝酸溶液将酸度调节至 pH<2。

（2）试样的制备。

①可溶性元素样品处理方法见上述（1）。

②元素总量样品处理方法：

i）电热板消解法：准确量取（100.0±1.0）ml 摇匀后的样品于 250 ml 聚四氟乙烯烧杯中（视水样实际情况，取样量可适当减少，但需注意稀释倍数的计算），加入 2 ml（1+1）硝酸溶液和 1.0 ml（1+1）盐酸溶液于上述烧杯中，置于电热板上加热消解，加热温度不得高于 85℃（详见注 5）。消解时，烧杯应盖上表面皿或采取其他措施，保证样品不受通风柜周边的环境污染。持续加热，保持溶液不沸腾，直至样品蒸发至 20 ml 左右。在烧杯口盖上表面皿以减少过多的蒸发，并保持轻微持续回流 30 min。待样品冷却后，用去离子水冲洗烧杯至少 3 次，并将冲洗液倒入容量瓶中，确保消解液转移至 50 ml 容量瓶中，用去离子水定容，加盖，摇匀保存。若消解液中存在一些不溶物可静置过夜或离心以获得澄清液。（若离心或静置过夜后仍有悬浮物，则可过滤去除，但应避免过滤过程中可能的污染）。

ii）微波消解法：准确量取 45.0 ml 摇匀后的样品于消解罐中，加入 4.0 ml 浓硝酸和 1.0 ml 浓盐酸（可根据微波消解罐的体积等比例减少取样量和加入的酸量），在 170℃温度下微波消解 10 min。消解完毕，冷却至室温后，将消解液移至 100 ml 容量瓶中，用去离子水定容至刻度，摇匀，待测。也可适度浓缩样品，定容至 50 ml 容量瓶中。

注 5：使用电热板消解法时，正确的加热方法为将烧杯放在电热板中间位置，调节电热板的温度，使盛放有水样、未加盖的烧杯的受热温度不高于 85℃。若烧杯上盖有表面皿，水温可升至约 95℃。

注 6：当目标元素为银、铝、砷、铍、钡、钙、镉、钴、铬、铜、铁、钾、镁、锰、钼、镍、铅、铊、钒、锌的总量时，可采用《水质　金属总量的消解　硝酸消解法》（HJ 677—2013）或《水质　金属总量的消解　微波消解法》（HJ 678—2013）对样品进行消解处理；其余元素参考本方法执行。样品前处理完毕，应尽快进行分析。

> 注7：对于有机物含量较高的样品，酌情加入适量过氧化氢。

7．分析步骤

（1）分析条件。

①仪器的参考操作条件。不同型号的仪器其最佳工作条件不同，标准模式、碰撞/反应池模式等应按照仪器使用说明书进行操作。

②仪器调谐。点燃等离子体后，仪器需预热稳定 30 min。首先用质谱仪调谐溶液对仪器的灵敏度、氧化物和双电荷进行调谐，在仪器的灵敏度、氧化物、双电荷满足要求的条件下，调谐溶液中所含元素信号强度的相对标准偏差≤5%。然后在涵盖待测元素的质量范围内进行质量校正和分辨率校验，如质量校正结果与真实值差别超过±0.1 amu 或调谐元素信号的分辨率在 10%峰高所对应的峰宽为 0.6～0.8 amu 的范围，应依照仪器使用说明书的要求对质谱进行校正。

（2）校准曲线的建立。

依次配制一系列待测元素标准溶液，可根据测量需要调整校准曲线的浓度范围。在容量瓶中取一定体积的标准使用液，使用（1+99）硝酸溶液配制系列校准曲线，建议浓度如下：铝、硼、钡、钴、铜、铁、锰、钛、锌浓度为 0 μg/L、10.0 μg/L、50.0 μg/L、100 μg/L、200 μg/L、300 μg/L、400 μg/L 和 500 μg/L；银、砷、金、铍、铋、镉、铈、铬、铯、镝、铒、铕、镓、钆、锗、铪、钬、铟、铱、镧、镥、钼、铌、钕、镍、磷、铅、钯、镨、铂、铷、铼、铑、钌、锑、钪、硒、钐、锡、铽、碲、铊、铥、铀、钒、钨、钇、镱、锆浓度为 0.0 μg/L、0.5 μg/L、1.0 μg/L、5.0 μg/L、10.0 μg/L、20.0 μg/L、40.0 μg/L 和 50.0 μg/L；钾、钠、钙、镁浓度为 0 mg/L、5.0 mg/L、10.0 mg/L、20.0 mg/L、40.0 mg/L、60.0 mg/L、80.0 mg/L 和 100 mg/L；锂、锶浓度为 0.0 mg/L、0.1 mg/L、0.5 mg/L、1.0 mg/L、2.0 mg/L、3.0 mg/L、4.0 mg/L 和 5.0 mg/L 的标准系列。内标元素标准使用液可直接加入工作溶液中，也可在样品雾化之前通过蠕动泵自动加入。

用 ICP-MS 测定标准溶液，以标准溶液浓度为横坐标，以样品信号与内标信号的比值为纵坐标建立校准曲线。用线性回归分析方法求得其斜率用于样品含量计算。

（3）试样的测定。

每个试样测定前，先用（2+98）硝酸溶液冲洗系统直到信号降至最低，待分析信号稳定后才可开始测定。试样测定时应加入与建立校准曲线时相同量的内标元素标准使用液。若样品中待测元素浓度超出校准曲线范围，需用（1+99）硝酸溶液稀释后重新测定，稀释倍数为 f。试样溶液基体复杂，多原子离子干扰严重时，可通过表 4-11 所列的校正方程进行校正，也可根据各仪器厂家推荐的条件，通过碰撞/反应池模式技术进行校正。

（4）空白试验。

以实验用水代替样品，按照与试样的制备相同的步骤制备实验室空白试样，并按照与试样的测定相同的条件测定实验室空白试样。

8．结果计算和表示

（1）结果计算。

样品中目标元素的质量浓度按照下式计算。

$$\rho = (\rho_1 - \rho_2) \times f$$

式中：ρ——样品中目标元素的质量浓度，$\mu g/L$ 或 mg/L；

ρ_1——稀释后样品中目标元素的质量浓度，$\mu g/L$ 或 mg/L；

ρ_2——稀释后实验室空白样品中目标元素的质量浓度，$\mu g/L$ 或 mg/L；

f——稀释倍数。

（2）结果表示。

测定结果与检出限最后一位保持一致，若有效数字大于三位，则保留三位有效数字。

9. 精密度和准确度

6 家实验室对钾、钠、钙、镁浓度为 5.0 mg/L、25.0 mg/L 和 50.0 mg/L 的标准溶液进行了直接测定：实验室内相对标准偏差分别为 2.9%～12.8%、1.3%～7.9%、1.5%～6.8%。实验室间相对标准偏差分别为 2.8%～7.7%、4.0%～5.7%、1.4%～3.5%。

6 家实验室对其余 61 种元素浓度为 0.10～20.0 $\mu g/L$、20.0～50.0 $\mu g/L$ 和 50.0～100 $\mu g/L$ 的标准溶液进行了直接测定：实验室内相对标准偏差分别为 2.0%～14.1%、1.3%～10.1%、1.2%～7.8%。实验室间相对标准偏差分别为 0.9%～10.4%、1.0%～9.8%、0.8～4.8%。

6 家实验室对地表水样品进行了可溶性元素的加标回收实验，地表水可溶性元素的加标回收率范围为 86.8%～102%。

6 家实验室对废水样品进行了可溶性元素的加标回收实验，废水可溶性元素加标回收率范围为 85.7%～109%。

6 家实验室对地表水样品进行了元素总量的加标回收实验，地表水元素总量的加标回收率范围为 91.3%～110%。

6 家实验室对废水样品进行了元素总量的加标回收实验，废水元素总量的加标回收率范围为 92.1%～108%。

10. 质量保证和质量控制

（1）每次分析样品均应建立校准曲线。通常情况下，校准曲线的相关系数 $\gamma \geqslant 0.999$。

（2）在每次分析中必须监测内标的强度，试样中内标的响应值应介于校准曲线响应值的 70.0%～130%，否则说明仪器发生漂移或有干扰产生，应查找原因后重新分析。如果发现基体干扰，需要进行稀释后测定；如果发现样品中含有内标元素，需要更换内标或提高内标元素浓度。

（3）每批样品应至少做一个全程序空白及实验室空白。空白值应符合下列的情况之一才能被认为是可接受的：

ⅰ）空白值应低于方法检出限；

ⅱ）低于标准限值的 10%；

ⅲ）低于每一批样品最低测定值的 10%。

否则须查找原因，重新分析直至合格之后才能分析样品。

（4）实验室控制样品：在每批样品中，应在试剂空白中加入每种分析物质，其加标回收率应在 80.0%～120%；也可以使用有证标准样品代替加标，其测定值应在标准要求的范围内。

（5）基体加标和基体重复加标：每批样品应至少测定一个基体加标和一个基体重复加标，测定的加标回收率应在 70.0%～130%；两个基体重复加标样品测定值的偏差在 20% 以内。若不在范围内，应考虑存在基体干扰，可采用稀释样品或增大内标浓度的方法消除干扰。

水和废水无机及综合指标监测分析方法

（6）平行样：每批样品应至少测定 10%的平行双样，当样品数量少于 10 个时，应测定一个平行双样；做平行样时，两个平行样品测定结果的相对偏差应≤20%。

（7）连续校准：每分析 10 个样品，应分析一次校准曲线中间浓度点，其测定结果与实际浓度值相对偏差应≤10%，否则应查找原因或重新建立校准曲线。每批样品分析完毕后，应进行一次曲线最低点的分析，其测定结果与实际浓度值相对偏差应≤30%。

11．注意事项

（1）钾、钠、钙、镁等元素含量相对较高时，可选用其他国家标准方法进行测定。对于未知的废水样品，建议先用其他国标方法初测样品浓度，避免分析期间样品对检测器的潜在损害，同时鉴别浓度超过线性范围的元素。

（2）丰度较大的同位素会产生拖尾峰，影响相邻质量峰的测定。可调整质谱仪的分辨率以减少这种干扰。

（3）在连续分析浓度差异较大的样品或标准品时，样品中待测元素（如硼等元素）易沉积并滞留在真空界面、喷雾腔和雾化器上会导致记忆干扰，可通过延长样品间的洗涤时间来避免这类干扰的发生。

（4）因钨酸钠在酸性介质中不稳定，钨的标准溶液由三氧化钨经碱熔配制，在一定的条件下，钨酸钠在酸性溶液中易有少量沉淀析出。对钨的测定，建议样品处理后即上机测定，或在碱性介质中单独测定钨。

二、铝

铝是自然界中的常量元素，由于铝盐不易被人体肠壁吸收，所以在人体内含量不高。铝的毒性不大，过去曾被列为无毒的微量元素，并能抵抗铅的毒害作用。后经研究表明，过量摄入铝会干扰磷的代谢，对胃蛋白酶的活性有抑制作用，且对中枢神经有不良影响。因此，对洁净水中铝的含量世界卫生组织（WHO）的控制值为 0.2 mg/L，美国国家环境保护局（USEPA）定为 0.05～0.2 mg/L，我国生活饮用水、城市供水、饮用水的标准限值为 0.2 mg/L，我国电镀污染物排放标准的限值为 2～5 mg/L。

天然水中铝的含量变化幅度较大，一般为每升几毫克到零点几毫克范围，岩石侵蚀、土壤渗漏、灰尘沉降、降水、水处理、工业废水是铝进入水体的主要途径。铝盐常用作混凝剂以沉淀或过滤方式来去除水中矿物质及有机物。冶金工业、石油加工、造纸、罐头和耐火材料、木材加工、防腐剂生产、纺织、电镀等工业排放废水中都含较高量的铝。氯化铝、硝酸铝、乙酸铝毒性较大。当铝含量不高时可促进作物生长并增加其中维生素 C 的含量。当大量铝化合物随污水进入水体时，可使水体自净作用减弱，将导致大量有机物凝聚，致水生动物因营养匮乏而死亡。

分光光度法测定铝易受共有成分铁及碱金属、碱土金属元素的干扰。火焰原子吸收分光光度法由于铝在空气—乙炔火焰中形成耐高温氧化物，而笑气—乙炔火焰在国内尚未普及应用，灵敏度低。在石墨炉原子吸收分光光度法中，铝需加入基体改进剂提高灰化和原子化温度。络合物交换反应间接原子吸收分光光度法通过测定铜达到定量测定铝，操作方法虽然复杂，但灵敏度较高。ICP-AES 和 ICP-MS 法简便、灵敏度高、具有较好的适用性。

（一）间接火焰原子吸收分光光度法（B）

1. 方法的适用范围

本方法适用于地表水、地下水、生活污水、工业废水中铝的测定。当取样量为 50 ml 时，方法检出限为 0.04 mg/L，测定下限为 0.16 mg/L。

2. 方法原理

在 pH 为 4.0～5.0 的乙酸-乙酸钠缓冲介质中，在 PAN[1-（2-吡啶偶氮）-2-萘酚]存在的条件下，Al^{3+} 与 Cu（Ⅱ）-EDTA 发生定量交换，反应式如下：

$$Cu（Ⅱ）- EDTA + PAN + Al^{3+} \longrightarrow Cu（Ⅱ）- PAN + Al（Ⅲ）- EDTA$$

生成物 Cu（Ⅱ）-PAN 可被氯仿萃取，再用空气—乙炔火焰原子吸收分光光度法测定水相中剩余的铜，从而间接测定铝的含量。

3. 干扰和消除

当样品中含有 20 000 mg/L K^+、Na^+、Cl^-、NO_3^-，4 mg/L Ca^{2+}、Mg^{2+}、Fe^{2+}，2.5 mg/L Cr（Ⅲ）、Be^{2+}、0.5 mg/L Zn^{2+}，1 mg/L Mn^{2+}、Mo（Ⅵ），10 000 mg/L SO_4^{2-}，500 mg/L PO_4^{3-}、Br^-、I^-、BrO_3^- 时，不干扰本方法对 0.4 mg/L Al^{3+} 的测定。当这些物质的浓度超过上述浓度时，可采用标准加入法消除其干扰。

当 Cr（Ⅵ）超过 2.5 mg/L 时稍有干扰。在加入 Cu（Ⅱ）-EDTA 前，先加入 PAN，可消除 1 mg/L Cu^{2+} 及 0.1 mg/L Ni^{2+} 对 0.4 mg/L Al^{3+} 的干扰。加入抗坏血酸、硼酸可分别消除 Fe^{3+}、F^- 的干扰。

4. 仪器和设备

（1）火焰原子吸收分光光度计。

（2）铜空心阴极灯或连续光源。

（3）燃气：乙炔，用钢瓶气或由乙炔发生器供给，纯度不低于 99.6%。

（4）空气压缩机，具有除油、水及杂质装置。

（5）控温水浴装置。

5. 试剂和材料

除非另有说明，否则分析时均使用符合国家标准的分析纯化学试剂，实验用水为新制备的去离子水或同等纯度的水。

（1）硝酸：ρ（HNO_3）=1.42 g/ml，优级纯。

（2）盐酸：ρ（HCl）=1.19 g/ml，优级纯。

（3）氨水：ρ（$NH_3 \cdot H_2O$）=0.91 g/ml，优级纯。

（4）乙醇：95%（m/V），优级纯。

（5）三氯甲烷（$CHCl_3$）：优级纯。

（6）抗坏血酸溶液：ρ（$C_6H_8O_6$）=50 g/L。

称取 5 g 抗坏血酸溶于适量水中，稀释至 100 ml。

（7）氨水溶液：1+1。

（8）硝酸溶液：1+1。

（9）硼酸溶液：ρ（H_3BO_3）=20 g/L。

称取 2 g 硼酸溶于适量水中，稀释至 100 ml。

（10）铝标准贮备液：ρ（Al^{3+}）=1 000 mg/L。

称取 0.500 0 g 高纯金属铝（纯度 99.9%以上），溶于 10 ml 盐酸中，用（1+99）硝酸溶液定容至 500 ml。铝标准贮备液可在 0～4℃塑料瓶中保存 3 个月。或购买具有市售有证标准物质。

（11）铝标准使用液：ρ（Al^{3+}）=10.00 mg/L。

用（1+99）硝酸溶液将铝标准贮备液逐级稀释至 10.00 mg/L。

（12）EDTA 溶液：c（EDTA）=0.001 mol/L。

称取 1.861 2 g EDTA-二钠（优级纯）溶于适量水中，稀释至 500 ml，配制成 0.01 mol/L 的 EDTA 溶液（使用时稀释到 10 倍）。

（13）铜溶液：ρ（Cu^{2+}）=100 mg/L。

购买具有市售有证标准物质，逐级稀释配制而成；或准确称取 0.190 1 g 三水硝酸铜溶于适量水中，稀释至 500 ml。

（14）乙酸—乙酸钠缓冲溶液：pH=4.5。

称取 32 g 乙酸钠（$NaAc\cdot 3H_2O$）溶于适量水中，加入 23.4 ml 冰乙酸，稀释至 500 ml。

（15）PAN 乙醇溶液：ρ（PAN）=1.0 g/L。

称取 0.1 g 的 1-（2-吡啶偶氮）-2-萘酚（PAN）溶于 100 ml 乙醇溶液中。

（16）Cu（II）-EDTA 溶液。

吸取 0.001 mol/L EDTA 溶液 50 ml 于 250 ml 锥形瓶中，先后加入 5 ml 乙酸—乙酸钠缓冲溶液、5 滴 PAN 乙醇溶液，摇匀，加热至 60～70℃，用铜溶液滴定，颜色由黄变紫红，过量三滴，待溶液冷至室温，用 20 ml 三氯甲烷萃取，弃去有机相。

（17）百里香酚蓝指示剂溶液：ρ=1.0 g/L。

量取 21.10 ml 乙醇溶液，用水定容至 100 ml，配制成 20%的乙醇溶液；再称取 0.1 g 百里香酚蓝溶于 20%的乙醇溶液中。

6. 样品

（1）样品的采集和保存。

同本章银测定方法（四）电感耦合等离子体质谱法。

（2）试样的制备。

可溶性铝：为了消除 Fe^{3+}、F^-干扰，取 100.0 ml 滤液置于 250 ml 聚四氟乙烯烧杯中（视水样实际情况，取样量可适当减少，但需注意稀释倍数的计算），加入硝酸 5 ml，置于电热板上消解，加热温度不得高于 85℃。待溶液约剩 10 ml 时，加入硼酸溶液 5 ml，继续消解，蒸至近干。取下稍冷，加入抗坏血酸溶液 10.00 ml，移入 100.0 ml 容量瓶中用水定容，摇匀，待测。

总铝：准确量取 100.0 ml 已经酸化的水样置于聚四氟乙烯烧杯中（视水样实际情况，取样量可适当减少，但需注意稀释倍数的计算），加入 2 ml 硝酸和 1.0 ml 盐酸于上述烧杯中，置于电热板上加热消解，加热温度不得高于 85℃。消解时，烧杯应盖上聚四氟乙烯表面皿或采取其他措施，保证样品不受通风柜周边的环境污染。持续加热，保持溶液不沸腾，直至样品蒸发至 20 ml 左右。在烧杯口盖上聚四氟乙烯盖以减少过多的蒸发，并保持轻微持续回流 30 min。开盖继续消解，待溶液约剩 10 ml 时，加入硼酸溶液 5.00 ml，消解至近干。取下稍冷，加入抗坏血酸 10.00 ml，移入 100.0 ml 容量瓶中用水定容，摇匀，待测。

7. 分析步骤

（1）萃取分离。

准确吸取适量上述制备好的可溶性铝或总铝样品（使 $Al^{3+} \leqslant 50~\mu g$，否则应稀释）于 50.0 ml 比色管中，加入 1 滴百里香酚蓝指示剂，用（1+1）氨水溶液调至刚刚变黄，然后依次加入 5.00 ml 乙酸—乙酸钠缓冲溶液、6.00 ml 乙醇、1.00 ml PAN 溶液，摇匀。准确加入 5.00 ml Cu（Ⅱ）-EDTA 溶液，用水定容至刻度，摇匀。在 80℃ 水浴中加热 20 min，冷却至室温，用 10.0 ml 三氯甲烷萃取 5 min，静置分层 25 min，水相待测。

（2）仪器的调试与校准。

同型号仪器的最佳测定条件不同，可根据仪器使用说明书调至最佳工作状态。本方法采用表 4-14 中的仪器参考测量条件。

表 4-14　仪器参考测量条件

工作参数	测量条件
光源	铜空心阴极灯
灯电流/mA	2.0
波长/nm	324.7
通带宽度/nm	0.4
空气压力/kPa	240
乙炔流量/（L/min）	2.0
负高压/V	390.5

（3）校准曲线的建立。

分别于 6 支 50.0 ml 比色管中，加入铝标准使用液 0.00 ml、1.00 ml、2.00 ml、3.00 ml、4.00 ml 和 5.00 ml，用（1+99）硝酸溶液定容至标线，摇匀，分别配制成铝含量为 0.00 mg/L、0.20 mg/L、0.40 mg/L、0.60 mg/L、0.80 mg/L 和 1.00 mg/L 的标准系列。经萃取分离后，根据仪器参数，由低浓度到高浓度，顺序测定标准溶液的吸光度，用减去空白的吸光度与相应的铝含量（μg）建立校准曲线。

（4）试样的测定。

将预处理的试样经萃取分离后，按照与标准溶液相同测量条件测定其吸光度。由吸光度值在校准曲线上计算出铝的含量。

（5）空白试验。

以实验用水代替试样，按照与试样的测定相同的步骤和试剂，制备实验室空白试样。样品采集的全程序空白，也按照与试样的测定相同的步骤和试剂进行测试。

8. 结果计算和表示

（1）结果计算。

样品中铝的质量浓度按照下式计算。

$$\rho = \frac{(\rho_1 - \rho_0) \times f \times V_1}{V}$$

式中：ρ——样品中铝的质量浓度，mg/L；

ρ_1——样品中铝的测定浓度，mg/L；

ρ_0——空白样品中铝的测定浓度，mg/L；

V_1——水样消解后定容体积，ml；

V——取样体积，ml；

f——样品稀释倍数。

（2）结果表示。

当测定结果小于 1.00 mg/L 时，保留至小数点后两位；当测定结果大于等于 1.00 mg/L 时，保留三位有效数字。

9．精密度和准确度

（1）精密度。

6 家实验室对可溶性铝质量浓度分别为 0.20 mg/L、0.40 mg/L、0.60 mg/L 的统一标准溶液进行了测定，实验室内相对标准偏差分别为 7.2%～10.9%、3.1%～4.5%、1.5%～3.2%；实验室间相对标准偏差分别为 7.4%、4.6% 和 3.2%。

6 家实验室对电镀企业污水处理设施出口 0.215～0.828 mg/L 的实际样品测定了总铝浓度，实验室间相对标准偏差为 9.1% 和 1.5%。

（2）准确度。

6 家实验室对可溶性铝标准溶液（0.205±0.029）mg/L 测定结果的相对误差为 –3.0%～5.2%。

6 家实验室对 0.062～1.31 mg/L 的实际样品进行了总铝的分析加标测试，加标质量浓度分别为 0.100 mg/L、0.200 mg/L 和 1.00 mg/L，加标回收率分别为 93.8%～109%、93.5%～113% 和 96.0%～107%。

10．质量保证和质量控制

同本章银测定方法（三）电感耦合等离子体发射光谱法。

11．注意事项

（1）三水合硝酸铜称重前应在玛瑙研钵中研碎，平铺于培养皿中，并置于硅胶干燥器中放置 3 d 以上。

（2）在消解过程中切不可将溶液蒸干，有机物含量较高时可加入适量过氧化氢消解。消解后如果消解液中有颗粒物，可将消解液过滤或者经过离心处理。总铝可参考《水质　金属总量的消解　硝酸消解法》（HJ 677—2013）或《水质　金属总量的消解　微波消解法》（HJ 678—2013）全量消解后，再加入抗坏血酸、硼酸消解，分别消除 Fe^{3+}、F^- 的干扰。

（3）试样的预处理中消解到最后时，应尽量将酸赶掉，以避免在萃取分离调酸度时加入氨水太多。若水样中铝含量较低，消解时可将样品适当浓缩。

（4）需挑选刻线和塞之间空间较大的比色管，以便于有足够的容积进行萃取分离步骤。

（5）使用强酸、高腐蚀性试剂时，必须在通风橱内进行，并避免在实验过程中洒落、碰翻、倾倒。

（二）石墨炉原子吸收分光光度法（B）

1．方法的适用范围

本方法适用于地表水、地下水、生活饮用水和污水等铝含量较低的各类水质中铝的测定。当进样量为 20 μl 时，方法检出限为 3 μg/L，测定下限为 12 μg/L。

2．方法原理

样品经前处理后，注入石墨炉原子化器，铝离子在石墨管内经原子化高温蒸发解离为原子蒸汽，其基态原子对铝空心阴极灯发射的特征谱线产生选择性吸收。在一定条件下，吸光度与样品中铝的浓度成正比。

3．干扰和消除

本方法测定时，水中共存的阳离子基本无干扰。当样品中含有 1 000 mg/L Cl⁻、SO₄²⁻、NO₃⁻时，不干扰 Al³⁺的测定。加入少量硝酸可消除 F⁻的干扰。

通过测定加标回收率来判断基体改进剂是否已消除基体干扰。如基体干扰仍存在，可用标准加入法来消除基体干扰，或者使用样品稀释法降低基体干扰。

4．仪器和设备

（1）石墨炉原子吸收分光光度计。

（2）铝空心阴极灯。

（3）循环冷却水系统。

（4）涂层石墨管。

（5）控温电热板（温度稳定±5℃），可控温度大于 180℃。

5．试剂和材料

除非另有说明，否则分析时均使用符合国家标准的分析纯化学试剂，实验用水为新制备的去离子水或同等纯度的水。

（1）硝酸：ρ（HNO₃）=1.42 g/ml，优级纯。

（2）盐酸：ρ（HCl）=1.19 g/ml，优级纯。

（3）硝酸溶液：1+99。

（4）过氧化氢：ρ（H₂O₂）=1.13 g/ml。

（5）5%基体改进剂（硝酸镁溶液）：ρ[Mg(NO₃)₂]=50 g/L。

准确称取 5.00 g 硝酸镁（优级纯），加水定容至 100 ml。

（6）铝标准贮备液：ρ（Al³⁺）=1.000 mg/ml。

称取 0.500 0 g 高纯金属铝（纯度 99.9%以上），溶于 10 ml 盐酸中，用（1+99）硝酸溶液定容至 500 ml。铝标准贮备液可在 0～4℃塑料瓶中保存 3 个月。或购买具有市售有证标准物质。

（7）铝标准使用液：ρ（Al³⁺）=1.00 mg/L。

用（1+99）硝酸溶液将铝标准贮备液逐级稀释至 1.00 mg/L。

6．样品

（1）样品的采集和保存。

同本章银测定方法（四）电感耦合等离子体质谱法。

（2）试样的制备。

除非证明水样的消解处理是不必要的，可直接取样进行测量。否则，应按下述步骤进行预处理。

①可溶性铝试样的制备：收集所需体积的滤液，每 50.0 ml 样品中加入 0.50 ml 基体改进剂，摇匀，待测。

②总铝试样的制备：准确量取 50.0 ml 混合均匀的水样置于聚四氟乙烯烧杯中，加入 5.00 ml 硝酸，盖上聚四氟乙烯表面皿，保持溶液温度（95±5）℃，不沸腾加热回流 30 min，蒸至 5 ml 左右。待冷却后，再加入 5 ml 浓硝酸，盖上表面皿，继续加热回流。重复这一步骤直到不再有棕色的烟产生，将溶液蒸发至 5 ml 左右。

缓慢加入 3 ml 过氧化氢，继续盖上表面皿，并保持溶液温度（95±5）℃，重复这一步骤加热至不再有大量气泡产生，待溶液冷却，继续加入过氧化氢，每次 1 ml，重复这一步骤直至仅有细微气泡或大致外观不发生变化，移去表面皿，继续加热，直到溶液体积蒸发至约 5 ml。

溶液冷却后，转移至 50 ml 容量瓶中，加入 0.50 ml 基体改进剂，用（1+99）硝酸溶液定容，摇匀，待测。

7．分析步骤

（1）仪器调试与校准。

不同型号仪器的最佳测定条件不同，可根据仪器使用说明书自行选择、调整。本方法推荐测定条件见表 4-15 和表 4-16。

表 4-15　仪器分析参数

元素	波长/nm	灯电流/mA	光谱通带宽/nm	进样量/μL	测定方式	扣背景方式
Al	396.2	10.0	0.5	20	峰高	塞曼扣背景

表 4-16　塞曼扣背景石墨炉升温程序

程序	干燥	灰化	原子化	清洗
温度/℃	120	1 400	2 500	2 600
保持时间/s	30	30	5.0	2
气流/（L/min）	0.3	0.3	0	0.3

（2）校准曲线的建立。

吸取铝标准使用液 0.00 ml、0.50 ml、1.00 ml、1.50 ml、2.00 ml 和 2.50 ml 于 6 个 50.0 ml 容量瓶内，分别加入 0.50 ml 基体改进剂，用（1+99）硝酸溶液定容至刻度，摇匀，配制成铝含量为 0.0 μg/L、10.0 μg/L、20.0 μg/L、30.0 μg/L、40.0 μg/L 和 50.0 μg/L 的标准系列。按仪器测量条件，依次测定实验空白、标准系列和样品，记录吸收峰高或峰面积。用减去空白的吸光度与相应的铝含量（μg/L）建立校准曲线。带有自动进样系统的仪器可由仪器自行稀释，基体改进剂也可自动加入。

（3）试样的测定。

将过滤或消解后的试样倒入样品杯，按照与校准曲线相同测量条件测定其吸光度。由吸光度值在校准曲线上计算可得铝的含量。

（4）空白试验。

以水代替试样，按照与试样的测定相同的步骤和试剂，制备实验室空白试样。采集的全程序空白样品，也按照与试样的测定相同的步骤和试剂，进行测试。

8．结果计算和表示

（1）结果计算。

样品中铝的质量浓度按照下式计算。

$$\rho = \frac{(\rho_1 - \rho_0) \times f \times V_1}{V}$$

式中：ρ——样品中铝的质量浓度，μg/L；

　　　ρ_1——样品中铝的测定浓度，μg/L；

ρ_0——空白样品中铝的测定浓度，μg/L；

V_1——水样消解后定容体积，ml；

V——取样体积，ml；

f——样品倍数。

（2）结果表示。

当测定结果小于 100 μg/L 时，保留至整数位；当测定结果大于等于 100 μg/L 时，保留三位有效数字。

9. 精密度和准确度

（1）精密度。

6 家实验室对可溶性铝质量浓度分别为 10 μg/L、16 μg/L、40 μg/L 的三个统一标准溶液进行了测定，实验室内相对标准偏差分别为 6.8%～10.7%、2.1%～3.6%、1.6%～3.2%；6 家实验室对电镀废水样品总铝浓度进行了测定，实验室间相对标准偏差分别为 7.3%、2.4%和 2.6%。

（2）准确度。

6 家实验室对可溶性铝标准溶液（157±10）μg/L 进行了测定，测定结果的相对误差为 −3.2%～4.5%。

6 家实验室对电镀污水实际样品总铝浓度进行了加标测定，加标回收率分别为 93.8%～108%、94.2%～109%、93.2%～107%。

10. 质量保证和质量控制

同本章银测定方法（二）石墨炉原子吸收分光光度法。

11. 注意事项

（1）因地球常量元素铝普遍存在，痕量铝的测量极易受污染影响，可先用洗涤剂浸泡 24 h，然后用（1+1）硝酸溶液浸泡 24 h，再用去离子水清洗实验器皿和量器。

（2）使用强酸、高腐蚀性试剂时，必须在通风橱内进行，并避免在实验过程中洒落、碰翻、倾倒。

（3）样品消解时，不宜蒸干，以避免铝损失。可采用《水质 金属总量的消解 硝酸消解法》（HJ 677—2013）或《水质 金属总量的消解 微波消解法》（HJ 678—2013）对样品进行消解处理。若样品成分复杂，含有沉淀或有机质较多时，可加适量过氧化氢消解。

（4）可选用其他种类的基体改进剂，也可选用其他波长或扣背景模式。

（5）实验用过的废液或过期溶液，必须分类收集、存放，并清楚标识，并倒入专用的收集容器中，严禁随意倒入水槽或水沟内。

（三）电感耦合等离子体发射光谱法（A）

同本章银测定方法（三）电感耦合等离子体发射光谱法。

（四）电感耦合等离子体质谱法（A）

同本章银测定方法（四）电感耦合等离子体质谱法。

三、砷

砷（As）是人体非必需元素，元素砷的毒性较低，而砷的化合物均有剧毒，三价砷化合物比五价砷化合物毒性更强，且有机砷对人体和生物都有剧毒。砷通过呼吸道、消化道和皮肤接触进入人体。如摄入量超过排泄量，砷就会在人体的肝、肾、肺、脾、子宫、胎盘、骨骼、肌肉等部位，特别是在毛发、指甲中蓄积，从而引起慢性砷中毒，潜伏期可长达几年甚至几十年。慢性砷中毒有消化系统症状、神经系统症状和皮肤病变等。砷还有致癌作用，能引起皮肤癌。在一般情况下，土壤、水、空气、植物和人体都含有微量的砷，对人体不会构成危害。砷是我国实施排放总量控制的指标之一。

地表水中含砷量因水源和地理条件不同而有很大差异。淡水含砷量为 0.2～230 μg/L，平均为 0.5 μg/L，海水含砷量为 3.7 μg/L。砷的污染主要来源于采矿、冶金、化工、化学制药、农药生产、纺织、玻璃、制革等部门的工业废水。

原子荧光光谱法灵敏度高、干扰少，简便快速同时还可测定 Hg、Se、Sb、Bi、Ge、Te 等，是目前测定砷最好的方法之一。电感耦合等离子发射光谱法和电感耦合等离子体质谱法简便、快速、干扰少，且灵敏度高，可直接用于水中砷的测定。

（一）原子荧光光谱法（A）*

1．方法的适用范围

本方法适用于地表水、地下水、生活污水和工业废水中可溶性汞、砷、硒、铋和锑及其总量的测定。

本方法汞的检出限为 0.04 μg/L，测定下限为 0.16 μg/L；砷的检出限为 0.3 μg/L，测定下限为 1.2 μg/L；硒的检出限为 0.4 μg/L，测定下限为 1.6 μg/L；铋和锑的检出限为 0.2 μg/L，测定下限为 0.8 μg/L。

2．方法原理

经预处理后的样品进入原子荧光仪，在酸性条件的硼氢化钾（或硼氢化钠）还原作用下，样品中的砷、铋、锑、硒和汞生成砷化氢、铋化氢、锑化氢、硒化氢气体和汞原子，氢化物在氩氢火焰中形成基态原子，其基态原子和汞原子受元素（汞、砷、硒、铋和锑）灯发射光的激发产生原子荧光，原子荧光强度与样品中待测元素含量在一定范围内成正比。

3．干扰与消除

（1）酸性介质中能与硼氢化钾反应生成氢化物的元素会相互影响产生干扰，加入硫脲—抗坏血酸溶液可以基本消除干扰。

（2）高于一定浓度的铜等过渡金属元素可能对测定有干扰，加入硫脲—抗坏血酸溶液，可以消除绝大部分的干扰。在本方法的实验条件下，样品中含 100 mg/L 以下的 Cu^{2+}、50 mg/L 以下的 Fe^{3+}、1 mg/L 以下的 Co^{2+}、10 mg/L 以下的 Pb^{2+}（对硒是 5 mg/L）和 150 mg/L 以下的 Mn^{2+}（对硒是 2 mg/L）都不影响测定。

（3）常见阴离子不干扰测定。

（4）物理干扰消除。选用双层结构石英管原子化器，内外两层均通氩气，外面形成保护层隔绝空气，使待测元素的基态原子不与空气中的氧和氮碰撞，降低荧光淬灭对测定的影响。

---

* 本方法与 HJ 694—2014 等效。

4．仪器和设备

（1）原子荧光光谱仪：仪器性能指标应符合《原子荧光光谱仪》（GB/T 21191—2007）的规定。

（2）元素灯（汞、砷、硒、铋、锑）。

（3）可调温电热板。

（4）恒温水浴装置：温控精度±1℃。

（5）抽滤装置：0.45 μm孔径水系微孔滤膜。

（6）分析天平：精度为0.000 1 g。

5．试剂和材料

除非另有说明，否则分析时均使用符合国家标准的分析纯化学试剂，实验用水为新制备的去离子水或同等纯度的水。

（1）盐酸：ρ（HCl）=1.19 g/ml，优级纯。

（2）硝酸：ρ（HNO$_3$）=1.42 g/ml，优级纯。

（3）高氯酸：ρ（HClO$_4$）=1.68 g/ml，优级纯。

（4）氢氧化钠（NaOH）：优级纯。

（5）硼氢化钾（KBH$_4$）。

（6）硫脲（CH$_4$N$_2$S）。

（7）抗坏血酸（C$_6$H$_8$O$_6$）。

（8）重铬酸钾（K$_2$Cr$_2$O$_7$）：优级纯。

（9）氯化汞（HgCl$_2$）：优级纯。

（10）三氧化二砷（As$_2$O$_3$）：优级纯。

（11）硒粉：高纯（质量分数99.99%以上）。

（12）铋：高纯（质量分数99.99%以上）。

（13）三氧化二锑（Sb$_2$O$_3$）：优级纯。

（14）盐酸溶液：1+1。

（15）盐酸溶液：5+95。

（16）硝酸溶液：1+1。

（17）盐酸—硝酸溶液：分别量取300 ml盐酸和100 ml硝酸，加入400 ml水中，混匀。

（18）硝酸—高氯酸混合酸：用等体积硝酸和高氯酸混合配制。临用时现配。

（19）还原剂。

①硼氢化钾溶液A。称取0.5 g氢氧化钠溶于100 ml水中，加入1.0 g硼氢化钾，混匀。此溶液用于汞的测定，临用时现配，存于塑料瓶中。

②硼氢化钾溶液B。称取0.5 g氢氧化钠溶于100 ml水中，加入2.0 g硼氢化钾，混匀。此溶液用于砷、硒、铋、锑的测定，临用时现配，存于塑料瓶中。

注：也可以用氢氧化钾、硼氢化钾配制还原剂。

③硫脲—抗坏血酸溶液。称取硫脲和抗坏血酸各5.0 g，用100 ml水溶解，混匀，测定当日配制。

（20）汞标准溶液。

①汞标准固定液。称取0.5 g重铬酸钾溶于950 ml水中，加入50 ml硝酸，混匀。

②汞标准贮备液：ρ（Hg）=100 mg/L。购买市售有证标准物质，或称取 0.135 4 g 于

硅胶干燥器中放置过夜的氯化汞，用少量汞标准固定液溶解后移入 1 000 ml 容量瓶中，用汞标准固定液稀释至标线，混匀，贮存于玻璃瓶中。4℃下可存放 2 年。

③汞标准中间液：ρ（Hg）=1.00 mg/L。移取 5.00 ml 汞标准贮备液于 500 ml 容量瓶中，加入 50 ml 盐酸，用汞标准固定液稀释至标线，混匀，贮存于玻璃瓶中。4℃下可存放 100 d。

④汞标准使用液：ρ（Hg）=10.0 μg/L。移取 5.00 ml 汞标准中间液于 500 ml 容量瓶中，加入 50 ml 盐酸，用水稀释至标线，混匀，贮存于玻璃瓶中。临用现配。

（21）砷标准溶液。

①砷标准贮备液：ρ（As）=100 mg/L。购买市售有证标准物质，或称取 0.132 0 g 于 105℃干燥 2 h 的三氧化二砷溶解于 5 ml 1 mol/L 氢氧化钠溶液中，用 1 mol/L 盐酸溶液中和至酚酞红色褪去，移入 1 000 ml 容量瓶中，用水稀释至标线，混匀，贮存于玻璃瓶中。4℃下可存放 2 年。

②砷标准中间液：ρ（As）=1.00 mg/L。移取 5.00 ml 砷标准贮备液于 500 ml 容量瓶中，加入 100 ml 盐酸，用水稀释至标线，混匀，4℃下可存放 1 年。

③砷标准使用液：ρ（As）=100 μg/L。移取 10.00 ml 砷标准中间液于 100 ml 容量瓶中，加入 20 ml 盐酸，用水稀释至标线，混匀，4℃下可存放 30 d。

（22）硒标准溶液。

①硒标准贮备液：ρ（Se）=100 mg/L。购买市售有证标准物质，或称取 0.100 0 g 高纯硒粉于 100 ml 烧杯中，低温加热溶解后冷却至室温，移入 1 000 ml 容量瓶中，用水稀释至标线，加入 20 ml 硝酸混匀，贮存于玻璃瓶中。4℃下可存放 2 年。

②硒标准中间液：ρ（Se）=1.00 mg/L。移取 5.00 ml 硒标准贮备液于 500 ml 容量瓶中，加入 150 ml 盐酸，用水稀释至标线，混匀。4℃下可存放 100 d。

③硒标准使用液：ρ（Se）=10.0 μg/L。移取 5.00 ml 硒标准中间液于 500 ml 容量瓶中，加入 150 ml 盐酸，用水稀释至标线，混匀。临用现配。

（23）铋标准溶液。

①铋标准贮备液：ρ（Bi）=100 mg/L。购买市售有证标准物质，或称取 0.100 0 g 高纯金属铋于 100 ml 烧杯中，加入 20 ml 硝酸，低温加热至溶解完全，冷却，移入 1 000 ml 容量瓶中，用水稀释至标线，混匀。贮存于玻璃瓶中。4℃下可存放 2 年。

②铋标准中间液：ρ（Bi）=1.00 mg/L。移取 5.00 ml 铋标准贮备液于 500 ml 容量瓶中，加入 100 ml 盐酸，用水稀释至标线，混匀。4℃下可存放 1 年。

③铋标准使用液：ρ（Bi）=100 μg/L。移取 10.00 ml 铋标准中间液于 100 ml 容量瓶中，加入 20 ml 盐酸，用水稀释至标线，混匀。临用现配。

（24）锑标准溶液。

①锑标准贮备液：ρ（Sb）=100 mg/L。购买市售有证标准物质，或称取 0.119 7 g 于 105℃干燥 2 h 的三氧化二锑，溶解于 80 ml 盐酸中，移入 1 000 ml 容量瓶，再加入 120 ml 盐酸，用水稀释至标线，混匀。贮存于玻璃瓶中。4℃下可存放 2 年。

②锑标准中间液：ρ（Sb）=1.00 mg/L。移取 5.00 ml 锑标准贮备液于 500 ml 容量瓶中，加入 100 ml 盐酸，用水稀释至标线，混匀。4℃下可存放 1 年。

③锑标准使用液：ρ（Sb）=100 μg/L。移取 10.00 ml 锑标准中间液于 100 ml 容量瓶中，加入 20 ml 盐酸，用水稀释至标线，混匀。临用现配。

（25）氩气：纯度≥99.999%。

6. 样品

（1）样品的采集和保存。

样品采集参照《地表水和污水监测技术规范》（HJ/T 91—2002）和《地下水环境监测技术规范》（HJ 164—2020）的相关规定执行，可溶性样品和总量样品分别采集。

样品保存参照《水质采样　样品的保存和管理技术规定》（HJ 493—2009）的相关规定进行。

①可溶性汞、砷、硒、铋、锑样品。样品采集后尽快用 0.45 μm 滤膜过滤，弃去初始滤液 50 ml，用少量滤液清洗采样瓶，收集滤液于采样瓶中。测定汞的样品，如水样为中性，按每升水样中加入 5 ml 盐酸的比例加入盐酸；测定砷、硒、锑、铋的样品，按每升水样中加入 2 ml 盐酸的比例加入盐酸。样品保存期为 14 d。

②汞、砷、硒、铋、锑总量样品。除样品采集后不经过滤外，其他的处理方法和保存期同可溶性。

（2）试样的制备。

①汞。量取 5.0 ml 混匀后的样品于 10 ml 比色管中，加入 1 ml 盐酸—硝酸溶液，加塞混匀，置于沸水浴中加热消解 1 h，其间摇动 1～2 次并开盖放气。冷却，用水定容至标线，混匀，待测。

②砷、硒、铋、锑。量取 50.0 ml 混匀后的样品于 150 ml 锥形瓶中，加入 5 ml 硝酸—高氯酸混合酸，于电热板上加热至冒白烟，冷却。再加入 5 ml 盐酸溶液，加热至黄褐色烟冒尽，冷却后移入 50 ml 容量瓶中，加水稀释定容，混匀，待测。

③空白试样。以水代替样品，按照与试样的制备相同的步骤制备空白试样。

7. 分析步骤

（1）仪器调试。

依据仪器使用说明书调节仪器至最佳工作状态。仪器参考测量条件见表 4-17。

表 4-17　仪器参考测量条件

元素	负高压/V	灯电流/mA	原子化器预热温度/℃	载气流量/（ml/min）	屏蔽气流量/（ml/min）	积分方式
Hg	240～280	15～30	200	400	900～1 000	峰面积
As	260～300	40～60	200	400	900～1 000	峰面积
Se	260～300	80～100	200	400	900～1 000	峰面积
Sb	260～300	60～80	200	400	900～1 000	峰面积
Bi	260～300	60～80	200	400	900～1 000	峰面积

（2）校准曲线的配制。

①分别移取 0.00 ml、1.00 ml、2.00 ml、5.00 ml、7.00 ml 和 10.00 ml 汞标准使用液于 100 ml 容量瓶中，分别加入 10 ml 盐酸—硝酸溶液，用水稀释至标线，混匀。

②砷。分别移取 0.00 ml、0.50 ml、1.00 ml、2.00 ml、3.00 ml 和 5.00 ml 砷标准使用液于 50 ml 容量瓶中，分别加入 10 ml 盐酸溶液、10 ml 硫脲—抗坏血酸溶液，室温放置 30 min（室温低于 15℃时，置于 30℃水浴中保温 30 min），用水稀释定容，混匀。

③硒。分别移取 0.00 ml、2.00 ml、4.00 ml、6.00 ml、8.00 ml 和 10.00 ml 硒标准使用

液于 50 ml 容量瓶中，分别加入 10 ml 盐酸溶液，用水稀释定容，混匀。

④铋。分别移取 0.00 ml、0.50 ml、1.00 ml、2.00 ml、3.00 ml 和 5.00 ml 铋标准使用液于 50 ml 容量瓶中，分别加入 10 ml 盐酸溶液，用水稀释定容，混匀。

⑤锑。分别移取 0.00 ml、0.50 ml、1.00 ml、2.00 ml、3.00 ml 和 5.00 ml 锑标准使用液于 50 ml 容量瓶中，分别加入 10 ml 盐酸溶液、10 ml 硫脲—抗坏血酸溶液，室温放置 30 min（室温低于 15℃时，置于 30℃水浴中保温 30 min），用水稀释定容，混匀。

汞、砷、硒、铋、锑标准系列的质量浓度见表 4-18。

表 4-18　标准系列质量浓度

元素	标准系列质量浓度/（μg/L）					
Hg	0.0	0.1	0.2	0.5	0.7	1.0
As	0	1	2	4	6	10
Se	0.0	0.4	0.8	1.2	1.6	2.0
Bi	0	1	2	4	6	10
Sb	0	1	2	4	6	10

（3）校准曲线的建立。

①汞。参考测量条件或采用自行确定的最佳测量条件，以盐酸溶液为载流，硼氢化钾溶液 A 为还原剂，浓度由低到高依次测定汞标准系列的原子荧光强度，以原子荧光强度为纵坐标、汞质量浓度为横坐标，建立校准曲线。

②砷、硒、铋、锑。参考测量条件或采用自行确定的最佳测量条件，以盐酸溶液为载流，硼氢化钾溶液 B 为还原剂，浓度由低到高依次测定各元素标准系列的原子荧光强度，以原子荧光强度为纵坐标、相应元素的质量浓度为横坐标，建立校准曲线。

（4）试样的测定。

①汞。按照与建立校准曲线相同的条件测定待测样品的原子荧光强度。超过校准曲线高浓度点的样品，对其消解液稀释后再进行测定，稀释倍数为 f。

②砷、锑。量取 5.0 ml 待测样品于 10 ml 比色管中，加入 2 ml 盐酸溶液、2 ml 硫脲—抗坏血酸溶液，室温放置 30 min（室温低于 15℃时，置于 30℃水浴中保温 30 min），用水稀释定容，混匀，按照与建立校准曲线相同的条件进行测定。超过校准曲线高浓度点的样品，对其消解液稀释后再进行测定，稀释倍数为 f。

③硒、铋。量取 5.0 ml 待测样品于 10 ml 比色管中，加入 2 ml 盐酸溶液，用水稀释定容，混匀，按照与建立校准曲线相同的条件进行测定。超过校准曲线高浓度点的样品，对其消解液稀释后再进行测定，稀释倍数为 f。

（5）空白试验。

按照与试样的测定相同的步骤测定空白试样。

8．结果计算和表示

（1）结果计算。

样品中目标元素的质量浓度按照下式计算。

$$\rho = \frac{\rho_1 \times f \times V_1}{V}$$

式中：ρ ——样品中目标元素的质量浓度，μg/L；

ρ_1 ——由校准曲线上查得的样品中目标元素的质量浓度，μg/L；

f ——水样稀释倍数（样品若有稀释）；

V_1 ——分取后测定试样的定容体积，ml；

V ——分取水样的体积，ml。

（2）结果表示。

汞：当测定结果小于 1.00 μg/L 时，保留至小数点后两位；当测定结果大于等于 1.00 μg/L 时，保留三位有效数字。

砷、硒、铋和锑：当测定结果小于 10.0 μg/L 时，保留至小数点后一位；当测定结果大于等于 10.0 μg/L 时，保留三位有效数字。

9. 精密度和准确度

（1）精密度。

6 家实验室对含汞 0.10 μg/L、0.20 μg/L、0.40 μg/L 和 0.80 μg/L 四种浓度的统一样品进行了测定，实验室内相对标准偏差分别为 3.3%～10.0%、2.0%～7.5%、1.5%～3.7% 和 1.5%～2.9%；实验室间相对标准偏差分别为 8.5%、2.8%、1.9% 和 1.4%。

6 家实验室对含砷 1.0 μg/L、4.0 μg/L 和 8.0 μg/L 三种浓度的统一样品进行了测定，实验室内相对标准偏差分别为 6.0%～7.0%、2.3%～5.4% 和 0.9%～3.4%；实验室间相对标准偏差分别为 4.1%、1.6% 和 1.5%。

6 家实验室对含硒 1.0 μg/L、2.0 μg/L 和 8.0 μg/L 三种浓度的统一样品进行了测定，实验室内相对标准偏差分别为 4.1%～8.9%、1.2%～4.9% 和 0.3%～3.6%；实验室间相对标准偏差分别为 4.1%、2.6% 和 2.7%。

6 家实验室对含铋 0.5 μg/L、2.0 μg/L 和 4.0 μg/L 三种浓度的统一样品进行了测定，实验室内相对标准偏差分别为 4.8%～8.0%、2.8%～4.7% 和 2.7%～4.0%；实验室间相对标准偏差分别为 4.5%、3.6% 和 1.5%。

6 家实验室对含锑 0.5 μg/L、1.0 μg/L、2.0 μg/L 和 4.0 μg/L 四种浓度的统一样品进行了测定，实验室内相对标准偏差分别为 6.4%～11.6%、3.9%～6.7%、3.2%～4.7% 和 1.7%～3.8%；实验室间相对标准偏差分别为 4.4%、4.5%、2.6% 和 2.7%。

（2）准确度。

6 家实验室对汞有证标准物质［浓度（16.0±1.4）μg/L］测定结果的相对误差为 -2.8%～0.9%；对汞有证标准物质［浓度（11.4±1.1）μg/L］测定结果的相对误差为 -5.6%～0.0%。

6 家实验室对砷有证标准物质［浓度 60.6±4.2 μg/L］测定结果的相对误差为 -1.9%～1.7%；对砷有证标准物质［浓度（75.1±5.3）μg/L］测定结果的相对误差为 -4.7%～-0.9%。

6 家实验室对硒有证标准物质（浓度 11.2±1.1 μg/L）测定结果的相对误差为 -5.4%～6.2%；对硒有证标准物质［浓度（26.2±2.4）μg/L］测定结果的相对误差为 -1.5%～3.1%。

6 家实验室对统一的工业废水进行了加标测定，汞加标量分别为 0.20 μg/L、0.40 μg/L 和 0.60 μg/L，加标回收率分别为 91.5%～104%、91.2%～99.6% 和 98.6%～107%。

6 家实验室对统一的工业废水进行了加标测定，砷加标量分别为 2.0 μg/L、4.0 μg/L 和 6.0 μg/L，加标回收率分别为 92.0%～109%、96.5%～106% 和 94.3%～103%。

6 家实验室对统一的工业废水进行了加标测定，硒加标量分别为 1.0 μg/L、2.0 μg/L 和 3.0 μg/L，加标回收率分别为 90.0%～102%、96.0%～102% 和 98.7%～107%。

6 家实验室对统一的工业废水进行了加标测定，铋加标量分别为 1.0 μg/L、2.0 μg/L 和 4.0 μg/L，加标回收率分别为 90.0%～103%、93.5%～104% 和 93.0%～101%。

6 家实验室对统一的工业废水进行了加标测定，锑加标量分别为 1.0 μg/L、2.0 μg/L 和 4.0 μg/L，加标回收率分别为 94.0%～108%、92.5%～105% 和 94.0%～100%。

10．质量保证和质量控制

（1）每测定 20 个样品需增测一个实验室空白，当批不满 20 个样品时，需测定 2 个实验室空白。空白的测试结果应小于方法检出限。

（2）每次样品分析应建立校准曲线，校准曲线的相关系数 $\gamma \geqslant 0.995$。

（3）每测完 20 个样品进行一次校准曲线零点和中间点浓度的核查，测试结果的相对误差应 ≤20%。

（4）每批样品至少测定 10% 的平行双样，当样品少于 10 个时，至少测定一个平行双样。测试结果的相对偏差应 ≤20%。

（5）每批样品至少测定 10% 的加标样，当样品少于 10 个时，至少测定一个加标样。加标回收率控制在 70.0%～130%。

11．注意事项

（1）硼氢化钾是强还原剂，极易与空气中的氧气和二氧化碳反应，在中性和酸性溶液中易分解产生氢气，所以配制硼氢化钾还原剂时，要将硼氢化钾固体溶解在氢氧化钠溶液中，并临用现配。

（2）实验室所用的玻璃器皿均需用硝酸溶液浸泡 24 h，或用热硝酸荡洗。清洗时依次用自来水、去离子水洗净。

（3）所用的标准系列必须每次使用前现配制，与样品在相同条件下测定。

（4）对所用的每一瓶试剂都应做相应的空白实验，特别是盐酸要仔细检查。配制标准溶液与样品应尽可能使用同一瓶试剂。

（5）测定完高浓度的样品后，应测定载流空白，待载流空白的测定值稳定且与建立校准曲线时的测定值相差不大时，才可进行下一个样品的测定。

（二）电感耦合等离子体发射光谱法（A）

同本章银测定方法（三）电感耦合等离子体发射光谱法。

（三）电感耦合等离子体质谱法（A）

同本章银测定方法（四）电感耦合等离子体质谱法。

四、硼

硼（B）是植物生长的营养元素。植物种类不同，对硼需求量有很大差异。对一般作物来说，硼缺乏的临界浓度是 0.50 mg/L，但灌溉用水含硼量超过 2.0 mg/L 时，对某些植物又是有害的。天然水中含硼很少，其含量一般不超过 1.0 mg/L，这种浓度对人体是无害的，而在盐湖水、卤水及某些矿泉水中有少量或较高量的硼存在，饮用水中硼含量不超过 1 mg/L。人摄入大量硼会影响中枢神经系统，长期摄入可引起硼中毒的临床综合症状。

硼可以用电感耦合等离子体发射光谱法、电感耦合等离子体质谱法和姜黄素分光光度法等方法测定。

（一）电感耦合等离子体发射光谱法（A）

同本章银测定方法（三）电感耦合等离子体发射光谱法。

（二）电感耦合等离子体质谱法（A）

同本章银测定方法（四）电感耦合等离子体质谱法。

（三）姜黄素分光光度法（A）*

1. 方法的适用范围

本方法适用于地表水、地下水和城市污水中硼的测定。

试样体积为 1.0 ml，用 20 mm 比色皿时，本方法的检出限为 0.02 mg/L，测定上限浓度为 1.0 mg/L。

2. 方法原理

含硼水样在酸性条件下，与姜黄素共同蒸发，生成被称为玫瑰花箐苷的络合物，该络合物可溶于乙醇或异丙醇中，在 540 nm 处有最大吸收峰，其颜色深度与硼的含量成正比。

3. 干扰和消除

20 mg/L 以下的硝酸盐氮不干扰测定。硝酸盐氮含量大于 20 mg/L 时，产生干扰，必须除去。可取适量水样，加氢氧化钙使呈碱性后，在水浴上蒸发至干，再慢慢灼烧以破坏硝酸盐。再用一定量的 0.1 mol/L 盐酸溶解残渣，并定容，吸取 1.00 ml 溶液进行测定。

当钙和镁浓度（以 $CaCO_3$ 计）超过 100 mg/L 时，在 95%的乙醇中生成沉淀产生干扰，将显色后的溶液离心分离后测定，水样中即使有 600 mg/L 的 $CaCO_3$ 也不干扰测定。若将原水样通过强酸性的阳离子交换树脂，本法可用于 600 mg/L 以上硬度水中硼的测定。

4. 仪器和设备

本试验所用器皿应选用无硼玻璃、聚乙烯或其他无硼材料。

（1）分光光度计，带 20 mm 比色皿。

（2）恒温水浴锅。

（3）离心机。

（4）蒸发皿：100～150 ml，瓷、铂或其他无硼材料均可。选用的蒸发皿大小、形状及厚度均应一致。若选用瓷蒸发皿，表面釉质应光泽良好。

5. 试剂和材料

（1）乙醇（CH_5OH）：95%，分析纯。

（2）盐酸：ρ（HCl）=1.19 g/ml，分析纯。

（3）草酸（$H_2C_2O_4$）：分析纯。

（4）姜黄素—草酸溶液：称取 0.040 g 粉末状姜黄素和 5.0 g 草酸溶于 80 ml 乙醇中，加入 4.2 ml 盐酸，仔细观察，如有不溶物，可用滤纸过滤于 100 ml 容量瓶中，并用乙醇稀释至刻度。此试剂使用时配制，也可贮存在 4℃冷藏箱中，但最长不超过 1 周。

（5）硼标准贮备液：ρ（B）=100.0 mg/L。

称取 0.571 6 g 硼酸（H_3BO_3），溶解于实验用水中，并稀释至 1 000 ml。硼酸应保存于

---

* 本方法与 HJ/T 49—1999 等效。

密封的瓶中，防止大气中水分进入，配制时直接取用。

（6）硼标准使用液：ρ（B）=1.00 mg/L。

移取 10.00 ml 硼标准贮备液于 1 000 ml 容量瓶中，用水稀释至刻度。

6. 样品

（1）样品采集和保存。

样品采集于聚乙烯瓶中。密闭冷藏，可保存 1 个月。

（2）试样的制备。

清洁地表水或地下水可直接取水样测定。浑浊水样可用滤纸过滤后测定。若水样含硼量大于 1.0 ml/L，可稀释后再测定。

吸取 1.00 ml 水样于蒸发皿中，加入 4.0 ml 姜黄素—草酸溶液，轻轻转动蒸发皿使其混合均匀。将蒸发皿置于（55±3）℃水浴上蒸发至干，继续在水浴上保留 15 min，取下蒸发皿，冷却至室温，用移液管准确加入 25.00 ml 乙醇，用聚乙烯棒搅拌，使红色化合物完全溶解，离心后测定；或用少量乙醇溶解后，转入 25 ml 容量瓶中，用乙醇稀释至刻度，离心后备测。

（3）空白试样的制备。

用与样品相同体积的实验用水代替样品，按照与试样的制备相同的步骤制备空白试样。

7. 分析步骤

（1）校准曲线的建立。

向一系列与样品测定相同的蒸发皿中，分别加入 0.20 ml、0.40 ml、0.60 m、0.80 ml 和 1.00 ml 硼标准使用液，并分别加入 0.80 ml、0.60 ml、0.40 ml、0.20 ml 和 0.00 ml 去离子水，使溶液总量为 1.00 ml，加入 4.0 ml 姜黄素—草酸溶液，按照与试样的制备相同的步骤制备标准系列样品。用 20 mm 比色皿，于波长 540 nm 处，以去离子水为参比，测定吸光度。以零质量浓度校正的吸光度为纵坐标，以硼的含量为横坐标，建立校准曲线。

（2）试样的测定。

用 20 mm 比色皿，于波长 540 nm 处，以去离子水为参比，测定吸光度。

（3）空白试验。

按照与试样的测定相同的步骤测定空白试样。

8. 结果计算和表示

（1）结果计算。

样品中硼的质量浓度按照下式计算。

$$\rho=\frac{m}{V} \times f$$

式中：ρ——样品中硼的质量浓度，mg/L；

　　　m——由校准曲线查得的硼含量，μg；

　　　V——所取试样体积，ml；

　　　f——稀释倍数。

（2）结果表示。

当测定结果小于 1.00 mg/L 时，保留至小数点后两位；当测定结果大于等于 1.00 mg/L 时，保留三位有效数字。

9．精密度和准确度

5 家实验室测定了含硼量为 0.450 mg/L 的统一水样，实验室内相对标准偏差为 3.3%，实验室间相对标准偏差为 5.3%，加标回收率为 91.8%～109%。

10．注意事项

（1）应严格控制显色条件，姜黄素与硼结合形成玫瑰花青苷，需要在无水条件下进行，有水残存会使络合物颜色强度降低。显色时的蒸发条件，如蒸发速度和蒸发时的温度等因素必须保持一致，否则重现性变差。样品蒸发时蒸发皿底部一定要浸入水面下。蒸发至干后继续在同一温度下保持 15 min，使脱水完全。蒸发和脱水时的常用温度是（55±3）℃，温度更高时，可能导致硼的损失。

（2）硬质玻璃中常含有硼，试样的预处理和显色操作不能用含硼的玻璃器皿。所使用的玻璃器皿不应与试样溶液作长时间接触。用其他玻璃器皿时，应先进行全程序空白试验，用扣除空白的方法以消除玻璃器皿的影响。

（3）配制试剂用的水均需用石英蒸馏器重蒸馏过的水或去离子水。

（4）蒸发皿取下后，应擦干底部的水迹。如不能及时测定，放入干燥器中，可放置 48 h。

（5）用乙醇溶解后的样品应立即测定，否则由于乙醇的蒸发损失，使样品测定结果偏高。如不能及时测定，可将其转入干燥的具塞容器中，至少可稳定 6 h。

五、钡

钡（Ba）广泛存在于环境中，土壤中约含 500 mg/kg，地表水中浓度约为 0.01 mg/L，海水中浓度约为 0.013 mg/L。钡在哺乳动物体内起到结构和重力传感器的作用。人体摄入钡量达到 200 mg/d 会产生中毒，当农灌水中钡量超过 500 mg/L 也对农作物有害。

钡的测定方法有原子吸收分光光度法、电感耦合等离子发射光谱法、电感耦合等离子体质谱法等。钡在空气—乙炔火焰气氛中生成难解离的氧化物，在石墨炉中易生成耐高温的碳化物，采用原子吸收分光光度法测定钡的灵敏度较低。

（一）火焰原子吸收分光光度法（A）*

1．方法的适用范围

本方法适用于高浓度废水中可溶性钡和总钡的测定。

本方法检出限为 1.7 mg/L，测定范围为 6.8～500 mg/L。

2．方法原理

样品经过滤或消解后喷入富燃性空气—乙炔火焰，在高温火焰中形成的钡基态原子对钡空心阴极灯发射的 553.6 nm 特征谱线产生选择性吸收，其吸光度值与钡的质量浓度在一定范围内成正比。

3．干扰和消除

（1）试样中钾、钠、镁、锶、铁、锡和镍的质量浓度为 5 000 mg/L、铬为 500 mg/L、锂为 100 mg/L、硝酸为 10%（体积分数）、高氯酸为 4%（体积分数）、盐酸为 2%（体积分数）以下时，对钡的测定无影响。当这些物质的质量浓度超过上述质量浓度时，可采用标准加入法消除其干扰。

---

* 本方法与 HJ 603—2011 等效。

（2）在空气—乙炔火焰中，样品中的钙生成氢氧化钙分子，在 530～560 nm 处有一吸收带，当其质量浓度大于 100 mg/L 时，干扰钡的测定。可配制与样品质量浓度相同的钙标准溶液，在与样品测定相同条件下测定其吸光度，通过扣除该背景吸光度值，消除钙的干扰。

4．仪器和设备

实验所用的玻璃器皿、聚乙烯容器等需先用洗涤剂洗净，再用（1+9）硝酸溶液浸泡24 h 以上，使用前再依次用自来水和实验用水洗净。

（1）火焰原子吸收分光光度计。

（2）钡空心阴极灯或连续光源。

（3）微波消解仪。

（4）抽滤装置。

（5）孔径为 0.45 μm 的醋酸纤维或聚乙烯滤膜。

（6）控温电热板（温度稳定±5℃），可控温度大于 180℃。

5．试剂和材料

除非另有说明，否则分析时均使用符合国家标准的分析纯试剂，实验用水为去离子水或同等纯度的水。

（1）硝酸：ρ（HNO_3）=1.42 g/ml，优级纯。

（2）高氯酸：ρ（$HClO_4$）=1.68 g/ml，优级纯。

（3）硝酸溶液：1+9。

（4）硝酸溶液：1+99。

（5）硝酸钡[$Ba(NO_3)_2$]：光谱纯。

（6）钡标准贮备液：ρ（Ba）=1 000 mg/L。

准确称取 1.903 0 g 硝酸钡，精确至 0.1 mg，用（1+99）硝酸溶液溶解并稀释定容至1 000 ml。亦可购买市售有证标准物质。

（7）硝酸钙[$Ca(NO_3)_2 \cdot 4H_2O$]。

（8）钙标准溶液：用硝酸钙配制，用于消除钙的干扰测定。

（9）燃气：乙炔，用钢瓶气或由乙炔发生器供给，纯度不低于 99.6%。

（10）助燃气：空气，进入燃烧器之前应经过适当过滤以除去其中的水、油和其他杂质。

6．样品

（1）样品采集和保存。

①样品采集。样品的采集参照《地表水和污水监测技术规范》（HJ/T 91—2002）的相关规定进行，可溶性钡和总钡的样品应分别采集。

②样品保存。

i）可溶性钡样品：样品采集后应尽快用抽滤装置过滤，弃去初始的滤液。收集所需体积的滤液于样品瓶中。每 100 ml 滤液中加入 1 ml 浓硝酸，于 4℃下冷藏保存，14 d 内测定。

ii）总钡样品：样品采集后应加入浓硝酸酸化至 pH≤2，于 4℃下冷藏保存，14 d 内测定。

（2）试样的制备。

①可溶性钡试样。同样品保存。

②总钡试样。

i）电热板消解法：准确量取 100.0 ml 摇匀后的样品于 250 ml 烧杯或锥形瓶中，加入 5 ml 硝酸，在电热板上加热，保持溶液不沸腾（95℃左右），蒸至 5 ml 左右。取下后冷却 2 min 左右，再加入 2 ml 高氯酸，置于电热板上继续加热至白烟散尽。

如溶液呈黏稠状，应再补加 5 ml 硝酸，继续加热，重复上述操作。

注1：在消解过程中不得将溶液蒸干。如果蒸干，应重新取样进行消解。

将烧杯或锥形瓶取下后冷却 1 min 左右，加入 20 ml（1+99）硝酸溶液，置于电热板上再加热 60～70℃直至残渣溶解，冷却至室温后转移至 100 ml 容量瓶中，用水淋洗烧杯或锥形瓶两次，淋洗液全部移至容量瓶中，用（1+99）硝酸溶液定容至刻度，摇匀，待测。

ii）微波消解法：准确量取 45.0 ml 摇匀后的样品至微波消解罐中，加入 5 ml 浓硝酸，加盖密封。将微波消解罐放入微波消解仪中，参照表 4-19 中的条件进行消解。消解完毕后，冷却至室温。将消解液移至 50 ml 容量瓶中，用水定容至刻度，摇匀，待测。

表 4-19　微波消解仪参考条件

程序	升温时间/min	消解温度/℃	保持时间/min
第 1 步	10	室温～160	5
第 2 步	10	160～170	5

注2：本消解方法不宜用于含悬浮物和有机物较高的样品。

（3）空白试样的制备。

用水代替样品，按照与试样的制备相同的步骤分别制备可溶性钡或总钡空白试样。

7. 分析步骤

（1）仪器参考测量条件。

根据仪器操作说明书调节仪器至最佳工作状态，仪器参考测量条件见表 4-20。

表 4-20　仪器参考测量条件

测定元素	测定波长/nm	灯电流/mA	通带宽度/nm	燃烧器高度/mm
钡	553.6	25	0.2	10

注3：点燃乙炔—空气火焰后，应使燃烧器温度达到热平衡后方可进行测定。

注4：火焰类型和燃烧器高度对于测定钡的灵敏度有很大影响，因此，应严格控制乙炔和空气的比例，准确调节燃烧器高度。

（2）校准曲线的建立。

分别量取 0.00 ml、1.00 ml、5.00 ml、10.00 ml、20.00 ml 和 40.00 ml 钡标准贮备液于 100 ml 容量瓶中，用（1+99）硝酸溶液定容至标线，摇匀，标准系列质量浓度分别为 0.0 mg/L、10.0 mg/L、50.0 mg/L、100 mg/L、200 mg/L 和 400 mg/L。按照测量条件，由低质量浓度到高质量浓度依次测定标准系列的吸光度。以零质量浓度校正的吸光度为纵坐标，以钡的含量（mg/L）为横坐标，建立校准曲线。

注5：采用微波消解法时，标准系列用（1+9）硝酸溶液定容。

（3）试样的测定。

按照与建立校准曲线相同的条件测定试样的吸光度。

（4）空白试验。

按照与试样的测定相同的步骤测定空白试样的吸光度。

8．结果计算和表示

（1）结果计算。

样品中钡的质量浓度按照下式计算。

$$\rho = \frac{(\rho_1 - \rho_0) \times V_1}{V}$$

式中：ρ——样品中钡的质量浓度，mg/L；

$\quad\quad \rho_1$——由校准曲线上查得的试样中钡的质量浓度，mg/L；

$\quad\quad \rho_0$——由校准曲线上查得的空白试样中钡的质量浓度，mg/L；

$\quad\quad V_1$——试样消解后定容体积，ml；

$\quad\quad V$——样品体积，ml。

（2）结果表示。

当测定结果小于 100 mg/L 时，保留至整数位；当测定结果大于等于 100 mg/L 时，保留三位有效数字。

9．精密度和准确度

（1）精密度。

6 家实验室对可溶性钡质量浓度分别为 8.0 mg/L、10.0 mg/L 和 20.0 mg/L 的统一标准溶液进行了测定，实验室内相对标准偏差分别为 0.8%～5.1%、1.2%～4.1%、1.0%～2.1%；实验室间相对标准偏差分别为 3.4%、3.1%、1.6%。

6 家实验室对总钡质量浓度分别为 9.2 mg/L、16.4 mg/L 和 45.8 mg/L 的统一实际样品进行了测定，实验室内相对标准偏差分别为 0.3%～4.0%、0.7%～3.9%、0.7%～2.5%；实验室间相对标准偏差分别为 10.0%、18.0%、8.4%。

（2）准确度。

6 家实验室对可溶性钡质量浓度分别为 10.0 mg/L、20.0 mg/L 和 50.0 mg/L 的统一标准样品进行了测定，相对误差分别为 0.7%～3.1%、0.2%～1.6%、0.2%～1.0%。

6 家实验室对总钡质量浓度分别为 9.2 mg/L、16.4 mg/L 和 45.8 mg/L 的统一实际样品进行了加标分析测定，加标浓度分别为 5.0 mg/L、15.0 mg/L、50.0 mg/L，加标回收率分别为 93.0%～101%、96.0%～102%、97.0%～102%。

10．质量保证和质量控制

（1）每批样品应至少测定 10%的加标样品，当样品数量少于 10 个时，应至少测定一个加标样品，加标回收率应在 85.0%～115%。

（2）每批样品应至少测定 10%的加标样品，当样品数量少于 10 个时，应至少测定一个加标样品，加标回收率应在 80.0%～120%。

其余同本章银测定方法（二）石墨炉原子吸收分光光度法。

（二）石墨炉原子吸收分光光度法（A）*

1．方法的适用范围

本方法适用于地表水、地下水、工业废水和生活污水中可溶性钡和总钡的测定。

_____

* 本方法与 HJ 602—2011 等效。

当进样量为 20.0 µl 时，本方法检出限为 2.5 µg/L，测定下限为 10.0 µg/L。

2．方法原理

样品经过滤或消解后注入石墨炉原子化器中，钡离子在石墨管内经高温原子化，其基态原子对钡空心阴极灯发射的特征谱线 553.6 nm 产生选择性吸收，其吸光度值与钡的质量浓度在一定范围内成正比。

3．干扰和消除

试样中钾、钠和镁的质量浓度为 500 mg/L、铬为 10 mg/L、锰为 25 mg/L、铁和锌为 2.5 mg/L、铝为 2 mg/L、硝酸为 5%（体积分数）以下时，对钡的测定无影响。当这些物质的质量浓度超过上述质量浓度时，可采用标准加入法消除其干扰。

试样中钙的质量浓度大于 5 mg/L 时，对钡的测定产生正干扰。当注入原子化器中钙的质量浓度在 100~300 mg/L 时，钙对钡的干扰不随钙质量浓度变化而变化，根据钙的干扰特征，加入化学改进剂硝酸钙溶液，既可以消除记忆效应又能提高测定的灵敏度。若试样中钙的质量浓度超过 300 mg/L，应将试样适当稀释后进行测定。

4．仪器和设备

（1）石墨炉原子吸收分光光度计。

（2）电热板。

（3）抽滤装置。

（4）孔径为 0.45 µm 的醋酸纤维或聚乙烯滤膜。

（5）聚乙烯样品瓶：500 ml。

5．试剂和材料

除非另有说明，否则分析时均使用符合国家标准的分析纯试剂，实验用水为去离子水或同等纯度的水。

（1）硝酸：ρ（HNO_3）=1.42 g/ml，优级纯。

（2）0.5%硝酸溶液：向 100 ml 水中加入 0.5 ml 硝酸。

（3）硝酸溶液：1+9。

（4）硝酸钡[$Ba(NO_3)_2$]：光谱纯。

（5）钡标准贮备液：ρ（Ba）=1 000 mg/L。

准确称取 0.190 3 g 硝酸钡，用 0.5%硝酸溶液溶解并稀释定容至 100 ml，混匀。亦可购买市售有证标准物质。

（6）钡标准中间溶液：ρ（Ba）=50.0 mg/L。

准确量取 5.00 ml 钡标准贮备液于 100 ml 容量瓶中，用 0.5%硝酸溶液稀释至标线，混匀。贮存于聚乙烯瓶中，4℃下可保存 30 d。

（7）钡标准使用液：ρ（Ba）=1.0 mg/L。

准确量取 2.00 ml 钡标准中间溶液于 100 ml 容量瓶中，用 0.5%硝酸溶液稀释至标线，混匀。

（8）硝酸钙溶液：ρ（Ca）=500 mg/L。

准确称取 2.95g 硝酸钙[$Ca(NO_3)_2 \cdot 4H_2O$]，用 0.5%硝酸溶液溶解并稀释定容至 1 000 ml，混匀。

（9）氩气：纯度≥99.9%。

6. 样品

（1）样品采集和保存。

①样品采集。同本节钡的测定方法（一）。

②样品保存。

ⅰ）可溶性钡样品：样品采集后应尽快用抽滤装置过滤，弃去初始的滤液。收集 100 ml 滤液于样品瓶中，加入 0.5 ml 浓硝酸，于 4℃ 下冷藏保存，14 d 内测定。

ⅱ）总钡样品：同本节钡的测定方法（一）。

（2）试样的制备。

①可溶性钡样品。准确量取 40.0 ml 样品于 50 ml 容量瓶中，用硝酸钙溶液定容至刻度，摇匀，待测。

②总钡样品。准确量取 50.0 ml 摇匀后的样品于聚四氟乙烯烧杯中，加入 3～5 ml 浓硝酸，在电热板上加热，保持溶液不沸腾（95℃左右），蒸至 5 ml 左右。若溶液浑浊，再补加 2 ml 浓硝酸，继续加热至溶液透明。将烧杯取下冷却 1 min，加入 20 ml 0.5%硝酸溶液置于电热板上继续加热 60～70℃直至残渣溶解。冷却至室温后溶液转移至 50 ml 容量瓶中，用水淋洗烧杯两次，淋洗液全部移至容量瓶中，加入 10 ml 硝酸钙溶液，用 0.5%硝酸溶液定容至刻度，摇匀，待测。

注 1：在消解过程中切不可将溶液蒸干。如果蒸干，应重新取样进行消解。

注 2：当样品中钙的质量浓度为 100～300 mg/L 时，可溶性钡或总钡样品在样品的制备过程中不需加入硝酸钙溶液。

注 3：当样品中钙的质量浓度超过 300 mg/L 时，用 0.5%硝酸溶液稀释样品，使其钙质量浓度范围在 100～300 mg/L。此时，可溶性钡或总钡样品在样品的制备过程中不需加入硝酸钙溶液。

（3）空白试样的制备。

用水代替样品，按照与试样的制备相同的步骤分别制备可溶性钡或总钡空白试样。

7. 分析步骤

（1）仪器参考测量条件。

依根据仪器操作说明书调节仪器至最佳工作状态，仪器参考测量条件见表 4-21。

表 4-21　仪器参考测量条件

工作参数	测量条件
光源	钡空心阴极灯
灯电流/mA	25
波长/nm	553.6
通带宽度/nm	0.2
干燥温度/℃	110
灰化温度/℃	1 100
原子化温度/℃	2 550
净化温度/℃	2 600
氩气流量/（ml/min）	250
进样体积/μl	20.0

（2）校准曲线的建立。

分别量取 0.00 ml、0.50 ml、1.00 ml、1.50 ml、2.00 ml 和 2.50 ml 钡标准使用液于 50 ml 容量瓶中，分别加入 10 ml 硝酸钙溶液，用 0.5%硝酸溶液定容至标线，摇匀，标准系列质量浓度分别为 0.0 μg/L、10.0 μg/L、20.0 μg/L、30.0 μg/L、40.0 μg/L 和 50.0 μg/L。按照测量条件，由低质量浓度到高质量浓度依次测定标准系列的吸光度，以零浓度校正的吸光度为纵坐标，以钡的浓度（μg/L）为横坐标，建立校准曲线。

（3）试样的测定。

按照与建立校准曲线相同的条件测定试样。

（4）空白试验。

按照与试样的测定相同的步骤测定空白试样。

8. 结果计算和表示

（1）结果计算。

样品中钡的质量浓度按照下式计算。

$$\rho = \frac{(\rho_1 - \rho_0) \times f \times V_1}{V}$$

式中：ρ——样品中钡的质量浓度，μg/L；

ρ_1——由校准曲线上查得的试样中钡的质量浓度，μg/L；

ρ_0——由校准曲线上查得的空白试样中钡的质量浓度，μg/L；

f——试样稀释倍数；

V_1——试样消解后定容体积，ml；

V——取样体积，ml。

（2）结果表示。

当测定结果小于 100 μg/L 时，保留至小数点后一位；当测定结果大于等于 100 μg/L 时，保留三位有效数字。

9. 精密度和准确度

（1）精密度。

6 家实验室对可溶性钡质量浓度分别为 10.0 μg/L、20.0 μg/L 和 25.0 μg/L 的统一标准溶液进行了测定，实验室内相对标准偏差分别为 2.9%～5.0%、1.7%～3.5%、2.3%～6.4%；实验室间相对标准偏差分别为 3.4%、1.2%、1.4%。

6 家实验室对总钡质量浓度分别为 13.0 μg/L、56.0 μg/L、91.4 μg/L 的统一实际样品进行了测定，实验室内相对标准偏差分别为 8.2%～11.8%、3.9%～5.7%、2.1%～4.1%；实验室间相对标准偏差分别为 7.6%、6.0%和 5.5%。

（2）准确度。

6 家实验室对可溶性钡质量浓度分别为 20.0 μg/L、33.0 μg/L、38.0 μg/L 的统一标准样品进行了测定，相对误差分别为 0.2%～1.0%、0.7%～3.1%、0.2%～1.6%。

6 家实验室对可溶性钡质量浓度分别为 10.6 μg/L、14.9 μg/L、25.4 μg/L 的统一实际样品进行了加标分析测定，加标浓度分别为 5.0 μg/L、10.0 μg/L、20.0 μg/L，加标回收率分别为 85.0%～97.0%、93.0%～105%、88.0%～96.0%。

6 家实验室对总钡质量浓度分别为 13.0 μg/L、56.0 μg/L、91.4 μg/L 的统一实际样品进行了加标分析测定，加标质量浓度分别为 5.0 μg/L、60.0 μg/L、50.0 μg/L，加标回收率分别为 82.0%～116%、87.0%～109%、88.0%～114%。

10. 质量保证和质量控制

（1）每批样品应至少测定 10%的加标样品，当样品数量少于 10 个时，应至少测定一个加标样品，加标回收率应在 80.0%～120%。

（2）其余同本章银测定方法（二）。

11. 注意事项

（1）钡是高温元素，在普通石墨管中易形成难解离的碳化钡，引起记忆效应，使测定灵敏度很低。建议使用优质的热解涂层石墨管或钨、镧等金属涂层石墨管，并分析每一个样品后应高温空烧石墨管。

（2）钨、镧金属涂层石墨管的处理方法：将普通石墨管放入 5%钨酸钾（或硝酸镧溶液中浸泡 24 h 后取出，在 105℃烘箱中干燥 2 h，用滤纸擦去石墨管两端析出的盐类，置于原子化器中，按照 110℃（15 s）→1 100℃（20 s）→2 550℃（6 s）的程序处理 2～3 次。

（三）电感耦合等离子体发射光谱法（A）

同本章银测定方法（三）电感耦合等离子体发射光谱法。

（四）电感耦合等离子体质谱法（A）

同本章银测定方法（四）电感耦合等离子体质谱法。

六、铍

铍（Be）及其化合物毒性极强，即使是极少量也会由于局部刺激而伤害皮肤、黏膜，使结膜、角膜发生炎症，引起肺气肿、肺炎等。因为铍的毒性极强且持续作用强，即使是痕量也可使人中毒，吸入较高量铍会中毒致死。

铍及化合物可用于制造特种钢材，用于核动力工程、火箭和飞机的制造。铍合金也广泛用于电子工业和仪表零件的生产。因此，铍的工业污染主要来自冶炼、采矿以及特种材料、无线电器材和仪表零件的生产废水。天然水含铍量极低。

（一）石墨炉原子吸收分光光度法（A）*

1. 方法的适用范围

本方法适用于地表水和污水中铍的测定。

本方法检出限为 0.02 μg/L，测定范围为 0.2～0.5 μg/L。

2. 方法原理

铍在热解石墨炉中被加热原子化，其基态原子蒸汽对空心阴极灯发射的特征辐射进行选择性吸收。在一定浓度范围内，其吸收强度与试液中铍的含量成正比。

3. 干扰和消除

下述阳离子对本方法有不同程度的干扰，其允许存在的浓度分别为 K^+ 700 mg/L，Na^+ 1 600 mg/L，Mg^{2+} 700 mg/L，Ca^{2+} 80 mg/L，Mn^{2+} 100 mg/L，Cr（Ⅵ）50 mg/L，Fe^{3+} 5 mg/L。

---

* 本方法与 HJ/T 59—2000 等效。

4．仪器和设备

（1）石墨炉原子吸收分光光度计（带有背景扣除装置）。

（2）铍空心阴极灯。

（3）热解石墨管。

5．试剂和材料

除非另有说明，否则测定时均使用符合国家标准或专业标准的分析纯试剂、去离子水或同等纯度的水。

（1）硫酸：ρ（H_2SO_4）=1.84 g/ml，优级纯。

（2）硝酸：ρ（HNO_3）=1.42 g/ml，优级纯。

（3）硫酸溶液：1+1。

（4）硝酸溶液：1+9。

（5）铍标准贮备液：ρ（Be）=0.100 mg/ml。

称取 0.196 6 g 四水合硫酸铍（$BeSO_4 \cdot 4H_2O$），准确至±0.000 2 g，置于小烧杯中用水溶解，然后移入 100 ml 容量瓶中，加入 1.0 ml（1+1）硫酸溶液，用水稀释至标线，摇匀。

（6）铍标准中间液：ρ（Be）=5.00 μg/ml。

准确移取铍标准贮备液 5.00 ml 至 100 ml 容量瓶中，加入 0.4 ml（1+1）硫酸溶液，用水稀释至标线，摇匀。

（7）铍标准使用液：ρ（Be）=0.10 μg/ml。

准确移取铍标准中间液 2.00 ml 至 100 ml 容量瓶中，加入 0.4 ml（1+1）硫酸溶液，用水稀释至标线，摇匀。

（8）铝溶液：ρ（Al）=10 mg/ml。

溶解 13.9 g 硝酸铝[$Al(NO_3)_3 \cdot 9H_2O$]于水中，定容至 100 ml。

6．样品

（1）样品采集和保存。

采样前，将所用的聚乙烯瓶用洗涤剂洗净，再用（1+9）硝酸溶液荡洗，最后用去离子水冲洗干净。

测定铍的总量时，样品采集后立即加入硫酸，使样品 pH 为 1～2。

测定可溶性铍时，采样后尽快用 0.45 μm 滤膜过滤，然后加入硫酸，使样品 pH 为 1～2。

（2）试样的制备。

清洁水样和一般污水可直接进行分析。取适量含铍样品（Be≤0.05 μg）置于 10 ml 比色管中，加入 0.5 ml 铝溶液、0.2 ml（1+1）硫酸溶液，用水稀释至标线，摇匀备测。

7．分析步骤

（1）仪器参考测量条件。

不同型号的仪器最佳测试条件不同，可根据使用说明书自行选择。通常采用的参考测量条件见表 4-22。

（2）标准曲线的建立。

准确移取铍标准使用液 0.00 ml、0.05 ml、0.10 ml、0.20 ml、0.30 ml、0.40 ml 和 0.50 ml 于 10 ml 比色管中，加入 0.5 ml 铝溶液、0.2 ml（1+1）硫酸溶液，用水稀释至标线，摇匀备测。配制成铍含量为 0.0 μg/L、0.5 μg/L、1.0 μg/L、2.0 μg/L、3.0 μg/L、4.0 μg/L 和 5.0 μg/L 的标准溶液系列。然后按照仪器使用说明书调节仪器至最佳工作条件由低质量浓度到高质量浓度依次测定标准溶液系列的吸光度。用减去空白溶液吸收值的吸光度与相对应的元素含量建立铍的校准曲线。

表 4-22　仪器参考测量条件

测定元素	铍（Be）
测定波长/nm	234.9
通带宽度/nm	1.3
灯电流/mA	12.5
干燥/（℃，s）	80～120，20
灰化/（℃，s）	800，20
原子化/（℃，s）	2 600，5
清除/（℃，s）	2 800，3
氩气流量/（ml/min）	200
进样量/μl	20

（3）试样的测定。

按照仪器使用说明书调节仪器至最佳工作条件，测定试样的吸光度。

（4）空白试验。

用水代替样品，按照与试样的测定相同的步骤测定空白试样。

8．结果计算和表示

（1）结果计算。

样品中铍的质量浓度按照下式计算。

$$\rho = \rho_1 \times \frac{10}{V}$$

式中：ρ——样品中铍的质量浓度，μg/L；

ρ_1——由校准曲线上查得样品中铍的质量浓度，μg/L；

10——定容体积，ml；

V——取样体积，ml。

（2）结果表示。

当测定结果小于 1.00 μg/L 时，保留至小数点后两位；当测定结果大于等于 1.00 μg/L 时，保留三位有效数字。

9．精密度和准确度

6 家实验室分析了含铍为（4.79±1.05）μg/L 和（9.58±1.05）μg/L 两个浓度水平的统一样品，测定平均值分别为 4.92 μg/L 和 9.08 μg/L；室内相对标准偏差均为 4.1%；室间相对标准偏差分别为 11.4%和 5.5%；相对误差分别为 2.7%和–5.2%。

本方法同样适用于含铍为 0～39.5 μg/L 的地表水、污水样品的分析，其相对标准偏差为 1.4%～7.7%；加标回收率为 94.0%～113%。

10．注意事项

石墨炉在使用过程中基线漂移较大，为了减少测定误差，在测定过程中要适时用标准溶液进行校正。

（二）电感耦合等离子体发射光谱法（A）

同本章银测定方法（三）电感耦合等离子体发射光谱法。

（三）电感耦合等离子体质谱法（A）

同本章银测定方法（四）电感耦合等离子体质谱法。

七、铋

铋为银白色至粉红色的金属，质脆易粉碎，铋的化学性质较稳定。铋在自然界中主要以正三价、正五价、负三价形式存在，负三价铋的氢化物（铋化氢）毒性比磷化氢、砷化氢以及锑化氢都要强，在自然界中不稳定，易分解为金属铋和氢气。铋在地壳中的含量不大，约为 $2×10^{-5}$（质量分数）。水中铋的污染主要来自消防、电气、铸型、冶金、制药、铅字印刷等行业排放的废水。

含铋废水测定，可根据实验室具体条件选用下述方法：原子荧光光谱法、电感耦合等离子体发射光谱法或电感耦合等离子体质谱法。

铋盐易水解析出沉淀，地表水试样采集后用盐酸酸化至 pH≤2，废水试样须加入盐酸至 pH≤1，保存于聚乙烯塑料瓶中。

（一）原子荧光光谱法（A）

同本章砷测定方法（一）原子荧光光谱法。

（二）电感耦合等离子体发射光谱法（A）

同本章银测定方法（三）电感耦合等离子体发射光谱法。

（三）电感耦合等离子体质谱法（A）

同本章银测定方法（四）电感耦合等离子体质谱法。

八、镉

镉（Cd）不是人体的必需元素。镉的毒性很大，可在人体内积蓄，主要积蓄在肾脏，引起泌尿系统功能变化。水中含镉 0.1 mg/L 时，可轻度抑制地表水的自净作用。日本的痛痛病即镉污染所致，我国也有受镉污染稻米的报道。镉是我国实施排放总量控制的指标之一。绝大多数淡水含镉量低于 1 μg/L，海水中镉的平均浓度为 0.15 μg/L。镉的主要污染源有电镀、采矿、冶炼、染料、电池和化学工业等排放的废水。

火焰原子吸收分光光度法测定镉快速、干扰少，适合分析废水和受污染的水。石墨炉原子吸收分光光度法灵敏度高，但基体干扰比较复杂，适合分析清洁水。电感耦合等离子发射光谱法和电感耦合等离子质谱法是镉及多种元素同时测定的方法，简便、快速、干扰较少，适合于地表水和废水的测定。

（一）火焰原子吸收分光光度法（A）*

1. 方法的适用范围

本方法适用于测定地下水、地表水和废水中的铜、锌、铅、镉。测定浓度范围与仪器的特性有关，表4-23列出一般仪器的测定范围。

表4-23 仪器测定范围

元素	浓度范围/（mg/L）
铜	0.05～5
锌	0.05～1
铅	0.2～10
镉	0.05～1

2. 方法原理

将样品或消解处理过的样品直接吸入火焰，在火焰中形成的基态原子蒸汽对特征电磁辐射产生吸收，在一定条件下，吸光度值与试液中元素的浓度成正比。

3. 干扰和消除

地下水和地表水中的共存离子和化合物在常规浓度下不干扰测定。但当钙的浓度高于1 000 mg/L 时，抑制镉的吸收，浓度为 2 000 mg/L 时，信号抑制达 19%。铁的含量超过100 mg/L 时，会抑制锌的吸收。当样品中含盐量很高、特征谱线波长低于 350 nm 时，可能出现非特征吸收。如高浓度的钙，因产生背景吸收，使铅的测定结果偏高。

4. 仪器和设备

（1）原子吸收分光光度计及相应的辅助设备，配有乙炔—空气燃烧器。

（2）所测元素的空心阴极灯或无极放电灯。

注1：实验用的玻璃或塑料器皿用洗涤剂洗净后，在（1+1）硝酸溶液中浸泡，使用前用水冲洗干净。

5. 试剂和材料

（1）硝酸：ρ（HNO_3）=1.42 g/ml，优级纯。

（2）硝酸：ρ（HNO_3）=1.42 g/ml，分析纯。

（3）高氯酸：ρ（$HClO_4$）=1.68 g/ml，优级纯。

（4）燃气：乙炔，用钢瓶气或由乙炔发生器供给，纯度不低于99.6%。

（5）氧化剂：空气，一般由气体压缩机供给，进入燃烧器以前应经过适当过滤，以除去其中的水、油和其他杂质。

（6）硝酸溶液：1+1。

（7）硝酸溶液：1+499。

（8）金属贮备液：ρ=1.000 g/L。

称取 1.000 g 光谱纯金属，准确到 0.001 g，用优级纯硝酸溶解，必要时加热，直至溶解完全，然后用水稀释定容至 1 000 ml。亦可购买市售有证标准溶液。

（9）中间标准溶液：用（1+499）硝酸溶液稀释金属贮备液配制，此溶液中铜、锌、

---

* 本方法与 GB 7475—87 等效。

铅、镉的浓度分别为 50.00 mg/L、10.00 mg/L、100.0 mg/L 和 10.00 mg/L。

6. 样品

（1）样品采集和保存。

用聚乙烯塑料瓶采集样品。采样瓶先用洗涤剂洗净，再在（1+1）硝酸溶液中浸泡，使用前用水冲洗干净。

分析金属总量的样品，采集后立即加优级纯硝酸酸化至 pH 为 1～2，正常情况下，每 1 000 ml 样品加 2 ml 硝酸。

分析可溶性金属时，样品采集后立即通过 0.45 μm 滤膜过滤，弃去初始的滤液。收集所需体积的滤液于样品瓶中，立即加优级纯硝酸酸化至 pH 为 1～2。

（2）试样的制备。

测定金属总量时，如果样品需要消解，取 100 ml 混匀后的样品置于 200 ml 烧杯中，加入 5 ml 硝酸，在电热板上加热消解，确保样品不沸腾，蒸至 10 ml 左右，加入 5 ml 硝酸和 2 ml 高氯酸，继续消解，蒸至 1 ml 左右。如果消解不完全，再加入 5 ml 硝酸和 2 ml 高氯酸，再蒸至 1 ml 左右。取下冷却，加水溶解残渣，通过中速滤纸（预先用酸洗）滤入 100 ml 容量瓶中，用水稀释至标线。

注 2：消解中使用高氯酸有爆炸危险，整个消解过程要在通风橱中进行。

7. 分析步骤

（1）仪器参考测量条件。

不同型号的仪器最佳测试条件不同，可根据使用说明书自行选择。通常采用的仪器参考测量条件见表 4-24。

表 4-24　仪器参考测量条件

元素	特征谱线/nm	火焰类型
铜	324.7	乙炔—空气，氧化性
锌	213.8	乙炔—空气，氧化性
铅	283.3	乙炔—空气，氧化性
镉	228.8	乙炔—空气，氧化性

（2）校准曲线的建立。

参照表 4-25，在 100 ml 容量瓶中，用（1+499）硝酸溶液稀释中间标准溶液，配制至少 4 个标准溶液，其浓度范围应包括样品中被测元素的浓度。

表 4-25　标准溶液系列

中间标准溶液加入体积/ml		0.50	1.00	3.00	5.00	10.00
标准溶液浓度/（mg/L）	铜	0.25	0.50	1.50	2.50	5.00
	锌	0.05	0.10	0.30	0.50	1.00
	铅	0.50	1.00	3.00	5.00	10.00
	镉	0.05	0.10	0.30	0.50	1.00

注 3：定容体积为 100 ml。

测定金属总量时，如果样品需要消解，则标准溶液也要进行消解。

按照测量条件测定标准系列的吸光度，用减去空白溶液吸收值的吸光度与相对应的元素浓度（μg/L）建立校准曲线。

（3）试样的测定。

按照与建立校准曲线相同的步骤和条件测定试样的吸光度。

注4：在测定过程中，要定期地复测空白和标准溶液，以检查基线的稳定性和仪器的灵敏度是否发生了变化。

（4）空白试验。

用100.0 ml（1+499）硝酸溶液代替样品，按照与试样的测定相同的步骤测定空白试样。

（5）验证试验。

验证实验是为了检验是否存在基体干扰或背景吸收。一般通过测定加标回收率来判断基体干扰的程度，通过测定特征谱线附近1 nm内的一条非特征吸收谱线处的吸收可判断背景吸收的大小。根据表4-26选择与特征谱线对应的非特征吸收谱线。

表4-26 特征谱线以及对应的非特征吸收谱线

元素	特征谱线/nm	非特征吸收谱线/nm
铜	324.7	324（锆）
锌	213.8	214（氘）
铅	283.3	283.7（锆）
镉	228.8	229（氘）

（6）去干扰试验。

根据验证试验的结果，如果存在基体干扰，用标准加入法测定并计算结果。如果存在背景吸收，用自动背景校正装置或邻近非特征吸收谱线法进行校正，后一种方法是从特征谱线处测得的吸收值中扣除邻近非特征吸收谱线处的吸收值，得到被测元素原子的真正吸收。此外，也可使用螯合萃取法或样品稀释法降低或排除产生基体干扰或背景吸收的组分。

8. 结果计算和表示

（1）结果计算。

样品中目标元素的质量浓度按照下式计算。

$$\rho = \frac{m \times 1\,000}{V}$$

式中：ρ——样品中目标元素的质量浓度，μg/L；

m——样品中目标元素的质量，μg；

V——样品的体积，ml。

（2）结果表示。

测定结果与检出限最后一位保持一致，若有效数字大于三位，则保留三位有效数字。

结果报告中应指明测定的是可溶性元素还是总量。

9. 精密度和准确度

本方法的重复性和再现性列于表4-27。

表 4-27　重复性和再现性

元素	参加实验室数目	质控样品配制浓度/（μg/L）	平均测定值/（μg/L）	重复测定标准偏差/（μg/L）	重复性/（μg/L）	再现测定标准偏差/（μg/L）	再现性/（μg/L）
铜	7	100	96.0	5.9	17.0	6.6	19.0
铜	5	500	480.0	15.0	42.0	34.0	96.0
锌	8	100	99.9	2.4	6.8	3.1	8.8
锌	4	500	507.0	8.1	23.0	11.0	31.0

注5：重复性（μg/L）=2.83×重复测定标准偏差（μg/L）；再现性（μg/L）=2.83×再现测定标准偏差（μg/L）。

（二）石墨炉原子吸收分光光度法（B）

1. 方法的适用范围

本方法适用于地下水、地表水和废水中可溶性铜、铅、镉、镍、铬及其总量的测定。

当取样体积与试样制备后定容体积相同时，本方法铜的检出限为 0.001 mg/L，测定下限为 0.004 mg/L；铅的检出限为 0.001 1 mg/L，测定下限为 0.004 4 mg/L；镉的检出限为 0.000 1 mg/L，测定下限为 0.000 4 mg/L；镍的检出限为 0.001 1 mg/L，测定下限为 0.004 4 mg/L；铬的检出限为 0.000 5 mg/L，测定下限为 0.002 0 mg/L。

2. 方法原理

样品经过滤或消解后注入石墨炉中，在高温下，金属化合物离解为基态原子，其原子蒸汽对锐线光源（空心阴极灯）或连续光源发射的特征谱线产生选择性吸收。在一定条件下，吸光度与样品中金属的质量浓度成正比。

3. 干扰和消除

元素在石墨炉中原子化，会受到共存元素的化学干扰。当盐度高的样品在石墨炉产生背景吸收时，可用氘灯或塞曼扣背景装置予以校正，也可采用邻近的非特征吸收线校正法或通过稀释降低样品中的基体浓度予以校正。

铜、镉：0.1%～5.0%的磷酸、硝酸对测定结果基本无影响；同浓度范围的盐酸、高氯酸略有正干扰；硫酸有负干扰。实验设定浓度范围内 K、Na、Ca、Mg、Cd、Zn 对测定基本无影响；1 000 mg/L 的 Ca、100 mg/L 的 Mg 略有负干扰。地下水和地表水中的共存离子和化合物，在常见浓度下不干扰镉测定；当钙的浓度高于 1 000 mg/L 时，会抑制镉的吸收，当浓度为 2 000 mg/L 时，信号抑制达 19%；100 mg/L 的 Cu 对镉有正干扰。

镍：测定 5 mg/L 的镍时，下列离子均无明显干扰：5 000 mg/L 的 SO_4^{2-}，1 000 mg/L 的 Ca、Mg、Cu、Cr、Mn、Fe、Cr、K、SiO_3、F^-，500 mg/L 的 Pb、Zn、PO_4^{3-}，100 mg/L 的 Ag、Sn、Sb。

铬：塞曼背景校正方式优于氘灯背景校正方式。测定 10.0 μg/L 铬标准溶液时，100 mg/L、200 mg/L、500 mg/L 浓度的磷酸盐对总铬的测定不产生显著基体干扰。10%以下的硝酸对总铬的测定无影响，20%的硝酸对总铬的测定产生正干扰，加入硝酸镁后，可消除干扰。5%的盐酸对总铬的测定不产生显著影响。5%的高氯酸对总铬的测定产生负干扰，加入硝酸镁后，负干扰未消除。100 mg/L 的铜、100 mg/L 的锌、10 mg/L 的铁对铬的测定没有影响。

对于基体复杂的样品，辨别方法为测量其加标回收率，若加标回收率低于 80.0%或高于 120%，要选择标准加入法进行测定。

使用 La、W、Mo、Zn 等金属碳化物涂层石墨管测定可提高各元素灵敏度并克服基体干扰。

4．仪器和设备

（1）石墨炉原子吸收分光光度计，带有背景校正装置。

（2）铜、铅、镉、镍、铬空心阴极灯或连续光源。

（3）氩气：纯度不低于 99.99%。

（4）可控温电热板：温控范围为室温～200℃。

（5）微波消解仪：微波功率为 600～1 500 W；温控精度能达到±2.5℃；配备微波消解罐。

5．试剂和材料

除非另有说明，否则分析时均使用符合国家标准的分析纯化学试剂，实验用水为新制备的去离子水或蒸馏水。

（1）硝酸：ρ（HNO_3）=1.42 g/ml，优级纯。

（2）高氯酸：ρ（$HClO_4$）=1.68 g/ml，优级纯。

（3）30%过氧化氢（H_2O_2）。

（4）硝酸溶液：1+1。

（5）0.2%硝酸溶液：100 ml 水中加入 0.2 ml 硝酸。

（6）单元素标准溶液。

①单元素标准贮备液：ρ=1 000 mg/L。称取光谱纯金属元素 1 g，精确到 0.000 1 g，溶于 10 ml（1+1）硝酸溶液中，加热驱除二氧化氮，用水定容至 1 000 ml，每毫升溶液含 1.00 mg 单元素。亦可购买市售有证标准溶液。

②单元素标准中间液：ρ=1 000 μg/L。用 0.2%硝酸溶液将标准贮备溶液逐级稀释成浓度为 1.00 mg/L 的标准中间液。贮存于聚乙烯瓶中，4℃至少可保存一个月。

（7）磷酸二氢铵溶液：ρ（$NH_4H_2PO_4$）=20 g/L。

称取 2 g 磷酸二氢铵（$NH_4H_2PO_4$），用水溶解并定容至 100 ml。

（8）硝酸镁溶液：$\rho[Mg(NO_3)_2 \cdot 6H_2O]$=10 g/L。

称取 1.00 g 硝酸镁[$Mg(NO_3)_2 \cdot 6H_2O$]（优级纯）溶于水中，加水至 100 ml，摇匀。贮存于试剂瓶中，4℃保存。

（9）滤膜：孔径为 0.45 μm 的醋酸纤维或聚乙烯滤膜。

6．样品

（1）样品的采集和保存。

同本节钡测定方法（一）。

（2）试样的制备。

溶态样品一般不需要消解，可直接用可溶性样品作为试样。测定总量时，需要进行消解处理。

①电热板消解法。消解酸体系、酸用量及消解方法参照《水质 金属总量的消解 硝酸消解法》（HJ 677—2013）的规定进行，如样品基体比较复杂则用高氯酸代替过氧化氢。具体操作方法如下：

取 50.0 ml 适量水样于 150 ml 烧杯或三角瓶中，加入 5 ml 硝酸，在可控温电热板上加热消解，盖上表面皿或小漏斗，保持溶液温度在（95±5）℃，不沸腾加热回流 30 min，移去表面皿，蒸发至溶液为 5 ml 左右时停止加热。待冷却后，再加入 5 ml 硝酸，盖上表面皿，继续加热回流。如果有棕色的烟生成，重复这一步骤（每次加入 5 ml 硝酸），直到不再有棕色的烟产生，将溶液蒸发至 5 ml 左右。

待上述溶液冷却后，缓慢加入 3 ml 30%过氧化氢或 1 ml 高氯酸，继续盖上表面皿，并保持溶液温度在（95±5）℃，加热至不再有大量气泡产生或不再有白烟产生，待溶液冷却，继续加入过氧化氢，每次为 1 ml，直至只有细微气泡或大致外观不发生变化，移去表面皿，继续加热，直到溶液体积蒸发至 1～5 ml。

溶液冷却后，用适量实验用水淋洗内壁至少 3 次，转移至 50 ml 容量瓶中定容，待测。

注 1：在加热过程中，不要让消解液由于大量的气泡冒出造成样品损失。

注 2：在消解过程中切不可将溶液蒸干。如果蒸干，应重新取样进行消解。

②微波消解法。消解酸体系、酸用量及消解方法按照《水质 金属总量的消解 微波消解法》（HJ 678—2013）的规定进行，消解结束后赶酸定容。具体操作方法如下：

取 25 ml 混合均匀水样于微波消解罐中，加入 1.0 ml 30%过氧化氢和 5.0 ml 硝酸，如有大量气泡产生，置于通风橱中静置，待反应平稳后加盖旋紧。放入微波消解仪中，消解仪升温时间 10 min，消解温度 180℃，保持时间 15 min（表 4-28）。

表 4-28　微波消解升温程序

升温时间/min	消解温度/℃	保持时间/min
10	180	15

程序运行完毕后取出消解罐置于通风橱内冷却，待罐内温度与室温平衡后，放气，开盖，移出罐内消解液，用实验用水荡洗消解罐内壁两次，收集所有溶液，转移到 100 ml（聚四氟乙烯或玻璃材质）烧杯中，电热板加热，在亚沸状态下赶酸至 1～5 ml，冷却后用 0.2%硝酸溶液定容至 25 ml 容量瓶中。

注 3：在赶酸过程中切不可将溶液蒸干。如果蒸干，应重新取样进行消解。

注 4：如不具备大容量微波消解仪，可减少取样量至 10 ml，用酸量也相应减少。

（3）空白试样的制备。

以实验用水代替样品，按照与试样的制备相同的步骤制备空白样品。

7．分析步骤

（1）仪器参考测试条件。

依据仪器操作说明书调节仪器至最佳工作状态，仪器参考测量条件见表 4-29。

表 4-29　仪器参考测量条件

元素	铜	铅	镉	镍	铬
波长/nm	324.7	283.3	228.8	232.0	357.9
氩气流量/（L/min）	1.20	1.20	1.20	1.20	0.25
光谱通带/nm	0.4	0.8	0.4	0.2	0.7
灯电流/mA	2.0	4.0	2.0	2.0	25
基体改进剂	无	磷酸二氢铵	磷酸二氢铵	无	硝酸镁
升温程序					
干燥	90℃/10 s	90℃/20 s	90℃/10 s	90℃/20 s	100℃/20 s
干燥	120℃/20 s	105℃/20 s	120℃/20 s	105℃/20 s	140℃/15 s
干燥	—	110℃/10 s	—	110℃/10 s	—
灰化	700℃/10 s	1 000℃/10 s	1 000℃/10 s	1 100℃/5 s	1 650℃/30 s
原子化	2 000℃/4 s	1 800℃/4 s	1 850℃/4 s	2 400℃/5 s	2 500℃/7 s
清除	2 200℃/4 s	2 400℃/7 s	2 000℃/4 s	2 600℃/4 s	2 600℃/5 s

（2）校准曲线的建立。

用0.2%硝酸溶液稀释各元素标准中间液，配制标准溶液，各元素的标准系列浓度见表4-30，或根据不同仪器的灵敏度自行设定，且待测元素的浓度应落在这一标准系列范围内。以待测元素的质量浓度（μg/L）为横坐标，以其对应的吸光度为纵坐标，建立校准曲线。

（3）试样的测定。

按照与校准曲线相同的步骤测量试样的吸光度。

（4）空白试验。

在测定试样的同时，按照与试样的测定相同的步骤测定至少2个空白试样，测定结果偏差不大于50%。

表4-30　各元素校准曲线浓度推荐表

元素	浓度值/（μg/L）
铜	0.00、10.0、30.0、50.0、70.0、90.0、100.0
铅	0.00、2.50、5.00、10.0、20.0、30.0、50.0
镉	0.00、0.500、1.00、1.50、2.00、2.50、3.00
镍	0.00、5.00、10.0、20.0、30.0、40.0、50.0
铬	0.00、2.00、5.00、10.0、15.0、20.0

8. 结果计算和表示

（1）结果计算。

样品中目标元素的质量浓度按照下式计算。

$$\rho = \frac{(\rho_1 - \rho_0)}{1\,000} \times f$$

式中：ρ——样品中目标元素的质量浓度，mg/L；

$\quad$ ρ_1——曲线上查得的试样中目标元素的质量浓度，μg/L；

$\quad$ ρ_0——空白中目标元素的质量浓度，μg/L；

$\quad$ f——样品的稀释倍数。

结果报告中应指明测定的是可溶性元素还是总量。

（2）结果表示。

测定结果与检出限最后一位保持一致，若有效数字大于三位，则保留三位有效数字。

9. 精密度和准确度

（1）精密度。

6家实验室对低、中、高三种质量浓度的标准溶液进行了测定，实验室内相对标准偏差分别为1.3%～7.5%、1.0%～3.6%、0.9%～3.1%；实验室间相对标准偏差分别为2.0%～4.4%、0.7%～3.9%、0.3%～2.0%。

6家实验室对质量浓度为0.47～6.50 μg/L的地下水统一实际样品进行了全程序6次重复测定，实验室内相对标准偏差为2.5%～6.8%；实验室间相对标准偏差为2.5%～19.8%。

6家实验室对质量浓度为1.01～22.4 μg/L的地表水统一实际样品进行了全程序6次重复测定，实验室内相对标准偏差为1.2%～6.0%；实验室间相对标准偏差为3.7%～11.7%。

6家实验室对质量浓度为1.92～47.5 μg/L的废水统一实际样品进行了全程序6次重复

测定，实验室内相对标准偏差为 0.7%～3.7%；实验室间相对标准偏差为 1.8%～8.1%。

（2）准确度。

6 家实验室对实际样品进行了可溶性元素的加标回收实验，地表水的加标回收率范围为 86.2%～112%，地下水的加标回收率范围为 89.0%～104%，废水的加标回收率范围为 85.0%～113%。

6 家实验室对实际样品进行了元素总量的加标回收实验，地表水的加标回收率范围为 81.8%～124%，地下水的加标回收率范围为 84.8%～116%，废水的加标回收率范围为 80.0%～115%。

（三）电感耦合等离子体发射光谱法（A）

同本章银测定方法（三）电感耦合等离子体发射光谱法。

（四）电感耦合等离子体质谱法（A）

同本章银测定方法（四）电感耦合等离子体质谱法。

九、钴

钴是人体和植物所必需的微量元素之一，在人体内钴主要通过形成维生素 B_{12} 发挥生物学作用及生理功能。此外钴对铁的代谢、血红蛋白合成、细胞发育及酶的功能等均有重要的生理作用。

天然水中钴含量很低，浓度多为 0.02～1 μg/L。这样的浓度对人、动植物不会产生毒害作用。

有色金属冶炼厂和加工厂等企业的废水中常含有高浓度的钴，水中含钴超过一定量会对水的色、嗅、味等性状产生影响，并有中毒和致癌作用，含钴 7.0～15.0 mg/L 的水将导致鱼类死亡。钴对水体自净的致害作用浓度为 0.9 mg/L。

（一）火焰原子吸收分光光度法（A）*

1．方法的适用范围

本方法适用于地表水、地下水、工业废水和生活污水中可溶性钴和总钴的测定。

当取样体积为 50.0 ml 时，本方法检出限为 0.06 mg/L，测定下限为 0.24 mg/L，测定上限为 5.00 mg/L。对于含钴浓度高于方法上限的样品，可适当稀释后进行测定。

2．方法原理

将试样喷入空气—乙炔火焰中，高温下，钴化合物离解为基态原子，其原子蒸汽对锐线光源发射的特征谱线 240.7 nm 产生选择性吸收。在一定条件下，吸光度值与试液中钴的浓度成正比。

3．干扰和消除

（1）光谱干扰。

钴在空气—乙炔贫燃火焰中原子化，很少受到共存元素的化学干扰。若盐浓度高在火焰产生背景量吸收时，可用背景校正装置予以校正。此外因为钴在灵敏线 240.7 nm 附近存

---

* 本方法与 HJ 957—2018 等效。

在非灵敏线，有光谱干扰，应选择尽可能小的光谱通带。

（2）酸度干扰。

0.1%～5.0%的盐酸、磷酸、高氯酸略有正干扰，硫酸有负干扰。校准曲线溶液和待测样品溶液的酸度应控制在1.0%以下，最好为硝酸体系，测定试样高氯酸浓度控制在2%以下，试样消解中不用磷酸、硫酸。

（3）共存离子干扰。

200 mg/L的Ca、40 mg/L的Ni、100 mg/L的Si均会产生负干扰。可以采用标准加入法或基体匹配来消除此类干扰。

4．仪器和设备

所用器皿用洗涤剂洗净后，应在（1+1）硝酸溶液中浸泡24 h以上，然后用水冲洗干净。

（1）火焰原子吸收分光光度计。

（2）钴空心阴极灯。

（3）可控温电热板。

5．试剂和材料

除非另有说明，否则分析时均使用符合国家标准的分析纯试剂。实验用水为新制备的去离子水或蒸馏水。

（1）硝酸：ρ（HNO_3）=1.42 g/ml，优级纯。

（2）高氯酸：ρ（$HClO_4$）=1.68 g/ml，优级纯。

（3）硝酸溶液：1+1。

（4）硝酸溶液：1+99。

（5）钴标准贮备液：ρ（Co）=1 000 mg/L。

称取1.000 0 g金属钴（光谱纯），精确到0.000 1 g，溶解于10 ml（1+1）硝酸溶液中，加热驱除二氧化氮，冷却后转移至1 000 ml容量瓶中，并用水稀释至标线，混匀。亦可购买市售有证标准物质。

（6）钴标准中间液：ρ（Co）=50.0 mg/L。

准确移取5.00 ml钴标准贮备液于100 ml容量瓶中，用（1+99）硝酸溶液稀释至标线，混匀。贮存于聚乙烯瓶中，4℃保存，可保存30 d。

（7）硝酸镧溶液：ρ[$La(NO_3)_2$]=2.0%（也可以用硝酸锶代替）。

称取4.7 g La_2O_3溶解于少量硝酸中，加水至200 ml，摇匀。贮存于试剂瓶中，4℃保存，可保存30 d。

（8）燃气：乙炔，用钢瓶气或由乙炔发生器供给，纯度不低于99.6%。

（9）助燃气：空气，进入燃烧器前应经过适当过滤以除去其中的水、油和其他杂质。

（10）滤膜：孔径为0.45 μm。

（11）36%乙酸。

6．样品

（1）样品的采集和保存。

参照《地表水和污水监测技术规范》（HJ/T 91—2002）和《地下水环境监测技术规范》（HJ 164—2020）相关规定进行水样的采集。用干净的聚乙烯瓶采集水样。

参照《水质　样品的保存和管理技术规定》（HJ 493—2009）相关规定进行水样的保存：①测定可溶性钴，采样后应通过0.45 μm滤膜过滤，弃去初始的50～100 ml溶液，收集所需体积的滤液后加入浓硝酸进行酸化。如果不能尽快分析，将样品在4℃下冷藏保存，可保存14 d。

②测定总钴，样品采集后立即加入浓硝酸，调节水样的pH为1～2。并将样品在4℃下冷藏保存，可保存14 d。

（2）试样的制备。

①可溶性钴：水样不需要进行前处理，在50.00 ml容量瓶中加入0.60 ml硝酸镧溶液，用水样定容至50.00 ml，摇匀，待测。

②总钴：一般要进行消解处理。选取硝酸体系和硝酸—高氯酸体系消解水样。量取50.0 ml水样，在可控温电热板上加热消解，确保样品不沸腾，不蒸干，收集所有滤液至50 ml容量瓶中，加入0.60 ml硝酸镧溶液，用（1+99）硝酸溶液定容至标线，摇匀，待测。

（3）空白试样的制备。

用50.0 ml实验用水代替样品，按照试样的制备相同的步骤分别制备可溶性钴或总钴空白试样。

7. 分析步骤

（1）仪器参考测量条件。

依据仪器操作说明书调节仪器至最佳工作状态，仪器参考测量条件见表4-31。

表4-31　仪器参考测量条件

测定元素	测定波长/nm	通带宽度/nm	灯电流/mA	火焰类型
钴（Co）	240.7	0.2	12.5	空气—乙炔火焰，贫燃

（2）校准曲线的建立。

分别量取0.00 ml、0.50 ml、1.00 ml、2.00 ml、3.00 ml、4.00 ml和5.00 ml钴标准中间液于50 ml容量瓶中，加入0.60 ml硝酸镧溶液，用（1+99）硝酸溶液定容至标线，摇匀，标准系列质量浓度分别为0.00 mg/L、0.50 mg/L、1.00 mg/L、2.00 mg/L、3.00 mg/L、4.00 mg/L和5.00 mg/L。按照测量条件，由低质量浓度到高质量浓度依次测定标准系列的吸光度。以零质量浓度校正的吸光度为纵坐标，以钴的含量（mg/L）为横坐标，建立校准曲线。

（3）试样的测定。

按照与建立校准曲线相同的条件测定试样的吸光度。

（4）空白试验。

按照与试样的测定相同的步骤和条件测定空白试样的吸光度。

8. 结果计算和表示

（1）结果计算。

样品中钴的质量浓度按照下式计算。

$$\rho = \frac{(\rho_1 - \rho_0) \times V_1}{V} \times f$$

式中：ρ——样品中钴的质量浓度，mg/L；

ρ_1——由校准曲线上查得的试样中钴的质量浓度，mg/L；

ρ_0——由校准曲线上查得的空白试样中钴的质量浓度，mg/L；

V_1——试样制备后定容体积，ml；

V——样品体积，ml；

f——稀释倍数。

结果报告中应指明测定的是可溶性钴还是总钴。

（2）结果表示。

当测定结果小于 1 mg/L 时，保留至小数点后两位；当测定结果大于等于 1 mg/L 时，保留三位有效数字。

9．精密度和准确度

6 家实验室分别对低、中、高三个不同浓度标准溶液进行了测定，实验室间相对标准偏差分别为 4.0%、3.8% 和 2.6%。

6 家实验室对有证标准物质测定结果的相对误差为 –0.9%～4.4%。

6 家实验室对含钴质量浓度分别为 1.01 mg/L、2.04 mg/L 和 3.06 mg/L 左右的实际样品进行了加标回收实验，加标量分别为 50 μg、50 μg 和 75 μg，加标回收率分别为 95.6%～110%、93.0%～108%、95.3%～103%。

（二）石墨炉原子吸收分光光度法（A）[*]

1．方法的适用范围

本方法适用于地表水、地下水和废水中可溶性钴和总钴的测定。

当取样体积为 20 μl 时，本方法检出限为 2 μg/L，测定下限为 8 μg/L。

2．方法原理

样品经过滤或消解后注入石墨炉原子化器中，经干燥、灰化和原子化形成的钴基态原子蒸汽，对钴空心阴极灯或连续光源发射的 240.7 nm 特征谱线产生选择性吸收。在一定范围内其吸光度与钴的质量浓度成正比。

3．干扰和消除

钴在灵敏线 240.7 nm 附近存在光谱干扰，选择窄的光谱通带进行测定可减少干扰。

浓度大于等于 1% 的磷酸和高氯酸、3% 的硝酸和过氧化氢、0.4% 硫酸对钴的测定产生负干扰。浓度大于等于 3% 的盐酸产生正干扰。消解后试样中过氧化氢浓度控制在 3% 以下不影响钴的测定。

500 mg/L 以下的 Ca，200 mg/L 以下的 Mg、K、Na，4.00 mg/L 以下的 Ni、Mn、Al、Cu、Pb、Zn、Cr，10.0 mg/L 以下的 Fe；100 mg/L 以下的 Cl^-、F^-、SO_4^{2-} 均不干扰钴的测定。

4．仪器和设备

（1）石墨炉原子吸收分光光度计（具有背景校正功能）。

（2）光源：钴空心阴极灯或具有 240.7 nm 的连续光源。

（3）热解涂层石墨管。

（4）可控温电加热板：温控范围为室温到 300℃，温控精度±5℃。

（5）样品瓶：500 ml，聚乙烯或相当材质。

5．试剂和材料

除非另有说明，否则分析时均使用符合国家标准的分析纯试剂。实验用水为新制备的

---

[*] 本方法与 HJ 958—2018 等效。

去离子水或同等纯度的水。

（1）硝酸：ρ（HNO_3）=1.42 g/ml，优级纯。

（2）过氧化氢：w（H_2O_2）=30%，优级纯。

（3）硝酸溶液：1+1。

（4）硝酸溶液：1+99。

（5）钴标准贮备液：ρ（Co）=1 000 mg/L。

称取 1.000 0 g 金属钴（光谱纯），精确到 0.000 1 g，溶解于 10 ml（1+1）硝酸溶液中，加热驱除二氧化氮，冷却后转移至 1 000 ml 容量瓶中，并用水稀释至标线，混匀。亦可购买市售有证标准物质。

（6）钴标准中间液：ρ（Co）=50.0 mg/L。

准确移取 5.00 ml 钴标准贮备液于 100 ml 容量瓶中，用（1+99）硝酸溶液稀释至标线，混匀。贮存于聚乙烯瓶中，4℃保存，可保存 30 d。

（7）钴标准使用液：ρ（Co）=1.00 mg/L。

准确移取 2.00 ml 钴标准中间液于 100 ml 容量瓶中，用（1+99）硝酸溶液稀释至标线，混匀。用时现配。

（8）硝酸镁溶液：ρ[$Mg(NO_3)_2$]=50 g/L。

称取 5 g 硝酸镁[$Mg(NO_3)_2$]，加入适量水溶解，转移至 10 ml 容量瓶中，用水稀释定容至标线，混匀。贮存于试剂瓶中，4℃保存，可保存 30 d。

（9）氩气：纯度不低于 99.98%。

（10）滤膜：孔径为 0.45 μm 的醋酸纤维或聚乙烯滤膜。

6．样品

（1）样品的采集和保存。

同本节钴测定方法（一）。

（2）试样的制备。

①可溶性钴：在 25 ml 比色管中加入 0.25 ml 硝酸镁溶液，用水样定容至 25.00 ml，摇匀，待测。

②总钴：量取 25.0 ml 水样于 150 ml 玻璃烧瓶中，加入 1～2 ml 硝酸和 1 ml 过氧化氢，在可控温电热板上加热消解，确保样品不沸腾，至 5 ml 左右。再加入 1～2 ml 硝酸继续消解，至 1 ml 左右。必要时可重复加入硝酸和过氧化氢的操作，直到消解完全。冷却后，加入 5 ml 1%硝酸溶液，转移至 25 ml 比色管中，用 1%硝酸溶液定容至标线。然后加入 0.25 ml 硝酸镁溶液，混匀，待测。

注：总钴试样的制备也可用微波消解法，按《水质　金属总量的消解　微波消解法》（HJ 678—2013）执行。

（3）空白试样的制备。

用实验用水代替水样，按照与试样的制备相同的步骤，分别制备可溶性钴或总钴实验室空白试样。

7．分析步骤

（1）仪器参考测量条件。

依据仪器操作说明书调节仪器至最佳工作状态，仪器参考测量条件见表 4-32。

表 4-32　仪器参考测量条件

元素	测定波长/ nm	通带宽度/ nm	灯电流/ mA	干燥/ （℃，s）	灰化/ （℃，s）	原子化/ （℃，s）	清除/ （℃，s）
钴（Co）	240.7	0.1	12.5	80～120，30	1 300，30	2 600，6	2 800，4

（2）校准曲线的建立。

分别量取 0.00 ml、0.25 ml、0.50 ml、1.00 ml、2.00 ml、2.50 ml 和 3.00 ml 钴标准使用液于 25 ml 比色管中，加入 0.25 ml 硝酸镁溶液，用（1+99）硝酸溶液定容至标线，摇匀，标准系列质量浓度分别为 0 μg/L、10 μg/L、20 μg/L、40 μg/L、80 μg/L、100 μg/L 和 120 μg/L。按照测量条件，由低浓度到高浓度依次测定吸光度。以钴的质量浓度（μg/L）为横坐标，以其对应的吸光度为纵坐标，建立校准曲线。

（3）试样的测定。

按照与建立校准曲线相同的条件测定试样的吸光度。

（4）空白试验。

按照与试样的测定相同的步骤和条件测定空白试样的吸光度。

8．结果计算和表示

（1）结果计算。

样品中钴的质量浓度按照下式计算。

$$\rho = \frac{(\rho_1 - \rho_0) \times V_1}{V} \times f$$

式中：ρ——样品中钴的质量浓度，μg/L；

　　　ρ_1——由校准曲线上查得的试样中钴的质量浓度，μg/L；

　　　ρ_0——由校准曲线上查得的空白试样中钴的质量浓度，μg/L；

　　　V_1——试样定容体积，ml；

　　　V——样品体积，ml；

　　　f——试样稀释倍数。

结果报告中应指明测定的是可溶性钴还是总钴。

（2）结果表示。

当测定结果小于 100 μg/L 时，保留至整数位；当测定结果大于等于 100 μg/L 时，保留三位有效数字。

9．精密度和准确度

（1）精密度。

6 家实验室对含可溶性钴质量浓度为 20 μg/L、60 μg/L 和 100 μg/L 的统一样品进行了 6 次重复测定，实验室内相对标准偏差范围分别为 0.6%～7.1%、0.5～6.6%和 0.8～4.2%；实验室间相对标准偏差分别为 7.1%、4.3%和 2.7%；重复性限分别为 2 μg/L、5 μg/L 和 7 μg/L；再现性限分别为 4 μg/L、9 μg/L 和 10 μg/L。

6 家实验室对含总钴质量浓度为 21 μg/L、42 μg/L 和 63 μg/L 的统一样品进行了 6 次重复测定，实验室内相对标准偏差范围分别为 1.2%～3.7%、0.8～2.9%和 0.8～2.2%；实验室间相对标准偏差分别为 2.9%、2.1%和 2.3%；重复性限分别为 2 μg/L、3 μg/L 和 2 μg/L；再现性限分别为 2 μg/L、3 μg/L 和 4 μg/L。

（2）准确度。

6 家实验室对质量浓度为（1.15±0.08）mg/L 和（0.141±0.013）mg/L 的有证标准物质进行了 6 次重复测定，相对误差范围分别为−2.6%～6.1%和−3.5%～3.6%；相对误差最终值分别为 0.9%±6.1%和−0.7%±5.7%。

6 家实验室对含总钴质量浓度为 21 μg/L、42 μg/L 和 63 μg/L 的统一样品进行了 6 次重复加标分析测定，加标浓度为 20 μg/L、30 μg/L 和 40 μg/L；加标回收率范围分别为 91.0%～108%、97.3%～107%和 91.8%～103%；加标回收率最终值分别为 99.7%±12.0%、102%±6.6% 和 98.3±9.6%。

10. 质量保证和质量控制

（1）每批样品应至少做一个实验室空白，其测定结果应低于方法检出限。

（2）每次分析样品均应建立标准曲线，相关系数应≥0.995。

（3）每分析 10 个样品应进行一次仪器零点校正。

（4）每 10 个样品应分析一个标准曲线的中间点浓度标准溶液，其测定结果与标准曲线该点质量浓度的相对误差应在±10%以内，否则必须重新建立标准曲线。

（5）每批样品应至少测定 10%的平行双样，样品数量少于 10 个时，应至少测定 1 个平行双样，测定结果相对偏差应≤20%。

（6）每批样品应至少测定 5%的基体加标样品，样品数量少于 20 个时，应至少测定 1 个加标样品，加标回收率应控制在 80%～120%，或使用有证标准物质控制测量的准确性。

（三）电感耦合等离子体发射光谱法（A）

同本章银测定方法（三）电感耦合等离子体发射光谱法。

（四）电感耦合等离子体质谱法（A）

同本章银测定方法（四）电感耦合等离子体质谱法。

十、铬

铬（Cr）的化合物常见的价态有三价和六价。在水体中，六价铬一般以 CrO_4^{2-}、$Cr_2O_7^{2-}$、$HCrO_4^-$ 三种阴离子形式存在，受水中 pH、有机物、氧化还原性物质、温度及硬度等条件影响，三价铬和六价铬的化合物可以互相转化。

铬的毒性与其存在价态有关，通常认为六价铬的毒性比三价铬高 100 倍，六价铬更易为人体吸收并且在体内蓄积，导致肝癌。因此我国已把六价铬规定为实施总量控制的指标之一。当水中六价铬浓度为 1 mg/L 时，水呈淡黄色并有涩味；当三价铬浓度为 1 mg/L 时，水的浊度明显增加，三价铬化合物对鱼的毒性比六价铬大。

铬的污染来源主要是含铬矿石的加工、金属表面处理、皮革鞣制、印染等行业。

铬的测定可采用二苯碳酰二肼分光光度法、原子吸收分光光度法、等离子发射光谱法、电感耦合等离子体质谱法和滴定法。清洁的水样可直接用二苯碳酰二肼分光光度法测六价铬。如测总铬，用高锰酸钾将三价铬氧化成六价铬，再用二苯碳酰二肼分光光度法测定。水样含铬量较高时，用硫酸亚铁铵滴定法。

水样应用瓶壁光洁的玻璃瓶采集。如测总铬，在水样采集后，加入硝酸调节 pH 小于 2；如测六价铬，在水样采集后，加入氢氧化钠调节 pH 约为 8。均应尽快测定，如放置，不得超过 24 h。

（一）火焰原子吸收分光光度法（A）[*]

1．方法的适用范围

本方法适用于水和废水中高浓度可溶性铬和总铬的测定。

当取样体积与样品制备后定容体积相同时，本方法铬的方法检出限为 0.03 mg/L，测定下限为 0.12 mg/L。

2．方法原理

样品经过滤或消解后喷入富燃性空气—乙炔火焰，在高温火焰中形成的铬基态原子对铬空心阴极灯或连续光源发射的 357.9 nm 特征谱线产生选择性吸收，在一定条件下，其吸光度值与铬的质量浓度成正比。

3．干扰和消除

1 mg/L 的 Fe 和 Ni、2 mg/L 的 Co、5 mg/L 的 Mg、20 mg/L 的 Al、100 mg/L 的 Ca 对铬的测定有负干扰，加入氯化铵可以消除上述金属离子的干扰。20 mg/L 的 Cu 和 Zn、500 mg/L 的 Na 和 K 对铬的测定没有干扰，加入氯化铵对上述金属离子的测定无影响。

当存在的基体干扰不能用上述方法消除时，可采用标准加入法消除其干扰。

4．仪器和设备

（1）火焰原子吸收分光光度计及相应的辅助设备。

（2）铬空心阴极灯或连续光源。

（3）微波消解仪：微波功率为 600～1 500 W；温控精度能达到±2.5℃；配备微波消解罐。

（4）温控电热板：温控范围为室温～200℃。

（5）样品瓶：500 ml，聚乙烯瓶或硬质玻璃瓶。

5．试剂和材料

除非另有说明，否则分析时均使用符合国家标准的分析纯试剂，实验用水为去离子水或同等纯度的水。

（1）盐酸：ρ（HCl）=1.19 g/ml，优级纯。

（2）盐酸溶液：1+1。

（3）硝酸：ρ（HNO_3）=1.42 g/ml，优级纯。

（4）硝酸：ρ（HNO_3）=1.42 g/ml。

（5）硝酸溶液：1+9。

（6）30%过氧化氢（H_2O_2）。

（7）氯化铵（NH_4Cl）。

（8）氯化铵溶液：ρ（NH_4Cl）=100 g/L。

称取 10 g 氯化铵，用少量水溶解后，用水稀释至 100 ml 摇匀。

（9）重铬酸钾（$K_2Cr_2O_7$）：基准试剂。

（10）铬标准贮备液：ρ（Cr）=1 000 mg/L。

准确称取 0.282 9 g 重铬酸钾［在（120±2）℃下烘干 2 h，在干燥器中冷却后称取］，精确至 0.1 mg，用少量水溶解后全量转移到 100 ml 容量瓶中，加入 0.5 ml 优级纯硝酸，

---

[*] 本方法与 HJ 757—2015 等效。

用水定容至标线，摇匀。于室温暗处保存聚乙烯瓶或硼硅酸盐玻璃瓶中并使 pH 在 1～2，可保存 1 年。亦可购买市售有证标准物质。

（11）铬标准使用液：ρ（Cr）=50.0 mg/L。

移取 5.00 ml 铬标准贮备液至 100 ml 容量瓶中，加入 0.1 ml 优级纯硝酸，用水稀释至标线，此溶液可保存 1 个月。

（12）燃气：乙炔，用钢瓶气或由乙炔发生器供给，纯度不低于 99.6%。

（13）助燃气：空气，进入燃烧器之前应经过适当过滤以除去其中的水、油和其他杂质。

（14）滤膜：孔径为 0.45 μm 的醋酸纤维或聚乙烯滤膜。

6. 样品

（1）样品的采集与保存。

同本章钡测定方法（一）。

（2）试样的制备。

①可溶性铬试样。量取一定体积的水样于 50 ml 容量瓶中，加入 5 ml 氯化铵溶液和 3 ml（1+1）盐酸溶液，用水稀释至标线。

②总铬试样。

i）电热板消解法：量取 50.0 ml 混合均匀的水样于 150 ml 烧杯或锥形瓶中，加入 5 ml 硝酸，置于温控电热板上，盖上表面皿或小漏斗，保持溶液温度在（95±5）℃，不沸腾加热回流 30 min，移去表面皿，蒸发至溶液为 5 ml 左右时停止加热。待冷却后，再加入 5 ml 硝酸，盖上表面皿，继续加热回流。如果有棕色的烟生成，重复这一步骤（每次加入 5 ml 硝酸），直到不再有棕色的烟生成，将溶液蒸发至 5 ml 左右。待上述溶液冷却后，缓慢加入 3 ml 过氧化氢，继续盖上表面皿，并保持溶液温度在（95±5）℃，加热至不再有大量气泡产生，待溶液冷却，继续加入过氧化氢，每次为 1 ml，直至只有细微气泡或大致外观不发生变化，移去表面皿，继续加热，直到溶液体积蒸发至约 5 ml。溶液冷却后，用适量水淋洗内壁至少 3 次，转移至 50 ml 容量瓶中，加入 5 ml 氯化铵溶液和 3 ml（1+1）盐酸溶液，用水稀释至标线。

ii）微波消解法：样品消解参照《水质　金属总量的消解　微波消解法》（HJ 678—2013）的相关方法执行，消解液转移到 50 ml 容量瓶中，加入 5 ml 氯化铵溶液和 1 ml（1+1）盐酸溶液用水稀释至标线。低浓度样品也可用电热板加热浓缩，转移至 25 ml 容量瓶中，加入 2.5 ml 氯化铵溶液和 0.5 ml（1+1）盐酸溶液用水稀释定容至标线。

注 1：高浓度样品需稀释后测定，按照本节附录 A 的方法判断是否存在基体干扰。

（3）空白试样的制备。

用水代替样品，按照与试样的制备相同的步骤分别制备可溶性铬或总铬空白试样。

7. 分析步骤

（1）仪器参考测量条件。

依据仪器操作说明书调节仪器至最佳工作状态，仪器参考测量条件见表 4-33。

表 4-33　仪器参考测量条件

测定元素	测定波长/nm	通带宽度/nm	燃烧器高度/mm	火焰类型
铬（Cr）	357.9	0.2	10	空气—乙炔火焰，富燃还原型

注 2：点燃空气—乙炔火焰后，应使燃烧器温度达到热平衡后方可进行测定。

注 3：火焰类型和燃烧器高度对于测定铬的灵敏度有很大影响，因此，应严格控制乙炔和空气的比例，调节燃烧器高度。

（2）校准曲线的建立。

分别移取 0.00 ml、0.50 ml、1.00 ml、2.00 ml、3.00 ml、4.00 ml 和 5.00 ml 铬标准使用液于 50 ml 容量瓶中，分别加入 5 ml 氯化铵溶液和 3 ml 盐酸溶液，用水定容至标线，摇匀，标准系列质量浓度分别为 0.00 mg/L、0.50 mg/L、1.00 mg/L、2.00 mg/L、3.00 mg/L、4.00 mg/L 和 5.00 mg/L。按照仪器调试条件，由低质量浓度到高质量浓度依次测量标准系列溶液的吸光度。

以铬的质量浓度（mg/L）为横坐标，以其对应的扣除零浓度后的吸光度为纵坐标，建立校准曲线。

（3）试样的测定。

按照与校准曲线相同的条件测量试样的吸光度。

（4）空白试验。

按照与试样的测定相同的步骤和条件测量空白试样的吸光度。

8．结果计算和表示

（1）结果计算。

样品中铬的质量浓度按照下式计算。

$$\rho = \frac{(\rho_1 - \rho_0) \times V_1}{V} \times f$$

式中：ρ——样品中铬的质量浓度，mg/L；

ρ_1——由校准曲线得到的试样中铬的质量浓度，mg/L；

ρ_0——由校准曲线得到的空白试样中铬的质量浓度，mg/L；

V_1——试样制备后定容体积，ml；

V——取样体积，ml；

f——稀释倍数。

（2）结果表示。

当测定结果小于 1.00 mg/L 时，保留至小数点后两位；当测定结果大于等于 1.00 mg/L 时，保留三位有效数字。

9．精密度和准确度

（1）精密度。

6 家实验室对铬浓度分别为 0.20 mg/L、2.50 mg/L 和 4.50 mg/L 的统一标准溶液进行了可溶性铬的 6 次重复测定，实验室内相对标准偏差分别为 1.7%～6.2%、0.1%～2.0%、0.1%～2.7%，实验室间相对标准偏差分别为 9.4%、1.0%、0.9%。

6 家实验室对总铬浓度分别为 0.19 mg/L、1.53 mg/L 和 2.08 mg/L 的地表水、生活污水和工业废水用电热板消解法进行了 6 次重复测定，实验室内相对标准偏差分别为 2.4%～6.6%、0.8%～2.7%、0.3%～6.8%；实验室间相对标准偏差分别为 3.3%、3.2%、9.0%。

6 家实验室对总铬浓度分别为 0.19 mg/L、1.53 mg/L 和 2.08 mg/L 的地表水、生活污水和工业废水用微波消解法进行了 6 次重复测定，实验室内相对标准偏差分别为 2.7%～6.3%、0.7%～3.0%、0.6%～5.5%，实验室间相对标准偏差分别为 4.6%、6.2%、7.3%。

（2）准确度。

6家实验室对总铬浓度分别为 0.19 mg/L、1.53 mg/L 和 2.08 mg/L 的地表水、生活污水和工业废水用电热板消解法进行了 6 次加标测定，加标浓度分别为 0.20 mg/L、1.50 mg/L 和 2.00 mg/L，加标回收率分别为 95.1%～107%、89.2%～103%、99.0%～104%。

6家实验室对总铬浓度分别为 0.19 mg/L、1.53 mg/L 和 2.08 mg/L 的地表水、生活污水和工业废水用微波消解法进行了 6 次加标测定，加标浓度分别为 0.20 mg/L、1.50 mg/L 和 2.00 mg/L，加标回收率分别为 91.2%～107%、90.7%～106%、97.0%～107%。

10．注意事项

实验所用的玻璃器皿、聚乙烯容器等不得使用重铬酸钾洗液清洗，需先用洗涤剂洗净，再用（1+9）硝酸溶液浸泡 24 h 以上，使用前再依次用自来水和实验用水洗净。

附录 A　基体干扰检查方法

此方法适用于有一定浓度的样品。取两份相同水样，其中一份稀释 5 倍，稀释试样的测定值（不得小于检出限的 10 倍）乘以稀释倍数与未稀释样品测定值作比较，相对偏差在±10%范围内视为无干扰。否则，表明有化学或物理干扰存在，可采取稀释或标准加入法消除。

当样品浓度低于上述要求，可用标准加入法曲线斜率与校准曲线斜率作比较，相对偏差在±5%范围内视为无干扰。否则，表明有基体干扰存在。

（二）电感耦合等离子体发射光谱法（A）

同本章银测定方法（三）电感耦合等离子体发射光谱法。

（三）电感耦合等离子体质谱法（A）

同本章银测定方法（四）电感耦合等离子体质谱法。

（四）高锰酸钾氧化-二苯碳酰二肼分光光度法（C）

1．方法的适用范围

本方法适用于地表水和工业废水中总铬的测定。

样品体积为 50 ml，使用光程长为 30 mm 的比色皿，本方法的最小检出量为 0.2 μg 铬，检出限为 0.004 mg/L；当测定高浓度废水时，可使用光程为 10 mm 的比色皿，此时测定上限浓度为 1.0 mg/L。

2．方法原理

在酸性溶液中，样品中的三价铬被高锰酸钾氧化成六价铬。六价铬与二苯碳酰二肼反应生成紫红色化合物，于波长 540 nm 处测定吸光度。

3．干扰和消除

铁含量大于 1 mg/L 时显黄色；六价钼和汞与显色剂反应，生成有色化合物，但在本方法的显色酸度下，反应不灵敏，钼和汞的浓度达 200 mg/L 时不干扰测定。钒有干扰，其含量高于 4 mg/L 时有干扰，但钒与显色剂反应后 10 min，可自行褪色。

4．仪器和设备

分光光度计。

5．试剂和材料

（1）丙酮。

（2）硫酸：ρ（H_2SO_4）=1.84 g/ml。

（3）硝酸：ρ（HNO_3）=1.42 g/ml。

（4）磷酸：ρ（H_3PO_4）=1.69 g/ml，优级纯。

（5）氨水：ρ（$NH_3 \cdot H_2O$）=0.90 g/ml。

（6）氯仿（$CHCl_3$）。

（7）硫酸溶液：1+1。

（8）磷酸溶液：1+1。

（9）高锰酸钾溶液：ρ（$KMnO_4$）=40 g/L。

称取 4 g 高锰酸钾，在加热和搅拌下溶于水，稀释至 100 ml。

（10）尿素溶液：ρ（$[(NH_2)_2CO_3]$）=200 g/L。

称取 20 g 尿素溶于水并稀释至 100 ml。

（11）亚硝酸钠溶液：ρ（$NaNO_2$）=20 g/L。

将 2 g 亚硝酸钠溶于水并稀释至 100 ml。

（12）氨水溶液：1+1。

（13）铜铁试剂：ρ（$[C_6H_5N(NO)ONH_4]$）=50 g/L。

称取 5 g 铜铁试剂，溶于冰水中并稀释至 100 ml，临用现配。

（14）铬标准贮备液：ρ（Cr）=0.100 mg/ml。

准确称取 0.282 9 g 重铬酸钾（$K_2Cr_2O_7$，优级纯，120℃干燥 2 h），用水溶解后，移入 1 000 ml 容量瓶中，用水稀释至标线，摇匀。

（15）铬标准溶液 I：ρ（Cr）=1.00 μg/ml。

吸取 5.00 ml 铬标准贮备液，置于 500 ml 容量瓶中，用水稀释至标线，摇匀。使用时当天配制。

（16）铬标准溶液 II：ρ（Cr）=5.00 μg/ml。

吸取 25.00 ml 铬标准贮备液，置于 500 ml 容量瓶中，用水稀释至标线，摇匀。使用时当天配制。

（17）显色剂：称取 0.2 g 二苯碳酰二肼（$C_{13}H_{14}N_4O$），溶于 50 ml 丙酮中，加水稀释至 100 ml，摇匀。贮于棕色瓶置冰箱中保存。色变深后不能使用。

6．样品

（1）样品采集和保存。

实验室样品应该用玻璃瓶采集。采集时，加入硝酸调节样品 pH 小于 2。在采集后尽快测定，如放置，不得超过 24 h。

（2）试样的制备。

①一般清洁地表水可直接用高锰酸钾氧化后测定。

②硝酸—硫酸消解：样品中含有大量的有机物需进行消解处理。

取 50.0 ml 或适量样品（含铬少于 50 μg），置于 100 ml 烧杯中，加入 5 ml 硝酸和 3 ml 硫酸，蒸发至冒白烟，如溶液仍有色，再加入 5 ml 硝酸，重复上述操作，至溶液澄清，冷却。用水稀释至 10 ml，用（1+1）氨水溶液中和至 pH 为 1～2，移入 50 ml 容量瓶中，用水稀释至标线，摇匀，供测定。

③铜铁试剂—氯仿萃取除去钼、钒、铁、铜。

取 50.0 ml 或适量样品（铬含量少于 50 μg），置于 100 ml 分液漏斗中，用（1+1）氨水溶液调至中性，加水至 50 ml，加入 3 ml（1+1）硫酸溶液。用冰水冷却后，加入 5 ml 铜铁试剂后振摇 1 min，置于冰水中冷却 2 min。每次用 5 ml 氯仿，共萃取 3 次，弃去氯仿层。将水层移入锥形瓶中，用少量水洗涤分液漏斗，洗涤水亦并入锥形瓶中。加热煮沸，使水层中氯仿挥发后，按"硝酸—硫酸消解"和"高锰酸钾氧化"处理。

（3）高锰酸钾氧化。

取 50.0 ml 或适量（铬含量少于 50 μg）样品或经处理的样品，置于 150 ml 锥形瓶中，用（1+1）氨水溶液或（1+1）硫酸溶液调至中性，加入几粒玻璃珠，加入 0.5 ml（1+1）硫酸溶液、0.5 ml（1+1）磷酸溶液（加水至 50 ml），摇匀，加 2 滴高锰酸钾溶液，如紫红色消褪，则应及时添加高锰酸钾溶液保持紫红色。加热煮沸至溶液体积约剩 20 ml。取下冷却，加入 1 ml 尿素溶液，摇匀。用滴管滴加亚硝酸钠溶液，每加一滴充分摇匀，至高锰酸钾的紫红色刚好褪去。稍停片刻，待溶液内气泡逸出，转移至 50 ml 比色管中。

注 3：也可用叠氮化钠还原过量的高锰酸钾。即在氧化步骤完成后取下，趁热逐滴加入浓度为 2 g/L 的叠氮化钠溶液，每加一滴立即摇匀，煮沸，重复数次，至紫红色完全褪去，继续煮沸 1 min。叠氮化钠是易爆危险品。

注 4：如样品中含有少量铁（Fe^{3+}）干扰测定，可将高锰酸钾氧化步骤中"加入 0.5 ml（1+1）硫酸溶液、0.5 ml 磷酸溶液"改为"加入 1.5 ml 磷酸溶液"。

7. 分析步骤

（1）校准曲线的建立。

向一系列 150 ml 锥形瓶中分别加入 0.00 ml、0.20 ml、0.50 ml、1.00 ml、2.00 ml、4.00 ml、6.00 ml、8.00 ml 和 10.00 ml 铬标准溶液，用水稀释至 50 ml。加入 2 ml 显色剂，摇匀。10 min 后，于 540 nm 波长下，用 10 mm 或 30 mm 光程的比色皿，以水作为参比，测定吸光度值。从测得的吸光度减去空白试验的吸光度后，以含铬量对吸光度建立校准曲线。

（2）试样的测定。

取 50 ml 或适量（含铬量少于 50 μg）经预处理的试样置于 50 ml 比色管中，用水稀释至标线后按照建立校准曲线的步骤进行处理，从校准曲线上查得试样中铬的含量。

（3）空白试验。

用 50 ml 水代替试样，按照与试样的测定相同的步骤进行空白试验。

8. 结果计算和表示

（1）结果计算。

样品中总铬的质量浓度按照下式计算。

$$\rho = \frac{m}{V}$$

式中：ρ——样品中总铬的质量浓度，mg/L；

m——由校准曲线查得的样品中铬的质量，μg；

V——样品的体积，ml。

（2）结果表示。

当测定结果小于 0.100 mg/L 时，保留至小数点后三位；当测定结果大于等于 0.100 mg/L 时，保留三位有效数字。

9．精密度和准确度

7 家实验室测定了含铬 0.080 mg/L 的统一分发标准溶液，测定结果如下（经高锰酸钾氧化步骤）：实验室内相对标准偏差为 1.1%，实验室间总相对标准偏差为 1.4%，相对误差为−0.8%。

10．注意事项

所有玻璃器皿内壁须光洁，以免吸附铬离子。不得用重铬酸钾洗液洗涤，可用硝酸、硫酸混合液或合成洗涤剂洗涤，洗涤后要冲洗干净。

十一、六价铬

（一）二苯碳酰二肼分光光度法（A）[*]

1．方法的适用范围

本方法适用于地表水、地下水和工业废水中六价铬的测定。

当取样体积为 50 ml，使用 30 mm 的比色皿，本方法的最小检出量为 0.2 μg 六价铬，检出限为 0.004 mg/L，使用 10 mm 的比色皿，测定上限浓度为 1.0 mg/L。

2．方法原理

在酸性溶液中，六价铬与二苯碳酰二肼反应生成紫红色化合物，其最大吸收波长为 540 nm，摩尔吸光系数为 4×10^4 L/（mol·cm）。

3．干扰和消除

铁含量大于 1 mg/L 水样显黄色。六价钼和汞也和显色剂反应，生成有色化合物，但在本方法的显色酸度下反应不灵敏。钼和汞的浓度达 200 mg/L 时不干扰测定。钒有干扰，其含量高于 4 mg/L 即干扰测定。但钒与显色剂反应后 10 min 可自行褪色。

氧化性及还原性物质，如：ClO^-、Fe^{2+}、SO_3^{2-}、$S_2O_3^{2-}$等，以及水样有色或浑浊时，对测定均有干扰，须进行预处理。

4．仪器和设备

分光光度计：配 10 mm、30 mm 的比色皿。

5．试剂和材料

测定过程中，除非另有说明，否则均使用符合国家标准或专业标准的分析纯试剂和蒸馏水或同等纯度的水，所有试剂应不含铬。

（1）丙酮。

（2）硫酸：ρ（H_2SO_4）=1.84 g/ml，优级纯。

（3）硫酸溶液：1+1。

（4）磷酸：ρ（H_3PO_4）=1.69 g/ml，优级纯。

（5）磷酸溶液：1+1。

（6）氢氧化钠溶液Ⅰ：ρ（NaOH）=4 g/L。

称取 1 g 氢氧化钠，溶于新煮沸放冷的水中，稀释至 250 ml。

（7）氢氧化锌共沉淀剂。

①硫酸锌溶液，ρ（$ZnSO_4·7H_2O$）=80 g/L。称取 8 g 硫酸锌，溶于水并稀释至 100 ml。

---

[*] 本方法与 GB 7467—87 等效。

②氢氧化钠溶液Ⅱ：ρ（NaOH）=20 g/L。称取 2.4 g 氢氧化钠，溶于新煮沸放冷的水中，稀释至 120 ml。

用时将①②两溶液混合。

（8）高锰酸钾溶液：ρ（KMnO$_4$）=40 g/L。

称取 4 g 高锰酸钾，在加热和搅拌下溶于水，稀释至 100 ml。

（9）铬标准贮备液：ρ[Cr（Ⅵ）]=0.100 mg/ml。

称取 0.282 9 g 重铬酸钾（K$_2$Cr$_2$O$_7$，优级纯，120℃干燥 2 h），用水溶解后，移入 1 000 ml 容量瓶中，用水稀释至标线，摇匀。

（10）铬标准溶液Ⅰ：ρ[Cr（Ⅵ）]=1.00 μg/ml。

吸取 5.00 ml 铬标准贮备液，置于 500 ml 容量瓶中，用水稀释至标线，摇匀。使用时当天配制。

（11）铬标准溶液Ⅱ：ρ[Cr（Ⅵ）]=5.00 μg/ml。

吸取 25.00 ml 铬标准贮备液，置于 500 ml 容量瓶中，用水稀释至标线，摇匀。使用时当天配制。

（12）尿素溶液：ρ[（NH$_2$）$_2$CO$_3$]=200 g/L。

称取 20 g 尿素溶于水并稀释至 100 ml。

（13）亚硝酸钠溶液：ρ（NaNO$_2$）=20 g/L。

将 2 g 亚硝酸钠溶于水并稀释至 100 ml。

（14）显色剂Ⅰ：称取 0.2 g 二苯碳酰二肼（C$_{13}$H$_{14}$N$_4$O），溶于 50 ml 丙酮中，加水稀释至 100 ml，摇匀。贮于棕色瓶冰箱中保存。色变深后不能使用。

（15）显色剂Ⅱ：称取 2 g 二苯碳酰二肼，溶于 50 ml 丙酮中，加水稀释至 100 ml，摇匀。贮于棕色瓶置冰箱中保存。色变深后不能使用。

注 1：显色剂Ⅰ也可按下法配制：称取 4.0 g 苯二甲酸酐（C$_8$H$_4$O），加到 80 ml 乙醇中，搅拌溶解（必要时可用水浴微温），加入 0.5 g 二苯碳酰二肼，用乙醇稀释至 100 ml。此溶液于暗处可保存六个月。使用时要注意加入显色剂后立即摇匀，以免六价铬被还原。

6. 样品

（1）样品的采集与保存。

样品应该用玻璃瓶采集。采集时，加入氢氧化钠，调节样品 pH 约为 8。并在采集后尽快测定，如放置，不要超过 24 h。

（2）试样的制备。

①样品中不含悬浮物，是低色度的清洁地表水可直接测定。

②色度校正；如样品有色但不太深时，则另取一份样品，在待测样品中加入各种试剂进行同样操作时，以 2 ml 丙酮代替显色剂，最后以此代替水作为参比来测定样品的吸光度。

③锌盐沉淀分离法：对浑浊、色度较深的样品可用此法进行预处理。

取适量样品（含六价铬少于 100 μg）于 150 ml 烧杯中，加水至 50 ml。滴加氢氧化钠溶液Ⅰ，调节溶液 pH 为 7～8。在不断搅拌下，滴加氢氧化锌共沉淀剂至溶液 pH 为 8～9。将此溶液转移至 100 ml 容量瓶中，用水稀释至标线。用慢速滤纸干过滤，弃去 10～20 ml 初滤液，取其中 50.0 ml 的滤液供测定。

④二价铁、亚硫酸盐，硫代硫酸盐等还原性物质的消除：取适量样品（含六价铬少于 50 μg）于 50 ml 比色管中，用水稀释至标线，加入 4 ml 显色剂Ⅱ，混匀，放置 5 min 后，

加入 1 ml（1+1）硫酸溶液，摇匀。5～10 min 后，于 540 nm 波长处，用 10 mm 或 30 mm 光程的比色皿，以水作为参比，测定吸光度。扣除空白试验测得的吸光度后，从校准曲线查得六价铬含量。用同法作校准曲线。

⑤次氯酸盐等氧化性物质的消除：取适量样品（含六价铬少于 5 μg）于 50 ml 比色管中，用水稀释至标线，加入 0.5 ml（1+1）硫酸溶液、0.5 ml（1+1）磷酸溶液、1.0 ml 尿素溶液，摇匀，逐滴加入 1 ml 亚硝酸钠溶液，边加边摇，以除去由过量的亚硝酸钠与尿素反应生成的气泡，待气泡除尽后，以下步骤同样品测定（免去加硫酸溶液和磷酸溶液）。

7．分析步骤

（1）校准曲线的建立。

向 9 个 50 ml 比色管中分别加入 0.00 ml、0.20 ml、0.50 ml、1.00 ml、2.00 ml、4.00 ml、6.00 ml、8.00 ml 和 10.0 ml 铬标准溶液（如经锌盐沉淀分离法前处理，则应加倍加入标准溶液），用水稀释至标线。加入 0.5 ml（1+1）硫酸溶液、0.5 ml（1+1）磷酸溶液，摇匀。加入 2 ml 显色剂 I，摇匀，5～10 min 后，于 540 nm 波长处，用 10 mm 或 30 mm 的比色皿，以水作为参比，测定吸光度并作空白校正。用测得的吸光度减去空白试验的吸光度后，建立以六价铬质量对吸光度的校准曲线。

（2）试样的测定。

取适量（含六价铬少于 50 μg）无色透明样品，置于 50 ml 比色管中，用水稀释至标线。按照与建立校准曲线的相同步骤测定。从校准曲线上查得六价铬含量。

注 2：如经锌盐沉淀分离、高锰酸钾氧化法处理的样品，可直接加入显色剂测定。

（3）空白试验。

用 50 ml 水代替样品，按照与试样的测定相同的步骤进行空白试验。

8．结果计算和表示

（1）结果计算。

样品中六价铬的质量浓度按照下式计算。

$$\rho = \frac{m}{V}$$

式中：ρ——样品中六价铬的质量浓度，mg/L；

m——由校准曲线查得的六价铬含量，μg；

V——样品的体积，ml。

（2）结果表示。

当测定结果小于 0.100 mg/L 时，保留至小数点后三位；当测定结果大于等于 0.100 mg/L 时，保留三位有效数字。

9．精密度和准确度

用蒸馏水配制的含六价铬浓度为 0.08 mg/L 的统一样品，经 7 家实验室分析，实验室内相对标准偏差为 0.6%，实验室间相对标准偏差为 2.1%，相对误差为 0.1%。

10．注意事项

①所有玻璃器皿内壁须光洁，以免吸附铬离子。不得用重铬酸钾洗液洗涤。可用硝酸、硫酸混合液或合成洗涤剂洗涤，洗涤后要冲洗干净。

②铬标准溶液有两种浓度，其中 0.005 mg/L 六价铬的标准溶液适合于高含量水样的测定，测定时使用显色剂 II 和 10 mm 的比色皿。

③六价铬与二苯碳酰二肼反应时，显色酸度一般控制在 0.05～0.3 mol/L（1/2 H_2SO_4），以 0.2 mol/L 时显色最好。显色前，水样应调至中性。显色时，温度和放置时间对显色有影响，在温度 15℃放置 5～15 min，颜色即可稳定。

④如测定清洁地表水，显色剂可按下法配制：溶解 0.20 g 二苯碳酰二肼于 95%乙醇 100 ml 中，边搅拌边加入 400 ml（1+9）硫酸溶液。存放于冰箱中，可用一个月。用此显色剂在显色时直接加入 2.5 ml 显色剂即可，不必再加酸，加入显色剂后要立即摇匀，以免六价铬可能被乙醇还原。

⑤当样品经锌盐沉淀分离法前处理后仍含有机物干扰测定时。可用酸性高锰酸钾氧化法破坏有机物后再测定。即取 50.0 ml 滤液于 150 ml 锥形瓶中，加入几粒玻璃珠，加入 0.5 ml（1+1）硫酸溶液、0.5 ml（1+1）磷酸溶液，摇匀。加入 2 滴高锰酸钾溶液，如紫红色消褪，则应添加高锰酸钾溶液保持紫红色。加热煮沸至溶液体积约剩 20 ml，取下稍冷，用定量中速滤纸过滤，用水洗涤数次，合并滤液和洗液至 50 ml 比色管中。加入 1 ml 尿素溶液，摇匀。用滴管滴加亚硝酸钠溶液，每加一滴都充分摇匀，至高锰酸钾的紫红色刚好褪去。稍停片刻，待溶液内气泡逸尽，用水稀释至标线，直接加入显色剂后测定。

（二）流动注射—二苯碳酰二肼光度法（A）*

1. 方法的适用范围

本方法适用于测定地表水、地下水、生活污水和工业废水中的六价铬。

本方法的检出限为 0.001 mg/L，测定下限为 0.004 mg/L。

2. 方法原理

（1）流动注射分析仪工作原理。

将一定体积的样品注射到一个流动的、无空气间隔的试剂溶液连续载流中，样品与试剂在分析模块中按特定的顺序和比例混合、反应，在非完全反应的条件下，进入流动检测池进行光度检测，定量地测定试样中被测物质的含量。

（2）化学反应原理。

在酸性条件中，样品中的六价铬与二苯碳酰二肼反应生成紫红色化合物，于波长 540 nm 处比色测定，其响应值与样品中的六价铬浓度成正比。具体工作流程见图 4-1。

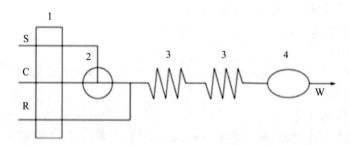

1—蠕动泵；2—注入阀；3—反应环；4—检测池（540 nm）；S—试样；C—载液；R—显色剂；W—废液。

图 4-1　流动注射分析-分光光度法测定六价铬工作流程

---

* 本方法与 HJ 908—2017 等效。

3．干扰和消除

本方法的主要干扰物为悬浮物、重金属离子、氯和活性氯、有机及无机还原性物质，具体处置方法参见本节六价铬测定方法（一）。

4．仪器和设备

（1）流动注射分析仪：自动进样器、自动稀释器（选配）、多通道蠕动泵、六价铬反应单元、比色检测器、数据处理单元。

（2）分析天平：精度为 0.000 1 g。

5．试剂和材料

除非另有说明，否则分析时均使用符合国家标准的分析纯化学试剂，实验用水为新制备的去离子水或蒸馏水，所有试剂应不含铬。除标准溶液外全部溶液都应用氦除气，使用 140 kPa 的氦气在溶液中鼓泡 2～3 min。

（1）丙酮。

（2）浓硫酸：ρ（H_2SO_4）=1.84 g/ml。

（3）磷酸：ρ（H_3PO_4）=1.69 g/ml。

（4）重铬酸钾（$K_2Cr_2O_4$）：优级纯，在 110℃下干燥 2 h 后，待用。

（5）混合酸溶液：将 40 ml 浓硫酸和 40 ml 磷酸缓慢加入盛有 600～700 ml 水的烧杯中，冷却待用。

（6）氢氧化钠溶液：ρ（NaOH）=4 g/L。

将 1 g 氢氧化钠溶于水，并稀释至 250 ml。

（7）铬标准贮备液：ρ[Cr（Ⅵ）]=100 mg/L。

称取（0.282 9±0.000 1）g 重铬酸钾，用水溶解后，移入 1 000 ml 容量瓶中，用水稀释至标线，摇匀。

（8）铬标准溶液：ρ[Cr（Ⅵ）]=1.0 mg/L。

量取 10.00 ml 铬标准贮备液置于 1 000 ml 容量瓶中，用水稀释至标线，摇匀。使用当天配制。

（9）显色剂：称取 0.40 g 二苯碳酰二肼（$C_{13}H_{14}N_4O$，又名二苯氨基脲）溶于 200 ml 丙酮中，搅拌直至完全溶解。与混合酸溶液混合，移入 1 000 ml 容量瓶中，用水稀释至标线，摇匀。该溶液贮于棕色瓶中。颜色变深后不能使用。

6．样品

（1）样品采集和保存。

按照《地表水和污水监测技术规范》（HJ/T 91—2002）和《地下水环境监测技术规范》（HJ 164—2020）的相关规定采集样品。应使用玻璃样品瓶采集样品。样品采集后，加入适量的氢氧化钠溶液，调节 pH 约为 8，并在采集后 24 h 内测定。

（2）试样的制备。

样品中不含悬浮物、低色度的清洁地表水可直接测定；如含有悬浮物、重金属离子、氯和活性氯、有机及无机还原性物质，会干扰测定，具体消除干扰的方法参见本节六价铬测定方法（一）。

7．分析步骤

（1）仪器调试。

安装分析系统，按仪器说明书给出的最佳工作参数进行仪器的调试。按仪器规定的顺序开机后，所有试剂管路泵入水，检查整个分析流路的密闭性及液体流动的顺畅性。等基线走稳后（约 20 min），系统开始泵入试剂，等基线再次走稳后，开始校准和样品测试。

（2）校准曲线的建立。

于一组 250 ml 容量瓶中分别加入 0.0 ml、2.5 ml、5.0 ml、12.5 ml、25.0 ml、50.0 ml、100.0 ml 和 150.0 ml 铬标准溶液，用水稀释至标线，制备 0.00 mg/L、0.01 mg/L、0.02 mg/L、0.05 mg/L、0.10mg/L、0.20 mg/L、0.40 mg/L 和 0.60 mg/L 的标准系列。

由进样器按程序由低浓度至高浓度依次注入上述标准溶液，得到不同浓度六价铬的信号值（峰面积）。以信号值（峰面积）为纵坐标，对应的六价铬质量浓度（mg/L）为横坐标，建立校准曲线。

（3）试样的测定。

按照与建立校准曲线相同的测定条件，将待测试样放入自动进样器中进行测定，记录信号值（峰面积）。

（4）空白试验。

用水代替试样，按照与试样的测定相同的步骤进行空白试验，记录信号值（峰面积）。

8. 结果计算和表示

（1）结果计算。

样品中六价铬的质量浓度按照下式计算。

$$\rho = (\rho_1 - \rho_0) \times f$$

式中：ρ——样品中六价铬的质量浓度，mg/L；

ρ_1——由校准曲线得到的试样中六价铬的质量浓度，mg/L；

ρ_0——色度校正时，由校准曲线得到的样品色度相当于六价铬的质量浓度，不进行色度校正时，取值为 0，mg/L；

f——样品的稀释倍数。

（2）结果表示。

当测定结果小于 0.100 mg/L 时，保留至小数点后三位；当测定结果大于等于 0.100 mg/L 时，保留三位有效数字。

9. 精密度和准确度

（1）精密度。

5 家实验室分别对六价铬含量为 60 μg/L、300 μg/L、540 μg/L 的统一样品进行了测定，实验室内相对标准偏差分别为 0.2%～2.7%、0.2%～0.3%、0.1%～0.2%；实验室间相对标准偏差分别为 3.9%、2.9%、2.2%。

（2）准确度。

5 家实验室分别对六价铬含量为 0.130 mg/L、0.396 mg/L、60.3 μg/L 的统一标准样品进行了测定，相对误差分别为 −1.5%～2.3%、−1.6%～2.0%、−3.5%～5.0%。

5 家实验室分别对 4 种不同类型的实际样品（地表水、地下水、生活污水、工业废水）进行了加标分析测定，加标回收率分别为 95.1%～106%、92.8%～106%、99.4%～107%、95.2%～105%。

10. 质量保证和质量控制

（1）漂移校正。

漂移校正用校准曲线的一个浓度点（一般采用第三浓度点）来检查仪器灵敏度和线性，

一般每分析 10 个样品做校正。测试期间，测定值与标准值的相对误差应小于 10%，否则应重置校准曲线，再进行样品分析。

（2）空白检查。

每批样品应测定 1 个全程序空白，测定空白值不得超过方法检出限。若超出，则说明实验用水、实验室环境、试剂、容器等或被污染，须查明原因，在继续分析样品前应校正。

（3）相关性检验。

校准曲线的相关系数$\gamma \geqslant 0.999$。

（4）精密度控制。

每批样品应测 10%的室内平行双样，样品较少时，每批样品应至少做一份样品的平行双样。测定的平行双样应符合规定质控的样品（浓度$\leqslant 0.01$ mg/L，精密度允许差应小于 15%；浓度> 0.01 mg/L，精密度允许差应小于 10%），最终结果以双样测试值的均值报出。若双样测试值超过规定允许差时，在样品保质期内，增加测试次数，取允许差符合质控指标的两个测定值的均值报出。

（5）准确度控制。

采用标准物质或质控样品作为准确度控制手段，每批样品分析应带有一个已知浓度的质控样品（QC），实验室自行配制的质控样，测试结果应控制在 90.0%～110%，标准物质测试结果应控制在 95.0%～105%。实验室自行配制的质控样要注意与国家标准物质的比对。

每批样品分析应做 10%的加标回收样（MS），加标浓度为原样品浓度的 0.5～2 倍，加标后的总浓度不超过方法的测定上限浓度值，加标回收率应在 80.0%～120%。

11．注意事项

（1）使用的玻璃器皿（容量瓶、移液管）应为 A 级。所有玻璃器皿内壁须光洁，以免吸附铬离子。不应用重铬酸钾洗液进行洗涤。可用硝酸、硫酸混合液或合成洗涤剂洗涤，洗涤后要冲洗干净。

（2）样品检测的系统参数，应根据实际情况调整到最佳值。

（3）为了降低基线，应使用尽可能纯净的试剂。

（4）试剂和环境温度影响分析结果，应使冰箱贮存的试剂温度达到室温后再进行分析，分析过程中室温应保持稳定。

（5）分析完毕后，应泵入去离子水通过所有的管路 10 min，将管路中的试剂冲洗干净；而后将管线取出泵入空气，使管路干燥。

（6）长期不用时，应将流动检测池中的滤光片取下放入干燥器中，防尘防湿。

十二、铜

铜（Cu）是人体必需的微量元素，成人每日的需要量约为 20 mg。当水中铜浓度达 0.01 mg/L 时，对水体自净有明显的抑制作用。铜对水生生物的毒性与其在水体中的形态有关，游离铜离子的毒性比络合态铜要大得多。灌溉水中硫酸铜对水稻的临界危害浓度为 0.6 mg/L。世界范围内，淡水平均含铜 3 μg/L，海水平均含铜 0.25 μg/L。铜的主要污染源有电镀、冶炼、五金、石油化工和化学工业等企业排放的废水。

铜的分析测试方法有火焰原子吸收分光光度法、石墨炉原子吸收分光光度法、电感耦合等离子体发射光谱法、电感耦合等离子体质谱法等。

（一）火焰原子吸收分光光度法（A）

同本章镉测定方法（一）火焰原子吸收分光光度法。

（二）石墨炉原子吸收分光光度法（B）

同本章镉测定方法（二）石墨炉原子吸收分光光度法。

（三）电感耦合等离子体发射光谱法（A）

同本章银测定方法（三）电感耦合等离子体发射光谱法。

（四）电感耦合等离子体质谱法（A）

同本章银测定方法（四）电感耦合等离子体质谱法。

十三、汞

汞（Hg）及其化合物属于剧毒物质，可在体内蓄积。进入水体的无机汞离子可转变为毒性更大的有机汞，经食物链进入人体，引起全身中毒。天然水中含汞极少，一般不超过 0.1 μg/L。仪表厂、食盐电解、贵金属冶炼、温度计及军工等工业废水中可能存在汞，汞是我国实施排放总量控制的指标之一。

汞的测定方法有冷原子吸收分光光度法、冷原子荧光光谱法和原子荧光光谱法。冷原子吸收分光光度法是测定水中微量、痕量汞的特效方法，干扰因素少，灵敏度较高。

采样时，每采集 1 L 水样应立即加入 10 ml 硫酸或 7 ml 硝酸，使水样 pH≤1。若取样后不能立即进行测定，应向每升样品中加入 5%高锰酸钾溶液 4 ml，必要时多加些，使其呈现持久的淡红色。样品贮存于硼硅玻璃瓶中，废水样品应加酸至 1%。

（一）冷原子吸收分光光度法（A）*

1. 方法的适用范围

本方法适用于地表水、地下水、工业废水和生活污水中总汞的测定。所谓总汞，指未经过滤的样品经消解后测得的汞，包括无机汞和有机汞。当有机物含量较高、本方法规定的消解试剂最大用量不足以氧化样品中有机物时，本方法不适用。

采用高锰酸钾—过硫酸钾消解法和溴酸钾—溴化钾消解法，当取样量为 100 ml 时，本方法检出限为 0.02 μg/L，测定下限为 0.08 μg/L。当取样量为 200 ml 时，本方法检出限为 0.01 μg/L，测定下限为 0.04 μg/L。采用微波消解法，当取样量为 25 ml 时，本方法检出限为 0.06 μg/L，测定下限为 0.24 μg/L。

2. 方法原理

在加热条件下，用高锰酸钾和过硫酸钾在硫酸—硝酸介质中消解样品；或用溴酸钾—溴化钾混合剂在硫酸介质中消解样品；或在硝酸—盐酸介质中用微波消解仪消解样品。消解后的样品中所含汞全部转化为二价汞，用盐酸羟胺将过剩的氧化剂还原，再用氯化亚锡将二价汞还原成金属汞。在室温下通入空气或氮气，将金属汞气化，载入冷原子吸收汞分析

---

* 本方法与 HJ 597—2011 等效。

仪，于 253.7 nm 波长处测定响应值，汞的含量与响应值成正比。

3．干扰和消除

（1）采用高锰酸钾—过硫酸钾消解法消解样品，在 0.5 mol/L 的盐酸介质中，样品中离子超过下列质量浓度时，即 Cu^{2+} 500 mg/L、Ni^{2+} 500 mg/L、Ag^+ 1 mg/L、Bi^{3+} 0.5 mg/L、Sb^{3+} 0.5 mg/L、Se（IV）0.05 mg/L、As（V）0.5 mg/L、I^- 0.1 mg/L，对测定产生干扰。可通过用无汞水适当稀释样品来消除这些离子的干扰。

（2）采用溴酸钾—溴化钾法消解样品，当洗净剂质量浓度大于等于 0.1 mg/L 时，汞的回收率小于 67.7%。

4．仪器和设备

（1）冷原子吸收汞分析仪，具空心阴极灯或无极放电灯。

（2）反应装置：总容积为 250 ml、500 ml，具有磨口，带莲蓬形多孔吹气头的玻璃翻泡瓶，或与仪器相匹配的反应装置，参见图 4-2。

注 1：采用密闭式反应装置可测定更低含量的汞，反应装置详见下图。该反应装置的泵、连接管和流量计宜采用聚四氟乙烯、聚砜等材质。

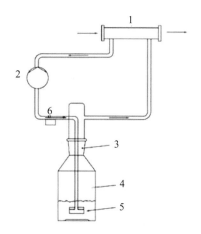

1—吸收池，内径 2 cm，长 15 cm，材质为硼硅玻璃或石英，吸收池的两端具有石英窗；2—循环泵（隔膜泵或蠕动泵），流量为 1～2 L/min；3—玻璃磨口（29/32）；4—反应瓶，100 ml、250 ml 和 1 000 ml；5—多孔玻璃板；6—流量计。

图 4-2　密闭式反应装置

（3）微波消解仪：具有升温程序功能，含微波消解罐及其他配件。

（4）可调温电热板或高温电炉。

（5）恒温水浴锅：温控范围为室温至 100℃。

（6）样品瓶：500 ml、1 000 ml，硼硅玻璃或高密度聚乙烯材质。

5．试剂和材料

除非另有说明，否则分析时均使用符合国家标准的分析纯试剂，实验用水为无汞水。

（1）无汞水：一般使用二次重蒸水或去离子水，也可使用加盐酸酸化至 pH=3，然后通过巯基棉纤维管除汞后的普通蒸馏水。

（2）重铬酸钾（$K_2Cr_2O_7$）：优级纯。

（3）硫酸：ρ（H_2SO_4）=1.84 g/ml，优级纯。

（4）盐酸：ρ（HCl）=1.19 g/ml，优级纯。

（5）硝酸：ρ（HNO$_3$）=1.42 g/ml，优级纯。

（6）硝酸溶液：1+1。

（7）高锰酸钾溶液：ρ（KMnO$_4$）=50 g/L。

称取 50 g 高锰酸钾（优级纯，必要时重结晶精制）溶于少量水中。然后用水定容至 1 000 ml。

（8）过硫酸钾溶液：ρ（K$_2$S$_2$O$_8$）=50 g/L。

称取 50 g 过硫酸钾溶于少量水中。然后用水定容至 1 000 ml。

（9）溴酸钾—溴化钾溶液（简称溴化剂）：c（KBrO$_3$）=0.1 mol/L，ρ（KBr）=10 g/L。

称取 2.784 g 溴酸钾（优级纯）溶于少量水中，加入 10 g 溴化钾。溶解后用水定容至 1 000 ml，置于棕色试剂瓶中保存。若见溴释出，应重新配制。

（10）巯基棉纤维：于棕色磨口广口瓶中，依次加入 100 ml 硫代乙醇酸（CH$_2$SHCOOH）、60 ml 乙酸酐[(CH$_3$CO)$_2$O]、40 ml 36%乙酸（CH$_3$COOH）、0.3 ml 硫酸，充分混匀，冷却至室温后，加入 30 g 长纤维脱脂棉，铺平，使之浸泡完全，用水冷却，待反应产生的热散去后，加盖，放入（40±2）℃烘箱中 2～4 d 后取出。用耐酸过滤器抽滤，用水充分洗涤至中性后，摊开，在 30～35℃下烘干。成品置于棕色磨口广口瓶中，避光低温保存。

（11）盐酸羟胺溶液：ρ（NH$_2$OH·HCl）=200 g/L。

称取 200 g 盐酸羟胺溶于适量水中，然后用水定容至 1 000 ml。该溶液常含有汞，应提纯。当汞含量较低时，采用巯基棉纤维管除汞法；当汞含量较高时，先按萃取除汞法除掉大量汞，再按巯基棉纤维管除汞法除尽汞。

巯基棉纤维管除汞法：在内径 6～8 mm、长约 100 mm、一端拉细的玻璃管或 500 ml 分液漏斗放液管中，填充 0.1～0.2 g 巯基棉纤维，将待净化试剂以 10 ml/min 速度流过 1～2 次即可除尽汞。

（12）氯化亚锡溶液：ρ（SnCl$_2$）=200 g/L。

称取 20 g 氯化亚锡（SnCl$_2$·2H$_2$O）于干燥的烧杯中，加入 20 ml 盐酸，微微加热。待完全溶解后，冷却，再用水稀释至 100 ml。若含有汞，可通入氮气或空气去除。

（13）取 0.5 g 重铬酸钾溶于 950 ml 水中，再加入 50 ml 硝酸。

（14）汞标准贮备液：ρ（Hg）=100 mg/L。

称取置于硅胶干燥器中充分干燥的 0.135 4 g 氯化汞（HgCl$_2$），溶于重铬酸钾溶液后，转移至 1 000 ml 容量瓶中，再用重铬酸钾溶液稀释至标线，混匀。也可购买有证标准溶液。

（15）汞标准中间液：ρ（Hg）=10.0 mg/L。

量取 10.00 ml 汞标准贮备液至 100 ml 容量瓶中。用重铬酸钾溶液稀释至标线，混匀。

（16）汞标准使用液 I：ρ（Hg）=0.1 mg/L。

量取 10.00 ml 汞标准中间液至 1 000 ml 容量瓶中。用重铬酸钾溶液稀释至标线，混匀。于室温阴凉处放置，可稳定 100 d 左右。

（17）汞标准使用液 II：ρ（Hg）=10 μg/L。

量取 10.00 ml 汞标准使用液 I 至 100 ml 容量瓶中。用重铬酸钾溶液稀释至标线，混匀。临用现配。

（18）稀释液：称取 0.2 g 重铬酸钾溶于 900 ml 水中，再加入 27.8 ml 硫酸，用水稀释至 1 000 ml。

（19）仪器淋洗液：称取 10 g 重铬酸钾溶于 9 L 水中，加入 1 000 ml 硝酸。

6. 样品

（1）样品的采集和保存。

在采集水样时，样品应尽量充满样品瓶，以减少器壁吸附。工业废水和生活污水样品采集量应不少于 500 ml，地表水和地下水样品采集量应不少于 1 000 ml。

采样后应立即以每升水样中加入 10 ml 浓盐酸的比例对水样进行固定，固定后水样的 pH 应小于 1，否则应适当增加浓盐酸的加入量，然后加入 0.5 g 重铬酸钾，若橙色消失，应适当补加重铬酸钾，使水样呈持久的淡橙色，密塞，摇匀。在室温阴凉处放置，可保存 1 个月。

（2）试样的制备。

根据样品特性可以选择以下三种方法制备试样。

①高锰酸钾—过硫酸钾消解法。

ⅰ）近沸保温法：该消解方法适用于地表水、地下水、工业废水和生活污水。

样品摇匀后，量取 100.0 ml 样品移入 250 ml 锥形瓶中。若样品中汞含量较高，可减少取样量并稀释至 100 ml。

依次加入 2.5 ml 浓硫酸、2.5 ml 硝酸溶液和 4 ml 高锰酸钾溶液，摇匀。若 15 min 内不能保持紫色，则需补加适量高锰酸钾溶液，以使颜色保持紫色，但高锰酸钾溶液总量不能超过 30 ml。然后加入 4 ml 过硫酸钾溶液。

插入漏斗，置于沸水浴中在近沸状态保温 1 h，取下冷却。

测定前，边摇边滴加盐酸羟胺溶液，直至刚好使过剩的高锰酸钾及器壁上的二氧化锰全部褪色为止，待测。

注 2：当测定地表水或地下水时，量取 200.0 ml 水样置于 500 ml 锥形瓶中，依次加入 5 ml 浓硫酸、5 ml 硝酸溶液和 4 ml 高锰酸钾溶液，摇匀。其他操作按照上述步骤进行。

ⅱ）煮沸法：该消解方法适用于含有机物和悬浮物较多、组成复杂的工业废水和生活污水。

样品摇匀后，量取 100 ml 样品移入 250 ml 锥形瓶中。若样品中汞含量较高，可减少取样量并稀释至 100 ml。

依次加入 2.5 ml 浓硫酸、2.5 ml 硝酸溶液和 4 ml 高锰酸钾溶液，摇匀。

向锥形瓶中加入数粒玻璃珠或沸石，插入漏斗，擦干瓶底，然后用高温电炉或可调温电热板加热煮沸 10 min，取下冷却。

测定前，边摇边滴加盐酸羟胺溶液，直至刚好使过剩的高锰酸钾及器壁上的二氧化锰全部褪色为止，待测。

②溴酸钾—溴化钾消解法。该消解方法适用于地表水、地下水，也适用于含有机物（特别是洗净剂）较少的工业废水和生活污水。

样品摇匀后，量取 100.0 ml 样品移入 250 ml 具塞聚乙烯瓶中。若样品中汞含量较高，可减少取样量并稀释至 100 ml。

依次加入 5 ml 浓硫酸和 5 ml 溴化剂，加塞，摇匀，20℃以上室温放置 5 min 以上。试液中应有橙黄色溴释出，否则可适当补加溴化剂。但每 100 ml 样品中最大用量不应超过 16 ml。若仍无溴释出，则该消解方法不适用，可改用高锰酸钾—过硫酸钾消解法（煮沸法）或微波消解法进行消解。

测定前，边摇边滴加盐酸羟胺溶液还原过剩的溴，直至刚好使过剩的溴全部褪色为止，待测。

注3：当测定地表水或地下水时，量取 200.0 ml 样品置于 500 ml 锥形瓶中，依次加入 10 ml 浓硫酸和 10 ml 溴化剂。其他操作按照上述步骤进行。

③微波消解法。该方法适用于含有机物较多的工业废水和生活污水。

样品摇匀后，量取 25.0 ml 样品移入微波消解罐中。若样品中汞含量较高，可减少取样量并稀释至 25 ml。

依次加入 2.5 ml 浓硝酸和 2.5 ml 浓盐酸，摇匀，加塞，室温静置 30～60 min。若反应剧烈则适当延长静置时间。

将微波消解罐放入微波消解仪中，按照表 4-34 推荐的升温程序进行消解。消解完毕后，冷却至室温转移消解液至 100 ml 容量瓶中，用稀释液定容至标线，待测。

表 4-34　微波消解升温程序

步骤	最大功率/W	功率/%	升温时间/min	温度/℃	保持时间/min
1	1 200	100	5	120	2
2	1 200	100	5	150	2
3	1 200	100	5	180	5

（3）空白试样的制备。

用水代替样品，按照试样的制备步骤制备空白试样，并把采样时加的试剂量考虑在内。

7. 分析步骤

（1）仪器调试。

按照仪器说明书进行调试。

（2）校准曲线的建立。

i）高质量浓度校准曲线的建立。分别量取 0.00 ml、0.50 ml、1.00 ml、1.50 ml、2.00 ml、2.50 ml、3.00 ml 和 5.00 ml 汞标准使用液 I 于 100 ml 容量瓶中，用稀释液定容至标线，总汞质量浓度分别为 0.00 μg/L、0.50 μg/L、1.00 μg/L、1.50 μg/L、2.00 μg/L、2.50 μg/L、3.00 μg/L 和 5.00 μg/L。

将上述标准系列依次移至 250 ml 反应装置中，加入 2.5 ml 氯化亚锡溶液，迅速插入吹气头，由低质量浓度到高质量浓度测定响应值。以零质量浓度校正响应值为纵坐标，对应的总汞质量浓度（μg/L）为横坐标，建立校准曲线。

注4：高质量浓度校准曲线适用于工业废水和生活污水的测定。

ii）低质量浓度校准曲线的建立。分别量取 0.00 ml、0.50 ml、1.00 ml、2.00 ml、3.00 ml、4.00 ml 和 5.00 ml 汞标准使用液 II 于 200 ml 容量瓶中，用稀释液定容至标线，总汞质量浓度分别为 0.000 μg/L、0.025 μg/L、0.050 μg/L、0.100 μg/L、0.150 μg/L、0.200 μg/L 和 0.250 μg/L。

将上述标准系列依次移至 500 ml 反应装置中，加入 5 ml 氯化亚锡溶液，迅速插入吹气头，由低质量浓度到高质量浓度测定响应值。以零质量浓度校正响应值为纵坐标，对应的总汞质量浓度（μg/L）为横坐标，建立校准曲线。

注5：低质量浓度校准曲线适用于地表水和地下水的测定。

（3）试样的测定。

在测定工业废水和生活污水样品时，将待测试样转移至 250 ml 反应装置中，按照高质量浓度样品测定；在测定地表水和地下水样品时，将待测试样转移至 500 ml 反应装置中，按照低质量浓度样品测定。

（4）空白试验。

按照与试样的测定相同的步骤进行空白试验。

8. 结果计算和表示

（1）结果计算。

样品中总汞的质量浓度按照下式计算。

$$\rho = \frac{(\rho_1 - \rho_0) \times V_0}{V} \times \frac{V_1 + V_2}{V_1}$$

式中：ρ——样品中总汞的质量浓度，$\mu g/L$；

ρ_1——根据校准曲线计算出试样中总汞的质量浓度，$\mu g/L$；

ρ_0——根据校准曲线计算出空白试样中总汞的质量浓度，$\mu g/L$；

V_0——标准系列的定容体积，ml；

V_1——采样体积，ml；

V_2——采样时向水样中加入浓盐酸的体积，ml；

V——制备试样时分取样品的体积，ml。

（2）结果表示。

当测定结果小于 1.00 $\mu g/L$ 时，保留至小数点后两位；当测定结果大于等于 1.00 $\mu g/L$ 时，保留三位有效数字。

9. 精密度和准确度

（1）高锰酸钾—过硫酸钾消解法。

47 家实验室分别对总汞质量浓度为 0.58 $\mu g/L$ 的统一标准样品进行了测定，实验室内相对标准偏差和实验室间相对标准偏差分别为 8.6% 和 28.6%。

47 家实验室分别对总汞质量浓度为 0.67 $\mu g/L$ 的统一标准样品（含有 1.5 mg/L 碘离子）进行了测定，实验室内相对标准偏差和实验室间相对标准偏差分别为 10.2% 和 58.0%。

（2）溴酸钾—溴化钾消解法。

47 家实验室分别对总汞质量浓度为 2.27 $\mu g/L$ 的统一标准样品进行了测定，实验室内相对标准偏差和实验室间相对标准偏差分别为 5.0% 和 10.7%。

48 家实验室分别对总汞质量浓度为 2.03 $\mu g/L$ 的统一标准样品进行了测定，实验室内相对标准偏差和实验室间相对标准偏差分别为 4.8% 和 11.5%。

48 家实验室分别对总汞质量浓度为 2.17 $\mu g/L$ 的统一标准样品（含有 150 mg/L 碘离子）进行了测定，实验室内相对标准偏差和实验室间相对标准偏差分别为 3.5% 和 10.7%。

（3）微波消解法。

①精密度。6 家实验室分别对总汞质量浓度分别为 0.40 $\mu g/L$、2.00 $\mu g/L$ 和 4.00 $\mu g/L$ 的统一样品进行了测定，实验室内相对标准偏差分别为 2.8%～5.4%、1.5%～3.0%、1.1%～3.1%；实验室间相对标准偏差分别为 3.5%、5.5%，1.5%。

②准确度。6 家实验室分别对工业废水和生活污水实际样品进行了加标分析测定，加标质量浓度为 2.00 $\mu g/L$，加标回收率分别为 98.0%～109%、97.0%～105%。

10．质量保证和质量控制

（1）每批样品均应建立校准曲线，相关系数$\gamma \geqslant 0.999$。

（2）每批样品应至少做一个空白试验，测定结果应小于 2.2 倍检出限，否则应检查试剂纯度，必要时更换试剂或重新提纯。

（3）每批样品应至少测定 10%的平行样品，当样品数不足 10 个时，应至少测定一个平行样品。当样品总汞含量≤1 μg/L 时，测定结果的最大允许相对偏差为 30%；当样品总汞含量在 1～5 μg/L 时，测定结果的最大允许相对偏差为 20%；当样品总汞含量>5 μg/L 时，测定结果的最大允许相对偏差为 5%。

（4）每批样品应至少测定 10%的加标回收样品，当样品数不足 10 个时，应至少测定一个加标回收样品。当样品总汞含量≤1 μg/L 时，加标回收率应在 85.0%～115%；当样品总汞含量>1 μg/L 时，加标回收率应在 90.0%～110%。

11．注意事项

（1）试验所用试剂（尤其是高锰酸钾）中的汞含量对空白试验测定值影响较大。因此，试验中应选择汞含量尽可能低的试剂。

（2）在样品还原前，所有试剂和试样的温度应保持一致（<25℃）。环境温度低于 10℃时，灵敏度会明显降低。

（3）汞的测定易受到环境中汞的污染，在汞的测定过程中应加强对环境中汞的控制，保持清洁、加强通风。

（4）汞的吸附或解吸反应易在反应容器和玻璃器皿内壁上发生，故每次测定前应采用仪器淋洗液将反应容器和玻璃器皿浸泡过夜后，用水冲洗干净。

（5）每测定一个样品后，取出吹气头，弃去废液，用水清洗反应装置两次，再用稀释液清洗一次，以氧化可能残留的二价锡。

（6）水蒸气对汞的测定有影响，会导致测定时响应值降低，应注意保持连接管路和汞吸收池干燥。可通过红外灯加热的方式去除汞吸收池中的水蒸气。

（7）吹气头与底部距离越近越好。采用抽气（或吹气）鼓泡法时，气相与液相体积比应为 1∶1～5∶1，以 2∶1～3∶1 最佳；当采用闭气振摇操作时，气相与液相体积比应为 3∶1～8∶1。

（8）当采用闭气振摇操作时，试样加入氯化亚锡后，先在闭气条件下用手或振荡器充分振荡 30～60 s，待完全达到气液平衡后再将汞蒸气抽入（或吹入）吸收池。

（9）反应装置的连接管宜采用硼硅玻璃、高密度聚乙烯、聚四氟乙烯、聚砜等材质，不宜采用硅胶管。

（二）冷原子荧光光谱法（A）*

1．方法的适用范围

本方法适用于地表水、地下水及氯离子含量较低的水样中汞的测定。

本方法最低检出质量浓度为 0.001 5 μg/L，测定下限为 0.006 0 μg/L，测定上限为 1.0 μg/L。

---

* 本方法与 HJ/T 341—2007 等效。

2．方法原理

水样中的汞离子被还原剂还原为单质汞，形成汞蒸气。其基态汞原子受到波长253.7 nm 的紫外光激发，当激发态汞原子去激发时便辐射出相同波长的荧光。在给定的条件下和较低的质量浓度范围内，荧光强度与汞的质量浓度成正比。

3．干扰和消除

本方法采用高纯氩气或氮气作为载气。为避免在测量操作过程中进入空气，采用密封型还原瓶进样技术。激发态汞原子与无关质点，如 O_2、CO_2、CO 等碰撞而发生能量传递，造成荧光猝灭，从而降低汞的测定灵敏度。

4．仪器和设备

（1）原子荧光光谱仪。

（2）记录仪或显示器、计算机等数据处理系统。

（3）远红外辐射干燥箱（烘箱）。该烘箱体积小，适用于含汞水样的消化。

（4）1.0 ml 和 10 μl 微量进样器。

（5）高纯氩气或氮气。

5．试剂和材料

本方法所用试剂除另有注明外，均为符合国家标准的分析纯化学试剂，其中汞含量要尽可能低；实验用水为新制备的去离子水。如使用的试剂导致空白值偏高，应改用级别更高或选择某些工厂生产的汞含量更低的试剂，或自行提纯精制。

配制试剂或试样稀释定容，均使用无汞蒸馏水。试剂一律盛于磨口玻璃试剂瓶。

（1）无汞蒸馏水：二次重蒸馏水或电渗析去离子水通常可达到此纯度。

（2）硫酸：ρ（H_2SO_4）=1.84 g/ml，优级纯。

（3）硝酸：ρ（HNO_3）=1.42 g/ml，优级纯。

（4）盐酸：ρ（HCl）=1.18 g/ml，优级纯。

（5）洗涤溶液：将 2 g 高锰酸钾（$KMnO_4$，优级纯）溶解于 950 ml 水中，加入 50 ml 硫酸。

（6）固定液：将 0.5 g 重铬酸钾（$K_2Cr_2O_7$，优级纯）溶解于 950 ml 水中，加入 50 ml 硝酸。

（7）高锰酸钾溶液：ρ（$KMnO_4$）=50 g/L。

称取 50 g 高锰酸钾（$KMnO_4$，优级纯，必要时重结晶精制）用蒸馏水溶解，稀释至1 000 ml。

（8）盐酸羟胺溶液：ρ（$NH_2OH·HCl$）=100 g/L。

称取 10 g 盐酸羟胺（$NH_2OH·HCl$）用蒸馏水溶解，稀释至 100 ml。将此溶液每次加入 10 ml 含双硫腙（$C_{13}H_{12}N_4S$）20 mg/L 的苯（C_6H_6）溶液萃取 3～5 次。

（9）氯化亚锡溶液：ρ（$SnCl_2·2H_2O$）=100 g/L。

将 10g 氯化亚锡（$SnCl_2·2H_2O$），在无汞污染的通风橱内加入 20 ml 盐酸，微微加热助溶，溶后继续加热几分钟除汞，或者将此溶液用经洗涤溶液洗涤的空气以 2.51 L/min 流速曝气约 1 h 除汞，然后用蒸馏水稀释至 100 ml。

（10）汞标准贮备液：ρ（Hg）=100 μg/ml。

称取在硅胶干燥器中放置过夜的 0.135 4 g 氯化汞（$HgCl_2$），用固定液溶解，移入1 000 ml 容量瓶（A 级）中，再用固定液稀释至刻度，摇匀，此溶液每毫升含 100 μg 汞。

自配亦可购买市售有证标准溶液。

（11）汞标准中间液：ρ（Hg）=10 μg/ml。

吸取汞标准贮备溶液适当体积，用固定液稀释至每毫升含 10 μg 汞，摇匀。

（12）汞标准使用液：ρ（Hg）=100 μg/L。吸取汞标准中间液，用固定液逐级稀释至每毫升含 100 ng 汞。

6. 样品

将新采水样充分摇匀后，立即准确吸取 10 ml，注入 10 ml 具塞比色管中。比色管中加入 0.1 ml 硫酸和 0.1 ml 高锰酸钾溶液（以能保持水样呈紫红色为准），如果不能在 15 min 维持紫色，则混合后再补加适量高锰酸钾溶液，以使颜色维持紫色。加塞摇匀，置于金属架上，放于专用烘箱内，在比色管上加一个瓷盘盖，防止水样受热管塞跳出，在 105℃下消化 1 h，取出冷却。临近测定时，边摇边滴加 0.05 ml 盐酸羟胺溶液，摇动直至刚好将过剩的高锰酸钾褪色为止。取 1.0 ml 上机测定。

7. 分析步骤

（1）仪器参考测量条件。

表4-35　仪器参考测量条件

元素	光电管负压/ V	载气 Ar 流量/ （ml/min）	屏蔽 Ar 流量/ （ml/min）	仪器测量/ 挡	记录仪/ mV	进样量/ ml
Hg	550	120	500	×	10	1.0

按表中仪器测量条件调好仪器，预热 1 h，将控制阀（简称阀）转至准备挡，用 1 ml 注射器向进样口注入 1.0 ml 蒸馏水，按动氯化亚锡按钮，即加入 0.2 ml 氯化亚锡溶液，以清扫汞发生器及其管道。反复测定直到水空白值为 5 个数字左右，才可对试剂空白、汞校准曲线系列溶液和水样进行测定。

（2）校准曲线的建立。

①校准曲线法。取 10 ml 具塞比色管（A 级）6 支，加入 10 ml 蒸馏水，用 10 μl 微量注射器（A 级）分别加入 100 ng/ml 汞标准使用液 0 μl、2 μl、4 μl、6 μl、8 μl 和 10 μl，摇匀。分别加入 4 滴硫酸和 1 滴高锰酸钾溶液，摇匀。再用 1 滴盐酸羟胺溶液还原后测定。

②标准加入法。取 10 ml 具塞比色管（A 级）7 支，其中 1 支加入蒸馏水作空白，其余 6 支分别加入 10 ml 含汞量低的水样，加入 100 μg/L 汞标准使用液 0 μl、2 μl、4 μl、6 μl、8 μl 和 10 μl，摇匀。以下按试样制备步骤操作和测定。

最后以扣除空白（零标准溶液）后的标准系列各点测定值（与汞质量浓度成正比的）为纵坐标，以相应标准试样溶液汞质量浓度为横坐标，建立测定值—浓度校准曲线。

8. 结果计算和表示

（1）结果计算。

样品中汞的质量浓度按照下式计算。

$$\rho = \frac{m}{V}$$

式中：ρ——样品中汞的质量浓度，μg/L；

　　　m——根据校准曲线计算出的试样中汞的含量，ng；

水和废水无机及综合指标监测分析方法

V——取样体积，ml。

（2）结果表示。

当测定结果小于 0.100 mg/L 时，保留至小数点后三位；当测定结果大于等于 0.100 mg/L 时，保留三位有效数字。

9. 精密度和准确度

（1）精密度。

对汞质量浓度为 10～100 ng/L 的地表水和地下水样品进行 11 次测定，其相对标准偏差小于 3%。

（2）准确度。

向水样中加入汞标准量，最终质量浓度为 20～100 ng/L，回收率在 90.0%～110%。

10. 注意事项

测汞所用的玻璃器皿，均应用洗涤溶液浸泡煮沸 1 h。为避免玻璃壁有可能出现褐色二氧化锰斑点，须趁热取出玻璃器皿，用水冲洗干净备用。

（三）原子荧光光谱法（A）

同本章砷测定方法（一）原子荧光光谱法。

十四、铁

地壳中含铁量（Fe）约为 5.6%，分布很广，但天然水体中含量并不高。实际水样中铁的存在形态是多种多样的，可以在溶液中以简单的水合离子和复杂的无机、有机络合物形式存在。也可以存在于胶体、悬浮物的颗粒物中，可能是二价的，也可能是三价的。水样暴露于空气中，二价铁易被迅速氧化为三价，当样品 pH 大于 3.5 时，易导致高价铁的水解沉淀。样品在保存和运输过程中，水中细菌的增殖也会改变铁的存在形态。样品的不稳定性和不均匀性对分析结果影响较大，因此必须仔细进行样品的预处理。

铁及其化合物均为低毒性和微毒性，含铁量高的水往往呈黄色，有铁腥味，对水的外观有影响。我国有的城市饮用水用铁盐净化，若不能沉淀完全，会影响水的色度和味感。如作为印染、纺织、造纸等工业用水时，则会在产品上形成黄斑，影响质量，因此这些工业用水的铁含量必须在 0.1 mg/L 以下，水中铁的污染源主要是选矿、冶炼、炼铁、机械加工、工业电镀、酸洗废水等。

铁的测定方法主要有火焰原子吸收分光光度法、电感耦合等离子体发射光谱法和电感耦合等离子体质谱法等。

（一）火焰原子吸收分光光度法（A）*

1. 方法的适用范围

本法适用于地表水、地下水及工业废水中铁、锰的测定。

本方法铁、锰的检出限分别为 0.03 mg/L 和 0.01 mg/L，测定上限分别为 5.0 mg/L 和 3.0 mg/L。

---

* 本方法与 GB 11911—89 等效。

2．方法原理

在空气—乙炔火焰中，铁、锰的化合物高温原子化蒸汽，可分别于波长 248.3 mn 和 279.5 nm 处测量铁、锰基态原子对其空心阴极灯特征辐射的吸收，在一定条件下吸光度与待测样品中金属浓度成正比。

3．干扰和消除

影响铁、锰原子吸收分光光度法准确度的主要干扰是化学干扰。当硅的浓度大于 20 mg/L 时，对铁的测定产生负干扰；当硅的浓度大于 50 mg/L 时，对锰的测定也出现负干扰。这些干扰的程度随着硅浓度的增加而增加。加入氯化钙（≥200 mg/L）后，上述干扰可以消除。

一般来说，铁、锰的火焰原子吸收分析法的基体干扰不太严重，由分子吸收或光散射造成的背景吸收也可忽略。但对于含盐量高的工业废水，则应注意基体干扰和背景校正。此外，铁、锰的光谱线较复杂，例如，在 Fe 线 248.3 nm 附近还有 248.8 nm 线；在 Mn 线 279.5 nm 附近还有 279.8 nm 和 280.1 nm 线，为克服光谱干扰，应选择最小的通带宽度或光谱通带。

4．仪器和设备

（1）火焰原子吸收分光光度计。

（2）铁、锰空心阴极灯或连续光源。

（3）燃气：乙炔，用钢瓶气或由乙炔发生器供给，纯度不低于 99.6%。

（4）空气压缩机，应备有除水、除油装置。

（5）仪器工作条件：不同型号仪器的最佳测试条件不同，可由各实验室自己选择，表 4-36 的测量条件可供参考。

表 4-36　仪器参考测量条件

光源	灯电流/mA	测定波长/nm	光谱通带/nm	观测高度/mm	火焰种类
Fe 空心阴极灯	12.5	248.3	0.2	7.5	空气—乙炔，氧化型
Mn 空心阴极灯	7.5	279.5	0.2	7.5	空气—乙炔，氧化型

5．试剂和材料

（1）硝酸：ρ（HNO_3）=1.42 g/ml，优级纯。

（2）硝酸溶液：1+1。

（3）硝酸溶液：1+99。

（4）盐酸：ρ（HCl）=1.19 g/ml，优级纯。

（5）盐酸溶液：1+1。

（6）盐酸溶液：1+99。

（7）铁标准贮备液：ρ（Fe）=1.00 mg/ml。

称取 1.000 0 g 光谱纯金属铁，精确至 0.1 mg，用 60 ml（1+1）硝酸溶液溶解完全后，加 10 ml（1+1）硝酸溶液，用去离子水准确稀释至 1 000 ml。亦可购买市售有证标准物质。

（8）锰标准贮备液：ρ（Mn）=1.00 mg/ml。

称取 1.000 0 g 光谱纯金属锰（称量前用稀硫酸洗去表面氧化物，再用去离子水洗去酸，烘干，在干燥器中冷却后尽快称取），精确至 0.1 mg，用 10 ml（1+1）硝酸溶液溶解。当锰完全溶解后，用（1+99）盐酸溶液准确稀释至 1 000 ml。亦可购买市售有证标准物质。

（9）铁锰混合标准使用液：分别准确移取铁和锰标准贮备液 50.00 ml 和 25.00 ml，置于 1 000 ml 容量瓶中，用（1+99）盐酸溶液稀释至标线，摇匀。此溶液每毫升含 50.0 μg 铁、25.0 μg 锰。

6．样品

（1）样品采集。

样品的采集参照《地表水和污水监测技术规范》（HJ/T 91—2002）的相关规定进行，可溶性和总量的样品应分别采集。

（2）样品保存。

①可溶性样品：样品采集后应尽快用抽滤装置过滤，弃去初始的滤液。收集所需体积的滤液于样品瓶中。每 100 ml 滤液中加入 1 ml 浓盐酸，于 4℃下冷藏保存，14 d 内测定。

②总量样品：样品采集后应加入浓盐酸酸化，每 100 ml 滤液中加入 1 ml 浓盐酸，于 4℃下冷藏保存，14 d 内测定。

（3）试样的制备。

对于没有杂质堵塞仪器吸样管的清澈水样，可直接喷入火焰进行测定。如测总量或含有机质较高的水样时，必须进行消解处理。处理时先将水样摇匀，分取适量水样置于烧杯中，每 100 ml 水样加入 5 ml 硝酸，置于电热板上在近沸状态下将样品蒸至近干。冷却后，重复上述操作一次。以 3 ml（1+1）盐酸溶液溶解残渣，用（1+99）盐酸溶液冲洗杯壁，用经（1+1）盐酸溶液洗涤干净的快速定量滤纸滤入 50 ml 容量瓶中，以（1+99）盐酸溶液稀释至标线。每分析一批样品，平行测定两个试剂空白样。

7．分析步骤

（1）校准曲线的建立。

分别量取铁锰混合标准液 0.00 ml、1.00 ml、2.00 ml、3.00 ml、4.00 ml 和 5.00 ml 于 50 ml 容量瓶中，用盐酸（1+99）溶液稀释至刻度，摇匀。在选定的条件下测定其相应的吸光度，经空白校正后建立浓度—吸光度校准曲线。

（2）试样的测定。

在测定标准系列溶液的同时，测定试样及空白试样的吸光度。由试样吸光度减去空白试样吸光度，从校准曲线上求得样品中铁、锰的含量。

8．结果计算和表示

（1）结果计算。

样品中铁（锰）的质量浓度按照下式计算。

$$\rho = \frac{m}{V}$$

式中：ρ——样品中铁（锰）的质量浓度，mg/L；

m——由校准曲线查得的铁（锰）含量，μg；

V——水样体积，ml。

（2）结果表示。

当测定结果小于 1.00 mg/L 时，保留至小数点后两位；当测定结果大于等于 1.00 mg/L 时，保留三位有效数字。

9.精密度和准确度

用（1+99）盐酸溶液配制含铁 2.00 mg/L、锰 1.00 mg/L 的统一样品，经 13 家实验室分析，铁、锰室内相对标准偏差分别为 1.00%和 0.62%；空间相对标准偏差分别为 1.36%和 1.63%；铁的加标回收率为 93.3%～102.5%，锰的加标回收率为 94.9%～105.9%。

10.注意事项

（1）当样品的无机盐含量高时，采用塞曼效应扣除背景，无此条件时，也可采用邻近吸收线法扣除背景吸收。在测定浓度容许条件下，可采用稀释方法以减少背景吸收。

（2）硫酸浓度较高时易产生分子吸收，以采用盐酸或硝酸介质为好。

（3）铁和锰都是多谱线元素，在选择波长时要注意选择准确，否则会导致测量失败。

（4）在测定含量较高的水样时，为了避免稀释误差，可采用偏转燃烧头的方法，适当降低仪器的灵敏度，或选用次灵敏线测量。

（二）电感耦合等离子体发射光谱法（A）

同本章银测定方法（三）电感耦合等离子体发射光谱法。

（三）电感耦合等离子体质谱法（A）

同本章银测定方法（四）电感耦合等离子体质谱法。

十五、锰

锰（Mn）有钢铁样的金属光泽，锰的化合物有多种价态，主要有二价、三价、四价、六价和七价。锰是生物必需的微量元素之一。

地下水中由于缺氧，锰以可溶性的二价锰形式存在，而在地表水中还有可溶性三价锰的络合物和四价锰的悬浮物存在。环境水样中锰的含量在每升数微克至数百微克之间。锰盐毒性不大，但水中锰可使衣物、纺织品和纸呈现斑痕，因此一般工业用水中锰含量不允许超过 0.1 mg/L。锰的主要污染源是黑色金属矿山、冶金、化工排放的废水。

锰的测定方法主要有火焰原子吸收分光光度法、电感耦合等离子体发射光谱法和电感耦合等离子体质谱法。水样中的二价锰在中性或碱性条件下，能被空气氧化为更高的价态而产生沉淀，并被容器壁吸附。因此，测定总锰的水样，应在采样时加硝酸酸化至 pH<2；测定可溶性锰的水样，应在采样现场用 0.45 μm 有机微孔滤膜过滤，再用硝酸酸化至 pH<2 保存，废水样品应加入 1% HNO_3 保存。

（一）火焰原子吸收分光光度法（A）

同本章铁测定方法（一）火焰原子吸收分光光度法。

（二）电感耦合等离子体发射光谱法（A）

同本章银测定方法（三）电感耦合等离子体发射光谱法。

（三）电感耦合等离子体质谱法（A）

同本章银测定方法（四）电感耦合等离子体质谱法。

十六、钼

钼为银白色金属，硬而坚韧，是一种过渡元素，极易改变其氧化状态，在体内的氧化还原反应中起着传递电子的作用。在氧化的形式下，钼很可能是处于正六价状态。虽然在电子转移期间它也很可能首先还原为正五价状态。但是在还原后的酶中也曾发现过钼的其他氧化状态。钼是黄嘌呤氧化酶/脱氢酶、醛氧化酶和亚硫酸盐氧化酶的组成成分，从而确知其为人体及动植物必需的微量元素。

（一）石墨炉原子吸收分光光度法（A）[*]

1．方法的适用范围

本方法适用于地表水、地下水、生活污水和工业废水中钼和钛的测定。

本方法钼的检出限为 0.6 μg/L，测定下限为 2.4 μg/L；钛的检出限为 7 μg/L，测定下限为 28 μg/L。

2．方法原理

样品经过滤或消解后，注入石墨炉原子化器中，经干燥、灰化和原子化，成为基态原子蒸气，对元素空心阴极灯或无极放电灯发射的特征谱线产生选择性吸收。在一定浓度范围内，其吸光度与元素的质量浓度成正比。

3．干扰和消除

样品中 SO_4^{2-} 浓度大于或等于 500 mg/L 时，对钼的测定产生负干扰。加入硝酸钯—硝酸镁基体改进剂或使用标准加入法可消除干扰。

本方法测量条件下，样品中含 10 mg/L 以下的 Ag、Al、As、B、Ba、Be、Bi、Cd、Co、Cr、Cs、Cu、Fe、Hg、Mn、Ni、Pb、Sb、Se、Sn、Sr、Tl、Zn 和 1 000 mg/L 以下的 K、Na、Ca、Mg 对测量无显著影响。

4．仪器和设备

（1）石墨炉原子吸收分光光度仪：具有塞曼背景校正器。

（2）石墨管：热解涂层石墨管。

（3）电热板：具有温控功能，温控范围在 90～200℃，温度精度±5℃。

（4）微波消解仪：具有可编程控制功能，输出功率在 600～1 500 W，温度精度±2.5℃。配备具有自动泄压功能的微波消解罐。

（5）分析天平：精度为 0.1 mg。

5．试剂和材料

除非另有说明，否则分析时均使用符合国家标准的优级纯试剂。实验用水为新制备的去离子水或同等纯度的水。

（1）硝酸：ρ（HNO_3）=1.42 g/ml。

（2）盐酸：ρ（HCl）=1.19 g/ml。

（3）硫酸：ρ（H_2SO_4）=1.84 g/ml。

（4）过氧化氢：ρ（H_2O_2）=1.13 g/ml。

（5）硝酸钯[$Pd(NO_3)_2 \cdot 2H_2O$]。

---

[*] 本方法与 HJ 807—2016 等效。

（6）硝酸镁[Mg(NO₃)₂·6H₂O]。

（6）硝酸镁[$Mg(NO_3)_2 \cdot 6H_2O$]。

（7）钼酸铵[$(NH_4)_6Mo_7O_{24} \cdot 4H_2O$]。

（8）钛：光谱纯，质量分数≥99.99%。

（9）硝酸溶液：1+1。

（10）硝酸溶液：1+99。

（11）盐酸溶液：1+1。

（12）硝酸钯—硝酸镁混合溶液。

称取 0.5 g（精确至 0.01 g）硝酸钯，用 1 ml 硝酸溶解。称取 0.2 g（精确至 0.01 g）硝酸镁，用适量实验用水溶解。将两种溶液混合，用实验用水定容至 100 ml。

（13）钼标准溶液。

①钼标准贮备液：ρ（Mo）=1 000 mg/L。准确称取 1.840 g（精确至 0.000 1 g）钼酸铵，用适量实验用水溶解后全量转入 1 000 ml 容量瓶中，用实验用水稀释定容至标线，摇匀。转入聚乙烯瓶中，于 4℃以下冷藏可保存 2 年。亦可使用市售有证标准溶液。

②钼标准中间液：ρ（Mo）=50.0 mg/L。移取 5.00 ml 钼标准贮备液于 100 ml 容量瓶中，用（1+99）硝酸溶液稀释定容至标线，摇匀。转入聚乙烯瓶中，于 4℃以下冷藏可保存 1 年。

③钼标准使用液：ρ（Mo）=500 µg/L。移取 1.00 ml 钼标准中间液于 100 ml 容量瓶中，用（1+99）硝酸溶液稀释定容至标线，摇匀。转入聚乙烯瓶中，于 4℃以下冷藏可保存 6 个月。

（14）钛标准溶液。

①钛标准贮备液：ρ（Ti）=1 000 mg/L。准确称取 1 g（精确至 0.000 1 g）钛，加入 200 ml（1+1）盐酸溶液，加热至近 100℃使其溶解，冷却后全量转入 1 000 ml 容量瓶中，用实验用水稀释定容至标线，摇匀。转入聚乙烯瓶中，于 4℃以下冷藏可保存 2 年。亦可使用市售有证标准溶液。

②钛标准中间液：ρ（Ti）=50.0 mg/L。移取 5.00 ml 钛标准贮备液于 100 ml 容量瓶中，用（1+99）硝酸溶液稀释定容至标线，摇匀。转入聚乙烯瓶中，于 4℃以下冷藏可保存 1 年。

③钛标准使用液：ρ（Ti）=2.50 mg/L。移取 5.00 ml 钛标准中间液于 100 ml 容量瓶中，用（1+99）硝酸溶液稀释定容至标线，摇匀。转入聚乙烯瓶中，于 4℃以下冷藏可保存 6 个月。

（15）氩气：纯度≥99.999%。

（16）水系微孔滤膜：孔径 0.45 µm。

6. 样品

（1）样品的采集。

样品采集按照《地表水和污水监测技术规范》（HJ/T 91—2002）和《地下水环境监测技术规范》（HJ 164—2020）的相关规定执行。

（2）样品的保存。

①可溶性钼或可溶性钛样品。样品采集后用水系微孔滤膜过滤，弃去初始滤液 50 ml，立即加入适量（1+1）硝酸溶液酸化滤液至 pH 为 1～2，于 14 d 内完成分析测定。

②总钼或总钛样品。样品采集后立即加入适量（1+1）硝酸溶液酸化样品至 pH 为 1～2，于 14 d 内完成分析测定。

（3）试样的制备。

可溶性钼或可溶性钛样品直接测定。总钼或总钛试样须消解处理。

①总钼试样的制备。

ⅰ）电热板消解：移取 50.0 ml 摇匀后的样品于 100 ml 烧杯中，加入 5 ml 硝酸，盖上表面皿，于电热板上（95±5）℃加热蒸发至溶液剩余 2～3 ml，冷却，视消解情况可继续加入硝酸，每次 3 ml，重复上述消解过程，直至不再有棕色烟雾产生，冷却。缓慢加入 3 ml 过氧化氢，盖上表面皿，于电热板上（95±5）℃加热回流，视情况可继续加入过氧化氢，每次 1 ml，直至只有细微气泡或外观不再发生变化，移去表面皿，将溶液蒸发至近干，冷却。加入 1 ml（1+1）硝酸溶液，用实验用水淋洗烧杯内壁和表面皿至少 3 次，全量移入 50 ml 容量瓶中，用实验用水定容至标线，摇匀。如果试样中有不溶颗粒，可静置或用水系微孔滤膜过滤，取澄清液贮存于聚乙烯瓶中。

ⅱ）微波消解：移取 25.0 ml 摇匀后的样品于微波消解罐中，加入 5 ml 硝酸和 1 ml 过氧化氢，静置 30 min 后进行微波消解，10 min 由室温升至（170±5）℃，保持温度 10 min。消解完毕并冷却至室温后，移至电热板上于（95±5）℃加热蒸发至近干，冷却。加入 0.5 ml（1+1）硝酸溶液，用实验用水淋洗消解罐内壁和盖子至少 3 次，全量移入 25 ml 容量瓶中，用实验用水定容至标线，摇匀。如果试样中有不溶颗粒，可静置或用水系微孔滤膜过滤，取澄清液贮存于聚乙烯瓶中。

注 1：微波消解罐中溶液总体积不得超过仪器规定的限值。

注 2：取样体积和试样制备后的定容体积可根据样品浓度适当进行调整。

②总钛试样的制备。

ⅰ）电热板消解：移取 50.0 ml 摇匀后的样品于 100 ml 烧杯中，加入 5 ml 硝酸，盖上表面皿，于电热板上（95±5）℃加热蒸发至溶液剩余 2～3 ml，冷却，视消解情况可继续加入硝酸，每次 3 ml，重复上述消解过程 1～2 次。如果消解液清亮透明或外观不再发生变化，移去表面皿，将溶液蒸发至近干，冷却；如果消解液浑浊不清，加入 5 ml 硫酸，盖上表面皿，于电热板上（95±5）℃加热回流，视情况可继续加入硝酸，每次 3 ml，直至不再有棕色烟雾产生。升高温度至（200±5）℃，加热回流至出现 SO_3 白烟，且溶液清亮或外观不再发生变化，移去表面皿，将溶液蒸发至近干，冷却。加入 1 ml（1+1）硝酸溶液，用实验用水淋洗烧杯内壁和表面皿至少 3 次，全量移入 50 ml 容量瓶中，用实验用水定容至标线，摇匀。如果试样中有不溶颗粒，可静置或用水系微孔滤膜过滤，取澄清液贮存于聚乙烯瓶中。

ⅱ）微波消解：可参照总钼的微波消解进行操作。如果消解后试样浑浊不清，加入 3 ml 硫酸，加盖，于电热板上（95±5）℃加热回流，视情况可继续加入硝酸，每次 2 ml，直至不再有棕色烟雾产生。升高温度至（200±5）℃，加热回流至出现 SO_3 白烟，且溶液清亮或外观不再发生变化，开盖，将溶液蒸发至近干，冷却。加入 0.5 ml（1+1）硝酸溶液，用实验用水淋洗消解罐内壁和盖子至少 3 次，全量移入 25 ml 容量瓶中，用实验用水定容至标线，摇匀。如果试样中有不溶颗粒，可静置或用水系微孔滤膜过滤，取澄清液贮存于聚乙烯瓶中。

（4）空白试样的制备。

以同批次实验用水代替样品，按照与试样的制备相同的步骤制备实验室空白试样。

7．分析步骤

（1）仪器参考测量条件。

根据仪器使用说明书选择最佳测量条件。仪器参考测量条件见表4-37。

表4-37　仪器参考测量条件

测定元素	钼（Mo）	钛（Ti）
光源	钼空心阴极灯	钛空心阴极灯
灯电流/mA	7	20
测定波长/nm	313.3	365.4
通带宽度/nm	0.5	0.2
干燥温度/℃，干燥时间/s	85～125，55	85～125，55
灰化温度/℃，灰化时间/s	1 200，15	1 400，20
原子化温度/℃，原子化时间/s	2 800，3.0	2 800，5.5
清除温度/℃，清除时间/s	2 850，2	2 850，2
氩气流速/（ml/min）	300	300
原子化阶段是否停气	是	是
进样量/μl	20	20
背景校正方式	塞曼背景校正	塞曼背景校正

（2）校准曲线的建立。

①钼校准曲线：分别移取 0.00 ml、0.25 ml、1.00 ml、2.00 ml、3.00 ml、4.00 ml 和 5.00 ml 钼标准使用液于一组 50 ml 容量瓶中，用（1+99）硝酸溶液定容至标线，摇匀。此标准系列中钼质量浓度分别为 0.0 μg/L、2.5 μg/L、10.0 μg/L、20.0 μg/L、30.0 μg/L、40.0 μg/L 和 50.0 μg/L。由低质量浓度到高质量浓度依次向石墨管内注入 20 μl 标准系列，按照仪器参考条件测量吸光度。以吸光度为纵坐标，钼标准系列质量浓度为横坐标，用线性回归法建立校准曲线。

②钛校准曲线。分别移取 0.00 ml、0.50 ml、1.00 ml、2.00 ml、3.00 ml、4.00 ml 和 5.00 ml 钛标准使用液于一组 50 ml 容量瓶中，用（1+99）硝酸溶液定容至标线，摇匀。此标准系列中钛质量浓度分别为 0 μg/L、25 μg/L、50 μg/L、100 μg/L、150 μg/L、200 μg/L 和 250 μg/L。由低质量浓度到高质量浓度依次向石墨管内注入 20 μl 标准系列，按照仪器参考条件测量吸光度。以吸光度为纵坐标，钛标准系列质量浓度为横坐标，用线性回归法建立校准曲线。

（3）试样的测定。

将制备好的试样，按照与建立校准曲线相同的条件和步骤进行测定。如果测定结果超出校准曲线范围，应将试样用（1+99）硝酸溶液稀释后重新测定。

注3：如果测量钼的样品存在 SO_4^{2-} 干扰，进样时将 5 μl 硝酸钯—硝酸镁混合溶液，分别与 20 μl 试样和 20 μl 标准系列共同注入石墨管中进行测定。

（4）空白试验。

用水代替样品，按照与试样的测定相同的步骤进行空白试验。

8．结果计算和表示

（1）结果计算。

样品中钼或钛的质量浓度按照下式计算。

$$\rho = \frac{\rho_1 \times V_1 \times f}{V}$$

式中：ρ——样品中钼或钛的质量浓度，µg/L；

ρ_1——由校准曲线求得的试样中钼或钛的质量浓度，µg/L；

f——稀释倍数；

V——所取样品的体积，ml；

V_1——试样制备后的定容体积，ml。

（2）结果表示。

钼当测定结果小于 10.0 µg/L 时，保留至小数点后一位；当测定结果大于等于 10.0 µg/L 时，保留三位有效数字。

钛当测定结果小于 100 µg/L 时，保留至整数位；当测定结果大于等于 100 µg/L 时，保留三位有效数字。

9. 精密度和准确度

（1）精密度。

6 家实验室对可溶性钼质量浓度为 1.4 µg/L 和 6.4 µg/L 的地表水样品和地表水加标样品进行了 6 次重复测定，实验室内相对标准偏差分别为 10.0%～16.0% 和 3.5%～6.4%；实验室间相对标准偏差分别为 15.0% 和 4.5%。对可溶性钛质量浓度为 10 µg/L 和 30 µg/L 的地表水加标样品进行了 6 次重复测定，实验室内相对标准偏差分别为 7.1%～12.0% 和 4.0%～5.0%；实验室间相对标准偏差分别为 10.0% 和 2.5%。

6 家实验室对总钼质量浓度为 5.4 µg/L 的地下水样品进行了 6 次重复测定，实验室内相对标准偏差为 5.3%～7.6%；实验室间相对标准偏差为 5.7%。对总钛质量浓度为 30 µg/L 和 52 µg/L 的地下水加标样品进行了 6 次重复测定，实验室内相对标准偏差分别为 4.9%～7.0% 和 4.1%～4.9%；实验室间相对标准偏差分别为 6.0% 和 4.2%。

6 家实验室对总钼质量浓度为 8.0 µg/L 和 27.6 µg/L 的废水样品和废水加标样品进行了 6 次重复测定，实验室内相对标准偏差分别为 4.5%～5.6% 和 4.5%～5.8%；实验室间相对标准偏差分别为 4.3% 和 3.4%。对总钛质量浓度为 30 µg/L 和 223 µg/L 的废水样品和废水加标样品进行了 6 次重复测定，实验室内相对标准偏差分别为 5.3%～7.9% 和 2.6%～2.9%；实验室间相对标准偏差分别为 6.1% 和 1.7%。

（2）准确度。

6 家实验室对浓度为（161±18）µg/L 的钼有证标准样品和浓度为（503±49）µg/L 的钛有证标准样品进行了测定，相对误差分别为 –6.2%～0.0% 和 –3.4%～2.4%。

6 家实验室对地表水样品进行了加标回收测试，钼加标回收率为 95.8%～106%。钛加标回收率为 97.5%～103%。

6 家实验室对地下水样品进行了加标回收测试，钼加标回收率为 97.3%～104%。钛加标回收率为 96.1%～109%。

6 家实验室对废水样品进行了加标回收测试，钼加标回收率为 91.8%～103%。钛加标回收率为 91.0%～101%。

10. 质量保证和质量控制

（1）每批样品分析须建立校准曲线。校准曲线至少包含 6 个浓度系列点（含零点），相关系数 $\gamma \geqslant 0.999$。每分析 10 个样品应进行一次校准曲线零点和中间点浓度的核查，测试结果的相对偏差应小于或等于 10%。否则应重新建立校准曲线。

（2）每批样品至少测定 2 个实验室空白，空白值应低于方法检出限。否则应检查实验用水质量、试剂纯度、器皿洁净度、仪器性能及环境条件等。

（3）每批样品须做 10%的平行双样分析。当样品数量少于 10 个时，须至少测定 1 个平行双样。两次平行测定结果相对偏差应小于或等于 25%。

（4）每批样品须做 10%的加标样分析。当样品数量少于 10 个时，须至少测定 1 个加标样。加标回收率应控制在 70.0%～130%。

（5）必要时，实验室可使用有证标准物质控制测量的准确性，有证标准物质测定结果应在其给出的不确定度范围内。

11．注意事项

（1）硝酸—硫酸消解的试样不能用于本方法钼的测定。

（2）高浓度样品测量后，石墨管增加空烧次数以消除记忆效应。

（3）实验所用器皿使用前须用（1+1）硝酸溶液浸泡至少 12 h，并依次用自来水和实验用水洗净。

（二）电感耦合等离子体发射光谱法（A）

同本章银测定方法（三）电感耦合等离子体发射光谱法。

（三）电感耦合等离子体质谱法（A）

同本章银测定方法（四）电感耦合等离子体质谱法。

十七、镍

镍近似银白色，是硬而有延展性并具有铁磁性的金属元素，对水生生物有明显毒害作用。清洁地表水中镍的浓度很低，在 1 μg/L 左右。镍的主要工业污染来源是采矿、冶炼、电镀等工业排放的废水和废渣。

水中镍的测定可采用原子吸收分光光度法、电感耦合等离子体发射光谱法和电感耦合等离子体质谱法。

水样采集后，即用硝酸将水样酸化至 pH<2，保存于聚乙烯瓶中，废水样品加 HNO_3 至 1%。

（一）火焰原子吸收分光光度法（A）[*]

1．方法的适用范围

本方法适用于工业废水及受到污染的环境水样中镍的测定。

本方法最低检出浓度为 0.05 mg/L。

2．方法原理

将试液喷入空气—乙炔贫燃火焰中，在高温下，镍化合物解离成基态原子，其原子蒸气对锐线光源（镍空心阴极灯）发射的特征谱线 232.0 nm 产生选择性吸收，在一定条件下吸光度与试液中镍的浓度成正比。

---

[*] 本方法与 GB 11912—89 等效。

3．干扰和消除

测定 5 μg/ml 镍时，下列离子均无明显干扰：硫酸根 5 000 μg/ml，钙（Ⅱ）、镁（Ⅱ）、铜（Ⅱ）、铬（Ⅲ）、锰（Ⅱ）、铁（Ⅲ）、镉（Ⅱ）、钾（Ⅰ）、硅酸根、氟离子各 1 000 μg/ml，铅（Ⅱ）、锌（Ⅱ）、磷酸根各 500 μg/ml，银（Ⅰ）、锡（Ⅱ）、锑（Ⅲ）各 100 μg/ml。

使用 232.0 nm 作吸收线，由于存在相距很近的镍三线，为消除光谱干扰应尽可能选择窄的光谱通带。

4．仪器和设备

（1）火焰原子吸收分光光度计。

（2）镍空心阴极灯或连续光源。

（3）燃气：乙炔，用钢瓶气或由乙炔发生器供给，纯度不低于 99.6%。

（4）空气压缩机（应备有除水、除油的净化装置）。

（5）仪器工作参数：可根据仪器使用说明书自行选择，下面所列条件仅供参考。

测量波长：232.0 nm；灯电流：12.5 mA；光谱通带：0.2 nm；观测高度：8 mm；乙炔流量：2.2 L/min；空气流量：9.4 L/min。

5．试剂和材料

（1）硝酸：ρ（HNO_3）=1.42 g/ml，优级纯。

（2）硝酸溶液：1+1。

（3）硝酸溶液：1+99。

（4）镍标准贮备液：ρ（Ni）=1 000 μg/ml。

称取 99.9% 光谱纯金属镍 0.100 0 g，溶解在（1+1）硝酸溶液 10 ml 中，加热蒸发至近干，加（1+99）硝酸溶液溶解并定容至 1 000 ml。此溶液每毫升含 1 000 μg 镍。亦可购买市售有证标准物质。

（5）镍标准使用液：ρ（Ni）=10.0 μg/ml。

取镍贮备液 10.00 ml 置于 100 ml 容量瓶中，加（1+1）硝酸溶液 2 ml，用水定容。此溶液每毫升含 10.0 μg 镍。

6．分析步骤

（1）校准曲线的建立。

分别吸取镍标准使用液 0.00 ml、1.00 ml、2.00 ml、4.00 ml、6.00 ml 和 8.00 ml 置于 10 ml 容量瓶中，用（1+99）硝酸溶液定容。按所选择的仪器工作参数调好仪器，测量每份溶液的吸光度，绘制校准曲线。

（2）样品的测定。

视样品中的镍含量，直接喷雾或使用经（1+99）硝酸溶液适当稀释后的样品溶液，按照与校准曲线的建立相同的步骤进行测量。以测得的吸光度作空白校正后，从校准曲线上求出镍的含量。

7．结果计算和表示

（1）结果计算。

样品中镍的质量浓度按照下式计算。

$$\rho = \frac{m}{V}$$

式中：ρ——样品中镍的质量浓度，mg/L；

m——从校准曲线上查得的镍含量，μg；

V——水样体积，ml。

（2）结果表示。

当测定结果小于 1.00 mg/L 时，保留至小数点后两位；当测定结果大于等于 1.00 mg/L 时，保留三位有效数字。

8. 精密度和准确度

12 家实验室分析了含镍 1.02 mg/L 的统一样品，测得总平均值为 1.01 mg/L，室内相对标准偏差为 1.8%；室间相对标准偏差为 1.8%；相对误差为-0.4%。

本方法适用于矿山、冶炼、电镀、机械等行业 41 种废水样品的分析，其浓度范围为 0.07～5.45 mg/L；加标回收率为 92.0%～109%。

9. 注意事项

（1）当样品无机盐含量高时，采用自吸收法或塞曼效应扣背景。无此条件时，也可采用邻近吸收线法扣除背景吸收，在测量浓度许可时，可采用稀释方法减少背景吸收。

（2）硫酸浓度较高易产生分子吸收，以采用硝酸或盐酸介质为好。

（二）电感耦合等离子体发射光谱法（A）

同本章银测定方法（三）电感耦合等离子体发射光谱法。

（三）电感耦合等离子体质谱法（A）

同本章银测定方法（四）电感耦合等离子体质谱法。

十八、铅

铅是柔软和延展性强的弱金属，有毒，也是重金属。铅原本的颜色为青白色，在空气中表面很快被一层暗灰色的氧化物覆盖。可用于建筑、铅酸充电池、弹头、炮弹、焊接物料、钓鱼用具、渔业用具、防辐射物料、奖杯和部分合金。

（一）火焰原子吸收分光光度法（A）

同本章镉测定方法（一）火焰原子吸收分光光度法。

（二）石墨炉原子吸收分光光度法（B）

同本章镉测定方法（二）石墨炉原子吸收分光光度法。

（三）电感耦合等离子体发射光谱法（A）

同本章银测定方法（三）电感耦合等离子体发射光谱法。

（四）电感耦合等离子体质谱法（A）

同本章银测定方法（四）电感耦合等离子体质谱法。

十九、锑

锑（Sb）为银白色金属。在自然界中主要以正三价、正五价和负三价形式存在，负三价锑的氧化物毒性剧烈，在自然界中不稳定，易氧化分解为金属和水。而正三价和正五价的锑在弱酸至中性介质中易水解沉淀，所以在天然水中锑的浓度极低，平均约为 0.2 μg/L。日本的水环境质量标准规定锑必须在 0.002 mg/L 以下。水中锑的污染主要来自选矿、冶金、电镀、制药、铅字印刷、皮革等行业排放的废水。

锑盐易水解析出沉淀，取样后应立即加盐酸酸化至 pH≤1，保存于聚乙烯塑料瓶中。

地表水、地下水、废水中锑含量的测定，可选用下述方法：原子荧光光谱法、石墨炉原子吸收分光光度法、火焰原子吸收分光光度法、电感耦合等离子体发射光谱法和电感耦合等离子体质谱法等。

（一）原子荧光光谱法（A）

同本章砷测定方法（一）原子荧光光谱法。

（二）火焰原子吸收分光光度法（B）

1．方法的适用范围

本方法适用于高浓度废水中可溶性锑和总锑的测定。可溶性锑指未经酸化的样品经 0.45 μm 滤膜过滤后测定的锑。总锑指未经过滤的样品经消解后测定的锑。

2．方法原理

样品经过滤或消解后喷入贫燃性空气—乙炔火焰，在高温火焰中形成的锑基态原子对锑空心阴极灯发射的 217.6 nm 特征谱线产生选择性吸收，其吸光度值与锑的质量浓度成正比。

3．干扰和消除

试液中存在低于 20%（体积分数）盐酸或硝酸、2%（体积分数）硫酸对锑测定无影响。在波长 217.6 nm 测量锑、铜、铁、镉、镍、铅的质量浓度分别小于 3 500 mg/L、4 000 mg/L、1 000 mg/L、4 000 mg/L、6 000 mg/L 没有干扰。当这些物质的质量浓度超过上述质量浓度时，可采用标准加入法消除其干扰。

4．仪器和设备

实验所用的玻璃器皿、聚乙烯容器等需先用洗涤剂洗净，再用（1+1）盐酸溶液浸泡 24 h 以上，使用前再依次用自来水和实验用水洗净。

（1）火焰原子吸收分光光度计及相应的辅助设备，配有背景校正器。

（2）锑空心阴极灯、锑无极放电灯或连续光源。

（3）微波消解仪：一般功率 600～1 500 W；感应温度达到±2.5℃，在感应后 2 s 之内自动调节微波输出功率；耐酸惰性塑胶材质（如 PFA）消解罐。

（4）燃气：乙炔，用钢瓶气或由乙炔发生器供给，纯度不低于 99.6%。

（5）空气压缩机，应备有除水、除油、除尘装置。

（6）抽滤装置，带有孔径为 0.45 μm 的醋酸纤维或聚乙烯滤膜。

（7）样品瓶，500 ml，材质为聚乙烯。

5．试剂和材料

除非另有说明，否则分析时均使用符合国家标准的分析纯化学试剂，实验用水为去离子水或同等纯度的水。

（1）盐酸：ρ（HCl）=1.19 g/ml，优级纯。

（2）盐酸溶液：1+1。

（3）盐酸溶液：1+99。

（4）硝酸：ρ（HNO$_3$）=1.42 g/ml，优级纯。

（5）硝酸溶液：1+1。

（6）酒石酸（C$_4$H$_6$O$_6$）。

（7）金属锑：光谱纯。

（8）锑标准贮备液：ρ（Sb）=1 000 mg/L。

准确称取 0.100 0 g 金属锑，置于烧杯中，加入 10 ml 盐酸和 0.2 ml 硝酸，加热溶解；当挥发到 1/3 时，再加入 10 ml 盐酸和 0.2 ml 硝酸，继续加热至完全溶解。补加盐酸至约 10 ml。用水定量转移至 100 ml 容量瓶中，加入 1.5 g 酒石酸，加水至刻度。或购买具有市售有证标准物质。

（9）锑标准使用液：ρ（Sb）=100.0 mg/L。

准确移取 10.00 ml 锑标准贮备液置于 100 ml 容量瓶中，加（1+99）盐酸溶液至标线，摇匀。或购买具有市售有证标准物质。

6．样品

（1）样品的采集。

样品的采集参照《地表水和污水监测技术规范》（HJ/T 91—2002）和《地下水环境监测技术规范》（HJ 164—2020）的相关规定进行，可溶性锑和总锑的样品应分别采集。

（2）可溶性锑样品的保存。

样品采集后应尽快用抽滤装置过滤，弃去初始的滤液。收集所需体积的滤液于样品瓶中。每 100 ml 滤液中加入 1 ml 浓硝酸，于 4℃下冷藏保存，14 d 内测定。

（3）总锑样品的保存。

样品（地表水取样后自然沉降 30 min，取上层非沉降部分）采集后应加入浓硝酸酸化至 pH≤2，于 4℃下冷藏保存，14 d 内测定。

（4）总锑试样的制备。

量取 45 ml 混匀后的水样于 100 ml 微波消解罐中，加入 4 ml 硝酸和 1 ml 盐酸，等待可观察到的反应停止后加盖密闭，放入微波消解仪中，按照选定的升温程序进行消解。升温程序设定在使每个样品约 10 min 内加热到达（170±5）℃，并在该温度下维持加热 10 min。消解完毕后，冷却至室温。将消解液移至 50 ml 容量瓶中，用水定容至刻度，摇匀，待测。

注：可选用王水消解法，量取 25 ml 混匀后的水样于 100 ml 微波消解罐中，加入 6 ml 浓盐酸和 2 ml 浓硝酸，等待可观察到的反应停止后加盖密闭，放入微波消解仪中，按照选定的升温程序进行消解。

（5）空白试样的制备。

用去离子水代替样品，按照与试样的制备相同的步骤分别制备可溶性锑空白试样和总锑空白试样。

7. 分析步骤

（1）仪器参考测量条件。

依据仪器操作说明书调节仪器至最佳工作状态，仪器参考测量条件见表4-38。

表 4-38　仪器参考测量条件

元素	波长/nm	灯电流/mA	通带宽度/nm	观测高度/mm	火焰类型
Sb	217.6	10	0.2	6.5～7.0	空气—乙炔火焰，贫燃

（2）校准曲线的建立。

分别量取 0.00 ml、1.00 ml、2.00 ml、4.00 ml、6.00 ml、8.00 ml 和 10.0 ml 锑标准使用液于 7 只 25 ml 容量瓶中，加入（1+1）盐酸溶液至标线，摇匀，标准系列质量浓度分别为 0.0 mg/L、4.0 mg/L、8.0 mg/L、16.0 mg/L、24.0 mg/L、32.0 mg/L 和 40.0 mg/L。按照测量条件，由低质量浓度到高质量浓度依次测定标准系列的吸光度，以零浓度校正吸光度为纵坐标，以锑的含量（mg/L）为横坐标，建立校准曲线。

（3）试样的测定。

按照与建立校准曲线相同的条件测定试样的吸光度。

（4）空白试验。

按照与试样的测定相同的步骤进行空白试验。

8. 结果计算和表示

（1）结果计算。

样品中可溶性锑或总锑的质量浓度按照下式计算。

$$\rho = \frac{(\rho_1 - \rho_0) \times f \times V_1}{V}$$

式中：ρ——样品中可溶性锑或总锑的质量浓度，$\mu g/L$；

　　　ρ_1——由校准曲线上查得的试样中可溶性锑或总锑的质量浓度，$\mu g/L$；

　　　ρ_0——由校准曲线上查得的空白试样中可溶性锑或总锑的质量浓度，$\mu g/L$；

　　　f——样品稀释倍数；

　　　V_1——试样消解后定容体积，ml；

　　　V_0——样品体积，ml。

（2）结果表示。

当测定结果小于 100 $\mu g/L$ 时，保留至整数位；当测定结果大于等于 100 $\mu g/L$ 时，保留三位有效数字。

9. 精密度和准确度

（1）精密度。

6 家实验室对锑的质量浓度分别为 4.0 mg/L、16.0 mg/L 和 32.0 mg/L 的统一标准溶液进行了测定，实验室内相对标准偏差分别为 1.2%～3.6%、0.9%～2.2%、0.3%～2.9%；实验室间相对标准偏差分别为 4.0%、2.2%、2.0%。

6 家实验室对锑含量为 1.5 mg/L 的统一污水样品进行了测定，实验室内相对标准偏差为 1.6%～4.5%；实验室间相对标准偏差为 2.6%。

（2）准确度。

6 家实验室对锑含量为(1.52±0.05)mg/L 的有证标准样品进行了测定,相对误差为-2.6%～0.7%。

6 家实验室分别对浓度为 1.48 mg/L 的污水样品 1 和浓度未检出的污水样品 2 进行了加标分析测定,加标回收率分别为 86.7%～105%、87.7%～104%。

10. 质量保证和质量控制

（1）每次分析样品均应建立校准曲线,校准曲线相关系数 $\gamma \geqslant 0.999$。

（2）每 10 个样品应分析一个校准曲线的中间点浓度标准溶液,其测定结果与校准曲线该点质量浓度的相对偏差应≤10%。否则,需重新建立校准曲线。

（3）每批样品最少测定 2 个空白。空白的测试结果应小于方法检出限。

（4）每批样品应至少测定 10%的平行双样,当样品数量少于 10 个时,应至少测定一个平行双样,测定结果相对偏差应<20%。

（5）每批样品应至少测定 10%的加标样品,当样品数量少于 10 个时,应至少测定一个加标样品,加标回收率应在 85.0%～115%。

（6）高浓度样品需稀释后测定,按照基体干扰检查的方法判断是否存在基体干扰。

（三）石墨炉原子吸收分光光度法（B）

1. 方法适用范围

本方法适用于地表水、地下水、废水中可溶性锑和总锑的测定。可溶性锑指未经酸化的样品经 0.45μm 滤膜过滤后测定的锑。总锑指未经过滤的样品经消解后测定的锑。

当进样量为 20.0 μl 时,本方法的检出限为 1.4 μg/L,测定下限为 5.6 μg/L。

2. 方法原理

经过滤或消解的水样注入石墨炉原子化器中,加入基体改进剂,水样中所含锑离子在石墨管内经高温原子化,其基态原子对锑空心阴极灯或锑无极放电灯发射的特征谱线 217.6 nm 产生选择性吸收,其吸光度值与锑的质量浓度成正比。

3. 干扰和消除

样品中含有 200 mg/L Pb^{2+}、200 mg/L Zn^{2+}、250 mg/L Cd^{2+}、50 mg/L Ni^{2+} 和 150 mg/L SO_4^{2-} 等对锑不产生干扰;60 mg/L Ni^{2+} 和 160 mg/L SO_4^{2-} 可产生干扰。当这些物质的质量浓度超过上述质量浓度时,可采用标准加入法消除其干扰,方法同本节（二）火焰原子吸收分光光度法。

4. 仪器和设备

实验所用的玻璃器皿、聚乙烯容器等需先用洗涤剂洗净,再用（1+1）硝酸溶液浸泡 24 h 以上,使用前再依次用自来水和实验用水洗净。

（1）石墨炉原子吸收分光光度计。

（2）锑空心阴极灯、锑无极放电灯或连续光源。

（3）微波消解仪:一般功率 600～1 500 W;感应温度达到±2.5℃,在感应后 2 s 之内自动调节微波输出功率;耐酸惰性塑胶材质（如 PFA）消解罐。

（4）电热板。

（5）抽滤装置,孔径为 0.45 μm 的醋酸纤维或聚乙烯滤膜。

（6）样品瓶,500 ml,材质为聚乙烯。

5．试剂和材料

除非另有说明，否则分析时均使用符合国家标准的分析纯化学试剂，实验用水为新制备的去离子水或同等纯度的水。

（1）盐酸：ρ（HCl）=1.19 g/ml，优级纯。

（2）盐酸溶液：1+1。

（3）硝酸：ρ（HNO$_3$）=1.42 g/ml，优级纯。

（4）硝酸溶液：1+1。

（5）硝酸溶液：1+99。

（6）基体改进剂：将 300 mg 钯粉或 650 mg 硝酸钯溶解在 1 ml 硝酸和 0.1 ml 盐酸溶液中。溶解 200 mg 硝酸镁在水中。将两种试剂混合在一起，用水定容至 100 ml。

（7）酒石酸（C$_4$H$_6$O$_6$）。

（8）金属锑：光谱纯。

（9）锑标准贮备溶液：ρ（Sb）=1 000 mg/L。

准确称取 0.100 0 g 金属锑，置于烧杯中，加入 10 ml 盐酸和 0.2 ml 硝酸，加热溶解；当挥发到 1/3 时，再加入 10 ml 盐酸和 0.2 ml 硝酸，继续加热至完全溶解。补加盐酸至约 10 ml。用水定量转移至 100 ml 容量瓶中，加入 1.5 g 酒石酸，加水至刻度。或购买具有市售有证标准物质。

（10）锑标准中间使用液：ρ（Sb）=100.0 mg/L。

准确移取锑标准贮备液 10.00 ml 置于 100 ml 容量瓶中，加（1+99）硝酸溶液至标线，摇匀。或购买具有市售有证标准物质。

（11）锑标准使用液：ρ（Sb）=10.0 mg/L。

准确移取锑标准中间使用液 10.00 ml 置于 100 ml 容量瓶中，加（1+99）硝酸溶液至标线，摇匀。

（12）载气：氩气，纯度不低于 99.99%。

6．样品

（1）样品的采集。

样品的采集参照《地表水和污水监测技术规范》（HJ/T 91—2002）和《地下水环境监测技术规范》（HJ 164—2020）的相关规定进行，可溶性锑和总锑的样品应分别采集。

（2）可溶性锑试样的保存和制备。

样品采集后应尽快用抽滤装置过滤，弃去初始的滤液。收集所需体积的滤液于样品瓶中。每 100 ml 滤液中加入 1 ml 硝酸，于 4℃下冷藏保存，14 d 内测定。

（3）总锑试样的保存和制备。

样品（地表水取样后自然沉降 30 min，取上层非沉降部分）采集后应加入浓硝酸酸化至 pH≤2，于 4℃下冷藏保存，14 d 内测定。

量取 45 ml 混匀后的水样于 100 ml 微波消解罐中，加入 4 ml 硝酸和 1 ml 盐酸，等待可观察到的反应停止后加盖密闭，放入微波消解仪中，按照选定的升温程序进行消解。升温程序设定在使每个样品约 10 min 内加热到达（170±5）℃，并在该温度下维持加热 10 min。消解完毕后，冷却至室温。将消解液移至 50 ml 容量瓶中，用水定容至刻度，摇匀，待测。

注：可选用王水消解法，量取 25 ml 混匀后的水样于 100 ml 微波消解罐中，加入 6 ml 浓盐酸和 2 ml 浓硝酸，等待可观察到的反应停止后加盖密闭，放入微波消解仪中，按照选定的升温程序进行消解。

（4）空白试样的制备。

用去离子水代替样品，按照与试样的制备相同的步骤分别制备可溶性锑空白试样和总锑空白试样。

7．分析步骤

（1）仪器参考测量条件。

依据仪器操作说明书调节仪器至最佳工作状态，仪器参考测量条件见表 4-39、表 4-40。

表 4-39　仪器测量条件

元素	波长/nm	灯电流/mA	通带宽度/nm
Sb	217.6	290（无极放电灯），10（空心阴极灯）	0.7

表 4-40　升温程序

升温阶段	温度/℃	时间/s
干燥	110～130	75
灰化	1 200	30
原子化	1 900	5
清除	2 450	3

（2）校准曲线的建立。

分别量取 0.00 ml、0.05 ml、0.10 ml、0.20 ml、0.40 ml、0.50 ml 和 0.75 ml 锑标准使用液于 7 只 50 ml 容量瓶中，加入（1+99）硝酸溶液至标线，摇匀，锑标准系列质量浓度分别为 0.0 μg/L、10.0 μg/L、20.0 μg/L、40.0 μg/L、80.0 μg/L、100 μg/L 和 150 μg/L。按照测量条件，由低质量浓度到高质量浓度依次进样 20 μl 标准系列溶液和 2 μl 基体改进剂，测定标准系列的吸光度，以零浓度校正吸光度为纵坐标，以锑的含量（μg/L）为横坐标，建立校准曲线。

（3）试样的测定。

按照与建立校准曲线相同的条件测定试样的吸光度。

（4）空白试验。

按照与试样的测定相同的步骤进行空白试验。

8．结果计算和表示

（1）结果计算。

样品中可溶性锑或总锑的质量浓度按照下式计算。

$$\rho = \frac{(\rho_1 - \rho_0) \times f \times V_1}{V}$$

式中：ρ——样品中可溶性锑或总锑的质量浓度，μg/L；

　　　ρ_1——由校准曲线上查得的试样中可溶性锑或总锑的质量浓度，μg/L；

　　　ρ_0——由校准曲线上查得的空白试样中可溶性锑或总锑的质量浓度，μg/L；

　　　f——稀释倍数；

　　　V_1——试样消解后定容体积，ml；

　　　V_0——样品体积，ml。

（2）结果表示。

当测定结果小于 100 μg/L 时，保留至整数位；当测定结果大于等于 100 μg/L 时，保留三位有效数字。

9．精密度和准确度

（1）精密度。

6 家实验室对锑的质量浓度分别为 10.0 μg/L、40.0 μg/L 和 100 μg/L 的统一标准溶液进行了测定，实验室内相对标准偏差分别为 1.8%～8.5%、1.7%～6.4%、1.7%～9.7%；实验室间相对标准偏差分别为 3.0%、6.1%、3.4%。

6 家实验室分别对锑的质量浓度分别为 5.7 μg/L、6.6 μg/L 和 11.6 μg/L 的统一地下水样品、地表水样品和污水样品进行了测定，实验室内相对标准偏差分别为 2.8%～6.1%、3.2%～11.7% 和 2.3%～9.0%；实验室间相对标准偏差分别为 5.6%、6.5% 和 9.5%。

（2）准确度。

6 家实验室对含锑(1.52±0.05)mg/L 的有证标准样品进行了测定,相对误差为–0.66%～1.3%。

6 家实验室分别对锑浓度为 5.7 μg/L、6.6 μg/L 和 11.6 μg/L 的地下水样品、地表水样品和污水样品进行了加标分析测定，加标量分别为 8 μg/L、8 μg/L 和 12 μg/L。加标回收率分别为 95.0%～105%、86.8%～101%、91.0%～106%。

10．质量保证和质量控制

（1）每次分析样品均应建立校准曲线，相关系数 $\gamma \geqslant 0.995$。

（2）每 10 个样品应分析一个校准曲线的中间点浓度标准溶液，其测定结果与校准曲线该点质量浓度的相对偏差应≤10%。否则，需重新建立校准曲线。

（3）每批样品最少测定 2 个空白。空白的测试结果应小于方法检出限。

（4）每批样品应至少测定 10% 的平行双样，当样品数量少于 10 个时，应至少测定一个平行双样，测定结果相对偏差应＜20%。

（5）每批样品应至少测定 10% 的加标样品，当样品数量少于 10 个时，应至少测定一个加标样品，加标回收率应在 80.0%～120%。

11．注意事项

（1）容器材料中氯乙烯材料含锑约 2 690 mg/kg，硼硅玻璃材料含锑约 2 900 mg/kg，聚四氟乙烯材料含锑约 0.4 mg/kg，聚乙烯材料含锑约 0.18 mg/kg。

（2）锑是易挥发元素，需注意避免消解、灰化时挥发损失。

（3）测定样品必要时要使用性能稳定的空心阴极灯、无极放电灯或连续光源。

（四）电感耦合等离子体发射光谱法（A）

同本章银测定方法（三）电感耦合等离子体发射光谱法。

（五）电感耦合等离子体质谱法（A）

同本章银测定方法（四）电感耦合等离子体质谱法。

二十、硒

水中硒以无机的正六价、正四价、负二价及某些有机硒的形式存在，也可能有极微量的元素硒附着在悬浮颗粒物上。一般天然水中主要含有正六价或正四价硒，含量多数在 1 µg/L 以下，个别水体流经含硒量高的地层或受含硒废水污染，硒含量可高达百微克/升。

含硒废水主要来源于硒矿山开采、冶炼、炼油、精炼铜、制造硫酸及特种玻璃等行业。废水中常含有各种价态硒，含量为几十至数百微克/升，日本的水环境质量标准规定小于 0.01 mg/L。

微量硒是生物体必需的营养元素，但其有用性和致毒性之间界限很窄，过量的硒能引起中毒，使人出现脱发、脱指甲、四肢发麻甚至偏瘫等病症。

水样采集后，最好尽快分析，否则必须贮于经（1+1）盐酸溶液或（1+1）硝酸溶液荡洗，然后用大量清洁水、纯水冲洗干净的玻璃瓶或塑料瓶中，特别是新塑料瓶一定要经酸处理后才能使用，否则硒损失较大。一般天然水及饮用水可于室内阴凉处保存，工业废水最好置于冰箱内，勿加酸保存（水中含有正六价或正四价硒时，加酸与不加酸保存均影响不大；但工业废水成分复杂，含有各种价态硒，有的以负二价硒为主，若加酸保存时可生成硒化氢气体逸散，使总硒含量损失较大）。

原子荧光光谱法是灵敏度高、准确度高，且仪器设备简单、性价比较高的方法。石墨炉原子吸收分光光度法可测定浓度范围为 0.015～0.2 mg/L 水和废水中的硒。亦可使用电感耦合等离子体发射光谱法和电感耦合等离子体质谱法测定水和废水中的硒。

（一）原子荧光光谱法（A）

同本章砷测定方法（一）原子荧光光谱法。

（二）石墨炉原子吸收分光光度法（A）*

1．方法的适用范围

本方法适用于地表水和废水中硒的测定。如果试样经过 0.45 µm 滤膜过滤，测得的是可溶性硒。若未经过滤直接消解水样后测定，测定结果是总硒。

本方法的检测限为 0.003 mg/L，测定范围是 0.015～0.2 mg/L。

2．方法原理

将试样或消解处理过的试样直接注入石墨炉，在石墨炉中形成的硒基态原子对特征电磁辐射（196.0 nm）产生吸收，将测定的试样吸光度与标准溶液的吸光度进行比较，确定试样中被测元素硒的浓度。

3．干扰和消除

废水中的共存离子和化合物在常见浓度下不干扰测定。当硒的浓度为 0.08 mg/L 时，锌（或镉、铋）、钙（或银）、镧、铁、钾、铜、钼、硅、钡、铝（或锑）、钠、镁、砷、铅、锰的浓度达 7 500 mg/L、6 000 mg/L、5 000 mg/L、2 750 mg/L、2 500 mg/L、2 000 mg/L、1 000 mg/L、750 mg/L、450 mg/L、350 mg/L、300 mg/L、150 mg/L、100 mg/L、75 mg/L、20 mg/L，以及磷酸根、氟离子、硫酸根、氯离子的浓度达 550 mg/L、225 mg/L、150 mg/L、125 mg/L 时，对测定无干扰。

4．仪器和设备

（1）石墨炉原子吸收分光光度计，带有背景校正装置。

---

* 本方法与 GB/T 15505—1995 等效。

（2）硒空心阴极灯、无极放电灯或连续光源。

5．试剂和材料

除非另有说明，否则分析时均使用符合国家标准的分析纯试剂，实验用水为去离子水或同等纯度的水。

（1）硝酸：ρ（HNO_3）=1.42 g/ml，优级纯。

（2）载气：氩气，纯度不低于 99.99%。

（3）硝酸溶液：1+1。

（4）硝酸溶液：1+49。

（5）硝酸溶液：1+499。

（6）硒粉：高纯，99.999%。

（7）硒标准贮备液：ρ（Se）=1 000 mg/L。

称取硒粉 1.000 0 g 用 5 ml（1+1）硝酸溶液溶解，必要时加热直到完全溶解，转移至 1 000 ml 容量瓶中，用去离子水稀释至 1 000 ml。

（8）硒标准使用液：ρ（Se）=0.4 mg/L。

用（1+499）硝酸溶液稀释硒标准贮备液配制。

（9）硝酸镍：$Ni(NO_3)_2 \cdot 6H_2O$。

（10）硝酸镍溶液：ρ（Ni）=16 g/L。

称取硝酸镍 79.251 g，溶于适量水中，用水稀释至 1 000 ml。

6．样品

（1）样品采集和保存。

①总硒：用聚乙烯塑料瓶采集样品，分析硒总量的样品，采集后立即加硝酸酸化至含酸约 1%。正常情况下，每 1 000 ml 样品加入 10 ml 硝酸。常温下可保存半年。

②可溶性硒：分析可溶性硒时，样品采集后应立即用 0.45 μm 滤膜过滤，滤液酸化后贮存于聚乙烯瓶中。

（2）试样的制备。

取均匀混合的试样 50～200 ml，加入 5～10 ml 硝酸在电热板上加热蒸发至 1 ml 左右。若试液浑浊不清，颜色较深，再补加 2 ml 硝酸，继续消解至试液清澈透明，呈浅色或无色，并蒸发至近干。取下稍冷，加入 20 ml（1+49）硝酸溶液，温热，溶解可溶性盐类，若出现沉淀，用中速滤纸滤入 50 ml 容器中，用去离子水稀释至标线，待测。

（3）空白试样的制备。

取适量去离子水代替试样置于 250 ml 烧杯中，视需要按测定可溶性硒或总硒的步骤处理，再按照与试样的制备相同的步骤制备空白试样。

7．分析步骤

（1）仪器参考测量条件。

根据表 4-41 和表 4-42 选择波长等仪器参考测量条件以及设置石墨炉升温程序，空烧至石墨炉空白值稳定。

表 4-41　仪器参考测量条件

元素	波长/nm	灯电流/mA	通带宽度/nm	载气
硒	196	8	1.3	氩气

表 4-42　升温程序

阶段	温度/℃	时间/s	阶段	温度/℃	时间/s
干燥	120	20	原子化	2 400	5
灰化	400	10	清洗	2 600	2

（2）校准曲线的建立。

参照表 4-43，在 10 ml 具塞比色管中，加入硒标准液配制至少 5 个工作标准溶液，加入 0.1 ml（1+49）硝酸溶液和 0.5 ml 硝酸镍溶液，用去离子水定容至 10 ml。向石墨管内注入所制备的标准溶液，记录吸光度。用测得的吸光度与相对应的浓度建立校准曲线。

表 4-43　标准系列

硒标准使用液加入体积/ml	0	1	2	3	4	5
标准溶液浓度/（mg/L）	0.00	0.04	0.08	0.12	0.16	0.20

（3）试样的测定。

按照与建立校准曲线相同条件测定空白试样和试样的吸光度，根据扣除空白吸光度后的试样吸光度，在校准曲线中查出试样中硒的浓度。试样被测元素的浓度应在标准系列浓度范围内。

注 1：在测量时，应确保硒空心阴极灯有 1 h 以上的预热时间。

注 2：在每次测定前，须重复测定空白和工作标准溶液，及时校正仪器和石墨炉灵敏度的变化。

8. 结果计算和表示

（1）结果计算。

样品中硒的质量浓度按照下式计算。

$$\rho = \rho_1 \times \frac{V_2}{V_1}$$

式中：ρ——样品中硒的质量浓度，mg/L；

ρ_1——校准曲线上查得的硒的质量浓度，mg/L；

V_1——试样的体积，ml；

V_2——测定时定容体积，ml。

（2）结果表示。

当测定结果小于 0.100 mg/L 时，保留至小数点后三位；当测定结果大于等于 0.100 mg/L 时，保留三位有效数字。

9. 精密度和准确度

表 4-44　方法的精密度和准确度

实验室数目	统一试样浓度/（mg/L）	重复性限		再现性限		加标回收率/%
		标准偏差/（mg/L）	相对标准偏差/%	标准偏差/（mg/L）	相对标准偏差/%	
4	0.02	0.001 8	8.8	0.000 1	0.5	
5	0.10	0.003 0	3.0	0.001 1	1.1	102
4	0.18	0.044	2.4	0.001 3	0.7	

（三）电感耦合等离子体发射光谱法（A）

同本章银测定方法（三）电感耦合等离子体发射光谱法。

（四）电感耦合等离子体质谱法（A）

同本章银测定方法（四）电感耦合等离子体质谱法。

二十一、锡

锡是一种略带蓝色具有白色光泽的低熔点过渡金属元素，在化合物内是二价或四价，不会被空气氧化，主要以二氧化物（锡石）和各种硫化物（例如硫锡石）的形式存在。在地壳中，锡的含量较低，平均含量只有 0.004%。

锡被广泛应用于电子、信息、电器、化工、冶金、建材、机械、食品包装等行业。金属锡即使大量也是无毒的，简单的锡化合物和锡盐的毒性相当低，但一些有机锡化物的毒性非常高，尤其锡的三烃基化合物，这些化合物可以摧毁含硫的蛋白质，因此被用作船漆来杀死附在船身上的微生物和贝壳。

锡的测定方法主要有原子荧光光谱法、电感耦合等离子体发射光谱法和电感耦合等离子体质谱法等。

（一）原子荧光光谱法（A）[*]

1．方法的适用范围
本方法适用于生活饮用水及其水源水中锡的测定。

本方法最低检测质量为 0.5 ng，若取 0.5 ml 水样测定，则最低检测质量浓度为 1 μg/L。

2．方法原理
在酸性条件下，以硼氢化钠为还原剂使锡生成锡化氢，由载气带入原子化器原子化，受热分解为原子态锡，基态锡原子在特制锡空心阴极灯的激发下产生原子荧光，其荧光强度与锡含量在一定浓度范围内成正比。

3．仪器和设备
（1）原子荧光光谱仪。

（2）锡空心阴极灯。

4．试剂和材料
（1）硫酸：ρ（H_2SO_4）=1.84 g/ml，优级纯。

（2）硫酸溶液：1+9。

（3）硝酸：ρ（HNO_3）=1.42 g/ml，优级纯。

（4）硝酸溶液：5+95。

（5）硝酸溶液：1+99。

（6）氢氧化钠溶液：ρ（NaOH）=2 g/L。

称取 1 g 氢氧化钠溶于纯水中，稀释至 500 ml。

（7）硼氢化钠溶液：ρ（$NaBH_4$）=2 g/L。

---

[*] 本方法与 GB/T 5750.6—2006 等效。

称取 10.0 g 硼氢化钠溶于 500 ml 氢氧化钠溶液，混匀。

（8）硫脲+抗坏血酸溶液：称取 10.0 g 硫脲加约 80 ml 纯水，加热溶解，待冷却后加入 10.0 g 抗坏血酸，稀释至 100 ml。

（9）锡的标准贮备溶液：ρ（Sn）=1.00 mg/ml，准确称取 0.100 0 g 锡粒（99.99%）于 100 ml 烧杯内，加入 10 ml 硫酸，盖上表面皿，加热至锡全部溶解，移去表面皿，继续加热至冒浓的白烟，冷却，慢慢加入 50 ml 纯水，移入 100 ml 容量瓶中，用（1+9）硫酸溶液多次洗涤烧杯，洗液并入容量瓶中，并稀释至刻度。

（10）锡标准中间溶液：ρ（Sn）=1.00 μg/ml，吸取 5.00 ml 锡标准贮备液于 500 ml 容量瓶中，用（1+99）硝酸溶液稀释定容至刻度。再取此溶液 10.00 ml 于 100 ml 容量瓶中，用（1+99）硝酸溶液稀释定容至刻度。

（11）锡的标准使用液：ρ（Sn）=0.10 μg/ml，吸取 10.00 ml 锡标准中间溶液于 100 ml 容量瓶中，用纯水定容至刻度。

5．分析步骤

（1）仪器参考测量条件。

开机后设定仪器最佳条件，点燃原子化器炉丝，稳定 30 min 后开始测定。

表 4-45　仪器参考测量条件

元素	负高压/V	灯电流/mA	原子化器高度/mm	载气流量/（ml/min）	屏蔽气流量/（ml/min）	进样体积/ml
Sn	350	80	8.5	500	1 000	0.5

（2）校准曲线的建立。

分别吸取锡标准使用液 0.00 ml、0.10 ml、0.30 ml、0.50 ml、0.70 ml 和 1.00 ml 于比色管中，用纯水定容至 10 ml，使锡的浓度分别为 0.0 μg/L、1.0 μg/L、3.0 μg/L、5.0 μg/L、7.0 μg/L 和 10.0 μg/L。向标准溶液中加入 1.0 ml 硫脲+抗坏血酸溶液和加入 0.5 ml 硝酸，混匀。用测得的荧光强度与对应的浓度建立校准曲线。

（3）试样的测定。

取水样 10 ml 于比色管中，按照与校准曲线同样的方法测定空白试样和试样的荧光强度，从校准曲线上查得试样的浓度。

6．结果计算和表示

（1）结果计算。

样品中锡的质量浓度按照下式计算。

$$\rho = \frac{\rho_1 \times f \times V_1}{V}$$

式中：ρ——样品中锡的质量浓度，μg/L；

ρ_1——由校准曲线上查得的锡的质量浓度，μg/L；

f——水样稀释倍数；

V_1——分取后测定试样的定容体积，ml；

V——分取水样的体积，ml。

（2）结果表示。

当测定结果小于 100 μg/L 时，保留至整数位；当测定结果大于等于 100 μg/L 时，保留三位有效数字。

7．精密度和准确度

3 家实验室对含锡 1.5～15.7 μg/L 的水样进行了测定，共测定 8 次，其相对标准偏差均小于 5.8%，在水样中加入 1.0～15.0 μg/L 锡标准溶液，回收率为 89.0%～108%。

（二）电感耦合等离子体发射光谱法（A）

同本章银测定方法（三）电感耦合等离子体发射光谱法。

（三）电感耦合等离子体质谱法（A）

同本章银测定方法（四）电感耦合等离子体质谱法。

二十二、锶

锶是一种银白色带黄色光泽的碱土金属，是碱土金属（除铍外）中丰度最小的元素，在自然界以化合态存在，可由电解熔融的氯化锶而制得。锶元素广泛存在于土壤、海水中，是一种人体必需的微量元素，具有防止动脉硬化、防止血栓形成的功能。用于制造合金、光电管，以及分析化学试剂、烟火等。

（一）电感耦合等离子体发射光谱法（A）

同本章银测定方法（三）电感耦合等离子体发射光谱法。

（二）电感耦合等离子体质谱法（A）

同本章银测定方法（四）电感耦合等离子体质谱法。

（三）火焰原子吸收分光光度法（B）

1．方法的适用范围
本方法适用于地表水、地下水、生活污水和工业废水中可溶性锶及总锶的测定。
本方法的检出限为 0.05 mg/L，测定下限为 0.20 mg/L。

2．方法原理
待测样品经过滤或消解后喷入富燃性空气—乙炔火焰，在高温火焰中形成的锶基态原子对锶空心阴极灯发射的 460.7 nm 特征谱线产生选择性吸收，其吸光度值与锶的质量浓度成正比。

3．干扰和消除
（1）电离干扰。

使用空气—乙炔火焰测定锶时，当校准曲线向纵轴弯曲时则表明可能存在电离干扰，可在标准和试样中同时加入氯化钾溶液消除电离干扰。

（2）化学干扰。

高于 10 mg/L 的硅酸盐、5 mg/L 的磷酸盐和 1 mg/L 的铝可能对锶的测定产生干扰，加入镧盐可消除硅酸盐、磷酸盐和铝的干扰。

4．仪器和设备

（1）火焰原子吸收分光光度计。

（2）抽滤装置，孔径为 0.45 μm 的醋酸纤维或聚乙烯滤膜。

（3）电热板。

（4）样品瓶：材质为聚乙烯。

5．试剂和材料

（1）30%过氧化氢：分析纯。

（2）盐酸：ρ（HCl）=1.19 g/ml，优级纯。

（3）硝酸：ρ（HNO$_3$）=1.42 g/ml，优级纯。

（4）硝酸溶液：1+99。

（5）锶标准贮备液：ρ（Sr）=1 000 mg/L。

称取 1.208 0g 经 105℃干燥的硝酸锶[Sr(NO$_3$)$_2$，光谱纯]，用（1+99）硝酸溶液溶解并稀释定容至 500 ml。亦可购买市售锶的有证标准物质。

（6）锶标准使用液：ρ（Sr）=25 mg/L。

吸取 5.00 ml 锶标准贮备液，用（1+99）硝酸溶液稀释定容至 200 ml。

（7）镧盐溶液：ρ（La）=50 mg/ml。

称取 29 g 氧化镧（La$_2$O$_3$）于 500 ml 烧杯中，加少量水湿润，在不断搅拌下缓缓加入 250 ml 盐酸，溶解后用水稀释至 500 ml。此溶液 1.00 ml 含 50 mg 镧。

（8）氯化钾溶液：ρ（KCl）=38 mg/L。

称取 3.8 g 氯化钾（KCl），溶于去离子水并稀释至 100 ml。

（9）燃气：乙炔，用钢瓶气或由乙炔发生器供给，纯度不低于 99.6%。

6．样品

（1）样品采集。

样品的采集参照《地表水和污水监测技术规范》（HJ/T 91—2002）的相关规定进行，可溶性和总量的样品应分别采集。

（2）样品保存。

①可溶性锶样品：样品采集后应尽快用抽滤装置过滤，弃去初始的滤液。收集所需体积的滤液于样品瓶中。每 100 ml 滤液中加入 1 ml 硝酸，于 4℃下冷藏保存，14 d 内测定。

②总锶样品：样品采集后应加入浓硝酸酸化至 pH≤2，于 4℃下冷藏保存，14 d 内测定。

（3）试样的制备。

准确量取 50.0 ml 摇匀后的样品于 250 ml 烧杯或锥形瓶中，加入 2～5 ml 浓硝酸，在电热板上加热微沸 10 min，取下稍冷，加入 2～5 ml 过氧化氢继续加热微沸至气泡冒尽，有机物和悬浮物消解完全，样品澄清透明。如果消解不完全，样品颜色较深或仍有悬浮物，应补加适量硝酸和过氧化氢继续消解，直至水样无悬浮物，澄清透明，气泡冒尽，继续蒸至 20 ml 左右，取下冷却，转移至 50 ml 比色管中，定容至刻度，摇匀，待测。

每分析一批样品，平行测定两个试剂空白样。

注：在消解过程中不得将溶液蒸干。如果蒸干，应重新取样进行消解。

7．分析步骤

（1）仪器参考测量条件。

不同型号仪器的最佳测试条件不同，表 4-46 的测试条件可供参考。

表4-46　仪器参考测量条件

测定波长/nm	灯电流/mA	负高压/V	通带宽度/nm	燃烧器高度/mm	燃气比（C_2H_2/O_2）
460.7	5.0～6.0	300～500	0.5～0.8	8.0	0.156～0.177

（2）校准曲线的建立。

分别移取 0.00 ml、0.25 ml、0.50 ml、1.00 ml、2.00 ml、4.00 ml 和 8.00 ml 锶标准使用液于 25 ml 比色管中，用(1+99)硝酸溶液定容至标线，此标准系列浓度分别为 0.00 mg/L、0.25 mg/L、0.50 mg/L、1.00 mg/L、2.00 mg/L、4.00 mg/L 和 8.00 mg/L。向标准系列管中各加入 1.0 ml 氯化钾溶液和 1.25 ml 镧盐溶液，混匀，待测。

调节仪器至最佳工作状态，由低浓度到高浓度依次测定标准系列的吸光度，在选定的条件下测定其相应的吸光度，经空白校正后建立浓度吸光度校准曲线。

（3）试样的测定。

取试样 25.0 ml 于具塞比色管中，加入 1.0 ml 氯化钾溶液和 1.25 ml 镧盐溶液，混匀，待测。按照与建立校准曲线相同的条件测定空白试样和试样，超过校准曲线高浓度点的样品应减少取样量后再行测定。根据扣除空白吸光度后的试样吸光度，在校准曲线上查出试样中锶的浓度。

8．结果计算和表示

（1）结果计算。

样品中可溶性锶或总锶的质量浓度按照下式进行计算。

$$\rho = (\rho_1 - \rho_0) \times f$$

式中：ρ——样品中可溶性锶或总锶的质量浓度，mg/L；

$\quad\quad \rho_1$——由校准曲线上查得的试样中可溶性锶或总锶的浓度，mg/L；

$\quad\quad \rho_0$——由校准曲线上查得的空白试样中可溶性锶或总锶的浓度，mg/L；

$\quad\quad f$——稀释倍数。

（2）结果表示。

当测定结果小于 1.00 mg/L 时，保留至小数点后两位；当测定结果大于等于 1.00 mg/L 时，保留三位有效数字。

9．注意事项

（1）仪器要预热 0.5 h 以上，以防波长漂移。

（2）锶的光谱干扰较小，通带宽度不宜过窄，使用较宽的光谱带宽、较小的灯电流和负高压，有利于降低噪声、提高信噪比和改善测量的精密度。

（3）溶液黏度是影响雾化效率的主要因素，应尽可能使用低黏度酸（HCl、HNO_3）处理样品，尽量少用硫酸、磷酸，以保证雾化效率，提高灵敏度和稳定性。

（四）二-（2-乙基己基）磷酸萃取色层法（A）*

1．方法的适用范围

本方法适用于饮用水、地表水和核工业排放废水中锶-90 的分析。

---

* 本方法与 HJ 815—2016 等效。

本方法的测量范围为：水中锶-90 的活度浓度为 0.01～10 Bq/L。

2．方法原理

样品中锶-90 的活度根据与其处于放射性平衡的子体核素钇-90 的活度来确定。

（1）快速法：样品经预处理，调节酸度后，其溶液通过涂有二-（2-乙基己基）磷酸（HDEHP）的聚三氟氯乙烯（kel-F）色层柱吸附钇，再以 1.5 mol/L 硝酸淋洗色层柱，洗脱钇以外的其他被吸附的锶、铯、铈、钷等离子，并以 6 mol/L 硝酸解吸钇，以草酸钇沉淀的形式进行 β 计数和称重。

（2）放置法：样品的前处理方法与快速法同。调节溶液酸度后，通过 HDEHP-kel-F 色层柱，除去钇、铁和稀土等元素。将流出液放置 14 d 以上，使钇-90 与锶-90 达到放射性平衡，再次通过色层柱，分离和测定钇-90。

3．干扰和消除

钇-91 存在时会干扰锶-90 的快速测定；铈-144 和钷-147 等核素的含量大于锶-90 含量的 100 倍时，会使快速法测定锶-90 的结果偏高。

4．仪器和设备

（1）低本底 β 射线测量仪。

（2）万分之一分析天平。

（3）原子吸收分光光度计。

（4）HDEHP-kel-F 色层柱：柱内径 8～10 mm，下部用玻璃棉填充。取 kel-F 粉（60～100 目）3.0 g 放入烧杯中，加入 20%HDEHP-正庚烷溶液 5.0 ml，反复搅拌，放置 10 h 以上。在 80℃下烘至呈松散状。用 0.1 mol/L 硝酸溶液湿法装柱。每次使用前用 pH=1.0 的硝酸溶液 20 ml 通过色层柱，使用后用 50 ml（1+1.5）硝酸溶液淋洗柱子，用水洗至流出液 pH=1.0，备用。

（5）可拆卸式漏斗。

（6）烘箱。

（7）马弗炉。

（8）离心机：最大转速 4 000 r/min，容量 100 ml×4。

5．试剂和材料

除非另有说明，否则分析时均使用符合国家标准的或专业标准的分析纯试剂和蒸馏水或同等纯度的水。试剂中放射性物质的活度应保证空白样品测得的计数率不超过探测仪器本底的统计误差。

（1）HDEHP[二-（2-乙基己基）磷酸，$C_{16}H_{35}O_4P$]：ρ=0.969～0.975 g/ml，化学纯，含量不少于 95%。

（2）正庚烷（C_7H_{16}）：ρ=0.681～0.687 g/ml。

（3）聚三氟氯乙烯粉（kel-F 粉），60～100 目。

（4）过氧化氢：ρ（H_2O_2）=1.13 g/ml。

（5）草酸。

（6）0.5%草酸溶液：称取 0.5 g 草酸，用纯水溶解，定容至 100 ml。

（7）无水乙醇。

（8）盐酸：ρ（HCl）=1.19 g/ml。

（9）盐酸溶液：1+5。

（10）硝酸：ρ（HNO_3）=1.42 g/ml。

（11）硝酸溶液：1+9。

（12）硝酸溶液：1+1.5。

（13）王水：将盐酸与硝酸铵体积比 3：1 混合。

（14）氨水：ρ（NH_3OH）=0.91 g/ml。

（15）碳酸铵。

（16）饱和草酸溶液：称取 110 g 草酸溶于 1 L 水中，稍许加热，不断搅拌，冷却后置于试剂瓶中。

（17）HDEHP-正庚烷溶液：将 HDEHP 与正庚烷按体积比 1：4 混合。

（18）锶载体溶液（约 50 mg/ml Sr）：称取 153 g 氯化锶（$SrCl_2·6H_2O$）溶解于 0.1 mol/L 的硝酸溶液中并稀释至 1 L。

标定：取四份 2.00 ml 锶载体溶液于烧杯中，加入 20 ml 蒸馏水，用氨水调节溶液 pH 至 8.0，加入 5 ml 饱和碳酸铵溶液，加热至将近沸腾，使沉淀凝聚，冷却，用已称重的 G4 玻璃砂芯漏斗抽吸过滤，用水和无水乙醇各 10 ml 洗涤沉淀，在 105℃烘干 1 h，冷却，称至恒重。

（19）锶标准溶液（约 100 μg/ml Sr）：准确移取 1.00 ml 锶载体溶液至 500 ml 容量瓶中，用 0.1 mol/L 硝酸溶液稀释至刻度。

（20）钇载体溶液（约 20 mg/ml Y）：称取 86.2 g 硝酸钇[$Y(NO_3)_3·6H_2O$]加热溶解于 100 ml 6.0mol/L 硝酸溶液中，转入 1 L 容量瓶内，用水稀释至标度。

标定：取四份 2.00 ml 钇载体溶液分别置于烧杯中，加入 30 ml 水和 5 ml 饱和草酸溶液，用氨水和 2 mol/L 硝酸溶液调节 pH 至 1.5，在水浴中加热使沉淀凝聚，冷却至室温。沉淀过滤在置有定量滤纸的三角漏斗中，依次用水和无水乙醇各 10 ml 洗涤。取下滤纸置于瓷坩埚中，在电炉上烘干，炭化后，置于 900℃马弗炉中灼烧 30 min。在干燥器中冷却。称重，直至恒重。

（21）锶-90-钇-90 标准溶液（约 10 Bq/ml）：在 0.1 mol/L 的硝酸溶液中配制。

（22）镧溶液（ρ=50 mg/L）：将 15.5 g 硝酸镧[$La(NO_3)_3·6H_2O$]溶于水中，加入几滴硝酸，转入 100 ml 容量瓶中，用水稀释至刻度。

（23）精密试纸：pH=0.5～5.0。

6. 样品

取水样 1～50 L，用硝酸调节 pH=1.0，加入 2.00 ml 锶载体溶液和 1.00 ml 钇载体溶液，钙含量少的样品应加入适量钙。用氨水调节 pH 至 8～9，搅拌下每升水样加入 8 g 碳酸铵。水样加热至将近沸腾，使沉淀凝聚，取下冷却，静置过夜。

用虹吸法吸去上层清液，将余下部分离心，或者在布式漏斗中通过中速滤纸过滤，用质量分数为 1%碳酸铵溶液洗涤沉淀。弃去清液，沉淀转入烧杯中，逐滴加入（1+1.5）硝酸溶液至沉淀完全溶解，加热，滤去不溶物。滤液用氨水调节 pH 至 1.0。

7. 分析步骤

（1）样品的分离纯化。

溶液以 2 ml/min 流速通过 HDEHP-kel-F 色层柱。记下从开始过柱至过柱完毕的中间时刻，作为锶、钇分离时刻。流出液收集于 150 ml 烧杯中。用 40 ml(1+9)硝酸溶液以 2 ml/min 流速淋洗色层柱，收集前面的 10 ml 流出液合并于同一个 150 ml 烧杯中。保留该流出液（称为流出液 A）供放置法用。弃去其余流出液。

①快速法：用 30 ml（1+1.5）硝酸溶液以 1 ml/min 流速解吸钇，解吸液收集于 100 ml 烧杯中。向解吸液中加入 5 ml 饱和草酸溶液，用氨水调节溶液 pH 至 1.5～2.0，水浴加热 30 min，冷却至室温。在铺有已恒重的慢速定量滤纸的可拆卸式漏斗上抽吸过滤。依次用 0.5%草酸溶液、水和无水乙醇各 10 ml 洗涤沉淀。

沉淀在 45～50℃下干燥至恒重。按草酸钇[$Y_2(C_2O_4)_3 \cdot 9H_2O$]的分子式计算钇的化学回收率。只进行试样的快速法测定时，放置法步骤可以省去。

②放置法：使用快速法得到的流出液 A，用氨水调节 pH 至 1.0，以 2 ml/min 流速通过 HDEHP-kel-F 色层柱。将流出液收集于 100 ml 容量瓶中，用 0.1 mol/L 硝酸溶液 10 ml 淋洗色层柱，流出液并入同一容量瓶中。

向该容量瓶中加入 1.00 ml 钇载体溶液，用 0.1 mol/L 硝酸溶液稀释至刻度。记下体积 V_0，取出 1.00 ml 溶液（记下体积为 V_1）至 50 ml 容量瓶中，保留此溶液（称为溶液 B）供锶化学回收率的测定步骤用。保留余下的溶液（称为溶液 C）。

（2）锶化学回收率的测定。

向溶液 B 中加入 3.0 ml 镧溶液和 1.0 ml 硝酸，用水稀释至刻度。记下体积 V_2。在原子吸收分光光度计上测定其吸光值。

校准曲线的建立：向 7 只 50 ml 容量瓶中分别加入 0.0 ml、2.50 ml、5.0 ml、10.0 ml、15.0 ml、20.0 ml 和 25.0 ml 锶标准溶液，分别加入 3.0 ml 镧溶液，用 0.1 mol/L 硝酸稀释至刻度。在原子吸收分光光度计上测定吸光值。以吸光值为纵坐标，锶浓度为横坐标，建立校准曲线。

根据样品溶液的吸光值从校准曲线上查出锶浓度。

锶的回收量按照下式计算。

$$q = \frac{C \times V_0 \times V_2}{1\,000 \times V_1}$$

式中：q——锶的回收量，mg；

　　　C——从校准曲线上查得的锶浓度，μg/ml；

　　　V_0——放置法中的定容体积，ml；

　　　V_1——从 V_0 中吸取的溶液体积，ml；

　　　V_2——将 V_1 再次稀释后的体积，ml；

　　　1 000——将微克变成毫克的转换系数。

锶的化学回收率按照下式计算。

$$Y_{Sr} = \frac{q}{q_0} \times 100\%$$

式中：Y_{Sr}——锶的化学回收率；

　　　q_0——向样品中加入锶载体的量，mg；

　　　q——锶的回收量，mg。

将溶液 C 放置 14 d 以上。然后以 2 ml/min 流速通过色层柱记下从开始过柱至过柱完毕的中间时刻，作为锶、钇分离时刻。用 40 ml（1+9）硝酸溶液以 2 ml/min 流速淋洗色层柱。弃去流出液。如果试样中锶-90 的活度较高，溶液 C 的放置时间可以少于 14 d。

使用快速法步骤规定的方法操作。如果只进行样品的放置法测定时，快速法步骤可以省去。这时，流出液 A 由样品前处理得到的滤液代替，并且在样品前处理步骤中不必加入钇载体溶液。

（3）测量。

将沉淀连同滤纸固定在测量盘上，在低本底 β 测量仪上计数。记下测量进行到一半的时刻。

测量锶-90-钇-90 检查源的计数率，以便检验测量仪器的探测效率是否正常。

（4）仪器刻度。

①用于测量钇-90 活度的计数器应进行刻度，即确定测量装置对已知活度的钇-90 的响应，它可用探测效率来表示。其方法是：

向四个离心管中加入锶载体溶液和钇载体溶液各 1.00 ml，再加入已知活度的锶-90-钇-90 标准溶液和 30 ml 水。将离心管置于沸水浴中加热，用氨水调节溶液的 pH 至 8，继续加热使沉淀凝聚。取出离心管置于冷水浴中，冷却至室温。离心，弃去上层清液。记下锶、钇分离的时刻。

用 2 mol/L 硝酸溶解离心管中沉淀，加入 0.5 ml 锶载体溶液和 30 ml 水按①步骤的方法，用氨水重复沉淀氢氧化钇一次。

向离心管中加入 2 mol/L 硝酸至沉淀溶解，加入 20 ml 水，调节溶液 pH 至 1.5～2.0，将离心管置于沸水浴中 2 min，搅拌下滴加 5 ml 饱和草酸，继续加热至草酸钇沉淀凝聚。将离心管置于冷水浴中，冷却至室温。

沉淀在可拆卸式漏斗上抽滤，依次用质量分数为 0.5%的草酸溶液和无水乙醇各 10 ml 洗涤沉淀。将沉淀连同滤纸固定在测量盘上，在低本底 β 测量仪上测量钇-90 的 β 计数，记下测量时间。

将测量后的样品放入烧杯中，按照钇载体溶液的标定方法测定钇的含量。计算钇的化学回收率。

测量仪器对钇-90 的探测效率按照下式计算。

$$E_f = \frac{N}{D \times Y_Y \times e^{-\lambda(t_3-t_2)}}$$

式中：E_f——钇-90 的探测效率；

$\quad\quad N$——样品源的净计数率，cpm；

$\quad\quad D$——锶-90-钇-90 标准溶液的活度，dpm；

$\quad\quad Y_Y$——钇的化学回收率；

$\quad\quad e^{-\lambda(t_3-t_2)}$——钇-90 衰变因子。$t_2$ 为锶、钇分离的时刻，h；t_3 为钇-90 测量进行到一半的时刻，h；$\lambda=0.693/T$，T 为钇-90 的半衰期，64.2 h。

②在标定测量仪器的探测效率时，同时测量锶-90-钇-90 检查源的计数率，以便在常规分析中用锶-90-钇-90 检查源来检验测量仪器的探测效率是否正常。

③钇-90 探测效率的测定亦可按如下方法进行：向四只烧杯中分别加入 30 ml 水、1.00 ml 钇载体溶液、1.00 ml 锶载体溶液和 2.00 ml 锶-90-钇-90 标准溶液。调节溶液 pH=1.0，以 2 ml/min 流速通过 HDEHP-kel-F 色层柱，记下开始过柱至过柱完毕的中间时刻作为锶、

钇分离的时刻。以下按快速法和放置法步骤进行钇-90 的分离。在和样品源相同的条件下测得的计数率与经过化学回收率校正后的钇-90 活度之比值即为钇-90 的探测效率。

8. 结果计算和表示

（1）结果计算。

①快速法测定锶-90 时，样品中锶-90 的活度浓度按照下式计算。

$$A = \frac{N \times J_0}{E_f \times V \times Y_Y \times e^{-\lambda(t_3-t_2)} \times J}$$

式中：A——样品中锶-90 的活度浓度，Bq/L（或 Ci/L）；

N——样品源的净计数率，s^{-1}；

E_f——钇-90 的探测效率；

V——分析水的体积，L；

J_0——标定测量仪器的探测效率时，所测得的锶-90-钇-90 参考源的计数率，s^{-1}；

J——测量样品时，所测得的锶-90 检验源的计数率，s^{-1}；

Y_Y——钇的化学回收率；

$e^{-\lambda(t_3-t_2)}$——钇-90 衰变因子。t_2 为锶、钇分离的时刻，h；t_3 为钇-90 测量进行到一半的时刻，h；$\lambda=0.693/T$，T 为钇-90 的半衰期，64.2 h。

②放置法测定锶-90 时，样品中锶-90 的浓度按照下式计算。

$$A = \frac{N \times J_0}{E_f \times V \times Y_{Sr} \times Y_Y \times (1-e^{-\lambda t_1}) \times e^{-\lambda(t_3-t_2)} \times J}$$

式中：Y_{Sr}——锶的化学回收率；

$(1-e^{-\lambda t_1})$——钇-90 的生长因子，从本节附录 B 中查得。此处的 t_1 为锶-90 和钇-90 的平衡时间，h；

其他符号及各符号代表的意义见①。

（2）结果表示。

当测定结果小于 1.00 Bq/L 时，保留至小数点后两位；当测定结果大于等于 1.00 Bq/L 时，保留三位有效数字。

9. 质量保证和质量控制

（1）空白实验。

定期进行空白试验。每当更换试剂时应进行空白试验，空白样品数不能少于 4 个。

量取一定量的蒸馏水（磷酸萃取色层法一般为 50 L）与样品相同方法和步骤进行操作。计算几个空白样品计数率的平均值和标准偏差，并检验其与仪器的本底计数率在 95%的置信水平下是否有显著性差异。

（2）精密度。

分析锶-90 活度浓度为 1 Bq/L 的水样，最大误差小于 10%，同一实验室相对标准偏差小于 10%。

附录 A　关于该方法的补充说明

1. 以草酸钇重量法测定钇的化学回收率时，草酸钇中的结晶水数会随烘烤的温度而改变。在 45～50℃烘干时，草酸钇的沉淀组成为 $Y_2(C_2O_4)_3 \cdot 9H_2O$。当烘烤温度升高时，结晶水数会减少。

2．水样中的锶-90 和钇-90 应处于平衡状态，钇-91 存在时会干扰锶-90 的快速测定，应当用放置法或衰变扣除法对结果进行校正。

3．铈-144 和钷-147 等核素的活度浓度大于锶-90 活度浓度 100 倍时，会使快速法测定锶-90 的结果偏高。

4．水样中的锶含量超过 1 mg 时，必须进行样品自身锶含量的测定，并在计算锶的化学回收率时将其扣除。

5．决定样品的计数时间按下式计算。

$$t_c = \frac{N_c + \sqrt{N_c \times N_b}}{N^2 \times E^2}$$

式中：t_c——计数时间，min；

N_c——样品源加本底的计数率，min^{-1}；

N_b——本底计数率，min^{-1}；

N——样品源的计数率，min^{-1}；

E——预定的相对标准误差。

附录 B　钇-90 的生长与衰变因子

表 4-47　钇-90 的生长因子

t_1/d	$(1-e^{-\lambda t_1})$	t_1/d	$(1-e^{-\lambda t_1})$	t_1/d	$(1-e^{-\lambda t_1})$	t_1/d	$(1-e^{-\lambda t_1})$
0.00	0.000 0	3.50	0.596 3	10.00	0.925 1	17.00	0.987 8
0.25	0.062 7	4.00	0.645 3	10.50	0.934 2	18.00	0.990 6
0.50	0.121 5	4.50	0.688 4	11.00	0.942 2	19.00	0.992 7
0.75	0.176 6	5.00	0.726 3	11.50	0.949 2	20.00	0.994 4
1.00	0.228 3	5.50	0.759 6	12.00	0.955 4	21.00	0.995 7
1.25	0.276 7	6.00	0.788 8	12.50	0.960 8	22.00	0.996 7
1.50	0.322 1	6.50	0.814 5	13.00	0.965 6	23.00	0.997 4
1.75	0.364 6	7.00	0.837 0	13.50	0.969 7	24.00	0.998 0
2.00	0.404 5	7.50	0.856 8	14.00	0.973 4	25.00	0.998 5
2.25	0.441 8	8.00	0.874 2	14.50	0.976 6	26.00	0.998 8
2.50	0.476 8	8.50	0.889 6	15.00	0.979 5	27.00	0.999 1
2.75	0.509 7	9.00	0.902 9	15.50	0.982 0		
3.00	0.540 4	9.50	0.914 7	16.00	0.984 2		

表 4-48 钇-90 的衰变因子

t_2-t_3/h	$e^{-\lambda(t_3-t_2)}$	t_2-t_3/h	$e^{-\lambda(t_3-t_2)}$	t_2-t_3/h	$e^{-\lambda(t_3-t_2)}$
0.0	1.000 0	10.0	0.897 6	26.0	0.755 2
0.5	0.994 6	10.5	0.892 8	27.0	0.747 1
1.0	0.989 3	11.0	0.888 0	28.0	0.739 1
1.5	0.983 9	11.5	0.883 2	29.0	0.731 1
2.0	0.978 6	12.0	0.878 5	30.0	0.723 3
2.5	0.973 4	12.5	0.873 7	31.0	0.715 5
3.0	0.968 1	13.0	0.869 0	32.0	0.707 8
3.5	0.962 9	13.5	0.864 4	33.0	0.700 2
4.0	0.957 7	14.0	0.859 7	34.0	0.692 7
4.5	0.952 6	15.0	0.850 5	35.0	0.685 3
5.0	0.947 4	16.0	0.841 3	36.0	0.677 9
5.5	0.942 3	17.0	0.832 3	37.0	0.670 6
6.0	0.937 3	18.0	0.823 4	38.0	0.663 4
6.5	0.932 2	19.0	0.814 5	39.0	0.656 3
7.0	0.927 2	20.0	0.805 8	40.0	0.649 3
7.5	0.922 2	21.0	0.797 1	41.0	0.642 3
8.0	0.917 2	22.0	0.788 5	42.0	0.635 4
8.5	0.912 3	23.0	0.780 1	43.0	0.628 6
9.0	0.907 4	24.0	0.771 7	44.0	0.621 9
9.5	0.902 5	25.0	0.763 4	45.0	0.615 1

二十三、钛

钛，灰白色金属，密度 4.5 g/cm³（20℃），熔点 1 800℃，沸点 3 000℃以上，化合价有正二价、正三价、正四价。常温下钛不受多种强酸强碱甚至王水的腐蚀，只有氢氟酸和热浓盐酸、热浓硫酸才对其有作用。高温下钛与许多元素和化合物发生反应。

钛在地壳中平均含量为 5.6 g/kg，主要见于海砂与沉积层岩中钛铁矿和金红石矿中。钛及其合金是新型结构材料，主要用于航空、航海、导弹制造、核反应堆设备等，在机械制造、电讯器材、医疗器材、建材等方面的应用也日益广泛。

钛及其化合物属低毒类。人体吸入二氧化钛粉尘对上呼吸道有刺激性，引起咳嗽、胸部紧束感和疼痛。接触四氯化钛及其水解产物对眼睛和上呼吸道黏膜有刺激作用，长期作用可形成慢性支气管炎。

我国现行的《地表水环境质量标准》（GB 3838—2002）中规定了特定项目钛的标准限值为 0.1 mg/L。

水中钛的常用分析方法有原子吸收分光光度法、电感耦合等离子体发射光谱法和电感耦合等离子体质谱法等。

（一）石墨炉原子吸收分光光度法（A）

同本章钼测定方法（一）石墨炉原子吸收分光光度法。

（二）电感耦合等离子体发射光谱法（A）

同本章银测定方法（三）电感耦合等离子体发射光谱法。

（三）电感耦合等离子体质谱法（A）

同本章银测定方法（四）电感耦合等离子体质谱法。

二十四、锌

锌是一种浅灰色的过渡金属。是第四常见的金属，仅次于铁、铝及铜。不过地壳含量最丰富的元素，前几名是氧、硅、铝、铁、钙、钠、钾、镁。在人体中，锌属于微量元素。外观呈现银白色，在现代工业中在电池制造上有不可磨灭的地位，为一相当重要的金属。

（一）火焰原子吸收分光光度法（A）

同本章镉测定方法（一）火焰原子吸收分光光度法。

（二）电感耦合等离子体发射光谱法（A）

同本章银测定方法（三）电感耦合等离子体发射光谱法。

（三）电感耦合等离子体质谱法（A）

同本章银测定方法（四）电感耦合等离子体质谱法。

二十五、钒

钒，银白色金属，熔点很高，常与铌、钽、钨、钼并称为难熔金属。有延展性，质坚硬，无磁性。具有耐盐酸和硫酸的本领，并且在耐气—盐—水腐蚀的性能上要比大多数不锈钢好。于空气中不被氧化，可溶于氢氟酸、硝酸和王水。

钒具有众多优异的物理性能和化学性能，因而钒的用途十分广泛，有金属"维生素"之称。在汽车、航空、铁路、电子技术、国防工业等部门，到处可见到钒的踪迹。此外，钒的氧化物已成为化学工业中最佳催化剂之一，有"化学面包"之称。主要用于制造高速切削钢及其他合金钢和催化剂。

钒在天然水中的浓度很低，一般河水中为 $0.01 \sim 20\ \mu g/L$，平均为 $1\ \mu g/L$；海水中为 $0.9 \sim 2.5\ \mu g/L$。尽管水体中可溶性的钒含量很低，但是水中悬浮物含钒量是很高的。悬浮物的沉积导致水中钒向底质迁移，并使水体得到净化。

金属钒的毒性很低。钒化合物（钒盐）对人和动物具有毒性，其毒性随化合物的原子价增加和溶解度的增大而增加，如五氧化二钒为高毒，可引起呼吸系统、神经系统、胃肠和皮肤的改变。

（一）石墨炉原子吸收分光光度法（A）*

1. 方法的适用范围

本方法适用于地表水、地下水、生活污水和工业废水中钒的测定。

本方法检出限为 0.003 mg/L，测定下限为 0.012 mg/L，测定上限为 0.200 mg/L。

2. 方法原理

样品经适当处理后，注入石墨炉原子化器。试样所含钒离子在石墨管内经过原子化，高温解离为原子蒸气。待测元素钒的基态原子吸收来自钒元素空心阴极灯发出的共振谱线能量，其吸光度在一定范围内与其浓度成正比。

3. 干扰和消除

地表水、地下水中常见共存组分对钒的测定不产生干扰。

工业废水中的共存离子和化合物在常见浓度下不干扰测定。当废水中含有 0.040 mg/L 的钒时，10 000 mg/L 的 Cl，300 mg/L 的 Fe，100 mg/L 的 Co、Zn、Mn、K、Na、Ca、Mg、Sb、Bi、Pb，10.0 mg/L 的 Ni、Cu、Cr、Cd、As、Ag 等对测定结果无影响。

4. 仪器和设备

除非另有说明，否则分析时均使用符合国家标准 A 级玻璃量器。

（1）石墨炉原子吸收分光光度计，具有背景校正功能。

（2）热解涂层石墨管。

（3）钒空心阴极灯。

5. 试剂和材料

除非另有说明，否则均使用符合国家标准的分析纯试剂。所有试剂，特别是缓冲溶液应不含铅。试验中应使用不含铅的蒸馏水或去离子水。

（1）硝酸：ρ（HNO_3）=1.42 g/ml，优级纯。

（2）偏钒酸铵（NH_4VO_3）：光谱纯。

（3）硝酸溶液：1+1。

（4）硝酸溶液：2+998。

（5）钒标准贮备液：ρ=1 000 mg/L。

称取偏钒酸铵 42.296 0 g（准确至 0.000 1g），用 5 ml 硝酸溶解，必要时加热，直至完全溶解，用水定容至 1 000 ml。亦可购买市售有证标准样品。

（6）钒标准使用液：ρ=0.200 mg/L。

用（2+998）硝酸溶液逐级稀释钒标准贮备液配制。

（7）氩气，纯度不低于 99.99%。

6. 样品

（1）样品采集和保存。

用聚乙烯塑料瓶采集样品。采样时先将聚乙烯塑料瓶润洗 3 次。测定钒总量时，样品采集后立即加入（1+1）硝酸溶液调节 pH<2。测定溶解性钒时，样品采集后尽快用 0.45 μm 滤膜过滤，滤液用（1+1）硝酸溶液调节 pH<2 后保存于聚乙烯塑料瓶中。酸化样品常温下可保存 3 个月。

---

* 本方法与 HJ 673—2013 等效。

（2）试样的制备。

①可溶性钒：样品经 0.45 μm 滤膜过滤。

②总钒：取混合均匀的水样 50 ml 于 200 ml 三角瓶中，加入 5.0 ml 硝酸后放于电热板上加热煮沸，蒸发至 1 ml 左右。若试液浑浊且颜色较深，再补加硝酸 5 ml 继续消解，直至溶液透明。待样品近干时，从电热板上取下稍冷，全部转移至 50 ml 容量瓶中，用（2+998）硝酸溶液定容，混匀后上机测定。如果消解试样有沉淀，可用中速滤纸过滤后定容至 50 ml。

（3）空白试样的制备。

用水代替样品，采用和试样的制备相同的步骤和试剂，制备全程序空白样品。每批样品至少制备 2 个。取 2 个空白试样浓度的平均值参与结果计算。

7．分析步骤

（1）仪器参考测量条件。

可根据仪器使用说明书选择测量条件。表 4-49、表 4-50 列出了仪器参考测量条件。

表 4-49　仪器参考测量条件

元素	波长/nm	灯电流/mA	狭缝/nm
V	318.4	12.5	1.3

表 4-50　参考升温程序

升温阶段	温度/℃	时间/s
干燥	80～140	20
灰化	900	20
原子化	2 700	6
清除	2 800	4

（2）校准曲线的建立。

在 10 ml 容量瓶中分别加入 0.00 ml、2.00 ml、4.00 ml、6.00 ml、8.00 ml 和 10.0 ml 钒标准使用液，用（2+998）硝酸溶液定容至刻度。其浓度分别为 0.00 μg/L、40.0 μg/L、80.0 μg/L、120 μg/L、160 μg/L 和 200 μg/L。取 20 μl 标准系列溶液样品，按设定的仪器参数由低浓度到高浓度依次测量吸光度。

以钒标准溶液浓度（μg/L）为横坐标、吸光度测量值为纵坐标建立校准曲线。

（3）试样的测定。

取 20 μl 试样，按照与建立校准曲线相同的条件测量吸光度。根据吸光度值从校准曲线求得钒含量。钒含量超出校准曲线测定范围时，可将水样稀释后测定。

8．结果计算和表示

（1）结果计算。

样品中钒的质量浓度按照下式计算。

$$\rho = \frac{(\rho_1 - \rho_0) \times V_1}{V \times 1000} \times f$$

式中：ρ——样品中钒的质量浓度，mg/L；

　　　ρ_1——从校准曲线求得的试样中钒的质量浓度，μg/L；

ρ_0——从校准曲线求得的样品空白试样中钒的质量浓度，$\mu g/L$；

V_1——试样定容体积，ml；

V——水样取样体积，ml；

f——稀释倍数。

（2）结果表示。

当测定结果小于 0.100 mg/L 时，保留至小数点后三位；当测定结果大于等于 0.100 mg/L 时，保留三位有效数字。

9. 精密度和准确度

（1）精密度。

6 家实验室分别对质量浓度为 18.5 $\mu g/L$、58.0 $\mu g/L$、143.0 $\mu g/L$ 的统一含钒工业废水样品进行了测定，实验室内相对标准偏差分别为 1.3%～4.1%、0.6%～2.4%、0.4%～2.1%；实验室间相对标准偏差分别为 7.0%、4.0%、7.7%。

（2）准确度。

6 家实验室对质量浓度为（233±11）$\mu g/L$ 的有证钒标准样品进行了测定，相对误差结果为–0.1%～2.6%。

6 家实验室对地表水样品进行了加标回收率实验，加标浓度为 10.0 $\mu g/L$ 时，加标回收率范围为 94.1%～102%。对总钒质量浓度分别为 18.5 $\mu g/L$、58.0 $\mu g/L$ 的工业废水样品进行了加标分析测定，加标浓度分别为 20.0 $\mu g/L$、80.0 $\mu g/L$，加标回收率结果分别为 94.6%～103%、93.6%～104%。

10. 质量控制和质量保证

（1）实验室常用玻璃器皿均需经（1+1）硝酸溶液浸泡 24 h 后，用水洗净后备用。

（2）每分析一批水样（≤10 个），应做 2 个实验室试剂空白。如果空白样品响应值高，应仔细查找原因，消除空白值偏高的因素。

（3）每分析同一类样品应做一个样品加标实验，以判断是否存在基体干扰。回收率应在 90.0%～110%。不同来源的样品均应考虑加做样品加标实验。

（4）每分析一批（≤10）样品应有一个平行样。数量较多时，应按 10%比例选取平行样个数。平行样结果的偏差应小于重复性限。

（5）每测量 10 个样品应测量一个校准曲线校核点（取校准曲线中间浓度），与其浓度标示值进行比较，其相对偏差应在 10%以内。如校核样品测定结果超过此范围，应重新建立校准曲线，并对已测量过的样品进行复查。

（6）校准曲线的相关系数 $\gamma > 0.999$。

（二）电感耦合等离子体发射光谱法（A）

同本章银测定方法（三）电感耦合等离子体发射光谱法。

（三）电感耦合等离子体质谱法（A）

同本章银测定方法（四）电感耦合等离子体质谱法。

二十六、铊

铊，一种银白色重质金属，质软，无弹性，易熔融。铊不溶于水，在空气中氧化时表面覆有氧化物的黑色薄膜，174℃条件下开始挥发，保存在水中或石蜡中较空气中稳定。铊在盐酸和稀硫酸中溶解缓慢，但在硝酸中溶解迅速。其主要的化合物有氧化物、硫化物、卤化物、硫酸盐等，铊盐一般为无色、无味的结晶，溶于水后形成亚铊化物。

铊在自然环境中含量很低，是自然界存在的典型的稀有分散元素。铊是一种伴生元素，几乎不单独成矿，天然丰度为 8×10^{-7}，地壳中的平均含量仅为 1 g/t。铊被广泛用于电子、军工、航天、化工、冶金、通信等各个方面，在光导纤维、辐射闪烁器、光学透位、辐射屏蔽材料、催化剂和超导材料等方面具有潜在应用价值。

铊对人体的毒性超过了铅和汞，近似于砷。铊是人体非必需微量元素，可以通过饮水、食物、呼吸而进入人体并富集，铊的化合物具有诱变性、致癌性和致畸性，导致食道癌、肝癌、大肠癌等多种疾病的发生，使人类健康受到极大的威胁。

铊还可以与细胞膜表面的三磷酸腺苷（Na-K-ATP）酶竞争结合进入细胞内，与线粒体表面含巯基团结合，抑制其氧化磷酸化过程，干扰含硫氨基酸代谢，抑制细胞有丝分裂和毛囊角质层生长。同时，铊可与维生素 B_2 及维生素 B_2 辅助酶作用，破坏钙在人体内的平衡。

铊是剧毒金属，该品根据《危险化学品安全管理条例》受公安部门管制。

（一）石墨炉原子吸收分光光度法（A）*

警告：铊和铊盐有剧毒，铊的氧化物和氯化物有一定挥发性，整个实验过程必须在通风橱内进行。

1．方法的适用范围

本方法适用于地表水、地下水、生活污水和工业废水中可溶性铊和总铊的测定。

当采用沉淀富集法，样品富集 50 倍时，本方法检出限为 0.03 μg/L，测定下限为 0.14 μg/L。

当直接测定时，本方法检出限为 0.83 μg/L，测定下限为 3.3 μg/L。

2．方法原理

沉淀富集法：在酸性条件下，用溴水作氧化剂，使水中铊呈三价态，用氨水调节 pH，使铊在碱性条件下与铁溶液产生共沉淀。离心分离沉淀，再用硝酸溶液溶解沉淀，处理后的样品注入石墨炉原子化器中，铊离子在石墨管内高温原子化，基态铊原子对 276.8 nm 的特征谱线选择性吸收，其吸光度值和铊的浓度成正比。

直接法：经消解预处理的试样注入石墨炉原子化器中，铊离子在石墨管内高温原子化，基态铊原子对 276.8 nm 的特征谱线选择性吸收，其吸光度值和铊的浓度成正比。

3．干扰和消除

氯离子对铊有负干扰，加硝酸铵可有效地消除浓度低于 1.2 g/L 的氯离子干扰。在样品的保存、制备和标准溶液的配制过程中应避免使用盐酸。

4．仪器和设备

（1）石墨炉原子吸收分光光度计。

（2）铊空心阴极灯。

（3）磁力搅拌机。

（4）离心机，带 50 ml、100 ml 离心管，最高转速为 4 000 r/min。

（5）微波消解装置或电热板。

---

* 本方法与 HJ 748—2015 等效。

（6）聚乙烯瓶或硬质玻璃瓶。

5．试剂和材料

除非另有说明，否则分析时均使用符合国家标准的分析纯试剂，实验用水为新制备的去离子水或蒸馏水。

（1）硝酸：ρ（HNO_3）=1.42 g/ml，优级纯。

（2）硝酸溶液：1+99。

（3）硝酸溶液：1+1。

（4）溴水（Br_2）。

（5）铁溶液：ρ（Fe）=4 mg/ml。

称取 14.28 g 硫酸铁[$Fe_2(SO_4)_3$]溶解于 1 000 ml 水中。

（6）氨水：ρ（$NH_3 \cdot H_2O$）=0.907 g/ml。

（7）氨水溶液：1+9。

（8）硝酸钯/硝酸镁混合溶液：ρ[$Mg(NO_3)_2$]=2 mg/L，ρ[$Pd(NO_3)_2$]=3 mg/L。

称取 0.3 g 硝酸钯，加入 1 ml 浓硝酸溶解。称取 0.2 g 硝酸镁用水溶解。将两种溶液混合，用水定容至 100 ml。

（9）硝酸铵溶液：ρ（NH_4NO_3）=30 mg/L。

称取 3.0 g 硝酸铵溶于 100 ml 水中。

（10）铊标准贮备液：ρ（Tl）=1 000 mg/L。

准确称取 1.3 g（精确到 0.1 mg）经 105℃左右干燥 1 h 的硝酸铊（$TlNO_3$，优级纯），加 50 ml 浓硝酸溶解，用水稀释定容至 1 000 ml 容量瓶中，摇匀，保存于聚乙烯塑料瓶中，或使用市售铊标准溶液。标准贮备液可保存 12 个月，市售铊标准溶液依据生产商规定的保存时间。

（11）铊标准中间液：ρ（Tl）=50.0 mg/L。

移取 5.00 ml 铊标准贮备液于 100 ml 容量瓶中，用硝酸溶液稀释至刻度，摇匀。铊标准中间液可保存 6 个月。

（12）铊标准使用液：ρ（Tl）=1.00 mg/L。

移取 2.00 ml 铊标准中间液于 100 ml 容量瓶中，用（1+99）硝酸溶液稀释至刻度，摇匀。铊标准使用液可保存 6 个月。

（13）氩气：纯度不低于 99.99%。

6．样品

（1）样品采集和保存。

①参照《地表水和污水监测技术规范》（HJ/T 91—2002）和《地下水环境监测技术规范》（HJ 164—2020）的相关规定进行水样的采集，样品采集量为 1 L。

②可溶性铊样品。样品采集后用 0.45 μm 滤膜过滤，弃去初始的滤液，将收集的滤液贮存于聚乙烯瓶或硬质玻璃瓶中，每 100 ml 滤液加 1 ml 硝酸酸化，于 14 d 内测定。

③总铊样品。样品采集后立即加 10 ml 浓硝酸酸化，碱性样品可增加酸量。样品贮存于聚乙烯瓶或硬质玻璃瓶中，于 14 d 内测定。

（2）试样的制备。

①沉淀富集法。移取 500 ml 或适量水样于 1 000 ml 烧杯中，用（1+1）硝酸溶液酸化至 pH=2，加 0.5～2 ml 溴水，使水样呈黄色，以 1 min 不褪色为准。加入 10 ml 铁溶液，

在磁力搅拌下，滴加（1+9）氨水溶液，使 pH＞7，待沉淀完全后，小心弃去上清液，沉淀物分数次移入离心管内，离心 15～20 min，取出离心管，用吸管吸去上层清液。加入 1 ml 浓硝酸溶解沉淀，转移至 10 ml 比色管中，用水洗涤离心管，加入 2 ml 硝酸钯/硝酸镁混合溶液，若有氯离子干扰，再加入 2 ml 硝酸铵溶液，最后用（1+99）硝酸溶液稀释定容至刻度，混匀，待测。

②直接法。样品消解参照《水质　金属总量的消解　硝酸消解法》（HJ 677—2013）或《水质　金属总量的消解　微波消解法》（HJ 678—2013）的规定进行，加酸，置于微波炉内或电热板上消解，样品消解蒸发至约 5 ml。冷却，过滤，加入 10 ml 硝酸钯/硝酸镁混合溶液，若有氯离子干扰，再加入 10 ml 硝酸铵溶液，最后用（1+99）硝酸溶液定容至 50 ml。

③空白试样。用水代替样品，按照与试样的制备相同的步骤制备空白试样。

7．分析步骤

（1）仪器参考测量条件。

参考的仪器测量条件见表 4-51。各实验室可根据仪器说明书选择最佳测量条件。

表 4-51　仪器参考测量条件

工作参数	测量条件
光源	铊空心阴极灯或特制短弧氘灯
灯电流/mA	7
波长/nm	276.8
通带宽度/nm	0.7
干燥/（℃，s）	80～120，30
灰化/（℃，s）	900，30
原子化/（℃，s）	1 650，5
清除/（℃，s）	2 600，5
基体改进剂	$Pd(NO_3)_2/Mg(NO_3)_2+NH_4NO_3$
进样体积/μL	20.0
背景扣除	氘灯扣背景和塞曼扣背景

（2）校准曲线的建立。

①沉淀富集法的校准曲线建立。分别移取 0.00 ml、0.50 ml、1.00 ml、1.50 ml、2.00 ml、2.50 ml 和 5.00 ml 铊标准使用液于 50 ml 容量瓶中，用（1+99）硝酸溶液定容至刻线，摇匀。标准系列质量浓度分别为 0.0 μg/L、10.0 μg/L、20.0 μg/L、30.0 μg/L、40.0 μg/L、50.0 μg/L 和 100.0 μg/L。

分别移取 10 ml 以上标准系列于 500 ml 容量瓶中，用水稀释定容。按沉淀富集法样品的制备步骤，建立校准曲线系列。

②直接法的校准曲线建立。分别移取 0.00 ml、0.50 ml、1.00 ml、1.50 ml、2.00 ml、2.50 ml 和 5.00 ml 铊标准使用液于 50 ml 容量瓶中，加入 10 ml 硝酸钯/硝酸镁混合溶液及 10 ml 硝酸铵溶液，用（1+99）硝酸溶液定容至刻度，摇匀。标准系列质量浓度分别为 0.0 μg/L、10.0 μg/L、20.0 μg/L、30.0 μg/L、40.0 μg/L、50.0 μg/L 和 100.0 μg/L。

按照选定的最佳仪器条件由低质量浓度到高质量浓度依次向石墨管内加入 20 μl 标准系列，测定吸光度。

以吸光度为纵坐标，以铊的质量浓度（μg/L）为横坐标，建立校准曲线。

（3）试样的测定。

按照与建立校准曲线相同的条件测定试样的吸光度。

（4）空白试验。

按照与试样的测定相同的条件进行空白试验。

8. 结果计算和表示

（1）结果计算。

样品中铊的质量浓度按照下式计算。

$$\rho = \frac{\rho_1 \times V_1}{V} \times f$$

式中：ρ——样品中铊的质量浓度，μg/L；

ρ_1——校准曲线中查得的试样中铊的质量浓度，μg/L；

V——样品体积，ml；

V_1——试样定容体积，ml；

f——稀释倍数。

（2）结果表示。

测定结果与检出限最后一位保持一致，若有效数字大于三位，则保留三位有效数字。

9. 精密度和准确度

（1）精密度。

6 家实验室分别对质量浓度为 0.20 μg/L、0.50 μg/L、1.00 μg/L 的模拟地表水样品进行了测定，实验室内相对标准偏差分别为 4.7%～11.0%、2.6%～9.4%、1.3%～9.8%；实验室间相对标准偏差分别为 19.0%、6.7%、7.0%。

6 家实验室分别对质量浓度为 36.0 μg/L 和 87.0 μg/L 的废水样品进行了测定，实验室内相对标准偏差分别为 0.8%～3.4%、0.5%～2.4%；实验室间相对标准偏差分别为 4.4%、5.2%。

（2）准确度。

6 家实验室对地表水样品进行了加标，加标量分别为 0.10 μg、0.25 μg、0.50 μg，沉淀富集法的加标回收率分别为 71.0%～113%、85.0%～101%、82.0%～101%。

6 家实验室对质量浓度为（51.8±3）μg/L 的有证标准物质用沉淀富集法进行了测定，相对误差为–5.6%～–1.4%。

6 家实验室对质量浓度为 36.0 μg/L 的废水样品进行了加标，加标量为 2.5 μg，直接法的加标回收率为 84.0%～108%。

6 家实验室对质量浓度为（51.8±3）μg/L 的有证标准物质用直接法进行了测定，相对误差为–2.3%～1.2%。

10. 质量保证和质量控制

（1）每批样品应做空白试验，其测定结果低于方法检出限。

（2）每批样品应做 10%的平行样分析，平行样的相对偏差应控制在 20%以内。

（3）每批样品应做 10%的加标样分析，加标回收率应控制在 70.0%～120%。

（4）每批样品均应建立校准曲线。通常情况下，校准曲线的相关系数应达到 0.995 以上。每测 10 个样品要加测 1 个内控样或校准曲线中间浓度的标液，测定结果的相对偏差应控制在 10%以内，否则应重新建立校准曲线。

（二）电感耦合等离子体质谱法（A）

同本章银测定方法（四）电感耦合等离子体质谱法。

二十七、铟

铟是银白色并略带淡蓝色的金属，质地非常软，能用指甲刻痕。铟的可塑性强，有延展性，可压成片。

从常温到熔点之间，铟与空气中的氧作用缓慢，表面形成极薄的氧化膜（In_2O_3），温度更高时，与活泼非金属作用。大块金属铟不与沸水和碱溶液反应，但粉末状的铟可与水缓慢的作用，生成氢氧化铟。铟与冷的稀酸作用缓慢，易溶于浓热的无机酸和乙酸、草酸。铟能与许多金属形成合金（尤其是铁，粘有铁的铟会显著地被氧化）。铟的主要氧化态为正一价和正三价，主要化合物有 In_2O_3、$In(OH)_3$、$InCl_3$，与卤素化合时，能分别形成一卤化物和三卤化物。

金属铟主要用于制造低熔合金、轴承合金、半导体、电光源等的原料。铟锭因其光渗透性和导电性强，主要用于生产 ITO 靶材（用于生产液晶显示器和平板屏幕），这一用途是铟锭的主要消费领域，占全球铟消费量的 70%。医学上，肝、脾、骨髓扫描用铟胶体；脑、肾扫描用铟-DTPA；肺扫描用铟-$Fe(OH)_3$ 颗粒；胎盘扫描用铟-Fe-抗坏血酸；肝血池扫描用铟输送铁蛋白。

电感耦合等离子体质谱法（A）

同本章银测定方法（四）电感耦合等离子体质谱法。

二十八、钍

钍为银白色金属，长期暴露在大气中渐变为灰色。质较软，可锻造。

钍的化学性质比较活泼，不溶于稀酸和氢氟酸，溶于发烟的盐酸、硫酸和王水中。硝酸能使钍钝化。苛性碱对它无作用。高温时可与卤素、硫、氮作用。

所有钍盐都显示出正四价。在化学性质上与锆、铪相似。除惰性气体外，钍能与几乎所有的非金属元素作用，生成二元化合物；加热时迅速氧化并发出耀眼的光。

钍是放射性元素，自然界的钍全部为钍-232，其半衰期约为 1.4×10^{10} 年。经过中子轰击，可得铀-233，因此它是潜在的核燃料。

钍是高毒性元素。

（一）电感耦合等离子体质谱法（A）

同本章银测定方法（四）电感耦合等离子体质谱法。

（二）分光光度法（A）[*]

1. 方法的适用范围
本方法适用于地表水、地下水和饮用水中钍的分析，测定范围在 $0.01 \sim 0.5\ \mu g/L$。

---

[*] 本方法与 GB 11224—89 等效。

2．方法原理

水样中加入镁载体和氢氧化钠后，钍和镁以氢氧化物形式共沉淀。用浓硝酸溶解沉淀，溶解液通过三烷基氧膦萃淋树脂萃取色层柱选择性吸附钍；草酸-盐酸溶液解吸钍；在草酸-盐酸介质中，钍与偶氮胂Ⅲ生成红色络合物，于分光光度计 660 nm 处测量其吸光度。

3．干扰和消除

水样中锆、铀总量分别超过 10 µg、100 µg 时，会影响测定结果的准确性。

4．仪器和设备

（1）玻璃色层交换柱：内径 7 mm。

（2）分光光度计。

（3）离心机。

5．试剂和材料

除非另有说明，否则所有试剂均为符合国家标准或专业标准的分析纯试剂和蒸馏水或同等纯度的水。

（1）氯化镁（$MgCl_2 \cdot 6H_2O$）。

（2）盐酸溶液：1+9。

（3）硝酸：ρ（HNO_3）=1.42 g/ml。

（4）硝酸溶液Ⅰ：c（HNO_3）=3 mol/L。

（5）硝酸溶液Ⅱ：c（HNO_3）=1 mol/L。

（6）0.025 mol/L 草酸-0.1 mol/L 盐酸溶液。

（7）0.1 mol/L 草酸-6 mol/L 盐酸溶液。

（8）偶氮胂Ⅲ溶液：ρ =1 g/L。

（9）氢氧化钠溶液：c=10 mol/L。

称取 200 g 氢氧化钠，用水溶解，稀释至 500 ml。贮存于聚乙烯瓶中。

（10）钍标准贮备液：10 mg 钍-10%盐酸溶液，最大相对误差不大于 0.2%。

（11）钍标准使用液：用（1+9）盐酸溶液将钍标准贮备液稀释至 1 000 ml，此溶液为每毫升含 10 µg 钍。

（12）三烷基氧膦（TRPO）萃淋树脂：50%（m/m），60～75 目。

6．样品

按国家关于核设施水质监测分析取样的规定进行样品采集和保存。

7．分析步骤

（1）萃取色层柱的准备。

①树脂的处理：用去离子水将三烷基氧膦（TRPO）萃淋树脂浸泡 24 h 后弃去上层清液。用硝酸溶液Ⅰ搅拌，浸泡 2 h，而后用去离子水洗至中性。自然晾干。保存于棕色玻璃瓶中。

②萃取色层柱的制备：用湿法将树脂装入玻璃色层交换柱中，床高 70 mm。床的上、下两端少量聚四氟乙烯丝填塞，用 25 ml 硝酸溶液Ⅱ以 1 ml/min 流速通过玻璃色层交换柱后备用。

③萃取色层柱的再生：依次用 0.025 mol/L 草酸-0.1 mol/L 盐酸溶液 20 ml，25 ml 水，25 ml 硝酸溶液Ⅱ以 1 ml/min 流速通过萃取色层柱后备用。

（2）试样的测定。

取水样 10 L 加氢氧化钠溶液调节至 pH=7，加 5.1 g 氯化镁。在转速为 500 r/min 搅拌下，缓慢滴加 10 ml 氢氧化钠溶液。加完后继续搅拌 30 min，放置 15 h 以上。

弃去上层清液，沉淀转入离心管中，在转速为 2 000 r/min 下离心 10 min。弃去上层清液。用约 6 ml 硝酸溶解沉淀。溶解液在上述转速下离心 10 min，上层清液以 1 ml/min 流速通过萃取色层柱。

用 200 ml 硝酸溶液Ⅱ以 1 ml/min 的流速洗涤萃取色层拄，然后用 25 ml 水洗涤，洗涤速度为 0.5 ml/min。

用 0.025 mol/L 草酸-0.1 mol/L 盐酸溶液 30 ml 以 0.3 ml/min 流速解吸钍。收集解吸液于烧杯中，在电砂浴上缓慢蒸干。

将上述烧杯中的残渣用 0.1 mol/L 草酸-6 mol/L 盐酸溶液溶解并转入 10 ml 容量瓶中，加入 0.50 ml 偶氮胂Ⅲ溶液。用 0.1 mol/L 草酸-6 mol/L 盐酸溶液稀释至刻度。10 min 后，将此溶液转入 3 cm 比色皿中。以偶氮胂Ⅲ溶液作为参比液，于分光光度计 660 nm 处测量其吸光度，从校准曲线上查出相应的钍量。

（3）校准曲线的建立。

准确移取 0.00 ml、0.05 ml、0.10 ml、0.30 ml 和 0.50 ml 钍标准溶液置于一组盛有 10 L 自来水的塑料桶中，按照与试样的测定相同步骤进行操作。以偶氮胂Ⅲ溶液作为参比液，于分光光度计 660 nm 处测量其吸光度。数据经线性回归处理后，以钍量为横坐标，吸光度为纵坐标建立校准曲线。

8. 结果计算和表示

（1）结果计算。

样品中钍的质量浓度按照下式计算。

$$\rho = \frac{m}{V}$$

式中：ρ——样品中钍的质量浓度，$\mu g/L$；

m——从校准曲线上查得的钍含量，μg；

V——水样体积，L。

（2）结果表示。

当测定结果小于 1.00 $\mu g/L$ 时，保留至小数点后两位；当测定结果大于等于 1.00 $\mu g/L$ 时，保留三位有效数字。

9. 精密度

本方法的精密度以含钍总量（μg）表示，见表 4-52。

表 4-52　钍的精密度

水平范围	重复性 r	再现性 R
0.35～4.59	0.115 5+0.032 0m	0.394 2$m^{0.606\ 2}$

注：m 为试验平均值。

二十九、铀

铀为银白色金属，是重要的天然放射性元素，也是最重要的核燃料。

铀常见化合价：正三价，正四价，正五价，正六价，其中正四价和正六价化合物稳定。铀性质活泼，能和所有的非金属作用（惰性气体除外），能与多种金属形成合金。空气中易氧化，生成一层发暗的氧化膜。高度粉碎的铀空气中极易自燃，块状铀在空气中易氧化失去金属光泽，在空气中加热即燃烧，在 250℃下和硫反应，在 400℃下和氮反应生成氮化物，在 1 250℃下和碳反应生成碳化物，在 250～300℃下和氢反应生成 UH_3，UH_3 在真空 350～400℃下分解，放出氢气。铀与卤素反应生成卤化物，铀能与汞、锡、铜、铅、铝、铋、铁、镍、锰、钴、锌、铍作用生成金属间化合物。金属铀缓慢溶于硫酸和磷酸，有氧化剂存在时会加速溶解，铀易溶于硝酸，铀对碱性溶液呈惰性，但有氧化剂存在时，能使铀溶解。

铀及其化合物均有较大的毒性，空气中可溶性铀化合物的允许浓度为 0.05 mg/m^3，不溶性铀化合物允许浓度为 0.25 mg/m^3，人体对天然铀的放射性允许剂量，可溶性铀化合物为 7 400 Bq，不溶性铀化合物为 333 Bq。铀的化合物进入体内，主要蓄积在肝、肾脏和骨骼中，根据剂量大小，可引起急性或慢性中毒。鼠类喂食量达 36 mg/d 会致死。

（一）电感耦合等离子体质谱法（A）

同本章银测定方法（四）电感耦合等离子体质谱法。

（二）分光光度法（A）*

1．方法的适用范围
本方法适用于排放废水中微量铀的测定。

本方法的测定范围为 2～100 μg/L。

2．方法原理
在硝酸介质中，铀酰离子与硫氰酸根生成的络合物被磷酸三丁酯定量萃取后，经铀试剂Ⅲ反萃取，以分光光度法测定铀。

3．仪器和设备
（1）分光光度计。

（2）电动离心机。

（3）酸度计。

4．试剂和材料
除非另有说明，否则分析时均使用符合国家标准或专业标准的分析纯试剂和蒸馏水或同等纯度的水。

（1）硝酸：ρ（HNO_3）=1.42 g/ml。

（2）硝酸溶液：1+1。

（3）硝酸溶液：c=0.01 mol/L。

（4）氨水：ρ（$NH_3 \cdot H_2O$）=0.907 g/ml。

---

* 本方法与 HJ 840—2017 等效。

（5）氨水溶液：1+1。

（6）铀标准贮备溶液：ρ=1.00 mg/ml。

将基准或光谱纯八氧化三铀于温度为 850℃马弗炉内灼烧 0.5 h，取出冷却。称取 0.117 9 g 于 50 ml 烧杯内，用 2～3 滴水润湿后，加入 5 ml 硝酸，于电热扳上加热溶解并蒸至近干，然后用硝酸溶液溶解，转入 100 ml 容量瓶内，稀释至刻度。

（7）铀标准溶液：ρ=10.0 μg/ml。

取 1.00 ml 铀标准贮备溶液，用硝酸溶液稀释至 100 ml。

（8）20%磷酸三丁酯—煤油溶液：取 20 ml 磷酸三丁酯（已纯化过的）与 80 ml 氢化煤油混匀。

（9）硫氰酸钾溶液：c=6 mol/L。

称取 291 g 硫氰酸钾（KSCN），用水溶解，稀释至 500 ml。

（10）酒石酸溶液：c=2 mol/L。

称取 150 g 酒石酸，用水溶解，稀释至 500 ml。

（11）乙二胺四乙酸二钠溶液：ρ=75 g/L。

称取 7.5 g 乙二胺四乙酸二钠（简称 EDTA 二钠），加少量水，滴加氨水使之完全溶解后，用水稀释至 100 ml。

（12）硝酸铵溶液：ρ=400 g/L。

称取 400 g 硝酸铵，用水溶解，稀释至 1 000 ml。

（13）碳酸钠溶液：ρ（Na_2CO_3）=50 g/L。

称取 50 g 无水碳酸钠，用水溶解，稀释至 1 000 ml。

（14）铀试剂Ⅲ溶液：ρ=0.02 g/L。

称取 0.100 0 g 铀试剂Ⅲ，用硝酸溶液溶解后，转入 100 ml 容量瓶中，稀释至刻度，此溶液浓度为 0.1%。取 10.0 ml 该溶液于 500 ml 容量瓶中，用硝酸溶液稀释至刻度。贮于棕色瓶内。

（15）30%过氧化氢溶液。

5. 样品

（1）样品采集和保存。

按照《水质　采样方案设计技术规定》（GB 12997—91）、《水质　采样技术指导》（GB 12998—91）、《水质采样　样品的保存和管理技术规定》（GB 12999—91）、《环境核辐射监测规定》（GB 12379—90）和《辐射环境监测技术规范》（HJ/T 61—2001）等标准中的相关规定进行水样的采集和保存。

（2）试样的制备。

将水样静置后取上清液为待测样品。如水样有悬浮物，需用孔径为 0.45 μm 的过滤器过滤除去，以滤液为待测样品。

6. 分析步骤

（1）校准曲线的建立。

在 7 个 150 ml 分液漏斗内，分别加入 0.00 μg、1.00 μg、2.00 μg、4.00 μg、6.00 μg、8.00 μg 和 10.00 μg 铀标准溶液用水加至 100 ml，摇匀。依次加入 2 ml 硫氰酸钾溶液、2 ml 酒石酸溶液和 6 ml 乙二胺四乙酸二钠溶液，每加入一种试剂均应摇匀。（1+1）硝酸溶液或（1+1）氨水溶液调节 pH 为 2～3（精密 pH 试纸指示）。加入 20%磷酸三丁酯-煤油溶液 10 ml，充分摇荡 5 min，静置分层后弃去水相。用 5 ml 硝酸铵溶液洗涤有机相二次，每次振荡

2 min。弃尽洗涤液，加入 10.0 ml 铀试剂Ⅲ溶液，振荡 2 min，静置分层后，将水相转入 10 ml 离心试管内，离心 3 min，移入 3 cm 比色皿内，于 655 nm 波长处，以试剂空白作为参比，测定光密度，并建立校准曲线。

（2）试样的测定。

取 100 ml 水样（视铀含量而定）于 150 ml 分液漏斗内，以下操作按照与建立校准曲线相同的步骤进行。

如果水样中含有机物较多，应将水样蒸干，反复用硝酸和 30%过氧化氢溶液处理，蒸干，直至残渣变白为止。最后，用 100 ml 硝酸溶液溶解残渣，并转入 150 ml 分液漏斗中，以下操作同校准曲线的建立。

7．结果计算和表示

（1）结果计算。

样品中铀的质量浓度按照下式计算。

$$\rho = \frac{m}{V}$$

式中：ρ——样品中铀的质量浓度，µg/L；

m——从校准曲线上查得的铀含量，µg；

V——水样体积，L。

（2）结果表示。

当测定结果小于 100 µg/L 时，保留至整数位；当测定结果大于等于 100 µg/L 时，保留三位有效数字。

（三）固体荧光法（A）*

1．方法的适用范围

本方法适用于地表水、地下水和废水中微量铀的测定。

本方法的测定范围为 0.05～100 µg/L。

2．方法原理

在硝酸介质中，铀酰离子与硫氰酸根生成的络合物被磷酸三丁酯定量萃取后，经铀试剂Ⅲ反萃取后，以固体荧光法测定铀或在硝酸介质中，铀酰离子被三正辛基氧膦定量萃取分离后，以固体荧光法测定铀。

3．仪器和设备

（1）光电荧光光度计：具有激发波长范围 320～370 nm，在 530～570 nm 波长处测量发射的荧光，能够探测 0.5 ng 或更少的铀。

（2）酒精喷灯或液化石油气灯：温度可达到 1 100℃。

（3）铂丝环：将直径为 0.5 mm 的铂丝一端熔入玻璃棒，另一端绕成内径为 3 mm 的圆环。

（4）铂皿：内径 10 mm，深 2 mm。

（5）氟化钠压片器。

（6）马弗炉：温度 1 000℃。

---

* 本方法与 HJ 840—2017 等效。

4．试剂和材料

除非另有说明，否则分析时均使用符合国家标准或专业标准的分析纯试剂和蒸馏水或同等纯度的水。

（1）硝酸：ρ（HNO_3）=1.42 g/ml。

（2）硝酸溶液 I：c（HNO_3）=0.01 mol/L。

（3）硝酸溶液 II：c（HNO_3）=1 mol/L。

（4）碳酸钠溶液：ρ（Na_2CO_3）=50 g/L。

称取 50 g 无水碳酸钠，用水溶解，稀释至 1 000 ml。

（5）二甲苯[$C_6H_4(CH_3)_2$]。

（6）铀标准贮备溶液：ρ=1.00 mg/ml。

将基准或光谱纯八氧化三铀于温度为 850℃马弗炉内灼烧 0.5 h，取出冷却。称取 0.117 9 g 于 50 ml 烧杯内，用 2～3 滴水润湿后，加入 5 ml 硝酸，于电热板上加热溶解并蒸至近干，然后用硝酸溶液 I 溶解，转入 100 ml 容量瓶内，稀释至刻度。

（7）铀标准溶液（临用时配制）。

用硝酸溶液将 1.00 mg/ml 铀标准贮备溶液逐级稀释成不同浓度的铀标准溶液。

（8）磷酸三丁酯—二甲苯溶液：ψ=20%。

取一定体积的磷酸三丁酯[$(C_4H_9O)_3PO_4$]，用等体积碳酸钠溶液洗涤 2～3 次，再用水洗至中性。取洗涤过的磷酸三丁酯与二甲苯[$C_6H_4(CH_3)_2$]按体积比 1：4 混匀。

（9）硫氰酸钾溶液：c=6 mol/L。

称取 291 g 硫氰酸钾（KSCN），用水溶解，稀释至 500 ml。

（10）酒石酸溶液：c=2 mol/L。

称取 150 g 酒石酸，用水溶解，稀释至 500 ml。

（11）乙二胺四乙酸二钠溶液：ρ=75 g/L。

称取 7.5 g 乙二胺四乙酸二钠（简称 EDTA 二钠），加少量水，滴加氨水使之完全溶解后，用水稀释至 100 ml。

（12）硝酸铵溶液：ρ=400 g/L。

称取 400 g 硝酸铵，用水溶解，稀释至 1 000 ml。

（13）碳酸钠溶液：ρ=50 g/L。

称取 50 g 无水碳酸钠，用水溶解，稀释至 1 000 ml。

（14）铀试剂 III 溶液：ρ=0.02 g/L。

称取 0.100 0 g 铀试剂 III，用硝酸溶液溶解后，转入 100 ml 容量瓶中，稀释至刻度，此溶液浓度为 0.1%。取 10.0 ml 该溶液于 500 ml 容量瓶中，用硝酸溶液稀释至刻度。贮于棕色瓶内。

（15）氟化钠，粉末状，优级纯。

（16）混合溶剂，将氟化钠粉末与氟化锂粉末按质量比 98：2 均匀混合。

（17）三正辛基氧膦-环己烷溶液：c=0.1 mol/L。

称取 19.33 g 三正辛基氧膦，溶于环己烷中，并稀释至 500 ml。

（18）混合掩蔽剂溶液。

6% 1,2-环己二胺四乙酸（简称 CyDTA）溶液：称取 30 g CyDTA 放入 500 ml 烧杯中，加水 400 ml，滴加 20%氢氧化钠溶液至其完全溶解。然后，用硝酸溶液 II 或氢氧化钠溶液调至中性，再用水稀释至 500 ml。

3%氟化钠溶液：称取 15 g 氟化钠，用水溶解，稀释至 500 ml。

取等体积的 6% 1,2-环己二胺四乙酸溶液和 3%氟化钠溶液混匀，即成混合掩蔽剂溶液。

（19）氢氧化钠溶液：ρ =200 g/L。

称取 100 g 氢氧化钠，用水溶解，稀释至 500 ml。贮存于聚乙烯瓶中。

（20）氨水：ρ（$NH_3 \cdot H_2O$）=0.907 g/ml。

（21）氨水溶液：1+1。

5. 样品

（1）样品采集和保存。

同本节（二）分光光度法。

（2）试样的制备。

同本节（二）分光光度法。

6. 分析步骤

（1）校准曲线的建立。

将氟化钠或混合熔剂分别和配制的铀标准溶液烧制熔珠或熔片，其操作方法见附录 A。烧制熔珠的条件为：火焰（氧化焰）温度 980～1 050℃，全熔后持续 20～30 s，退火 5～10 s，冷却 15 min 后，在光电荧光光度计上测定其荧光强度。用荧光强度与对应的铀浓度作图，建立四条不同量级的校准曲线。

（2）试样的测定。

①磷酸三丁酯萃取—铀试剂Ⅲ反萃取：取 100 ml（视铀含量而定）水样放入 150 ml 分液漏斗中，依次加入 2 ml 硫氰酸钾溶液、2 ml 酒石酸溶液和 6 ml 乙二胺四乙酸二钠溶液，每加入一种试剂均应摇匀。用（1+1）硝酸溶液或（1+1）氨水溶液调节 pH 为 2～3（精密 pH 试纸指示），加入 5 ml 磷酸三丁酯-二甲苯溶液，充分振荡 5 min，静置分层后，弃去水相。用 5 ml 硝酸铵溶液洗涤有机相 2 次，每次振荡 2 min，弃去水相。加 1.00 ml 铀试剂Ⅲ溶液，振荡 3 min，静置分层后，将下层水相全部或定量分取部分与氟化钠或混合熔剂烧制熔珠或熔片。以下操作同校准曲线的建立。

注：含氟较高的水样，可再加 1 ml 饱和硝酸铝溶液，以消除氟的干扰。

②三正辛基氧膦萃取：取 100 ml（视铀含量而定）水样放入 150 ml 分液漏斗内，加入 7 ml 硝酸和 0.5 ml 混合掩蔽剂溶液，摇匀，加入 1.00 ml 三正辛基氧膦-环己烷溶液。充分振荡 5 min，静置分层后，弃去水相，定量分取有机相部分与氟化钠或混合熔剂烧制熔珠或熔片，以下操作同校准曲线的建立。

7. 结果计算和表示

（1）结果计算。

样品中铀的质量浓度按照下式计算。

$$\rho = \frac{(A - A_0) \times V_1}{V_0 \times V_2 \times R}$$

式中：ρ ——样品中铀的质量浓度，μg/L；

A ——从校准曲线上查得的样品熔珠或熔片的铀含量，μg；

A_0 ——方法本底铀含量，μg；

V_1——反萃取（或萃取）液总体积，ml；

V_2——用于测定的反萃取（或萃取）液体积，ml；

V_0——样品体积，ml；

R——全程回收率，%。

（2）结果表示。

当测定结果小于 1.00 μg/L 时，保留至小数点后两位；当测定结果大于等于 1.00 μg/L 时，保留三位有效数字。

（四）激光荧光法（A）*

1. 方法的适用范围

本方法适用于天然水和排放废水中微量铀的测定。

本方法测定范围为 0.02～20 μg/L；相对标准偏差优于±15%；全程回收率大于 90%。

2. 方法原理

直接向水样中加入荧光增强剂，使之与水样中铀酰离子生成一种简单的络合物，在激光（波长 337 nm）辐射激发下产生荧光。采用标准铀加入法定量地测定铀。

向液态样品中加入的铀荧光增强剂与样品中铀酰离子形成稳定的络合物，在紫外脉冲光源的照射下能被激发产生荧光，并且铀含量在一定范围内时，荧光强度与铀含量成正比，通过测量荧光强度，计算获得铀含量。

水样中常见干扰离子的含量为：锰（Ⅱ）小于 1.5 mg/L、铁（Ⅲ）小于 6 mg/L、铬（Ⅵ）小于 6 mg/L、腐殖酸小于 3 mg/L。

3. 仪器和设备

（1）铀分析仪：最低检出限 0.05 μg/L。

（2）微量注射器：50 μl（或 0.1 ml 玻璃移液管）。

4. 试剂和材料

除非另有说明，否则分析时均使用符合国家标准或专业标准的分析纯试剂和蒸馏水或同等纯度的水。

（1）荧光增强剂：荧光增强倍数不小于 100 倍。

（2）铀标准贮备溶液：ρ =1.00 mg/ml。

将基准或光谱纯八氧化三铀于温度为 850℃马弗炉内灼烧 0.5 h，取出冷却。称取 0.117 9 g 于 50 ml 烧杯内，用 2～3 滴水润湿后，加入 5 ml 硝酸，于电热扳上加热溶解并蒸至近干，然后用硝酸溶液溶解，转入 100 ml 容量瓶内，稀释至刻度。

（3）铀标准溶液 Ⅰ：ρ =10.00 μg/ml。

取 1.00 ml 铀标准贮备溶液，用硝酸溶液稀释至 100 ml。

（4）铀标准溶液 Ⅱ：ρ =0.500 μg/ml。

取 10.0 μg/ml 的铀标准溶液 5.00 ml，用硝酸溶液稀释至 100 ml。

（5）铀标准溶液Ⅲ：ρ =0.100 μg/ml。

取 10.0 μg/ml 的铀标准溶液 1.00 ml，用硝酸溶液稀释至 100 ml。

---

* 本方法与 HJ 840—2017 等效。

5. 样品

（1）样品采集和保存。

同本节（二）分光光度法。

（2）试样的制备。

同本节（二）分光光度法。

6. 分析步骤

（1）线性范围确定。

以空白样品，按样品分析步骤操作，测量前按照仪器使用要求，将仪器的光电管负高压调节到合适范围，分数次加入铀标准溶液并分别测定记录荧光强度。以荧光强度为纵坐标，铀含量为横坐标，建立荧光强度—铀含量校准曲线，确定荧光强度—铀含量线性范围，要求在线性范围内，$r>0.995$。计算荧光强度与铀含量标准比值 B。

实际样品采用标准加入法进行测量，应当在线性范围内进行。

不要求每次测定时都重新确定线性范围，但如果仪器光电管负高压调整等指标变化或者铀荧光增强剂等试剂更换，以及荧光强度测定值在原确定的线性范围边界时，应当重新确定线性范围。

（2）试样的测定。

按照仪器操作规程开机并至仪器稳定，检查确认仪器的光电管负高压等指标与确定线性范围时的状态相同。

移取 5.00 ml 待测样品溶液于石英比色皿中，置于微量铀分析仪测量室内，测定并记录读数 N_0。向样品内加入 0.5 ml 铀荧光增强剂，充分混匀，注意观察，如产生沉淀，则该样品报废（注意：应将被测样品稀释或进行其他方法处理，直至无沉淀产生，方可进入测量步骤）。测定记录荧光强度 N_1。

再向样品内加入 50 μl 铀标准溶液Ⅲ（铀含量较高时，加入 50 μl 铀标准溶液Ⅱ），充分混匀，测定记录荧光强度 N_2。

检查 N_2 应处于校准曲线线性范围内，如超出线性范围，应将样品稀释后重新测定。

检查 N_2-N_1 与加入的铀标准量的比值，应与校准曲线 B 值相符合。

7. 结果计算和表示

（1）结果计算。

样品中铀的质量浓度按照下式计算。

$$\rho = \frac{(N_1 - N_0) \times c_1 \times V_1 \times f}{(N_2 - N_1) \times V_0}$$

式中：ρ——样品中铀的质量浓度，μg/L；

N_0——样品未加荧光增强剂前的荧光强度；

N_1——加荧光增强剂后样品的荧光强度；

N_2——样品加标准铀后的荧光强度；

c_1——加入标准铀溶液的浓度，μg/ml；

V_1——测定荧光强度 N_2 时加入的铀标准溶液的体积，mL；

V_0——水样体积，ml；

f——稀释倍数。

（2）结果表示。

当测定结果小于 1.00 μg/L 时，保留至小数点后两位；当测定结果大于等于 1.00 μg/L 时，保留三位有效数字。

附录 A 正确使用标准的说明

1. 固体荧光法中，烧制熔珠的方式可酌情选择下列方式中任意一种：

a. 将（80±5）mg 氟化钠用压片器压制成片，取 0.050 ml 含铀溶液滴在片上烧制熔珠；

b. 用（80±5）mg 氟化钠与含铀溶液蒸至近干后烧制熔珠；

c. 取 0.1 ml 含铀溶液滴入加有 100 mg 98%NaF-2%LiF 混合熔剂的铂盘内，于烘箱内 105℃温度下烘干，转入马弗炉内在 900℃温度下熔融 5 min，取出冷至室温后，测量其荧光强度。不管采用何种方式，每种样品均需烧制 3 个熔珠或熔片，而且分析样品烧制熔珠或熔片的方式必须与校准曲线烧制熔珠或熔片的方式一致。

2. 校准曲线必须进行直线回归处理，并定期（最多不得超过 3 个月）进行校正。在分析中，更换制作校准曲线时所用的任何试剂或光电荧光光度计进行调整、更换零件等，都必须重作校准曲线。

3. 烧制熔珠的熔剂也可采用 98%NaF 和 2%LiF 的混合熔剂。

4. 固体荧光法，当样品铀含量大于 0.1 μg/L 时，可用 20%磷酸三丁酯-二甲苯溶液 1.00 ml 萃取后，直接取 20%磷酸三丁酯-二甲苯溶液 0.050 ml 滴在氟化钠片上烧制熔珠。

5. 固体荧光法中，磷酸三丁酯的稀释剂可用煤油、甲苯、二甲苯中任意一种。

6. 液体激光荧光法中，当加入荧光增强剂进行样品测量时，如样品产生沉淀，必须将被测样品经稀释或采用其他方法处理，待不再产生沉淀后，方可进行测量。

7. 液体激光荧光法中，计算结果的表示是按简化公式计算铀含量，如果进行精确测量，可用下式计算。

$$\rho = \frac{N_1 \times (V_0 + V_2) - N_0 \times V_0}{N_2 \times (V_0 + V_1 + V_2) - N_1 \times (V_0 + V_2)} \times \frac{K \times c_1 \times V_1}{V_0 \times R} \times 1000$$

式中：V_2——加热的荧光增强剂溶液体积，ml；

其他符号的含义同本节液体激光荧光法的计算。

8. 固体荧光法和分光光度法中，用 40%硝酸铵溶液洗涤有机相时，如含铁量太高，不易洗至无色，可采用 40%硝酸铵加 5%抗坏血酸的混合溶液洗涤。

三十、钨

钨，钢灰色或银白色，硬度高，熔点高，常温下不受空气侵蚀。

钨是典型的稀有金属，当代高科技新材料的重要组成部分，广泛用于当代通信技术、电子计算机、宇航开发、医药卫生、感光材料、光电材料、能源材料和催化剂材料等。

电感耦合等离子体质谱法（A）

同本章银测定方法（四）电感耦合等离子体质谱法。

三十一、钾和钠

钾是一种银白色的软质金属，蜡状，可用小刀切割，熔沸点低，密度比水小，化学性质极度活泼（比钠还活泼）。钾在自然界没有单质形态存在，钾元素以盐的形式广泛分布于陆地和海洋中，钾也是人体肌肉组织和神经组织中的重要成分之一。

钠为银白色立方体结构金属。新切面有银白色光泽，在空气中氧化转变为暗灰色。质软而轻，密度比水小，在−20℃时变硬，遇水剧烈反应，生成氢氧化钠和氢气并产生大量热量而自燃或爆炸。在空气中，燃烧时产生黄色火焰。

（一）火焰原子吸收分光光度法（A）*

1．方法的适用范围

本方法规定了用火焰原子吸收分光光度法测定可溶性钾和钠。适用于地表水和饮用水测定。测定浓度范围钾为 0.05～4.00 mg/L；钠为 0.01～2.00 mg/L。对于钾和钠浓度较高的样品，应取较少的样品进行分析，或采用次灵敏线进行测定。

2．方法原理

原子吸收光谱分析的基本原理是测量基态原子对共振辐射的吸收。在高温火焰中，钾和钠很易电离，这样使得参与原子吸收的基态原子减少。特别是钾在浓度低时表现更明显，一般在水中钠比钾浓度高，这时大量钠对钾产生增感作用。为了克服这一现象，加入比钾和钠更易电离的铯作为电离缓冲剂，以提供足够的电子使电离平衡向生成基态原子的方向移动。这时即可在同一份样品中连续测定钾和钠。水中共存离子一般不产生干扰。

3．仪器和设备

（1）原子吸收分光光度计：仪器操作参数可参照厂家说明书进行选择。

（2）钾和钠空心阴极灯：灵敏吸收线为钾 766.5 nm，钠 589.0 nm；次灵敏吸收线为钾 404.4 nm，钠 330.2 nm。

（3）燃气：乙炔，用钢瓶气或由乙炔发生器供给，纯度不低于 99.6%。

（4）空气压缩机：均应附有过滤装置，由此得到无油无水净化空气。

（5）对玻璃器皿的要求：所用玻璃器皿均应经（1+1）硝酸溶液浸泡，用时以去离子水洗净。

4．试剂和材料

除非另有说明，否则分析时均使用符合国家标准或专业标准的分析纯试剂以及重蒸馏水或具有同等纯度的水。

（1）硝酸：ρ（HNO_3）=1.42 g/ml，优级纯。

（2）硝酸溶液：1+1。

（3）硝酸溶液：2+998。

（4）硝酸铯溶液：ρ（$CsNO_3$）=10.0 g/L。

取 1.0 g 硝酸铯溶于 100 ml 水中。

（5）标准溶液：配制标准溶液时所用的基准氯化钾和基准氯化钠均要在 150℃干燥 2 h，并在干燥器内冷至室温。

①钾标准贮备溶液，ρ（K^+）=1.000 g/L。称取（1.906 7±0.000 3）g 基准氯化钾（KCl），以水溶解并移至 1 000 ml 容量瓶中，稀释至标线，摇匀。将此溶液及时转入聚乙烯瓶中保存。

②钠标准贮备溶液，含 ρ（Na^+）=1.000 g/L。称取（2.542 1±0.000 3）g 基准氯化钠（NaCl），

---

* 本方法与 GB 11904—89 等效。

以水溶解，并移至 1 000 ml 容量瓶中，稀释至标线摇匀。即时转入聚乙烯瓶中保存。

③钾和钠混合标准贮备溶液，ρ（Na$^+$）=1.000 g/L，ρ（K$^+$）=1.000 g/L。称取（1.906 7± 0.000 3）g 基准氯化钾和（2.542 1±0.000 3）g 基准氯化钠于同一烧杯中，用水溶解并转移至 1 000 ml 容量瓶中。稀释至标线，摇匀。将此溶液即时转入聚乙烯瓶中保存。

④钾标准使用液，ρ（K$^+$）=100.00 mg/L。吸取钾标准贮备溶液 10.00 ml 于 100 ml 容量瓶中，加 2 ml（1+1）硝酸溶液，以水稀释至标线，摇匀备用。此溶液可保存 3 个月。

⑤钠标准使用液 I，ρ（Na$^+$）=100.00 mg/L。吸取钠标准贮备溶液 10.00 ml 于 100 ml 容量瓶中，加 2 ml（1+1）硝酸溶液，以水稀释至标线，摇匀。此溶液可保存 3 个月。

⑥钠标准使用液 II，ρ（Na$^+$）=10.00 mg/L。吸取 10.00 ml 钠标准使用液 I 于 100 ml 容量瓶中，加 2 ml（1+1）硝酸溶液，以水稀释至标线，摇匀。此溶液可保存一个月。

5．样品

（1）样品采集和保存。

水样在采集后，应立即以 0.45 μm 滤膜（或中速定量滤纸）过滤，其滤液用（1+1）硝酸溶液调 pH 至 1～2，于聚乙烯瓶中保存。

（2）试样的制备。

如果对样品中钾钠浓度大体已知时，可直接取样，或者采用次灵敏线测定先求得其浓度范围。然后再分取一定量（一般为 2～10 ml）的实验室样品于 50 ml 容量瓶中，加入 3.0 ml 硝酸铯溶液（0.2%），用水稀释至标线，摇匀。此溶液应在当天完成测定。

（3）标准溶液的制备。

①钾校准溶液。取 6 只 50 ml 容量瓶，分别加入钾标准使用液 0.00 ml、0.50 ml、1.00 ml、1.50 ml、2.00 ml 和 2.50 ml，加入硝酸铯溶液 3.00 ml，加入（1+1）硝酸溶液 1.00 ml，用水稀释至标线，摇匀。其各点的质量浓度分别为 0.00 mg/L、1.00 mg/L、2.00 mg/L、3.00 mg/L、4.00 mg/L 和 5.00 mg/L。本系列标准溶液应在制备当天使用。

②钠校准溶液。取 6 只 50 ml 容量瓶，分别加入钠标准使用液 II 0.00 ml、1.00 ml、3.00 ml、5.00 ml、7.50 ml 和 10.00 ml，加入 3.00 ml 硝酸铯溶液，加入（1+1）硝酸溶液 1.00 ml，用水稀释至标线，摇匀。其各点的浓度分别为 0.00 mg/L、0.20 mg/L、0.60 mg/L、1.00 mg/L、1.50 mg/L 和 2.00 mg/L。本系列标准溶液应在制备当天使用。

6．分析步骤

（1）仪器测量条件。

将待测元素灯装在灯架上，经预热稳定后，按选定的波长、灯电流、狭缝、观测高度、空气及乙炔流量等各项参数进行点火测量。

注意：在打开气路时，必须先开空气，再开乙炔；当关闭气路时，必须先关乙炔，再关空气，以免回火爆炸。

点火后，在测量前，先以（2+998）硝酸溶液喷雾 5 min，以清洗雾化系统，再以水调仪器零点。

（2）校准曲线的建立。

建立钾或钠校准溶液吸光度与钾或钠对应浓度的校准曲线。每批测定时，必须同时建立校准曲线。

（3）试样的测定。

按照与建立校准曲线相同的条件测定试样的吸光度。

（4）空白试验。

用水代替样品，按照与试样的测定相同的步骤做空白试验。

7．结果计算和表示

（1）结果计算。

样品中钾或钠的质量浓度按照下式计算。

$$\rho = \rho_1 \times f$$

式中：ρ——样品中钾或钠的质量浓度，mg/L；

f——稀释倍数；

ρ_1——由测定样品的吸光度从校准曲线上求得的钾或钠的浓度，mg/L。

（2）结果表示。

当测定结果小于 1.00 mg/L 时，保留至小数点后两位；当测定结果大于等于 1.00 mg/L 时，保留三位有效数字。

8．精密度和准确度

对一个合成样品，其各组分浓度（以 mg/L 计）为 K^+：9.82；Na^+：46.6；Ca^{2+}：40.6；Mg^{2+}：8.39；Cl^-：88.3；SO_4^{2-}：93.8；总碱度（以 $CaCO_3$ 计）：77.7。

使用 766.5 nm 波长测定钾，使用 589.0 nm 波长测定钠，取得如下结果：

（1）重复性。

在单个实验室内，进行了 6 次测定，相对标准偏差分别为钾 0.5%、钠 1.5%。

（2）再现性。

在 5 个实验室内，各进行了 6 次测定，取得了 30 个分析结果，相对标准差分别为钾 2.3%、钠 0.9%。

（3）准确度。

加标回收率置信分别为钾 99.6%±5.4%；钠 100%±5.1%。相对误差分别为钾 –1.6%、钠 +0.6%。

9．注意事项

（1）钾和钠均为溶解度较大的常量元素，原子吸收分光光度法又是灵敏度很高的方法。为了取得精密度好准确度高的分析结果，对所用玻璃器皿必须认真清洗。试剂及蒸馏水在同一批测定中必须使用同一规格同一瓶，而且应避免汗水、洗涤剂及尘埃等带来污染。

（2）样品及标准溶液不能保存在软质玻璃瓶中，因为这种玻璃中的钾和钠容易被水样和溶剂溶出导致污染。

（3）对于钾和钠浓度较高的样品，在使用本方法时会因稀释倍数过大，降低测定的精密度，同时也给操作带来麻烦。因一般的地表水中钾和钠的浓度都比较高，可使用次灵敏线钾 440.4 nm、钠 330.2 nm 测定，浓度范围可扩大到钾为 200 mg/L 以内，钠为 100 mg/L 以内。

（二）电感耦合等离子体发射光谱法（A）

同本章银测定方法（三）电感耦合等离子体发射光谱法。

（三）电感耦合等离子体质谱法（A）

同本章银测定方法（四）电感耦合等离子体质谱法。

（四）离子色谱法（A）[*]

1. 方法的适用范围

本方法适用于地表水、地下水、工业废水和生活污水中 6 种可溶性阳离子（Li^+、Na^+、NH_4^+、K^+、Ca^{2+}、Mg^{2+}）的测定。

当进样量为 25 μL 时，本方法 6 种可溶性阳离子的方法检出限和测定下限见表 4-53。

表 4-53　方法检出限和测定下限　　　　　单位：mg/L

离子名称	方法检出限	测定下限
Li^+	0.01	0.04
Na^+	0.02	0.08
NH_4^+	0.02	0.08
K^+	0.02	0.08
Ca^{2+}	0.03	0.12
Mg^{2+}	0.02	0.08

2. 方法原理

水质样品中的阳离子，经阳离子色谱柱交换分离，抑制型或非抑制型电导检测器检测，根据保留时间定性，峰高或峰面积定量。

3. 干扰和消除

（1）样品中的某些疏水性化合物可能会影响色谱分离效果及色谱柱的使用寿命，可采用 RP 柱或 C_{18} 柱处理消除或减少其影响。

（2）对保留时间相近的 2 种阳离子，当其浓度相差较大而影响低浓度离子的测定时，可通过稀释、调节流速、改变淋洗液配比等方式消除或减少干扰。

4. 仪器和设备

（1）离子色谱仪：由离子色谱仪、操作软件及所需附件组成的分析系统。

①色谱柱：阳离子分离柱（聚二乙烯基苯/乙基乙烯苯，具有羧酸或磷酸功能团、高容量色谱柱）和阳离子保护柱。可同时测定本方法规定的 6 种阳离子，峰的分离度不低于 1.5。

②阳离子抑制器（选配）。

③电导检测器。

（2）抽气过滤装置：配有孔径≤0.45 μm 醋酸纤维或聚乙烯滤膜。

（3）一次性水系微孔滤膜针筒过滤器：孔径 0.45 μm。

（4）一次性注射器：1～10 ml。

（5）预处理柱：聚苯乙烯-二乙烯基苯为基质的 RP 柱或硅胶为基质键合 C_{18} 柱（去除疏水性化合物）等类型。

5. 试剂和材料

除非另有说明，否则分析时均使用符合国家标准的分析纯试剂。实验用水为电阻率≥

---

[*] 本方法与 HJ 812—2016 等效。

18 MΩ·cm（25℃），并经过 0.45 μm 微孔滤膜过滤的去离子水。

（1）硝酸：ρ（HNO_3）=1.42 g/ml，优级纯。

（2）硝酸锂（LiNO_3）：优级纯，使用前应于（105±5）℃干燥恒重后，置于干燥器中保存。

（3）硝酸钠（NaNO_3）：优级纯，使用前应于（105±5）℃干燥恒重后，置于干燥器中保存。

（4）氯化铵（NH_4Cl）：优级纯，使用前应于（105±5）℃干燥恒重后，置于干燥器中保存。

（5）硝酸钾（KNO_3）：优级纯，使用前应于（105±5）℃干燥恒重后，置于干燥器中保存。

（6）硝酸钙[Ca(NO_3)_2·4H_2O]：优级纯，使用前应置于干燥器中平衡 24 h。

（7）硝酸镁[Mg(NO_3)_2·6H_2O]：优级纯，使用前应置于干燥器中平衡 24 h。

（8）甲磺酸：ω（CH_3SO_3H）≥99%。

（9）硝酸溶液：c(HNO_3)=1 mol/L。

移取 68.26 ml 硝酸缓慢加入水中，用水稀释至 1 000 ml，混匀。

（10）锂离子标准贮备液：ρ（Li^+）=1 000 mg/L。

称取 9.933 7 g 硝酸锂溶于适量水中，全量转入 1 000 ml 容量瓶，用水稀释定容至标线，混匀。转移至聚乙烯瓶中，于 4℃以下冷藏、避光和密封可保存 6 个月。亦可购买市售有证标准物质。

（11）钠离子标准贮备液：ρ（Na^+）=1 000 mg/L。

称取 3.697 7 g 硝酸钠溶于适量水中，全量转入 1 000 ml 容量瓶，用水稀释定容至标线，混匀。转移至聚乙烯瓶中，于 4℃以下冷藏、避光和密封可保存 6 个月。亦可购买市售有证标准物质。

（12）铵离子标准贮备液：ρ（NH_4^+）=1 000 mg/L。

称取 2.965 4 g 氯化铵溶于适量水中，全量转入 1 000 ml 容量瓶，用水稀释定容至标线，混匀。转移至聚乙烯瓶中，于 4℃以下冷藏、避光和密封可保存 6 个月。亦可购买市售有证标准物质。

（13）钾离子标准贮备液：ρ（K^+）=1 000 mg/L。

称取 2.585 7 g 硝酸钾溶于适量水中，全量转入 1 000 ml 容量瓶，用水稀释定容至标线，混匀。转移至聚乙烯瓶中，于 4℃以下冷藏、避光和密封可保存 6 个月。亦可购买市售有证标准物质。

（14）钙离子标准贮备液：ρ（Ca^{2+}）=1 000 mg/L。

称取 5.891 9 g 硝酸钙溶于适量水中，全量转入 1 000 ml 容量瓶中，加入 1.00 ml 硝酸溶液，用水稀释定容至标线，混匀。转移至聚乙烯瓶中，于 4℃以下冷藏、避光和密封可保存 6 个月。亦可购买市售有证标准物质。

（15）镁离子标准贮备液：ρ（Mg^{2+}）=1 000 mg/L。

称取 10.551 8 g 硝酸镁溶于适量水中，全量转入 1 000 ml 容量瓶中，加入 1.00 ml 硝酸溶液，用水稀释定容至标线，混匀。转移至聚乙烯瓶中，于 4℃以下冷藏、避光和密封可保存 6 个月。亦可购买市售有证标准物质。

（16）混合标准使用液。

分别移取 10.0 ml 锂离子标准贮备液、250 ml 钠离子标准贮备液、10.0 ml 铵离子标准贮备液、50.0 ml 钾离子标准贮备液、250 ml 钙离子标准贮备液和 50.0 ml 镁离子标准贮备液于 1 000 ml 容量瓶中，用水稀释定容至标线，混匀。配制成含有 10.0 mg/L 的 Li^+、250 mg/L 的 Na^+、10.0 mg/L 的 NH_4^+、50.0 mg/L 的 K^+、250 mg/L 的 Ca^{2+} 和 50.0 mg/L 的 Mg^{2+} 的混

合标准使用液。

（17）淋洗液。

根据仪器型号及色谱柱说明书使用条件进行配制。以下给出的淋洗液条件可供参考。

①甲磺酸淋洗贮备液：c（CH_3SO_3H）=1 mol/L。

移取 65.58 ml 甲磺酸溶于适量水中，全量转入 1 000 ml 容量瓶，用水稀释定容至标线，混匀。该溶液贮存于玻璃试剂瓶中，常温下可保存 3 个月。

②甲磺酸淋洗使用液：c（CH_3SO_3H）=0.02 mol/L。

移取 40.00 ml 甲磺酸淋洗贮备液于 2 000 ml 容量瓶中，用水稀释定容至标线，混匀。

③硝酸淋洗使用液：c（HNO_3）=7.25 mmol/L。

移取 14.50 ml 硝酸溶液于 2 000 ml 容量瓶中，用水稀释定容至标线，混匀。

6. 样品

（1）样品的采集和保存。

按照《水质　采样技术指导》（HJ 494—2009）、《地表水和污水监测技术规范》（HJ/T 91—2002）和《地下水环境监测技术规范》（HJ 164—2020）的相关规定进行样品的采集。采集的样品应尽快分析。若不能及时测定，应经抽气过滤装置过滤，于 4℃以下冷藏、避光保存。不同待测离子的保存时间和容器材质要求见表 4-54。

表 4-54　水样保存条件和要求

阳离子	盛放容器的材质	保存时间/d
Li^+	聚乙烯瓶	7
Na^+	聚乙烯瓶	7
NH_4^+	聚乙烯瓶或硬质玻璃瓶	2
K^+	聚乙烯瓶	7
Ca^{2+}	聚乙烯瓶或硬质玻璃瓶	7
Mg^{2+}	聚乙烯瓶或硬质玻璃瓶	7

（2）试样的制备。

对于不含疏水性化合物等干扰物质的清洁水样，经 0.45 μm 的滤膜过滤后（可使用抽气过滤装置或使用带有水系微孔滤膜针筒过滤器的一次性注射器过滤）可直接进样。对含干扰物质的复杂水质样品，须用相应的预处理柱进行有效去除后再进样。

（3）空白试样的制备。

以实验用水代替样品，按照与试样的制备相同的步骤制备空白试样。

7. 分析步骤

（1）离子色谱分析参考条件。

根据仪器使用说明书优化测量条件或参数，可按照实际样品的基体及组成优化淋洗液浓度。以下给出的离子色谱分析条件可供参考。

①参考条件 1。阳离子分离柱。甲磺酸淋洗使用液，流速为 1 ml/min；抑制型电导检测器，连续自循环再生抑制器。进样量为 25 μl。此参考条件下的阳离子标准溶液色谱图见本节附录 A 中的图 4-3。

②参考条件 2。阳离子分离柱。硝酸淋洗使用液，流速为 0.9 ml/min；非抑制型电导检测器。进样量为 25 μl。此参考条件下的阳离子标准溶液色谱图见本节附录 A 中的图 4-4。

（2）校准曲线的建立。

分别准确移取 0.00 ml、1.00 ml、2.00 ml、5.00 ml、10.0 ml 和 20.0 ml 混合标准使用液置于一组 100 ml 容量瓶中，用水稀释定容至标线，混匀。配制成 6 个不同浓度的混合标准系列，标准系列质量浓度见表 4-55。可根据被测样品的浓度确定合适的标准系列浓度范围。按其浓度由低到高的顺序依次注入离子色谱仪，记录峰面积（或峰高）。以各离子的质量浓度为横坐标，峰面积（或峰高）为纵坐标，建立校准曲线。

表 4-55　阳离子标准系列质量浓度

离子名称	标准系列质量浓度/（mg/L）					
Li^+	0.00	0.10	0.20	0.50	1.00	2.00
Na^+	0.00	2.50	5.00	12.50	25.00	50.00
NH_4^+	0.00	0.10	0.20	0.50	1.00	2.00
K^+	0.00	0.50	1.00	2.50	5.00	10.00
Ca^{2+}	0.00	2.50	5.00	12.50	25.00	50.00
Mg^{2+}	0.00	0.50	1.00	2.50	5.00	10.00

（3）试样的测定。

将试样注入进样系统，按照与建立校准曲线相同的色谱条件测定阳离子浓度，以保留时间定性，仪器响应值定量。

注：若测定结果超出校准曲线范围，应将样品用实验用水稀释处理后重新测定；可预先稀释 50 倍至 100 倍后试进样，再根据所得结果选择适当的稀释倍数重新进样分析，同时记录样品稀释倍数（f）。

（4）空白试验。

按照与试样的测定相同的色谱条件和步骤，将空白试样注入离子色谱仪测定阳离子浓度，以保留时间定性，仪器响应值定量。

8. 结果计算和表示

（1）结果计算。

样品中可溶性阳离子（Li^+、Na^+、NH_4^+、K^+、Ca^{2+}、Mg^{2+}）的质量浓度按照下式计算。

$$\rho = \frac{h - h_0 - a}{b} \times f$$

式中：ρ——样品中可溶性阳离子（Li^+、Na^+、NH_4^+、K^+、Ca^{2+}、Mg^{2+}）的质量浓度，mg/L；

　　　h——试样中阳离子的峰面积（或峰高）；

　　　h_0——实验室空白试样中阳离子的峰面积（或峰高）；

　　　a——回归方程的截距；

　　　b——回归方程的斜率；

　　　f——样品稀释倍数。

（2）结果表示。

当测定结果小于 1.00 mg/L 时，保留至小数点后两位；当测定结果大于等于 1.00 mg/L 时，保留三位有效数字。

9. 精密度和准确度

（1）精密度。

7 家实验室对含 Li^+、Na^+、NH_4^+、K^+、Ca^{2+}、Mg^{2+}不同浓度水平的统一样品进行了测

试，实验室内相对标准偏差为 0.1%～7.0%；实验室间相对标准偏差为 0.9%～10.0%。

（2）准确度。

7 家实验室对不同类型的水样统一基质加标样品进行了测定，加标回收率为 83.6%～114%。

10. 质量保证和质量控制

（1）空白试验。

每批次（≤20 个）样品应至少做 2 个实验室空白试验，空白试验结果应低于方法检出限。否则应查明原因，重新分析直至合格之后才能测定样品。

（2）相关性检验。

校准曲线的相关系数 $\gamma \geqslant 0.995$，否则应重新建立校准曲线。

（3）连续校准。

每批次（≤20 个）样品，应分析一个校准曲线中间点浓度的标准溶液，其测定结果与校准曲线该点浓度之间的相对误差应≤10%。否则应重新建立校准曲线。

（4）精密度控制。

每批次（≤20 个）样品，应至少测定 10% 的平行双样，当样品数量少于 10 个时，应至少测定一个平行双样。平行双样测定结果的相对偏差应≤10%。

（5）准确度控制。

每批次（≤20 个）样品，应至少做 1 个加标回收率测定，实际样品的加标回收率应控制在 80.0%～120%。

11. 注意事项

（1）分析废水样品时，所用的预处理柱应能有效去除样品基质中的疏水性化合物，同时对测定的阳离子不发生吸附。

（2）高浓度重金属和过渡金属离子，会影响分离柱的分离效果及使用寿命。使用时应按照色谱柱说明书的要求，定期使用高浓度淋洗液及络合剂对分离柱进行再生处理。

附录 A 阳离子标准溶液色谱图

图 4-3 和图 4-4 给出了 2 种参考条件对应的阳离子标准溶液色谱图。

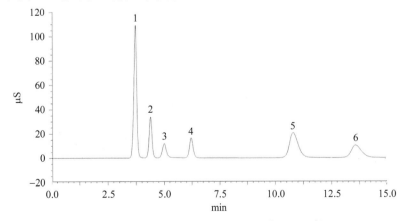

$1—Li^+$；$2—Na^+$；$3—NH_4^+$；$4—K^+$；$5—Mg^{2+}$；$6—Ca^{2+}$。

图 4-3 6 种阳离子标准溶液色谱图（抑制型）

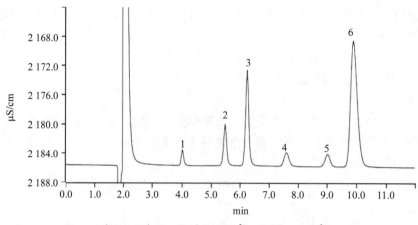

1—Li⁺；2—Na⁺；3—NH₄⁺；4—Mg²⁺；5—K⁺；6—Ca²⁺。

图 4-4　6 种阳离子标准溶液色谱图（非抑制型）

三十二、钙、镁（钙、镁总量，总硬度）

钙常温下呈银白色晶体。动物的骨骼、蛤壳、蛋壳等都含有碳酸钙。可用于合金的脱氧剂、油类的脱水剂、冶金的还原剂、铁和铁合金的脱硫与脱碳剂以及电子管中的吸气剂等。它的化合物在工业上、建筑工程上和医药上用途很大。

镁是一种轻质有延展性的银白色金属。在宇宙中含量第八，在地壳中含量第七。是轻金属之一，具有延展性，能与热水反应放出氢气，燃烧时能产生眩目的白光。金属镁能与大多数非金属和差不多所有的酸化合，大多数碱，以及包括烃、醛、醇、酚、胺、脂和大多数油类在内的有机化学药品与镁仅仅轻微地起作用或者根本不起作用。

水总硬度是指水中 Ca^{2+}、Mg^{2+} 的总量，它包括暂时硬度和永久硬度。水中 Ca^{2+}、Mg^{2+} 以酸式碳酸盐形式存在的部分，因其遇热即形成碳酸盐沉淀而被除去，称之为暂时硬度；而以硫酸盐、硝酸盐和氯化物等形式存在的部分，因其性质比较稳定，不能够通过加热的方式除去，故称为永久硬度。

目前总硬度的分析测定方法很多，主要可分为化学分析法和仪器分析法。

（一）火焰原子吸收分光光度法（A）*

1. 方法的适用范围

本方法适用于地下水、地表水和废水中钙、镁的测定。

本方法适用的标准溶液浓度范围（表 4-56）与仪器的特性有关，随着仪器的参数变化而变化。通过样品的浓缩和稀释还可使测定实际样品浓度范围得到扩展。

表 4-56　测定范围及最低检出浓度　　　　　　　　　单位：mg/L

元素	最低检出浓度	测定范围
钙	0.02	0.1～6.0
镁	0.002	0.01～0.6

---

* 本方法与 GB 11905—89 等效。

2．方法原理

将试液喷入火焰中，使钙、镁原子化，在火焰中形成的基态原子对特征谱线产生选择性吸收。由测得的样品吸光度和校准溶液的吸光度进行比较，确定样品中被测元素的浓度。选用 422.7 nm 共振线的吸收测定钙，用 285.2 nm 共振线的吸收测定镁。

3．干扰和消除

原子吸收分光光度法测定钙镁的主要干扰有铝、硫酸盐、磷酸盐、硅酸盐等，它们能抑制钙、镁的原子化，产生干扰，可加入锶、镧或其他释放剂来消除干扰。火焰条件直接影响着测定灵敏度，必须选择合适的乙炔量和火焰观测高度。试样需检查是否有背景吸收，如有背景吸收应予以校正。

4．仪器和设备

原子吸收分光光度计及相应的辅助设备。

5．试剂和材料

除非另有说明，否则分析时均使用符合国家标准或专业标准的分析纯试剂，去离子水或同等纯度的水。

（1）硝酸：ρ（HNO_3）=1.42 g/ml，优级纯。

（2）高氯酸：ρ（$HClO_4$）=1.68 g/ml，优级纯。

（3）硝酸溶液：1+1。

（4）燃气：乙炔，用钢瓶气或由乙炔发生器供给，纯度不低于 99.6%。

（5）助燃气：空气，一般由气体压缩机供给，进入燃烧器以前应经过适当过滤，以除去其中的水、油和其他杂质。

（6）镧溶液：ρ=0.1 g/ml。

称取氧化镧（La_2O_3）23.5 g，用少量（1+1）硝酸溶液溶解，蒸至近干，加 10 ml（1+1）硝酸溶液及适量水，微热溶解，冷却后用水定容至 200 ml。

（7）钙标准贮备液：ρ=1 000 mg/L。

准确称取 105～110℃烘干过的碳酸钙（$CaCO_3$，优级纯）2.497 3 g 于 100 ml 烧杯中，加入 20 ml 水，小心滴加（1+1）硝酸溶液至溶解，再多加 10 ml（1+1）硝酸溶液，加热煮沸，冷却后用水定容至 1 000 ml。

（8）镁标准贮备液：ρ=100 mg/L。

准确称取 800℃灼烧至恒重的氧化镁（MgO，光谱纯）0.165 8 g 于 100 ml 烧杯中，加 20 ml 水，滴加（1+1）硝酸溶液至完全溶解，再多加 10 ml（1+1）硝酸溶液，加热煮沸，冷却后用水定容至 1 000 ml。

（9）钙、镁混合标准溶液，钙 50 mg/L、镁 5.0 mg/L：准确吸取钙标准贮备液和镁标准贮备液各 5.0 ml 于 100 ml 容量瓶中，加入 1 ml（1+1）硝酸溶液，用水稀释至标线。

6．样品

（1）样品采集和保存。

采集代表性水样贮存于聚乙烯瓶中。采样瓶先用洗涤剂洗净，再在（1+1）硝酸溶液中浸泡至少 24 h，然后用去离子水冲洗干净。

（2）试样的制备。

①分析可溶性钙、镁时，如水样有大量的泥沙、悬浮物，样品采集后应及时澄清，澄清液通过 0.45 μm 有机微孔滤膜过滤，滤液加硝酸酸化至 pH 为 1～2。

②分析钙、镁总量时，采集后立即加硝酸酸化至 pH 为 1～2。如果样品需要消解，则校准溶液、空白溶液也要消解。消解步骤如下：取 100 ml 待处理样品，置于 200 ml 烧杯中，加入 5 ml 硝酸，在电热板上加热消解，蒸至 10 ml 左右，加入 5 ml 硝酸和 2 ml 高氯酸，继续消解，蒸至 1 ml 左右，取下冷却，加水溶解残渣，通过中速滤纸，滤入 50 ml 容量瓶中，用水稀释至标线（消解中使用的高氯酸易爆炸，要求在通风柜中进行）。

③准确吸取经预处理的样品 1.00～10.00 ml（含钙不超过 250 μg，镁不超过 25 μg）于 50 ml 容量瓶中，加入 1 ml（1+1）硝酸溶液和 1 ml 镧溶液用水稀释至标线，摇匀。

7. 分析步骤

（1）仪器参考测量条件。

根据表 4-57 选择波长和调节火焰至最佳测量条件，测定试样的吸光度。

表 4-57　仪器参考测量条件

元素	特征谱线波长/nm	火焰类型
钙	422.7	乙炔—空气，氧化型
镁	285.2	乙炔—空气，氧化型

（2）校准曲线的建立。

①参照表 4-58，在 50 ml 容量瓶中，依次加入适量的钙、镁混合标准溶液，加入 1 ml（1+1）硝酸溶液和 1 ml 镧溶液用水稀释至标线，摇匀，至少配制 5 个校准溶液（不包括零点）。

表 4-58　钙、镁标准系列的配制

序号	1	2	3	4	5	6	7	8
混合溶液体积/ml	0	0.50	1.00	2.00	3.00	4.00	5.00	6.00
钙含量/（mg/L）	0	0.50	1.00	2.00	3.00	4.00	5.00	6.00
镁含量/（mg/L）	0	0.05	0.10	0.20	0.30	0.40	0.50	0.60

②用减去空白的标准溶液吸光度为纵坐标，对应的标准溶液的质量浓度为横坐标建立校准曲线。

（3）测定。

按照校准曲线的建立相同的条件测定试样。根据试样吸光度，在校准曲线上查出试样中钙、镁的浓度。

（4）空白试验。

用 50 ml 水代替试样。按照与试样的测定相同的步骤进行空白试验。

8. 结果计算和表示

（1）结果计算。

样品中钙、镁的质量浓度按照下式计算。

$$\rho = f \times \rho_1$$

式中：ρ——样品中钙、镁的质量浓度，mg/L；

f——稀释倍数；

ρ_1——由校准曲线查得的钙、镁的质量浓度，mg/L。

（2）结果表示。

钙，当测定结果小于 1.00 mg/L 时，保留至小数点后两位；当测定结果大于等于 1.00 mg/L 时，保留三位有效数字。

镁，当测定结果小于 0.100 mg/L 时，保留至小数点后三位；当测定结果大于等于 0.100 mg/L 时，保留三位有效数字。

9. 精密度与准确度

5 家实验室分析了统一分发的合成水样结果。水样中含钙 40.64 mg/L，含镁 8.39 mg/L。

（1）重复性。

重复性相对标准偏差：钙为 1.3%，镁为 1.5%。

（2）再现性。

再现性相对标准偏差：钙为 1.7%，镁为 1.7%。

（3）准确度。

相对误差：钙为 +0.1%，镁为 -0.3%。

（二）电感耦合等离子体发射光谱法（A）*

同本章银测定方法（三）电感耦合等离子体发射光谱法。

（三）电感耦合等离子体质谱法（A）*

同本章银测定方法（四）电感耦合等离子体质谱法。

（四）EDTA 滴定法（A）*

1. 方法的适用范围

本方法适用于地表水、地下水中钙和镁总量的测定。

本方法不适用于含盐量高的水，诸如海水。

本方法测定的最低浓度为 0.05 mmol/L。

2. 方法原理

在 pH=10 的条件下，用 EDTA 溶液络合滴定钙和镁离子。铬黑 T 作为指示剂，与钙和镁生成紫红或紫色溶液。滴定中，游离的钙和镁离子首先与 EDTA 反应，跟指示剂络合的钙和镁离子随后与 EDTA 反应，到达终点时溶液的颜色由紫色变为天蓝色。

3. 干扰和消除

如试样含铁离子为 30 mg/L 或以下，在临滴定前加入 250 mg 氰化钠或数毫升三乙醇胺掩蔽。氰化物使锌、铜、钴的干扰降至最低。加氰化物前必须保证溶液呈碱性。

试样如含正磷酸盐和碳酸盐，在滴定的 pH 条件下，可能使钙生成沉淀，一些有机物可能干扰测定。

4. 仪器和设备

滴定管：50 ml，分刻度至 0.10 ml。

---

* 本方法与 GB 7477—87 等效。

5. 试剂和材料

除非另有说明，否则分析时均使用符合国家标准或专业标准的分析纯试剂，去离子水或同等纯度的水。

（1）缓冲溶液（pH=10）。

称取 1.25 g EDTA 二钠镁（$C_{10}H_{12}N_2O_8Na_2Mg$）和 16.9 g 氯化铵（NH_4Cl）溶于 143 ml 氨水（$NH_3·H_2O$）中，用水稀释至 250 ml。[如无 EDTA 二钠镁，可先 16.9 g 氯化铵溶于 143 ml 氨水。另称取 0.78 g 硫酸镁（$MgSO_4·7H_2O$）和 1.179 g EDTA 二钠二水合物（$C_{10}H_{14}N_2O_8Na_2·2H_2O$）溶于 50ml 水，加入 2 ml 配好的氯化铵、氨水溶液和 0.2 g 左右铬黑 T 指示剂干粉。]此时溶液应显紫红色，如出现天蓝色，应再加入极少量硫酸镁使变为紫红色。逐滴加入 EDTA 二钠溶液直至溶液由紫红转变为天蓝色为止（切勿过量）。将两溶液合并，加蒸馏水定容至 250 ml。如果合并后，溶液又转为紫色，在计算结果时应减去试剂空白。

（2）EDTA 二钠标准溶液：$c≈10$ mmol/L。

①制备：将一份 EDTA 二钠二水合物在 80℃干燥 2 h，放入干燥器中冷至室温，称取 3.725 g 溶于水，在容量瓶中定容至 1 000 ml，盛放在聚乙烯瓶中，定期校对其浓度。

②标定：用钙标准溶液标定 EDTA 二钠溶液。取 20.0 ml 钙标准溶液稀释至 50 ml。

③浓度计算：EDTA 二钠溶液的浓度 c_1 按下式计算。

$$c_1 = \frac{c_2 \times V_2}{V_1}$$

式中：c_1——EDTA 二钠溶液的浓度，mmol/L；

　　　c_2——钙标准溶液的浓度，mmol/L；

　　　V_2——钙标准溶液的体积，ml；

　　　V_1——标定中消耗的 EDTA 二钠溶液体积，ml。

（3）钙标准溶液：$c=10$ mmol/L。

将一份碳酸钙（$CaCO_3$）在 150℃干燥 2 h，取出放在干燥器中冷至室温，称取 1.000 g 于 500 ml 锥形瓶中，用水润湿。逐滴加入 4 mol/L 盐酸至碳酸钙全部溶解，避免滴入过量酸。加入 200 ml 水，煮沸数分钟赶除二氧化碳，冷至室温，加数滴甲基红指示剂溶液（0.1 g 溶于 100 ml 60%乙醇），逐滴加入 3 mol/L 氨水至变为橙色，在容量瓶中定容至 1 000 ml。此溶液 1.00 ml 含 0.400 8 mg（0.01 mmol）钙。

（4）三乙醇胺[$N(CH_2CH_2OH)_3$]。

（5）氢氧化钠溶液：$c=2$ mol/L。

将 8 g 氢氧化钠（$NaOH$）溶于 100 ml 新鲜蒸馏水中。盛放在聚乙烯瓶中，避免空气中二氧化碳的污染。

（6）氰化钠（NaCN）。

注意：氰化钠是剧毒品，取用和处置时必须十分谨慎小心，采取必要的防护。含氰化钠的溶液不可酸化。

（7）铬黑 T 指示剂。

将 0.5 g 铬黑 T（$C_{20}H_{12}N_3NaO_7S$）溶于 100 ml 三乙醇胺[$N(CH_2CH_2OH)_3$]，可最多用 25 ml 乙醇代替三乙醇胺以减少溶液的黏性，盛放在棕色瓶中。或者配成铬黑 T 指示剂干粉，称取 0.5 g 铬黑 T 与 100 g 氯化钠（NaCl）充分混合，研磨后通过 40～50 目，盛放在棕色瓶中，紧塞。

6. 样品

（1）样品采集和保存。

采集水样可用硬质玻璃瓶（或聚乙烯容器），采样前先将瓶洗净。采样时用水冲洗3次，再采集于瓶中。

采集自来水及有抽水设备的井水时，应先放水数分钟，使积留在水管中的杂质流出，然后将水样收集于瓶中。采集无抽水设备的井水或江、河、湖等地表水时，可将采样设备浸入水中，使采样瓶口位于水面下 20～30 cm，然后打开瓶塞，使水进入瓶中。

水样采集后（尽快送往实验室），应于 24 h 内完成测定；否则，每升水样中应加入 2 ml 浓硝酸作保存剂（使 pH 降至 1.5 左右）。

（2）试样的制备。

一般样品不需预处理。如样品中存在大量微小颗粒物，需在采样后尽快用 0.45 μm 孔径滤器过滤。样品经过滤，可能有少量钙和镁被滤除。

水样中钙和镁总量超出 3.6 mmol/L 时，应稀释至低于此浓度，记录稀释倍数 f。

如水样经过酸化保存，可用计算量的氢氧化钠溶液中和。计算结果时，应把样品由于加酸或碱的稀释考虑在内。

7. 分析步骤

用移液管吸取 50.0 ml 试样于 250 ml 锥形瓶中，加 4 ml 缓冲溶液和 3 滴铬黑 T 指示剂溶液或 50～100 mg 指示剂干粉，此时溶液应呈紫红或紫色，其 pH 应为 10.0±0.1。为防止产生沉淀，应立即在不断振摇下，自滴定管加入 EDTA 二钠溶液，开始滴定时速度宜稍快，接近终点时应稍慢，并充分振摇，最好每滴间隔 2～3 s。溶液的颜色由紫红或紫色逐渐转为蓝色，在最后一点紫色调消失，刚出现天蓝色时即为终点。整个滴定过程应在 5 min 内完成。记录消耗 EDTA 二钠溶液的体积。

8. 结果计算和表示

（1）结果计算。

样品中钙和镁总量的物质的量浓度按照下式计算。

$$c = \frac{c_1 \times V_1}{V_0} \times f$$

式中：c ——样品中钙和镁总量的物质的量浓度，mmol/L；

c_1——EDTA 二钠溶液浓度，mmol/L；

V_1——滴定中消耗的 EDTA 二钠溶液体积，ml；

V_0——试样体积，ml；

f——稀释倍数。

（2）结果表示。

当测定结果小于 1.00 mg/L 时，保留至小数点后两位；当测定结果大于等于 1.00 mg/L时，保留三位有效数字。

1 mmol/L 的钙镁总量相当于 100.1mg/L 以 $CaCO_3$ 表示的硬度。

关于不同国家的硬度单位换算，见本节附录 A。

9. 精密度

本方法的重复性为±0.04 mmol/L，约相当于±2 滴 EDTA 二钠溶液。

附录 A 水硬度的概念

硬度，不同国家有不同的定义概念，如总硬度、碳酸盐硬度、非碳酸盐硬度。

1．定义

（1）总硬度——钙和镁的总浓度。

（2）碳酸盐硬度——总硬度的一部分，相当于跟水中碳酸盐及重碳酸盐结合的钙和镁所形成的硬度。

（3）非碳酸盐硬度总硬度的另一部分，当水中钙和镁含量超出与它们结合的碳酸盐和重碳酸盐含量时，多余的钙和镁就会跟水中氯化物、硫酸盐、硝酸盐结成非碳酸盐硬度。

2．硬度的表示方法

（1）德国硬度——1 德国硬度相当于 CaO，含量为 10 mg/L 或 0.178 mmol/L。

（2）英国硬度——1 英国硬度相当于 $CaCO_3$，含量为 1 格令/英加仑或 0.143 mmol/L。

（3）法国硬度——1 法国硬度相当于 $CaCO_3$，含量为 10 mg/L 或 0.1 mmol/L。

（4）美国硬度——1 美国硬度相当于 $CaCO_3$，含量为 1 mg/L 或 0.01 mmol/L。

3．硬度单位换算表

表 4-59 硬度单位换算表

通用/（mmol/L）	德国/°DH	英国/°Clark	法国/degreeF	美国/（mg/L）
1	5.61	7.02	10	100
0.178	1	1.25	1.78	17.8
0.143	0.08	1	1.43	14.3
0.1	0.56	0.70	1	10
0.01	0.056	0.070	0.1	1

（五）离子色谱法（A）

同本章钾和钠测定方法（四）离子色谱法。